NOUVEAU COURS

COMPLET

D'AGRICULTURE

DU XIXᵉ SIÈCLE.

RAB—SEQ.

TOME TREIZIÈME.

NOMS DES AUTEURS.

Messieurs

THOUIN, Professeur d'Agriculture au Jardin du Roi.

TESSIER, Inspecteur-général des Établissements ruraux appartenant au Gouvernement.

HUZARD, Inspecteur-général des Écoles Vétérinaires de France.

SILVESTRE, Secrétaire de la Société royale et centrale d'Agriculture de Paris.

BOSC, Inspecteur-général des Pépinières royales et de celles du Gouvernement.

YVART, Professeur d'Agriculture et d'Économie rurale à l'École royale d'Alfort, etc.

Composant la Section d'Agriculture de l'Institut royal de France.

CHASSIRON, de la Société d'Agriculture de Paris, Propriétaire-Cultivateur.

CHAPTAL, Membre de l'Institut, Propriétaire-Cultivateur, etc.

DE LACROIX, Membre de l'Institut et Propriétaire.

DE PERTUIS, Membre de la Société d'Agriculture de Paris, Propriétaire-Cultivateur.

DE CANDOLLE, Professeur de Botanique et Membre de la Société d'Agriculture.

DU TOUR, Propriétaire-Cultivateur à Saint-Domingue.

DUCHESNE, Membre de la Société d'Agriculture de Versailles.

FÉBURIER, Membre de la même Société.

DE BRÉBISSON, Membre de la Société d'Agriculture et des Arts de Caen.

Les articles signés (**R.**) sont de **ROZIER**.

OUVRAGE IMPRIMÉ PAR Mme HUZARD,

(NÉE VALLAT LA CHAPELLE).

NOUVEAU COURS

COMPLET

D'AGRICULTURE

DU XIXme SIÈCLE,

CONTENANT LA THÉORIE ET LA PRATIQUE DE LA GRANDE ET DE LA PETITE CULTURE,
L'ÉCONOMIE RURALE ET DOMESTIQUE, LA MÉDECINE VÉTÉRINAIRE, ETC.,

OU

DICTIONNAIRE RAISONNÉ ET UNIVERSEL

D'AGRICULTURE,

Ouvrage rédigé sur le plan de celui de feu l'abbé ROZIER, duquel on a conservé les
articles dont la bonté a été prouvée par l'expérience ;

Par les Membres

DE LA SECTION D'AGRICULTURE DE L'INSTITUT DE FRANCE, ETC.

Avec des Figures en taille-douce.

NOUVELLE ÉDITION,

revue, corrigée et augmentée.

DU FONDS DE M. DETERVILLE.

PARIS,

A LA LIBRAIRIE ENCYCLOPÉDIQUE DE RORET,

RUE HAUTEFEUILLE, 10 BIS.

1838.

IMPRIMERIE DE A. ÉVERAT ET Cᵉ,
rue du Cadran. 16.

NOUVEAU
COURS COMPLET
D'AGRICULTURE.

RAB

RABANA. On donne ce nom à la MOUTARDE DES CHAMPS dans le département des Deux-Sèvres.

RABAISSER. C'est diminuer la longueur d'une branche d'un arbre. *Voyez* l'article suivant.

RABATTRE. On rabat un jeune arbre dans les pépinières, c'est-à-dire qu'on le coupe rez terre pour lui faire pousser une nouvelle tige. *Voyez* aux mots REBOTTER et PÉPINIÈRE.

On rabat la tête du sujet d'une greffe en écusson au-dessus de cette greffe, pour que cette dernière profite de toute la sève fournie par les racines. *Voyez* GREFFE.

On rabat les branches d'un arbre en plein vent qui poussent faiblement, pour le rajeunir. *Voyez* RAJEUNISSEMENT.

On rabat les branches d'un espalier, 1°. pour lui faire pousser du nouveau bois; 2°. pour rétablir l'équilibre entre ses deux membres. *Voyez* au mot ESPALIER.

Ainsi rabattre signifie tailler plus court qu'à l'ordinaire, ou couper dans des circonstances particulières; c'est-à-dire que ce mot est presque synonyme de RECEPER, RAPPROCHER, RABAISSER, TAILLER. *Voyez* ces mots, et sur-tout ce dernier, où les principes de tout retranchement de branche ou portion de branche seront développés. (B.)

RABATTRE LA TERRE. C'est l'unir. *Voyez* HERSAGE, RATISSAGE et PLOMBAGE. (B.)

RABES. C'est, dans le département de Lot-et-Garonne, la RAVE large et plate. (B.)

RABES. Nom de la CARLINE SANS TIGE dans les Pyrénées. (B.)

RABETTE. C'est la NAVETTE. (B.)

TOME XIII.

RABIOLE ou **RABIOULE**. C'est, dans le midi de la France, la plus grosse des Raves. *Voyez* ce mot. (B.)

RABIOLLE. *Voyez* Navette.

RABOT. Outil ou instrument en bois dont les jardiniers se servent pour unir tout-à-fait un terrain qui a été labouré à la bêche et sur lequel le râteau a passé. Il est fait tout simplement avec une douve à laquelle on adapte un long manche. (D.)

RABOUGRI. Arbre de mauvaise venue, dont le tronc est irrégulier, contourné, noueux, sans flèche, dont les branches sont courtes, irrégulières, surchargées de petits rameaux.

Les arbres rabougris grossissent et même s'élèvent, mais c'est avec tant de lenteur qu'il n'est presque jamais de l'intérêt du propriétaire de les conserver.

Un taillis en terrain aride reste rabougri. Il en est de même de celui qui est annuellement brouté par les bestiaux ou les chenilles, ou gelé au printemps. Les arbres dont les insectes ont rongé les racines ou l'écorce, qui ont reçu de graves blessures dans leur jeunesse, restent rabougris.

Quelquefois les arbres naissent et demeurent rabougris sans qu'on puisse en deviner la cause. C'est chez eux un vice d'organisation ou un effet de la veine de terre où ils se trouvent.

Il est des arbres rabougris dont la forme est pittoresque, et qui peuvent par conséquent servir à la composition des jardins paysagers. Il en est d'autres dont la courbure ou les nodosités peuvent servir dans quelques cas; mais en général ils ne sont bons qu'à brûler, et doivent être coupés ou arrachés. *Voyez* Exploitation des bois.

Une sorte de folie, comme on en voit des exemples chez tous les peuples, a déterminé, depuis cinq à six mille ans peut-être, les Chinois à mettre un grand prix aux arbres qui, destinés à devenir très-grands, étaient forcés à rester très-petits, et à offrir, quoique jeunes encore, l'apparence de la décrépitude. Les moyens employés par les jardiniers de la Chine pour rabougrir les arbres à ce point ne nous étaient pas connus, malgré les rapports de Marc Paul, de Bacon et des missionnaires français; mais on les soupçonnait, parce que la nature agit d'après le même plant dans tout l'univers. M. John Livington nous les a fait connaître dans un mémoire inséré dans le tome IV des *Transactions de la Société horticulturale de Londres*, dont j'extrais ce qui suit :

« Les Chinois appellent les arbres dont il est question *koo-shoo*, c'est-à-dire *anciens arbres*, et ils donnent à leur culture un nom signifiant *courber en bas*.

» C'est toujours par bouture, comme donnant des arbres plus faibles que les semis, qu'on multiplie les arbres destinés à devenir des *koo-shoo*. On les place dans de très-petits pots remplis d'argile presque infertile, et on les arrose.

» Les opérations à exécuter lorsque la bouture est bien enracinée, sont :

» 1°. Faire à l'écorce une incision annulaire de la largeur du diamètre de l'arbre ;

» 2°. Couvrir la plaie avec de l'argile ;

» 3°. Empaqueter le tronc et les plus grosses branches dans de la paille ou des étoffes ;

» 4°. Couper le bout des branches à mesure qu'elles poussent, proportionnellement à la force de végétation des racines ;

» 5°. Supprimer les feuilles également à mesure qu'elles se développent et avec la même attention ;

» 6°. Tenir les branches constamment courbées par le moyen de fils d'archal ;

» 7°. Attirer les fourmis en enduisant de sucre les plaies faites aux branches.

» L'orme est l'arbre qui se prête le mieux aux tourmens ci-dessus détaillés.

» Après lui, ce sont les pommiers et les poiriers. »

Il est probable qu'en France on arriverait très-promptement au but avec des Pommiers, en les peuplant de Pucerons lanigères. *Voyez* ces deux mots.

Comme la mode des arbres rabougris n'existe pas en France, je me crois dispensé de m'étendre plus au long sur le mode de leur formation artificielle. (B.)

RABOULO. C'est la cuscute dans le midi de la France. (B.)

RABUZE. Maladie des moutons qui n'a pas encore été observée d'une manière satisfaisante ; c'est dans les environs de Toulouse seulement qu'elle est connue. Son principal caractère est dans la vésicule du fiel, qui devient grosse comme un épi de maïs, et finit par crever. Les bergers l'attribuent au Genêt sagittal, et prétendent la guérir avec une décoction d'hypne des marais et de tussilage. (B.)

RACCO ou SAINT-ÉTIENNE. Variété de froment sans barbe, cultivée aux environs de Nantes et qui exige un bon terrain. Sa farine est fort blanche, et en conséquence recherchée des boulangers de la ville. (B.)

RACE. On appelle espèce, dans les animaux et les végétaux, la série des individus qui se ressemblent par le plus grand nombre possible de caractères essentiels et qui se propagent avec les mêmes caractères par la génération. Ainsi le cheval et l'âne sont deux espèces du même genre, l'oie et le canard en sont aussi ; la poire et la pomme, la rave et le chou, la violette et la pensée, en sont encore. *Voyez* Espèce.

Mais les chevaux et les ânes, les oies et les canards, les

poires et les pommes, les raves et les choux, les violettes et
les pensées, sont toujours chevaux, ânes, etc., lors même
qu'ils sont plus gros ou plus petits, plus longs ou plus courts
que d'autres, qu'ils sont d'une couleur noire, blanche, brune,
rousse, fauve, etc.

L'observation prouve que les espèces varient dans certaines
limites et de deux manières, c'est-à-dire que quelquefois ces
variations se perpétuent par la génération, que d'autres fois
elles ne se perpétuent pas. Les premières de ces variations
forment les races, les secondes les Variétés. *Voyez* ce mot.

Pour qu'une race se propage, il faut que les mâles et les femelles aient les mêmes caractères. Toutes les fois qu'un mâle
d'une race est uni avec une femelle d'une autre race, il en
résulte un individu métis, c'est-à-dire qui tient de l'un et de
l'autre. Dans ce cas, les qualités morales tiennent plus du
père que de la mère, et les qualités physiques, surtout la grosseur, tiennent plus de la mère que du père. *Voyez* Croiser
les races.

Les animaux et les plantes sauvages varient, soit sous le
rapport de race, soit sous le rapport de simple variété, dans
des limites beaucoup plus circonscrites que les animaux et les
plantes qui sont sous la main de l'homme ; de plus, ils reviennent plus facilement à leur type originel. Aucun fait ne constate d'une manière positive qu'il se forme de nouvelles espèces.
Aussi peut-on dire avec vérité que les races n'existent pas
dans la nature, qu'elles sont le produit de la civilisation, si je
puis employer ce terme. C'est donc mal-à-propos que quelques
écrivains ont appliqué le mot race à des animaux ou à des
plantes sauvages. *Voyez* Mulet et Hybride.

Les cultivateurs peuvent créer quelquefois de nouvelles races
en faisant accoupler des animaux qui ont varié de la même
manière par l'effet du hasard. Par exemple, si une jument fait
deux poulains, mâle et femelle, dont la tête soit très-petite,
il y a tout lieu de croire qu'en faisant accoupler ces poulains
devenus chevaux, les individus qui en proviendront auront la
tête petite, et si on continue de faire accoupler leurs produits
entre eux, tous les chevaux du canton finiront par avoir la
tête petite, en comparaison des autres.

C'est cette circonstance qui fait que tous les cantons dont les
cultivateurs ont peu de relations avec les autres possèdent des
races particulières plus ou moins distinctes, que dans chaque
race même il y a des sous-races. *Voyez* Cheval et Chien.

Plus une espèce est sujette aux variations et plus elle doit
par conséquent offrir de races.

Il est des caractères de races qui sont moins constans que
d'autres : par exemple, la grosseur, parce qu'elle dépend en

grande partie de l'abondance de la nourriture consommée pendant les premiers jours, les premiers mois, les premières années de la vie de l'individu.

Personne ne niera, par exemple, que la grosseur ne soit un caractère des chevaux normands ; mais un poulain normand né dans les plaines de la Champagne Pouilleuse, quoique naissant plus gros qu'un poulain de la race du pays, ne parviendra jamais à la même taille que s'il fût né dans les fertiles pâturages de la vallée d'Auge.

Par-tout où les pâturages sont abondans, la race est forte ; par-tout où ils sont maigres, elle est petite. Dans la pratique, il ne faut pas, sous peine d'être exposé à des pertes, chercher à vaincre la nature. Ainsi, si on veut avoir des vaches de Normandie dans la Champagne, il faut auparavant y créer des prairies artificielles ; ainsi, si on veut avoir des brebis de Beauce dans la Sologne, il faut se résoudre à en mettre moitié moins sur le même espace et s'assurer des moyens de subsistance pour l'hiver.

L'observation que les chevaux, les bœufs, les chiens, etc., sont plus petits dans les pays très-chauds que dans les pays très-froids, peut aussi faire soupçonner que le climat influe, quoiqu'à un faible degré, sur les races ; mais nous avons besoin d'observations bien autrement exactes que celles qui existent, pour établir quelque opinion certaine sur ce fait.

L'épaisseur de la peau est un caractère de race et un point important à considérer dans l'élève des bestiaux. Il est une race de bœufs en Angleterre, celle de *Craven*, dont la peau, à raison de cette épaisseur, se vend souvent le tiers du prix total de l'animal.

La couleur est, dans certains cas, un caractère de race. Qui n'a pas remarqué que dans certains cantons toutes les vaches sont noires, dans d'autres blanches, avec des taches rousses ? Les dindons, les poules n'offrent-ils pas le même fait ?

Non-seulement les formes se propagent par la génération dans les races, mais même le caractère et certaines maladies ; c'est pourquoi il est important de choisir, dans chaque race, des mâles et des femelles exempts de mauvaises qualités physiques et morales. Ceci n'est cependant pas tellement général, qu'un mâle et une femelle de caractère doux et d'une constitution saine ne puissent donner naissance à des petits méchans et maladifs, d'après le principe établi plus haut, qu'il y avait des variations qui dépendent de l'influence même de la génération, ou de la première nourriture, ou de la première éducation. Nos connaissances sous tous ces rapports sont peu avancées, personne n'ayant étudié philosophiquement la matière que je traite.

Dans les espèces les plus intimement assujetties à l'homme et par conséquent les plus dégénérées, il y a des races tellement éloignées qu'elles répugnent presque autant à s'accoupler ensemble que des espèces bien distinctes. Je cite pour exemple le barbet et la levrette. *Voyez* CHIEN.

Il résulte de ce que je viens de dire qu'il doit y avoir dans tous les animaux des races plus ou moins avantageuses à propager, et ce sous des rapports différens. Un cheval normand est plus propre au tirage, un cheval limousin plus propre à la selle. Un chien de berger est plus propre à la garde des moutons, un chien mâtin à la défense de son maître, un chien courant à la chasse du cerf, un chien couchant à la chasse des perdrix, etc. Un mérinos donne une laine plus propre à faire des draps fins que les autres MOUTONS. (*Voyez* ce mot.) Le poil d'un lapin d'Angora est plus recherché pour la filature et la fabrication des chapeaux que celui d'un lapin sauvage. Un pigeon patu fait plus de couvées qu'un pigeon biset. Un chou cabus est meilleur pour faire de la choucroûte qu'un chou-cavalier. La laitue romaine supporte mieux la chaleur de l'été que la laitue frisée. Il est plus avantageux de semer en plain champ la fève de cheval que la fève de marais.

Je pourrais multiplier ces exemples ; mais cela deviendrait superflu, chaque article de cet ouvrage où il est question des animaux domestiques et des plantes anciennement cultivées servant de preuve à ce que je dis.

Pour améliorer les races, il faut choisir toujours les mâles et les femelles qui réunissent au plus haut point les qualités dont ils ont besoin.

Le principe qu'il faut éviter les trop grosses et les trop petites races commence à prédominer en Angleterre et en Amérique.

Le célèbre anatomiste Hunter a remarqué que les personnes grasses avaient généralement les os minces, et ce principe, appliqué aux animaux, a été une des bases de la célébrité et de la fortune du célèbre Bakewell. On doit donc se guider d'après cela sur le choix des animaux qui, comme le bœuf et le mouton, sont destinés à être engraissés.

Il a été observé en Angleterre que les bœufs et les moutons à large poitrail étaient les plus avantageux pour l'engrais, en conséquence ce sont les races où ce caractère est le plus marqué, qui doivent être les plus recherchées par les cultivateurs instruits.

Les animaux tranquilles et doux sont plus disposés au repos, et tout repos produit la graisse : ainsi si on veut tendre à avoir des bœufs ou des moutons pour l'engrais, ce seront des animaux ayant ces qualités qu'il faudra faire accoupler.

Par suite de la supériorité d'une race sur une autre, les individus de cette race ont une valeur propre bien plus considérable. Un cheval limousin se vendra 6,000 francs, un cheval
normand 2,400 fr., tandis qu'un cheval champenois se vendra
150 f.; un bélier mérinos a été vendu cette année (1821) 2,900 f.
à la vente de Rambouillet, et un bélier solognot vaut seulement
25 fr.; cependant les chevaux limousins et normands, les
brebis mérinos ne coûtent presque pas plus à faire naître et à
nourrir. Il est donc de l'intérêt des cultivateurs de multiplier
de préférence les belles et les bonnes races, et cependant très-
peu le font. D'où vient cette insouciance? Je l'ai déjà dit bien
souvent, de l'ignorance; car il est très-rare qu'ils sachent ce
que c'est qu'une race, et encore plus rare qu'ils connaissent
les belles ou bonnes races, qu'ils se doutent, par conséquent,
de l'importance qu'il y a, pour eux ou pour leur département,
de les acquérir, qu'ils cherchent les moyens d'y parvenir, etc.
Lorsqu'ils ont besoin de chevaux de forte taille ils en achètent
en Normandie, coupés, sans considérer que s'ils eussent acheté
de préférence des chevaux entiers et des jumens, ils eussent
obtenu des poulains de même race propres à renouveler sans
fin leurs attelages presque pour rien. Il n'en est pas de même en
Angleterre. Le prix des races y est apprécié à sa juste valeur,
pour presque tous les animaux domestiques, et principalement
pour les chevaux : aussi donne-t-on des 3 à 4,000 fr., et peut-
être plus, pour le seul saut de tel étalon; aussi les races y
sont-elles, sous quelquesrapports, plus perfectionnées qu'en
France et procurent-elles aux habitans de cette île des bénéfices annuels très-considérables.

Jusqu'à présent, en France, c'est presque exclusivement le
gouvernement qui s'est occupé de la conservation des belles et
bonnes races dans les départemens où elles se trouvent, et qui a
fait des tentatives pour les introduire dans ceux où elles manquent, et sa sollicitude s'est presque bornée aux chevaux et aux
moutons, pour qui il a été créé nouvellement des haras, il a été
établi, il y a quelques années, des bergeries de mérinos, qui
(au moins les secondes) produisent déjà les résultats les plus
satisfaisans. Pourquoi, comme mon confrère Huzard l'a si
souvent demandé, ne pas avoir des établissemens du même
genre pour relever la race de nos ânes, de nos mulets, de nos
vaches et de nos bœufs, de nos cochons, de nos chèvres, de nos
volailles de toutes espèces? Je fais des vœux pour que la formation de ces utiles établissemens soit ordonnée le plus tôt possible.

On relève une race par deux moyens également dans le cas
d'être recommandés aux cultivateurs, ou en n'accouplant que
les plus beaux, soit sous le rapport de la forme, soit sous

celui de la grosseur ; les meilleurs , soit sous le rapport de la force, du courage, de la douceur , etc., ou en donnant aux plus belles femelles de cette même race les plus beaux mâles de la race qui lui est supérieure en qualités physiques ou morales.

Le premier de ces moyens est le plus lent, mais le moins coûteux, mais le plus à la portée des cultivateurs ; le second exige quelquefois des mises de fonds considérables, puisqu'un étalon de choix, limousin ou normand , coûte ordinairement fort cher, ainsi que je l'ai déjà dit, puisqu'un belier mérinos vaut soixante fois un belier solognot.

L'amélioration des races par ce second moyen s'appelle croisement. (*Voy*. CROISER LES RACES.) Cette sorte a été à la mode pour les chevaux avant la révolution ; mais comme il faut du discernement pour arriver à de bons résultats, et que ceux qui étaient à la tête des haras en manquaient pour la plupart, qu'ils étaient engoués, comme tous les amateurs de chevaux de Paris, de la race bâtarde des chevaux dits anglais, que de plus ils changeaient souvent , elle a été la cause de la dégénération de nos superbes et excellentes races limousine et normande. Aujourd'hui, d'après les recommandations faites par M. Huzard , on cherche à en conserver le type dans toute sa pureté ; mais les individus de ce type sont encore fort rares , et par conséquent fort chers.

Comme les hommes passent, et que les efforts que l'un d'eux fait pour relever telle race, ne sont pas le plus souvent continués par son successeur, ce n'est que lorsque tous les cultivateurs seront convaincus de la nécessité d'y travailler perpétuellement, c'est-à-dire que l'opinion sera générale à cet égard , comme elle paraît l'être en Angleterre, comme elle l'est dans quelques cantons de la Normandie, qu'on aura lieu d'espérer une grande amélioration dans nos bestiaux. C'est seulement à cette époque que notre agriculture arrivera au degré de perfection dont elle est susceptible.

En général, hors certains cantons , on ne fait nulle attention à l'accouplement des bestiaux dans les campagnes. On demande qu'une jument, qu'une vache, qu'une truie s'emplisse, et c'est tout. Presque par-tout ce sont même les étalons les plus défectueux, les taureaux les plus faibles, les verrats les plus jeunes, qui sont employés à la propagation de l'espèce, parce que ce sont eux dont on trouve le plus difficilement à se défaire. Quel misérable calcul que de n'employer, par exemple, que les taureaux, que les verrats les plus jeunes possible, pour pouvoir les couper après un an de service et les engraisser ensuite, comme on le fait dans tant de lieux ! (*Voyez* MULTI-

ᵱLICATION DES BESTIAUX.) Tant qu'on conservera un pareil
ᵱsage, il ne faut pas penser à améliorer les races ; car ce n'est
ᵱue lorsque les animaux sont arrivés au-delà du point complet
ᵱe leur croissance qu'ils peuvent donner des productions vi-
ᵱoureuses.

Une chose des plus essentielles à recommander aux cultiva-
ᵱeurs, c'est de veiller constamment à ce que des animaux
ᵱffectés de maladies héréditaires, soit mâles, soit femelles, ne
ᵱervent pas à la reproduction ; car ils n'y font nulle part atten-
ᵱion : aussi combien de chevaux cornards, même dans les belles
ᵱaces ! Combien de vaches qui meurent de la pommelière au
ᵱilieu de leur carrière ! La maladie des chiens devient si commune, qu'il semble que cette espèce d'animal va bientôt dis-
ᵱaraître. L'immensité des pertes qui peuvent être la suite de
ᵱa multiplication des animaux domestiques affectés de maladies
héréditaires semble autoriser la demande de lois proscriptives,
quelques inconvéniens qu'elles aient.

Il me serait facile de m'étendre beaucoup plus sur l'objet
que je traite, mais je suis obligé de me restreindre. Je finis
donc en faisant des vœux pour que mes concitoyens se pénètrent de la nécessité de perfectionner les races des animaux
domestiques ; qu'ils écoutent les conseils des vétérinaires instruits qui ont puisé dans les écoles d'Alfort et de Lyon les meilleurs principes à cet égard. (B.)

RACHE. C'est le claveau dans quelques endroits.

RACHE ou RASCHE. Nom de la cuscute a un seul
style, qui nuit souvent aux vignes du Midi. (B.)

RACHITIS. Ce nom s'applique quelquefois au bois rabougri. (B.)

RACHITISME. Maladie organique qui se développe sur les
végétaux comme sur les animaux, et dont le manque de développement complet est le caractère le plus général.

On connaît quelquefois la cause du rachitisme dans l'homme,
mais jamais dans les animaux et les végétaux.

Très-fréquemment le rachitisme est héréditaire, ce qui doit
engager les cultivateurs à ne jamais employer à la propagation des animaux domestiques des individus qui en sont affectés, ne jamais semer de graines prises sur des pieds qui
l'offrent.

Rarement la guérison du rachitisme doit être tentée, parce
qu'elle est toujours incertaine, toujours lente, toujours coûteuse. Les jeunes animaux qui en sont affectés doivent être
sacrifiés de suite ; l'usage de leur chair n'est point nuisible à
la santé.

C'est à ses tiges plus grosses et moins hautes, à ses feuilles
rudes et contournées, à ses grains plus ronds, plus ridés, qu'on

reconnaît le blé rachitique. Toutes les théories émises sur la cause, tous les remèdes proposés pour guérir cette maladie, sont sans valeur à mes yeux. Détruire les pieds qui l'annoncent au moment où ils épient, est le seul moyen de la faire disparaître sur une exploitation lorsqu'on n'est pas en position de changer de semences. *Voyez* au mot Froment. (B.)

RACINE. Partie inférieure de la plante qui s'enfonce le plus ordinairement dans la terre, pour d'un côté s'y fixer, et de l'autre en tirer les sucs nutritifs nécessaires à l'accroissement de la tige. *Voyez* Plante.

C'est la racine qui, sous le nom de Radicule (*voyez* ce mot), se montre la première dans les graines germantes. Bientôt cette radicule s'enfonce dans la terre, se consolide et prend le nom de Pivot. (*Voyez* ce mot.) Il en naît des racines secondaires et latérales, qui se fourchent un grand nombre de fois, et qui, lorsqu'elles sont encore très-petites, s'appellent Fibrilles ou Chevelu. *Voyez* ces mots.

On appelle spongiole l'extrémité des racines, celle qui sert exclusivement à l'absorption des sucs nutritifs, et qui change tous les ans de place, soit en s'allongeant, soit en s'oblitérant.

La Quintinie a, le premier, prouvé, par des observations positives, que cette extrémité des racines se renouvelait tous les ans, et que c'était par cette extrémité qu'elles nourrissaient les tiges et les branches. *Voyez* Tulipe, Orchide.

Les botanistes distinguent trois sortes de racines : la Bulbeuse, la Tubéreuse et la Fibreuse. (*Voyez* ces mots.) La première n'est véritablement pas une racine dans toute la rigueur de cette appellation. (*Voyez* Bulbe.) La seconde n'est que la troisième, dont quelques parties se sont renflées par l'accumulation d'une matière amilacée. C'est donc principalement de la troisième qu'il doit être question ici.

On a dit qu'une racine est *annuelle*, lorsqu'elle ne subsiste qu'un an ; *bisannuelle*, lorsqu'elle ne meurt que la seconde année ; *vivace*, lorsqu'elle vit plusieurs années, quoique sa tige périsse tous les ans ; *ligneuse*, lorsqu'elle offre la consistance du bois et qu'elle subsiste, avec la tige, un grand nombre d'années.

Une racine *pivotante* est celle qui s'enfonce perpendiculairement et fort avant, comme celle de la luzerne. *Voyez* Pivot.

Une racine *fusiforme* est celle qui est épaisse, longue et terminée en pointe par son extrémité inférieure, comme celle de la carotte.

On appelle racine *rameuse* celle qui se divise en plusieurs branches ; *horizontale*, celle qui s'étend parallèlement au sol ;

traçante, lorsqu'avec la même disposition elle jette des brindilles de tous côtés; *stolonifère,* quand, étant horizontale, elle pousse çà et là des jets rampans qui donnent naissance à de nouvelles racines et à de nouvelles tiges.

Le *collet de la racine* est sa partie supérieure, celle qui l'unit à la tige. Cette partie est d'une grande importance pour elle, et mérite d'être prise en grande considération par les cultivateurs; car il est beaucoup de plantes dont la racine meurt dès qu'on la coupe. Les plantes annuelles et bisannuelles sont principalement dans ce cas. Il en est beaucoup de vivaces, et même quelques arbustes, arbrisseaux et arbres qui s'y trouvent également. Aussi l'a-t-on appelé le point vital.

L'organisation des racines diffère peu de celle des tiges. Elles ont, comme elles, un Epiderme, le plus ordinairement blanchâtre ou brunâtre, quelquefois jaune ou rouge, sous lequel on trouve d'abord une Ecorce, et ensuite une substance plus ou moins solide, qu'on peut comparer au Bois, lors même qu'elle n'est pas ligneuse, parce qu'elle est composée à-peu-près de la même manière; c'est-à-dire qu'on y retrouve un Tissu cellulaire, à travers lequel passent des Vaisseaux séveux, des Vaisseaux propres, des Trachées, des Sucs propres, etc. Elles sont quelquefois plus odorantes et moins délétères que les autres parties de la plante, comme le prouvent la Bénoite et la Pomme de terre, etc. Ce qui différencie le plus les racines des branches, c'est qu'elles n'offrent ni Moelle ni Pores. *Voyez* tous ces mots.

Une racine ligneuse qui est mise à l'air se change en branche en moins d'un an, ainsi qu'on peut le voir sur les ormes des routes. Comment se fait ce changement? Comment prend-elle de la moelle? Comment prend-elle des pores? C'est ce que j'ignore. La vue de la variété de rave qui croît à moitié hors de terre, prouve que le même phénomène a lieu dans les racines annuelles.

De même, une tige mise en terre change son organisation en moins d'une année. Elle devient racine, comme le prouvent les marcottes et les boutures. Comment perd-elle sa moelle et ses pores?

De là on doit conclure qu'on peut, en renversant un arbre, transformer ses racines en branches et ses branches en racines, et c'est ce qui a été fait; mais tous les arbres ne se prêtent pas à cette expérience, même parmi ceux qui se multiplient le plus facilement par boutures.

Il est des plantes qui poussent d'abord un pivot d'une immense longueur relativement à la hauteur de leur tige, mais dont les tiges finissent toujours par prendre le dessus. L'Aman-

DIER, le Noyer, le Chêne (*voyez* ces mots) en offrent des exemples. Il en est d'autres où le pivot continue à croître lorsque la tige reste stationnaire, comme on peut le voir dans la luzerne, le panicaut, la géranion cicutaire ; cependant il y a généralement un rapport constant et nécessaire entre les branches et les racines ; c'est-à-dire que, dans chaque espèce, il y a d'autant plus de branches qu'il y a plus de racines, que les plus grosses branches sont toujours du côté des plus grosses ou des plus nombreuses racines. Je reviendrai sur ce fait, dont les conséquences sont d'une application journalière en agriculture.

Toutes choses égales d'ailleurs, les racines sont d'autant plus grosses ou plus nombreuses, que la terre où elles se trouvent est plus fertile et plus divisée. De là les avantages des terres légères sur les terres fortes, lorsqu'elles ont d'ailleurs autant de terreau et d'humidité ; de là la nécessité des Labours. (*Voyez* ce dernier mot et le mot Bruyère (terre de.)) Ce fait s'explique par la plus grande facilité qu'elles trouvent à y introduire et à y multiplier leurs suçoirs, par le moindre obstacle qu'elles y rencontrent dans leur accroissement en grosseur, sans doute aussi par l'introduction plus facile et plus considérable de l'Air, de la Chaleur et de l'Eau. *Voyez* ces trois mots.

Quoique certaines plantes poussent leurs racines à une grande profondeur dans la terre, 8 à 10 pieds et peut-être plus, il faut reconnaître qu'elles ont besoin d'être en communication avec l'air et de recevoir les influences de la chaleur solaire ; car la plupart périssent, ainsi que la pratique de l'agriculture le prouve, lorsqu'on les enterre trop : les racines pivotantes poussent des rameaux latéraux d'autant plus gros qu'ils sont plus près de la surface du sol. Si, dans ce cas, les arbres susceptibles de se multiplier de boutures ne meurent pas, c'est qu'ils poussent de nouvelles racines au-dessus des anciennes, comme cette pratique le prouve encore.

Il y a cependant lieu de croire que la chaleur qui se conserve dans les racines pendant l'hiver et que leur position enfoncée les soustraient aux effets des gelées, les font profiter de la chaleur qui monte de l'intérieur à l'extérieur de la terre (*voyez* Chaleur), c'est-à-dire concourent à favoriser l'entretien de la vie dans les troncs et les branches, et même de la faible végétation qui s'y remarque encore.

On peut conclure de là que les cultivateurs qui, pour avoir des fruits ou des fleurs précoces, élèvent pendant la nuit la terre sur les racines des arbres fruitiers ou des plantes d'ornement, lors des gelées, et l'enlèvent presque entièrement pendant le jour, lorsque le soleil commence à prendre de la force, agissent d'après les principes.

C'est en partie par la même raison que les terrains sablonneux, c'est-à-dire très-perméables à l'air, sont plus précoces que les autres. Je dis en partie, parce que l'absence d'une humidité trop grande et trop permanente agit aussi défavorablement sous ce rapport.

Duhamel a fait voir, par des expériences rigoureuses, que les racines croissaient positivement comme les branches, qu'elles grossissaient par l'interposition du CAMBIUM entre leur AUBIER et leur ÉCORCE, s'allongeaient par développement des BOURGEONS terminaux, et se ramifiaient par la sortie de bourgeons latéraux.

La conséquence pratique de ce fait est que lorsqu'on coupe l'extrémité d'une racine, ou du rameau d'une racine, on arrête la prolongation de cette racine ou de ce rameau, et qu'on détermine le développement de plusieurs autres rameaux. Or, il est de fait que plus les racines sont multipliées, c'est-à-dire qu'elles sont pourvues d'un plus grand nombre de rameaux, et plus les plantes sont vigoureuses, et plus elles peuvent nourrir abondamment de fruit. Ils ont donc raison les jardiniers qui coupent le pivot à leurs ESPALIERS, à leurs MELONS, à leurs OEILLETS, etc., etc. Il n'y a réellement que les arbres qui doivent s'élever beaucoup, résister aux vents et vivre très-longtemps, à qui il soit nécessaire de le conserver. *Voyez* PIVOT et PLANT.

Lorsqu'on coupe une fois, ou de loin en loin, le tronc ou les branches à un arbre pendant l'hiver, les racines ne paraissent pas s'en ressentir, quoiqu'elles s'en ressentent nécessairement, parce qu'elles repoussent des jets nombreux, fort garnis de larges feuilles; mais si tous les ans on coupe ces jets, alors les racines cessent presque de croître en grosseur et en longueur, elles ne donnent que du chevelu. Ce fait s'observe très-bien dans les jardins où on a conservé la mode de tailler les arbres en boule, les charmilles en palissade. Il s'observe aussi sur les espaliers, les quenouilles, les nains, enfin sur tous les arbres soumis à une TAILLE rigoureuse. *Voyez* ce mot.

Les ARBRES RÉSINEUX sont dans une catégorie différente, c'est-à-dire que leurs racines ne se régénèrent pas plus que leurs branches : de là la nécessité de ne jamais couper ces racines, et de les multiplier outre mesure par des transplantations dans leur premier âge, lorsqu'on veut assurer leur reprise à une époque plus avancée. *Voyez* les mots PLANT, PIN, SAPIN, MÉLÈZE et CÈDRE.

Cependant, en général, on doit ménager autant que possible les racines dans l'arrachis et la plantation des végétaux ; ce n'est que dans le cas où leur conservation exigerait pour les arracher et pour les planter une plus grande dépense, que l'importance de l'individu est dans le cas de la comporter, qu'on doit se le permettre.

A cette occasion, je ferai remarquer que toute racine ou branche de racine qui est mise en terre dans une position trop forcée, c'est-à-dire qui décrit un demi-cercle, qui forme un angle droit, ne s'allonge plus, et finit le plus souvent par périr. Il vaut donc mieux la couper que de se refuser de l'étendre à-peu-près comme elle était dans son ancienne place, puisqu'on gagne au moins l'accélération de la sortie des fibrilles latérales, qui dédommageront de sa perte.

Dans quelques cas, on profite de cette circonstance pour forcer les arbres fruitiers trop vigoureux à donner du fruit. *Voyez* PLANTATION (1).

Des deux principes que plus il y a de racines et plus il y a de tiges ou de branches et par conséquent de feuilles, et que plus il y a de tiges ou de branches et par conséquent de feuilles, plus il y a de racines, résulte l'utilité du buttage pour avoir plus de fruit, comme dans le maïs ; le plus de feuilles, comme dans les choux ; ou plus de racines, comme dans la pomme de terre. *Voyez* BUTTAGE.

On peut encore rapporter à ces principes la pratique de couper les tiges ou les branches en temps convenable pour fortifier les racines, parce que le résultat de cette amputation est le développement d'une grande quantité de nouvelles tiges ou de nouvelles branches qui, ayant des feuilles plus nombreuses et plus larges, décomposent l'air avec plus de facilité, et portent aux racines une surabondance de nourriture. *Voyez* RECEPAGE, RAJEUNISSEMENT et PÉPINIÈRE.

Les racines tendent toutes vers les terres les plus nouvellement remuées, les plus abondantes en terreau, les plus imprégnées d'humidité. Toutes les fois qu'on voit un arbre dont

---

(1) Une expérience que les cultivateurs peu éclairés font tous les jours et dont j'ai vu bien souvent les résultats est celle citée par Dumont Courset. Elle consiste à mettre dans un pot plus grand une plante déjà en pot, sans couper celles de ses racines qui étaient contournées autour de ce dernier pot. Cette plante ne souffre pas d'abord sensiblement ; mais l'année suivante on trouve mortes toutes les racines contournées et seulement quelques nouvelles racines ont pénétré dans la terre nouvelle ; de sorte que la plante languit et même meurt. Qui ne voit dans cette expérience les mêmes effets qui se produisent lorsqu'on plante un arbre ou un arbrisseau en contournant ses racines.

(*Note de M. Bosc.*)

les branches sont plus grosses ou plus nombreuses d'un côté, on peut être assuré qu'il y a une veine de terre qui a été ou plus souvent labourée, ou plus souvent fumée, ou plus souvent arrosée.

Dans quelques cas cependant, ce sont les branches qui font les grosses racines : par exemple, lorsqu'un arbre est placé de manière qu'une des parties de sa tête est privée d'air et de lumière, toute sa force végétative se porte dans les parties opposées. On voit fréquemment ce cas dans les clairières et sur la lisière des bois; on le voit de même sur les arbres plantés contre les murs des jardins. Les conséquences pratiques de cette observation c'est, 1°. qu'il faut éloigner des murs, des rochers, des massifs, les grands arbres auxquels on veut conserver une forme régulière; 2°. qu'en plantant les espaliers il est avantageux de placer, autant que possible, deux des principales racines en opposition dans la direction du mur, et de raccourcir les autres, afin qu'il ne sorte pas de fortes branches sur le devant ou sur le derrière de ces espaliers.

Chaque année, les racines s'étendent de plus en plus et augmentent en nombre par la naissance de nouvelles fibrilles : de sorte que leur masse est toujours proportionnée et à la grosseur du tronc et à l'amplitude des rameaux; de sorte qu'elles prennent toujours leur nourriture dans une terre non épuisée des sucs qui lui conviennent : la pratique de labourer la terre au pied des arbres qui ont plus de deux à trois ans d'âge est donc vicieuse. Pour que ce labour produise un effet utile, il faut le commencer où on le finit ordinairement, l'étendre jusqu'au-delà de la circonférence des branches, et l'approfondir jusqu'au-dessous de l'extrémité des racines les plus superficielles. Couper cette extrémité (en hiver s'entend) serait même toujours un bien, puisqu'il en résulterait un plus grand nombre de suçoirs nouveaux. On fait subir cette opération tous les ans, et même deux fois par an aux plantes en pot, et on s'en trouve bien. *Voyez* REMPOTAGE.

M. Duperney, jardinier à Rouen, cerne tous les ans ou tous les deux ans les pommiers à cidre pour activer leur végétation, et remplit beaucoup mieux son objet que ceux qui se contentent d'en labourer le pied. Il hache le sol de ses prairies au moyen du ROULEAU COUPANT (*voyez* ce mot), et ses récoltes de foin sont bien plus abondantes.

Outre la circonstance d'une terre plus nouvellement remuée, plus fumée, plus arrosée, qui dérange, pour ainsi dire volontairement, les racines de leur direction, elles sont exposées à en prendre une contraire lorsqu'elles rencontrent des rochers ou des terres imperméables au-dessous de la couche de terre végétale : alors le pivot s'épate, et ses branches courent horizontalement sur la surface de ce rocher ou de ces terres. Quand ce n'est qu'une pierre d'un petit volume qu'elles rencontrent, elles fléchissent d'abord et ensuite reprennent leur position naturelle; souvent elles embrassent complétement ces pierres. Il n'est point d'arbre arraché dans un sol pierreux qui n'en montre des exemples ; je ne puis cependant me refuser à citer celui qui se voit sur la route de la vallée d'Useren en Suisse, non loin du Pont du diable, en remontant vers le Saint-Gothard. Un épicéa a germé dans une cavité remplie de terre, d'environ un pied de diamètre, placée sur le sommet d'un bloc de pierre de plus d'une toise de diamètre, et lorsque ses racines ont eu rempli cette cavité elles en sont sorties, ont rampé sur le bloc et sont venues rentrer en terre à sa base ; de sorte qu'aujourd'hui elles embrassent ce bloc : l'arbre a 30 ou 40 pieds de haut et a la grosseur de la cuisse. Ce fait, au reste, qui frappe les voyageurs, se produit artificiellement dans les jardins toutes les fois qu'on le désire; il ne s'agit que de planter, dans un petit pot, un arbre susceptible de devenir gros, et d'enterrer ce pot de manière qu'il soit d'un ou 2 pouces au-dessous de la surface du sol, les racines ne manquent pas de sortir du pot et de se recourber ensuite pour reprendre une position rapprochée de la perpendiculaire.

Il faut donc, soit dit en passant, ne jamais enterrer les pots au-delà de leur bord, pour éviter ce cas, qui est souvent un grave inconvénient.

Il est des racines qui vivent constamment dans l'air, et qui y conservent leur couleur blanche et l'absence des pores, telles que celles des aérides, du figuier des pagodes, de quelques cierges, etc. Il en est qui s'introduisent dans la substance des branches des arbres et même des autres racines, telles que celles du Gui et des Orobanches. Il en est qui vivent dans la terre dans leur première jeunesse, et dans les tiges des plantes pendant le reste de leur vie, telles que celles de la Cuscute. Il en est qui s'épatent sur les corps durs et incapables de leur fournir aucune nourriture, comme celles des Varecs et des Lichens; enfin il en est qui flottent continuellement dans l'eau, comme celles des Lenticules. *Voyez* ces mots.

Ce qu'on appelle racines caulinaires dans les plantes radicantes, le Lierre, par exemple, doit être considéré comme de simples vrilles radiciformes, puisqu'elles ne nourrissent pas le tronc, mais servent à le maintenir.

La force d'accroissement des racines est si puissante, qu'elle renverse fréquemment des murs, écarte des masses de rochers d'une immense grosseur : les bornes de cette force ne sont pas encore connues.

Quelques faits tendent à faire croire que les racines pourries sont nuisibles à celles de même espèce qu'on veut forcer de croître dans le lieu où elles se trouvent : de là la nécessité de ne pas remplacer un orme par un orme, un poirier par un poirier; de là un des principes des Assolemens. *Voyez* ce mot et celui Succession de culture.

Quant aux excrétions propres à certaines racines et qu'on prétend nuisibles à certaines autres, leur existence n'est rien moins que prouvée; si l'avoine souffre du voisinage du chardon des champs, c'est parce que ce dernier absorbe sa nourriture terrestre et aérienne, l'empêche de jouir des bénéfices de la lumière, etc. Il est cependant possible qu'une influence analogue à celle supposée ait lieu dans quelques cas.

Les maladies des racines sont les mêmes que celles des tiges : comme ces dernières, elles ont des plantes parasites qui vivent à leurs dépens et les font souvent périr. Je crois qu'en Europe les orobanches, parmi les plantes complètes, le sclérote du safran et l'isaire parmi les champignons, sont les seules dont les cultivateurs aient à se plaindre ; mais il paraît qu'il y en a un grand nombre dans les pays chauds.

La carie affecte souvent les racines, cependant elle ne fait pas toujours mourir les plantes; quelquefois au contraire elle les rajeunit en déterminant la sortie de nouvelles racines.

Généralement les racines vivent autant que les tiges, du moins lorsque quelques causes particulières ne frappent pas l'un plus tôt que l'autre. Cette opinion, je la fonde sur ce que dès qu'un arbre est couronné on trouve toujours que l'extrémité de son pivot et de ses plus longues racines est morte ; de là, la plus grande facilité des vents à renverser ces sortes d'arbres.

Une des plus fréquentes causes de la mort des racines est la privation de l'humidité. On peut voir, au mot Hale, avec quelle rapidité elles en sont frappées (celles des arbres résineux plus que celles des autres), lorsqu'elles restent exposées à un air sec. Il est fréquent de voir de gros arbres plantés dans les sols sablonneux perdre leurs feuilles, l'extrémité de leur tige, même périr du jour au lendemain, dans l'été, par suite du manque de pluies. Quel est le jardinier qui ne puisse pas citer mille et mille faits analogues qu'il a observés dans le cours de sa pratique ? Aussi a-t-il soin d'arroser ou au moins d'ombrager les plantes qu'il repique pendant la chaleur, lorsqu'il n'opère pas dans un sol naturellement humide.

Cependant l'excès de l'humidité produit sur un grand nombre d'espèces un effet parfaitement analogue, ainsi que

Tome XIII.   2

s'en sont fréquemment convaincus ceux qui ont voulu planter des arbres dans les marais. *Voyez* EAU et MARAIS.

Les suites des gelées sur les racines sont fort variables. Il est de ces racines qui y résistent très - bien quand elles sont dans la terre, et qui y sont fort sensibles lorsqu'elles sont exposées à l'air : telles sont celles de l'orme. Comme tous les végétaux, dont les racines sont susceptibles d'être gelées en terre, ne peuvent pas subsister dans les climats où les hivers sont fort rigoureux, il n'y a que ceux des pays plus chauds, cultivés dans les pays plus froids, qui redoutent les hivers. La connaissance du degré de sensibilité de chacun d'eux est un des objets de la science du jardinier : toujours elle a été indiquée aux articles de cet ouvrage où il était bon qu'elle le fût.

Il ne convient pas de tailler, ébourgeonner, ou effeuiller les arbres dont les racines ont été gelées, parce que cela les affaiblirait davantage et les ferait périr. *Voyez* FEUILLE et VÉGÉTATION.

On juge à l'augmentation de la teinte rouge de la couleur des racines des arbres fruitiers et principalement du coignassier, qu'elles viennent d'être gelées ; plus tard ces mêmes racines deviennent noires et pourrissent.

Lorsqu'on coupe un bois, il arrive souvent que les baliveaux de l'âge, bien portans en apparence, perdent leurs rameaux supérieurs, se couronnent pendant l'été qui suit cette coupe, pour ensuite reprendre leur première vigueur. Cet effet est produit par la dessiccation des racines, qui, favorisées par l'humidité constante, la légèreté et la meilleure nature de la couche supérieure du sol, y avaient poussé en abondance.

Mais comment se nourrissent les racines ? J'ai réservé l'examen de cette question pour la dernière, parce qu'elle est la plus difficile.

Il est de fait, comme je l'ai déjà observé, que les racines n'offrent point de PORES (*voyez* ce mot) ; cependant il faut nécessairement qu'elles en aient, sans quoi elles ne pourraient pas absorber les sucs nutritifs qu'elles tirent de la terre ou de l'eau. Des observations de notre célèbre Duhamel, et des expériences positives de Sennebier, prouvent qu'elles n'agissent dans ce cas que par l'extrémité de leurs branches ou de leurs brindilles (chevelu) : c'est donc là seulement qu'il faut supposer ces pores ou le pore ; car il se pourrait qu'il n'y en eût qu'un terminal. Aussi est-ce là seu'ement qu'on voit d'abord dans les plantes qu'on fait végéter dans l'eau, ou dans celles qu'on arrache pendant la force de la sève, cette matière gélatineuse, qui semble jouer, dans ce cas, un rôle que nous ne connaissons pas.

Comme il faut nécessairement de la CHALEUR et de l'EAU pour que la sève se mette en mouvement; comme il faut nécessairement que l'HUMUS ou le TERREAU soit rendu dissoluble pour qu'il puisse servir à la NUTRITION des plantes (*voy. ces mots*), y aurait-il de la témérité à dire que ce n'est que sous forme de vapeur que l'aliment des plantes entre dans les racines? *Voyez* SÈVE.

Quoi qu'il en soit, il y a une action réciproque entre les feuilles et les racines; car ce sont les racines qui font pousser les feuilles au printemps, et ce sont les feuilles qui font pousser les racines en automne. Cette influence de la sève descendante est prouvée par un grand nombre d'observations, et en dernier lieu par celle-ci, que j'ai répétée plusieurs fois ces dernières années. Lorsqu'on greffe en fente, au printemps, l'extrémité recourbée d'une racine tenant au tronc, la greffe reste sans pousser jusqu'au mois d'août, et à cette époque elle fournit un jet très-vigoureux.

D'autres preuves de l'action réciproque des feuilles et des racines se tirent de la considération que, dans les boutures, celles qui ont un bouton terminal poussent plus promptement que celles qui n'en ont que de latéraux, à plus forte raison que celles qui n'en ont point du tout. *Voyez* BOUTURE et PLANÇON.

Ce que j'ai dit plus haut annonce qu'on peut greffer avec succès sur racine; on le fait cependant rarement, plutôt parce que ce n'est pas l'usage, que par d'autres motifs. *Voyez* GREFFE.

On se sert fréquemment de racines pour multiplier les arbres, les arbrisseaux, les arbustes et les plantes vivaces qui ne donnent point de graines dans notre climat, et qui ne peuvent être multipliés que par marcottes ou par boutures. Pour cela on procède de deux manières : 1°. on en arrache une racine et on la plante autre part, soit entière, soit coupée en tronçons, en laissant à l'air son extrémité supérieure. Dans ce cas, on accélère singulièrement leur végétation, par la raison énoncée plus haut en les greffant en fente avec une branche garnie de boutons; 2°. on sépare une racine du tronc, et on la relève de manière à ce que le gros bout soit à l'air. L'année suivante, ou deux ans après, on enlève le pied qu'elle a produit; 3°. on arrache le tronc et on laisse dans la terre tous les rameaux des racines. Il pousse un grand nombre de jeunes tiges, qu'on arrache au bout d'un ou deux ans, et chaque année il en pousse de nouvelles jusqu'à ce que toutes les racines soient épuisées.

M. Knigt, dans un mémoire inséré dans les *Transactions de la Société horticulturale de Londres*, établit qu'il est plus avan-

tageux pour la vigueur et la durée des arbres fruitiers, ainsi
que pour la stricte conservation de leurs variétés, de les multiplier par leurs racines plutôt que par la greffe, et ses motifs
paraissent plausibles.

Les multiplications par rejetons, soit naturelles, soit aidées
des blessures faites aux racines, doivent être rangées dans la
même catégorie. *Voyez* Rejeton.

Le bois des racines de quelques arbres, comme le buis, est
préféré à celui du tronc, à raison de sa couleur et des veines
dont il est orné.

Plusieurs racines qui sont pourvues de sucs propres particuliers, sont employées en médecine lorsque leurs tiges ne le
sont pas. C'est après que ces tiges sont fanées qu'il faut les
recueillir pour cet usage dans les plantes, et pendant la suspension de la sève dans les arbres.

Beaucoup de racines sont alimentaires, et également recherchées des hommes et des animaux domestiques. La culture des plantes auxquelles elles appartiennent est devenue de
première importance, depuis qu'on sait que non - seulement
elles conservent la santé des bestiaux et les engraissent rapidement, mais encore qu'elles entrent avantageusement dans
la série des Assolemens. (*Voyez* ce mot.) Les plus communes
de celles dont l'agriculture française s'est enrichie sont à-peu-
près les suivantes, rangées dans l'ordre de leur importance.
La Pomme de terre, la Rave, la Carotte, la Betterave,
le Panais, le Topinambour, le Céleri, l'Oignon, l'Ail,
l'Echalotte, le Poireau, le Chou-Rave, le Radis, le Salsifis, la Scorsonnère, la Raiponce, le Chervi, la Gesse
tubéreuse, le Souchet comestible, l'Orchide, etc.

Dans les pays chauds, ces plantes sont remplacées par la
Patate, l'Igname, le Gouet esculent, le Manihot, etc.
Cette dernière racine, ainsi qu'en France celle de la Bryone
et du Gouet commun, outre la fécule, renferment un suc propre
qui est vénéneux. On les en débarrasse en les râpant dans l'eau,
et en soumettant à la presse la Fécule ou la fibre qui est ré-
sultée de cette opération.

On trouvera, aux mots précités, les détails nécessaires sur la
culture et les usages de ces plantes.

Il a été inventé un grand nombre de machines propres à
hacher les racines destinées à la nourriture des bestiaux. Une
des plus simples et des moins coûteuses est celle figurée par
Lasteyrie, *Pl.* 1 de sa collection des machines utiles à l'agriculture. *Voyez* Coupe-Racine.

Dans l'Inde, on lève le gazon, on le lave dans une eau courante, et on le donne feuilles et racines aux chevaux et autres
bestiaux. Cette pratique quoique destructive de la fertilité fu-

ture peut être imitée dans un grand nombre de lieux et de cas ; car il faut souvent préférer un avantage présent à un inconvénient futur. (Th.)

RACINES. Dans l'usage ordinaire, on applique spécialement ce nom aux racines cultivées pour la nourriture de l'homme : ainsi on dit faire une soupe aux racines, lorsqu'on y fait entrer beaucoup de carottes, de raves, de panais, de céleri, etc. La scorsonnère, la betterave, etc., sont encore des racines potagères. (B.)

RACINE DE DISETTE. Variété de la Betterave. *Voyez* ce mot.

RACINE VIERGE. *Voyez* au mot Bryone et au mot Taminier.

RACK. L'eau-de-vie est composée de deux parties distinctes; savoir, d'esprit ou d'alcool et d'eau. Si on réunit, en effet, ces deux fluides dans des proportions convenables, on reformera de l'eau-de-vie; les autres principes qu'elle pouvait tenir en dissolution sont étrangers à son essence. *Voyez* Alcool.

Mais comme l'expérience a appris qu'un grand nombre de produits du règne végétal renferment, indépendamment des matières sucrées et farineuses, d'autres principes, on ne doit pas être surpris si l'eau-de-vie qu'on en retire, quoique toujours la même, en ne considérant que ses parties constituantes et ses effets généraux dans l'économie animale et dans les arts, varie cependant beaucoup relativement à d'autres propriétés, telles que l'odeur et le goût. Il n'est pas question ici de leur degré de force, puisqu'il appartient uniquement à la plus ou moins grande quantité d'eau qui s'y trouve combinée.

La nature même des substances employées dans chaque pays à la fabrication de l'eau-de-vie est donc la véritable cause de la variété qu'on remarque dans les différentes espèces. Celles que l'on trouve le plus communément dans le commerce sont, 1°. le rack ou arac; 2°. le rhum; 3°. le taffia; 4°. l'eau-de-vie de France ou de vin; 5°. l'eau-de-vie de sucre; 6°. l'eau-de-vie de grains; 7°. l'eau-de-vie de pommes de terre; 8°. l'eau-de-vie de betteraves; 9°. l'eau-de-vie de cerises ou kirschwasser. Il faut y joindre les eaux-de-vie qu'on peut retirer des différens fruits ou baies, et qui ne sont encore désignées sous aucune qualification particulière. Je vais dire un mot des trois premières de ces espèces, renvoyant à leurs articles particuliers celles qui sont mentionnées à leur suite.

Du rack. On n'est point aujourd'hui d'accord sur les substances dont on retire le véritable arac. Les uns prétendent qu'il est le produit de la distillation d'une liqueur fermentée, préparée avec le mélange des fruits de l'arec (*areca cathecu*) et des noix de cocos (*cocos nucifera*); que c'est de là que cette liqueur a pris son nom. D'autres, au contraire, pensent qu'on obtient le rack en faisant fermenter le suc des fruits de l'arec avec du riz avant sa maturité, et en procédant à la distillation. Les Chinois préparent une autre espèce d'eau-de-vie, qu'ils obtiennent de la manière suivante:

Ils font avec l'eau une pâte composée d'un mélange de parties égales de riz et de racines de galanga moulues, qu'ils réduisent en boulettes; ils les exposent ensuite à la fumée d'une cheminée; ils les broient et les mettent en poudre dans de l'eau où l'on a fait cuire du riz; ils laissent fermenter le tout et procèdent à la distillation. Peut-être que la différence que l'on remarque souvent dans l'odeur et le goût du rak du commerce n'a pour cause que les diverses manières de préparer cette liqueur.

Du rhum. Le meilleur et le plus pur vient des Indes orientales et occidentales, où on le prépare, non avec les impuretés du sucre, comme on le croit communément, mais avec le suc récent de la canne que l'on fait fermenter, et qu'ensuite on distille. L'odeur et la saveur agréables et particulières qui distinguent le rhum appartiennent sans doute aux parties résineuses et aromatiques contenues dans le suc de la canne; il paraît même probable que la totalité du rhum qui nous est apporté par la voie du commerce n'est pas ainsi préparé, mais qu'une grande partie est du taffia, que l'on obtient d'après le procédé suivant :

Du taffia. Le taffia est une mauvaise espèce de rhum, qui vient également des Indes occidentales, et qu'on prépare, non avec le suc récent de la canne, mais avec la mélasse et autres résidus syrupeux des raffineries; on fait fermenter, et on procède ensuite à la distillation. (Par.)

RACLÉE. On donne ce nom, dans quelques lieux, à un binage qui ne consiste qu'à racler la surface du sol avec la houe pour enlever les mauvaises herbes.

Cette opération diffère à peine du ratissage et se pratique souvent avec les mêmes instrumens. *Voyez* Ratissoire. (B.)

RACLET. Synonyme de binage dans quelques lieux. (B.)

RACLONS. On donne ce nom, dans quelques lieux, aux gazons qu'on a enlevés dans les friches, le long des chemins sur les berges des fossés pour, après les avoir fait pourrir en tas, les répandre comme engrais dans les champs et sur les prairies. *Voyez* Lande.

On peut tirer et on tire en effet un grand parti des raclons; mais comme c'est, selon l'expression vulgaire, découvrir saint Pierre pour couvrir saint Paul, et que leur extraction ne laisse pas que d'être coûteuse, je crois que, hors quelques cas, il est sage de chercher d'autres moyens de fumer les terres.

Quelques personnes donnent aussi ce nom aux boues ramassées dans les villes, le long des routes, etc. *Voyez* Boue. (B.)

RACQUE. C'est le marc de raisin qu'on emploie à Montpellier pour fabriquer le verdet. (B.)

RADICALE (FEUILLE). On donne ce nom aux feuilles qui sortent immédiatement du collet de la racine. *Voyez* Plante. (B.)

RADICULE. Lorsqu'une graine germe, il en sort deux tubercules, l'un ascendant, qu'on appelle la plantule, et qui est destiné à devenir la tige; l'autre descendant, c'est-à-dire s'enfonçant dans la terre, et qui est l'origine de la racine. *Voy.* Plantule, Graine, Germination, Racine.

Comme la radicule et la plantule sortent de deux points opposés, et que ces points ne varient pas, quelle que soit la position de la graine dans la terre, il arrive souvent qu'en se développant la plantule présente sa pointe à la terre, et la radicule la sienne à l'air; mais le jour même de leur germination, toutes deux commencent à se courber pour reprendre la direction contraire, c'est-à-dire celle qu'il est dans leur nature d'avoir, et le plus souvent, par suite de leurs efforts, la graine même fait un demi-tour sur elle-même. Il en résulte qu'il est indifférent que toutes les graines qu'on sème à la volée tombent sur un côté ou sur un autre, et l'expérience de tous les temps et de tous les lieux le prouve.

Cependant il est de fait, et j'en ai acquis personnellement la preuve par l'observation, que la position renversée d'une graine retarde toujours sa germination ou, mieux, la sortie de terre de sa plantule, et l'enfoncement de sa radicule en terre. Ce n'est pas sans des efforts dont le résultat n'est pas toujours heureux, que ces deux parties reprennent leur position naturelle : cela se remarque sur-tout dans les grosses graines, principalement dans les amandes, dont la forme allongée ne permet pas le demi-tour en question; aussi combien d'amandiers, de noyers, de chênes, semés dans des pépinières, dont le plant offre une forte courbure au collet des racines, courbure qui nuit nécessairement à l'ascension et à la descension de la sève, et par conséquent à sa végétation! D'ailleurs, souvent la radicule, dans ce cas, se montre à l'air, et si cet air est desséchant (*voyez* Hale); si le soleil est vif, elle est frappée de mort, ou au moins perd sa pointe. J'ai vu cet accident arriver à un semis de glands qui, comme on sait, demandent à être peu enterrés pour germer. On doit donc, autant que possible, placer les grosses graines dans la terre, sur-tout les amandes, de manière que la radicule s'enfonce, et la plantule s'élève de suite ; c'est-à-dire que ces amandes doivent être mises un peu obliquement sur l'arête la plus tranchante.

Il est important de remarquer que la radicule tire sa subsistance des cotylédons dans les premiers jours de son développement, et que c'est d'elle que la plumule tire la sienne. *Voyez* aux mots Cotylédon , Germination.

Puisque la radicule est l'origine de la racine, elle doit être à plus forte raison celle du pivot, qui est le corps de cette racine : ainsi toutes les fois qu'on casse l'extrémité de cette radicule, il ne doit plus y avoir de pivot, et c'est ce qui a effectivement lieu. Les jardiniers ont observé qu'il y avait un plus grand avantage à lui faire subir cette opération qu'à couper le pivot, même à la première ou à la seconde année de sa croissance, parce qu'il se développe plus de racines secondaires, et qu'elles sont plus près du collet. (*Voyez* Pivot.) Cet avantage est sur-tout évident dans les arbres qui, comme les amandiers, les pêchers, les abricotiers, les noyers et les chênes, offrent dès la première année des pivots de plus d'un pied de long, pivots qui n'ont de fibrilles qu'à leur extrémité. En conséquence, dans les pépinières bien conduites, on fait germer ces graines dans du sable, et on leur coupe l'extrémité de la radicule avec l'ongle avant de les mettre en terre. Il ne paraît pas que ces semences souffrent de cette soustraction, car elles poussent aussi vigoureusement que celles qui ne l'ont pas subie. *Voyez* Semis.

La radicule prend le nom de racine dès qu'elle s'est consolidée, ce qui souvent a lieu en peu de temps. *Voyez* Racine. (B.)

RADIÉE (FLEUR). Sorte de fleur composée. Elle se distingue par ses fleurons, qui occupent le centre, et par ses demi-fleurons, qui occupent la circonférence. Les hélianthes ou soleils ont des fleurs radiées. *Voyez* Fleur composée et Syngénésie.

Par la culture, les fleurs composées perdent leurs fleurons, ou mieux, les transforment en demi-fleurons, et deviennent des semi-flosculeuses, comme on le voit annuellement dans les jardins sur l'astère de la Chine, ou *grande marguerite.*

C'est mal-à-propos qu'on a appelé ces fleurs doubles, puisqu'en éprouvant ce changement elles ne perdent pas leur faculté reproductive. Il eût fallu leur donner un nom particulier. *Voyez* Fleur double. (B.)

RADIX. *Voyez* Raifort.

RAFFAN. Synonyme de rabougri. Ce nom s'applique cependant plus particulièrement aux chênes destinés à former des arbres de futaie. (B.)

RAFLE. Filet de 10 à 12 pieds de hauteur et de largeur, à mailles de 6 à 8 lignes de diamètr e ; qudeux personnes, au moyen de deux bâtons, soutiennent perpendiculairement à l'extrémité des haies où les moineaux, les pinçons et autres petits oiseaux, où les grives, les merles et autres oiseaux plus gros, se réfugient pour passer la nuit, et dans lequel on en prend de grandes quantités, en plaçant, lorsque la nuit est bien noire, une torche allumée derrière, et en les chassant doucement dedans par un battage commencé à l'extrémité opposée de la haie. Cette chasse est la plus avantageuse de toutes pour la destruction des moineaux dans les campagnes. J'en ai pris et vu prendre des centaines en quelques minutes au commencement de l'hiver, époque où ils vivent en bandes nombreuses.

Il y a aussi des rafles contremaillées qui dispensent d'employer des hommes pour les tenir. *Voyez* Panthière. (B.)

RAFLE ou MARC. Résidu de la grappe et du raisin après qu'on a exprimé le suc par le pressoir. On se sert encore du mot *rafle* pour désigner la partie de la grappe qui sert de chapeau et qui recouvre une cuvée pleine de raisins en fermentation. *Voyez* Raisin et Vendange. (B.)

RAFRAICHIR LA TERRE. Expression vide de sens, dit avec raison Rozier. On dit communément, dans certains cantons, que lorsqu'un terrain est épuisé à produire du froment, il faut le rafraîchir en y semant du seigle. Dans ce cas, le seigle peut en effet donner une récolte passable, et parce qu'il est une autre espèce que le froment, et parce qu'il pousse et mûrit plus tôt; mais il vaudrait beaucoup mieux semer dans ce terrain des prairies artificielles ou des plantes annuelles propres à être coupées en vert. *Voyez* Assolement et Succession de culture. (B.)

RAFRAICHIR LES RACINES. Expression consacrée dans le jardinage et synonyme de couper l'extrémité des racines.

On rafraîchit les racines dont l'extrémité a été desséchée par le hâle, et celles qui ont été mutilées en les arrachant.

L'opération du rafraîchissement des racines est bonne en elle-même; mais on l'outre très-souvent. *Voyez* Racine, Plant, Plantation et Habiller le plant. (B.)

RAGE. Maladie qui, dit-on, se développe spontanément dans quelques animaux, principalement dans le chien et ses congénères, le loup, le renard, etc., et qui se communique à l'homme et à la plupart des animaux au moyen de l'introduction dans le sang, par morsure ou autrement, de la bave de l'animal enragé.

On a prodigieusement écrit sur la rage, et cependant non-seulement sa nature et ses causes ne sont pas encore connues; mais ses symptômes, ses préservatifs, ses remèdes, ne sont point fixés.

Je n'entreprendrai pas de traiter à fond une matière sur laquelle tant d'hommes célèbres ont échoué ; mais les cultivateurs et leurs animaux sont trop fréquemment exposés aux effets de la rage pour que je ne consacre pas un article à cette affreuse maladie, en mettant toute théorie de côté.

« On reconnaît qu'un chien est enragé s'il ne veut ni boire ni manger ; s'il a le regard louche ou morne ; s'il s'éloigne des autres chiens quand il les aperçoit ; s'il murmure plutôt qu'il n'aboie ; s'il est hargneux et disposé à mordre les personnes étrangères ; s'il porte, en marchant, ses oreilles et sa queue plus basses qu'à l'ordinaire : quelquefois il paraît endormi, ensuite sa langue commence à sortir de sa gueule ; il écume et ses yeux deviennent larmoyants. S'il n'est pas enfermé, sa marche devient précipitée, il court en haletant ; sa contenance est abattue, et il finit par périr insensiblement dans des convulsions violentes.

» Voyons maintenant quels sont les symptômes avant-coureurs de cette maladie communiquée à l'homme par la morsure d'un animal enragé.

» Pour l'ordinaire, la plaie qui résulte de cette morsure est légère en apparence et ne tarde pas long-temps à se guérir. Celui qui a été guéri perd bientôt sa joie naturelle ; il devient inquiet, rêveur ; il ressent des malaises dans tout le corps ; il pousse de profonds soupirs ; il bâille souvent et devient dans peu mélancolique ; cet état dure ordinairement quinze jours ou trois semaines. C'est alors que la plaie, avant de se rouvrir, commence à devenir douloureuse, le malade y ressent une douleur vive et gravative ; la peau qui la revêt change de couleur et se transforme en un rouge obscur. Il s'y forme quelquefois par dessous une ecchymose ; sa surface devient rude et inégale en divers endroits ; tout le voisinage de la plaie s'enfle et se ramollit ; ses bords se renversent et leur tissu paraît spongieux et imbu d'un sang corrompu. Il s'écoule de cette plaie une humeur fétide et souvent noirâtre.

» A cette époque, se déclarent d'autres symptômes qui caractérisent le premier degré de la rage, communément appelée rage mue, ou rage déclarée, tels qu'un engourdissement général, un froid continuel, des soubresauts dans les tendons, la contraction de certaines parties du corps, un grand resserrement aux hypocondres, une difficulté de respirer entremêlée de soupirs ; l'horreur pour l'eau et pour toute espèce de liquide, qui devient plus forte, un tremblement général à la vue de quelque glace, d'une lame de métal poli, d'un couteau ou d'une épée luisante ; la soif devient plus ardente : il survient quelquefois un vomissement de matières atrabilaires, avec une fièvre forte ; le corps s'échauffe, le sommeil est interrompu ; la peur qu'ils ont de la boisson trouble leur raison au point qu'ils croient voir tous ceux qui les entourent armés de verres et de bouteilles pour les forcer à boire ; le moindre vent, le plus léger mouvement dans l'atmosphère qui les entoure, suffit pour leur rappeler l'idée de la boisson, ou pour exciter en eux une telle irritation, qu'ils disent souffrir des commotions générales dans tout le corps. Ils poussent des cris de douleur lorsqu'on ouvre une fenêtre, ou lorsqu'on approche d'eux avec un peu de précipitation ; leurs yeux ne peuvent plus supporter la lumière ; ils se couvrent quelquefois le visage et font fermer les fenêtres pour rester dans l'obscurité : les uns sont si effrayés, qu'ils croient voir continuellement ou par intervalles l'animal qui les a mordus ; les autres entendent des bruits fort incommodes dans les lieux les plus silencieux.

» La rage blanche, ou le second degré de la rage confirmée, est accompagnée de symptômes plus terribles : dans cet état déplorable, on observe un délire furieux, dans lequel les malades se jettent sur toutes sortes de personnes, leur crachent au visage, déchirent tout ce qu'ils trouvent, tirent la langue, écument de la bouche et sécrètent beaucoup de salive. Leur visage est rouge, leurs yeux sont étincelans ; l'urine s'épaissit et s'enflamme, et quelquefois elle se supprime ; la voix devient rauque ou les malades la perdent entièrement. Communément ils ressentent des douleurs si vives, qu'ils prient les assistans de les leur abréger en leur ôtant la vie ; il y en a qui se mordent eux-mêmes. A tous ces accidens fâcheux la faiblesse succède et annonce une mort prochaine. D'autres ne sont jamais furieux ; ils pleurent et périssent sans éprouver de convulsions. »

La rage se remarque plus fréquemment dans les animaux du genre chien pendant les chaleurs de l'été, c'est-à-dire lorsque le besoin de boire est le plus vif et les moyens de le satisfaire plus rares. On a conclu de ce fait que ces deux circonstances la faisaient naître spontanément en eux ; mais cette spontanéité (1) n'est rien moins que prouvée par là, puisqu'au

---

(1) M. Ponteau rapporte un fait cité dans les *Transactions philosophiques*, d'un homme qui, sortant du jeu, désespéré d'avoir tout perdu, se mordit au poignet et mourut de la rage. Nous pouvons attester un autre exemple qu'il donne d'un même résultat après un emportement violent. Le 12 juin 1752, un maître de pension, nommé Jean-Baptiste Foisel, âgé de quarante-quatre ans, et d'un tempérament bilieux et colérique, se mit dans une colère extrême contre un portefaix qui cassa une glace chez lui en y déchargeant du bois : un quart d'heure après, il se mit sur son lit et y sommeilla quelques instans ; à son réveil, il fut fort effrayé de se voir dans l'impossibilité de boire, quelque grande que fût sa soif. Il fit appeler M. Charmeton, chirurgien très-renommé à juste titre, qui lui cou-

rapport d'Olivier de l'Institut la rage n'existe pas dans l'Orient, où les chaleurs sont excessives. Il en est de même en Caroline, Amérique septentrionale, au rapport de M. Bosc.

Quoique toutes les maladies des chiens que l'on confond sous le nom de rage, comme la FRÉNÉSIE et la PARAFRÉNÉSIE (*voyez* PLEURÉSIE) ne soient pas également dangereuses, il est toujours prudent d'y apporter des attentions, puisqu'au rapport de beaucoup d'auteurs les fortes passions et sur-tout la colère donnent lieu au développement des symptômes de la rage. Dès qu'on s'aperçoit qu'un chien est malade, languissant, plus triste qu'à l'ordinaire, qu'il refuse de prendre des alimens, et grogne sans cesse contre les étrangers, il ne faut pas hésiter à l'enfermer ou à l'attacher : on lui présentera quelquefois de la boisson ; s'il la refuse, s'il entre en fureur, il faut redoubler d'attention, n'en approcher qu'avec précaution.

Quelques observations semblent prouver que la bave d'un animal enragé déposée immédiatement sur la peau d'un homme ou d'un autre animal, ou immédiatement sur un corps étranger, peut communiquer la rage ; mais il est à-peu-près certain qu'il faut pour cela qu'il y ait lésion, excoriation dans la peau.

On croit aussi que la rage peut se gagner en mangeant de la chair des animaux enragés, ou des alimens sur lesquels il y aurait de leur bave.

Dans ces deux cas, la prudence commande des précautions : ainsi il faut laver avec soin tous les objets qu'a pu toucher un animal mort enragé, et enterrer son cadavre très-profondément sans l'entamer sous aucun prétexte.

Il paraît aujourd'hui à-peu-près constant, quoique beaucoup de personnes n'en soient pas convaincues, que les animaux herbivores ne communiquent pas la rage ; au moins jusqu'à présent n'a-t-on aucun fait qui prouve que leur morsure l'ait produite, quoique beaucoup de personnes aient été mordues par des chevaux et par des vaches qui avaient tous les symptômes de la rage ; on trouvera à la fin de cet article plusieurs observations qui viennent à l'appui de ce fait. L'homme se place sans doute dans la même catégorie ; mais il

---

seilla de se faire porter à l'Hôtel-Dieu, où M. Bourgelat l'a vu. Il s'était mis en colère à deux heures, il en était quatre quand il arriva dans ce lieu ; on lui fit aussitôt une ample saignée, qui fut inutile : car les accidens augmentant toujours, on fut obligé de l'attacher ; la violence même du mouvement qu'il fit alors rouvrit la saignée ; il mourut à trois heures du matin sans avoir été mordu par aucun animal et sans avoir sur le corps aucun vestige de blessure et de plaie que celle qu'on lui avait faite en le saignant ; il assura toujours qu'il n'avait jamais éprouvé de blessure ni de piqûre dans le cours de sa vie.

est si rare qu'il morde lorsqu'il est affecté de la rage, qu'on n'a pu en acquérir la preuve.

Mais quels sont les remèdes contre cette affreuse maladie? On en a indiqué des milliers, parce que souvent l'animal qu'on a cru mordu ne l'était pas, qu'il suffit d'une apparente guérison pour en faire préconiser un, et que ce cas se renouvelle souvent. Cependant, en soumettant à une critique sévère la théorie et la pratique des personnes qui ont écrit sur la rage, on est convaincu qu'il n'y a réellement que la cautérisation des plaies, immédiatement après la morsure, qui soit réellement spécifique. Je ne parlerai donc point de toutes les recettes qu'on trouve dans les livres, quelque recommandées qu'elles soient.

De tous les caustiques celui qui est le moins douloureux, le moins sujet à inconvénient, le plus facile à se procurer, c'est le feu ; c'est donc le cautère actuel que je conseille de choisir.

Ainsi dès qu'un homme ou un animal domestique sera mordu par un animal enragé, il faudra laver la plaie (ou les plaies) avec le plus d'exactitude possible avec de l'eau fortement saturée de sel de cuisine (muriate de soude), et ensuite y introduire un fer presque chauffé à blanc, jusqu'à ce que la partie soit noire et pour ainsi dire charbonnée ; c'est sur-tout sur ce dernier point qu'il faut insister : c'est de lui que dépend la cure ; on peut encore après cette opération couvrir la partie d'un emplâtre vésicatoire.

Il ne faut jamais élargir les plaies, ni les scarifier, comme on le conseille dans quelques livres, parce que cela faciliterait l'introduction de la bave dans la circulation et ferait d'une maladie locale et externe une maladie interne, ce qu'il faut sur-tout éviter.

Les dangers qui peuvent résulter de cette opération, à raison des veines, des artères, des ligamens, etc., ne doivent point arrêter, mais seulement faire désirer employer un chirurgien ou un vétérinaire instruit, plutôt qu'un ignorant. Cette brûlure se traite ensuite comme une autre.

Le traitement interne doit porter sur les remèdes capables de diminuer l'inflammation et propres à calmer les accidens : quant à ceux de ces médicamens qui doivent être mis en usage pour l'homme, il faut consulter un médecin ou un chirurgien.

Pour les animaux, on pratiquera une ou plusieurs saignées, et on administrera des breuvages faits avec des infusions de feuilles d'oranger ou de sauge, auxquelles on ajoutera l'alcali volatil (ou ammoniac) à la dose d'un demi-décagramme jusqu'à un décagramme pour le cheval, l'âne, le mulet et la vache (un gros et demi jusqu'à 3 gros), et pour le mouton, la chèvre, le chien, le chat, depuis dix gouttes jusqu'à 10 grammes (2 gros); on peut encore employer avec avantage le bol suivant :

Pour les gros animaux prenez assa fœtida (merde du diable), depuis 4 grammes jusqu'à 3 décagrammes (depuis 2 gros jusqu'à une once); mêlez avec suffisante quantité de miel; et pour les petits depuis 6 décagrammes (12 grains) jusqu'à 4 grammes (un gros): on peut ajouter à ce bol l'opium, depuis 5 décigrammes jusqu'à 4 grammes, pour les premiers de ces animaux (de 20 grains à un gros), et pour les derniers, depuis un décigramme jusqu'à 6 (de 2 grains à 12.)

Si c'est un homme et qu'il craigne l'opération ci-dessus, on pourra lui substituer le *beurre d'antimoine* (muriate d'antimoine), la *pierre infernale* (muriate d'argent), la pierre à cautère (chaux pure).

On ne peut douter qu'il ne soit très-avantageux de désorganiser la chair imprégnée de venin immédiatement après qu'il y a été introduit; cependant il ne faudrait pas se refuser à appliquer le fer rouge sur une blessure, quelque ancienne qu'elle fût, car on a des exemples que des morsures même guéries ont été traitées avec succès par le même moyen.

Quant à la rage déclarée, il ne paraît pas qu'il y ait de moyen certain de guérison. Tout animal qui en est atteint doit être tué et enterré; c'est au médecin à juger des adoucissemens qu'il doit apporter à la situation des hommes qui sont dans le même cas.

Nous avons dit que la rage pouvait être confondue avec la frénésie, et nous avons promis de rapporter ici quelques observations que nous avons été à même de faire.

Dans le courant de fructidor de l'an sept, quatre chevaux du vingt-unième régiment de chasseurs à cheval furent successivement attaqués d'une maladie qui s'annonçait avec des symptômes de rage; ce qui fit dire qu'ils étaient enragés.

Ces chevaux avaient les yeux hagards, fixes et ardens, la respiration forte et fréquente, les flancs très-agités; ils suaient beaucoup à la tête, à l'encolure et aux flancs; ils trépignaient fortement pendant les accès; enfin ils mordaient et avaient une grande horreur de l'eau; l'aversion pour ce fluide était telle dans un de ces chevaux, que la vue d'un petit ruisseau lui occasionna un tremblement général, et qu'il mourut à la suite d'une convulsion, déterminée par une forte immersion qu'on lui fit sur la tète; ce cheval tomba par terre, se releva, grinça les dents, raidit l'encolure et mourut de suite : M. Huzard, membre de l'Institut et commissaire général des écoles vétérinaires, a été témoin de ce fait.

Ces quatre chevaux moururent : le premier, au bout de cinq heures ; le second, au bout de vingt ; le troisième, de seize ; et le quatrième, de sept.

L'ouverture en fut faite en présence de M. Huzard, déjà cité, et de M. Tessier, membre de l'Institut ; elle présenta dans tous à-peu-près les mêmes phénomènes : les principaux étaient l'inflammation du foie et du diaphragme.

Ces chevaux en avaient mordu d'autres, auxquels il ne fut point fait de traitement, on se contenta seulement de les surveiller ; aucun d'eux n'est devenu malade..

J'ai vu chez M. le ci-devant archichancelier un cheval qui se refusait à boire, courait sur les personnes qui se présentaient à lui et ouvrait la bouche pour les mordre. Enfin il eut un accès si violent, qu'il essaya de franchir une cloison d'environ 6 pieds, sur laquelle il resta engagé et où il mourut.

Je dois dire ici que le palfrenier qui soignait ce cheval assurait qu'il avait été mordu par un chien qu'il avait vu fuir de l'écurie quelque temps avant, l'ouverture démentit ce que cet homme avait avancé. On trouva dans la gorge un corps étranger, qui avait occasionné une forte strangulation et par suite la mort.

Le 18 août 1808, j'ai été appelé chez M. Le Bas, loueur de carrosses, rue des Champs-Elysées, pour y voir un cheval qui avait des accès de frénésie : il mordait tous les corps qui l'environnaient et même les personnes qui s'en approchaient, il cherchait aussi à leur donner des coups de pieds : lorsque je le vis, il avait été placé seul dans une petite écurie ; enfin il était devenu tellement furieux et dangereux qu'il était impossible d'en approcher, et il avait mordu si fortement le cocher à la main, qu'on se décida à le faire assommer le même jour à deux heures : l'ouverture en fut faite à six, en présence de MM. Laserre, chirurgien chargé de panser la personne mordue, Le Bas, et Légat, propriétaire de la maison où était le cheval.

A l'ouverture du bas-ventre, l'estomac a été trouvé rempli d'une quantité considérable d'avoine non digérée, l'intestin colon était également farci d'alimens : ces viscères, qui faisaient une pression considérable sur le foie et contre le diaphragme, les avaient rendus noirs et enflammés ; le foie se divisait facilement avec les doigts comme s'il eût été cuit.

Les viscères de la poitrine n'offraient rien de remarquable.

Le cerveau n'avait d'autre caractère maladif que ceux qui sont la suite ordinaire des inflammations du bas-ventre.

J'ai eu plusieurs occasions de voir des chevaux en qui la frénésie donnait des envies de mordre et chez lesquels elle déterminait l'horreur pour l'eau ; tout récemment encore j'ai vu chez M. Hitz, maître de pension, rue de Matignon, un cheval qui avait la même maladie, accompagnée des mêmes symptômes.

L'horreur de l'eau, le refus de boire des animaux et l'action de mordre ne sont pas particuliers à la rage ; ils n'en sont pas constamment des symptômes univoques. J'ai été à portée d'observer, avec M. Huzard, que deux chiens dans lesquels ils se manifestaient à un très-haut degré, n'étaient point enragés ainsi qu'on l'avait dit, l'inspection anatomique des cadavres nous ayant démontré d'une manière évidente que les causes qui y donnaient lieu étaient des corps étrangers engagés dans le pylore.

Des deux chiens qui font le sujet de cette observation, l'un appartenait à M. Guerre, cultivateur à la ferme de Grenelle, et l'autre à une dame qui demeurait rue de Cléry : le premier avait mordu d'autres chiens et des volailles, et le second avait mordu une dame ; il n'est résulté aucun accident de ces morsures ; la dame, rassurée par les détails de l'ouverture, n'eut plus d'inquiétude.

On ne fait presque jamais les ouvertures des animaux que l'on regarde comme enragés ; on se contente de les tuer, rarement on les enfouit. Si une personne a été mordue, on ne manque pas de lui faire entrevoir tous les dangers qu'elle court, afin de l'engager à prendre des précautions, et on ne s'occupe pas de l'ouverture de l'animal enragé, qui seule pourrait conduire à une connaissance certaine de l'état du malade, et faire cesser de fausses alarmes, qui en pareille circonstance, ne sont pas moins dangereuses qu'une sécurité mal entendue ; nous croyons donc qu'on ne pourrait trop recommander de faire les ouvertures des animaux qu'on dit être enragés, et nous sommes fondés à croire qu'il en résulterait un très-grand avantage pour les personnes mordues.

La frénésie était connue des anciens. Ruini, auteur italien, dans la seconde partie de son ouvrage, ayant pour titre : *Infirmita del cauallo et suoi rimedii, Venetia*, 1618, in-fol., *libro secondo, capitolo decimo, della frenesia*, décrit cette maladie avec beaucoup d'exactitude : son ouvrage, traduit en français par Horace de Francini, sous le titre d'Hippiatrique, Paris, un volume in-4°., est bon à consulter ; il ne l'a pas confondue avec la rage, qu'il décrit le chapitre d'après : *Capitolo undecimo, della rabbia et furore de i caualli*, pag. 39 - 41.

On trouve dans *Le nouveau et sçavant Mareschal françois*, qui est une traduction de l'ouvrage de Markham, gentilhomme anglais, par Foubert, écuyer du roi, un volume in-4°. avec figure, imprimé à Paris chez Jean-Baptiste Loyson, au Palais,

page 44, chapitre **XXX**, une description exacte de la frénésie
et manie du cheval.

M. Moreau de Saint-Méry cite le trait suivant :

Un chien qui avait déjà fait périr plusieurs nègres entra sur
une habitation du quartier de Limonade, à Saint-Domingue,
le soir au moment où tous les esclaves, revenus des travaux,
se trouvaient réunis autour de leurs cases, et que les enfans
étaient dispersés, jouant çà et là. A l'attitude du chien, à
l'écume qui sortait de sa gueule, à son œil fixe et enflammé,
à sa colère contre les objets insensibles qu'il rencontrait, au
serrement de la queue entre les jambes, mais sur-tout aux
traits avec lesquels on le désignait dans le quartier, il fut reconnu enragé. Aussitôt des cris qui s'élèvent de toutes parts
annoncent l'effroi général ; chaque père, chaque mère court
à ses enfans et fuit avec eux. La terreur est telle que personne
ne songe à se défaire de ce cruel ennemi ; mais ce spectacle
alarmant éveille le courage d'un nègre nommé Coucouba. Il
vaut mieux qu'un seul périsse, s'écrie-t-il dans son patois
énergique ; et armé de son couteau, il vole au devant du chien
que son aspect anime. Le combat est livré, le malheureux
Coucouba est renversé, et son cruel adversaire déchire toutes
les parties de son corps ; il se relève, et enfin l'animal reçoit la
mort après avoir vendu chèrement sa vie. Coucouba, couvert de
blessures, ne sent que le plaisir d'avoir assuré l'existence de ce
qui l'environne, et qui s'empresse de lui exprimer sa recon-
naissance et son admiration.

Nous avons du plaisir à ajouter que ce nègre jouit encore
depuis plus de vingt ans du fruit de cet acte héroïque, et que
les précautions qui furent prises lors de cet événement l'ont
garanti de toutes ses suites. D'abord on débrida ses nombreuses
plaies et l'on y fit brûler de la poudre à canon ; à cette première opération, pendant laquelle le courage de Coucouba ne
se démentit point un seul instant, on fit succéder un traitement
mercuriel ; et ces soins (moins peut-être que son intrépidité
et son peu de crainte de cette maladie) l'ont préservé de la
rage, dont il n'a jamais eu le moindre symptôme, quoique le
chien tué eût été reconnu pour être le même que celui dont
les morsures avaient fait périr plusieurs personnes. (Des.)

RAGOUMINIER. Espèce de cerisier.

RAGRÉER. Terme de jardinage, qui signifie unir avec
la serpette la plaie faite à une branche ou à un tronc lorsqu'on les a coupés avec une scie ou une hache. Cette opération
est utile en ce qu'elle favorise l'écoulement des eaux des pluies
qui, séjournant sur la Plaie, auraient donné lieu à la Carie.
Voyez ces deux mots. (B.)

RAGUS. Nom qu'on donne dans le département de la

Haute-Garonne à la pourriture qui attaque les bêtes à laine à fin de l'hiver. *Voyez* Mouton et Pourriture. (B.)

RAIE. Mesure agraire qui était le sixième du sillon. *Voyez* Mesure.

RAIE ou ROYE. C'est la fosse que fait la charrue dans la terre lorsqu'elle laboure.

Ce mot est donc synonyme de Sillon. *Voyez* ce mot.

Dans quelques endroits, raie est synonyme de labour. On dit *semer à une raie* pour dire semer sur un seul labour.

L'espèce de la charrue, la nature de la terre et l'objet de la culture déterminent la largeur et la profondeur des raies ; mais elles doivent toujours être droites et également profondes dans toute leur longueur, à moins que des obstacles insurmontables ne s'y opposent. *Voyez* Labourage et Charrue.

Il est des raies d'une espèce particulière qui coupent les labours dans toutes les directions , on les appelle des Égouts, des Écremens, des Maitres. *Voyez* ces mots.

La profondeur des raies est ordinairement de 4 à 8 pouces. Dans quelques cas, on l'augmente, soit au moyen d'une charrue plus forte, telle que celle qui est figurée *Pl. VI* du tome III, soit en y faisant passer deux et même trois fois la même charrue.

De nouvelles expériences tendent à confirmer ce que j'ai dit, au mot Charrue, des avantages tant relativement à l'économie qu'à la bonté du travail, qu'il y a à employer des charrues à deux socs parallèles, dont l'un est postérieur à l'autre. (B.)

RAIE AU BLÉ. On donne ce nom, dans quelques cantons de la ci-devant Picardie, au troisième labour que reçoivent les terres soumises à la jachère. Comme le sol est ordinairement fort meuble, on peut le donner aussi profond qu'on veut : c'est en juillet qu'on le fait. *Voyez* Labour, Jachère et Froment. (B.)

RAIFORT, *Raphanus.* Genre de plantes de la tétradynamie siliqueuse et de la famille des crucifères, qui rassemble une huitaine d'espèces , dont deux sont dans le cas d'être mentionnées ici, l'une comme objet d'une grande culture, et l'autre comme nuisant souvent aux moissons.

Le Raifort cultivé a les racines annuelles, charnues, longues ou arrondies ; les tiges cylindriques, rameuses, hautes de 2 ou 3 pieds ; les feuilles alternes, lyrées, souvent presque pinnées, hérissées de poils rudes ; les radicales pétiolées , les caulinaires sessiles ; les fleurs blanches et violettes, disposées en grappes à l'extrémité des rameaux.

Cette plante, qui se cultive de toute ancienneté en Europe et en Chine, est originaire de la haute Asie, comme l'a prouvé le voyageur naturaliste Olivier, qui l'a trouvée en Perse dans l'état sauvage. On en connaît un grand nombre de variétés, qui se divisent en longues, en rondes et en grosses.

Parmi les premières, qui sont les *petites raves* des maraîchers de Paris, et que j'appellerai *ravioles*, pour les distinguer des véritables raves, on remarque,

La RAVIOLE ROUGE, ou *rave de corail*. Elle a 4 à 5 pouces de long sur 6 lignes de diamètre, terme moyen.

La RAVIOLE ROUGE HATIVE, qui ne diffère de la précédente que parce qu'elle est plus souvent semée sur couche.

La RAVIOLE SAUMONÉE. Sa chair est de la couleur de celle du saumon. C'est en ce moment la plus estimée à Paris.

La RAVIOLE BLANCHE. On la regarde souvent comme plus dure et plus fibreuse que les autres.

Parmi les secondes, qui sont les petits *radis* des maraîchers de Paris, il faut citer,

Le RADIS BLANC, qui est rarement de plus d'un pouce de diamètre, et qu'on préfère à moitié de cette grosseur.

Le RADIS ROUGE, dont la forme est la même. Il offre plusieurs sous-variétés, *rouge foncé, rouge pâle, violet foncé, rouge en dedans*.

RADIS SAUMONÉ ou *rose*. Couleur de chair de saumon, tendre et très-bon : c'est le plus recherché.

RADIS ALLONGÉ BLANC. Il est intermédiaire entre les radis et les ravioles par sa forme, et entre les radis et les raiforts par sa grosseur, qui est souvent de plus d'un pouce de diamètre. On le sème de préférence pour l'automne.

Parmi les troisièmes, qui sont les raiforts des maraîchers de Paris, ou raiforts proprement dits, ou qui sont assez différens des précédens pour être autorisé à les regarder comme provenant d'un autre type, on compte:

Le GROS RAIFORT NOIR, qui est fusiforme, de 3 ou 4 pouces de diamètre sur 8 à 10 de long, terme moyen, et dont l'extérieur est d'un noir plus ou moins foncé. Sa chair est dure, cassante et d'une saveur très-piquante. On le mange en hiver.

Le PETIT RAIFORT GRIS, moins gros et moins noir que le précédent : il est regardé comme plus délicat.

Le GROS RAIFORT BLANC, ou *radis d'Augsbourg,* ressemble au premier pour la forme et la grosseur ; mais il est blanc à l'extérieur.

La chair de toute ces variétés est recouverte d'une enveloppe ou peau épaisse, plus solide et plus piquante que le reste, et qu'on peut enlever d'une seule pièce. Cette chair devient dure, filandreuse, ensuite spongieuse et enfin creuse, par l'effet de l'âge, et sur-tout de la montée en fleur ; c'est-à-dire qu'elle est d'autant plus tendre et cassante, que les racines sont

3 *

plus jeunes. Cette circonstance oblige les amateurs qui veulent en avoir toute l'année d'en semer tous les quinze jours : l'hiver, sur couche à châssis, sur couche à cloche, et sur couche libre, selon qu'il fait plus ou moins froid ; le reste de l'année en pleine terre ; mais au printemps et en automne à l'exposition du midi ou du levant, et l'été à celle du nord.

Les raiforts proprement dits, qu'on ne mange qu'à la fin de l'automne ou en hiver, ne se sèment que vers le milieu de l'été, en pleine terre et à toutes les expositions.

Une terre légère, profonde, fraîche et bien préparée, est celle qui convient le mieux aux ravioles, radis ou raiforts. Ils demandent, pour être plus tendres et moins piquans, des arrosemens abondans en tous temps, sur-tout pendant les chaleurs. Comme ils prennent très-facilement un mauvais goût par l'effet des fumiers, il faut ne composer les couches sur lesquelles on ne doit les semer qu'avec du fumier de cheval, nouveau et sans mauvaise odeur, et ne les couvrir que de terreau bien consommé et même mêlé avec de la terre franche en petite quantité.

M. Mathieu de Dombasle assure qu'ils épuisent beaucoup le sol, ce que leur consistance peu compacte et leur saveur peu sucrée font difficilement croire.

Les raves et les radis doivent être mangés le jour ou le lendemain qu'ils ont été arrachés, car autrement ils se fanent et perdent une partie de leur bonté ; mais les raiforts proprement dits peuvent se garder des mois entiers dans un endroit frais, et même en général on les arrache à l'approche des gelées, pour les déposer dans les caves, les celliers et autres lieux qui les garantissent de ces gelées. Tous passent pour apéritifs et antiscorbutiques : les estomacs faibles les digèrent difficilement, et ils donnent souvent des rapports même aux meilleurs. Leurs jeunes feuilles peuvent se manger cuites ou en salade, mais on en fait peu usage en France.

On a indiqué une variété sous le nom de *raifort de la Chine*, comme pouvant fournir, par ses semences, une grande quantité d'huile d'une assez bonne qualité pour être placée immédiatement après celle de l'olivier. Je ne doute point de ce fait ; mais je soupçonne, par la seule inspection de la silique, dont la plupart des graines avortent, et qui ne s'ouvre pas naturellement, qu'elle doit donner bien moins de semence, et que ces semences sont bien plus coûteuses à nettoyer que celle du colza, de la navette et autres appartenant à des plantes de genres voisins. Au reste, comme il a été fait des expériences sur cet objet par la société patriotique de Milan, et que leur résultat a été favorable, je ne m'éleverai point contre ceux qui voudraient cultiver des raiforts sous ce rapport. On les sème clair, en septembre, dans un terre franche, un peu humide, et on récolte la graine en mai.

Le RAIFORT FAUX RAIFORT, *Raphanus raphanistrum*, Lin., a les racines annuelles; les tiges hérissées, rameuses, les feuilles alternes, lyrées, inégalement dentées, hérissées; les fleurs blanchâtres, striées de brun; les siliques glabres et uniloculaires. Il est extrêmement commun dans les blés, les orges et les avoines, et fleurit au milieu du printemps. C'est la peste des moissons dans certains pays. On le confond assez généralement avec la moutarde des champs, quoique la couleur de ses fleurs et la forme de ses fruits le distinguent au premier coup d'œil. Tout ce que j'ai dit au sujet de cette dernière convient parfaitement à ce raifort. On ne saurait prendre trop de soins pour en débarrasser ses champs. Les bestiaux en mangent les feuilles sans les rechercher. *Voyez* MOUTARDE. (B.)

RAIFORT SAUVAGE. C'est le CRANSON.

RAINDEAU. Synonyme de MAITRE SILLON ou d'ÉGOUT aux environs de Mirecourt. (B.)

RAINGUIN. Synonyme d'ANTENOIS. *Voyez* ce mot et les mots BREBIS, MOUTON, BÉLIER. (B.)

RAIPONCE. Espèce de CAMPANULE dont on mange la racine. On donne aussi ce nom à la mâche dans quelques endroits. (B.)

RAISIN. Dans ce fruit, la nature a signalé trois grandes destinations; savoir, l'une à faire des vins; la seconde, à fournir des sirops; la troisième enfin pour être employée comme objet de dessert, comme fruit de table. On verra, aux mots VIN et SIROP, les qualités que les raisins doivent avoir pour passer à ces deux états. Occupons-nous, dans cet article, de ceux qu'on cultive dans les jardins, soit en treilles, soit autrement, pour les consommer frais dans leur saison ou pour les faire sécher.

Il n'existe peut-être point une propriété rurale, même dans les contrées les plus septentrionales, où l'on ne puisse se procurer des raisin très-bons à manger, en adossant la vigne à un mur, en choisissant les variétés les plus hâtives et les plus propres au climat, et cultivant chacune avec soin et intelligence; mais en vain on chercherait à en obtenir un vin de qualité supérieure, il faut préférer de les manger. Dans le nombre de ceux qui jouissent de la meilleure réputation en qualité de comestible, on connaît les avantages des chasselas : placés à une bonne exposition, ils prospèrent sur presque tous les points de la France.

Dans quelques bons vignobles, on est dans l'usage de laisser le raisin aux vignes un certain temps encore après qu'il a atteint son point de maturité, pour lui faire perdre son eau surabondante et concentrer encore ses principes ; mais un plus long séjour sur le cep pourrait déterminer sa pourriture ; et comme il devient souvent la proie d'une foule d'animaux qui en sont très-friands, on a imaginé pour le soustraire à leur voracité d'introduire les grappes dans des sacs de papier huilé, ou dans des sacs de crin ; mais ces moyens, utiles pour le moment, ne sont pas toujours ensuite sans inconvéniens , et le raisin ainsi conservé ne peut être un fruit de garde.

Le raisin de treille est destiné à être conservé dans le fruitier : c'est là qu'il doit se perfectionner. Si on le laissait exposé aux premières gelées, son enveloppe se durcirait, il serait infiniment moins agréable à manger.

Il faut choisir un beau jour pour le cueillir, et faire en sorte de le rentrer sec au fruitier. À mesure que le coup de ciseau sépare la grappe, et qu'on en a détaché tous les grains suspects, on étend légèrement les grappes sur des claies garnies d'un lit de mousse très-sèche , on les isole et on ne les touche que le moins possible quand la claie en est recouverte ; on les transporte à la maison avec soin et sans secousse , et on les expose de nouveau avec les mêmes précautions le lendemain au soleil, si la journée est belle ; on retourne les grappes quelques heures après, et on les range ensuite dans le fruitier. À cette méthode , qui est la plus simple , la plus sûre et la plus généralement pratiquée quand les circonstances locales se trouvent d'accord avec les soins, on peut ajouter d'autres pratiques, dont voici les principales :

On suspend les grappes à des gaulettes de bois très-sec , de manière qu'elles ne se touchent par aucun point. L'attention va quelquefois jusqu'à les y fixer à la faveur d'un fil attaché au petit bout de la grappe, dans la vue de procurer encore plus d'isolement.

On garnit l'intérieur d'une ou de plusieurs caisses, de gaulettes ou de ficelles, sur lesquelles sont rangées les grappes sans se toucher ; on les ferme ; on applique un enduit de plâtre sur toutes les jointures ; on transporte ainsi les caisses à la cave, et on les recouvre de plusieurs couches de sable fin et très-sec. Le raisin se conserve ainsi très-long-temps ; mais dès qu'on a entamé une caisse, il faut promptement consommer le fruit.

On prend des cendres bien tamisées, qu'on détrempe avec de l'eau en consistance de bouillie claire ; on y plonge les grappes à différentes reprises, jusqu'à ce que la couleur des grains ne soit plus aperçue.

On les range ensuite dans une caisse sur un lit des mêmes cendres non mouillées ; on les recouvre d'un second rang, celui-ci d'une couche de cendre sèche, et ainsi de suite jusqu'à ce que la boîte soit remplie. Après l'avoir soigneusement fermée, on la dépose à la cave, et pour se servir du fruit il suffit de le plonger à plusieurs reprises dans de l'eau fraîche : la cendre s'en détache facilement, et il est aussi frais qu'au moment où on l'a cueilli.

La paille bien sèche sert quelquefois d'enveloppe aux grappes de raisins lit sur lit. Elles se conservent en très-bon état, pourvu qu'on les mette à l'abri des animaux destructeurs. D'autres fois il suffit d'isoler les grappes sur une planche, et de couvrir chacun avec un vase creux de verre ou de faïence, par exemple, avec des cloches à melons; on les enveloppe, on les surmonte d'un couche de sable fin, et le fruit s'y conserve exempt de toute sorte d'atteinte. *Voyez* FRUITERIE.

Des raisins secs. Outre la faculté de conserver assez long-temps les raisins avec tous les agrémens de la nouveauté, on a encore celle de leur faire éprouver un degré de concentration tel que non-seulement ils peuvent franchir l'intervalle d'une vendange à l'autre, mais acquérir encore une pesanteur spécifique considérable, à raison de leur peu de volume et de la facilité de leur transport dans les régions lointaines sans subir d'avarie : ainsi préparés, ils portent le nom de *raisins secs* ou *de caisse.*

Il y a des années tellement abondantes, que les propriétaires de vignes du midi font quelquefois litière des raisins, faute de savoir qu'en faire, lorsqu'ils pourraient profiter de leur position et préparer si facilement des sirops, et sur-tout des raisins secs, dont la conservation, l'importation et l'exportation coûtent si peu d'embarras et de frais (1).

Les anciens connaissaient très-bien non-seulement l'art de dessécher les raisins au soleil, mais ils n'ignoraient pas non plus les services que l'économie domestique pouvait en retirer; il en existe trois espèces dans le commerce qui se débitent sous des noms et à des prix différens. Voici le procédé dont on se sert à Roquevaire et dans la Calabre pour opérer cette dessiccation.

Préparation des raisins secs à Roquevaire. Ils sont singulièrement propres à être séchés. Indépendamment du choix des variétés, l'exposition des vignes contribue à leur donner cette qualité ; elles sont généralement placées sur des coteaux qui

---

(1) Ce n'est pas seulement pour les desserts d'hiver qu'il peut être avantageux aux cultivateurs du midi de la France de se livrer plus en grand à la dessiccation des raisins, mais pour la fabrication du vin et du vinaigre dans les départemens du nord, pour l'usage des confiseurs et des liquoristes. En en mettant quelques livres dans leurs cuves, les brasseurs obtiendraient une bière plus agréable.

(*Note de M. Bosc.*)

regardent le midi ; outre cela, le village et son territoire sont environnés de rochers qui les défendent des vents froids, et qui, répercutant les rayons du soleil, accélèrent la maturité des raisins et favorisent le développement du principe sucré, qui manque presque entièrement aux raisins nés dans les pays froids et humides.

On ne fait sécher à Roquevaire que des raisins blancs. L'espèce la plus propre à cet usage est celle que l'on nomme *panse* : c'est un raisin dont les grains sont très-gros, charnus, peu chargés de pepins, et clair-semés sur la grappe. Après la *panse* viénnent le *verdal*, l'*araignan* et le gros *sicilien blanc*. On sèche aussi la *panse musquée,* qui conserve un parfum très-agréable ; mais la quantité en est si petite qu'elle se consomme en entier dans le ménage des propriétaires et n'est point connue dans le commerce.

On fait à Roquevaire du vin de très-bonne qualité avec les raisins qui croissent dans les fonds ; celui que l'on retirerait de la panse serait médiocre ; le verdal et l'araignan le donnent meilleur, encore ont-ils besoin d'être mélangés avec des raisins plus sucrés, tels que celui que l'on appelle *uni,* ou les raisins noirs.

La parfaite maturité étant la condition la plus essentielle de la préparation des raisins secs, on a soin, dès que la saison arrive, de procurer aux raisins le plus grand degré de chaleur possible en élaguant les pampres qui les entourent, et enlevant toutes les feuilles qui pourraient intercepter les rayons du soleil (1) : on se procure ainsi le double avantage de rendre la maturité parfaite et de l'accélérer, ce qui est très-important, à raison du temps que l'on a besoin de se ménager pour les opérations subséquentes.

Première opération. Lorsque les raisins sont au degré de maturité convenable, on les cueille, on examine soigneusement

---

(1) M. Sirey a fait des observations directes qui constatent que lorsque, dans l'état ordinaire, la grappe est mouillée par quelque cause que ce soit, elle s'appuie contre le cep, et à mesure que le soleil évapore l'eau, la grappe se redresse en s'approchant des feuilles ; mais si on enlève les feuilles, cet effet n'a plus lieu, les grains ne grossissent plus, et la matière sucrée cesse de se former. Les cultivateurs doivent donc s'opposer à l'enlèvement des feuilles des treilles que se permettent les jardiniers, dans l'intention, disent-ils, d'accélérer la maturité des grappes. Il y a déjà long-temps que je me suis assuré que les raisins des ceps ainsi dépouillés de feuilles étaient moins bons que ceux de celles auxquels on n'avait pas fait cette soustraction.

Le même M. Sirey a trouvé que le meilleur moyen d'accélérer la maturité des raisins, était de los asperger de chaux éteinte, comme on le fait dans tant de lieux pour les garantir des atteintes des voleurs.

(*Note de M. Losc.*)

les grappes pour en ôter les grains qui commencent à se gâter. On prépare une lessive de cendres communes concentrée de 12 à 15 degrés de l'aréomètre pour les sels; on la met en ébullition, et en cet état on y plonge l'une après l'autre les grappes, que l'on y tient jusqu'à ce que les grains commencent à se rider; ce qui a lieu en peu d'instans, à moins que la lessive ne soit trop légère.

Deuxième opération. Pour égoutter les raisins, la méthode la plus facile et la plus convenable serait de les placer sur un égouttoir en planches, que l'on mettrait dans une position inclinée, et sous lequel on placerait un récipient pour recevoir la lessive. Un procédé aussi simple n'a pu encore s'établir; l'ancienne méthode, que l'on suit généralement, est de placer les grappes sur de grands plats de terre renversés dans d'autres plats plus grands. La lessive coule sur la partie couverte du plat supérieur, et descend dans le plat inférieur, que l'on a soin de vider de temps en temps.

Troisième opération. Quand les raisins sont bien égouttés, on les étend sûr des claies ou roseaux qui ont environ 5 pieds de long sur 2 pieds de large. On les expose au soleil depuis le matin jusqu'au soir; la nuit, on les met à couvert sous des hangars. Dix jours de beau temps suffisent pour les sécher au degré nécessaire pour les conserver; il faut beaucoup plus de temps quand il y a des pluies. Il est arrivé quelquefois que la constance et l'abondance de ces pluies d'automne ont fait perdre par la pourriture la majeure partie de la récolte : heureusement la sécheresse du climat de la Provence rend ces événemens très-rares.

. Les raisins secs de Calabre diffèrent de ceux de Provence en ce qu'ils sont plus doux; mais ils sont moins soignés. Les grappes sont souvent brisées, mélangées de raisins d'espèce plus petite, arrangées malproprement. Ils sont sujets à jeter beaucoup plus tôt le suc à la surface et à fermenter dans l'arrière-saison; ils sont généralement noirâtres, et quoique plus doux que ceux de Roquevaire, ils satisfont moins le goût. Ceux-ci ont une saveur acidule et une sorte de parfum qui les rendent agréables; étant bien soignés et placés, ils peuvent se conserver dix mois de plus. La différence du prix est d'environ moitié en sus; c'est-à-dire que les raisins de Calabre se vendent de 15 à 16 francs, ceux de Roquevaire valent de 22 à 24 francs.

Les raisins secs d'Espagne tiennent de la douceur de ceux de Calabre et du goût appétissant de ceux de Provence. Ils sont aussi sujets à être mélangés de petits grains, qui sont ordinoirement très-secs; ils sont préparés avec beaucoup de négligence, et arrivent assez mal conditionnés dans des cabas, espèces de sacs de joncs nattés.

Les raisins de Damas sont d'une qualité excellente ; il en vient avec les grappes et sans grappes ; ils ont une belle couleur dorée, un très-bon goût et presque point de pepins. On les apporte du Levant dans des burtes ou boîtes d'une espèce de hêtre, dont le poids est de 10, 15, jusqu'à environ 100 livres (poids de table). Ces raisins se conservent deux saisons : le prix en est beaucoup plus élevé que celui des nôtres ; il est quelquefois double quand la récolte a été abondante d'un côté et mauvaise de l'autre. Il vient du même pays une espèce particulière de raisins secs, dont le grain est petit et sans pepins ; la couleur en est également dorée, mais le goût est encore plus exquis. Ceux-ci sont rares ; ils ne viennent qu'en petites quantités et presque toujours pour cadeaux.

Les raisins connus sous le nom de *raisins de Corinthe* viennent non-seulement de l'île grecque de Zante, mais encore de celle de Lipari, située entre Naples et la Sicile ; ceux de Lipari sont en petits barils de 200 livres environ, ils sont dégrappés en petits grains rouges tirant sur le noir, extrêmement foulés. Le goût en est acidule ; ils sont préparés malproprement et souvent mêlés de terre et de saletés ; ils ne servent que pour la pâtisserie et pour la médecine ; ils ne peuvent pas passer deux saisons. Ceux de Zante, quoique d'une espèce semblable, sont infiniment supérieurs ; ils sont égrappés ; le grain est encore plus petit, et a plus de douceur que ceux de Lipari. Ils ont encore un parfum très-flatteur, qui tient du muscat et de la violette. Ils peuvent se conserver deux et même trois ans quand les barriques qui les renferment sont bien jointes et bien conditionnées. Ces barriques sont ordinairement très-grosses et pèsent jusqu'à 2000 livres, poids de marc. Le prix ordinaire est double de celui des raisins de Lipari ; il est dans ce moment-ci triple du prix de ceux de Roquevaire. L'emploi n'en est pas le même, et il ne s'en consomme guère que pour la cuisine.

Trois variétés de raisins sont principalement cultivées aux environs de Chiras : deux sont blancs sans pepins et extrèmement sucrés et se sèchent ; l'autre est noir et produit ce vin de Chiras si estimé dans tout l'Orient, et qui vient même en Europe.

Manière de dessécher les raisins en Calabre. Les raisins secs sont une branche de commerce considérable dans la Calabre ultérieure ; en temps de paix, les demandes en étaient considérables pour le Nord, l'Allemagne, la France et l'Italie : on les embarquait pour Trieste, Livourne, Gênes, Marseille,

d'où ils étaient transportés par terre et par mer à leur destination.

On nomme dans le pays le raisin dont on se sert pour la dessiccation, *zibillo*; il ressemble au grós muscat; il est très-gros,
la forme de sa graine est ovale; son grand diamètre, dans sa
longueur, est d'environ un pouce; le petit, dans sa largeur, est
des deux tiers du premier. La peau est dure; il contient beaucoup de parties sucrées; il est presque tout blanc; le rouge est
d'une qualité bien inférieure.

On récolte les raisins dans leur parfaite maturité ordinairement du 15 au 30 septembre. On les monde avec soin des
grains gâtés ou qui ne sont pas mûrs; on les attache par le
petit bout de la grappe avec des ficelles, et on en fait des liasses
du poids de 12 à 15 livres; on les suspend sur des cannes de
roseau préparées à cet effet et soutenues par des bois fourchus
plantés en terre de manière que le raisin soit à 4 pieds du sol.

Ensuite on prépare un mélange composé d'une partie de
chaux vive et de quatre parties de cendres de bois bien tamisées; on met ce mélange dans un vase de terre cuite semi-
parabolique à fond plane, sur le côté duquel, et inférieurement,
est placé un robinet pour l'écoulement. La chaux et les cendres étant bien mélangées, on en remplit le vase à moitié et
l'on verse par-dessus de l'eau jusqu'à ce qu'il soit plein. Après
avoir agité ce mélange pendant quelque temps, on le laisse en
repos jusqu'à ce que la liqueur soit claire; on la filtre ensuite
en ouvrant le robinet. Elle coule dans un vase placé au-dessous. Chauffée ensuite dans une chaudière, on y plonge, au
premier bouillon, les liasses de raisins les unes après les autres
l'espace de deux à trois secondes. On observe que la liqueur
soit toujours bouillante, et l'on remplace à mesure celle qui
s'évapore.

On suspend de nouveau les raisins sur les bâtons de roseau
pour les faire sécher au soleil en plein air, avec l'attention de
les retourner souvent. Quinze jours de beau temps suffisent
pour leur entière dessiccation. On prend pendant ce temps le
plus grand soin de les préserver de la pluie ou des rosées abondantes, qui les gâteraient infailliblement. Lorsque la saison est
pluvieuse et que les rosées sont fortes, les Calabrais retirent
leurs raisins dans des espèces de loges ou hangars construits
à cet effet et dans lesquels sont plantés des bois fourchus à distances et hauteurs égales, prêts à recevoir les cannes chargées
de raisins.

Trois cents livres de raisins desséchés de cette manière produisent 100 livres de raisins secs.

On dessèche par le même moyen des raisins muscats gros

et petits; mais la quantité est beaucoup inférieure à celle préparée avec le zibillo.

Aux îles de Lipari on suit le même procédé qu'en Calabre pour dessécher les raisins', ils sont d'une qualité beaucoup supérieure. Les habitans ont l'avantage d'en préparer avec des rouges et des blancs, les uns et les autres sont fort recherchés. *Voyez* PEPIN pour les usages de cette partie du raisin. (PAR.)

RAISIN D'AMÉRIQUE. *Voyez* PHYTOLACA.

RAISIN DE BOIS. C'est le fruit de l'AIRELLE.

RAISIN DE CORINTHE. On donne ce nom, dans le commerce, à des raisins secs principalement employés dans les assaisonnemens. Il est probable que dans l'origine ils provenaient de cette ville et des îles voisines; mais aujourd'hui on trouve dans le *Voyage* de M. Grasset Saint-Sauveur à Corfou, Céphalonie, Zante, et autres îles du golfe de Venise, quelques indications sur les raisins de Corinthe qu'on y cultive, et plus à Zante qu'ailleurs.

Les grains de ce raisin sont de la grosseur de ceux de nos groseilles, très-serrés, sans pepins et d'une couleur mordorée; ses grappes sont petites. Il est extrêmement agréable à manger lorsqu'il n'est pas encore complétement mûr; mais ensuite il devient trop doux. On fume les vignes et on leur donne un labour d'hiver, qui consiste à ramener la terre au pied de chaque ceps. En mars, on taille et on donne le premier binage, qui rend la terre unie. La récolte se fait à la fin de juillet ou au commencement d'août. On fait sécher les grappes au soleil sur la terre, au préalable bien nettoyée et bien unie. Souvent le raisin est gâté en tout ou en partie par la pluie, sans qu'on se soit encore avisé de construire des aires à toit mobile pour l'en garantir. C'est un objet de première importance pour cette île, qui sans lui ne pourrait se procurer ceux en grand nombre qui lui manquent.

Ce que nous appelons raisin de Corinthe à Paris est une variété distincte. (B.)

RAISIN D'OURS. *Voyez* BUSSEROLE.

RAISIN DE RENARD. C'est la PARISETTE.

RAISINÉ. Avant que le sucre fût parmi nous aussi commun qu'il l'est devenu depuis la découverte du Nouveau-Monde, on faisait des confitures au miel et au moût pour toutes les classes de la société; mais la seule qui se soit conservée jusqu'à nous, et dont l'usage devrait être plus généralisé, est le raisiné, c'est-à-dire le suc du raisin, évaporé et épaissi à la consistance d'extrait, ou mélangé avec d'autres fruits à pepins et à noyaux.

On peut se servir indifféremment, pour la confection du raisiné, de toute espèce de raisins, de raisins rouges comme de raisins blancs, pourvu que ce soit toujours les plus sucrés et les moins abondans en tartre ; peut-être en existe-t-il partout de plus propres les uns que les autres pour cet objet. Le raisin *bonarda* est celui dont on fait le plus d'usage en Italie et sur-tout dans le Piémont. Le raisiné est d'autant plus utile que les fruits à pepins et à noyaux manquent quelquefois, et que souvent la ménagère la plus diligente ne peut s'occuper pour l'hiver de sa provision de marmelades ou de gelées : or, si la vendange est bonne, elle peut trouver dans le raisin de quoi suppléer toutes les confitures, en suivant cependant un procédé moins défectueux que celui dont elle se sert ordinairement, et pour l'exécution duquel nous allons proposer quelques réformes.

Les unes prennent tout simplement du moût de la cuve, c'est quelquefois après qu'il a déjà contracté un caractère vineux ; les autres ne brusquent pas assez le feu dès le début de l'opération, et n'ont pas le soin de remuer vers la fin de la cuisson. Alors la matière s'attache au fond du vaisseau, contracte une couleur rembrunie, désagréable à la vue, et un goût de brûlé qu'il est ensuite impossible de corriger ou de masquer par aucun moyen. Enfin, il y en a qui emploient un procédé encore plus défectueux ; nous l'avions d'abord adopté, et c'est pour l'avoir mis en pratique qu'il nous a été facile d'en reconnaître les inconvénieus : il consiste à exposer le raisiu mondé et égrappé dans un chaudron sur le feu, jusqu'à ce que le grain dilaté crève et épanche le liquide qu'il renferme ; mais qu'arrive-t-il ? Le moût ainsi exprimé agit à la manière des dissolvans composés sur les pepins et la peau du fruit ; il en extrait une matière acerbe, qui diminue d'autant la saveur sucrée, devient un obstacle à ce que la liqueur passe à travers un tamis.

Que les ménagères se persuadent bien que le moût le plus sucré est celui qui contient le moins d'eau, et demande à rester le moins de temps au feu ; qu'il est avantageux de le préparer à part avec le raisin le plus mûr, sans le concours du feu et d'une forte expression, de maintenir l'évaporation au même degré sans augmenter ni diminuer la chaleur : il en est de ce point de cuisson comme de celui des autres confitures, ce n'est que par un grand usage qu'on parvient à le saisir ; s'il est poussé trop loin, non-seulement on perd beaucoup sur la quantité du produit, mais il est encore moins agréable, s'il n'est pas suffisamment cuit ; à peine peut-il se conserver pendant une année.

La nature des vaisseaux dont on se sert pour la confection des raisinés, ainsi que leur forme, méritent aussi quelque considération : il ne faut jamais y employer que des vases de cuivre rouges parfaitement étamés, afin d'empêcher que la liqueur, plus ou moins acide, exerce une action sur le métal et en dissolve quelques parcelles. Notre collègue Chaptal nous a assuré avoir vu à Montpellier mettre des clefs dans le chaudron pendant la cuisson du raisiné : elles étaient toutes rouges quand on les en retirait.

Une autre précaution sur laquelle nous appelons encore l'attention de la ménagère, c'est de faire en sorte que le vaisseau dont elle se servira pour la confection du raisiné soit plus évasé que profond, de substituer une bassine au chaudron, de n'y laisser jamais séjourner le raisiné, et dès qu'une fois il a atteint le degré de cuisson convenable, de se hâter de le retirer du feu, de le verser dans des pots de terre non vernissés ; de le recouvrir, quand il est parfaitement refroidi, d'un papier imbibé d'eau-de-vie, et par dessus d'un parchemin mouillé ; enfin de placer ces pots dans un lieu sec et frais, à l'abri de l'humidité, de l'air et de la lumière.

Préparation du raisiné. Elle varie suivant les climats, la qualité des raisins et le goût des consommateurs. Dans la Pouille, par exemple, lorsque le raisiné est fait aux deux tiers, on y ajoute quelques cuillerées d'alcool ; on l'agite, on le verse dans des moules de papier huilé, et on l'expose pendant quelques jours à une chaleur de 28 à 30 degrés dans une étuve ou un four ; il prend alors assez de consistance pour souffrir le transport sans se déformer.

Le raisiné jouit à Montpellier de beaucoup de réputation : pour le fabriquer, on se sert de toutes les espèces de raisins, mais plus communément du raisin blanc, qu'on nomme *aspirant.* On y fait souvent entrer des aromates : les plus usités sont ceux de citron et de cédrat, que l'on enlève en frottant du sucre sur l'écorce, et en l'ajoutant à la confiture dès qu'on la retire du feu. En Italie, ce sont ces mêmes fruits confits divisés par lanières ; il faut seulement prendre garde que leur saveur n'y domine, et c'est ordinairement à quoi on ne pense pas ; quand l'objet est à bon compte, on force toujours la dose de l'aromate qui coûte le moins, quel qu'en soit l'effet.

Choix des fruits pour la confection du raisiné. Dans les climats les moins favorables à la production de la matière sucrante, l'excès d'acide dans le raisin rendrait le raisiné âpre, agaçant et même amer, si on ne le tempérait par le mélange des fruits à pepins et à noyaux, dont la pulpe abondante en muqueux adoucit ces sortes de préparations. Ce n'est donc pas seulement pour donner du corps au raisiné qu'on y fait entrer des fruits, on opère encore une combinaison d'où résulte un tout meilleur et plus économique.

Parmi ces fruits, il faut d'abord compter les poires et les coins, puis les pommes, enfin les prunes ; mais il convient qu'ils soient âpres et austères : le *bouvard*, le *martin-sec*, le *franc réal*, le *bon-chrétien d'hiver*, la *lampe*, le *messire-jean*, la *poire de rousselet*, s'allient très-bien avec les principes du moût, et forment, par la combinaison et la cuisson, beaucoup de matière sucrée (1).

Mais comme ces espèces de fruits n'existent pas toujours en quantité suffisante dans les cantons où leur concours devient utile à la perfection du raisiné, on pourrait y employer séparément la *poire de vigne*, le *catillac*, le *grossin*, et en général tous les fruits plus acerbes que doux, plus propres à faire des compotes et des boissons vineuses, qu'à étaler sur nos tables comme fruits de dessert.

La préparation du raisiné fournit encore l'occasion de tirer parti des fruits tombés avant la maturité ; il n'est question que de les ramasser avec soin, de nettoyer les verreux, de les cuire, et d'étendre ceux qui sont sains sur la paille, où ils perdent, en attendant le moment de les employer, une partie de leur âpreté et s'adoucissent ; mais si la vendange est encore à une époque éloignée, il faut les éplucher et les cuire en marmelade, pour les mêler ensuite dans la bassine avec le moût concentré, lors de la préparation du raisiné.

Les propriétaires des grands vergers pourraient, en les parcourant souvent, trouver sous les arbres une grande partie des fruits piqués aux vers, et en faire, au moyen d'une râpe, le cidre et le poiré doux, nécessaires aux marmelades et aux ratafias. La ménagère doit aussi, à mesure qu'elle visite son fruitier, en rapporter les pommes et les poires, qui, tachées, se gâteraient bientôt et gâteraient les autres, si on ne se hâtait de leur donner cette destination économique.

Les fruits à couteau, c'est-à-dire les fruits cultivés pour la table, doués d'une pulpe mollasse et d'un suc doux, parvenus à une parfaite maturité, sont moins propres à la confection du raisiné ; ils perdent, par leur combinaison avec le moût et pendant la cuisson ; les avantages qu'ils avaient étant crus, et paraissent plutôt décomposés que perfectionnés : ainsi, quand on n'a pas d'autre ressource que les fruits de cette espèce, il vaut mieux s'en tenir au raisiné simple, ou avoir soin de les cueillir avant la maturité entière, pour les raisons mentionnées plus haut.

Les poires, les pommes et les prunes ne servent pas toujours de base au raisiné composé, on y introduit encore le potiron, les côtes de melons qui n'ont pas mûri, les racines potagères les plus sucrées, telles que les carottes et les panais :

____

(1) En Bourgogne, c'est constamment le *messire-jean*, poire très-sucrée, qu'on préfère.　　　　　　　　　　(*Note de M. Bosc.*)

ce raisiné, à la vérité, inférieur, n'est passable qu'au midi, à cause de la qualité du raisin qui le bonifie.

Appropriation des fruits pour le raisiné. Ce n'est pas le tout de s'être procuré un moût bien conditionné, il faut, quand il s'agit d'y introduire les fruits, les approprier en les épluchant, les nettoyant, les mondant de leur peau, de leurs pepins, de leurs noyaux et de leurs cœurs ; éviter de se servir des poires qui sont, comme on dit, pierreuses, et qu'on n'aime point à rencontrer sous la dent ; les diviser par quartiers, et ne les ajouter à la liqueur que quand elle a été amenée par l'évaporation à une consistance requise. On doit encore en déterminer les proportions et les régler sur les ressources locales : lorsqu'on a beaucoup de raisins et peu de fruits, ces derniers peuvent entrer pour un tiers ou pour un quart dans le raisiné composé, et dans le cas contraire en former la moitié ; c'est d'ailleurs à la ménagère à consulter sa provision.

Procédés divers pour préparer le raisiné. On peut se servir indistinctement de toutes espèces de raisins, et former deux classes particulières de confitures, le raisiné simple et le raisiné composé ; celui préparé au midi n'a pas besoin d'être réduit et cuit autant que celui du nord : le premier contient, toutes choses égales d'ailleurs, moins d'eau, de tartre et d'extrait, mais plus de matière sucrante.

Premier procédé. On prend 24 pintes (litres) de moût, et on en met la moitié dans la bassine, qu'on ne perd plus de vue, et on établit promptement le bouillon, qu'on abaisse en ajoutant peu-à-peu l'autre moitié ; après quoi, on écume à diverses reprises, et on passe à travers une toile serrée.

On remet de nouveau au feu et on continue l'évaporation, en remuant, sans discontinuer, avec une spatule de bois à long manche, jusqu'à ce qu'il ait acquis une consistance convenable ; ce que l'on reconnaît en le versant chaud sur une assiette. Il parvient, en se refroidissant, à l'état d'une gelée de fruits ; ce raisiné, en effet, ressemble plus à une gelée qu'à une marmelade.

Raisiné composé du midi. Deuxième procédé. Quand le moût est réduit à la moitié de ce qu'on a employé, qu'il a été suffisamment écumé, on le passe aussitôt à travers une toile, et on met dans la bassine les fruits épluchés et coupés par quartiers, en versant par-dessus la liqueur ; elle se décuit au premier bouillon et prend la fluidité nécessaire pour favoriser son action sur les fruits, opérer leur ramollissement, leur combinaison et leur disparition dans la masse totale, de manière à n'en plus former qu'une marmelade égale et homogène. Il faut remuer et agir continuellement, en modérant le feu vers la fin. On reconnaît qu'elle est cuite lorsqu'en en mettant gros comme une noix sur une assiette de faïence ou de terre vernissée, elle ne s'aplatit pas trop, et sur-tout quand elle ne laisse plus dissiper d'humidité qui marque autour une espèce d'auréole.

Cette manière d'incorporer les fruits au raisiné réussit à souhait; mais quand on a été forcé de les cuire à part, et de les réduire à l'état de pulpe, on ne doit les ajouter que quand le moût a acquis encore davantage de consistance.

Raisiné simple du nord. Premier procédé. Dès que les 24 pintes de moût sont réduites aux deux tiers par l'évaporation, et qu'on a écumé, on ôte la bassine du feu, et on distribue la liqueur bouillante dans des terrines non vernissées et évasées; on la laisse aussi en repos deux fois vingt-quatre heures dans un lieu frais.

Elle se recouvre à sa surface d'une liqueur saline qu'il ne faut pas briser, mais enlever au moyen d'une écumoire, attendu qu'elle n'est formée que de cristaux de tartre, dont la séparation est un moyen certain de diminuer l'acidité trop marquée de la confiture, et d'augmenter la puissance du sucre. Cette précaution, nécessaire dans les cantons septentrionaux, sur-tout pour certaines années, est absolument inutile au midi, où la présence du tartre devient essentielle pour affaiblir la saveur trop sucrée du raisiné; c'est ce qui fait qu'on est obligé d'y ajouter des aromates pour en relever la fadeur.

Le moût rapproché, et passé à travers un linge clair, étant dépouillé d'une partie de son tartre, décanté et remis au feu, on procède de nouveau à son évaporation, en remuant sans cesse, principalement quand le terme de la cuisson approche. Le raisiné est cuit lorsqu'en le mettant à refroidir il se prend comme une gelée.

Raisiné composé du nord. Deuxième procédé. Le moût une fois rapproché et débarrassé d'une partie de son tartre surabondant, comme nous venons de l'indiquer, étant remis au feu avec les fruits, on fait cuire le tout, en suivant ponctuellement le procédé du raisiné composé du nord, et en observant de lui donner toujours plus de consistance qu'à celui du midi.

Raisiné composé du nord. Troisième procédé. Le procédé d'après lequel nous indiquons aux ménagères des vignobles du nord de faire leur raisiné en deux temps, afin d'enlever au raisin une certaine quantité de tartre, ne donne pas encore au sucre la faculté de se développer davantage. Ces fruits sont quelquefois si acides, que la confiture ne serait pas supportable, si elle n'était adoucie au moyen d'une matière sucrée : il y a différentes manières pour y parvenir, en mêlant du sirop de raisin, de la conserve et du raisiné au midi; enfin, nous supposons qu'elles n'aient pas d'autre ressource que leurs raisins abondans en tartre, elles pourraient, après avoir ajouté de la craie, toujours nécessaire pour lui donner de l'agrément, pour absorber et neutraliser une partie des acides, réduire le moût jusqu'à la consistance de sirop, y ajouter alors les fruits, et continuer la cuisson en suivant le même mode que pour les autres recettes de raisiné.

Caractères d'un bon raisiné. Cette confiture est de bonne qualité quand elle est douce, moelleuse, ayant la consistance d'un miel grenu et une petite pointe d'acide, toujours nécessaire pour lui donner de l'agrément. Elle est moins flatteuse au goût et à l'œil quand on a négligé de remuer, et que le feu a été poussé trop loin : sa surface alors se recouvre bientôt d'une croûte grisâtre, qui n'est autre chose que des cristaux de sucre entremêlés de tartre. Il s'en sépare au contraire un sirop et le dessus se moisit quand il y a défaut de cuisson.

Toujours le raisiné est un peu âcre au goût, dès qu'il est préparé avec des raisins gorgés de matières extracto-résineuses colorantes, comme le bourguignon noir, le teinturier et le ramonnet; tandis que celui fait avec des raisins peu colorés, parfaitement mûrs, plus sucrés que tartreux, est assez constamment d'un goût agréable. Le premier cependant se conserve moins bien; il paraît que le principe acerbe dont il abonde le garantit de la fermentation.

Nous avons été à même de comparer le raisiné du midi à celui qu'on prépare en divers cantons de la Bourgogne : s'il fallait prononcer entre les deux qualités, nous ne balancerions pas de donner la préférence au dernier. L'un, à la vérité, est plus sucré, mais il a trop de parfum; l'autre est plus agréable; il semble que l'extrait, le sucre, le mucoso-sucré et le tartre s'y trouvent dans des proportions plus convenables et mieux combinées, que cette confiture est plus homogène.

On ne peut disconvenir cependant que si le raisiné du midi était plus répandu, en le mélangeant dans des proportions relatives, on pourrait bonifier la qualité de celui du nord qui serait trop acide.

Le prix modique auquel se vend communément le raisiné, même dans les cantons les plus éloignés des vignobles, n'a pu le soustraire à l'industrie punissable des falsificateurs. Lorsque les fruits manquent et qu'ils sont chers, ils ont imaginé alors de les suppléer par une autre composition, qu'ils font avec des miels communs, de la mélasse, des figues, des poires tapées, des pruneaux détériorés, des raisins secs, tous fruits restant de la provision de l'hiver; ils les cuisent et les réduisent à l'état de pulpe et les mêlent ensuite avec environ un tiers de véri-

table raisiné. Pour déceler la fraude, il suffit de délayer le raisiné suspect dans l'eau.

Conservation du raisiné. Le raisiné dégénère insensiblement
par l'oubli de toutes les précautions indiquées, c'est-à-dire
qu'ils s'épaissit ou se ramollit à raison du degré de cuisson ou
de quelques circonstances locales ; cependant on peut le rétablir dans son premier état et lui restituer l'apparence qu'il doit
avoir dans le commerce.

Le meilleur moyen, en supposant que l'on soit en temps de
vendange, consiste à ajouter à celui qui s'est candi assez de
moût pour le liquéfier et l'exposer à une chaleur modérée, à
remuer sans discontinuer, et à le verser dans un pot bien
nettoyé, puis le couvrir d'un parchemin.

Dans le second cas, on enlève l'efflorescence de celui qui
s'est durci, on l'expose à la même chaleur en le remuant sans
discontinuer, pour le concentrer : c'est ainsi qu'il est possible
de rajeunir la provision de raisiné et de la mettre en état de se
conserver encore une année.

La conservation du raisiné dépend de la manière dont on
a opéré, de la qualité du moût employé et de l'influence des
localités.

Commerce de raisiné. Celui du midi de la France, connu
sous le nom de confitures des campagnes, est très-recherché
dans les pays du Nord ; on en embarquait même anciennement
pour les colonies. Il serait possible d'augmenter cette branche
de commerce beaucoup au-delà de ce qu'elle est aujourd'hui,
si l'objet en était plus perfectionné.

Il n'est pas douteux que les habitans des contrées septentrionales consommeraient plus de raisiné qu'ils ne font, si, pour
l'améliorer, ils n'étaient pas obligés d'employer une certaine
quantité de cassonnade ou de miel pour masquer le caractère
trop âpre et trop acide de celui qu'ils préparent avec les raisins
de leurs vignes. Il est de leur intérêt de se bien pénétrer qu'ils
peuvent, au moyen du procédé qui leur est indiqué, l'avoir
constamment bon sans recourir à cette addition, impraticable
d'ailleurs souvent, à cause du haut prix du sucre.

Les principaux magasins de cette denrée sont à Marseille,
à Cette et à Montpellier. Les négocians de la première de ces
places ont, dans diverses contrées de l'Italie, des préposés qui
recherchent ce raisiné et le leur font parvenir. Ils sont obligés
de se servir de ce moyen, parce qu'il n'existe point d'ateliers
pour fabriquer en grand cette confiture, et qu'il faut l'acheter
ou chez les particuliers qui la préparent pour leur consommation, et en font un peu plus pour trouver dans la masse du superflu le remboursement de leurs frais, ou chez les proprié-

taires qui n'emploient pour le faire qu'une petite partie de
leur récolte. Aussi existe-t-il, dans le même canton, de la différence dans le goût et l'homogénéité des raisinés faits à part
par tant de mains et de procédés différens.

Indépendamment de l'excellent raisiné que l'on prépare
dans les contrées méridionales, et dont on fait un commerce
assez considérable, il s'en fabrique encore d'autres dans les
contrées placées entre le midi et le nord. Ces raisinés, il est
vrai, n'ont pas la même réputation ; mais quand ils sont préparés, dans les bonnes années, avec un raisin qui a acquis
une maturité extraordinaire, ils ne sont pas plus à dédaigner,
et les personnes peu aisées s'en régalent volontiers. Tels sont
ceux qui proviennent du ci-devant Rouergue et de la Bourgogne.

Dans les départemens de l'Yonne et du Loiret, on prépare la
presque totalité du raisiné qui se consomme à Paris, quand
l'année est abondante en fruits. Le seul canton de Courtenay
en débite depuis six cents jusqu'à mille quarts de cent cinquante
à deux cents livres, dont la valeur est de 3 à 400,000 francs.

On a remarqué dans la partie de la Champagne qui confine
à la Bourgogne, lorsque les vignerons, principalement leurs
femmes et leurs filles, ont fait le raisiné, qu'elles le portent,
après la vendange, dans des pots de terre, aux épiciers des
villes, qui l'achètent en gros et le vendent ensuite en détail.
Les habitans de la Marne, de l'Aube, de la Meuse, de la
Meurthe, malgré la latitude où ils se trouvent, pourraient,
à la faveur des procédés que nous avons indiqués, améliorer
la confiture dont il s'agit et en rendre l'usage plus général.

Celui de Bourgogne coûte à Paris 40 à 50 centimes la livre ;
mais ce prix varie suivant la qualité du raisiné, la rareté ou
l'abondance des fruits qui forment les élémens de sa composition. Il ne valait antrefois dans ces contrées que 17 francs le
quintal ; mais anjourd'hui il est augmenté du double. Il
paraît naturel de savoir à quoi s'en tenir sur ce point ; mais
comment se satisfaire avant de connaître la qualité du raisin
employé ; ce qu'il vaut, soit au midi, soit au nord ; le prix du
combustible qui forme la dépense la plus considérable qu'entraînent ses préparations ; à quel taux est la main d'œuvre ?
Ce sont toutes ces incertitudes qui empêchent de présenter ici
les tableaux des résultats sur lesquels on puisse compter.

Raisiné au cidre et au poiré. Toutes les fois que le cidre
et le poiré doux doivent servir d'excipient aux fruits pulpeux,
il ne faut les tirer à clair que quarante-huit heures après le
pressurage, parce qu'ils déposent ordinairement une fécule
amilacée, qui doit rester dans la lie ou fèces, attendu que
sa présence ne ferait qu'augmenter inutilement la consistance

des résultats, la difficulté de les clarifier et de les soustraire à la fermentation.

Le suc de pommes et de poires, comme le moût de raisin, se cuit, ou seul, ou avec différens fruits; réduit dans le premier cas, aux trois quarts de son volume, il donne un liquide plus acide que sucré, difficile à clarifier par les blancs d'œufs; il reste opaque, susceptible de fermenter, ayant le goût de pommes cuites; plus concentré, ce liquide se convertit en une gelée.

Enfin, mêlé et mis, dans le troisième cas, avec d'autres fruits, il donne ce qu'on appelle en Normandie la pommée, qu'on rend plus agréable au moyen du miel et du sucre.

Pour faire du poiré ou du cidre en Picardie, on prend de la poire de fusée, poire longue, qu'on ne peut manger qu'après l'avoir fait cuire. On la met dans des pots de terre couverts et au four, après en avoir retiré le pain ; ils y séjournent pendant la nuit; on la pétrit pour la diviser en bouillie; on la passe à travers un tamis de crin, et cette pulpe est mise dans un chaudron avec six fois son poids de cidre doux; on procède à l'évaporation, en remuant sans discontinuer jusqu'à ce qu'une goutte de cette confiture, jetée sur un papier gris, n'en sépare pas de suite l'humidité. En cet état, elle est réputée assez cuite pour être conservée en pots. Dans certains endroits, on ajoute un atome de piment en poudre; dans d'autres, c'est un peu de cannelle ; mais il faut être économe de ces épices, et faire toujours en sorte que l'aromate ne domine pas dans la confiture.

Dans la ci-devant Bretagne, on prépare une marmelade de cerises; les habitans des environs de Rennes sur-tout viennent la vendre au marché de cette ville, et quoiqu'elle ne soit ni fort sucrée ni fort agréable, cependant elle n'en trouve pas moins des amateurs et du débit. Il en est de même de celles qu'on prépare dans d'autres départemens de la France avec des prunes, et qui, étant cuites dans du cidre ou du poiré, pourraient, sans le concours du sucre, offrir aux cantons les plus favorisés en fruits des confitures plus ou moins sucrées.

Mais pour donner à cette confiture le caractère d'extrait ou de raisiné, il ne faut pas s'en laisser imposer pour le volume ; car alors ce ne sont que des compotes plus ou moins rapprochées. On vante le prix médiocre auquel elles reviennent, parce que l'état parenchymateux leur donne un grand volume. Mais qu'arrive-t-il? Si l'on visite ces confitures quinze jours après leur cuisson, quoique bien couvertes d'un papier, on trouve à leur surface une moisissure et un caractère acide dans l'intérieur, parce qu'elles n'ont pas assez de matière sucrante, et trop d'humidité pour se garantir d'un pareil événement.

Tous ces produits plus ou moins recherchés des fruits à pepins et à noyaux, sans doute utiles dans le cercle étroit des cantons où on les obtient, ont besoin du concours d'une matière sucrante étrangère, pour posséder quelques-uns des agrémens de la confiture; ils ne peuvent entrer en concurrence avec ceux des raisins. La ressource des fruits nous paraît d'ailleurs trop circonscrite pour un aussi grand emploi dans les pays même où ils sont une des productions principales.

Usage du raisiné. Il s'est maintenu, même au nord de la France, où il est d'une qualité inférieure à celui du midi. Cette confiture est encore la moins chère qu'une famille nombreuse puisse se procurer pendant l'hiver; les enfans ne s'en lassent jamais à tous les repas. Elle est aussi d'une grande ressource dans les hospices civils, où il s'agit de donner aux convalescens et aux vieillards quelques douceurs qui réveillent leurs organes.

Ce déjeuner, n'en doutons pas, serait infiniment plus salutaire et plus économique que celui de nos femmes de marché, qui ont perdu, par l'usage immodéré du café au lait, ce teint fleuri et de bonne santé qui les caractérisait lorsqu'elles se contentaient d'un déjeuner plus substantiel, plus analogue à leurs facultés et à leurs occupations habituelles.

L'usage du raisiné est très-répandu en Italie, chaque ménage en fait sa provision sous le nom de *mostarda*; les personnes aisées s'en servent à table et le mêlent avec les viandes. Les habitans de la campagne l'étendent sur des tranches de polenta ou bouillie de maïs, cuite à l'eau en consistance solide, et en font leur nourriture journalière. Comme le raisiné simple du midi ne diffère de la conserve qu'en ce qu'elle est déjà parfumée pour paraître sur la table en qualité de confiture, on pourrait, à défaut de la première, lui donner la même destination, l'employer à la cuve en fermentation, ou dans quelques compositions pharmaceutiques. (PAR.)

Le jus des grains de raisins conservés entiers dans la cuve en fermentation, éprouve une altération, probablement due à la transformation du mucilage en sucre, qui fait que, pressés séparément, ils donnent un vin de qualité supérieure à celui de la cuve. Ce fait, reconnu par M. Herpin, mériterait d'être examiné avec soin. *Voyez* VIN. (B.)

RAISINIER, *Coccoloba*, Lin. Arbre exotique de médiocre grandeur, appartenant à un genre du même nom, dans la famille des polygonées, et qui croît dans les îles et les parties chaudes de l'Amérique. Il a été ainsi appelé, parce que ses fleurs, qui naissent aux aisselles des feuilles, sont disposées en panicules pyramidales assez semblables à des grappes de raisins. Elles n'ont point de corolle, mais un calice coloré et persistant, qui est découpé en cinq parties, et qui renferme huit étamines, et un ovaire surmonté de trois styles à stigmates globuleux. Le fruit est une baie sphérique contenant un noyau, ou plutôt c'est une sorte de noix recouverte par le calice devenu succulent.

On compte dix ou douze espèces de raisiniers, parmi lesquelles il faut distinguer le RAISINIER UVIFÈRE, ou du bord de la mer, et le RAISINIER EXCORIÉ ou de montagnes.

Le premier s'élève ordinairement à 20 pieds. Sa racine est tortueuse et traçante; son tronc crochu et noueux; son écorce grise et crevassée; son bois rouge, dur, plein et massif, ayant au centre une moelle rougeâtre de 2 à 3 lignes de diamètre; ses feuilles sont épaisses, lisses, arrondies et disposées alternativement; ses fleurs petites, blanchâtres et d'une odeur suave; ses fruits de couleur pourpre et d'un goût aigrelet, et assez agréables à manger, quoique leur pulpe ait fort peu d'épaisseur. L'amande contenue dans le noyau qu'ils renferment est amère et passe pour astringente. Le bois de ce raisinier est employé dans quelques ouvrages de charronnage.

Le *raisinier de montagnes* a une tige droite, une écorce lisse, un bois rougeâtre, tendre et léger; ses feuilles sont oblongues, ses fleurs verdâtres, et son fruit petit et noir. On le mange aussi; il est rafraîchissant. Son noyau est cannelé et ressemble à un pepin de raisin.

Dans notre climat, les raisiniers ne peuvent être élevés qu'en serre chaude. On les multiplie aisément de semences quand on peut s'en procurer de fraîches. Ces arbres demandent les mêmes soins que la plupart de ceux de la zone torride. (D.)

RAJEUNISSEMENT, RAJEUNIR. Opération de jardinage qui consiste à couper les tiges des arbustes, les branches des arbres lorsqu'elles commencent à donner des signes de dépérissement, pour leur en faire pousser de nouvelles qui aient toute la vigueur de la jeunesse. *Voyez* ARBRE.

Il est des pays où l'usage de rajeunir les arbres est général, il en est d'autres où il est inconnu.

Ses avantages sont de donner lieu au développement de branches plus droites, que la sève enfile par conséquent plus facilement, dont les vaisseaux sont plus larges, et par conséquent dans lesquels il entre une plus grande quantité de sève; dont la peau est plus mince, et par conséquent plus susceptible d'être aisément distendue par les nouvelles couches du bois. Il résulte de toutes ces circonstances que les bourgeons, les feuilles, les fleurs et les fruits ont des dimensions beaucoup plus considérables, une apparence et une réalité de bonne santé que n'avaient pas les anciennes branches.

Ses inconvéniens sont, 1°. d'accélérer la mort du tronc lorsqu'on la fait sur un arbre qui n'a plus assez de vigueur ; 2°, de priver de fruit (lorsque c'est un arbre fruitier) pendant deux ou trois ans, et d'en peu fournir pendant cinq à six.

Quant au premier de ces inconvéniens, il n'est réel qu'en ce qu'il prive d'un arbre quelques années plus tôt ; car tout arbre qui périt dans ce cas était déjà frappé de mort dans ses racines. Il n'y a pas moyen d'y apporter remède autrement qu'en renouvelant les racines au moyen d'engrais ou d'amendemens appropriés.

Quant au second, on peut en diminuer l'étendue la seconde année, en courbant légèrement les branches, comme je l'ai vu faire en Suisse, pays où on rajeunit très-fréquemment les arbres.

Il est des arbres qui se prêtent fort bien au rajeunissement, quoiqu'ils souffrent difficilement la taille : au premier rang je mets le noyer, le châtaignier, le cerisier. Le pêcher et l'abricotier m'ont paru ceux sur qui on le pratiquait avec le moins de succès.

Le Noyer est un de ceux sur lesquels on l'exerce le plus fréquemment. *Voyez* son article.

Le rajeunissement des arbres forestiers n'a presque jamais pour but que le produit de leurs branches. *Voyez* au mot Tétard.

La coupe des forêts est un véritable rajeunissement. Il en est de même de la taille annuelle qu'on fait subir aux arbres fruitiers en espalier, en pyramide, en buisson, en quenouille, en vase, etc. *Voyez* Coupe.

Il est des cas où on est forcé de rapprocer les arbres, comme lorsque toutes leurs branches ont été gelées ; d'autres où il est bon de le faire, comme lorsque leurs branches ont été très-mutilées par la grêle.

Voyez, pour le surplus, au mot Taille. (B.)

RALE. Genre d'oiseaux de passage de la famille des échassiers, qui renferment un grand nombre d'espèces, dont deux sont assez communes pendant l'été dans quelques parties de la France.

L'un, le rale de terre, ou de *genêt,* ou *roi des cailles,* ou *marouette,* est de la grosseur de la caille, avec laquelle il arrive au printemps. On le trouve dans les landes, les pâturages des montagnes, où il vit principalement d'insectes propres à ces localités.

L'autre, le rale d'eau, est un peu plus petit, arrive un peu plus tard. On le trouve dans les marais, sur le bord des étangs, des rivières, où il vit de vers et d'insectes aquatiques.

Tous deux sont fort difficiles à voir, parce qu'ils se tiennent constamment cachés dans les buissons ou les herbes, et qu'ils ne s'envolent qu'à la dernière extrémité. Le premier passe pour un des plus délicieux des oiseaux qui se mangent, et le second est peu estimé.

On se procure ces deux oiseaux en automne, époque où ils sont le plus gras, 1°. par la chasse au fusil, au moyen d'un chien d'arrêt expressément dressé pour eux ; 2°. au moyen d'un tramail ou d'un hallier ; 3°. au moyen des lacets.

Comme ces oiseaux ne causent aucun dommage aux cultivateurs, et que leur chasse exige un emploi considérable de temps, je ne crois pas devoir en parler plus au long. (B.)

RAME, RAMES DES POIS. Rameau de bois sec que l'on fiche en terre près des pois ou des haricots, ou de toute espèce de plantes garnies de vrilles ou mains, que l'on veut faire monter pour leur servir de points d'appui. On ne doit ramer les Pois, les Haricots (*voyez* ces mots) qu'après leur avoir donné la seconde façon. En général, les rames employées à cette opération sont, pour l'ordinaire, trop courtes, pas assez branchues, car plus les plantes grimpent quand la saison les favorise, plus elles sont productives. Si le sommet de leur pousse ne trouve pas où s'accrocher, il se rassemble en touffe épaisse ; la plante y fleurit, ne grène pas ou grène mal, et dévore en pure perte la substance de la partie inférieure de la plante. Il y a un art à bien ramer. La rame doit être fortement fichée en terre afin de ne point être ébranlée et dérangée par les coups de vent. Si les rames cèdent ou plient, les tiges sont mâchées et altérées, leur partie supérieure en souffre. Il faut ramer de manière qu'il reste toujours de l'espace entre chaque table de pois, de haricots, 1°. afin de cueillir le fruit sans piétiner les plantes ; 2°. afin de laisser entre chaque table un libre courant d'air, et afin que les plantes jouissent de la chaleur et de la lumière du soleil. (R.)

RAME ou RAMÉE. Nom des branches d'arbres garnies de feuilles, qui dans certains cantons sont desséchées pour servir à la nourriture des bestiaux et principalement des bêtes à laine. (B.)

RAMEAU. Branche secondaire des arbres, des arbrisseaux et des arbustes, garnie de brindilles de différens âges. *Voyez* Branche. (B.)

Dans le langage forestier, il faut de plus que cette branche soit pourvue de ses feuilles. (B.)

RAMEAU D'OR. *Voyez* Giroflée jaune.

RAMÉE. On donne ce nom, dans le Bourbonnais, aux petites meules de foin qu'on établit tous les soirs et qu'on répand tous les matins, jusqu'à ce que l'herbe soit compléte-

ment sèche. *Voyez* MEULE, MEULETTE, FENAISON, FOIN et
PRAIRIE. (**B.**)

RAMÉE. On appelle ainsi, dans quelques cantons, les
pièces de terre en labour, qui, dans un même canton, appartiennent à différens propriétaires qui en possèdent des PAR-
CELLES : donc tantôt ce mot est synonyme de CHAMP, tantôt
il est synonyme de PROPRIÉTÉ. Lorsqu'une parcelle de ramée
est partagée par des héritiers, c'est presque toujours dans sa
longueur que s'opère le partage, à raison de la facilité du labour à la charrue. (**B.**)

RAMÉE. C'est un rameau plus chargé de brindilles qu'à
l'ordinaire.

RAMIER. Espèce de pigeon de passage dont on prend de
grandes quantités dans certains lieux, mais qui n'intéresse
les cultivateurs sous aucun rapport, le commencement et la
fin de l'hiver étant les deux époques de ses apparitions. (**B.**)

RAMIER. On donne ce nom, dans le sud-ouest de la
France, à des BOUTURES de rameaux de saules et de peupliers,
qu'on plante avec toutes leurs ramilles sur le bord des rivières
pour diminuer la rapidité du cours de l'eau dans les débordemens. Comme le terrain est presque toujours frais et fertile
dans de tels lieux, ces boutures réussissent presque toujours.
Leurs ÉMONDAGES subséquens se font tous les trois à quatre
ans, aux mois de juillet ou d'août, et servent à la nourriture
des MOUTONS pendant l'hiver. *Voyez* BROUST. (**B.**)

RAMIER. On donne ce nom, aux environs de Montbrison,
à des éperons en bois appuyés contre la rive, et qui s'avancent
dans l'eau sur un angle très-ouvert dans le sens du courant.
Deux rangs de piquets sont le fondement de cette construction ; des fagotages étendus de l'un à l'autre en forment le
revêtement et sont fixés de manière à présenter au cours de
la rivière un plan incliné. Plusieurs ramiers sont ordinairement placés à la suite les uns des autres.

Ces ramiers sont destinés à empêcher l'eau des torrens de
changer leur cours et de ronger leurs rives. Ils paraissent appropriés à cet objet, mais leur entretien doit être dispendieux. Je ne les conseillerai que comme moyen préparatoire.
Voyez TORRENT. (**B.**)

RAMIFICATION. Toute l'opération de la végétation des
plantes et de toute espèce de circulation, dans l'homme et les
animaux, s'exécute par les ramifications. Dans l'homme, la
distribution des différens vaisseaux du corps est regardée
comme des branches par rapport aux rameaux qu'ils fournissent ; dans l'arbre, les branches et les racines se divisent en rameaux, et ces rameaux se partagent en d'autres plus petits.
Ici, les conduits séveux ressemblent aux veines et aux artères,

et tout, jusqu'au pétiole des feuilles, se divise en mille et mille ramifications, afin de porter la nourriture et la vie jusqu'aux dernières extrémités de ses produits. (R.)

RAMILLES. Menues branches qui tombent sous la serpe pendant l'exploitation des arbres, et qu'on ramasse ensuite.

RAMONEUR. Synonyme de GIROFLÉE JAUNE. *Voyez* ce mot. (B.)

RAMPANT. Les botanistes appellent plantes rampantes seulement celles dont les tiges, étant couchées sur la terre, s'y attachent par des racines ; mais en agriculture, on donne ce nom à toutes celles dont les tiges ne s'élèvent pas vers le ciel.

Le nombre des plantes rampantes qui se cultivent en France se réduit à un petit nombre d'espèces, parmi lesquelles le MELON, la COURGE, le FRAISIER, la VIOLETTE se font principalement remarquer. *Voyez* ces mots.

Les pois, les haricots, les vesces, les gesses et quelques autres, rampent bien quand elles ne sont pas soutenues ; mais comme par leur nature elles tendent à grimper sur les arbres, on les range parmi les PLANTES GRIMPANTES. *Voyez* ce mot.

La disposition rampante des plantes exige quelques modifications dans leur culture. Il en est fait mention aux articles précités. (B.)

RAN. On donne ce nom, dans le vignoble d'Orléans, aux fosses qu'on creuse pour planter la VIGNE. *Voyez* ce mot.

On fait deux rans dans les vignes en POUÉES et un plus grand nombre dans celles en PAILLOTS. (B.)

RANCE. État que prennent les graisses et les huiles qui sont exposées à l'air à une température au-dessus de zéro du thermomètre de Réaumur, en absorbant de l'oxygène, qui, combiné avec les principes de l'huile, forme d'un côté, ou de l'acide sébacique, ou de l'acide acéteux, ou tous les deux ensemble, et qui, de l'autre, met à nu un peu d'hydrogène carboné. *Voyez* HUILE et GRAISSE.

Les graisses et les huiles rances ont une odeur forte qui leur est exclusive ; elles irritent la gorge, et laissent sur la langue un goût des plus désagréables pour ceux qui n'y sont pas accoutumés.

Chaque espèce de graisse ou d'huile rancit à une température et après un espace de temps différent : celles qui sont toujours solides à une température au-dessus de zéro y sont moins sujettes que les autres. Cet état se développe d'autant plus, que la chaleur est habituellement plus considérable, ou qu'on l'a momentanément portée à un degré assez élevé pour commencer la décomposition des principes de cette graisse ou de cette huile. Ainsi il est très-difficile de conserver les graisses

et les huiles dans les pays chauds, et celles qu'on fait chauffer
ou bouillir parcourent ensuite plus rapidement les phases de
leur détérioration. Cependant quand, par la cuisson ou l'ébullition, on a privé les graisses et les huiles de la surabondance
des principes étrangers à leur composition, elles se conservent
souvent plus long-temps, témoin le saindoux, le beurre fondu,
l'huile des fritures, etc. Le sel marin, le nitre, etc., empêchent la décomposition de ces principes étrangers : ainsi on sale
le lard, on sale le beurre ; mais cet effet n'a pas également lieu
sur les substances végétales, aussi ne sale-t-on pas les huiles
d'olives, de noix, etc.

Les huiles faites avec des graines peu mûres, avec des olives
vertes, se conservent plus long-temps saines que celles qui ont
été tirées de graines vieilles, d'olives trop mûres : ce fait est-il
dû, comme l'ont pensé quelques personnes, à la plus grande
quantité de mucilage que contiennent les premières, ou à ce
qu'il y a déjà un commencement de rancidité développé dans
les dernières? Je penche pour cette dernière opinion ; car il
est certain que la rancidité se développe dans certaines graines,
dans certaines olives, même avant leur récolte, et qu'il
suffit de mettre une goutte de graisse rance, d'huile rance
dans une grande quantité de la même graisse ou de la même
huile pour accélérer son altération. Il est même des observations qui tendent à faire croire qu'un vase d'huile rance mis
dans un lieu fermé avec d'autres vases d'huile saine, corrompt
l'huile de ces derniers.

On peut conclure des observations précédentes, que les
graisses, les beurres, les huiles doivent toujours être conservés
dans des caves dont la température soit peu variable, et au-
dessous de celle des jours d'été, caves où l'air se renouvelle cependant, mais avec lenteur ; qu'elles doivent être mises dans des
vases de médiocre capacité, bien bouchés, et le moins remués
possible. Quant au lard, comme le sel fondrait dans un pareil
local, il convient de le mettre au contraire au grenier dans un
courant d'air qui produise le même effet : dans tous les cas,
l'ombre est nécessaire.

En Espagne, on conserve le beurre et le sain-doux en les
mettant dans des boyaux préparés.

Dans l'Asie mineure, c'est en en formant des boules de
2 ou 3 pouces de diamètre, boules qui se noyent dans le
sirop de raisin.

Outre ces moyens de précautions, il en est encore d'autres
qu'on peut, dit-on, employer avec succès pour prévenir la
rancidité ; mais leur efficacité n'est pas suffisamment constatée
pour que je doive les faire connaître tous : je citerai seulement l'addition du sucre en poudre fine, comme remplissant

passablement cet objet, en rendant aux huiles une partie du mucilage qu'elles ont perdu; mais il ne faut pas que ces huiles aient déjà un commencement de rancidité, sans quoi on produit un résultat diamétralement opposé.

Il est prouvé par l'expérience que l'usage des graisses ou des huiles rances a des inconvéniens graves pour ceux qui n'en mangent pas habituellement; cependant des peuples entiers, sur-tout les habitans des campagnes, les préfèrent à celles qui sont douces, les emploient journellement et en grande quantité, sans qu'il en résulte rien de fâcheux pour eux. Conclura-t-on de là qu'il faut s'accoutumer à manger les graisses et les huiles dans cet état, afin qu'il y en ait moins de perdues pour la nourriture de l'homme? Le dégoût que j'ai pour tous les mets où il en entre un atome ne me permet pas de dire oui; mais on en doit conclure que l'homme s'accoutume à tout; peut-être a-t-il été conduit à cette habitude, évidemment contraire à sa nature, puisque ceux qui ne l'ont pas ne peuvent se déterminer à la prendre, par suite de la nécessité d'économiser; car c'est dans les pays chauds et chez les plus pauvres familles qu'elle existe. Je n'ai pas pu manger de la bonne huile en Espagne, en Italie, même dans une partie de la France méridionale; je n'ai vu manger du lard rance avec excès que dans les pays les plus chauds ou les plus misérables. Je ne conseillerai jamais à un cultivateur éclairé de donner des mets altérés à ses ouvriers, et certainement les graisses et les huiles rances le sont.

Mais est-il des moyens de rétablir les graisses et les huiles rances? Non, répondrai-je; mais on peut, lorsqu'elles ne sont pas au dernier degré de rancidité, les adoucir au point de pouvoir les rendre mangeables pour les palais qui ne sont pas délicats avec excès.

Ainsi, en battant du beurre rance avec de la jeune crême ou même seulement du lait, on fait disparaître son mauvais goût.

Ainsi, en versant dans du beurre ou de l'huile fort échauffée de l'esprit de vin, et en mêlant le tout le mieux possible, on enlève la plus grande partie de leur rancidité. On produit le même effet, mais à un moindre degré, en employant du vinaigre ou de l'eau douce, et encore mieux de l'eau salée.

Il est à observer qu'il faut consommer sur-le-champ les huiles ainsi traitées, parce que la rancidité s'y développe ensuite avec plus d'énergie.

Les moyens de purifier les huiles, 1°. avec de l'acide sulfurique, 2°. en les employant un grand nombre de fois à la friture, 3°. en les faisant passer à travers du poussier de charbon, même en les faisant chauffer sur du charbon, moyens que j'ai cités au mot Huile, remplissent aussi plus ou moins bien les mêmes indications.

Je renvoie, pour le surplus de ce qu'il convient de savoir à cet égard, aux articles des graisses et des huiles le plus communément consacrées à la nourriture de l'homme, principalement aux mots Olivier, Noyer, Pavot, Beurre et Cochon.

Au reste, la rancidité ne nuit pas, ou du moins nuit très-peu à l'emploi des huiles dans les arts; c'est pourquoi on fait moins d'attention à cette sorte d'altération dans le commerce, qu'on ne le ferait si elles étaient exclusivement réservées pour la nourriture de l'homme. (B.)

RANCIDITÉ. État que prennent les graisses et les huiles par l'effet de la réaction de leurs principes les uns sur les autres, et par leur contact avec l'air atmosphérique. *Voyez* aux mots Rance, Huile et Graisse.

Les graines huileuses sont dans le cas de devenir plus ou moins promptement rances, et de perdre par conséquent leur faculté germinative. Les moyens de retarder ce moment, c'est de les conserver dans leur capsule lorsqu'elles en ont une, de les tenir dans un lieu dont la température change peu, et, mieux encore, dans de la terre médiocrement humide. *Voyez* au mot Graine. (B.)

RAND. Ancienne mesure de longueur. *Voyez* Mesure.

RANE. Petit labour qui se fait, dans le vignoble d'Orléans, ordinairement avant l'hiver, au fond des fosses ou pouées creusées pour planter de la vigne. (B.)

RANGÉES. Se dit des arbres, des plantes, et même de toutes les choses qui sont disposées en lignes droites.

Il est très-utile de planter les arbres et même de semer les plantes soit vivaces, soit annuelles, par rangées, parce que par là on les fait jouir plus également du bénéfice de l'air, de la lumière, et que leurs racines s'étendent plus à l'aise.

Plus les rangées sont écartées, et plus profitent les arbres des vergers, des pépinières, des avenues, etc.; cependant, comme il est bon qu'ils s'abritent réciproquement, il ne faut pas les éloigner au-delà d'un certain point. (B.)

RANGÉES (CULTURE PAR). De tout temps on a semé dans les jardins certaines graines fines par rangées; mais ce n'est que dans ces derniers temps qu'on s'est imaginé qu'il pouvait être avantageux de semer de même dans les champs. Aujourd'hui les écrivains anglais ne cessent de vanter les succès obtenus au moyen de la culture par rangées, et je ne puis me dispenser d'en parler.

La culture par rangées a été, je crois, provoquée pour la première fois par Tull, homme enthousiaste, paradoxal, mais bon observateur, et aux ouvrages duquel on ne rend pas assez justice. C'est sur elle que repose le nouveau mode de répandre les graines au moyen du semoir qui a été proposé par notre illustre Duhamel. Elle consiste à semer les graines des céréales, des fourrages, et autres, en lignes parallèles plus ou moins larges et plus ou moins écartées, de sorte qu'il y a au moins autant, et le plus souvent davantage, de terrain vide que de terrain plein. La distance entre les lignes dépend de l'objet de la culture (les grandes plantes demandant à être plus écartées que les petites); mais elle doit être telle qu'un cheval puisse y passer, c'est-à-dire de 2 à 3 pieds.

La distance à mettre entre les rangées de blé a été reconnue être de 9 pouces.

Toute plante qui jouit sans gêne de l'influence de la lumière, de l'air, de la terre que peut atteindre ses racines, doit nécessairement croître avec plus de rapidité, s'élever davantage, donner des fruits en plus grand nombre, plus beaux et meilleurs que celle qui est étouffée et privée de sa nourriture par cent plantes voisines.

Tout terrain qui est fréquemment labouré absorbe plus facilement et plus abondamment l'air atmosphérique, et s'approprie par conséquent une plus grande portion de ses élémens.

Tout terrain qu'on empêche de nourrir des plantes conserve non-seulement tout le terreau soluble qu'il contenait, mais même en acquiert probablement en plus grande proportion qu'il ne l'eût fait si on le lui eût laissé consommer.

La théorie de la culture par rangées repose sur ces trois principes. Cette culture est donc évidemment bonne sous les rapports des produits et de l'amélioration de la terre ; elle l'est encore plus, parce qu'elle permet de faire les binages d'été au moyen de la Houe a cheval, de la Ratissoire a cheval, de la Charrue a double oreille appelée Cultivateur (*voyez* ces mots); c'est-à-dire parce qu'elle économise considérablement de temps et de main d'œuvre.

Reste donc à calculer si l'augmentation de récolte dans la portion pleine, dédommage du manque de récolte dans la partie vide, en faisant entrer l'économie des binages à la charrue comme élément dans le calcul : or, c'est sur quoi il paraît y avoir beaucoup de divergence dans les opinions en Angleterre.

Cette divergence ne doit pas étonner, malgré ce que je viens de dire, quand on considère la grande variété des terrains, des plantes, ainsi que de l'influence des circonstances atmosphériques, variété telle, qu'il est impossible (en adoptant le principe dans toute sa rigueur) de pouvoir faire en agriculture des expériences véritablement comparables.

Je vois d'abord que les céréales qui se donnent peu d'ombre et qui, dès qu'elles ont passé fleur, ne vivent presque plus par leurs feuilles, doivent gagner peu à être semées en rangées.

Je vois ensuite que les raves, les navets, les bettes, etc., qui ne s'élèvent pas, ont encore peu besoin de cette culture et par la première de ces raisons, quoique ces sortes de plantes vivent plus par leurs feuilles que par leurs racines.

Dans ces deux cas donc, les avantages des semis par rangées se réduisent uniquement à l'économie des binages à la charrue, et à la meilleure préparation du terrain pour les récoltes subséquentes.

Mais quand on considère les plantes qui s'élèvent beaucoup et donnent par conséquent beaucoup d'ombre, les plantes qui, par la grandeur et la nature charnue de leurs feuilles, consomment beaucoup d'air, telles que les choux, le colza, la pomme de terre, les pois, les haricots, la luzerne, etc., etc., on juge combien l'influence de la culture par rangées peut être considérable sur elles.

L'observation prouve que si la culture par rangées augmente considérablement les produits des LUZERNES, des SAINFOINS, des TRÈFLES et autres grandes plantes fourrageuses, elle détériore leur qualité en rendant les tiges de ces plantes plus dures, et moins du goût des bestiaux; elle doit donc être repoussée dans ce cas.

La culture par rangées doit être plus fructueuse dans les sols et dans les années humides, que dans les sols et les années sèches, parce qu'elle favorise l'évaporation, et que dans ces circonstances c'est un avantage. D'ailleurs elle permet toujours alors de transformer un labourage plat en un labourage par billons, puisqu'il suffit d'approfondir la raie ou les raies de l'espace vide.

On sème par rangées de trois manières principales.

Ou on sème à la main dans les sillons, ou on sème avec un SEMOIR (*voyez* ce mot), ou on sème à la volée et avec une charrue à double oreille et à socle plat fort large; on rejette sur deux lignes toute la semence qui se trouve sur l'espace qu'on veut laisser vide.

Lorsque les labours antérieurs ont été bien faits et que la surface de la terre est un peu plombée, ce dernier moyen est le plus simple et le plus exact; mais il exige une charrue exprès.

Quelque important que soit ce sujet, je ne m'étendrai pas plus au long sur ce qui le concerne, laissant aux cultivateurs français le soin de faire l'application des bases que je viens de poser.

Dans le Médoc, les environs de Vesoul et quelques autres cantons peu nombreux, on cultive la vigne par rangées et on la laboure à la charrue. Il serait à désirer que cette pratique s'étendît dans tous les pays où on en plante dans les plaines ou sur des coteaux peu inclinés. *Voyez* au mot VIGNE.

La culture par rangées est générale dans les pépinières. Elle a lieu pour la plantation des bois et même souvent pour leur semis.

La coupe par rangées des forêts composées de pins et de sapins est très-avantageuse, en ce qu'elle conserve de l'ombre et de la fraîcheur aux plants qui repoussent. (B.)

RANZO. Synonyme de LIE DE VIN desséchée, dans le midi de la France. (B.)

RAOU. Nom du mélange du FROMENT et du SEIGLE dans le département de l'Aude. *Voyez* MÉTEIL. (B.)

RÂPÉ. On donne ce nom, dans quelques endroits, à un petit vin qu'on fait en mettant des grappes de raisin dans des tonneaux sans les écraser, et en remplissant le tonneau d'eau. La peau des grains de ces grappes, étant plus ou moins solide, résiste plus ou moins à la fermentation, de sorte que pendant plusieurs mois on peut tirer, à mesure du besoin, du vin de ce tonneau, et y ajouter de suite de l'eau sans que ce vin soit, dit-on, fort affaibli ; ce qui est difficile à croire.

Un autre râpé est celui qu'on fait en mettant des sarmens ou des branches de chêne sous le pressoir, entre les lits de raisin : le vin se charge d'une partie du principe astringent contenu dans ces sarmens ou ces branches et acquiert, aux dépens de sa douceur, la faculté de se mieux conserver.

On ne fabrique plus guère de râpé ou, mieux, de grappé, puisque, quoique j'aie beaucoup vécu et voyagé dans les pays de vignoble, je n'en ai jamais vu. Il a été remplacé par le petit vin.

Le râpé de copeaux est celui qui se fait avec des copeaux employés pour clarifier le vin, afin de ne pas perdre la portion du vin absorbée par ces copeaux. Cette opération, résultat de l'ignorance et de la misère, se pratique encore moins que la précédente. *Voyez* VIN. (B.)

RAPES A POMMES DE TERRE ET A BETTERAVES. *Voyez* à l'artic MOULIN.

RAPETTE, *Asperugo.* Plante annuelle à tige rampante, hérissée de poils et rameuse ; à feuilles alternes, pétiolées, ovales, lancéolées, rudes au toucher ; à fleurs bleues, solitaires dans les aisselles des feuilles ; qu'on trouve quelquefois très-abondamment dans les champs, autour des habitations,

TOME XIII. 5

dans tous les lieux où la terre est fertile ou bien fumée, et qui forme un genre dans la pentandrie monogynie et dans là famille des borraginées.

On estime la RAPETTE RAMPANTE vulnéraire et détersive. Tous les bestiaux la mangent. Comme ses parties sont épaisses, elle améliore la terre dans laquelle on l'enfouit par les labours; mais on ne doit pas moins la proscrire des champs, comme nuisant beaucoup à la croissance du blé et des autres céréales, lorsqu'elle y est un peu abondante. On la connaît dans quelques endroits sous le nom de *porte-feuille,* parce que son calice est aplati comme le meuble de ce nom.

RAPONCULE, *Phyteuma.* Genre de plantes de la pentandrie monogynie et de la famille des campanulacées, qui renferme une quinzaine d'espèces, dont deux sont assez communes pour devair être mentionnées ici.

Les especes de ce genre sont des plantes lactescentes à racines vivaces, à feuilles alternes et à fleurs disposées en tête ou en épi terminal accompagné de bractées.

La RAPONCULE ORBICULAIRE a les racines fusiformes; les feuilles pétiolées, dentelées, les radicales cordiformes, les caulinaires lancéolées; les fleurs bleues et disposées en tête. Elle croît naturellement sur les montagnes de presque toute l'Europe, dispersée cà et là. C'est une fort jolie plante qu'on ne doit pas négliger d'introduire dans les jardins paysagers pour les embellir pendant l'été, époque de sa floraison. Les tertres, les pelouses inclinées, sont les lieux où il convient de la placer, mais, comme dans la nature, jamais en masse. Sa racine se mange en salade de la même manière que la CAMPANULE-RAIPONCE, et j'en ai fréquemment fait usage dans ma jeunesse. On la regarde comme apéritive et propre à augmenter le lait des nourrices. On la multiplie de ses graines, qu'on sème aussitôt qu'elles sont mûres, et qui lèvent généralement avant l'hiver.

La RAPONCULE A ÉPI a les racines peu épaisses et fibreuses; les tiges droites; les feuilles radicales en cœur, deux fois dentées, les caulinaires linéaires; les fleurs bleues et en épi allongé. Elle croît communément dans les bois et les pâturages secs, et fleurit en même temps que la précédente. Ses vertus sont les mêmes, mais on ne la mange pas aussi fréquemment. Son aspect est encore plus agréable; et comme elle est moins difficile sur la nature du terrain et sur son exposition, on peut la faire entrer plus fréquemment dans l'ordonnance des jardins paysagers. Le mode de sa multiplication ne diffère pas de celui qui vient d'être indiqué. (B.)

RAPONTIQUE. Espèce de RHUBARBE.

RAPONTIQUE DE MONTAGNE. C'est la PATIENCE.

RAPONTIQUE VULGAIRE. C'est la JACÉE.

RAPPELER UN ARBRE. Terme nouveau, dit Roger de Schabol, mais inventé avec jugement et employé à Montreuil. *Rappeler* s'entend des arbres qui, après avoir été quelque temps laissés un peu à eux-mêmes jusqu'à un certain point, à cause de leur trop de vigueur, sont par la suite tenus plus courts. On les rappelle alors; c'est-à-dire on les soulage à la taille, on les rapproche un peu et on les décharge. *Voyez* l'article suivant et TAILLE. (R.)

RAPPROCHEMENT. Terme de jardinage qui s'applique à divers objets, qui tous ont rapport au retranchement plus ou moins considérable de partie d'une tige ou d'une branche d'arbre.

On rapproche les branches d'un arbre fruitier en plein vent pour le rajeunir. *Voyez* RAJEUNISSEMENT.

On rapproche les branches des espaliers, lorsqu'on les coupe très-court pour regarnir leur centre, ou pour rétablir l'équilibre entre les deux membres. *Voyez* ESPALIER.

On rapproche plus ou moins la tige d'un jeune arbre, la pousse d'une greffe, etc., pour lui faire pousser des branches latérales.

Le rapprochement est une excellente opération dans un grand nombre de cas; mais elle a besoin d'être faite avec intelligence. La plupart des jardiniers en mésusent, faute d'en connaître les principes. Comme c'est une véritable TAILLE, je renvoie à ce mot pour le développement des principes.

On a aussi, dans ces derniers temps, donné le même nom à l'opération de greffer par approche un, deux ou un plus grand nombre d'individus, à un arbre de son espèce ou d'espèce fort voisine, afin de faire profiter ce dernier des racines des autres, après que, la soudure effectuée, on a coupé la tête à tous les individus latéraux. *Voyez* GREFFE. (B.)

RAQUETTE. Espèce du genre des CACTIERS, dont les tiges sont aplaties et articulées. C'est sur une espèce de ce genre que vit la COCHENILLE. *Voyez* ces deux mots.

RAQUETTE. Rameau droit et élastique, ordinairement gourmand de coudrier, qu'on courbe en demi-cercle et qu'on ferme avec une ficelle fixée au plus petit bout du rameau, et qui passe, après avoir été doublée, dans un trou fait au plus gros bout, trou où elle est arrêtée par un morceau de bois de 4 à 6 pouces de long et de la forme du trou, de manière qu'elle pend sur les côtés en dessus, et que le morceau de bois tombant lorsqu'un oiseau se pose dessus, elle l'arrête par la patte, à raison de la distension de l'arc qu'elle arrêtait.

Comme il n'y a que les enfans qui aient assez de temps à

perdre pour faire cette chasse, très-peu profitable au reste, je n'en parlerai pas plus au long. (B.)

RASCAPOS. Pierrées qui s'établissent au milieu des ravins, dans les Cévennes, afin de retarder le cours des eaux et de permettre à la terre qu'elles entraînent, de se déposer avant leur arrivée dans la vallée.

On emploie les plus grosses pierres possible pour construire les *rascapos*, et on cherche toujours à les fonder sur le roc. Lorsqu'on n'a que des schistes en table on les dispose en longs talus. Il serait bien à désirer que cette excellente pratique fût par-tout en usage. (B.)

RASCLE. C'est la herse dans le département de la Haute-Garonne. (B.)

RASCO. C'est la cuscute dans le midi de la France. (B.)

RASE Nom languedocien des sentiers conservés dans les vignes pour la facilité de leur exploitation. (B.)

RASE-MORTE. Synonyme de Pierrée dans le département du Puy-de-Dôme. *Voyez* ce mot et celui Citerne. (B.)

RASETTE. C'est un des noms de la ratissoire. *Voyez* ce mot.

RASIÈRE. Nom d'une ancienne mesure de superficie. *Voyez* Mesure.

RASPE (BOIS DE). Taillis de chêne dans le Brabant, tout taillis formant clôture. (B.)

RASPECT. On appelle ainsi, dans le midi de la France, le moût après qu'il a été séparé de la rafle. *Voyez* Vin. (B.)

RASQUETTE. C'est la cuscute dans le département du Var. (B).

RASSET. Synonyme de son dans le département du Var.

RASTOUL. On donne ce nom au chaume dans le département de Lot-et-Garonne.

Dans d'autres départemens, ce sont les herbes des champs après la moisson. (B.)

RAT. Genre de quadrupèdes qui renferme un grand nombre d'espèces (plus de vingt), dont près de la moitié appartiennent à l'Europe. Comme j'ai parlé, à leurs noms spécifiques, de la souris, du campagnol et du mulot, qui en font partie, il ne sera question ici que des véritables rats, c'est-à-dire de celles de ces espèces qui ont 6 à 10 pouces de long.

La Rat commun ou domestique, *Mus ratus*, Lin., a 7 pouces de long ; sa couleur est sur le dos d'un gris noirâtre, et sous le ventre d'un blanc grisâtre. Il vit dans les bois voisins des villages, entre dans les maisons, sur-tout pendant l'hiver, vit de tout ce qu'il trouve, tue les poulets, les pigeonneaux, mange le blé dans les champs, dans la grange,

dans le grenier, creuse les murs, ronge la paille et le foin
pour se cacher ou faire le nid de ses petits ; enfin cause aux
cultivateurs des pertes bien autrement importantes que la
souris. Heureusement qu'il n'est pas multiplié, quoiqu'il fasse
quatre, cinq, six et même, dit-on, jusqu'à sept portées par an,
parce qu'il a beaucoup d'ennemis, et que la faim le fait souvent mourir pendant l'hiver.

Quoique tous les chats courent après les rats, peu les mangent, à raison de l'odeur qui leur est propre. Ils échappent
bien moins à leurs dents ou à leurs pattes que la souris, parce
qu'ils ne sont pas aussi rusés. On les prend dans de grandes
souricières appelées ratières, ou avec de petits piéges à renards
uniquement faits pour eux, l'un et l'autre amorcés avec du
lard, du fromage, de la viande, etc. Fréquemment on les empoisonne avec la *mort aux rats*, c'est-à-dire de la graisse mêlée
avec du pain et de la poudre de graine de ménisperme (coque-
levant), ou du verre pilé, ou de l'arsenic, ou du vert-de-gris :
ces derniers moyens sont dangereux et ne doivent être employés qu'à la dernière extrémité.

Le RAT-SURMULOT, *Mus norwegicus*, Lin., a le corps
roux brun en dessus, et le ventre très-blanc. Il a 2 ou 3 pouces
de long de plus que le précédent. Sa queue est moins garnie
de poils. Il est originaire de Norwège, et n'est connu en
France que depuis le milieu du siècle dernier. Aujourd'hui il
est très-commun dans et autour de Paris et autres grandes
villes, sur tous les ports de mer ; il est bien plus fort et plus
courageux que le précédent, se bat contre les chats qui l'attaquent et les force souvent à la retraite. Tout lui est bon pour
nourriture, mais il recherche moins les grains que la chair.
Les cimetières, les voiries, les bords de la rivière, les hôpitaux, les prisons, les alentours des guinguettes des environs
de Paris en sont excessivement peuplés. Il fait une guerre perpétuelle aux poulets, aux perdrix et à tous les petits animaux.
Rarement il monte dans les greniers. L'eau paraît lui être nécessaire, car il la recherche et y nage sans y être forcé. Toujours il se creuse des trous très-profonds, soit dans les murs,
soit dans la terre ; ce qui, dans le premier cas, ébranle les
fondemens des édifices les plus solides (le château de Versailles
et l'hôpital de la Salpêtrière, par exemple.) On le prend avec
les mêmes piéges que le précédent, on l'empoisonne par
les mêmes moyens. De plus, le voisinage de l'eau invite à
en verser dans son trou pour le faire sortir et le tuer à coups de
bâton.

Le RAT D'EAU, *Mus amphibius*, Lin., a le corps noirâtre
en dessus et ferrugineux en dessous, sa grandeur est la même
que celle du rat commun. Il vit exclusivement sur le bord des

eaux, nage fort bien et se nourrit de poissons, d'insectes, de vers, de racines et de graines. Sa fourrure est très-fine.

Cet animal n'est mentionné ici qu'à raison des dommages qu'il cause aux propriétaires d'étangs, car les cultivateurs proprement dits n'ont jamais à s'en plaindre. Il se creuse des terriers très-profonds et très-multipliés dont il s'écarte peu, mais dont on peut le faire souvent sortir par le moyen de l'eau, ainsi que je viens de l'indiquer. On l'empoisonne aussi très-facilement en mettant dans ses trous des boulettes de viande mêlée d'arsenic. (B.)

RAT BLANC. C'est le LÉROT.

RAT DES BOIS. C'est le MULOT.

RAT DES CHAMPS (GRAND). C'est le MULOT.

RAT DES CHAMPS (PETIT). C'est le CAMPAGNOL.

RAT D'OR. C'est le MUSCARDIN.

RAT-LOIR. *Voyez* LOIR.

RATAFIAT. Liqueur de table composée avec de l'eau-de-vie qu'on a imprégnée de l'odeur et de la saveur de certains fruits ou parties de fruits, et à laquelle on a ajouté du sucre en plus ou moins grande quantité. *Voyez* EAU-DE-VIE et LIQUEUR DE TABLE. (B.)

RATEAU. Instrument des agriculteurs et des jardiniers, qu'ils emploient à beaucoup d'usages et dont ils se servent particulièrement pour ramasser les foins, pour rassembler les pailles des champs, pour nettoyer les promenoirs et les allées des jardins, pour épierrer la surface des labours, pour unir le sol des terrains nouvellement semés.

Un râteau est composé de plusieurs dents parallèles, fixées à une traverse à laquelle s'adapte un manche. Ces dents sont de fer ou de bois, droites, ou tant soit peu courbées, plus ou moins pointues, plus ou moins longues, plus ou moins espacées. La traverse et le manche sont de bois; le manche a de 4 à 6 pieds de longueur, il est toujours arrondi.

La nature et les proportions des dents du râteau varient suivant l'usage auquel on le destine. Celui qui sert à épierrer un terrain doit avoir des dents de fer quadrangulaires, longues de 3 à 4 pouces et rapprochées convenablement. Elles doivent être plus espacées et plus longues dans le râteau destiné à rassembler les herbes dans les prés. Le râteau employé à ramasser les pailles ou les foins a ordinairement un double rang de dents très-longues et en bois. Tout le monde connaît le râteau des jardins. Ses dents sont communément en fer à un pouce de distance les unes des autres et longues d'environ 3 pouces. Quand on veut s'en servir pour niveler et unir les plates-bandes qu'on s'apprête à semer ou qui viennent d'être semées, on promène l'instrument sur le sol, en inclinant le manche à l'angle de 45 degrés. Que si l'on veut tracer sur une plate-bande de petits sillons, dans la direction desquels on puisse semer ou planter des herbes potagères ou des fleurs, on fait alors usage d'un grand râteau de 3 pieds de largeur, armé de quatre à six dents seulement. Cette opération donne un air de propreté et de symétrie aux semis et aux plantations, et conserve la distance qui doit régner entre chaque sillon. Le râteau ne doit point excéder en largeur celle de la plate-blande, et une plate-bande de 3 pieds est suffisamment large. Une plus grande étendue nuirait au sarclage, ou du moins le rendrait incommode.

Dans les râteaux des jardins le manche est perpendiculaire à la traverse qui porte les dents, on fait usage dans beaucoup de lieux d'un instrument de cette espèce, dont le manche est disposé obliquement. L'emploi de ce râteau est très-avantageux dans plusieurs circonstances, et particulièrement dans la récolte des foins. L'ouvrier qui s'en sert suit toujours une place vide, et ne marche point sur le foin, parce qu'il le rassemble non devant lui, mais à côté de lui.

Le râteau employé à Parme pour ramasser le foin est de 3 à 4 pieds de long, et ses dents ont 7 à 8 pouces. Il est surmonté d'un bâton qui lui est paralèlle. Son manche est une fourche recourbée de 4 à 5 pieds de long. Il remplit fort bien son objet.

C'est avec le chêne ou le cormier qu'on fait les dents des râteaux qui sont en bois. (D.)

RATEAU. *Voyez* Birette.

RATELLE. Maladie des cochons fort peu différente par sa nature de la soie et de la bouche, mais dans laquelle les bubons se forment sur les viscères. On ne peut la reconnaître avec certitude qu'après la mort de l'animal; mais quand on la soupçonne, on doit lui appliquer les remèdes indiqués au mot Soie. (B).

RATELIER. On appelle ainsi deux longues pièces de bois suspendues ou attachées au mur d'une écurie ou d'une étable, dans une direction horizontale, et traversées par plusieurs petits barreaux d'espace en espace, en forme d'une échelle couchée, afin de recevoir le foin et la paille, ou toute autre espèce de fourrage qu'on donne à manger aux chevaux et aux bœufs. Dans beaucoup d'écuries, le mur n'offre qu'un simple râtelier sans auge ni mangeoire. Cette disposition est défectueuse. Il est plus avantageux de placer, comme on le fait communément, une mangeoire au-dessous du râtelier, parce que les graines du fourrage y tombant, peuvent être mangées par les bestiaux, et on sait que les graines sont beaucoup plus nourrissantes que les feuilles et les tiges des plantes qui les ont fournies.

Les barreaux du râtelier ont ordinairement 2 pieds et demi de hauteur, et sont espacés de 3 à 4 pouces; la traverse qui porte leur partie inférieure est fortement fixée contre le mur, et la traverse supérieure laisse entre le mur et elle 18 à 20 pouces; celle-ci est ou implantée dans des piliers en maçonnerie, ou soutenue à ses deux extrémités, et de distance en distance, suivant sa longueur, par des bandes de fer. Les barreaux doivent être faits de bois dur, arrondis et lissés sur le tour. Quelquefois on les fait porter sur un pivot, afin qu'en tournant au moindre effort l'animal tire sans peine le foin du râtelier. Si ces barreaux sont espacés au-delà des proportions indiquées, le cheval et le bœuf tirent trop de fourrage à-la-fois; il en tombe à leurs pieds une partie, qui est foulée et perdue. Si au contraire ils sont trop resserrés, ces animaux perdent du temps et ont beaucoup de peine à tirer leur nourriture. Quand on substitue des barreaux plats à des barreaux ronds, on doit avoir la plus grande attention à ce que les bois soient bien lissés à la varlope, qu'ils n'aient point d'esquilles, et que leurs arrêtes soient arrondies. Sans ces précautions, les lèvres des animaux seront souvent blessées. La base du râtelier doit descendre vis-à-vis la bouche du cheval, afin qu'il ne soit pas obligé de trop lever la tête en mangeant; et son inclinaison doit être telle que les ordures et les petites pailles mêlées au fourrage ne puissent pas tomber sur la crinière de l'animal.

On a demandé quelquefois si l'usage des râteliers et des auges n'était pas préjudiciable à la santé des chevaux et du bétail, et s'il n'y aurait pas un moyen plus convenable de préparer et de leur offrir leur nourriture. Il est certain que les râteliers présentent plusieurs inconvéniens. Ils sont un réceptacle de poussière et de toiles d'araignées; plusieurs chevaux en tirant le foin en perdent; les saletés qui s'y trouvent, et la poussière que l'abat-foin y introduit, tombent sur leur tête et quelquefois sur leurs yeux; enfin la position peu naturelle que ces animaux sont contraints de prendre pour manger tend à les déformer, et à leur donner insensiblement une encolure de cerf. Quant aux auges, si elles sont de pierre, elles coûtent beaucoup à établir; si elles sont de bois, elles conservent toujours une certaine humidité, pourrissent à la longue, et contractent à la fin une odeur de moisissure qui dégoûte les animaux; d'ailleurs, elles fournissent aux chevaux l'occasion de tiquer. Le dedans des auges est rarement bien nettoyé, le dessous est tenu plus malproprement encore; les palfreniers par paresse y jettent une litière consommée qui devrait être portée au dehors. Il en résulte que les chevaux qui ne sortent pas de l'écurie hument sans cesse des miasmes peu salubres, et si l'écurie est nombreuse et fermée, comme en hiver, cela peut être très-contraire à leur santé, et leur donner des maladies qui n'ont pas souvent d'autre cause.

Dans un ouvrage périodique, consacré à l'économie rurale et domestique, on a proposé il y a vingt ans la construction d'une écurie sans râtelier ni auge, sur un plan nouveau, qui semble présenter beaucoup d'avantages. Un cultivateur en a fait l'essai avec succès. Pour se servir de cette écurie, il faut nourrir les chevaux avec du foin et de la paille hachée, et mêlée, soit avec de l'avoine, soit avec du son. L'écurie est voûtée ou plafonnée. L'un des murs est recouvert d'une paroi en bois, et c'est en face de ce mur qu'est la place du cheval. On scelle dans cette paroi deux boucles pour chaque cheval. Les chevaux sont séparés par des barres ou des cloisons en bois espacées au moins de 5 pieds et demi. Des piliers bien arrondis, de 7 à 8 pieds de haut, sont élevés à 2 pieds en arrière de l'alignement des croupes ; à 6 pieds au-dessus du terrain, on plante dans chaque pilier une boucle portant deux chaînes assez fortes de 3 à 4 pieds de long, ayant à l'extrémité d'en bas un S solide. L'heure du repas venue, on tourne les chevaux la tête entre les piliers, et on les y attache avec leur licou. On suspend à une des deux chaînes du pilier de la droite et à une des deux chaînes du pilier de la gauche une crèche ambulante de bois lisse, par le moyen de deux boucles adaptées à ses extrémités à 3 pouces de son bord. Cette crèche doit avoir 3 pieds et demi de longueur, un pied de profondeur et un de largeur. On y met le mélange de fourrage. Les chevaux mangent sans être dégoûtés, rien ne se perd ; on n'est pas obligé de relever le foin que plusieurs perdent en le tirant du râtelier. Chacun mange sa portion sans être inquiété par son voisin, et la mange plus gaiement et plus proprement. L'habitude de se tourner pour prendre leur repas fait qu'ils se tournent très-aisément quand on veut les faire travailler, sans qu'on soit contraint de leur donner des coups de fouet pour les arracher de leur râtelier. Le repas fini, on enlève les crèches, qu'on doit laver de temps en temps hors de l'écurie et faire sécher à l'ombre. On les place sur des tablettes dans l'écurie même, de manière qu'elles soient à l'abri de la poussière et des saletés. Dans l'entre-deux des repas, on a soin de relever les chaînes des piliers aussi haut qu'on le peut, afin que les queues des chevaux ne s'y accrochent pas.

Je conseille à un propriétaire aisé de faire disposer ses écuries sur ce plan, et je ne doute pas que ses chevaux ne s'en trouvent bien, sur-tout s'il a l'attention et la possibilité de les faire panser hors de l'écurie. (D.)

On doit à M. Morel de Vindée, dans ses ouvrages sur les bergeries, d'excellentes indications sur la forme et les dimensions à donner aux RATELIERS.

Lasteyrie donne, dans le second volume de son ouvrage intitulé Collections de machines et d'ustensiles employés dans l'économie rurale, la figure de plusieurs sortes de râteliers qu'il a observés dans ses voyages. (B.)

RATISSAGE. On donne ce nom à deux opérations d'agriculture.

La première, qui s'exécute avec un RATEAU (*voyez* ce mot), a pour but, tantôt de rendre la surface de la terre des planches d'un jardin unie, tantôt de recouvrir la semence qu'on vient d'y répandre, tantôt d'enlever les herbes, les pierres, les grosses mottes de terre qui s'y trouvent. Elle diffère peu du HERSAGE. *Voyez* ce mot.

La seconde, qui se pratique au moyen d'une RATISSOIRE (*voyez* ce mot), sert à couper entre deux terres les herbes qui ont crû dans les allées des jardins, à briser les inégalités que les pluies ou autres causes ont pu y faire naître, pour ensuite unir ces allées, enlever ces herbes et faire disparaître ces inégalités au moyen du râteau, c'est-à-dire en ratissant dans le premier sens de ce mot.

Ratisser avec un râteau semble être une opération facile; mais, quelque simple qu'elle soit, elle demande de l'habitude pour ne pas appuyer l'instrument au-delà du point convenable, pour ne pas trop enterrer les graines, pour ne les pas entraîner, pour amener les herbes et les pierres en moins de temps possible sur le bord de la planche, et de là en un tas, qu'on enlève pour le porter dans la fosse aux ordures, ou les jeter sur le chemin.

Les terres qui sont en bon état de labour sont plus faciles à ratisser que celles qui ne le sont pas. Il en est de même des terres légères exemptes de cailloux, comparativement à celles qui en ont, comparativement aux terres fortes, aux terres nouvellement défrichées, et qui contiennent par conséquent beaucoup d'herbes et de grosses mottes.

C'est souvent une excellente opération que de promener le rateau à dents de fer sur les planches des semis pour leur donner un léger binage, qui favorise les influences atmosphériques et chausse le jeune plant; mais il faut la faire en temps opportun et y apporter l'attention nécessaire pour ne rien arracher.

On rend le ratissage susceptible d'être exécuté beaucoup

plus promptement et mieux dans les jardins, où il est difficile, en choisissant le moment où la terre n'est ni trop humide ni trop sèche; mais il ne dépend pas toujours du cultivateur de le faire, soit par la nécessité d'employer tout son temps, soit parce qu'il est pressé par la saison, etc. Il en serait de même si on faisait usage au préalable d'un ROULEAU (*voyez* ce mot) armé de pointes, qui d'un côté briserait toutes les mottes, de l'autre plomberait la terre et en rendrait par là la surface plus unie et plus de niveau dans toutes ses parties.

Un ratissage *léger* est celui pour lequel on n'appuie pas sur le râteau; un ratissage *appuyé* est celui pour lequel on fait enfoncer davantage les dents du râteau. Le premier convient aux terres légères et aux semences fines; le second, aux terres fortes et aux grosses semences. Quelquefois on ratisse avec le dos du râteau : ce ratissage a principalement lieu lorsqu'on sème en rayons, et qu'il ne s'agit que de ramener la terre dans les rayons. *Voyez* RABOT.

Il est très-souvent utile de ratisser avant de semer et de ratisser après; mais les jardiniers paresseux ne reconnaissent pas la nécessité de ce double ratissage.

On ramasse avec le râteau le foin des prairies naturelles et artificielles, le blé, l'orge, l'avoine qui est tombée de la main des moissonneurs. On ramasse avec le même instrument les grosses pailles qui se séparent des herbes dans l'opération du battage, la litière qui n'est pas assez imbue de l'urine ou des excrémens des bestiaux, etc.; et cela s'appelle aussi ratisser dans quelques lieux.

Pour ratisser convenablement les allées d'un jardin, il faut choisir également le moment où la terre n'est ni trop humide ni trop sèche. On emploie ou des ratissoires qu'on tire à soi, ou des ratissoires qu'on pousse devant soi, et ce, soit à la main et maniées par un seul homme, soit montées sur des roues et traînées par plusieurs hommes ou par un cheval. Lorsque la terre est dure, la ratissoire à pousser vaut mieux, parce qu'elle enfonce davantage; lorsqu'elle est trop molle, celle à tirer convient davantage, parce qu'on peut plus facilement l'empêcher de trop mordre.

Six lignes sont généralement l'enfoncement convenable pour un bon ratissage, parce que plus profond il rendrait la terre molle sous les pieds des promeneurs, et susceptible d'être entraînée par les pluies, et que moins profond il ne couperait pas les racines des plantes au-dessous de leur collet, et par conséquent ne les empêcherait pas de repousser. Je ne parle ici que des allées peu garnies de sable; car celles où le sable est mouvant doivent être ratissées au-dessous de ce sable, quelle que soit son épaisseur.

Quand il s'agit de remettre de niveau des parties plus élevées d'une allée, on doit au préalable donner à ces parties un léger binage avec la houe à large fer.

Lorsque les allées sont bordées de gazon, on coupe ce gazon au cordeau avant de les ratisser, soit avec la bêche, soit avec le Coupe-Gazon (*voyez* ce mot), et on ratisse la partie coupée omme le reste de l'allée.

Les herbes qui ont été coupées par l'opération du ratissage doivent être laissées vingt-quatre heures au moins sur le sol de l'allée sans y toucher, afin que le soleil ou le hâle les fasse mourir; après quoi, on les change de place par un ratissage irrégulier au râteau, ratissage qu'on appelle brouiller. Ce n'est qu'après le même espace de temps qu'on les enlève définitivement par un second ratissage fait avec soin et régularité, c'est-à-dire qui ne laisse aucune ordure, et dont les marques suivent la direction longitudinale de l'allée.

On peut juger de l'esprit d'ordre et de l'activité d'un jardinier au premier pas qu'on fait dans un jardin, en voyant comment les ratissages des allées sont exécutés.

Un jardin en terrain peu humide et dont les allées sont suffisamment garnies de gravier ou de sable, peut être entretenu dans un état convenable de propreté au moyen de six ratissages par an, c'est-à-dire deux au printemps, un en été, deux en automne et un en hiver : dans la plupart même, on se contente de quatre. Qui approuvera ces propriétaires qui ne veulent pas souffrir un brin d'herbe naissant dans leurs allées, qui ont toujours un jardinier derrière eux lorsqu'ils se promènent pour effacer la trace de leurs pas? L'excès par-tout est un défaut, dit le proverbe, et ce proverbe s'applique fort bien ici. (B.)

RATISSOIRE. Outil de jardinage dont on se sert pour ratisser les sentiers ou allées des jardins, pour en couper l'herbe et en égaliser le terrain. C'est une lame de fer de 3 à 4 pouces, longue de 10 à 12, terminée en biseau, et portant à l'opposite du biseau une douille dans laquelle on fixe un long manche de bois.

Il y a trois espèces de ratissoires; savoir, la ratissoire à pousser, qui est celle dont on fait communément usage; la ratissoire à tirer, qui a le tranchant renversé comme une houe, et avec laquelle on coupe l'herbe en tirant à soi; et la ratissoire à double branche.

Les ratissoires sont faites en fer battu, en fer de faux, ou en fer de tôle : celles en fer de faux sont les meilleures. Le manche de cet outil doit faire avec sa lame un angle tel que l'ouvrier n'ait pas besoin de se pencher pour s'en servir. (D.)

Il y a des ratissoires à cheval usitées en Angleterre nouseulement pour ratisser les allées, mais encore pour biner les champs; elles sont dans le cas d'être indiquées ici comme très-commodes et très-expéditives. Les avantages qu'elles présentent sont si évidens, qu'il devient superflu de les développer; je me contente en conséquence de donner la figure de deux d'entre elles, c'est-à-dire de celle à une et de celles à deux roues. *Voyez Pl. I*re. nos. 1 et 2.

M. Bourgeois a fait construire une ratissoire à pousser à longues dents, dans le principe de la ratissoire à biner à une seule roue, et en a tiré des avantages marqués pour l'économie du temps et la bonté du travail.

Une machine fort coûteuse, mais très-bien combinée pour arracher les mauvaises herbes et les ratisser ensuite, est figurée *Pl.* 3 du *Système d'agriculture de Coke*, traduit par Molard. Je renvoie le lecteur à cette planche et au texte qui l'accompagne. (B.)

RATRAIT. Arrangement fait par un propriétaire voisin d'un autre pour faire pousser ses ceps sur le terrain. (B.)

RAULE. Synonyme d'ONDAIN. *Voyez* ce mot. (B.)

RAVALE. Machine propre à aplanir le terrain avec économie et célérité. Elle est décrite au mot APLANIR, et figurée *Pl.* 1, *fig.* 6 du premier volume.

RAVALER. C'est, dit Roger Schabol, tailler court un arbre qui s'emporte; c'est, selon quelques autres cultivateurs, tailler plus bas une branche qu'on a déjà taillée.

Ce mot ne s'emploie plus guère dans le jardinage, attendu qu'il est presque synonyme de RECEPER, RABATTRE, RABAISSER, RAPPROCHER et TAILLER. *Voyez* ces mots. (B.)

RAVALER LA TERRE. C'est l'unir après le labourage, soit au moyen de la herse ou du râteau, soit au moyen du rouleau. Certaines terres sablonneuses ou marneuses se ravalent naturellement par l'effet des pluies. (B.)

RAVANELLE. On donne ce nom, aux environs de Toulouse, au raifort raphanistre, qui désole les cultivateurs des terres appelées boulbènes, par l'abondance avec laquelle il croît dans leurs blés. *Voyez* RAIFORT. (B.)

RAVE. Espèce du genre des CHOUX (*voyez* ce mot), dont la culture est de première importance sous divers rapports et peut devenir une source de richesses pour la plupart des départemens de la France, comme elle l'est depuis long-temps pour quelques-uns, comme elle l'est pour l'Allemagne, l'Angleterre, etc. Je dois donc entrer, à son égard, dans des détails d'une certaine étendue.

Tout porte à croire que la rave et le navet ne sont que des variétés d'une espèce primitive qu'on trouve encore sauvage sur les bords de la mer d'Allemagne, et que Linnæus a appelée *brassica rapa*, plante qui se rapproche beaucoup de notre NA-VETTE. *Voyez* ce mot.

Il ne faut pas confondre, quoique l'usage général y convie, la rave et le navet avec les espèces ou variétés du genre raifort qui portent leur nom. Ces dernières sont facilement distin-guables non-seulement par leurs caractères botaniques, mais encore par la saveur âcre et piquante de toutes leurs parties. *Voyez* RAIFORT.

Le chou-rave et le chou-navet sont deux variétés du chou commun qui, quoique très-voisines de l'espèce dont il est ques-tion par leurs caractères génériques et par leur forme, s'en éloignent beaucoup par leurs autres caractères et leur saveur. *Voyez* CHOU.

Outre leur racine charnue, la rave et le navet se reconnais-sent à leurs feuilles alternes, les unes radicales, pétiolées, ly-rées, légèrement hérissées, ordinairement de la largeur de la main, les autres amplexicaules, lancéolées, entières, souvent moins larges que le doigt; et à leurs fleurs jaunes, disposées en panicules terminales.

La culture des raves et des navets se perd dans la nuit des temps. Les Grecs et les Romains la pratiquaient. Olivier de Serres rapporte qu'on les a semés en grand, de toute ancien-neté, dans le Limousin, l'Auvergne, la Savoie. Je l'ai trouvée usitée sur les montagnes de la Galice, pays totalement étran-ger aux améliorations de la culture moderne. Elle existait en Suisse, en Allemagne, et sans doute dans beaucoup d'autres pays bien avant l'époque du célèbre patriarche de notre agri-culture. Cependant ce n'est que depuis une cinquantaine d'an-nées qu'elle a été appréciée à toute sa valeur et préconisée par les agronomes, qu'elle a pris dans plusieurs parties de l'Eu-rope, et principalement en Angleterre, une grande amplitude.

La racine de la rave est plus large que longue, c'est-à-dire aplatie dans le sens de sa longueur; celle du navet est fusi-forme et fort allongée. Leur consistance est charnue; leur cou-leur est ordinairement blanche; leur saveur ne peut être com-parée à aucune autre. La grosseur à laquelle elles parviennent ordinairement est 3 à 4 pouces de diamètre; mais on en cite de plus d'un pied et qui pesaient 20 livres.

Il m'a paru qu'en général la chair des navets était plus ferme, plus savoureuse que celle des raves; que ces dernières prenaient moins souvent ce goût âcre et amer si désagréable sur-tout dans ceux ou celles qui sortent de terre pendant leur croissance.

Cent parties de navet ont donné à M. Drapiez neuf parties de bonne moscouade.

Dès que l'une et l'autre commencent à monter en graines,

leur chair change de nature. Elle devient blanche, membra-
neuse, ensuite filandreuse, puis se creuse et finit par perdre
toute sa saveur.

Les sous-variétés de raves et de navets sont fort nombreuses,
mais peu ont été remarquées. On ne trouve indiquées dans les
auteurs que les suivantes :

Relativement à la rave, 1°. la commune, qui est d'un blanc
sale; 2°. celle qui est verte à son sommet, et qu'il faut bien distinguer de la commune, qui verdit lorsque son sommet est exposé à l'air; 3°. celle dont le sommet est rougeâtre ; 4°. celle
qui est très-plate et très-large ; 5°. le *turneps*, qui est aussi
large, mais moins aplati; 6°. celle qui est presque ronde et
grosse ; 7°. celle qui est presque ronde et petite; 8°. celle qui
est aplatie supérieurement et allongée inférieurement, la *tur-
binée*; 9°. la jaune; 10°. la noirâtre, ou de Mende, ou des
Cévennes, que Rozier estime être la meilleure; 11°. la rave
hâtive; 12°. la rave jaune de Hollande ; 13°. la rave rouge de
Hollande.

Relativement au navet, 1°. le commun, connu à Paris sous
le nom de navet de Meaux. Il est très-blanc et de moyenne
grosseur (3 et 4 pouces), celui de Belleville n'en diffère presque que par son infériorité de grosseur; 2°. le gros navet de
campagne ou navet de Berlin, semblable, mais beaucoup plus
gros et croissant hors de terre; 3°. celui à sommet vert ; 4°. celui à sommet rouge; 5°. le navet de Suède ou *rutabaga*, que
nous ne possédons que depuis quelques années; 6°. le navet
jaune, différent du précédent et dont la chair est très-ferme.

Le navet de Suède, au rapport de M. Devred, est plus avantageux à cultiver que le colza, sous le rapport de l'huile qu'on
peut retirer de sa graine. *Voyez* le 16°. vol. de la seconde
série des *Annales d'agriculture.*

Il est des natures de sol qui changent la qualité de la chair
des navets au point d'en faire des variétés, et d'améliorer ou
de détériorer singulièrement leur goût. Au nombre des premiers sont ceux des territoires de Freneuse, de Saulieu, de
Bobry, de Chérouble, de Pardaillan, etc. J'ai visité les trois
premières de ces localités, qui toutes sont des glaises ferrugineuses très-infertiles. Les navets qui y croissent sont très-
petits (rarement d'un pouce au sommet), mais fermes et excellens. Dès qu'on fume ces glaises, la grosseur des navets augmente, leur chair s'amollit, et leur saveur se rapproche de
celle du navet ordinaire : aussi les gourmets de Paris ne re-
connaissent-ils plus aujourd'hui les navets de Freneuse, qu'ils
mangeaient avec tant de plaisir autrefois. Dès qu'on sème leur
graine dans une autre nature de terre, ils donnent des produits fort différens qui, après un petit nombre d'années, ren-

trent dans la variété commune : voilà pourquoi les amateurs se plaignent d'avoir été trompés sur la graine qu'ils avaient tirée de Freneuse ou de Paris.

Une terre légère et fraîche est celle qui est la plus convenable aux raves et aux navets; cependant ils viennent assez bien, sur-tout les raves, dans celles qui sont fortes, lorsque l'année n'est ni trop sèche ni trop pluvieuse. Les montagnes granitiques semblent être leur sol natal, tant ils s'y plaisent ; aussi sera-ce toujours la culture que je conseillerai d'y préférer pour y alterner les récoltes. (*Voyez* Granit, Gneiss et Schiste.) Leur végétation est tout en feuilles dans les terres trop fumées ou naturellement fertiles. Ils prennent avec la plus grande facilité la mauvaise odeur des engrais et des amendemens, telle que celle des fumiers pourris, de la boue des villes, de la suie, etc. Les années sèches et les années pluvieuses les empêchent également, et par des causes contraires, de parvenir à une grosseur raisonnable, et pendant les premières elles ont trop de saveur, pendant les secondes elles n'en ont pas assez.

On sème des raves et des navets dans les jardins pendant presque toute l'année. Au commencement de mars, ce sont les petites variétés hâtives que l'on mange dans le cours de l'été. Ceux qu'on destine à rester en terre pendant l'hiver se sèment à la fin d'août ou au commencement de septembre. Il est bon de préférer pour cette dernière destination le navet jaune ou les navets de Berlin et de Suède, parce qu'ils résistent mieux au froid. Le grand semis, celui qui doit véritablement servir à la provision de l'automne et de l'hiver, se fait en juin ou en juillet, plus tôt ou plus tard, selon le climat, l'exposition, la nature du sol, etc.

Toutes les variétés se sèment généralement à la volée et fort clair, presque toujours dans des planches qui ont déjà fourni une récolte, et sans que la terre ait été de nouveau fumée. La graine s'enterre le plus légèrement possible, et par un seul coup de râteau. Une terre nouvellement labourée ou nouvellement mouillée, ou un temps disposé à la pluie, sont ce qu'on doit désirer. A défaut de ces circonstances, on arrosera aussitôt et on le fera ensuite de nouveau au besoin.

Lorsque le semis ne réussit pas, on en accuse toujours la graine; mais je me suis assuré, par des observations positives, qu'on pouvait aussi en accuser fréquemment la sécheresse, qui frappe de mort la radicule avant qu'elle ait pu s'enfoncer dans la terre, ou la chaleur du soleil, qui dessèche la plantule avant qu'elle ait acquis assez de force pour résister à son action.

A peine les raves et les navets sont levés, que des myriades d'ennemis se jettent sur eux et coupent leurs plumules ou leurs

feuilles séminales. Les plus dangereux sont les ALTISES, principalement la bleue, connue sous le nom très-impropre de puce-
ron; les HÉLICES et les LIMACES. (*Voy.* ces mots.) Plus tard, les
larves d'un PAPILLON (le petit papillon blanc du chou) et d'une
TENTHRÈDE (la tenthrède de la rave) dévorent ses feuilles.
Un ou peut-être deux véritabls PUCERONS les épuisent de
leur sève, et une MOUCHE (la mouche des racines) dépose dans
sa racine un œuf d'où sort un ver qui la perfore. *Voyez* tous
ces mots.

Les soins que demandent les raves et les navets lorsqu'ils
ont acquis quatre à cinq feuilles se réduisent à les sarcler, à
arracher les pieds qui sont à moins de 6 pouces des autres, et
à regarnir, par des repiquages, les places où il en manque.
Quinze jours plus tard, on donne un léger binage, puis un second un mois après. En faisant ce dernier, on arrache tous les
pieds qui auraient échappé au premier éclairci et tous ceux
qui s'annoncent comme voulant monter en graine. Ces pieds
montans sont quelquefois fort nombreux quand le terrain est
sec ou les automnes secs et chauds.

On peut, sans beaucoup d'inconvéniens, après ce binage,
enlever, tous les quinze jours, les deux feuilles les plus exté-
rieures de chaque pied; mais il faut se refuser de les couper
toutes, comme on est dans l'usage de le faire dans quelques
lieux, parce que cela retarde beaucoup l'augmentation en
grosseur des racines et diminue leur saveur. La suppression
totale de ces feuilles ne sera en conséquence jamais exécutée
que la veille du jour où on doit arracher le tout.

La récolte des raves ou des navets pour l'usage journalier
peut commencer dès qu'ils ont atteint la grosseur du doigt;
mais il est indispensable de ne faire celle de ceux qu'on veut
conserver pour l'hiver que lorsque l'arrivée des gelées blanches
indique qu'ils ne peuvent plus profiter, ou que des pluies permanentes font craindre pour eux la pourriture. Il arrive quelquefois cependant, lorsqu'on les laisse en terre trop long-temps,
que des jours chauds après des jours de pluie raniment leur végétation, qu'ils montent en graine, se creusent et perdent
toute leur valeur pour la nourriture de l'homme. Dans ce cas,
il faut se presser d'arracher et donner aux bestiaux tout ce qui
a donné de nouvelles feuilles.

Après que les raves ou les navets sont arrachés et dépouillés
de leurs feuilles, on les laisse, si le temps est beau, deux ou
trois jours, étendus sur la terre, pour donner moyen à leurs
plaies de se cicatriser, et pour laisser évaporer la surabondance de leur eau de végétation. Si le temps est à la pluie ou à
la gelée, on les porte dans une grange Ces deux buts remplis,
on stratifie ensuite avec de la terre sèche, du sable, ou de la

paille de seigle, dans la serre aux légumes, ceux qui sont les plus beaux et les plus sains, et on dépose le reste dans un coin pêle-mêle pour être d'abord consommé. A défaut de serre à légumes ou de cave qui en tienne lieu, on fait une fosse en terrain sec, de quatre pieds de profondeur et d'une largeur proportionnée à la récolte, et on y stratifie les racines comme il vient d'être dit. Plusieurs petites fosses valent mieux qu'une grande, parce qu'on les vide les unes après les autres, à mesure du besoin, tandis qu'on est obligé de faire une tranchée sur cette dernière pour y prendre des raves ou des navets, et que l'air s'introduit par cette tranchée.

Il est prudent de visiter une fois ou deux pendant l'hiver les raves conservées dans la serre aux légumes, pour enlever celles qui sont pourries, et remettre de la nouvelle terre, ou du nouveau sable, ou de la nouvelle paille si l'ancienne est trop humide ou imprégnée de moisissure.

On peut conserver ainsi certaines variétés, le rutabaga, par exemple, jusqu'au mois de mai, sur-tout si, par un nouveau remaniement au printemps, on a enlevé toutes les racines qui commençaient à pousser, et si on a placé les autres sur leur tête la queue en l'air, cette position contre nature retardant un peu le développement de leur végétation.

La culture des raves ou des navets dans les jardins, quelque importante qu'elle soit, n'est presque rien quand on la compare aux profits qu'elle donne lorsqu'on la cultive en grand dans la campagne, parce que là ce n'est pas seulement comme racines nourrissantes qu'elles sont considérées, mais comme plantes améliorantes du sol, comme plantes entrant nécessairement dans le système des assolemens des terrains sablonneux et de mauvaise nature.

Il est plusieurs manières de cultiver les raves en grand, qui dépendent du climat, du terrain, du but qu'on se propose.

Dans les climats chauds, on ne peut semer la rave ou le navet qu'au retour des pluies de l'automne, c'est-à-dire souvent fort tard, en octobre, par exemple, à moins qu'on n'ait la faculté d'arroser les terrains où on les place, par la raison qu'il leur faut de l'humidité pour germer, et qu'il n'y en a pas avant cette époque. En général leur culture est très-incertaine dans ces climats, et, quelques soins qu'on y apporte, elle n'est jamais aussi fructueuse que dans les pays froids.

Comme dans les pays chauds les navets manquent souvent par suite des sécheresses prolongées de l'automne, il est très-avantageux de les semer entre les pieds de maïs, qui, en les ombrageant, favorisent leur croissance. J'en ai vu de fort beaux, ainsi disposés, dans les parties méridionales de la France, tandis

que ceux qui étaient exposés à tous les feux du soleil n'annon-
çaient rien de bon.

Les semer entre des rangées de topinambours en concurrence avec le pavot, etc., serait donc une excellente opération dans toutes les terres sèches et exposées au hâle. Si on ne
voulait pas employer les tiges des topinambours et la graine
des pavots aux usages pour lesquels on les recherche le plus
ordinairement, rien n'empêche de les porter sur le Fumier ou
d'en fabriquer de la Potasse. *Voyez* ces deux mots.

Dans la latitude du centre de la France, on pourrait semer,
aussitôt après la récolte, du seigle et du froment toutes les
fois que les pluies le permettraient, au risque de voir monter
en graine une partie des pieds, si l'automne était chaud ; mais
on doit plutôt attendre la fin d'août ou le commencement de
septembre, afin d'éviter l'inconvénient ci-dessus. La terre
gagne à ce qu'elles succèdent immédiatement aux céréales, et
elles permettent de faire avec avantage une culture au printemps.

Semer des raves sur les chanvres la veille du jour où on doit
les arracher, est une fort bonne pratique, car ces raves ont
encore le temps de donner une demi-récolte, qui sert à nourrir
les vaches, les cochons, les moutons et même les poules,
pendant une partie de l'hiver.

Sur les hautes montagnes, où la neige couvre la terre pendant cinq à six mois et où l'humidité de l'air est permanente,
il faut au contraire semer de bonne heure les raves et les navets, en mai ou juin, par exemple, afin qu'ils aient le temps de
grossir avant l'hiver. En général, comme je l'ai déjà observé,
leur culture est une de celles à laquelle les habitans de ces
lieux doivent se livrer avec le plus d'ardeur, parce qu'elles y
réussissent bien, qu'elles leur servent de supplément de nourriture et leur permettent d'élever et d'engraisser de nombreux
troupeaux de bœufs et de vaches. On se rappelle que ces habitans ne peuvent cultiver le froment et que souvent ils ne récoltent que de l'orge et des châtaignes.

Dans les plaines et sur les collines du centre et du nord de
la France, la culture de la rave et du navet n'est que circonstanciellement entravée par des causes atmosphériques ; mais
elle est cependant fort peu étendue comparativement à ce
qu'elle devrait l'être. Je fais des vœux pour que les cultivateurs s'y livrent avec plus d'ardeur, car les avantages qu'ils en
peuvent retirer sont incontestables, comme ce qui me reste à
dire le prouvera.

M. de Guerchy a trouvé qu'il y avait de l'avantage à
semer les raves ou les navets en septembre, époque qui ne

leur donne pas assez de temps pour se former, afin d'en couper les tiges en avril, et de pouvoir les donner en vert aux moutons. Ce cas se rencontre assez souvent dans le nord de la France, à raison du retard de la coupe des blés, causé par le peu de chaleur de l'été.

Le même agriculteur pense qu'il vaut mieux semer ainsi les raves fort avant dans l'automne pour avoir de la graine, que de planter au printemps des raves formées ; mais je ne puis être de son avis, par la considération qu'elles seraient alors dans le cas de DÉGÉNÉRER. *Voyez* ce mot et celui GRAINE.

La manière la plus générale de cultiver les raves consiste à labourer une ou deux fois les champs (ordinairement les jachères), à bien diviser les mottes par des roulages et des hersages, à semer la graine et à la recouvrir de suite avec la herse de bois garnie d'épines.

Pour les grandes cultures, on préfère les plus grosses espèces, principalement le turneps et depuis peu le rutabaga, parce qu'ils fournissent des produits plus considérables et résistent mieux, ce dernier sur-tout, aux froids de l'hiver.

La rave et le navet aiment le grand air, et ne profitent point sous les arbres, dans le voisinage des bois, des haies, des murs. C'est au milieu des plaines, ou sur les coteaux découverts, qu'il faut donc toujours les semer.

C'est à la poignée, et comme le blé, que se sème la graine de rave et de navet, après l'avoir mélangée avec deux ou trois fois son volume de sable ou de terre sèche ; cependant quelquefois on le fait à la pincée ou, mieux, à ce qu'on appelle à deux doigts et à jets croisés. (*Voyez* SEMIS.) La quantité qu'on en répand varie d'une à 2 livres par arpent, selon la nature du terrain et l'objet qu'on se propose ; c'est-à-dire qu'il en faut davantage dans une mauvaise terre, lorsqu'on destine le plant à être mangé de bonne heure par les bestiaux, ou enterré en vert pour engrais, lorsque la graine est douteuse, lorsqu'on craint la sécheresse, les dégâts des oiseaux, etc. En principe général on gagne à ce que les pieds soient écartés, parce qu'ils deviennent plus beaux et se binent plus aisément.

Il est presque toujours avantageux de semer le jour même du labour, afin que la graine profite de l'humidité qu'offre constamment alors la surface de ce labour. Quelquefois, surtout dans les terres légères, il est utile de plomber ce labour par un roulage, afin de retarder l'évaporation de cette humidité. Dans quelques parties de l'Angleterre, on a l'usage de faire passer un troupeau de moutons sur le semis pour produire le même effet. Cette dernière pratique n'est pas à repousser ; mais elle ne peut être suivie que dans les terres sèches.

Lorsque la terre est humide et le temps chaud, la graine

de rave ou de navet lève au bout de très-peu de jours. Dans le cas contraire, elle reste souvent un mois en terre, et alors on doit s'attendre que toute celle qui n'aura pas été assez enterrée sèchera ou sera mangée par les oiseaux, de sorte que le plant sera fort clair et fort irrégulièrement dispersé.

J'observe que la graine qui est plus enterrée que 5 à 6 lignes ne lève pas et reste en terre jusqu'à ce que des labours subséquens la ramènent à la surface.

Un cultivateur prudent, je le répète, ne semera jamais qu'après la pluie, et réservera, malgré cela, une portion de semence pour parer aux événemens de la non réussite des semis ou pour regarnir les places vides.

Le plant levé est abandonné à lui-même jusqu'à ce qu'il ait cinq à six feuilles. Alors on le sarcle et on l'éclaircit, c'est la seule façon qu'il reçoive presque par-tout, quoiqu'il soit, comme je le dirai plus bas, fort avantageux de le biner.

On donne aux bestiaux le plant arraché par suite de l'éclaircissement, rarement on l'emploie à regarnir les places vides ; on leur donne également plus tard le plant qui monte en graine.

Lorsqu'on est dans le cas d'avoir besoin de raves ou de navets avant l'époque de la récolte, ce sont ceux qui sont en même temps et les plus gros et les plus rapprochés des autres qu'il faut préférer ; car les plus petits profitent de cette extraction, et dans les bons fonds un pied de distance n'est pas de trop entre les pieds lorsqu'ils sont arrivés à toute leur grosseur.

On récolte les raves et les navets aux approches des gelées, à la pioche ou à la charrue ; la pioche est préférable, parce qu'elle en coupe moins et que les feuilles sont moins salies. Ces feuilles sont de suite enlevées et données aux bestiaux : les racines sont laissées quelques jours sur la terre, s'il ne pleut pas, et ensuite portées à la maison ou enterrées comme il a été dit plus haut.

Les avantages qui résultent constamment de la culture des raves ou des navets sous le point de vue du revenu direct, sous celui de la nourriture des bestiaux, et sous celui de l'amélioration du sol, devraient non-seulement déterminer à en semer sur toutes les terres en jachère, mais encore après toutes les récoltes qui, se levant de bonne heure, laissent assez de temps pour que la rave arrive à une grosseur raisonnable, comme celles des pois, des fèves, des haricots, etc. : alors on sème leurs graines immédiatement après le dernier binage donné à ces plantes ; ce qui, si le temps est favorable, accélère d'un mois leur croissance, et par conséquent fait que leur grosseur est plus considérable.

Comme toute économie de main d'œuvre est un gain, beaucoup de cultivateurs non-seulement ne font donner qu'un seul labour aux terres qu'ils destinent à recevoir des raves ou des navets, mais ils se contentent de faire herser avec une herse à dents de fer (la houe ou la ratissoire à biner vaudrait mieux) et sèment sur ce hersage; il en est même qui se bornent à faire jeter de la graine sur le blé, l'orge, l'avoine, etc., avant leur récolte : ces derniers n'obtiennent sans doute que de chétifs produits, mais enfin ils augmentent la bonté du pâturage des chaumes, et quelquefois même donnent une petite provision pour l'hiver. Il est généralement d'usage en Bretagne de semer les raves ou les navets sur le sarrasin : dans l'un et l'autre cas, il ne s'agit que de semer très-clair. La récolte de cette plante, qui, comme on sait, se fait le plus souvent en l'arrachant, donne une espèce de binage aux jeunes raves; d'ailleurs, la théorie vient à l'appui de l'expérience dans ces cas, puisque la graine des raves et des navets et ensuite les jeunes plants qui en proviennent trouvent sous l'ombre du sarrasin une humidité favorable à leur germination et à leur accroissement; humidité qui compense ce qu'ils ont de moins en influence de l'air et en ameublissement de la terre; ce plant peut de plus être hersé après l'enlèvement du sarrasin, sans craindre que le nombre des pieds qui peuvent être arrachés par cette opération influe sensiblement sur la masse des produits.

Quoique l'expérience prouve qu'on peut obtenir des récoltes de raves et de navets sans labour, il n'en est pas moins vrai que plus les labours sont multipliés et profonds, et plus ces racines sont grosses et plus par conséquent leurs produits sont abondans. Aussi Rozier veut-il qu'on fasse dans ce cas passer deux fois la charrue dans le même sillon; aussi Arthur Young dit-il que 10 pouces de profondeur ne sont pas de trop. Ainsi ce n'est que dans quelques circonstances qu'on doit les épargner.

Dans les terres fort humides, il est indispensable de labourer en billons, car, quoique aimant l'humidité, les raves et les navets craignent beaucoup l'eau. *Voyez* Billon.

Rarement on fume, en France, les terrains destinés à être semés en raves ou en navets; mais on gagne toujours à le faire, sur-tout dans les terres maigres et sèches. Le fumier de vache est préférable à tous les autres, parce qu'il conserve plus long-temps son humidité et qu'il coûte moins.

L'influence des binages sur l'accroissement des raves et des navets est telle qu'il résulte d'expériences faites en Angleterre, qu'il y a triple récolte à gagner, année commune, à en donser au moins deux. On doit donc biner dans le plus grand nombre des cas, mais les binages sont coûteux lorsqu'on les fait à la houe : cette considération a engagé Tull à proposer de les semer par rangées, afin de pouvoir les exécuter avec le CULTIVATEUR (*voyez* ce mot) qu'il avait inventé. Aujourd'hui on cultive beaucoup ces racines de cette manière en Angleterre, et quelques cultivateurs français commencent à les cultiver de même.

Pour semer les raves ou les navets en rangées, on disperse la graine, par pincées, dans les sillons, à 2 ou 3 pieds de distance, ou on emploie un SEMOIR (*voyez* ce mot). Le premier de ces moyens est long, difficile, et ses résultats sont irréguliers ; le second exige l'acquisition d'une machine coûteuse et sujette à se déranger. M. Clark a coupé le nœud gordien : il sème ses raves ou ses navets à la volée, et lorsqu'ils sont arrivés au point d'être dans le cas du premier binage, il y fait passer à travers sa houe à biner, de manière à avoir des rangées alternativement pleines de 14 pouces, et vides de 2 à 3 pieds de large. Le plant que son instrument a arraché sert à regarnir les places vides ou à être planté ailleurs. Il laboure ensuite les intervalles vides avec la petite charrue à double oreille ou CULTIVATEUR : par ce moyen il obtient économiquement une bonne récolte, et sa terre est toujours en bon état. C'est sur les sols naturellement humides que la culture par rangées, telle que la fait M. Clark, doit être la plus avantageuse, parce qu'elle place les racines sur des billons.

Dans le Boulonnais, on sème les raves épais, et lorsqu'elles ont cinq à six feuilles, on fait passer à travers le champ, en long et en large, une houe à cheval à plusieurs socs de 3 à 4 pouces de large chacun et espacés du double. Par ce moyen, il isole régulièrement les navets par petits groupes et leur donne l'espace nécessaire pour croître avec vigueur. Ce qui est coupé par les houes concourt à améliorer le sol. Cette pratique est très-digne d'être imitée non-seulement pour les raves, mais pour beaucoup d'autres productions.

Il est quelquefois convenable de semer des raves ou des navets fort tard en automne, afin d'avoir des pâturages très-précoces au printemps et même pendant l'hiver. Si la terre n'est pas couverte de neige, on risque la perte de sa semence, il est vrai, lorsque les gelées sont très-fortes ; mais il faut bien hasarder quelquefois : d'ailleurs en choisissant le rutabaga on a des chances favorables plus nombreuses à espérer. Il faut cependant observer que la culture des choux est dans ce cas toujours plus fructueuse.

Les raves fraîchement arrachées sont toujours préférées par

les vaches, ainsi qu'on s'en est assuré en Angleterre par un grand nombre d'expériences; et comme il en pourrit presque autant de celles mises en magasin en automne que de celles laissées en terre, on a cherché le moyen de garantir ces dernières des gelées, et on y est parvenu fort économiquement lorsqu'elles sont semées en ligne, en enlevant leurs feuilles et en les recouvrant de terre avec une charrue à double oreille. Il est à désirer que cette pratique soit mise en usage par-tout. Dans ce cas, il est avantageux de semer les raves un peu tard, celles qui ne sont pas encore arrivées à toute leur maturité étant moins sensibles aux effets des gelées et à la surabondance de l'humidité.

Il est une méthode courte de récolter les raves qui paraît dans le cas d'être préconisée, c'est d'arracher les plus belles racines à la fin de la saison, et de laisser les autres passer l'hiver en terre, pour les faire manger au printemps et sur place par les bestiaux.

Arthur Young consacre un chapitre aux raves et aux navets ou, mieux, au turneps, dans son ouvrage intitulé *Expériences d'agriculture*, ouvrage qui fait partie de la collection du *Cultivateur anglais*. Je vais en transcrire ici les résultats.

Les turneps sont cultivés en Suffolk de temps immémorial; chaque fermier en fait au moins un champ tous les ans, excepté ceux dont le fond de terre est argileux. La culture commune consiste à donner à la terre quatre à cinq labours et un nombre de hersages suffisant pour bien atténuer le sol. La plus grande partie du fumier recueilli sur la ferme est employée pour les turneps. Les fermiers sont dans l'usage de faire biner deux fois. Les récoltes en sont fort bonnes en général. Dans les bons terrains, il est de ces racines qui pèsent 20 livres (anglaises) (1). Sur les terrains secs on les fait, autant qu'il est possible, manger sur place par des bêtes à laine; mais dans les sols humides on les arrache pour les donner aux bestiaux dans la cour de la ferme. La terre reste nette après la récolte. Ordinairement on sème de l'orge après les turneps, et son produit est fort abondant sur-tout quand on a fait manger les derniers sur place.

Tous les turneps, dans le Suffolk, sont semés à la volée. Le profit direct n'est pas le principal objet qu'on a en vue en les cultivant : c'est pour épargner les frais d'une jachère, pour pouvoir nourrir une plus grande quantité de bestiaux, pour

---

(1) Arthur Young en cite même une récoltée près de Glaskow, qui pesait 63 livres et demie poids d'Angleterre, ce qui fut vu par une grande quantité de personnes. C'est dans une terre argileuse qu'elle avait cru.

(Note de M. Bosc.)

obtenir une plus grande quantité de fumier, pour engraisser et amender la terre par les fragmens des racines qui y restent, et par les binages d'été qu'on lui donne.

Dans le Norfolk, on laisse, terme moyen, 15 pouces de distance entre chaque turneps, mais aussi quelles racines, comme on vient de le voir!

On disperse ordinairement les turneps qui viennent d'être arrachés sur les chaumes ou les prairies, et on les y fait manger par les bestiaux, afin que ces chaumes ou ces prairies profitent de l'engrais des déjections des bestiaux et du reste des turneps.

Les frais du transport des turneps sont si élevés, et les avantages de les faire manger sur place par les moutons, si nombreux, que ce n'est jamais qu'à la dernière extrémité qu'il faut les arracher. Ces mêmes frais ne permettent pas d'en acheter au loin : aussi le prix de leur vente n'est-il jamais proportionnel à leur valeur réelle.

On cultive, dans le comté de Norfolk, en Angleterre, une variété de turneps qui est cylindrique et s'élève à un pied hors de terre : on l'appelle *pudding stock, tankard turneps.* Il a l'avantage de pouvoir être mangé sur place par les bestiaux plus complétement que le turneps ordinaire ; mais il est plus dans le cas de craindre la gelée, ainsi il doit être consommé avant l'hiver. La moyenne de leur poids est de 7 à 8 livres, y compris les feuilles.

Mais quoiqu'il soit constant que les labours multipliés et la surabondance des engrais augmentent les produits des turneps, il est cependant un point où il faut s'arrêter : sans quoi, loin de faire des bénéfices par leur culture, on se ruinerait certainement. C'est sur quelques expériences combinées et d'après d'exacts calculs de dépense et de recette, que chaque cultivateur doit établir sa conduite. Il est impossible de fixer une règle générale, puisque le prix des terres, de la main d'œuvre, des bestiaux, le besoin des engrais, etc., varient selon les localités. D'ailleurs, il est prouvé que trop de fumier fait pousser les turneps en feuilles aux dépens des racines, qui seraient devenues plus grosses si on en avait moins répandu : or, c'est principalement pour elles qu'on les cultive. Arthur Young a fait sur cela une expérience directe et comparative, qui lui a donné un résultat concordant avec les principes ; c'est-à-dire qu'un champ fumé outre mesure lui produisit moitié moins de racines, en poids, qu'un champ semblable fumé modérément. Il pense même que dans les bonnes terres il est rarement avantageux de les fumer, parce qu'ils ne sont pas susceptibles de supporter de grandes dépenses.

Dès que les gelées tardives du printemps ne sont plus à craindre, on replante, dans une partie du jardin ou dans un champ voisin de la maison, une quantité de raves ou de navets pour avoir de la graine. Ce sont toujours les plus belles racines qu'il faut préférer, et pour cela les mettre à part au moment même de la récolte : 2 ou 3 pieds est la distance qu'il convient de les écarter. Ces pieds, qui presque toujours ont déjà une tige lorsqu'on les plante, ne tardent pas à reprendre des racines. On leur donne un binage avant leur floraison, et un second lorsqu'elle est complétement terminée. Comme les tiges sont fort grosses et donnent beaucoup de prise au vent, il est prudent de les soutenir par des tuteurs ou par des perches parallèles au terrain. Beaucoup d'oiseaux sont extrèmement friands de la graine, de sorte qu'il faut, dans beaucoup de localités, ou faire garder la plantation par des enfans, ou faire une chasse journalière à ces oiseaux, ou couvrir les tiges d'un filet. On coupe, on arrache ces tiges lorsqu'elles sont devenues jaunes et on les suspend en sens contraire dans une grange ou un grenier, pour que la graine perfectionne sa maturité. Ce n'est que quand elles sont complétement desséchées, ce qui souvent n'a lieu qu'après un ou deux mois, qu'on doit en battre la graine. Exposer ces tiges au soleil pour accélérer la maturité, est une pratique vicieuse. (*Voyez* GRAINE.) Il est même bon de laisser la graine dans la silique jusqu'au moment de la semer. Comme celles des graines qui sont aux deux extrémités de la silique, celles qui se trouvent dans les siliques qui n'étaient pas encore assez avancées dans leur maturité lors de la récolte de la tige, ne valent rien : il faut toujours compter un tiers de celle semée comme impropre à la reproduction.

On bat la graine de raves ou de navets comme celle de la navette, c'est-à-dire avec des baguettes et sur des draps. Cette graine se conserve pendant cinq ou six ans en état de germination, et peut-être plus lorsqu'elle est laissée dans la silique. On a reconnu qu'elle était meilleure la seconde année que la première ; c'est-à-dire que les pieds provenus de celle de la seconde étaient plus disposés à donner de grosses racines, et celles de la première à pousser en feuilles. Ce fait est en concordance avec les autres du même genre. (*Voyez* MELON et ANÉMONE.) La graine battue et nettoyée se dépose dans des sacs ou dans des tonneaux, dans un lieu ni trop chaud ni trop humide, et à l'abri des rats et des souris. Il est toujours bon d'en avoir une provision pour deux à trois ans, afin de parer aux événemens.

Pour que la graine de turneps ne s'altère pas, on la récolte pendant trois ou quatre ans sur des racines transplantées, et pendant le même espace de temps sur des racines laissées en place. *Voyez* Graine.

Toutes les volailles peuvent être nourries avec la graine des raves et des navets, les pigeons sur-tout semblent être destinés à consommer celle qu'on a de trop. On peut en tirer une huile aussi bonne que celle du colza et de la navette, même il y a des lieux où on cultive la rave et le navet uniquement pour sa graine et dans cette intention. Je ne parlerai cependant point de leur culture sous ce rapport, parce que lorsqu'on transplante les pieds elle ne diffère pas de celle du Colza, et lorsqu'on ne les transplante pas elle ne diffère pas de celle de la Navette. *Voyez* ces deux mots et le mot Huile.

Il est peu de personnes qui n'aiment les raves et les navets cuits avec des viandes ou assaisonnés à la graisse ou au beurre. Les unes et les autres nourrissent légèrement, mais se digèrent facilement. J'ai toujours trouvé les navets préférables aux raves pour le goût; cependant la rave noire de Mende, dont j'ai mangé à Mende même, l'emporte sur eux. Dans quelques endroits, ils servent, crus ou cuits, de fondement à la nourriture des cultivateurs pendant les derniers mois de l'automne. La consommation qu'on en fait dans les villes est fort étendue; on les emploie comme adoucissans dans les rhumes et autres maladies des bronches et du poumon. Leurs feuilles se mangent également, soit crues et en salade, soit cuites comme les épinards. On connaît trop leurs usages dans la cuisine pour qu'il soit nécessaire que j'en parle plus longuement.

M. Serres a remarqué que les raves sont constamment amères lorsqu'elles sont cultivées dans des terres sur les productions desquelles le plâtre n'est d'aucun effet. La théorie de cette observation n'est pas encore dans le cas d'être établie, mais on peut supposer que la magnésie joue un rôle dans ce cas.

Les bestiaux et les volailles aiment encore plus les raves et les navets que l'homme, c'est pour eux principalement que sa culture en grand doit devenir plus générale en France. Tous les pays qui s'adonnent à l'élève et à l'engrais des bœufs et des moutons gagneront immensément à les employer. De tout temps, comme je l'ai déjà observé, les cultivateurs du Limousin connaissent ses avantages. Leur usage est vulgaire en Angleterre depuis un demi-siècle, et il s'étend par toute l'Europe. *Voyez* au mot Engrais.

Mais les raves ou les navets ne doivent pas être donnés seuls aux animaux domestiques, il faut les mélanger et les alterner avec des fourrages, d'autres racines ou des graines farineuses; car à la longue ils agissent d'une manière nuisible sur leur estomac, et donnent à leur chair ou à leur lait une saveur et une odeur désagréables. En général les animaux, encore plus que l'homme, ont besoin qu'on change souvent les objets de leur nourriture. La quantité de raves et de navets qu'on doit donner sans inconvéniens aux bestiaux varie; mais il paraît qu'ils peuvent toujours entrer pour un tiers au moins dans la nourriture journalière des bœufs, des moutons et des cochons. Je ne parle pas des chevaux, parce que l'usage des raves et des navets leur tenant le ventre libre, les affaiblit trop, et que par conséquent il ne faut leur en donner que de loin en loin, lorsqu'ils sont malades ou qu'ils ne travaillent pas. Arthur Young s'est assuré, par une expérience directe, qu'un jeune bœuf pouvait manger par jour un quinzième de son propre poids de turneps, et qu'on pouvait faire passer l'hiver à une brebis pleine et nourrice avec dix quintaux de cette racine.

Presque par-tout on donne des raves et des navets aux cochons pour nourriture, et ils s'en trouvent bien. On les leur fait manger crus ou bouillis; mais quand il s'agit de les engraisser, il faut discontinuer ce régime, qui retarderait cette opération, Arthur Young ayant remarqué que ceux uniquement tenus à ce régime dépérissaient rapidement.

Le même agriculteur nourrit une vache laitière uniquement avec des turneps : son lait augmenta, mais il devint fort âcre et son beurre fort mauvais. Il diminua la quantité de turneps et la remplaça par du foin, et le mauvais goût diminua proportionnellement. Ce fait était depuis long-temps connu; mais nulle part je ne l'ai trouvé cité d'une manière aussi positive.

Une altération analogue a été observée dans la saveur de la chair des bestiaux nourris de même; aussi quelque avantageux qu'il soit de faire concourir ces racines à leur engrais, sur-tout dans les commencemens, on doit les leur supprimer vers la fin. *Voyez* ENGRAIS.

Dans quelques fermes d'Angleterre, on sépare les veaux de leurs mères dix à douze jours après leur naissance, et on les nourrit avec du lait écrémé, dans lequel on a mis des navets cuits et coupés en morceaux; plus tard, on substitue des navets crus ou cuits; et enfin encore plus tard, c'est-à-dire vers deux mois, on les met dans des champs de navets et ils y restent tout l'hiver vivant de navets en place : seulement de temps en temps on leur donne quelques poignées de fourrage. L'expérience a prouvé que les veaux ainsi conduits coûtaient moitié moins et étaient plus beaux que ceux élevés par la méthode ordinaire. Seulement ces veaux ne doivent pas être destinés à la boucherie, parce que leur chair, comme je viens déjà de l'observer, a contracté un goût désagréable. *Voyez* VACHE.

Dans quelques lieux, on ne donne les raves et les navets aux bestiaux qu'après les avoir fait cuire. Cet usage a des avantages; mais l'augmentation de dépense en bois et en main d'œuvre ne permet pas de l'adopter par-tout. C'est principalement pour les cochons qu'il doit être provoqué.

Il est économique et diététique de donner des raves ou des navets en petite quantité à-la-fois aux volailles, qui toutes, excepté les pigeons, les aiment autant que les bestiaux : les oies et les dindes sur-tout s'en accommodent fort bien. Par les motifs ci-dessus, c'est-à-dire crainte d'altérer la saveur de leur chair, il faut les leur donner plutôt cuits que crus; d'ailleurs elles les mangent mieux sous cet état.

Comme les raves et les navets sont souvent trop gros pour être mangés par les bestiaux et les volailles, on les coupe par morceaux. Pour cela, on a imaginé des machines expéditives, dont une sera figurée à l'article POMME DE TERRE.

On doit laver le plus exactement possible les raves et les navets avant de les offrir aux bestiaux.

Quelque considérables que soient les avantages que les cultivateurs peuvent retirer de la culture des raves ou des navets, comme objet de consommation pour eux et pour leurs bestiaux, ce n'est pas encore sous ce point de vue qu'elle est la plus importante pour eux, c'est comme améliorant le sol, le disposant à produire des récoltes plus abondantes. Cette précieuse faculté est appuyée et sur la nature de cette plante et sur le mode de culture qu'elle exige.

1°. Ainsi que je l'ai dit plus haut, comme plantes à feuilles larges, épaisses, à grosses racines charnues et comme plantes dans le cas d'être consommées avant de monter en graine, les raves et les navets épuisent fort peu la terre, tirent la plus grande partie de leur substance de l'air atmosphérique ; lorsqu'on les enterre en automne ou au printemps, elles rendent au sol beaucoup plus qu'elles n'en ont tiré, elles l'engraissent donc. Les faire manger sur la place par les moutons produit le même effet, parce que ces moutons laissent leur fiente et leur urine en échange de la portion qu'ils mangent.

2°. Les larges feuilles de ces plantes étant étalées sur la terre d'un côté, étouffent les mauvaises herbes qui ont germé sous elles, et conservent à la terre une humidité qui est très-favorable à la décomposition de l'air, et à la fixation de ses élémens dans la terre.

3°. Par les binages qu'elles exigent, on achève de détruire ces mauvaises herbes et de faciliter à cet air l'entrée dans la terre. *Voyez* LABOUR.

On a vu, dans le cours de cet article, que les raves croissent mieux sur les montagnes élevées et dans le voisinage de la mer que par-tout ailleurs. Il n'y a pas de doute que cette particularité ne soit due à la plus grande et plus constante humidité qui règne dans l'air de ces localités. *Voyez* AIR et HUMIDITÉ.

Mais ici je m'arrête; je laisse à un plus habile, à mon collaborateur Yvart, le soin de faire valoir les grands moyens que fournissent les raves sous ces différens rapports. *Voyez aux* mots ASSOLEMENT et SUCCESSION DE CULTURE. (B.)

RAVENELLE. C'est, dans quelques lieux, la GIROFLÉE JAUNE. (B)

RAVENELLE. Nom vulgaire du RAIFORT SAUVAGE (*raphanus raphanistrum*) (B.)

RAVIER. On donne ce nom, dans le Jura, aux fosses creusées en terrain sec dans l'intention d'y conserver pendant l'hiver des pommes de terre, des raves, des carottes, etc. On ne peut trop recommander cet excellent moyen de suppléer aux serres à légumes dans les pays pauvres. (B.)

RAVIN, RAVINE. Ce mot s'applique aux enlèvemens plus longs que larges et profonds que les eaux pluviales font circonstanciellement aux terrains en pente. *Voyez* EAU et PLUIE.

La seule différence qu'il y ait entre un ravin et un torrent tient à la plus grande durée, à la plus grande largeur et à la plus grande profondeur du dernier. *Voyez* TORRENT.

La grandeur des ravins dépend et de la masse d'eau et de la pente du terrain, et du plus ou moins de cohésion des molécules du terrain. Ainsi ils sont plus à craindre dans les pluies d'orage, dans les coteaux rapides, dans les terres légères et dans les terres labourées. *Voyez* ORAGE.

Le défrichement des forêts sur le sommet des montagnes a par-tout rendu les ravins plus dangereux.

Quelquefois avec une seule pelletée de terre, une pierre, une fascine, on peut empêcher la formation d'un ravin. En conséquence, un cultivateur attentif doit se transporter avec une bêche ou une pioche, pendant l'orage, dans les lieux où ils sont le plus à craindre, pour les diriger de la manière la moins nuisible à ses récoltes. Il devra même, par des travaux appropriés à sa localité, disposer les choses de manière à ce que les eaux pluviales suivent toujours la même direction. *Voyez* FOSSÉ, ÉGOUT, MAITRE, etc.

J'ai par-tout remarqué qu'un des plus puissans moyens d'empêcher la formation des ravins dans les pentes cultivées en vignes ou en céréales, était de planter des haies perpendiculaires à ces pentes, haies à travers lesquelles l'eau se divisait et cessait d'être dangereuse. Qu'on ne dise pas que l'ombre, que les racines de ces haies nuiront aux cultures, car en les tenant basses et en les composant d'arbustes pourvus de leur pivot, ces inconvéniens sont presque nuls.

Dans beaucoup de lieux, on creuse des fosses pour diminuer la longueur des ravins, et en effet d'abord l'eau s'y arrête et diminue la violence de son cours, ensuite elle y dépose la terre qu'elle entraînait, terre qu'on peut y reprendre plus économiquement. *Voyez* Transport.

Un moyen fort digne d'être imité pour empêcher les effets des ravins, c'est de les faire soi-même dans les lieux où il s'en forme souvent, en leur donnant tous les embranchemens nécessaires, et de les paver en grosses pierres. (B.)

RAVONAILLE. On donne ce nom collectivement, dans quelques lieux, aux plantes crucifères qui se rapprochent de la rave, telles que le Colza, la Navette et les diverses variétés de Raves et de Navets. *Voyez* ces mots.

RAYE ou RAYELLE. C'est ainsi qu'on nomme le soc de l'araire dans la ci-devant Auvergne.

De ce mot vient celui raie et ceux enrayer, enrayement, qui sont plus connus. (B.)

RAYEUX. On donne ce nom, dans le département de la Meurthe, aux terrains anciennement défrichés. *Voyez* Friche. (B.)

RAY-GRASS. Nom anglais de l'Ivraie vivace et de l'Avoine élevée, et même en général de toutes les graminées qui se cultivent pour la nourriture des bestiaux. *Voyez* les deux mots précités et le mot Prairie artificielle. (B.)

RAYON. Dans la grande agriculture, ce mot est synonyme de Sillon. *Voyez* ce mot.

Dans le jardinage, on l'applique aux espaces plus ou moins larges, mais toujours plus longs, qu'on creuse, soit avec l'extrémité d'un bâton, soit avec une pioche ou autre instrument, dans une terre labourée, pour y répandre des semences qu'un simple coup de râteau recouvre. On emploie ordinairement un cordeau pour régulariser la direction du rayon.

Le semis en rayons a des avantages marqués sur celui dit à la volée, et qui consiste à jeter le plus également possible la semence sur la totalité de la surface de la terre qu'on veut ensemencer. *Voyez* Rangée. (B.)

RAYON. Gâteau de Cire tel qu'il est dans la ruche. *Voyez* ce mot et Abeille.

RAYONS MÉDULLAIRES. Filets plus blancs, plus denses que le reste du Bois, qui convergent de la circonférence au centre des Arbres, et qui ont pour objet de réunir les Couches ligneuses. *Voyez* ces mots.

Les rayons médullaires augmentent en nombre à mesure que

l'arbre grossit, de sorte qu'il n'est pas vrai qu'ils aboutissent tous à la MOELLE. *Voyez* ce mot.

Dans les premières années d'un arbre, il y en a autant que d'angles à la moelle ; c'est-à-dire que leur quantité dépend de la disposition des feuilles sur les branches : ainsi il y en a cinq dans le CHÊNE, quatre dans le FUSAIN ; à mesure que l'arbre grossit, il s'en montre de nouveaux, rigoureusement intermédiaires à l'extrémité des autres.

La largeur des rayons médullaires varie dans chaque espèce. Le chêne les a très-forts et le châtaignier très-faibles, voilà pourquoi ce dernier est si sujet à la ROULURE. *Voyez* ce mot. (B.)

RAYONNEUR. Espèce de HOUE A CHEVAL armée de petits socs très-bombés, avec laquelle on trace des lignes droites, parallèles et également distantes, pour semer ou planter en lignes régulières les cardères, les colzas, les betteraves, etc.

Il serait à désirer que toutes les grandes exploitations rurales fussent pourvues de cet instrument peu coûteux, et avec lequel deux hommes et deux chevaux peuvent rayonner 3 hectares dans une journée lorsqu'il est armé de cinq fers ; ce qui est le nombre le plus convenable.

Une houe à cheval simple peut, en changeant les fers, être transformée en rayonneur, si la distance entre les trous de la barre est assez grande pour remplir l'objet qu'on a en vue. (B.)

RAYS. Morceaux de rayons de vieilles roues que les cultivateurs de Montreuil font sceller au-dessus de leurs murs, afin d'y attacher les paillassons destinés à garantir leurs espaliers de la gelée. Ils préfèrent ces rays à tout autre bois, parce qu'elles sont de chêne, qu'elles sont peintes et leur coûtent fort bon marché. Elles durent fort long-temps. (B.)

RAZE. On donne ce nom, dans le département du Puy-de-Dôme, à des PIERRÉES destinées à dessécher le sol. *Voyez* ce mot.

RÉAGE. On donne ce nom, dans quelques cantons de la ci-devant Touraine, à ce qu'en d'autres lieux on appelle SOLE. *Voyez* ce mot. (B.)

RÉALGAR. Combinaison de l'ARSENIC avec beaucoup de SOUFRE. Elle est rouge, ses propriétés sont les mêmes que celles de l'ARSENIC. *Voyez* ce mot et celui ORPIMENT. (B.)

REBBES Nom d'une variété de RAVE dont on fait usage dans la Vendée pour ENGRAISSER les BŒUFS à l'étable. *Voyez* ces mots. (B.)

REBOTTER. Ce mot s'applique spécialement, dans les pépinières, soit aux arbres greffés en fente ou à œil poussant rez terre et dont la greffe n'ayant pas réussi, sont de nouveau greffés sur leur jet latéral, soit à ceux dont la greffe a réussi, mais a éprouvé, la seconde ou la troisième année, des accidens tels, qu'on est obligé de la rabattre à un ou deux yeux du sauvageon. Les arbres ainsi traités ne deviennent jamais aussi beaux et ne durent pas aussi long-temps que les autres, à raison de ce que leur sève est forcée de faire deux déviations successives, et quelquefois trois, dans l'espace de quelques pouces; ce qui ralentit sa marche et cause l'obstruction de ses vaisseaux : aussi les arbres rebottés poussent-ils moins vigoureusement que les autres, et le bourrelet de leur greffe devient-il le plus souvent une loupe énorme.

Un propriétaire éclairé doit toujours refuser les arbres rebottés, quoique quelquefois par les progrès de l'âge, sur-tout quand ils sont dans un bon terrain, les effets ci-dessus soient peu sensibles; cependant comme les pépiniéristes les livrent aux jardiniers à meilleur marché, ces derniers sont le plus souvent déterminés par leur intérêt à les prendre de préférence, à raison de la plus forte remise qui leur en revient.

Mais que faire des arbres rebottés dans les pépinières, puisque dans certaines années, par l'effet de l'ignorance ou du peu de soin des greffeurs, ou par l'effet des circonstances atmosphériques, une moitié ou un tiers des greffes en fente ou à œil poussant manquent? Couper le sujet entre deux terres et réserver le plus fort des jets qu'il fournira, afin de le greffer à 5 ou 6 pieds de terre pour en faire une tige. Ce conseil est peu suivi, quoique le seul bon, parce que son exécution fait perdre deux ou trois années et dérange l'ordonnance de la plantation. Au reste, ce motif fait que les pépiniéristes ne greffent plus aujourd'hui que rarement en fente ou à œil poussant. Ils préfèrent, et avec raison, la greffe à œil dormant, qui, lorsqu'elle manque, peut être recommencée l'année suivante un peu plus haut ou un peu plus bas, sans qu'il y paraisse pour ainsi dire. Ainsi, aujourd'hui, ce ne sont presque que les plants dont la greffe a péri en tout ou en partie, la première ou la seconde année, qui fournissent les arbres rebottés qu'ils livrent au public.

Le pêcher greffé sur amandier est sur-tout sujet à être rebotté, parce que la grande sécheresse, comme la grande humidité, font souvent périr ses greffes, et c'est justement l'arbre pour lequel le rebottage a les inconvéniens les plus graves. *Voyez* PÊCHER.

Les plants dont la greffe a manqué deux fois sont généralement brûlés; cependant ils peuvent être encore utilisés à planter dans les massifs des jardins paysagers, à regarnir les clairières des bois, à former ou rétablir des haies, etc.

On peut utiliser, dans la plupart des espèces d'arbres . les pieds rebottés en les greffant en fente entre deux terres; c'est-à-dire au-dessous de l'exostose. Cette greffe entre deux terres, si facile, si sûre, n'est pas encore aussi employée qu'elle le mérite; mais il est à croire qu'elle ne tardera pas à devenir générale dans ce cas et dans bien d'autres.

Comme le rebottage est une espèce de recepage, on emploie quelquefois le premier de ces mots en place du second dans les pépinières des environs de Paris, pour indiquer la coupe rez terre d'un plant de deux ou trois ans dont on veut obtenir de plus belles tiges; mais c'est mal à propos. *Voyez* aux mots Receper, Rabattre, Rabaisser, Rapprocher et Tailler. (B.)

REBOURS. Les bois rebours sont ceux qui ont des nœuds et dont les fibres prennent différentes directions, en sorte qu'ils sont difficiles à travailler. *Voyez* Bois. (de Per.)

Les bois sont rebours ou par leur nature, ou parce qu'on les a élagués, étronçonnés outre mesure. Ils sont ordinairement beaucoup moins susceptibles de se fendre que les autres, et par conséquent plus convenables à certains services. *Voyez* Arbre des routes et Élagage. (B.)

REBOUTILS. C'est, dans le midi de la France, les bourgeons qui sortent de l'aisselle des feuilles de la vigne, et qu'on enlève par l'opération appelée de l'ébourgeonnement. (B.)

REBUGA. Dans le département de Lot-et-Garonne, c'est Élaguer les arbres. *Voyez* ce mot.

REBUT. Dans les herbages de la vallée d'Auge, on donne ce nom aux herbes que les bœufs mis à l'engrais refusent de manger, et qu'on fauche pour leur nourriture pendant les grands froids de l'hiver. *Voyez* Herbage. (B.)

REBULET. Nom des recoupes de son dans quelques cantons. (B.)

RECALLEI. On donne ce nom au curement des fossés dans le département des Deux-Sèvres. *Voyez* Fossés.

RECASSER. Ce mot est quelquefois synonyme de labourer, dans la ci-devant Champagne; d'autres fois il signifie seulement donner un nouveau Labour. *Voyez* ce mot. (B.)

RECEPAGE. *Voyez* Receper.

RECEPER. C'est couper rez terre du jeune plant dans l'intention de lui faire pousser des jets plus droits et plus vigoureux que les anciens. Ainsi on recèpe presque toujours dans les pépinières le plant de deux à trois ans; ainsi on recèpe une plantation de bois de la quatrième à la dixième année, lorsqu'elle paraît faible ou qu'elle a été endommagée par les gelées ou les bestiaux. *Voyez* Rebotter.

La théorie de cette opération est fondée sur ce que la pousse des arbres est toujours en rapport avec la direction perpendiculaire et la largeur des canaux de leur sève. Ainsi, un jeune pied d'orme qui a été, une des deux premières années de sa plantation, arrêté dans sa croissance en hauteur par la perte de son bouton supérieur, emploie toute sa force de végétation à nourrir ses branches latérales, et il ne peut pas toujours par conséquent donner naissance à un nouveau bourgeon supérieur, prédominant en vigueur sur les autres. Mais lorsqu'on a coupé cette tige, il sort de sa base plusieurs nouveaux jets d'une vigueur proportionnée à l'étendue de ses racines, jets dont on retranche successivement les plus faibles et les moins perpendiculaires au sol, de sorte que le réservé, dont le bois n'est pas encore solidifié, profite seul de toute la sève qui aurait nourri les autres, et croît en grosseur et en hauteur avec une telle rapidité, qu'à la fin de l'année il surpasse souvent, dans ces deux dimensions, la tige qu'il remplace. J'ai vu des ormes de trois ans, dans un bon terrain, donner des jets de 7 à 8 pieds de haut sur un pouce de diamètre à leur base pendant le cours de cette première année. Il est rare, de plus, que ces jets ne soient pas très-droits, ce qui dispense d'employer des tuteurs pour leur donner la direction perpendiculaire, et par conséquent évite une grande dépense.

La largeur des feuilles, beaucoup plus grandes sur les jeunes pousses vigoureuses que sur les autres, doit aussi avoir une favorable influence sur l'accroissement des jets. *Voyez* FEUILLE.

Il est des arbres dont le recepage est presque indispensable, tels que l'orme, le tilleul, l'acacia, le châtaignier, le gaînier, le micocoulier, l'aubépine, etc., parce que leurs pousses sont d'abord faibles et irrégulières, ou très-sensibles à la gelée; aussi les pépiniéristes l'exécutent-ils toujours. Il en est d'autres sur qui il ne faut l'entreprendre que lorsqu'il n'y a pas moyen d'espérer en tirer parti autrement : ce sont ceux qui offrent une flèche, tels que les frênes, les érables, les marronniers, etc., et ceux qui poussent avec une grande force dans leur jeunesse, tels que les peupliers, les saules, etc.; enfin il en est d'autres pour qui il est nuisible et même mortel : parmi les premiers, je citerai le noyer, dont la large moelle favorise la pourriture, et parmi les seconds les pins et les sapins. La connaissance des différences que présente chaque espèce d'arbre sous ce rapport est une des parties importantes de la science des pépiniéristes.

Quelques personnes peu au fait de la théorie et de la pratique des pépiniéristes se sont élevées contre le recepage des jeunes plants, sous prétexte que cette opération occasionnait un retard d'une année dans leur plantation ; mais quoique cela soit effectivement vrai pour tels ou tels de ces plants, que des

7 *

circonstances ont favorisés dans leur végétation, il y a toujours à gagner, même sous ce rapport, lorsqu'on considère une plantation de quelque étendue; et faut-il compter pour rien d'avoir des arbres plus droits, plus égaux en grosseur et en hauteur, et l'économie des tuteurs?

On croit généralement que l'opération du recepage fortifie les racines; mais Duhamel a nié le fait, et s'est appuyé de plusieurs expériences incontestables. Voici au vrai ce qui a lieu : toutes les fois qu'on coupe la tête à un arbre, on diminue certainement d'abord l'accroissement des racines, comme Duhamel l'a vu; mais bientôt les jeunes pousses, offrant des canaux plus droits et plus larges à la sève, donnant naissance à des feuilles plus nombreuses et plus larges, comme je l'ai déjà dit plus haut, réagissent en sens contraire sur les racines et déterminent leur augmentation de croissance en étendue et par suite en grosseur. Cela se remarque spécialement sur les arbres des pépinières qu'on recèpe à deux ou trois ans pour leur faire pousser une tige. *Voyez* Pépinière.

Le recepage dans les pépinières doit être généralement effectué la seconde ou la troisième année de la plantation, selon la nature du terrain et l'espèce des arbres; c'est-à-dire qu'il doit être retardé dans les très-mauvais sols, afin de donner aux racines le temps de se fortifier, et pour les espèces qui poussent lentement, telles que le chêne et le micocoulier. Lorsqu'on le fait trop tard, la cinquième ou sixième année, par exemple, on n'en obtient plus les mêmes bons effets, parce que les pousses sont un peu plus faibles et que la plaie, étant plus large, se recouvre plus difficilement. Il n'en est pas de même dans les plantations de bois où la végétation est généralement plus lente; car ce n'est qu'à la cinquième ou sixième année, comme je l'ai observé, qu'il convient de les receper; mais ici ce n'est pas une seule tige qu'on désire, mais une trochée ou cepée, qu'on coupera de nouveau dix à douze ans plus tard. *Voyez* Plantation.

Dans les pépinières d'arbres fruitiers, on ne fait de recepage que sur les pieds qu'on destine à former des pleins-vents, et même souvent n'en fait-on point du tout, parce qu'on réserve pour ce dernier objet les plus beaux jets, qu'à trois ans on appelle *égrins* ou *aigrins*; mais le même effet est produit lors de la greffe à œil dormant, qui est celle qu'on pratique le plus généralement, par la coupe du sujet au-dessus de la greffe, au printemps, lorsque cette greffe est reprise. Qui n'a pas vu des greffes de poiriers, de pommiers, et encore plus de pruniers, de pêchers et d'abricotiers pousser, dans la première année, de 3 ou 4 pieds et plus?

C'est à la fin de l'hiver qu'il convient de receper les plants des pépinières; plus tôt on risque les suites des gelées sur la plaie; plus tard, c'est-à-dire lorsque la sève entre en mouvement, on retarde la pousse et on affaiblit les résultats. La serpette employée sera très-tranchante, pour accélérer l'ouvrage et ne pas éclater la base de la tige. La coupe doit être le plus près possible de terre, tournée au nord et très-oblique. L'opération finie, on donne un bon binage. Vers le milieu du mois de juin, lorsque la végétation commence à diminuer de vigueur, on retranche tous les bourgeons faibles et mal dirigés, on ne réserve que les deux plus forts et plus droits, le plus possible opposés, et un mois plus tard, c'est-à-dire entre les deux sèves, on retranche le plus faible de ces deux, de manière que la sève d'août porte toute son action sur un seul. Lorsque c'est avec la main qu'on détache les bourgeons, il faut s'y prendre de manière qu'une portion de l'écorce de la tige ne soit pas enlevée avec eux. Par ce mode, la plaie est plus large et il y a toujours une plus grande déperdition de sève; cependant on le préfère généralement à l'emploi de la serpette, à raison de sa rapidité, quoique réellement moins avantageux. *Voyez* au mot PÉPINIÈRE.

Il vaudrait beaucoup mieux supprimer, un à un, les bourgeons à un intervalle de quelques jours, que de les supprimer tous à-la-fois, excepté deux; mais l'ordre du travail dans un établissement un peu étendu force à suivre la méthode indiquée, quoique évidemment contre les principes. Si on enlevait trop tôt ces bourgeons, la sève se ralentirait et même le pied périrait, ainsi que j'en ai vu beaucoup d'exemples; si on les enlevait trop tard, ils auraient employé, en pure perte pour celui qu'on conserve, la force active de la sève. L'expérience seule peut indiquer dans chaque pays, dans chaque nature de terre, dans chaque année, dans chaque espèce d'arbre, le moment précis où il est utile d'ébourgeonner les plants recepés dans l'intention d'en faire des tiges.

Le mot receper a encore quelques-autres acceptions en agriculture; mais elles sont locales et impropres. On lui substitue quelquefois mal-à-propos le mot REBOTTER. (B.)

RECEPÉ (BOIS), quand il a été coupé par le pied avant son âge d'aménagement. Le recepage d'un bois est absolument nécessaire, 1°. à la cinquième année de sa plantation; 2°. lorsqu'il a été très-endommagé par le broutement des bestiaux; 3°. quand il a été brûlé; 4°. enfin lorsqu'il a été généralement attaqué de la gelée. (DE PER.)

RÉCEPTACLE. Partie sur laquelle repose immédiatement la fleur ou le fruit des plantes.

Il y a deux sortes de réceptacles, le propre et le commun,

c'est-à-dire dont l'un porte une seule fleur, et l'autre en porte plusieurs.

On fait peu attention en botanique au réceptacle propre; mais le réceptacle commun est fréquemment employé pour la fixation des genres dans les fleurs COMPOSÉES ou SYNGÉNÉSIQUES (*voyez* ces mots); il en est de planes, de convexes, de coniques, de nus, de creusés d'alvéoles, d'hérissés de poils, de munis de paillettes, etc. *Voyez* PLANTE. (B.)

RECHARGER. Ce nom s'applique, dans le midi de la France, à l'opération d'apporter de la terre sur un champ qui n'en a pas assez en épaisseur pour nourrir les plantes qu'on a le projet d'y cultiver.

C'est toujours une très-bonne opération que de recharger, lorsqu'on n'emploie, pour le faire, que des terres prises dans le lit des rivières, dans les fossés, dans les carrières, dans les démolitions et autres lieux analogues; mais lorsque, comme cela arrive si souvent, on pèle la surface d'une portion de son domaine pour améliorer l'autre, on se rend coupable envers ses descendans en particulier, et envers la société en général. *Voyez* aux mots DÉGAZONNER, TERRE, CRESSAI., LANDES. (B.)

RECHAUD, ou, mieux, RÉCHAUF. Mettre un réchaud à une couche, c'est l'entourer d'une certaine épaisseur de fumier neuf, afin que, s'échauffant, il communique sa chaleur à cette couche, qui a perdu la sienne. *Voyez* FUMIER et COUCHE.

On emploie fréquemment les réchauds; cependant on peut dire que leurs effets ne dédommagent jamais de la dépense qu'ils occasionnent. Un jardinier intelligent doit donc plutôt calculer le temps que sa couche aura besoin de chaleur, pour proportionner son épaisseur à sa durée, que d'avoir recours à ce moyen.

Lorsqu'on forme plusieurs couches à côté les unes des autres, l'intervalle qu'on laisse entre elles sert à placer les réchauds, qui, dans ce cas, rendent des services plus réels que dans le premier, parce qu'il y a moins de perte de chaleur, et qu'on peut les renouveler plus souvent sans plus de dépense, à raison de leur peu de largeur.

J'ai entendu dire, et j'ai toujours eu envie de l'expérimenter, qu'on faisait en Allemagne des couches à réchauds perpétuellement renouvelés. Pour cela, on établit sur trois murs, ou sur un panneau de bois à trois côtés, à la hauteur de 2 à 3 pieds, une suite de claies de la longueur et largeur de la couche désirée; on met sur ces claies d'abord une épaisseur de 5 à 6 pouces de long fumier, et sur ce fumier une épaisseur de 6 à 8 pouces de terreau, puis on met sous ces claies, par le côté laissé ouvert, en le tassant convenablement, du fumier, qu'on enlève lorsque sa chaleur est épuisée, pour en mettre d'autre. La couche peut être ainsi entretenue pendant toute une année presqu'à la même température. *Voyez* Serre. (B.)

RECHAUSSER. Opération agricole dont l'objet est d'élever la terre autour du collet des racines d'un arbre ou d'une plante. *Voyez* Chausser.

Cette opération a lieu dans quatre circonstances principales:

1°. Lorsque la terre s'est affaissée autour d'un arbre nouvellement planté; elle a pour but d'empêcher les racines d'être desséchées par le soleil ou frappées par la gelée, et d'égaliser le sol. On doit l'exécuter aussitôt que cela devient nécessaire, et on peut toujours la prévenir en élevant la terre remuée d'un pouce par pied, terme moyen, au-dessus de la surface solide, au moment même de la plantation.

2°. Lorsque les eaux pluviales, les inondations des rivières, ou des accidens de quelque nature que ce soit, ont entraîné la terre qui recouvrait les racines des arbres. Il ne s'agit que d'en rapporter de la nouvelle, et de la défendre contre de nouveaux enlèvemens par des gazonnages, des fascines, des rigoles, etc.

3°. Lorsqu'on veut garantir les racines des arbres ou des plantes délicates des effets de la gelée, ou faire blanchir les tiges ou les feuilles des légumes; mais, dans ces circonstances, on l'appelle plus communément Butter. (*Voyez* ce mot.) On butte, dans le climat de Paris, le Figuier, l'Artichaut, dans la première de ces intentions, et le Céleri, l'Escarole, dans la seconde. *Voyez* ces mots.

4°. Enfin, et c'est la plus importante à considérer, lorsqu'on veut augmenter le nombre des racines de certaines plantes, soit pour elles-mêmes, soit pour augmenter en même temps leurs feuilles, leurs tiges, leurs fleurs ou leurs fruits.

Ainsi, quand on rechausse, chausse ou butte un pied de pommes de terre, on détermine la partie inférieure de la tige à pousser de nouvelles racines, qui donnent naissance à une plus grande quantité de tubercules. *Voyez* Pomme de terre.

Ainsi, quand on rechausse un pied de tabac, l'augmentation de ses racines produit l'augmentation de ses feuilles en nombre et en largeur. *Voyez* Tabac.

Ainsi, quand on rechausse une canne à sucre, cette canne devient plus grosse, plus haute, et produit plus de sucre.

Ainsi, les Choux-Fleurs ne sont jamais plus beaux que lorsqu'ils ont été rechaussés plus haut. *Voyez* ce mot.

Ainsi enfin le maïs, multipliant d'autant plus ses couronnes de racines qu'il est rechaussé plus haut, donne, dans ce cas, des épis plus nombreux et plus gros. Le blé est aussi dans le

même cas, ainsi que l'a prouvé Varennes de Fenille peu avant
sa mort, quoiqu'on ne le rechausse jamais. *Voyez* Maïs et
Froment.

En général, la plupart des plantes gagnent à être rechaus-
sées, et si on ne les soumet pas à cette opération, c'est que
l'augmentation de dépense l'emporterait souvent sur l'augmentation de produit, et qu'en agriculture le bénéfice doit
seul être interrogé.

Non-seulement le rechaussement fait naître presque toujours
de nouvelles racines, mais il met la terre qui les recouvre dans
la situation la plus favorable à la végétation ; c'est-à-dire que
cette terre étant très-divisée laisse un passage facile aux fibrilles
de ces racines, absorbe rapidement l'air atmosphérique et les
eaux pluviales. C'est un Labour plus parfait que les labours
ordinaires. *Voyez* ce mot. (B.)

RECHIGNER. Mot introduit dans le jardinage par Roger
Schabol. On entend, dit-il, par rechigner, être de mauvaise
humeur, chagrin, bourru, triste, mélancolique, et l'on dit,
par comparaison, qu'un arbre rechigne quand il fait mauvaise
figure dans le jardin, soit pour avoir été mal planté, avec les
racines écourtées, mutilées, et comme aussi pour être trop avant
dans la terre ; soit pour être charpenté continuellement et privé
de ses rameaux, qu'on ôte ou qu'on pince et repince, qu'on
raccourcit sans fin, qu'on tourmente en toutes manières, soit
pour être dans un terrain désavantageux. (R.)

RÉCOLEMENT D'UNE VENTE EN USANCE. C'est le
procès-verbal de son réarpentage et du recompte des baliveaux
et autres arbres de réserve que l'adjudicataire était tenu d'y
laisser. (DE PER.)

RÉCOLTE. Résultat et juste récompense des travaux du
cultivateur, rentrée de ses avances, salaire de ses peines,
cessation d'une partie de ses inquiétudes.

Les nombreuses considérations dont cet article est susceptible rentrent toutes dans celles que j'ai développées à ceux des
plantes qui font un objet de culture ; je puis donc me dispenser
de revenir sur elles.

Chaque récolte a son époque, indiquée par la nature de son
objet ; mais cette époque peut être avancée ou reculée de quelques jours sans de grands inconvéniens apparens. Il est rare
que les cultivateurs choisissent exactement cette époque, et il
en résulte que s'ils la devancent leurs produits n'ont pas toute
la perfection désirable, ne sont pas de garde, et que s'ils la
dépassent ils perdent une partie de ce qu'ils avaient lieu d'attendre. Il suffit d'avoir vécu quelques années à la campagne
pour être convaincu que ces deux causes diminuent immensé-

ment chaque année, mais certaines années plus que d'autres, les bénéfices généraux de la culture.

Toute récolte a besoin d'instrumens et d'agens. Un cultivateur soigneux doit se précautionner des uns et des autres avant le moment précis de la faire, s'il ne veut pas être exposé à les payer plus cher et même quelquefois à en manquer. C'est ce à quoi ne font pas assez généralement attention les habitans de la campagne, sur-tout dans les pays de petite culture.

Les agens des récoltes sont presque par-tout des étrangers, et se paient, soit à la tâche, soit à la journée, soit en argent, soit en nature ; le plus souvent on les nourrit Chacune de ces manières a des avantages et des inconvéniens qu'il serait trop long de détailler, c'est à celui qui les emploie à les calculer pour sa localité. D'ailleurs il est beaucoup de ces localités où l'usage fait loi et où il serait impossible de le changer.

Les trois principales récoltes de la grande culture sont la coupe des foins, la moisson et les vendanges. Toutes trois exigent une grande activité, et sont d'autant plus assurées, qu'elles sont faites plus promptement, parce qu'elles ne craignent plus les pluies et autres accidens lorsqu'elles sont rentrées.

La récolte des foins est la première, ses agens sont des faucheurs, des faneurs. Les voituriers et les chargeurs sont ordinairement les agens attachés à l'exploitation. On doit la faire sur les prairies artificielles lorsque les plantes entrent en fleurs, et sur les prairies naturelles lorsqu'elles sont en pleine fleur. L'important est qu'il ne pleuve pas pendant sa durée. Arrivé au degré de dessiccation convenable, il ne faut pas craindre de multiplier les moyens de transport ; car souvent, par une fausse économie, on éprouve de grandes pertes. *Voyez* PRAIRIE et FENAISON.

Après les foins viennent les moissons. On coupe les céréales à la faucille ou à la faux, ce dernier moyen, beaucoup plus expéditif, et qui ne cause réellement pas plus de perte de grains que le premier, semble prévaloir en ce moment. Il faut donc avoir des scieurs, des faucheurs et des lieurs. Les voituriers et les chargeurs sont encore les personnes attachées toute l'année à l'exploitation. Quoique les pluies soient moins à craindre pour les céréales que pour le foin, il est prudent de ne les laisser que le moins possible sur la terre après qu'elles sont suffisamment desséchées, même les avoines, qu'un absurde préjugé veut qu'on fasse JAVELER. (*Voyez* ce mot.) Les mois de la moisson sont ceux des orages, et il ne faut souvent que quelques minutes pour faire perdre le fruit d'une année de peines et de sollicitude. *Voyez* MOISSON.

Dans les plaines à froment du climat de Paris, on calcule

que chaque arpent donne deux cents gerbes, ou six sacs de grains, et que la moitié de ce produit se dépense en frais de toute espèce relatifs à la culture. Il reste donc trois sacs pour payer la rente de la terre, l'imposition et le profit du fermier.

Ce fait prouve que plus les terres sont fertiles et plus il est avantageux de les cultiver en froment, puisque les avances qu'elles nécessitent sont moins fortes que celles qu'exigent les mauvaises.

On a élevé la question de savoir s'il n'était pas plus avantageux de couper les céréales avant leur complète maturité, sous prétexte qu'il y avait moins de perte de grains à redouter, que les charançons les attaquaient moins dans le grenier, et que le pain que donnait sa farine était meilleur. J'accorde ces trois points ; mais ceux qui spéculent sur la vente du blé ou de sa farine s'accommoderont-ils d'une récolte moindre d'un dixième en volume, laquelle donnera en outre un dixième moins de farine, qui se gardera dix fois moins long-temps. *Voyez* Blé et Retrait.

L'expérience a prononcé sur ces faits depuis des siècles : aussi n'est-ce que dans les pays où le froment ne peut mûrir, comme en Suède, en Russie, sur les Alpes, ou lorsque les greniers sont vides, qu'on le coupe avant sa complète maturité.

Lorsqu'on n'a pas des bâtimens assez considérables pour serrer la totalité des foins et des fromens, des seigles, des orges, des avoines de sa récolte, on les réunit en tas dans le champ même, tas qu'on appelle Meules. *Voyez* ce mot.

Pour faire les vendanges il faut encore se procurer des agens étrangers. Les transports et les opérations subséquentes se font par les vignerons et autres personnes attachées à la culture dans la localité. Un temps sec et chaud est celui qui est le plus favorable. Plus tôt elles sont terminées, et mieux c'est : aussi ne faut-il point épargner les bras. *Voyez* aux mots Vigne, Vendange et Vin.

La première et la dernière de ces récoltes sont accompagnées ou suivies de ris, de jeux et de danses. Une joie douce et la tendresse caractérisent la coupe des foins, une joie bruyante et les plaisirs de la table accompagnent les vendanges. C'est l'effet de la différence des saisons, ainsi que de la différence des lieux où on agit.

Une empreinte de tristesse, produite par l'excès de la chaleur et de la fatigue, se remarque, en tout pays, parmi les moissonneurs : dormir est ce qu'ils recherchent le plus.

Les autres récoltes qui se succèdent dans la campagne pendant les intervalles de celles-ci n'ont point de caractères particuliers, et se font presque toutes sans le secours d'agens étrangers à l'exploitation.

Le propre de la culture des jardins est de donner des produits pendant tout le cours de l'année, les temps de neige ou de gelée seuls exceptés : ainsi les récoltes qui s'y font sont journalières ; on y distingue cependant la récolte des fruits d'hiver comme plus importante. *Voyez* FRUIT et FRUITIER.

Les départemens méridionaux ont deux récoltes majeures qui n'ont pas pu entrer dans la série de celles dont il vient d'être question : c'est celle du MAÏS et des OLIVIERS. *Voyez* ces mots.

Relativement à son importance actuelle, la récolte des pommes de terre doit être aussi citée. La culture de cette précieuse racine, sauvegarde contre les disettes, s'étend chaque jour, et bientôt deviendra par-tout aussi commune qu'il est à désirer qu'elle le soit. *Voyez* POMME DE TERRE. (B.)

RÉCOLTES AMÉLIORANTES. Les principes sur lesquels repose aujourd'hui la pratique de l'agriculture établissent que les récoltes qui fournissent des graines, sur-tout des graines huileuses, épuisent le sol, tandis que celles qui sont coupées avant leur floraison, non-seulement n'y produisaient pas cet effet, mais même y portaient la fertilité. On a donc dû donner le nom de récoltes améliorantes à ces dernières. *Voyez* GRAINE.

Plusieurs autres circonstances, moindres sans doute que celles-ci, agissent encore dans ce cas, telles que l'humidité dans laquelle la terre est entretenue, la stagnation de l'air au collet des racines, les débris des feuilles et des tiges, la destruction des mauvaises herbes, etc., etc.

C'est principalement aux prairies artificielles, coupées avant la maturité de leurs graines, qu'on applique ce nom ; mais les cultures de raves, de choux à faucher, de carottes, etc., le méritent aussi.

Par extension, on a donné le même nom à des récoltes épuisantes par leurs graines, mais qui remplissent les conditions secondaires énumérées, telles que les semis de VESCE, de POIS GRIS, de GESSE, etc. (*voyez* ces mots), et aux cultures qui demandent des binages d'été et qui non-seulement détruisent les mauvaises herbes, mais favorisent la décomposition, par l'air et l'eau, de l'humus non soluble qui se trouve dans le sol. (B.)

RÉCOLTE DÉROBÉE. On donne ce nom, dans quelques endroits, à la récolte qu'on fait après celle du seigle, du blé, etc., sur le même terrain semé avant, ou labouré et semé immédiatement après la moisson : ce sont généralement, dans le nord de l'Europe, des RAVES, de la SPERGULE, des CHOUX, le tout pour fourrage ; de la NAVETTE d'hiver, du SARRASIN, de la CAMELINE, etc., pour graine ou pour être enterrés en fleur. Pour le midi, ce sont des CAROTTES, des PANAIS, du MAÏS, etc., pour fourrage. Il est quelques natures de culture,

comme les POIS, les HARICOTS, la VESCE, la GESSE, la NAVETTE
d'HIVER, les CHOUX pour fourrage, etc., qui permettent toujours une récolte dérobée, parce qu'on en dépouille la terre
de très-bonne heure. Un agriculteur intelligent doit faire des
récoltes de ce genre le plus souvent qu'il peut; loin de nuire
à la fertilité de la terre, elles l'améliorent, sur-tout lorsque
leur produit est consommé sur place par les bestiaux, et de
plus augmentent le revenu. *Voyez* ces mots et celui ASSOLE-
MENT (B.)

RÉCOLTES ENTERRÉES POUR ENGRAIS. Il est probable qu'on a remarqué, depuis des milliers d'années, que
les plantes vivantes enterrées étaient, après les substances
animales, et parmi ces dernières je place les FUMIERS (*voyez*
ce mot), le meilleur des engrais; mais ce n'est cependant que
depuis peu, du moins à ma connaissance, qu'on s'est imaginé
de semer uniquement dans l'intention d'enterrer une récolte
pour en faire produire à la terre une autre plus avantageuse.

La théorie de cette opération est fondée sur ce que les plantes
vivantes portent dans la terre une surabondance de carbone,
une humidité durable, et prolongent l'effet des labours en y
laissant des vides après leur décomposition.

Un grand nombre de faits prouvent que plus les plantes sont
garnies de feuilles, et plus elles soutirent de principes nutritifs
de l'atmosphère, et que ce n'est que lorsque leurs graines
commencent à se former qu'elles EFFRITENT la terre où elles
se trouvent (*voyez* ce mot). Ainsi, en les enfouissant avant leur
floraison, on sera certain qu'elles rendront plus à la terre
qu'elles n'en auront tiré. Th. de Saussure a de plus constaté
que c'était à cette époque qu'elles contenaient le plus de potasse, et on doit croire que l'abondance de ce sel a une action
quelconque dans cette circonstance. *Voyez* POTASSE.

C'est, comme je n'ai cessé de le répéter, de la juste proportion de l'eau et de la chaleur que résulte la bonne végétation :
or, l'eau qui entre comme partie constituante dans les plantes
enterrées vivantes s'évapore bien plus lentement, comme le
prouve l'expérience, que celle que les pluies et les arrosemens
portent dans la terre : de sorte que les nouvelles productions
qui les remplaceront trouveront cette constante et égale humidité si favorable à leur croissance. *Voyez* PLUIE, ARROSEMENT.

La conséquence de cette observation c'est qu'il faut préférer
d'enterrer ou des plantes à racines épaisses, ou des plantes à
tiges charnues, ou des plantes à feuilles nombreuses, et que
c'est dans les terrains naturellement secs et légers que cette
pratique doit être la plus avantageuse. Dans les localités argileuses et humides, il conviendrait au contraire d'enterrer
des plantes à tiges très-ramifiées, très-sèches et d'une très-

lente décomposition, afin qu'elles tiennent plus long-temps le sol en état de division.

Une autre circonstance importante à considérer, c'est de n'employer que des plantes à végétation très-rapide, car on juge facilement qu'il n'y aurait pas de profit d'occuper la terre pendant un an avec une plante destinée à être enfouie, lors même qu'on serait certain de doubler, par son moyen, le produit de la récolte qui doit lui succéder ; car, dans ce cas si favorable, on aurait encore en déficit et la valeur de la semence et le prix des labours.

Ce sont principalement les terrains granitiques et schisteux qui gagnent à être fumés par ce moyen, parce que leurs élémens n'étant pas susceptibles de dissoudre l'humus, comme les terres calcaires, cet humus est à chaque averse entraîné dans les vallons, et qu'il faut par conséquent ne leur donner de l'engrais qu'autant qu'ils en ont besoin pour la récolte prochaine. Si ce système était plus généralement usité, on ne verrait pas tant de champs, dans ces sortes de terrains, qui ne rapportent pas les frais de leur culture.

En Angleterre, où les procédés agricoles se perfectionnent chaque jour, parce que les agriculteurs sont tous instruits, on a imaginé de placer en avant des roues des charrues destinées à enterrer les récoltes un rouleau, qui les couche parallèlement aux raies et qui permet par conséquent de les enterrer complétement et également. Il est à désirer que cette méthode soit connue en France.

Celles de ces plantes qu'on préfère le plus généralement dans les climats septentrionaux sont, pour les terrains secs et légers, la RAVE, le SARRASIN, le TRÈFLE et la SPERGULE, et pour les terrains argileux la FÈVE DE MARAIS, les POIS et la VESCE. Le LUPIN et le CHICHE sont presque les deux seules plantes qu'on puisse employer à cet usage dans les pays chauds.

Le tabac semé à la volée, au printemps, est une des plantes les plus avantageuses pour être enterrées en vert, en ce qu'outre l'humus elle fournit beaucoup de POTASSE par sa décomposition.

Je fais des vœux pour que les cultivateurs du midi de la France préfèrent, pour enterrer, la PASPALE STOLONIFÈRE que j'ai décrite dans les Actes de la Société linnéenne de Londres, parce qu'étant extrêmement sucrée, elle doit plus améliorer le sol qu'aucune autre plante, et qu'elle peut donner auparavant deux récoltes extrêmement abondantes.

Le *pavot somnifère* semble aussi présenter des avantages en le semant sur les jachères qu'on ne doit labourer qu'au printemps.

Je pourrais beaucoup étendre cet article ; mais comme ce

que je dirais ne serait qu'une répétitiou de ce qu'on trouve aux articles précités et à ceux Assolement et Succession de culture, je me contenterai d'y renvoyer le lecteur. (B.)

RÉCOLTE DES GRAINES D'ARBRES ET DES GRAINES DU JARDINAGE. *Voyez* Graine.

RÉCOLTE MORTE. C'est une récolte que la sécheresse, les gelées, les grandes pluies, les inondations, etc., ont rendue si médiocre, qu'elle ne mérite pas les frais de son enlèvement. Dans ce cas, le meilleur parti à prendre est ou de l'enterrer par un labour avant la maturité des graines, ou de semer d'autres articles, comme raves, spergule, trèfle, etc., soit sans hersage, soit sur un hersage. *Voyez* Assolement. (B.)

RÉCOLTES ÉPUISANTES. Comme il y **a** des récoltes améliorantes, il doit y en avoir d'épuisantes, et elles doivent être produites par les cultures qui ont la graine pour objet. Ainsi, parmi les céréales, les cultures de l'Orge, du Froment, du Seigle, de l'Avoine, sont, dans l'ordre ci-dessus, très-épuisantes; ainsi, les cultures du Chanvre, du Colza, de la Navette, du Pavot, du Lin, le sont également dans cet ordre. *Voyez* tous ces mots.

J'ai eu soin d'indiquer, à l'article de chaque culture, le degré d'épuisement dont elle est supposée susceptible. Je dis supposée, parce que, pour la plupart des plantes, on n'a pas d'expériences assez rigoureuses pour l'établir avec certitude. *Voyez* principalement les mots Assolement et Succession de culture. (B.)

RECOQUILLER, ou RECROQUEVILLER. Feuilles qui se contournent sur elles-mêmes. *Voyez* Cloque. (B.)

RECOTTONNER. Synonyme de taller. *Voyez* au mot Blé. (B.)

RECOUCHADIS. Synonyme de provins de vigne dans le midi de la France. (B.)

RECOULER. Dans le département des Ardennes, c'est donner le troisième labour aux terres à blé. *Voyez* Labour. (B.)

RECOUPADIS. Synonyme de recoupe dans le midi de la France. *Voyez* Farine.

RECOUPAGE. Ce nom s'applique, dans quelques cantons, à la seconde façon donnée aux terres soumises à la jachère. *Voyez* Labour. (B.)

RECOUPE et RECOUPETTE. Seconde et troisième farines qu'on retire du son remoulu. *Voyez* Farine. (B.)

RECOURADEU. Araire à deux versoirs pour chausser le blé dans le Médoc. *Voyez* Charrue. (B.)

RECOURIR. Ce nom se donne, dans la ci-devant Bourgogne, à l'opération qui se fait après l'ebourgeonnement des vignes, dans la vue de débarrasser les ceps des nouvelles pousses dont cet ébourgeonnement a déterminé la sortie. *Voyez* VIGNE et ÉBOURGEONNEMENT. (B).

RECRUE D'UN BOIS. Veut dire la pousse annuelle de son taillis.

RECUITE. C'est ainsi qu'on appelle le SERAI à Roquefort. *Voyez* ce mot et le mot FROMAGE. (B.)

REDONDES. Cercles de 10 pouces de diamètre et de la grosseur du bras, faits de branches d'orme ou de chêne entrelacées, et qui servent à atteler les bœufs dans le département de la Haute-Marne. On ne peut trop blâmer cet appareil, qui rappelle la grossièreté des arts à l'enfance des sociétés. *Voyez* JOUG. (B.)

REDOUBLÉ. Ce nom s'applique, dans quelques lieux, aux cultures de même sorte qui se suivent. Ainsi on dit un redoublé de FROMENT, un redoublé de LUZERNE, un redoublé de VIGNE. A moins de circonstances particulières, tout redoublé doit être proscrit dans une bonne agriculture. *Voyez* ASSOLEMENT et SUCCESSION DE CULTURE. (B.)

REDOUL, *Coriaria*. Arbuste qui croît très-abondamment dans les parties méridionales de l'Europe, et dont les feuilles, réduites en poudre, sont très-employées dans la teinture des étoffes et dans le tannage des cuirs. Il forme, avec deux ou trois autres, un genre dans la dioécie pentagynie.

Le REDOUL A FEUILLES DE MYRTE a les tiges quadrangulaires; les feuilles opposées, sessiles, ovales aiguës, glabres, accompagnées de stipules membraneuses; les fleurs blanchâtres, disposées en grappes axillaires ou terminales, et accompagnées de bractées; il s'élève à 3 ou 4 pieds, fleurit au commencement de l'été, et conserve ses feuilles bien avant dans l'hiver; ses fruits et ses feuilles passent pour être un poison pour les hommes et les animaux. Leurs effets délétères se portent principalement sur les nerfs.

Cet arbuste ne se cultive point dans son pays natal, où il en croît naturellement plus qu'il n'en est besoin pour les services auxquels il est employé; mais dans les parties septentrionales de l'Europe, aux environs de Paris, par exemple, on le trouve dans les pépinières pour l'usage des jardins paysagers, où on le place avec avantage au premier ou au second rang des massifs, ses larges buissons très-garnis de feuilles d'un vert gai garnissant fort bien le dessous des grands arbres. Il craint les gelées dans ce climat; mais comme il n'y a presque jamais que les tiges qui périssent, même dans les hivers les plus rigoureux, et que les pousses qu'il donne lorsqu'il est coupé rez terre, sont dès la même année presqu'aussi hautes que les anciennes, on ne doit pas s'en inquiéter; seulement on n'a point de fleurs; privation de peu

d'importance, car elles ne sont pourvues d'aucun agrément.
Il est même nécessaire, en bonne culture, de lui faire subir
cette opération tous les trois ou quatre ans, pour renouveler
son aspect et lui faire pousser plus abondamment des rejets
latéraux. On le multiplie de graines, de rejetons et d'éclats
de ses racines. Ces deux dernières manières sont les seules
employées dans les pépinières, comme les plus faciles et les
plus rapides. En effet, il suffit de séparer des bourgeons d'un
vieux pied au printemps lorsqu'ils commencent à se développer, pour, en les mettant en terre, en pépinière, à 12 ou 15
pouces de distance l'un de l'autre, en former autant de pieds
nouveaux, qui, l'année suivante, pourront être mis définitivement en place. Toute exposition et toute sorte de terre
lui conviennent ; mais il paraît se plaire davantage dans les
lieux abrités des vents froids et dans les terres légères et
chaudes. Les eaux stagnantes lui sont mortelles : il ne demande
pour ainsi dire pas de culture ; cependant il est bon de donner
tous les hivers un binage autour de ses touffes, dont l'étendue
est souvent de plusieurs pieds, et qui, quand on ne les divise
pas, finissent par périr dans le centre. (B.)

RÉDRUGER. On appelle ainsi, dans les environs de Paris,
l'opération d'enlever les nouveaux bourgeons que pousse la
vigne après qu'elle a été pincée ou arrêtée. *Voyez* aux mots
Vigne et Ebourgeonner. (B.)

REFAIRE, ou REFENDRE, ou REFERRISSAGE. C'est,
aux environs de Lyon, le troisième labour donné aux terres
à blé. *Voyez* Labour. (B.)

REFERRISSAGE. Les vignerons des environs de Vesoul
donnent ce nom au troisième binage qu'ils font à leurs vignes.
(B)

REFOULAGE. Opération de la fabrication du vin, qui a
lieu dans le Jura et qui remplace le foulage. Elle a lieu trois
jours après que le raisin a été mis dans la cuve, et s'exécute
au moyen d'une rondelle de 6 pouces de diamètre, au centre
de laquelle est attaché un long manche. Cette opération dure
une demi-heure et se renouvelle le lendemain. *Voyez* Vin.
(B.)

REFROIDIS. On donne ce nom aux cultures qui se font
pendant l'année de jachère. Semer sur refroidis, c'est semer
sur un champ qui n'a pas cessé de rapporter chaque année ;
faire du refroidis, c'est supprimer la Jachère. *Voyez* ce mot
et celui Assolement. (B.)

REFROIDISSEMENT. Lorsque les chevaux sont en sueur,
on doit faire en sorte qu'ils se refroidissent graduellement,
afin d'éviter les suppressions de transpiration, dont les suites

deviennent souvent graves. Ainsi, au retour du travail, on ne les laissera pas en repos dans une écurie humide, dans un courant d'air froid, encore moins les mènera-t-on à l'eau, mais pendant un temps plus ou moins long on les placera à l'ombre, on les fera promener doucement, on essuiera leur sueur avec un couteau de chaleur ou un bouchon de paille. *Voyez* HYGIÈNE et CHEVAL. (B.)

REFROISSÉ, TERRES REFROISSÉES. Se dit, dans les plaines qui environnent Paris, des terres qu'on a fait sortir momentanément de la sole triennale, c'est-à-dire qu'on n'a pas laissées en jachère. C'est ordinairement avec du trèfle ou de la luzerne qu'on refroisse dans ces cantons, où l'agriculture, quelque belle qu'elle soit, est soumise aux règles de la routine. *Voyez* ASSOLEMENT. (B.)

REFROUCHIS. Nom d'une terre qu'on ne laisse pas reposer dans le département des Ardennes. *Voyez* ASSOLEMENT. (B.)

REGAGNON. Variété de froment remarquable par sa grosseur, qu'on cultive dans le département des Hautes-Alpes. Je ne puis dire si elle appartient à une des variétés indiquées à l'article FROMENT. *Voyez* ce mot. (B.)

REGAIN. Seconde herbe que donnent les prairies naturelles, et dernière des prairies artificielles.

Il y a cependant des prairies naturelles qui donnent trois coupes, et chacune s'appelle regain : on dit alors *Premier regain, Second regain.*

Dans les prairies basses ou arrosables la récolte du regain est assurée ; mais le fourrage qu'il fournit a peu de qualités, et ne doit pas être donné aux animaux qui travaillent, qui nourrissent ou qu'on veut engraisser.

Comme le regain se dessèche quelquefois fort difficilement, à raison et de l'époque où on le coupe, et de sa nature très-aqueuse, il est bon de le stratifier avec de la paille, à laquelle il communique une partie de l'odeur qu'il conserve. Ce mélange, qui assure la conservation du regain, est ensuite donné aux vaches, aux veaux, aux poulains et aux moutons pendant l'hiver.

Plusieurs fois, on a élevé les questions de savoir lequel était le plus avantageux à l'amélioration des prairies, ou de faire pâturer leur regain par les bestiaux, ou de le faucher pour l'apporter à la maison ; mais elles n'ont pas été résolues et ne peuvent pas l'être d'une manière générale et absolue.

En effet, d'abord faire une première coupe de foin nuit aux prairies naturelles, puisqu'elle les prive des feuilles qui auraient nourri les racines, des graines qui auraient regarni les places vides, des tiges qui auraient fourni un engrais et élevé le sol; mais à quoi les prairies sont-elles destinées, si ce n'est pas à donner du FOIN? *Voyez* ce mot.

Ensuite une seconde coupe augmente les inconvéniens de la première, aux graines près, puisque la nature n'a donné aux végétaux vivaces la faculté de repousser que pour leur donner moyen de réparer leurs pertes. Il faudrait donc, en principe de théorie, ni faire pâturer ni faire faucher les regains, pour obtenir une bonne récolte de foin l'année suivante. C'est ce qu'on fait, mais rarement, lorsque les prés sont épuisés. *Voyez* PRAIRIE.

Quelques précautions qu'on prenne, le pâturage des prairies nuit à leur bonté, à quelque époque que ce soit de l'année, et ce autant et plus par leur piétinement et l'arrachement des pieds que par l'enlèvement des feuilles. Mais cette manière de tirer parti des prés naturels est fort économique. Il s'agit donc de calculer les avantages et les inconvéniens. Quand on voit cependant le peu de profit que donnent les prairies assujetties au parcours, on est tenté de proscrire le pâturage, même en automne, qui est l'époque de l'année où il est le moins dangereux. *Voyez* PARCOURS.

Le pâturage du regain par les moutons en automne, lorsque la terre est sèche, a cependant quelquefois l'utilité de faire taller les pieds de graminées qui n'eussent donné qu'une tige. *Voyez* TALLEMENT.

Le plus souvent on consacre la coupe du premier regain des prairies artificielles à la récolte de la graine, parce que la première est trop souillée de graines étrangères. *Voyez* PRAIRIE ARTIFICIELLE, LUZERNE, TRÈFLE et SAINFOIN. (B.)

RÉGANEOU. Un des noms du CHÊNE-CHERMÈS dans la ci-devant Provence. (B.)

RÉGISSEUR. Homme qui dirige, moyennant salaire, la culture des propriétés rurales d'un autre.

Ce que j'ai dit au mot ÉCONOME, mot presque synonyme de régisseur, me dispense d'entrer ici dans des détails, j'y renvoie le lecteur. (B)

RÉGLISSE, *Glycyrrhiza*. Genre de plantes de la diadelphie décandrie et de la famille des légumineuses, qui renferme une demi-douzaine d'espèces, dont une est d'une grande importance pour l'agriculture des parties méridionales de l'Europe, à raison du commerce qu'on fait de ses racines, dont l'usage en tisane ou en extrait est très-fréquent dans la médecine.

La RÉGLISSE OFFICINALE, *Glycyrrhiza glabra*, Lin., est une plante vivace de 3 à 4 pieds de haut, dont les racines sont traçantes, jaunâtres; les tiges cylindriques, nombreuses, ligneuses, du diamètre du petit doigt et annuelles ; les feuilles alternes, pétiolées, ailées et composées de onze ou plus communément de treize folioles, ovales, légèrement glutineuses en dessous, dont l'impaire est pétiolée ; les fleurs petites, rougeâtres ou bleuâtres, disposées en épis grêles dans les aisselles des feuilles supérieures ; les fruits très-aplatis et glabres.

Cette plante croît naturellement dans les parties méridionales de l'Europe et fleurit au milieu de l'été. Elle craint peu les gelées ordinaires du climat de Paris ; mais lorsque les hivers sont très-rigoureux, ils atteignent les racines et les font périr : c'est ce qui fait qu'elle est rare dans les jardins qui entourent cette ville, où d'ailleurs sa racine n'a pas la saveur sucrée dont elle est pourvue aux extrémités méridionales de la France et encore plus en Espagne et en Italie. C'est donc là seulement qu'il faut la cultiver pour le produit. On peut la multiplier de ses graines et on y gagnerait sans doute des variétés importantes ; mais on préfère généralement employer, comme plus expéditive, la voie des bourgeons qu'on sépare des vieux pieds au printemps.

La terre qui convient le plus à la réglisse est celle qui est sablonneuse et cependant substantielle, c'est-à-dire celle où les racines peuvent facilement pénétrer, et trouvent abondamment les sucs nécessaires à leur croissance. Celles qui sont pierreuses et sur-tout argileuses, celles qui sont trop sèches, et sur-tout celles qui sont marécageuses, ne valent absolument rien pour elle. On doit labourer cette terre le plus profondément possible, plutôt à la bêche ou à la pioche qu'à la charrue ; car plus elle sera meuble, et plus les racines prospéreront. Pour effectuer la plantation, on sépare les bourgeons des pieds qu'on vient d'arracher vers le premier mars, plus tôt ou plus tard, selon le climat et l'état de l'atmosphère, mais jamais après que ces bourgeons se seront développés, et on les met en terre, à la pioche, à un pied et demi de distance en tous sens, ou à un pied sur l'un et à 2 sur l'autre.

La plantation fait généralement peu de progrès la première année. On la fume et on la laboure à la bêche ou à la pioche pendant l'hiver suivant, et, après cette opération, la végétation se développe, et la croissance des tiges et des racines devient vigoureuse. Ordinairement on fait la récolte, c'est-à-dire qu'on arrache les racines à la fin de la troisième année, lorsque les tiges sont mortes ; mais quelquefois on attend à la fin de la quatrième.

Chaque automne, on coupe les tiges de la réglisse lorsqu'elles commencent à jaunir, et on les emploie à chauffer le four.

8 *

Il me semble qu'un ou deux binages d'été ne pourraient qu'être fort utiles la seconde et la troisième année; car les tiges procurent alors une ombre rafraîchissante au sol, et tout binage qui ne cause pas une trop forte évaporation de l'humidité de la terre, favorise toujours l'augmentation des racines en longueur et en grosseur.

J'ai vu des plantations de réglisse dans mes voyages, mais je n'ai pas résidé assez long-temps dans les localités où elles avaient lieu pour en suivre la culture d'une manière à pouvoir la critiquer avec connaissance de cause; en conséquence je me borne à cette simple observation.

La plus grande partie du jus de réglisse qui se trouve dans le commerce est fabriquée dans la Calabre. Voici comme on l'obtient :

En automne, on arrache les pieds qui sont en âge d'être exploités et on met leurs racines en bottes, après les avoir exactement lavées. Pendant l'hiver, on les met tremper dans l'eau pendant quelques jours pour les ramollir, puis on les hache en petits morceaux, qu'on réduit en pulpe sous une meule tournante dans une auge de pierre; ensuite, on fait bouillir cette pulpe pour en tirer l'extrait sucrée, qu'on réduit en consistance solide, après y avoir réuni celui qui était resté dans la pulpe, pulpe qu'à cet effet on retire de la chaudière et soumet à la presse en continuant le feu. C'est dans un four qu'on achève la dessiccation.

Tout le monde connaît les usages de la réglisse dans la toux et dans les maladies de la peau. Elle entre, comme base ou comme accessoire, dans un grand nombre de préparations pharmaceutiques. On en tire un extrait en grand, et dans le pays même, qu'on vend chez tous les droguistes sous le nom de *suc,* ou *sucre de réglisse,* et qui jouit des mêmes propriétés que la racine, mais qui est plus échauffant. Cet extrait est solide, noir et souvent âcre et amer. Il paraît qu'on n'emploie pas toujours pour le faire toutes les précautions convenables, ou que la racine, recueillie dans différens terrains, donne des résultats différens; car rarement en trouve-t-on, dans deux magasins, qui soit identique.

La culture de la réglisse, dans le climat de Paris, se réduit à quelques pieds, qu'on place dans les jardins par curiosité. Cette plante a peu d'agrémens extérieurs, et ses racines, dans ce climat, sont toujours ou âcres ou insipides. On la multiplie comme il a été dit précédemment.

La racine de cette plante, étant douce et sucrée, plaît beaucoup aux enfans, et on devrait la mettre entre les mains de ceux dont la dentition s'effectue, plutôt que ces hochets de verre ou de corail, qui ne servent, à raison de leur dureté, qu'à faire naître sur les gencives des callosités, qui rendent la sortie des dents plus difficile.

On doit à l'estimable Lasteyrie de très-bons renseignemens sur la culture de cette plante en grand.

Il y a encore une autre espèce de réglisse, la RÉGLISSE HÉRISSÉE, *Glycyrrhiza echinata*, Lin., qui diffère de la précédente par sa foliole impaire, qui est sessile, par les stipules qui accompagnent ses feuilles, et par ses légumes hérissés d'épines. Elle est originaire de l'Italie et de la Grèce. C'est l'espèce dont les anciens se servaient; aussi l'appelle-t-on quelquefois *réglisse de Dioscoride*. Ses propriétés et sa culture sont les mêmes que celles de la première; elle supporte cependant plus facilement les hivers du nord de la France : aussi se voit-elle plus fréquemment dans les jardins de Paris. (B.)

REGREFFER. C'est greffer une seconde fois un arbre. On est quelquefois forcé de recourir à cette opération, qui est la même que celle de GREFFER (*voyez* ce mot), 1°. lorsque le fruit d'un arbre est de qualité médiocre ou mauvaise; 2°. lorsqu'un pépiniériste a trompé, en donnant une qualité pour une autre qu'on ne demandait pas, ou qui devait être placée ailleurs. *Voyez* GREFFE.

On a cru anciennement, et Rozier a partagé cette opinion, que les fruits se perfectionnaient par la répétition des greffes sur elles-mêmes; mais c'est une erreur repoussée par l'observation. La greffe ne fait que conserver un fruit acquis par le semis des graines, seul moyen aujourd'hui reconnu d'obtenir des VARIÉTÉS PERMANENTES. *Voy.* ce mot et celui RACE. (B.)

REGISTRE à l'usage des cultivateurs. *Voyez* ECONOME. (B.)

RÈGUE. C'est, dans le département de la Haute-Garonne, le sillon qu'ouvre la charrue. *Voyez* LABOUR.

La RÈGUE PERDUE est un labour dans lequel les bœufs viennent toujours commencer le sillon au même bout : c'est en effet du temps précieux de perdu. (B.)

RÉGULIÈRE (FLEUR). Fleur dont toutes les parties sont d'égale grandeur et ont une disposition uniforme. *Voy.* FLEUR et PLANTE.

REIGE. On indique par ce mot, dans quelques cantons, les cultures en RANGÉES; dans d'autres, il s'applique aux FOSSÉS dans lesquels on plante la VIGNE, les ARBRES FORESTIERS, etc.; dans d'autres enfin, il est synonyme et de RIGOLE et de RAYE. (B.)

REINE-MARGUERITE. C'est l'ASTÈRE DE LA CHINE.

REINE DES PRÉS. Espèce de SPIRÉE.

REINS. MÉDECINE VÉTÉRINAIRE. Les reins sont situés à

l'extrémité du dos, entre cette partie et la croupe : c'est là que sont les vertèbres lombaires; elles jouissent d'un mouvement infiniment plus considérable et plus apparent que les vertèbres dorsales.

La longueur des reins dans le cheval doit avoir une certaine proportion; un cheval en qui cette partie est courte est plus susceptible de l'union ou de l'ensemble; il ramène plus aisément sous lui ses parties postérieures; ses mouvemens néanmoins se font sentir bien davantage au cavalier, leur réaction étant infiniment plus dure que dans l'animal dont les vertèbres auraient plus d'étendue, et qui, par cette raison, se rassemblent avec plus de peine.

On doit faire attention que la selle n'ait pas porté sur les reins et ne les ait pas offensés. On jugera, par les actions du cheval et par ses allures, de l'intégrité de ces parties : s'il sent une douleur extrême en reculant; si sa croupe se berce, si elle chancelle quand il trotte, il souffre pour l'ordinaire d'un effort, c'est-à-dire d'une extension forcée des ligamens qui servent d'attache aux vertèbres, ou d'une contraction plus ou moins violente des muscles. (*Voyez* Effort.) Quant au traitement dans le cas où cette extension a été très-forte, à peine l'animal peut-il faire quelques pas en avant; il traîne son derrière, et il est sans cesse prêt à tomber.

Il est, au surplus, des chevaux qui se bercent en trottant, sans avoir essuyé aucun effort; souvent cette allure provient d'une faiblesse naturelle, souvent aussi elle est occasionnée par un travail forcé ou prématuré; souvent encore parce que l'animal a été de trop bonne heure au service des cavales, et en général nous voyons qu'elle est assez commune dans tous les chevaux qui leur sont destinés, et qui sont occupés à les saillir. (R.)

REJET, REJETON. Ces mots sont presque synonymes et ont plusieurs acceptions en agriculture. Rigoureusement on devrait les réserver aux seules pousses des arbres ou arbustes, et des plantes vivaces qui sortent des racines et forment de nouveaux arbres; mais on les applique souvent à celles qui naissent de l'écorce des arbres étêtés, et même à toutes les pousses en général lorsqu'elles ne sont pas la continuation directe d'une tige ou d'une branche. *Voyez* Accru.

Tous les rejets se confondent avec les Bourgeons et en portent le nom la première année de leur apparition, et ce que je puis dire d'eux, sous la seconde de leurs acceptions, se trouve développé à ce mot.

Quant aux rejets véritables, c'est-à-dire provenant des racines, ils doivent être pris ici en considération particulière,

car ils sont un des moyens qu'emploie la nature pour multiplier les espèces, et même certaines espèces se propagent plus
facilement par eux que par graine. Je citerai parmi les arbres
les PEUPLIERS BLANC et GRIS, l'AYLANTHE ; parmi les arbustes
le LILAS, le ROSIER ; parmi les plantes d'ornement les ASTÈRES,
les MILLEFEUILLES, etc. , etc.

L'expérience a prouvé que les arbres provenant de rejets
s'élevaient moins haut et vivaient moins que ceux qui résul-
taient d'un semis de graines. Il est même des espèces qui, par
une longue succession de multiplications de cette sorte, perdent la faculté de produire des graines fécondes. *Voyez* aux
mots EPINE-VINETTE, JASMIN, BANANIER, etc.

Comme les arbres provenant de rejets n'ont jamais ou
presque jamais de pivot, ils sont plus sujets à donner de nouveaux rejets que ceux qui doivent l'existence à des graines ;
aussi combien de PRUNIERS, de CERISIERS (les deux arbres
fruitiers qui en donnent le plus dans cette circonstance),
n'offrent que de chétives récoltes, que des fruits insipides,
qu'une courte durée, parce qu'ils s'épuisent à produire des
rejets.

Il est donc avantageux au bien général de l'agriculture de
ne pas trop se livrer, comme l'intérêt des pépiniéristes les y
porte malheureusement, aux multiplications des arbres et arbustes par rejets.

On favorise la multiplication par rejetons, 1°. en arrachant
un arbre et en laissant l'extrémité de ses racines dans la terre ;
2°. en séparant quelques-unes de ses racines secondaires des
principales ; 3°. en blessant l'écorce de ses racines ; 4°. en mettant à l'air une portion de l'écorce de quelques racines ; 5°. en
faisant une ligature avec un fil de fer, ou en enlevant un an-
neau d'écorce à une racine. Tous ces moyens sont fréquemment
employés dans les pépinières d'arbres étrangers et réussissent
plus ou moins facilement selon l'espèce d'arbre et la nature du
terrain. Je dis la nature de la terre, parce qu'ils s'effectuent plus
facilement dans celle qui est légère et fraîche, que dans celle
qui est argileuse et sèche.

Il est des champs voisins de grandes routes plantées en
ormes ou en peupliers blancs, bordés de haies de prunelier, etc.,
dont on n'obtient presque pas de récoltes, parce que chaque
année la charrue, en blessant les racines de ces arbres, détermine la naissance d'une forêt de rejets qui étouffent les plantes
qu'on y a semées. Il est des jardins peu soignés qui présentent
le même résultat par suite de la multiplication des rejets de
pruniers, de cerisiers, etc.

L'orme, le prunier et le cerisier sont si faciles à multiplier
de graines, qu'il semble qu'on devrait repousser tous ceux qui

sont venus de rejets. Combien de pays cependant où on ne trouve que de ceux qui ont été produits par cette dernière voie! Les environs de Paris même en sont infestés.

Comme il n'arrive pas toujours qu'il y ait du chevelu à la partie de la racine d'où sort un rejet, il est prudent, si on craint son manque de reprise, de le laisser deux ans se fortifier en place. Alors, ordinairement, il pousse du chevelu du collet même de la racine, et on peut supprimer, ce qui est très-avantageux, la portion de racine qui lui a donné naissance, portion qui en pourrissant cause souvent sa perte. Dans tous les cas, cependant, il vaut mieux mettre les rejets deux ou trois ans en pépinière que d'attendre qu'ils aient grandi sur les racines de l'arbre qui leur a donné naissance, parce que les racines propres à ces rejets n'augmentent jamais, dans ce dernier cas, proportionnellement à l'accroissement de leur tige, et que leur réussite est, en conséquence, d'autant moins assurée.

Les plantes qui se multiplient par rejets ne demandent d'autres soins que d'être débarrassées de ces rejets à mesure qu'ils deviennent trop nombreux. On peut planter sans inconvénient les nouveaux pieds qui en résultent, l'hiver même qui suit leur naissance. (B.)

REJET. Un des noms de l'engin de chasse appelé RAQUETTE. (B.)

RELAISSE. On donne ce nom, dans les herbages de la ci-devant Normandie, aux herbes que les bœufs mis à l'engrais rebutent pendant l'été, et qu'on fauche pour les leur faire manger pendant l'hiver. *Voyez* HERBAGE et FOIN. (B.)

RELEVER. Mot qui a plusieurs acceptions en agriculture.

On relève un arbre qui a été abattu par le vent ou par l'action des eaux. *Voyez* VENT, ORAGE, TORRENT, DÉBORDEMENT.

Lorsque l'arbre est petit, il suffit de l'effort des bras; lorsqu'il est gros, il faut des cordes, des poulies, des moufles, etc.

Le plus souvent il faut replanter complétement les arbres abattus, quelquefois il suffit de faire une fosse sous les racines qui ont été mises hors de terre par l'effet de la chute. Dans l'un et l'autre cas, on doit, si c'est en été sur-tout, couper une partie de leurs branches, décharger sa tête, pour me servir de l'expression consacrée, afin qu'il y ait continuité de rapports entre les racines et elles.

On lève le plant du lieu de son semis pour le planter en rigoles. On relève ce plant mis en rigoles pour le planter en lignes à 20 ou 25 pouces d'écartement. On relève ce plant mis en lignes pour le planter définitivement, c'est-à-dire au lieu où il doit toujours rester. *Voyez* PLANTATION. (B.)

RELEVER (LE). Opération qui s'exécute dans le vignoble de Metz, et qui consiste à relever le bourgeon qui doit être courbé l'année suivante, devenir un MARIEN, comme disent les vignerons, et l'attacher contre l'échalas, enfin le défendre contre la violence des vents. (B.)

RELIER UN TONNEAU. *Voyez* TONNEAU.

REMANANS. Brindilles, rognures des bois qui restent dans les ventes après leur exploitation : on en fait des cendres. *Voyez* POTASSE. (B.)

REMISE. Petit bois planté au milieu des plaines pour servir de retraite au gibier. Il doit être composé principalement d'arbrisseaux, afin qu'il soit touffu.

On coupe les remises tous les six à huit ans pour faire du fagotage.

Les remises, si communes avant la révolution, sont fort rares aujourd'hui, et il est à désirer qu'elles ne se replantent pas, car leur voisinage était un fléau pour les cultivateurs. (B.)

REMONTER LA TERRE. On emploie cette expression à Montreuil, comme synonyme de biner, et en effet lorsqu'on bine le pied des arbres après que la terre a été tassée par les pluies et le piétinement des ouvriers employés à la taille, à l'ébourgeonnement et autres opérations de ce genre, on la relève ou remonte. *Voyez* BINAGE.

On remonte la terre des vignes dans les vignobles lorsqu'elle s'est accumulée, par l'effet des labours et des pluies, au bas des coteaux. C'est une opération fort coûteuse, mais qu'on ne peut se dispenser d'exécuter lorsqu'on veut que le haut des vignes soit productif. On peut de deux manières en diminuer la dépense : la première, en creusant des fossés de distance en distance dans la pente, fossés où la terre se dépose, et où on la prend pour la remonter ; la seconde, de planter des haies transversales, qui arrêtent également la terre, haies qui se tiennent très-basses pour ne pas nuire aux ceps. *Voyez* FOSSÉ et HAIE. (B.)

REMPLACEMENT. Opération qui ne se pratique guère qu'à Montreuil, mais qui est très-avantageuse au pêcher, dont elle assure les productions d'une manière régulière. *Voyez* PÊCHER et TAILLE.

Presque par-tout les jardiniers taillent très-long les branches à fruits, dans l'intention d'avoir beaucoup de pêches, et en effet ils en ont beaucoup la première année ; mais comme dans cet arbre les branches qui ont donné du fruit n'en donnent plus, elles se dégarnissent la seconde, et périssent le plus souvent la troisième. A Montreuil, on taille court les mêmes branches ; on n'y laisse qu'un ou deux boutons à bois, ceux qui sont les plus près de leur base. Ces boutons poussent des bourgeons qui seront des branches à fruits l'année suivante. Le remplacement consiste à ravaler immédiatement après la cueille des fruits les branches à bois sur ces bourgeons, afin de favoriser leur développement. L'année suivante, ils sont taillés selon les règles.

Il fallait toute l'application qu'apportent les cultivateurs de Montreuil à l'étude du pêcher pour deviner les avantages de cette opération, également appuyée sur la théorie et la pratique, et qui leur procure des bénéfices si considérables. (B.)

REMPOTAGE. Toute plante resserrée dans un pot consomme rapidement les principes nutritifs de la terre dans laquelle elle est plantée, sur-tout si cette terre n'est pas surchargée de ces principes; il faut donc lui en donner de la nouvelle lorsqu'elle en a besoin. *Voyez* TERRE.

On reconnaît qu'une plante en pot souffre par défaut de nourriture lorsqu'elle jaunit, lorsque ses pousses sont faibles, que ses fleurs avortent, que ses fruits n'arrivent pas à maturité.

Il est des plantes qui exigent moins que d'autres d'être changées de terre : ce sont principalement celles dont les feuilles sont épaisses et qui vivent plus en absorbant les principes de l'air que ceux de la terre. Dumont Courset observe que la fumeterre jaune peut rester vingt ans dans la même place sans inconvéniens.

L'époque du rempotage varie à raison de la nature et de la grandeur de la plante, à raison de la grandeur du pot et de la qualité de la terre. La combinaison de ces diverses circonstances fait qu'il serait fort difficile, dans un jardin de botanique ou dans une grande pépinière, de faire des rempotages partiels; aussi a-t-on trouvé plus court d'en faire un seul, mais général, tous les ans, ordinairement au commencement de l'automne, quelquefois au commencement du printemps, sans préjudice cependant de ceux qu'on est déterminé de faire, par des motifs particuliers, dans le cours de l'année. Je dis au commencement de l'automne ou au commencement du printemps, parce que l'instant où la sève est tombée est le plus favorable au succès de l'opération; car quoiqu'on laisse toujours ou presque toujours de l'ancienne terre autour des racines, le rempotage est une véritable TRANSPLANTATION. *Voyez* ce mot.

Dumont Courset a observé que lorsqu'on mettait dans un plus grand pot un arbuste dont toutes les racines étaient contournées, ces racines périssaient l'année suivante, et que l'arbuste languissait jusqu'à ce qu'il en eût fait d'autres, et qu'il périssait même souvent. *Voyez* RACINE.

Les rempotages se font ordinairement sur une table à hauteur d'appui, pour les rendre moins fatigans et plus aisés aux ouvriers qui y sont employés. Un gros tas de terre, soit naturelle, soit mélangée, conformément aux indications que fournissent les plantes (indications qui seront mentionnées aux articles de chacune), est placé au milieu de cette table. Cette terre est passée à la claie, à demi sèche et pulvérulente. Sur un des bouts sont des pots préparés.

On appelle pots préparés des pots au fond desquels on a mis un tesson, une poignée de sable, et qu'on a remplis à moitié de terre : le tesson, pour boucher le trou et retarder l'écoulement de l'eau des arrosages; le sable, pour que l'eau circule plus facilement; la terre, pour que la besogne des rempoteurs aille plus vite.

Trois personnes doivent travailler simultanément, et ce par les mêmes motifs; savoir, une qui ôte les plantes des vieux pots, et enlève la portion de terre convenable; une qui met ces plantes dans les nouveaux pots, en ôte les rejetons, en dispose les branches; une qui enlève les pots vides, ceux nouvellement garnis, et en apporte d'autres à mesure du besoin.

Pour procéder au rempotage, il faut donner, une ou deux heures avant, un léger arrosement aux plantes, afin que la terre ne s'émiette pas lorsqu'on les dépotera; ensuite, tenant le pot de la main gauche, tâcher de tirer à soi la terre en tirant la tige de la plante. Lorsque cela ne réussit pas, on renverse le pot, on soutient la terre de la main droite en faisant passer la tige de la plante entre les doigts, et on frappe quelques légers coups du bord du pot contre celui de la table. Ordinairement la terre cède à cette percussion. Si elle ne cédait pas, il n'y aurait plus qu'à tenter de la cerner avec un couteau, ou se résoudre à casser le pot.

La motte séparée, on en enlève avec précaution une partie de la terre, soit avec les doigts s'il ne paraît pas de racines, soit avec la lame d'un couteau, si elle en est entremêlée. C'est presque toujours la moitié, plus rarement le tiers, encore plus rarement le quart de la terre qu'on enlève ainsi. C'est à l'opérateur à se décider, selon l'importance de la plante, son plus ou moins de vigueur, etc. Je dis l'importance, parce que souvent on économise la terre et la place en mettant des plantes communes dans des pots plus petits que leur grandeur ne le demande, et que celles qui sont rares ne sont pas soumises à ce calcul. Il faut se conduire d'après les mêmes bases pour le choix des pots, qui seront plus grands non-seulement pour les plus grandes plantes, mais encore pour les plus précieuses.

Très-souvent les plantes vigoureuses tapissent de leur chevelu la totalité de la surface du pot en se contournant de mille manières. Il ne faut jamais craindre de couper le chevelu ainsi contourné, comme je l'ai déjà observé plus haut, parce qu'il nuirait dans un pot plus grand à l'accroissement de la plante. Dans tout autre cas, on en coupe plus ou moins, selon la vigueur ou l'importance de la plante. Je ne puis donner de règles générales à cet égard, parce que réellement elle change pour chaque pied et chaque année. *Voyez* RENCAISSEMENT et ORANGER.

Quelquefois, lorsque le tesson mis sur le trou du pot a été dérangé, une racine est passée par ce trou, il faut la couper sans miséricorde, à 2 pouces au-dessus de ce trou. Au reste, ce cas n'arrive qu'aux pots qu'on a enterrés pour être dispensé de les arroser aussi fréquemment.

La terre dont on a rempli le pot où on vient de placer une plante, doit être d'abord tassée en donnant quelques coups du cul de ce pot sur la table : c'est pourquoi j'ai dit, au commencement de cet article, qu'elle devait être à moitié sèche et pulvérulente. Ensuite on la comprime légèrement avec les pouces et le dos de la main. Pour faire tout cela vite et bien, il faut de l'usage. Une heure de travail en apprendra plus que des volumes de préceptes.

Les plantes rempotées doivent être arrosées, mais toujours légèrement; car alors leurs racines mutilées et non en action végétante sont plus disposées à la pourriture. Après l'arrosement, la précaution la plus importante à prendre c'est de les tenir à l'ombre et à l'abri de tout courant d'air : par exemple, contre un mur au nord, dans une orangerie. Il faut avoir pratiqué pour se faire une idée de l'influence que le manque de ces soins a sur la végétation des plantes conservées en pot. Souvent un pied qu'on a laissé se faner, par oubli, pendant seulement vingt-quatre heures, s'en ressent pendant tout le reste de sa vie. *Voyez* ARROSEMENT.

Lorsque la terre que contient les pots est trop forte; lorsque le tuileau qui bouche le trou de ces pots est trop exactement appliqué dessus; lorsque ces pots reposent sur une terre argileuse, etc., les eaux des pluies et des arrosemens séjournent trop long-temps sur ou dans cette terre, et les plantes qu'elle doit nourrir, lorsqu'elles sont délicates, sont exposées à périr; il faut ou renverser les pots, ou soulever le tuileau, ou changer de place les pots.

Ordinairement les plantes rempotées, lorsque l'opération a été faite en temps convenable et conformément aux indications ci-dessus, sont parfaitement rétablies au bout de six ou huit jours. Alors on peut les remettre sans aucun inconvénient dans la place où elles se trouvaient.

Il est bon de profiter du moment du rempotage pour décharger les arbustes du bois mort, des gourmands, des feuilles sèches, etc., pour leur donner de nouveaux tuteurs ou réparer les anciens. J'ai dit plus haut que c'était aussi alors qu'on séparait les rejetons; j'ajouterai qu'on divise les bulbes, les tubercules, les touffes, qu'on lève les marcottes, qu'on en fait de nouvelles, etc. (Th.)

REMUETTE. On appelle ainsi le premier labour des jachères dans quelques lieux. (B.)

RENARD. Animal du genre des chiens, dont les cultivateurs ont trop à se plaindre pour que je ne doive pas lui consacrer un article de quelque étendue.

« Le renard, dit Buffon, est fameux par ses ruses, et mérite en partie sa réputation; ce que le loup ne fait que par la force, il le fait par adresse, et réussit plus souvent. Sans chercher à combattre les chiens et les bergers, sans attaquer les troupeaux, sans traîner les cadavres, il est plus sûr de vivre. Il emploie plus d'esprit que de mouvement; ses ressources semblent être en lui-même; ce sont, comme on sait, celles qui manquent le moins. Fin autant que circonspect, ingénieux, et prudent même jusqu'à la patience, il varie sa conduite; il a des moyens de réserve qu'il sait n'employer qu'à propos. Il veille de près à sa conservation : quoique aussi infatigable et même plus léger que le loup, il ne se fie pas entièrement à la vitesse de sa course; il sait se mettre en sûreté en se pratiquant un asile, où il se retire dans les dangers pressans, où il s'établit, où il élève ses petits. Il n'est point animal vagabond, mais animal domicilié. »

La longueur du renard est généralement de 2 pieds, et sa hauteur moyenne d'un pied. De longs poils d'un fauve foncé le couvrent, excepté autour des lèvres, sur les pieds et au bout de la queue, où il y a du blanc; au bout des oreilles et sur les pattes de devant, où il y a du noir, et sous le ventre, qui est gris.

Cinq à huit petits sont le nombre que font les renards à chaque portée, et il y a quelquefois deux portées par an. La gestation dure deux mois; ils sont deux ans à croître, vivent, selon Buffon, environ quatorze ans.

Les terriers des renards sont autant que possible creusés entre des rochers, sous des racines de gros arbres. Ils ont toujours plusieurs issues fort éloignées les unes des autres. C'est là qu'ils se retirent souvent pendant le jour, et toujours au moment du danger, et qu'ils font leurs petits; mais il n'est pas vrai qu'ils y déposent le produit de leur chasse, c'est sous des feuilles sèches, dans le sable, qu'ils le mettent en sûreté.

Tous les animaux plus faibles que le renard peuvent devenir sa proie. Il les approche en rampant, et saute dessus d'une assez grande distance; quelquefois cependant plusieurs se réunissent, et un ou deux poursuivent les lièvres en donnant de la voix, tandis que les autres les attendent au passage. J'ai eu occasion de tuer des renards ainsi chassant le lièvre, en me dirigeant sur leur voix et sur les allures du lièvre. Les amateurs de la chasse n'ont pas de plus grand ennemi, car la destruction qu'il fait des lièvres, des lapins, des perdrix, des faisans, sur-tout au printemps, est immense. Les cultivateurs voisins des bois le redoutent beaucoup, parce qu'il fait une guerre perpétuelle à leurs poules, à leurs dindes, à leurs oies, à leurs canards, et quelques-unes de ces volailles deviennent toujours de temps en temps sa proie , tant il sait opposer de patience et de ruse à la surveillance la plus active. Il mange aussi le miel de leurs ruches pendant l'hiver, et les raisins de leurs vignes dès qu'ils commencent à mûrir. Aussi, quoiqu'il rende des services à la société en détruisant les fouines, les belettes, les taupes, les mulots, les campagnols, les hannetons, les sauterelles, les guêpes et autres insectes, tout le monde se réunit pour désirer sa destruction.

On a indiqué de frotter de goudron le cou des volailles pour les mettre à l'abri de la voracité des renards, et je ne fais pas de doute de l'efficacité de ce moyen, non par suite de l'horreur que les renards ont pour l'odeur de cette substance, mais par la défiance que leur inspire tout objet auquel ils ne sont pas accoutumés.

On tue les renards à l'affût, en faisant crier une poule ou une oie; on les chasse aux chiens courans; on les force dans leur terrier au moyen de bassets à jambes torses, et en fouillant ce terrier, opération qui n'est pas toujours facile : ou bien on les enfume avec du soufre, après avoir bouché toutes les issues du terrier autres que celle sur laquelle on opère, et le lendemain on le fouille.

Différens piéges s'emploient pour la chasse du renard. Des lacets de fil de laiton ou des assommoirs, qu'on place à l'entrée de leurs terriers, ou dans les lieux où on sait qu'ils passent habituellement, remplissent quelquefois le but, mais ne valent pas ce qu'on appelle *traque-renard*. Il y en a de deux sortes : l'une qui se détend lorsque l'animal marche sur une planchette de fer, l'autre lorsqu'il tire un appât attaché à une ficelle. Je ne donnerai pas la description de ces deux sortes de piéges, parce que les cultivateurs ne peuvent pas les construire eux-mêmes avec économie, et qu'on les trouve tout faits dans les villes. Au reste, les moyens si variés dont on fait usage pour prendre le loup peuvent s'appliquer au renard; ce qui fait que je puis me dispenser de m'étendre sur cet objet. *Voyez* Loup.

La peau du renard tué pendant l'hiver devient une fourrure

d'une certaine valeur ; ce qui doit engager à lui faire la chasse spécialement dans cette saison. (B.)

RENARD. On donne ce nom à un POUDING ferrugino-quartzeux, qui se forme au-dessous de la surface des champs, aux environs de Lamballe, et qui apporte beaucoup d'obstacles à la culture. (B.)

RENCAISSAGE. Opération par laquelle on ôte une plante d'une caisse, soit pour la mettre dans la même avec de la nouvelle terre ; soit pour la mettre dans une plus grande.

Les principes d'après lesquels on fait les rencaissages ne diffèrent pas de ceux qui déterminent les rempotages, et lorsque les caisses sont petites, les procédés à suivre sont les mêmes. Ainsi, pour éviter des redites qui ne mèneraient à rien, je renvoie aux articles REMPOTAGE, CAISSE et ORAN-GER. A ce dernier mot, on trouvera l'exposé de la pratique des rencaissages et des demi-rencaissages dans les grandes caisses. (B.)

RENONCULE, RANONCULE, *Ranunculus asiaticus*, de Linnæus, qui la classe dans sa polyandrie polygynie. Elle est de la famille des renonculacées.

Les racines de cette plante, au moment où la végétation est arrêtée, sont de petits corps ovales, droits ou un peu recourbés, qui se terminent en pointe à une extrémité, et qui diminuent également de l'autre, où elles sont adhérentes à un petit tronc ; elles n'ont que 4 à 6 lignes de longueur. Leur couleur approche de celle de la feuille morte. Elles contiennent une matière farineuse, qui, au moment de la végétation, se mêle au suc séveux et forme un lait épais. Le tronc où elles sont réunies est de la même matière, fort court, ayant à la partie supérieure un, deux ou trois yeux, suivant le nombre des racines. Ces yeux sont recouverts par un poil grisâtre. On a nommé l'ensemble griffe, de la forme de ses racines un peu recourbées et terminées en pointe.

Quand la plante commence à végéter, il part de la partie qui environne les yeux plusieurs filets blancs fort minces, qui, dans leur plus grande longueur, ont 6 pouces, et ordinairement 4 à 5. Ces filets sont d'égale grosseur jusqu'à ce qu'ils aient pris leur accroissement ; mais ils grossissent dans la partie adhérente au tronc, et forment une ou plusieurs griffes : une, si l'ancienne n'avait qu'un œil, ou si les nouvelles racines n'ont fait qu'environner tous les yeux en masse ; plusieurs, si chaque œil a été entouré de racines dans toute sa circonférence.

Il sort de chaque œil trois tuniques blanches, dont la première est fort petite, la seconde un peu plus longue, et la troisième s'élève jusqu'au niveau de la terre. Ces tuniques embrassent la moitié et quelquefois les deux tiers de la tige. Elles sont de la même matière que les pédicules des feuilles, et sont destinées par la nature à faciliter et à protéger leur sortie de terre. Les feuilles partent également du tronc; elles sont une à deux fois ternées, à folioles trifides, incisées et glabres. Il sort du centre une et quelquefois deux tiges, depuis 6 jusqu'à 18 pouces de hauteur, qui portent à leur extrémité une fleur. Cette tige a souvent une feuille au tiers ou à la moitié de sa hauteur, de l'aisselle de laquelle il sort une branche, qui fournit également une fleur à son extrémité. Souvent ces tiges se subdivisent encore, et donnent d'autres fleurs un peu plus tardives que les premières.

Quand l'ancienne griffe a rempli le but de sa destination, elle se dessèche et périt. En levant les nouvelles griffes avec précaution, on la retrouve au-dessous. Sa couleur très-foncée la fait facilemeut reconnaître. Il en résulte que la plante s'élève tous les ans de l'épaisseur de la griffe.

Les détails sur la fleur sont indiqués plus haut en détaillant les caractères distinctifs.

Je ne me suis autant étendu sur les racines de cette plante généralement connue et cultivée, que parce que les auteurs qui en font mention ne décrivent que la griffe toute formée, et nullement dans son état de végétation.

En la considérant sous ce rapport, on voit que la griffe, une fois formée, est annuelle, puisqu'elle périt tous les ans. Mais dans l'état de nature et dans nos jardins, quand on l'obtient de semence, il lui faut deux ans pour se former et prendre son accroissement; et ce n'est qu'après ce temps que sa végétation prend une marche nouvelle et produit de nouvelles griffes.

Ainsi livrée à elle-même, elle ne doit subsister que deux ans, parce que la semence, n'étant que légèrement recouverte, ne peut former de nouvelles griffes au-dessus de l'ancienne, à moins que quelque événement accidentel ne la recharge de terre. Mais dans nos jardins, où on la relève tous les ans pour la remettre à la profondeur nécessaire, quoique la griffe soit annuelle, elle peut, par ses nouvelles productions, être conservée très-long-temps, au moyen d'une terre et d'une nourriture convenable, jusqu'au moment où la température ou ses ennemis la détruisent.

Les premières renoncules cultivées en France sont venues de Mauritanie, et sont connues par les fleuristes sous le nom de *renoncules pivoines* ou *péones*. Les secondes sont d'Asie, d'où elles ont été apportées en Grèce, cultivées avec soin à Constantinople; elles se sont répandues ensuite dans le reste de l'Europe. On les a distinguées, dans le principe, par le nom de

semi-doubles, parce que les semi-doubles étaient très-recherchées; ensuite, quand, par les semis, on a obtenu de belles plantes
doubles, on les a nommées simplement *renoncules*. La couleur
primitive de celles d'Afrique est rouge ; celles d'Asie paraissent avoir réuni deux couleurs, le jaune et le rouge , mais sur
des plantes séparées.

Les amateurs de cette plante ne seront pas fâchés de connaître l'époque peu éloignée où la renoncule d'Asie a fixé les
yeux des fleuristes et est devenue un des plus beaux ornemens
de nos parterres. Voici ce qu'en dit le P. Arsenne dans son
Traité des renoncules.

« La première époque marquée de la gloire des renoncules
est celle du règne de Mahomet IV. Cara-Mustapha, son visir,
connu par le siége de Vienne en 1662, fit préférer l'amour
des fleurs à celui de la chasse. Le souverain, devenu fleuriste,
obtint bientôt de Candie, de Chypre, de Rhodes et de Damas tout ce que ces pays possédaient de curieux et de singulier en ce genre. Les bostangis , connaissant le goût du
sultan, multiplièrent leurs soins, et les jardins du sérail ren-
fermèrent les plus belles fleurs pendant long-temps et exclusivement; mais la soif de l'or tenta les bostangis. Ils se lais-
sèrent séduire par les ambassadeurs, qui envoyèrent des griffes
de renoncule à leur cour, et par plusieurs riches négocians, qui
en envoyèrent à leurs amis. Marseille en devint le premier
dépôt, et M. de Malcaval s'attacha à leur culture. C'est ainsi
que les renoncules ont voyagé de proche en proche , et les
amateurs en ont multiplié, par les semis, les variétés à l'infini.
Le patient et laborieux Hollandais en a fait une branche de
commerce ainsi que des autres fleurs.

» Ce n'est pas que le sol de la Hollande soit très-propre
à la culture des renoncules, et qu'elles y viennent aussi bien
qu'en France ; mais la réputation des Hollandais pour leurs
belles jacinthes et leurs bénéfices sur cette fleur les ayant déterminés au commerce des autres fleurs, par les demandes
qui leur étaient faites, ils tirèrent des plantes de toute l'Europe pour en fournir également toute l'Europe. Leur climat
était trop froid pour pouvoir planter leurs renoncules dans la
saison propre à cette plante et en avoir de belles; mais les
Normands, mieux situés, ayant réussi à varier les nuances
sombres de la renoncule, et les Flamands les claires, les Hollandais en tirèrent de ces deux provinces pour en approvisionner l'Europe. »

Des variétés de renoncules. J'ai déjà observé que nos renoncules avaient été tirées d'Asie et d'Afrique. Ces dernières
étaient probablement déjà doubles quand elles nous sont parvenues, de manière que les variétés n'en ont pas augmenté en

Europe, et se réduisent à quatre ; la pivoine, ou péone rouge, ou rouma ; la pivoine jaune jonquille, ou séraphique d'Alger ; la pivoine orange, ou souci doré, ou merveilleuse ; la pivoine rouge, panachée de beau jaune, ou turban doré. Les autres variétés connues sous le nom de *pivoine*, et improprement appelées *péones*, ne sont que des variétés de la renoncule asiatique, telles que la blanche nompareille, la blanche de Culbur, le muphti, le féricus à flamme, l'orangère, etc. Ce sont des variétés trouvées dans les premiers semis à l'époque où on faisait peu de cas des doubles, et où ne recherchait que les semi-doubles. Leur beauté les fit conserver, et on les classa parmi les pivoines ; mais quelque pleines qu'elles fussent, leur forme fut toujours celle des renoncules asiatiques, au lieu que les fleurs doubles des pivoines se distinguent par leur volume, leur forme rapprochée de la conique et leurs doubles boutons, qui s'élèvent du centre de la fleur sur un pédicule d'un demi-pouce ou d'un pouce, et qui s'épanouissent avec les mêmes couleurs que celles de la fleur. Leurs feuilles en trèfle, et rares, présentent également des différences. Ce qui les a fait confondre, c'est que dans les climats où on est dans l'usage de ne les planter qu'au printemps, elles ne prennent pas assez de nourriture pour fournir des fleurs très-fortes : alors elles ont rarement le double bouton, et leur forme est la même que la renoncule d'Asie ; et comme le feuillage de cette dernière varie beaucoup, on n'aura pas fait attention à ces différences dans un temps où l'on écrivait peu, où l'on observait encore moins.

Comme cette espèce nous est venue en fleurs doubles et qu'on n'a pas jugé à propos d'en rechercher le type, on n'a pu la faire varier par les semis. J'en ai semé deux fois ; car elle devient quelquefois semi-double par dégénérescence, et rien n'a levé. J'en ai été d'autant plus fâché, que cette plante, plus ancienne et plus naturalisée dans nos climats, craint moins le froid, peut se planter avant l'hiver et est plus prime. Ses qualités et le volume de sa fleur l'eussent mise à même de soutenir la concurrence avec la renoncule asiatique, si on avait pu la varier comme la dernière par les semences.

Les amateurs divisent les renoncules asiatiques en simples, semi-doubles et doubles. Les simples sont celles qui n'ont que cinq pétales, et ne diffèrent des renoncules dans l'état de nature que par la largeur et les nuances variées de leurs pétales. Les fleuristes n'en font aucun cas.

Les semi-doubles sont celles qui réunissent un plus grand nombre de pétales, en conservant tous les signes de la fécondation. Elles ont fait long-temps les délices des fleuristes. Leur vigueur, leur élévation et la vivacité de leurs nuances, les faisaient rechercher ; et les belles renoncules asiatiques n'étaient connues que sous le nom de *semi-doubles,* qu'elles conservent encore dans plusieurs départemens ; mais comme les fleuristes s'aperçurent qu'elles dégénéraient après trois ou quatre fleuraisons , ils ne les mettaient point en ordre, et les laissaient en mélange , sans autre dénomination que celle de semidoubles ; et ils faisaient tous les ans de nouveaux semis pour remplacer les anciennes.

Les doubles sont celles qui n'ont ni pistil ni étamines, mais dont les pétales remplissent le centre de la fleur. Elles ont , il est vrai, quelquefois un bouton au centre, qui semblerait annoncer qu'elles pourraient être fécondées et produire des graines; mais ces apparences de fécondité sont trompeuses et ne donnent aucun résultat. Comme le bouton est noir, les amateurs ont nommé ces fleurs *gueule noire.* Ces fleurs doubles sont divisées par espèces jardinières, comme les jacinthes, les anémones et les tulipes; leurs couleurs, auxquelles il ne manque que le bleu de ciel pour les réunir toutes, et leurs formes, ainsi que leur feuillage, servent à les distinguer. La position des couleurs y varie tellement que deux renoncules avec les mêmes nuances sont cependant très-différentes ; les unes n'ont qu'une couleur pure, les autres ont le fond piqueté d'une autre couleur ; d'autres sont panachées , d'autres ont le cœur d'une couleur et sont bordées d'une autre. Il semble que la nature se soit plue à orner cette belle fleur de toutes les manières pour fixer l'attention du jardinier; aussi est-elle mise au rang des six fleurs qui occupent spécialement les fleuristes, et quoiqu'elle soit privée du doux parfum de la jacinthe, qu'elle ne dure pas aussi long-temps que l'anémone, qui, lorsqu'elle est plantée de bonne heure, offre une succession non interrompue de fleurs pendant deux ou même trois mois lorsque la saison est favorable, et qu'elle n'ait pas l'éclat de la tulipe, dont les riches couleurs sont bien plus distinctes sur leurs larges pétales qui les réfléchissent mieux, la renoncule est aussi recherchée que ces fleurs et elle est souvent préférée. L'œil se repose avec plaisir sur les plates - bandes et les corbeilles remplies de renoncules , et elles partagent avec l'anémone l'avantage de doubler les jouissances de l'amateur, en lui permettant d'en couper et d'en distribuer à ses amis sans nuire à la beauté de sa planche.

Ici, je crois entendre les clameurs de tous ces fleuristes égoïstes qui font consister leur bonheur dans des jouissances privatives, et qui non-seulement ne couperaient pas une fleur de leur parterre , mais même qui feraient l'acquisition de toutes les belles plantes qui se trouvent dans les autres jardins, quoiqu'ils les eussent déjà, s'ils en avaient les moyens et qu'on y consentît, non pour multiplier leurs jouissances par une plus grande quantité de plantes, mais pour être les seuls à les posséder. Semblables à ces vils despotes de l'Asie dont la grandeur n'est que fictive et ne consiste que dans l'avilissement des esclaves qui les environnent, leur principale jouissance est de pouvoir se dire : Je suis le seul heureux, parce que je suis le seul qui possède ces trésors. Ainsi les Gengis-Kan, les Tamerlan, les Aureng-zeb, et tous ces autres brigands qui ont ravagé la terre et fait le malheur de leurs contemporains, croyaient être au comble du bonheur, parce qu'ils étaient seuls grands, puissans, et que tout tremblait à leur aspect. Insensés, qui ne savaient pas que le bonheur n'est rien s'il n'est partagé, et que les jouissances qu'on procure aux autres doublent les nôtres! Oui, je le soutiendrai, parce que j'en ai fait l'expérience pendant vingt-cinq ans, un des grands avantages que la renoncule procure à l'amateur sensé, est de pouvoir en donner sans gâter ses planches, et de voir, au moment de sa distribution, le plaisir peint sur tous les visages qui l'entourent. La tulipe et la jacinthe, n'ayant qu'une fleur sur chaque pied, ne permettent pas d'en couper sans nuire au coup d'œil des planches d'ordre ; et cet inconvénient m'en aurait dégoûté, si mes oignons s'étant multipliés ne m'avaient pas mis à même de faire des planches à part, où mon épouse et moi nous trouvions les moyens de faire des heureux sans toucher à la planche d'ordre.

Les amateurs recherchent une renoncule quand la tige est forte et soutient bien les fleurs, lorsque ces dernières ont un grand nombre de pétales larges, épaisses, arrondies comme celles de la rose, avec laquelle une belle renoncule a beaucoup de rapports pour la forme quand la rose est bien pleine et très-ouverte. Ils exigent en outre que les couleurs soient nettes, vives, et que si la fleur en réunit plusieurs, elles tranchent bien avec le fond. Si une renoncule réunit à ces qualités un joli feuillage bien découpé et d'un beau vert, elle est parfaite. Ils n'insistent pas sur la hauteur de la tige, parce qu'ils veulent que leurs fleurs soient d'inégale hauteur, afin que, leurs plantes étant plates, les fleurs fassent le dos d'âne. Quant aux couleurs, ils recherchaient et recherchent encore les couleurs les plus foncées, et une renoncule noire est une merveille à leurs yeux. Ils ont eu lieu d'être satisfaits en ce genre, car il en existe une ou deux noires comme l'encre quand elles commencent à s'épanouir ; mais malheureusement leurs pétales sont trop minces pour absorber tous les rayons solaires, et quand les pétales se développent la couleur s'éclaircit. La manie des couleurs foncées était telle il y a vingt ans en Normandie, que j'ai vu des planches qui ressemblaient à des draps mortuaires. Ce goût n'a jamais été le mien ; j'ai toujours mêlé les couleurs gaies à ces couleurs sombres ; et en réunissant aux plantes normandes les belles fleurs flamandes, les candiotes et celles que je me suis procurées par les semis, j'ai trouvé que les planches avaient plus d'éclat et produisaient plus d'effet sur toutes les personnes qui les ont visitées ; enfin une renoncule verte et une bleue sont maintenant le sujet des recherches des amateurs. J'ai déjà trouvé une verte, il ne s'agit plus que d'avoir une bleue.

Culture des renoncules. La culture de la renoncule présente peu de difficultés, et je partage l'opinion de M. Rozier dans ses observations ci-après, auxquelles il y a peu de choses à ajouter.

« La plupart des fleuristes attachent une grande importance à la composition de la terre destinée aux renoncules, et chacun fait une recette particulière, qu'il dit être supérieure à toutes les recettes connues ; mais sans s'amuser à ces combinaisons longues, coûteuses, et pas meilleures les unes que les autres, la base fondamentale se réduit à ceci : ayez une terre très-légère et très-substantielle, et vous aurez celle qui convient aux renoncules. »

Ce premier précepte a besoin d'explication. La renoncule a sans doute besoin d'une terre assez légère pour que ses racines, qui ne sont au moment où la végétation commence que des filets fort délicats, puissent y pénétrer ; mais cette plante aime un peu l'humidité et ne s'accommode pas des arrosemens qui buttent la terre, renversent son feuillage, qui se colle contre la terre et souvent en est couverte ; ce qui nuit à sa végétation. Il faut donc rendre la terre plus ou moins compacte, suivant le climat et la situation des lieux qu'on habite, de manière qu'elle soit plus légère dans les terrains humides où les pluies sont abondantes, et plus compacte dans les climats secs et chauds.

« La meilleure pour base est celle d'un jardin potager cultivé et même bien cultivé depuis longues années ; comme chaque fois que l'on refait une planche on l'enrichit de fumier, cette terre devient à la longue une espèce de terreau. Si à cette base on ajoute, en quantité proportionnée, le terreau qu'on tire des couches ruinées, on l'enrichira encore ; mais comme le fumier et conséquemment les couches sont très-rares en province, on peut se procurer, avec un lit de fumier, un lit de feuilles d'arbres et d'herbages quelconques, et un lit de cette terre, un terreau très-bon. Avant de l'employer, tout doit être parfaitement consommé : si on l'arrose une ou deux fois avec du jus de fumier, il deviendra encore plus actif.

» Il convient de tenir cette préparation à l'abri de la pluie, mais non pas du grand air ni du soleil , parce que l'une et l'autre la bonifient. La crainte des pluies ne peut avoir lieu que dans les pays où elles seraient très-abondantes et où elles tomberaient en torrent comme celles d'orage. Ailleurs il est utile d'exposer les tas à la pluie , parce qu'on ne craint pas qu'elle délave la composition et entraîne avec elle les sucs nutritifs. Les observations suivantes en sont la preuve ; mais comme les corps ne se dissolvent, ne se combinent et ne se recomposent que par la fermentation, et qu'il n'y a point de fermentation sans humidité, il faut humecter le tas lorsqu'on s'aperçoit qu'il se dessèche. Humecter n'est pas le noyer d'eau, sa quantité s'opposerait à sa fermentation. Cette remarque est essentielle : il vaut mieux y revenir à plusieurs fois, sur-tout pendant l'été , époque à laquelle la chaleur unie à l'humidité accélère la décomposition des corps. J'ai dit que les feuilles peuvent suppléer le défaut des couches ; mais toutes les feuilles n'ont pas la même propriété , au moins pour les renoncules. J'avais fait rassembler et pourrir beaucoup de feuilles de noyer, je mêlai leur résidu avec ma terre, et presque toutes mes renoncules périrent ; une partie échappa dans la terre où le mélange avait été peu considérable. Je crois que les feuilles de chêne et de châtaignier ne vaudraient pas mieux, à cause de leur astriction ; cependant mon expérience m'a prouvé qu'on pouvait se servir des feuilles parmi lesquelles il s'en trouvait d'une ou deux de ces espèces, pourvu qu'elles y fussent en petite quantité. Je fais cette remarque, parce qu'il est difficile d'en ramasser dans les bois sans mélange. Le point essentiel, le point unique est de concentrer dans la terre qu'on destine à la culture des renoncules une grande quantité d'humus ou terre végétale, ou terre soluble dans l'eau, parce que c'est la seule qui entre dans la composition des plantes et forme leur charpente. Les animaux et les végétaux, par leur destruction, sont les seuls qui produisent cet humus, base fondamentale et unique de toute végétation. Si on peut se procurer une quantité suffisante de bois pourri et réduit presqu'en poussière, de ce terreau qu'on trouve dans les troncs d'arbres , ce mélange sera excellent avec la terre de jardin. La tourbe décomposée est encore très-bonne, et c'est à la grande quantité que les Hollandais ont la facilité de s'en procurer, qu'ils doivent le perfectionnement de toutes espèces de fleurs, parce que cette tourbe devient une espèce de terreau. (Sans déprécier les propriétés de la tourbe, j'ai peine à croire que ce soit à elle que les Hollandais doivent le perfectionnement de leurs fleurs, puisqu'il ne m'a pas paru pendant mon voyage en Hollande, pas plus que dans leurs écrits, qu'ils s'en servaient pour leurs belles fleurs, et que la renoncule n'y réussit pas aussi bien qu'en France. *Voyez* leur culture au mot JACINTHE.)

» Lorsqu'après un certain laps de temps on juge que les substances végétales et animales du monceau ont été complétement décomposées par la fermentation, on passe le tout au crible à mailles larges, et on l'amoncelle de nouveau jusqu'au moment où la saison invitera à planter les renoncules. Par cette opération, la terre des jardins est mélangée avec les débris végétaux et animaux, et par le nouvel amoncellement chaque partie s'assimile avec sa voisine, et devient une masse de terre analogue. Le moment de planter ou de semer étant venu, on repasse la totalité par un crible à mailles très-serrées, afin qu'il ne reste ni gravier, ni grumeaux, ni substance qui ne soit pas décomposée.

» Quelques-uns préfèrent l'usage de la terre neuve, par exemple, celle que l'on tire de la fondation d'une maison, des fouilles d'une cave, etc., qu'ils mélangent ensuite avec des fumiers. Ce procédé devient plus dur; il faut plus long-temps travailler cette terre pour la rendre meuble et la charger d'humus. Qu'on s'en tienne à ce qui est plus simple; mais l'homme aime ce qui est compliqué et ne trouve beau et bon que ce qui est difficile. Toute terre noire et douce est en général très-bonne et sert de base. Des gazons bien pourris tiendront lieu de feuilles et produiront le même effet. »

Telles sont les observations fort sages de Rozier, qui annoncent l'amateur qui a cultivé lui-même et a fait des expériences nombreuses; cependant le reproche qu'il fait à ceux qui recherchent les terres de fouilles de caves et des démolitions ne me paraît pas fondé, sur-tout dans les terrains humides. Ces terres contiennent du salpêtre qui s'oppose aux fermentations putrides et qui donne du ton aux racines. C'est le motif qui m'a déterminé à employer du sel marin dans la composition de mes terreaux pour les renoncules, ou d'en répandre sur la terre au mois d'octobre, quand ma terre était humide et le climat pluvieux. Depuis que je m'en sers, il ne m'a pas péri de griffes, malgré la grande humidité qui régnait dans l'atmosphère pendant trois mois consécutifs après la plantation des griffes. On peut abréger l'opération qu'il propose en se contentant de briser le tas avec de fortes binettes, si dans le mélange on n'avait pas employé de terre pierreuse; mais s'il en existait, il faudrait la passer au crible ou au moins à la claie, parce qu'il ne faudrait qu'une pierre de quelques lignes sur l'œil pour forcer la pousse à prendre une route oblique, qui l'épuiserait, ou même pour arrêter cette pousse et occasionner la perte de la griffe.

J'ai peu de choses à ajouter pour les amateurs qui ne cultivent que des fleurs et ne veulent pas même de melons dans leurs jardins. Cependant, comme en ne cultivant que des fleurs ils sont bien aises d'avoir une couche pour les semences des fleurs d'été et d'automne, et qu'il est désagréable d'avoir de grands tas de fumier en fermentation sans en tirer aucun parti et sans les rendre au moins agréables à l'œil, ils jugeront s'ils ne peuvent pas profiter de la méthode que j'ai adoptée et que je suis depuis longues années pour la culture de mes renoncules. Malgré les excellentes observations de Rozier, que j'ai copiées mot à mot, parce qu'en refondant ses articles il m'a paru juste de conserver de lui tout ce qui est utile et lui appartient, je crois pouvoir présenter ma méthode. Je sens toutefois combien il est désagréable de prendre la plume après d'excellens auteurs qui ont laissé peu de choses à dire sur certains articles, et qui ont acquis à juste titre la confiance générale. Aussi ne me permettrai-je pas de nouvelles observations, si une expérience de plus de vingt-cinq années, suivie de succès assez heureux pour avoir conservé pendant ce temps une collection qui monte aujourd'hui à trente mille griffes, que les premiers amateurs et marchands fleuristes regardent comme la plus riche collection de France en ce genre, ne me donnait la confiance de présenter ma méthode après celle de Rozier.

Comme j'ai toujours aimé les fleurs, mais que ce goût n'a jamais été privatif et ne m'empêchait pas de rechercher les bons légumes comme les bons fruits, j'avais des artichauts qu'il fallait couvrir pendant l'hiver ; je faisais provision de feuilles à cet effet, et malgré l'avantage que celles de châtaigner et de chêne présentent pour couverture, je n'en employais que le moins possible. Au printemps, je faisais des couches dans lesquelles je mettais ces feuilles inutiles alors aux artichauts ; j'y ajoutais un peu de fumier chaud et souvent de la tannée pour donner de la chaleur et exciter la fermentation. Lorsque ces couches étaient inutiles, je les faisais briser, et une partie de leurs débris servait à recouvrir les renoncules lorsqu'elles étaient plantées, ainsi que les semences ; une autre pour mêler avec le terreau nécessaire aux nouvelles couches, et le surplus pour faire une ou deux couches pour les semences qui n'avaient pas besoin d'être pressées. J'ajoutai à cette troisième partie le surplus du terreau des couches, et je salai le tout légèrement. Je laissais ces couches pendant un mois sans m'en servir. Au mois de juin ou de juillet, je détruisais ces couches, et je faisais porter 3 pouces de ce terreau sur le terrain destiné à recevoir les griffes de renoncules. On bêchait la terre, on y mêlait bien le terreau et on y plantait des laitues, ou chicorées ou escaroles. Le but de cette plantation était plus d'attirer le ver blanc et le ver gris, pour les détruire, que le désir de profiter de ces légumes. Lorsque ces légumes étaient arrachés, je ne manquais pas de saler la terre si je n'avais pas jeté de sel dans le terreau, ce que je faisais rarement, parce que je ne pouvais pas toujours attendre un mois sans m'en servir. Je laissais ensuite ma terre en cet état jusqu'au moment de la bêcher, pour y planter les renoncules. Si l'automne et l'hiver n'avaient pas été aussi pluvieux en Bretagne, je lui aurais donné un labour à la fin de septembre ou au commencement d'octobre ; mais l'expérience m'avait appris que les terres nouvellement bêchées conservent mieux l'eau que les autres. Ainsi je ne pouvais donner ce labour qui serait très-utile dans les autres climats, et encore j'avais souvent de la peine à rendre ma terre fort meuble au moment de la plantation. Si elle était trop humide, après l'avoir fait bêcher, je la recouvrais d'un fort pouce de terreau de couche, et je la faisais herser ensuite. Telle était et est encore ma préparation pour mes renoncules.

J'observe que j'avais fait passer la terre à la claie, parce qu'elle était pierreuse. Cette méthode, plus simplifiée que la précédente, puisqu'elle évite la préparation et le transport des terres, a toujours été couronnée du succès.

On m'objectera peut-être que j'ai déjà conseillé le sel pour d'autres plantes, que cependant le sel a été considéré pendant long-temps comme un signe de stérilité, et que les anciens en étaient tellement convaincus que, lorsqu'ils avaient détruit une ville, ils répandaient du sel où avaient été les murailles.

Il est certain que le sel répandu en trop grande abondance sur un terrain corrode les racines et les germes des plantes ; mais si on n'en met que la quantité suffisante, il produit l'effet contraire. Les laboureurs bretons, instruits par l'expérience, sont dans l'usage de saler leurs terres, et on a vu dans les provinces où la gabelle était établie prendre de l'eau de mer pour arroser les terres avant d'y répandre de la semence.

Tous les cultivateurs savent que le sable de mer est excellent pour engraisser les terres, et que trois ou quatre ans après que la mer a abandonné des terrains qu'elle avait inondés, on y a de superbes récoltes. Ainsi les préjugés contre le sel comme amendement, et dans ma manière de voir comme engrais, me paraissent dénués de fondemens raisonnables.

Lorsqu'on a une terre propre aux renoncules, il ne s'agit plus que de les planter. L'époque de leur plantation a donné lieu à des discussions fort longues qui n'étaient pas fondées sur des principes généraux, mais seulement sur des expériences locales, et qui mettaient les fleuristes dans l'impossibilité de s'entendre. Ainsi le P. Darsenne, qui habitait la Provence, indiquait les mois de septembre ou d'octobre, et combattait les écrivains des climats plus froids, qui voulaient qu'on retardât la plantation jusqu'au mois de mars. Ils avaient tous raison pour les lieux où ils faisaient leurs expériences ; mais ils avaient tort en voulant fixer l'époque de la plantation pour toutes les latitudes, sans considérer les degrés de froid et de chaleur, l'abondance des pluies ou leur rareté, points essentiels qui varient non-seulement suivant les latitudes, mais encore suivant la situation des lieux plus ou moins élevés, en plaine ou environnés de montagnes, très-voisins de la mer et même des grands rivières, ou à une distance assez considérable pour que les plantes ne pussent en recevoir l'influence. Si à ces considérations générales on avait ajouté l'examen du degré de chaleur et d'humidité nécessaire à la plante, ainsi que les modifications qu'elle a éprouvées par la culture, on aurait été bientôt d'accord sur l'époque de la plantation et les soins à donner aux plantes suivant l'intensité du froid et l'augmentation de la chaleur ; la végétation de la plante aurait encore fourni des données.

J'ignore à quelle latitude on a trouvé la renoncule dans son état naturel ; mais je sais que la culture l'a beaucoup modifiée, qu'elle est devenue plus délicate, et conséquemment qu'elle ne peut supporter ni le même degré de froid, ni le même degré de chaleur, ni la même humidité, ni la même sécheresse que dans l'état de nature ; il lui faut une température douce qui ne passe que d'une manière insensible d'un froid modéré à une chaleur également modérée.

Lorsque la griffe de renoncule est plantée, l'abondance du suc séveux la fait gonfler, et la partie farineuse qu'elle contient en est délayée au point qu'elle ressemble à un lait épais. Ses nouvelles racines ne sont que des filets très-délicats également chargés de sucs séveux. Nul doute que, dans cet état, si la gelée la saisissait, elle ne pérît, parce qu'un des effets de la congélation étant d'augmenter le volume des liquides dont le froid a resserré les parties jusqu'au moment de la congélation, il en résulterait que les petits canaux qui sont pleins de sève ne pourraient plus la contenir et qu'ils seraient brisés ; ce qui déterminerait la destruction de la plante.

La chaleur lui nuirait également ; elle dessécherait promptement la terre et la priverait d'une partie du suc aqueux qui est indispensable à sa végétation ; elle précipiterait sa végétation en diminuant les ressources, et la plante ne pourrait plus acquérir ses dimensions ; sa griffe n'aurait que la moitié de son volume, et les feuilles, ainsi que les fleurs, seraient proportionnées à la griffe. Le passage subit de la chaleur du jour au froid de la nuit influerait également sur la plante.

Il faut donc éviter ces deux extrêmes, si on veut cultiver les renoncules avec succès. D'une autre part, plus long-temps une renoncule a été enterrée avant sa fleuraison, plus elle a eu de temps pour réunir les sucs nécessaires à sa végétation ; sa nouvelle griffe est déjà aux trois quarts formée, son feuillage a eu le temps nécessaire pour s'étendre et remplir en partie le but de sa destination. Les tiges qui s'élèvent avant les grandes chaleurs leur fournissent des fleurs qui se développent avec facilité et sans précipitation ; les couleurs qui ne sont pas saisies par la sécheresse sont plus vives, plus distinctes.

Si on ne lève pas les griffes des renoncules, ou si on en oublie quelques-unes dans les planches, elles commencent à végéter en septembre ou octobre, et même plus tôt si la saison est pluvieuse. La nature semble donc nous indiquer ces mois pour la plantation des renoncules. Mais la délicatesse des griffes, qui craignent les trop grands froids, et qui peuvent souffrir dans les hivers très-pluvieux, force souvent à retarder sa plantation, si on est dans un climat exposé à de fortes gelées, ou qu'ayant son jardin dans un bas-fond, les hivers y soient très-pluvieux. C'est à toutes ces considérations qu'il faut s'attacher pour fixer l'époque de la plantation. Les principes généraux que je viens de présenter n'admettent point d'exception ; mais le moment de la plantation doit varier en raison de l'application de ces principes dans tous les climats.

Ainsi on peut planter dans le midi de la France, comme Nice, Toulon, Marseille, Narbonne, etc., au mois de septembre ou d'octobre, c'est-à-dire à l'époque où les grandes chaleurs sont passées. Je pense même qu'on peut le faire à Lyon, parce que le froid n'y est pas de longue durée ; mais dans l'ouest de la France, on est forcé d'attendre les mois de décembre et de janvier, quelquefois même février, et au nord on retarde jusqu'au mois de mars. J'indique trois mois pour cette plantation à l'ouest, parce que dans ces climats et sur-tout sur les bords de la mer, les pluies ne permettent pas de fixer le jour de la plantation et qu'il faut saisir le moment favorable, qui, quand on l'a manqué, ne se retrouve souvent qu'au bout d'un mois ou six semaines. Comme je plante vingt-cinq à trente mille griffes tous les ans, et qu'il faut plusieurs jours pour leur plantation par ordre, il m'arrive souvent, après avoir mis en terre le tiers ou la moitié des griffes, d'être obligé d'attendre quinze jours ou trois semaines pour achever. C'est dans le mois de janvier que j'ai planté à Versailles jusqu'à ce jour, c'est-à-dire depuis dix ans que je l'habite.

Je ne m'étendrai pas davantage sur la question de savoir si la lune influe sur ces plantations, j'ai déjà combattu ce système après une foule d'expériences qui m'en ont démontré la fausseté. Je me contenterai d'observer à ceux qui y tiennent encore et qui prétendent que, pour les conserver doubles, il faut choisir telle ou telle phase de la lune, que le temps n'est pas toujours favorable à l'époque déterminée par la lune, et que cette méthode peut les retarder d'un ou deux mois. D'une autre part, s'ils veulent se donner la peine d'observer, ils verront que les années où les fleurs doubles fournissent le plus de boutons sont celles où la saison a été pluvieuse depuis le moment de la pousse de la tige jusqu'à celui de la fleuraison, à quelque phase de la lune qu'on les ait plantées. L'augmentation de la sève et la facilité de sa circulation déterminent la plante à remplir le vœu de la nature et à se reproduire par semences. Cette observation, que j'ai faite plusieurs fois, tend à prouver ce que j'ai avancé à l'article FLEURS DOUBLES, que les plantes ne donnent pas de fleurs doubles, parce qu'on leur procure une nourriture plus abondante, mais parce qu'on change leur nourriture et qu'on les modifie par la culture.

Les fleuristes, dit Rozier, ne sont pas d'accord entre eux sur la distance qu'on doit laisser entre les griffes en les plantant : ils varient de 3 à 6 pouces. Il fait, à cet égard, des réflexions qui seraient fort justes si tout était égal dans tous les climats. C'est encore une discussion qui tient à la différence des températures plus ou moins pluvieuses, plus ou moins chaudes.

Le plus grand nombre des amateurs prétendent que les fanages doivent se confondre, tapisser le sol et le faire paraître vert comme un pré. A cet effet, ils plantent à 3 pouces en tous sens : d'autres, qui agissent par raisonnement et non par routine, espacent de 6 pouces chaque rayon ; sur la longueur de la raie l'espace est de 6, 5 ou 4 pouces, suivant la grosseur de la griffe. Si le fleuriste consultait la nature, il dirait : Lorsque je plante telle espèce de renoncule isolée, la longueur et la largeur de ses feuilles occupent une circonférence de tant de pouces, car cette longueur et largeur varient beaucoup suivant la nature des espèces et la force des griffes ; mais lorsque les feuilles se croisent, se chevauchent, elles se nuisent mutuellement. En effet, on les voit s'élever, se tordre et occuper le moins d'espace possible, afin de jouir, autant qu'il est en leur pouvoir, des bienfaits de la lumière et de l'air. Donc, je dois placer les griffes à une distance suffisante pour que les feuilles et toute la plante soient à leur aise.

Ce raisonnement fort sage démontre la nécessité de placer les plantes à une distance convenable pour qu'elles ne se gênent point ; mais il démontre également la nécessité d'augmenter ou de diminuer cette distance suivant la force de la végétation. Ainsi, comme dans le même climat, des renoncules mises avant l'hiver auront, toutes choses égales d'ailleurs, des feuilles plus longues, des tiges plus garnies de fleurs que celles placées au printemps, il faudra les espacer davantage, parce qu'il convient, sur-tout dans les pays méridionaux, que la terre soit couverte de feuilles pour rompre les rayons du soleil et empêcher qu'elle ne se dessèche promptement : d'où je conclurai qu'il est nécessaire de rapprocher davantage les griffes dans les climats chauds que dans ceux tempérés. En Bretagne, je les plaçais à 6 pouces sur 6 ou 5 ; à Versailles, je ne mets que 5 pouces sur 4.

Quant à la question de savoir si on doit faire tremper les griffes avant de les planter, Rozier ne laisse rien à ajouter à son raisonnement et à la conclusion qu'il en tire. Quand la griffe a été levée de terre et bien desséchée, il faut pour qu'elle entre en végétation qu'elle puisse attirer à elle le suc séveux, et elle le peut d'autant moins que la terre est plus sèche. Si on la plante avant l'hiver, elle a du temps pour parvenir à toutes ses dimensions avant que le soleil ait pris de la force ; mais si on ne la met en terre qu'au printemps, alors elle est exposée à être saisie par la chaleur, et il est bon de précipiter sa végétation. Or, il est démontré que la renoncule trempée pendant vingt-quatre heures avance de huit jours sa pousse ; donc il est utile de la tremper.

Mais dans quelle composition ? Je crois que l'eau pure où on mêlerait un peu de suie est la meilleure, parce qu'elle tend à empêcher les insectes d'attaquer la plante. Quant aux compositions recherchées par plusieurs amateurs, elles me paraissent au moins inutiles, si elles ne sont pas nuisibles.

Le moment de planter étant venu, on prépare ses planches, auxquelles on donne 3 pieds et demi ou 4 pieds au plus de largeur. Ceux qui les mettent d'ordre emploient deux moyens : ils tracent des rayons dans les deux sens de la planche, et ils enfoncent leurs griffes dans les points d'intersection, ou ils enlèvent, avant de tracer, environ 2 pouces de terre, et lorsqu'ils ont placé leurs griffes sur les points d'intersection, ou ils se contentent de les enfoncer de manière à les mettre au niveau de la terre ; pour empêcher qu'on ne les dérange, ils remettent avec précaution sur la planche la terre qu'ils en avaient tirée, de sorte que la griffe est enfoncée de 2 pouces. Je pense qu'on pourrait la charger d'un pouce de plus dans les climats chauds ; elle conserverait plus d'humidité à cette profondeur et serait moins échauffée par les rayons solaires. Quand on a donné le coup de râteau, on recouvre avec un demi-pouce de terreau. J'ai vu des amateurs recouvrir avec du crottin de cheval frais, et j'en ai vu plusieurs perdre une partie de leurs griffes pour s'être servis de cette couverture, dont les sucs étaient entraînés par les eaux jusqu'aux racines, avant d'avoir éprouvé de nouvelles combinaisons par la fermentation.

Je ne me sers d'aucune de ces méthodes, parce que la première est vicieuse, en ce qu'elle tasse la terre sous la plante et que les racines la pénètrent plus difficilement, et parce que la seconde, quoique très-bonne, fait perdre un temps précieux, qu'il faut ménager l'hiver.

Voici comme je procède à la plantation. Si c'est une planche d'ordre, après avoir fait préparer la terre, j'y fais faire autant de rayons qu'il y a de rangs : ces rayons n'ont que 2 pouces de profondeur. Quand la planche est rayonnée, je la mesure pour m'assurer du nombre de griffes qu'elle doit contenir, si je n'ai pas fait ce travail d'avance, pour préparer mes griffes dans des casiers disposés à cet effet. Si la longueur de ma planche contient quarante griffes, je la divise des deux côtés en huit parties au moyen de marques en bois de 6 pouces que j'enfonce dans les deux rayons des bords. Il est facile d'espacer cinq griffes dans chaque division, et les divisions des bords suffisent pour régler celles des rayons du centre. Cette marche dispense de tracer toute la planche. Les marques restent en terre jusqu'au moment de la fleur, et si on ne les étiquette pas, on s'en sert également pour relever les griffes. On doit avoir l'attention de varier les nuances et de mettre une couleur claire auprès d'une couleur sombre : l'une sert à donner de l'éclat à l'autre. Si on a fait un catalogue en règle de ces fleurs, on y a marqué leur hauteur. On met, dans ce cas, les plus hautes dans les rangs du centre et les basses sur les côtés. On s'évite par là le désagrément de bomber les planches, en donnant plus d'élévation au centre qu'au côté, pour donner plus d'agrément aux fleurs qui, par ce moyen comme par l'autre, forment le dos d'âne. Mais ce dernier moyen a l'inconvénient de donner plus d'humidité aux griffes des côtés de la planche qu'à celles du centre, et ne doit être employé que pour les renoncules placées au mois d'octobre dans les climats pluvieux : on a alors l'attention de relever les planches sur les bords à 3 pouces au moins au-dessus des sentiers. Si je plante par famille ou en mélange, après avoir fait les rayons, j'y place mes griffes sans rien tracer. J'ai seulement l'attention d'espacer davantage les grosses griffes et de rapprocher les petites. Quand j'ai des griffes fortes et faibles dans les familles, ou dans le mélange, j'en mets une petite entre deux grosses. On donne ensuite le coup de râteau pour unir la planche, qui est d'égale hauteur dans toutes ses parties, à l'exception d'un petit rebord que je laisse tout autour pour y conserver les eaux des pluies et d'arrosement, et pour les bien distinguer des sentiers. Je recouvre ensuite d'un demi-pouce de terreau.

Toutes les observations ci-dessus sont relatives aux renoncules asiatiques ; celles d'Afrique, connues sous le nom de pivoine ou péones, peuvent être traitées de la même manière, à quelques différences près, ainsi que quelques renoncules asiatiques moins sensibles au froid que les autres, telles que l'orangère, la blanche de culbur et la lucrèce, connues à Paris sous le nom de rose cœur vert et de saintongeoise. Comme ces plantes n'acquièrent tout leur volume que lorsqu'elles ont passé l'hiver en terre, il est essentiel de les planter au mois d'octobre. Dans les climats où on craint de fortes gelées, on doit les placer dans des plates-bandes contre des murs exposés au midi, et si les pluies sont fréquentes, on relève la plate-bande au-dessus du sentier, du côté duquel on lui donne un peu de pente pour l'écoulement des eaux, et pour recevoir moins obliquement les rayons solaires. Si les griffes sont fortes, on les espace de 6 pouces en tous sens et on les enfonce à 3 pouces. La terre doit être la même que pour les renoncules d'Asie, et on les traite de même si on les plante depuis octobre jusqu'en mars.

Les griffes mises en terre ne craignent le froid que lorsqu'elles sont en lait. Si, huit jours après leur plantation, il survient une forte gelée, elles la supporteront facilement; mais cette époque passée, dès que la terre est gelée à un pouce de profondeur, et que le baromètre, ainsi que les vents, annoncent du froid et une gelée plus forte, il faut couvrir les planches. Tout est bon à cette époque, les feuilles, la fougère, la paille et la grande litière; mais si les plantes sont poussées, il faut plus de précautions, et on n'attend pas pour couvrir ses planches que la terre soit gelée à un pouce de profondeur. Il faut également prendre quelques précautions pour placer les couvertures sans qu'elles portent sur la terre, autrement elles nuiraient aux plantes. Les amateurs soigneux ont des cadres de la largeur des planches, sur lesquels ils placent leurs paillassons, paille ou fougère; ils soutiennent ces cadres à 3 pouces au-dessus de la planche avec des piquets. Les autres se contentent de couvrir les planches avec de moyennes branches d'arbres qui soutiennent les couvertures. Dès que le temps est adouci, on enlève les couvertures pour empêcher les plantes de blanchir, d'étioler et de s'attendrir. Ces couvertures se placent pour la neige comme pour les gelées; on les visite alors le matin pour donner la chasse aux limaces.

Quand la chaleur douce du printemps a remplacé les froids glacials de l'hiver, on enlève les cadres et les branches d'arbre, et on donne un léger binage aux planches. Je dis léger, parce qu'il faut bien se donner de garde de toucher aux racines. Si on a perdu quelques plantes et qu'on ait eu soin d'en mettre en pots, c'est le moment de les remplacer; mais il faut veiller avec soin au dépotage des plantes : si la motte se rompt, il est très-difficile de sauver la plante.

Ces opérations terminées, on sarcle suivant le besoin et on continue la chasse des limaces; si la chaleur dessèche trop la terre, on arrose les planches. On doit se servir d'arrosoirs dont la pomme soit percée de très-petits trous, et il faut passer promptement l'arrosoir. On repasse à deux ou trois reprises la planche, et on donne conséquemment à l'eau le temps de pénétrer la terre sans la tasser : on tient l'arrosoir fort bas. Ces précautions sont également utiles aux plantes. L'eau, ne tombant que comme une pluie douce, n'abat pas les feuilles et ne les couvre pas de terre; et si les plantes sont en fleurs, elles ne sont pas renversées par l'arrosement. Enfin les fleurs paraissent et dédommagent les fleuristes de leurs soins. Elles font un coup d'œil d'autant plus beau qu'elles forment un massif plus considérable. Les fleurs paraissent dans les départemens de l'ouest et du nord lorsque les tulipes et les anémones qui ont passé l'hiver commencent à défleurir; et le spectacle brillant des jacinthes, tulipes, anémones et auricules ne nuit pas aux planches de renoncules qui leur succèdent, principalement si les fleurs sont très-variées et les planches bien ordonnées.

L'ordre est bien plus facile à établir dans les planches de renoncules que dans les autres fleurs; comme on les plante, dans les départemens de l'Ouest et du Nord, de décembre jusqu'en mars, on a les soirées d'hiver pour les préparer. Les tulipes, les jacinthes et les anémones exigent des planches de 30 à 40 pieds, celles de renoncules peuvent être de 12 à 13 pieds; mais elles doivent être multipliées et très - rapprochées les unes des autres : un petit sentier d'un pied et demi de large doit suffire. L'éclat des planches est d'autant plus grand, que les fleurs sont plus variées à chaque rang ; cependant la vue des planches qui ne contiennent que sept à huit espèces est également très - belle, si elles sont bien choisies. On ne met qu'une espèce par rang, et alors il est bien facile de les lever; si on en met deux, on en place une à tous les numéros pairs, et une à tous les impairs, et l'opération est encore aisée.

Comme le soleil a de la force à l'époque de la floraison des renoncules, il est bon de les couvrir depuis dix heures du matin jusqu'à trois heures de l'après-dîner; les fleurs, moins précipitées dans leur développement, en sont plus belles et durent plus long-temps. Les couvertures des tulipes étant inutiles à cette époque peuvent servir pour les renoncules. Je dois obesrver que les renoncules plantées de bonne heure ne

fleurissent que quinze jours avant celles mises en terre au mois
de mars; mais comme elles ont eu plus de temps pour se nourrir, les griffes et les fleurs sont plus fortes.

Les amateurs qui désirent jouir de cette fleur une grande
partie de l'année en plantent une planche tous les mois, depuis mars jusqu'au mois d'août; mais malgré les abris qu'ils
leur donnent pour les préserver du soleil, et les fréquens arrosemens, la végétation est si prompte, que jamais ces fleurs
n'ont l'éclat des premières, et que leurs griffes ne valent rien
en général, parce qu'elles n'ont pas eu le temps de se nourrir, et qu'étant placées au nord, elles ne peuvent se bien
dessécher : on ne doit donc faire ces plantations tardives que
lorsqu'on a assez de griffes pour en sacrifier une partie. D'autres en mettent en pots, et le cœur vert ainsi que quelques
espèces y fleurissent assez bien : il faut choisir pour les pots
les espèces qui fournissent le plus de fleurs.

Si la chaleur est vive pendant la floraison, on continue les
arrosemens jusqu'à ce que les fleurs soient passées; mais dès
que les feuilles jaunissent, il faut les cesser. En vain dira-t-on
que les griffes peuvent encore avoir besoin de sève, j'en doute :
elles sont alors formées et ont besoin de se dessécher; il ne
leur faut donc plus d'humidité. Si on continue de les arroser,
on s'expose à un nouveau développement des germes; la sève
fermente dans les griffes, qui végètent de nouveau, et on est
exposé à les perdre.

Lorsque les feuilles et les tiges sont sèches, il est temps de
lever les griffes : on prend les tiges d'une main, et de l'autre
on enfonce sous la griffe un petit instrument en forme de
langue d'aspic, ou de cuiller, ou même de truelle, et on l'enlève; cette opération est fort prompte : on secoue la griffe
pour en détacher la terre et on la met dans un casier, si les
plantes sont par ordre, après avoir détaché la tige si elle se
sépare sans effort; si elle résiste on la coupe, parce qu'en l'arrachant on pourrait enlever l'œil de la griffe; s'il y a plusieurs
griffes réunies, on ne les sépare pas; au cas que les plantes
soient en mélange, on les jette dans un panier, et on les
porte ensuite dans un lieu bien aéré et bien sec, et à l'ombre.

Rozier conseille d'attendre que les griffes soient desséchées
pour les séparer et les nettoyer; l'expérience m'a prouvé que
cette époque était aussi mauvaise pour cette opération que celle
où on les tire de terre. Dans le dernier cas, chaque racine est
pleine de suc séveux, et se rompt facilement à l'endroit où
elle est adhérente au tronc. Dans le premier, le suc séveux
étant évaporé, ces mêmes racines sont fort dures; et comme
celles de deux ou trois griffes réunies sont mêlées, que pour
les séparer il faut en écarter plusieurs pour donner du passage

aux autres, on les rompt facilement, parce qu'elles sont trop fermes pour plier : le moment favorable pour cette opération est celui où les griffes ont perdu une partie du suc séveux ; elles ont alors diminué de volume, les racines en sont molles, se manient facilement, et se détachent moins du tronc. On peut alors, sans craindre de leur nuire, les séparer, en tirer la terre et enlever l'ancienne griffe ; si elle est encore adhérente à la nouvelle, on la jette, parce qu'on la planterait inutilement et qu'elle ne pousserait pas. On détache également les filets minces qui sont à l'extrémité de la griffe et formaient le prolongement des racines. Les griffes ainsi disposées, on les remet dans le même lieu, où elles achèvent de sécher, et on les ramasse ensuite dans un lieu sec ; pendant la dessiccation on les visite de temps à autre : on ouvre les croisées tous les matins, si le temps est beau, pour renouveler l'air. Les renoncules ne craignent pas d'être exposées au soleil une heure ou une heure et demie pendant la dessiccation ; mais l'humidité peut occasionner la moisissure et les faire périr.

Il est un moyen plus prompt de dessécher et de nettoyer les griffes : aussitôt qu'on les a levées de terre et séparées des tiges et des feuilles, on les jette dans un panier ou dans un crible fort clair, on le plonge dans l'eau et on remue les griffes ; la terre s'en détache, et passant avec l'eau lorsqu'on élève le panier ou le crible au-dessus du vase, elle s'y précipite ; on refait cette opération à plusieurs reprises jusqu'à ce que la terre soit tout-à-fait dissoute. Quant aux feuilles ou autres matières plus légères que l'eau, et sur-tout aux petits vers qui attaquent l'ancienne griffe et couvrent souvent les nouvelles, on plonge le crible ou le panier à un demi-pouce au-dessous du niveau de l'eau, les griffes restent au fond ; mais les feuilles, les parties décomposées des anciennes griffes et les vers surnagent, et on les écarte avec la main. Quand les griffes sont propres, on les étend à l'air à mi-soleil jusqu'à ce que l'eau qui les environne soit évaporée, et on les porte ensuite dans l'appartement destiné pour leur dessiccation ; elles se dessèchent plus promptement, et quand on les nettoie il ne s'agit plus que de les séparer, ce qui est plus facile, parce que la terre n'est plus un obstacle, et de détacher les filets qui peuvent rester à l'extrémité des racines et les anciennes griffes : non-seulement on enlève tous les petits vers qui auraient pu continuer leurs ravages dans la serre, mais leurs œufs, s'il s'en trouve, ce que je n'ai pas vérifié, en sont également séparés. J'ai nettoyé mes griffes de ces deux manières pendant plusieurs années, et j'ai fini par adopter la dernière.

Lorsque les griffes sont bien desséchées, on les met dans des casiers couverts ou dans des sacs de papier où on peut les conserver deux ans : elles sont moins sujettes à dégénérer quand elles se sont reposées une année.

J'ai remarqué que les renoncules sont plus sujettes à dégénérer quand les hivers et les printemps sont très-pluvieux. La dégénération des renoncules asiatiques doubles consiste à donner un bouton qui les range parmi les semi-doubles, et à perdre leurs panaches; celles des renoncules pivoines suit une marche différente; les soucis dorés, la séraphique, etc., prennent une teinte rouge, telle qu'on les distingue difficilement de la rouge ordinaire : si la dégénération continue, la forme et la couleur des feuilles de ces pivoines rouges changent beaucoup; la feuille qui était d'un vert pâle prend une teinte très-foncée, et sa forme, semblable à un trèfle, n'en conserve que la partie supérieure, plus aplatie et dentelée; il en sort quelquefois, car ces plantes fleurissent rarement, une ou deux petites tiges, qui portent à l'extrémité une petite fleur simple et rouge. Ses pétales sont assez petites pour que les fleurs que j'ai eues ne fussent pas plus larges que des pièces de douze sous. Cette dégénération est telle qu'on ne pourrait pas supposer que les plantes doubles et les simples eussent quelque rapport : leur comparaison me fit croire, la première année qu'on m'en expédia de Normandie, que j'avais été trompé, parce que je trouvais des fleurs rouges parmi les jaunes, qui sont deux et trois fois plus chères, et des simples parmi les doubles rouges; mais comme j'eus l'attention de les séparer l'année suivante, et que je trouvai des séraphiques moitié jaunes et moitié rouges, il fallut céder à l'évidence, et me convaincre de la dégénération de la plante. J'ai semé deux fois de la graine de ces plantes, mais inutilement; depuis j'ai pris le parti de les arracher à mesure qu'il en paraissait dans mes planches.

Tels sont les soins à donner aux renoncules qu'on possède, pour les conserver et les multiplier; et ceux qui ne veulent pas se donner la peine de faire des semis peuvent former de riches collections en s'adressant aux jardiniers fleuristes qui les cultivent, ou aux marchands de Paris, tels que MM. Vilmorin, Grandidier et Tollard, qui mettent la plus grande exactitude dans leurs envois; mais les amateurs qui, non contens des découvertes d'autrui, veulent s'enrichir de leur propre fonds, font des semis qui leur procurent des espèces nouvelles; ils conservent à cet effet des semi-doubles dont les pétales sont larges, épaisses et bien arrondies; quant aux couleurs, elles doivent être indifférentes, pourvu qu'elles soient nettes et vives : les couleurs fausses sont rejetées. On doit conserver des semi-doubles de toutes les couleurs pour obtenir des fleurs panachées; mais ceux qui ne cherchent que des couleurs sombres doivent prendre des brunes sur fond violet, et non rouges; on les distingue facilement en plaçant les pétales **entre** le soleil et l'œil.

Lorsque la graine est mûre, ce qu'on apperçoit quand elle perd sa couleur verte pour prendre celle de la tige quand elle est desséchée, on la cueille deux ou trois heures après le lever du soleil, pour donner à la rosée le temps de se dissiper; on frotte les têtes dans les mains pour en séparer la graine, et on peut semer sur-le-champ, mais il est prudent de n'en semer qu'une partie et de réserver l'autre pour le printemps. On attend, pour frotter cette dernière, le moment où on la sèmera : on l'expose une ou deux heures au soleil, et on la frotte ensuite.

Comme la graine est fine et très-délicate, et que le jeune semis ne pourrait pas supporter les rigueurs de l'hiver, on sème toujours à l'automne dans des terrines qu'on remplit d'une terre bien légère et bien chargée de terreau et passée dans le tamis le plus fin à fil de laiton; on dresse bien cette terre et on répand la graine dessus, un peu clair si la majeure partie des graines a une lentille bien marquée au centre, mais fort épais s'il s'en trouve peu qui en aient; car celles qui ne contiennent pas de lentilles sont avortées. On couvre bien légèrement cette graine, soit avec la main, soit en passant dessus le tamis garni de la terre nécessaire et qu'on secoue : deux lignes de terre sont suffisantes. On porte ces terrines à l'ombre, mais on les pose sur une planche soutenue par des tréteaux, pour empêcher les cloportes d'y monter; on les couvre de mousse ou de menue paille et on les tient fraîchement : la graine lève en quarante jours. Si on a semé en automne, on ne manque pas de ramasser les terrines aux premières gelées, et de les placer sous un châssis ou dans l'orangerie auprès d'une croisée; on les y arrose légèrement. Il faut, pour l'arrosement de ces terrines, des arrosoirs fort petits et dont la pomme ait les trous très-fins. Lorsque le temps est beau on leur donne de l'air; au printemps on les retire de la serre pour les placer au soleil levant : on met, avec la main, 2 ou 3 lignes de terre préparée, qu'on place en soulevant les feuilles pour ne pas les enterrer; on arrache les mauvaises herbes, on les arrose au besoin, et on les en retire quand les feuilles sont desséchées.

Les semis qu'on fait au printemps demandent les mêmes soins; si on les fait en pleine terre, il faut qu'ils soient exposés de manière à n'avoir que le soleil levant jusqu'à dix ou onze heures, au plus midi. Il faut les visiter souvent pour faire la chasse aux limaces et aux insectes, et pour les sarcler sans donner le temps aux mauvaises herbes de pousser de fortes ra-

cines. Si le plant est clair et qu'on habite un climat où les gelées ne soient pas très-fortes, quand la feuille est desséchée,
on les recouvre d'un demi-pouce de terre préparée, et on les
couvre au besoin l'hiver; mais si les gelées sont telles qu'on
ne puisse planter les fortes griffes qu'en janvier, on lève les
jeunes plantes quand les feuilles sont desséchées, pour les replanter en même temps que les autres.

Ces griffes fleurissent la troisième année, et quand l'année
est favorable, une partie donne ses fleurs la seconde; mais
toutes celles qui fleurissent la seconde année ne méritent pas
de fixer les regards des amateurs: ce sont ordinairement les
simples et quelques semi-doubles. La troisième année, on peut
faire son choix, c'est-à-dire mettre de côté toutes les plantes
qui paraissent doubles; mais on ne peut les juger qu'après deux
ou trois autres floraisons. Alors si elles n'ont pas dégénéré et
qu'elles aient les qualités requises, on les classe parmi les
belles plantes de la collection; dans le cas contraire, on les
rejette: telle est la méthode à suivre pour les semis; mais si
on conserve la graine une année avant de la semer, on a plus
d'espérance de succès; dans ce cas, il faut la conserver telle
qu'on l'a cueillie, dans des sacs qu'on expose un jour au soleil
dans le mois de juin; on la frotte quand on veut s'en servir.
Dans le principe, on ne cherchait que des renoncules doubles
à une seule couleur, des blanches, des roses, des rouges, des
feux, des jaunes orange, jonquilles et soufre, des olives, des
brunes et des noires. Quand on a été satisfait sous ce rapport,
on a voulu des plantes des couleurs ci-dessus, avec des cœurs
verts, enfin des plantes panachées. Un amateur sage réunit
toutes les belles renoncules, soit qu'elles n'aient qu'une couleur, soit qu'elles en aient deux, bordées ou panachées. S'il
a du goût, et qu'il les mêle avec art, il établit des contrastes,
qui leur donnent un nouvel éclat, et cette harmonie de couleurs, si je puis m'exprimer ainsi, contribue à ses jouissances et à celles de tous les amateurs éclairés qui viennent
admirer sa collection et l'ordre qu'il y a établi. (Fer.)

Outre cette espèce, les botanistes comptent encore soixante
autres renoncules, dont plusieurs se cultivent aussi quelquefois
dans les jardins d'agrément, et dont un plus grand nombre
sont si communes dans les campagnes, ou ont des propriétés
si nuisibles, qu'il est important pour les cultivateurs, d'apprendre à les connaître. Les principales d'entre elles sont,

La Renoncule-Flamme, *Ranunculus flammula*, Lin.,
qu'on appelle aussi *petite douve*. Elle a les racines vivaces; les
tiges lisses et penchées, hautes d'environ un pied; les feuilles
alternes, pétiolées, lancéolées, dentées et glabres; les fleurs
jaunes et disposées en petits bouquets lâches à l'extrémité des

tiges. Elle croît souvent très-abondamment dans les marais, les prés humides, et fleurit au milieu de l'été. Toutes ses parties sont très-âcres. On la regarde comme un dangereux poison pour les animaux pâturans. Cependant Lasteyrie observe que, lorsque ces animaux n'en mangent qu'une petite quantité, elle agit comme stimulant et favorise leur digestion. Malgré cela, tout cultivateur prudent fait tous ses efforts pour la détruire dans ses prés, et il le peut facilement en les labourant et en les cultivant pendant quelques années en céréales, en fèves de marais, etc., etc.

La Renoncule grande douve, *Ranunculus lingua*, Lin., a les racines vivaces; les tiges droites, velues, hautes de 2 à 3 pieds; les feuilles alternes, lancéolées, entières, amplexicaules; les fleurs grandes, jaunes et disposées en petit nombre à l'extrémité des tiges; elle croît dans les marais fangeux, au milieu même de l'eau: elle ressemble autant par son aspect que par ses qualités délétères à la précédente. Tout ce que j'en ai dit lui convient parfaitement; mais elle est moins commune en général, et sur-tout dans les pâturages habituellement fréquentés par les bestiaux: elle peut être placée avec avantage dans les eaux des jardins paysagers.

La Renonule des bois, *Ranunculus auricomus*, Lin., a les racines vivaces; les tiges droites, glabres, rameuses, hautes de 6 à 8 pouces, les feuilles alternes, les radicales pétiolées, réniformes, crénelées, incisées, les caulinaires amplexicaules et digitées par des découpures linéaires; les fleurs jaunes, dont les pétales se développent successivement et avortent quelquefois. Elle se trouve très-abondamment dans les bois argileux et humides, et fleurit des premières au printemps. Cette circonstance la rend propre à être introduite sous les massifs des jardins paysagers, dont elle couvrira la nudité à une époque où peu de fleurs sont encore en évidence. Elle ne forme que de petites touffes, mais on les multiplie autant qu'on veut par le semis de ses graines ou la séparation de ses racines.

Tous les bestiaux, excepté les chevaux, la mangent, ce qui indique qu'elle a peu d'âcreté.

La Renoncule bulbeuse a une racine épaisse, arrondie, vivace; une tige droite, velue, rameuse, haute d'un à 2 pieds; des feuilles alternes, les radicales ternées et incisées, les supérieures plus ou moins digitées; des fleurs jaunes à calice réfléchi et disposées en bouquet terminal. Elle croît naturellement dans les prés, les pâturages, le long des chemins et fleurit pendant tout l'été. On l'appelle vulgairement la *grenouillette*. Elle est très-âcre dans toutes ses parties, sur-tout dans ses racines, qu'on pourrait employer comme vésicatoire lorsqu'elles sont fraîches. Les chèvres et les moutons seuls mangent cette plante qui infeste souvent les prairies à un point prodigieux. On doit la détruire par les labours de ces prairies et leur culture pendant quelques années en céréales ou autres articles. Ses fleurs doublent dans les jardins et y sont connues sous le nom de *boutons d'or*, comme celles des espèces suivantes.

Des expériences positives constatent que les racines fraîches de cette plante, pilées et mêlées avec de la graisse, sont très-propres à empoisonner les souris, rats, mulots, campagnols, etc. La facilité de se la procurer, et probablement le peu de danger de son emploi pour les hommes et les grands animaux, doivent engager à la préférer aux poisons minéraux.

La RENONCULE ACRE a les racines fibreuses ; les tiges droites, rameuses, glabres, hautes de 2 à 3 pieds ; les feuilles alternes, pétiolées, palmées ou découpées en lobes incisés ; les fleurs jaunes, luisantes, portées sur des pédoncules terminaux : elle est extrêmement commune dans les prés et fleurit au milieu de l'été. On la connaît vulgairement sous le nom de *bassinet*. On en cultive dans les jardins une variété à fleurs doubles sous celui de *bouton d'or*. Fraîche, elle est âcre et cause des excoriations à la peau sur laquelle on l'applique. Les chèvres et les moutons sont les seuls bestiaux qui la mangent alors ; mais sèche, elle perd son âcreté et devient propre à tous : elle n'en est pas moins une plante nuisible aux prairies ; et son abondance, quelquefois telle, qu'elle domine sur toutes les autres plantes, est un indice que la prairie est épuisée et qu'il faut la labourer.

Braconnot a donné l'analyse de cette plante dans les *Annales de chimie et de physique*, tom 6, et annonce que le principe âcre qui s'y reconnaît, disparaît par la cuisson.

La RENONCULE DES PRÉS, *Ranunculus repens*, Lin., a les racines fibreuses, les tiges couchées à leur base, et hautes d'un pied au plus ; les feuilles pétiolées, palmées ou divisées en plusieurs lobes incisés, velus, tachés de blanc ; les fleurs jaunes, luisantes, portées sur des pétioles sillonnés : elle est très-commune dans les prés, les champs cultivés et laissés en jachère, le long des haies, sur les revers des fossés, et fleurit au milieu du printemps. Vulgairement elle est connue, comme la précédente, sous le nom de *bassinet* : elle se multiplie avec une si prodigieuse rapidité, tant par ses graines que par ses tiges rampantes qui prennent racine à chaque nœud, que j'ai fréquemment vu des champs en jachère et des vignes, auxquels on n'avait pas donné de labours d'été, en être complétement couverts à la fin de l'automne. Il est même souvent difficile d'en débarrasser les champs un peu humides ou ombragés, qui sont ceux où elle se plaît le plus ; des binages d'été seuls peuvent la détruire, et encore difficilement. Les moutons et les chevaux s'en accommodent, mais les autres bestiaux n'en veulent point lorsqu'elle est fraîche; cependant elle paraît moins âcre que les espèces précédentes; ses fleurs doublent comme les leurs et portent le même nom.

La RENONCULE A FEUILLES D'ACONIT a les racines fibreuses, vivaces; les tiges droites, glabres, hautes d'un ou 2 pieds; les feuilles alternes, pétiolées, palmées, à folioles lancéolées, incisées, dentées; les fleurs blanches et souvent solitaires sur de longs pédoncules terminaux. Elle est originaire des hautes montagnes de l'Europe, fleurit au commencement de l'été et fournit une variété à fleurs doubles, qu'on cultive fréquemment dans les jardins sous le nom de *bouton d'argent*. Cette plante a beaucoup d'élégance et contraste fort bien avec les espèces précédentes.

Les variétés doubles de ces quatre dernières embellissent toujours les parterres et les jardins paysagers où on les place avec intelligence, attendu qu'elles ont beaucoup d'élégance dans leur port et dans leurs feuilles, et que leurs fleurs ont un genre d'éclat qui contraste avec celui des autres plantes. On les multiplie très-facilement par leurs rejetons ou par le déchirement de leurs vieux pieds pendant l'hiver. Leur culture ne consiste même qu'à empêcher leurs touffes de s'accroître plus qu'il ne faut, car elles produisent moins d'effet lorsqu'elles sont trop maigres et trop grosses. Un terrain frais et substantiel est celui qui leur convient le mieux.

La RENONCULE DES MARAIS, *Ranunculus sceleratus*, Lin., a les racines annuelles, fibreuses; les tiges fistuleuses, striées, rameuses, glabres, hautes d'un à 2 pieds; les feuilles alternes, lisses, les radicales pétiolées, arrondies, trilobées et incisées, les caulinaires sessiles et plus ou moins profondément digitées; les fleurs petites, jaunes, disposées en bouquets terminaux; le réceptacle des fruits oblong. On la trouve quelquefois en grande abondance dans les marais, autour des mares, dans les lieux sur-tout où l'eau est corrompue. Toutes ses parties sont très-âcres et sur-tout sa racine, qu'on emploie quelquefois comme vésicatoire, et qui peut donner la mort à ceux qui en mangeraient; les chèvres et les moutons broutent cependant ses feuilles et l'extrémité de ses tiges. On dit même que les habitans du nord de l'Ecosse s'en nourrissent après l'avoir fait cuire; cependant, malgré que Daubenton l'ait semée pour l'usage de ses troupeaux, je crois qu'il est bon de ne l'employer, lorsqu'elle est très-abondante, que pour augmenter la masse des fumiers, ce à quoi l'épaisseur de ses tiges et de ses feuilles la rendent très-propre. J'ai lieu de soupçonner qu'elle absorbe le gaz hydrogène et autres qui s'exhalent des marais corrompus, et qu'ainsi elle contribue à rendre leurs environs moins dangereux pour l'homme et les animaux. Sous ce point de vue, elle mérite d'être non-seulement conservée, mais même multipliée.

On trouve dans le quatrième volume des Mémoires de l'Académie de Turin un Mémoire de M. Brugnone, qui constate les dangers de cette plante pour les bestiaux.

La RENONCULE DES CHAMPS a les racines annuelles; les tiges velues, rameuses, hautes de 6 à 8 pouces; les feuilles alternes, glabres, les radicales à trois lobes trifides, et les caulinaires découpées très-menu; les fleurs petites, d'un jaune pâle, et les fruits velus : elle est très-commune dans les champs frais ou ombragés, et fleurit au milieu de l'été. Des expériences faites par Brugnone et Krap, et insérées dans la Feuille du cultivateur, tom. 2 et 3, prouvent qu'elle est vénéneuse. Son abondance la rend souvent nuisible aux récoltes des céréales, et il n'y a d'autre moyen pour en débarrasser un canton que de le mettre en prairie artificielle, ou en cultures qui demandent des binages d'été; car ses graines mûrissent avant le blé, et elles se conservent plusieurs années en terre lorsqu'elles sont trop loin de la surface.

La RENONCULE HÉRISSÉE diffère peu de la précédente par ses feuilles et ses fleurs; mais ses semences sont hérissées d'épines qui blessent souvent les cultivateurs qui marchent nu-pieds : elle est aussi très-commune dans les blés des parties méridionales de l'Europe et même de la France.

La RENONCULE AQUATIQUE a les racines vivaces; les tiges grêles, rampantes; les feuilles qui sont dans l'eau capillaires, et celles qui nagent sur la surface arrondies et lobées; les fleurs blanches, axillaires, solitaires et pédonculées : elle croît dans les eaux stagnantes ou peu courantes, fournit plusieurs variétés, et fleurit au printemps et pendant l'été. Toutes ses parties sont fort âcres, et aucune n'est mangée par les bestiaux. Souvent elle remplit complétement des fossés, des mares et autres amas d'eau, et dans ce cas elle offre au cultivateur actif une ressource contre la rareté des engrais. En effet, il suffit de la tirer de l'eau pendant l'été avec de grands râteaux, et de la laisser pourrir sur le bord, ou de l'apporter sur le fumier, pour en obtenir un engrais excellent et abondant. Les Anglais ne la laissent point perdre dans les cantons où l'agriculture est bien suivie. Comme elle embellit les eaux lorsqu'elle est en fleur, il convient d'en mettre quelques pieds dans celles des jardins paysagers, mais il faut en arrêter la trop grande multiplication. Les poissons aiment à frayer sur cette plante, qui leur donne une ombre agréable et utile, et les défend de la vue des quadrupèdes et des oiseaux, qui leur font la guerre. Les cultivateurs des bords de l'Ill en récoltent et dessèchent les tiges et les feuilles, pour en nourrir leurs bestiaux pendant l'hiver. (B.)

RENONCULE-FICAIRE. *Voyez* FICAIRE.

RENONCULIER. C'est pour quelques jardiniers le *merisier à fleurs doubles. Voyez* CERISIER.

RENOUÉE, *Polygonum.* Genre de plantes de l'octandrie trigynie et de la famille des polygonées, qui renferme une cinquantaine d'espèces, dont une est l'objet d'une culture de grande importance, et dont plusieurs sont très-communes et employées en médecine.

La RENOUÉE DES OISEAUX, *Polygonum aviculare*, Lin., a les racines fibreuses, rampantes, annuelles; les tiges rampantes, grêles, cylindriques, noueuses, rameuses, longues d'un à 2 pieds; les feuilles alternes, sessiles, lancéolées, lisses, d'un vert noir; les fleurs blanches, solitaires et sessiles dans les aisselles des feuilles. Elle croît dans toute l'Europe, dans les lieux cultivés, et fleurit à la fin de été. Elle couvre quelquefois en automne, presque exclusivement, des espaces considérables dans les lieux qui lui conviennent. C'est une manne que la nature envoie, à cette époque de l'année, aux animaux pâturans et aux oiseaux granivores pour achever de les engraisser et leur donner les moyens de supporter les privations auxquelles ils peuvent être exposés pendant l'hiver. Tous les bestiaux la mangent, et les cochons sur-tout en sont fort friands. On dit cependant, et je ne sais sur quels motifs, qu'elle est nuisible aux moutons. Elle passe pour astringente et vulnéraire, et s'emploie en conséquence en médecine contre les dysenteries et les blessures.

L'abondance de cette plante lui a fait donner une quantité de noms vulgaires, tels que *traînasse, sanguinaire, centinode, fausse cenille, renue, langue de passereau, herbe des Saints-Innocens, herniole,* etc. Elle varie prodigieusement selon le terrain et le climat.

Dans beaucoup d'endroits, on la ramasse avec soin au moyen de râteaux à dents de fer, ou même à la main, pour la nourriture des cochons, des vaches, des lapins, des poules, etc., ou pour en faire de la litière et augmenter la masse des engrais; elle contient beaucoup de potasse et peut être exploitée avec profit sous ce rapport. Malgré les services qu'elle rend aux habitans des campagnes, on a mis en question si elle n'était pas plus nuisible qu'utile à l'agriculture. En effet, dans les jardins mal cultivés, dans les semis de raves ou de navettes d'hiver qui ne sont pas bien binés, elle est souvent nuisible, parce qu'elle étouffe les jeunes plantes; mais elle ne l'est pas dans toutes les cultures dont on fait la récolte pendant l'été, dans celles des céréales sur-tout, et elle ne s'empare des prairies artificielles que lorsque le terrain est épuisé. Je vais plus loin, car je soutiens que dans les pays où on conserve la mauvaise méthode des jachères et où on ne la ramasse pas, elle devient un excellent engrais lorsqu'on l'enterre encore verte dans les labours d'automne. Au reste, il assez difficile de la détruire dans ces pays, parce que, répandant successivement ses graines, et ses graines subsistant plusieurs années dans la terre sans germer lorsqu'elles sont placées trop profondément, les labours à la charrue, à moins qu'ils soient faits avant leur maturité, ne servent qu'à favoriser leur développement. C'est seulement par une sage application des principes du système des assolemens, par l'alternative des cultures de plantes fourrageuses et de plantes qui exigent des binages d'été, qu'on peut s'en débarrasser à la longue. On n'en voit point dans les champs des environs de Lille, dans ceux du comté de Suffolk, etc.

On trouve souvent sur le collet de sa racine une cochenille qu'on a autrefois employée à la teinture sous le nom de *cochenille de Pologne*.

La Renouée-Sarrasin, ou le *sarrasin, Polygonum fagopyrum*, Lin., qui a les racines annuelles ; les tiges droites, cylindriques, rameuses au sommet, hautes de 2 pieds ; les feuilles alternes, pétiolées, hastées en cœur ; les fleurs blanchâtres ou rougeâtres, disposées en bouquets à l'extrémité des rameaux. Elle est originaire de la haute Asie, et se cultive dans toute l'Europe pour sa graine et sa fane. *Voyez* au mot Sarrasin, où il est traité avec de grands développemens de ses usages et de sa culture.

La Renouée de Tartarie, qui ne diffère presque de la précédente que par ses semences, qui sont plus petites, plus nombreuses et légèrement épineuses. *Voyez* Sarrasin.

La Renouée liserone, *Polygonum convolvulus*, Lin., a les racines annuelles ; les tiges cylindriques, striées, grimpantes ; les feuilles pétiolées, sagittées ; les fleurs blanchâtres, obtuses, disposées en petites grappes axillaires ; les fruits nus, ailés. Elle croît en Europe dans les champs, les haies, et fleurit au milieu de l'été.

La Renouée des buissons, *Polygonum dumetorum*, Lin., a les racines annuelles ; les tiges cylindriques, unies, grimpantes ; les feuilles pétiolées, en cœur ; les fleurs blanchâtres, carinées, disposées en grappes axillaires, les fruits ailés. Elle se trouve dans les parties méridionales de l'Europe, aux mêmes endroits que la précédente, dont elle diffère fort peu.

Ces deux plantes s'élèvent souvent à 2 ou 3 pieds, et forment des touffes très-considérables, même dans de très-mauvais terrains. Tous les bestiaux et sur-tout les vaches et les montons les aiment beaucoup. Elles produisent une grande quantité de graines très-recherchées par les volailles. Ces circonstances devraient déterminer à en établir des cultures en grand. Elles sont certainement plus productives que le sarrasin, et ne craignent pas comme lui la gelée; mais elles veulent être ramées pour se développer avec toute l'étendue possible, et cette opération peut paraître embarrassante et coûteuse. De longues perches attachées au sommet de pieux d'un pied de haut et écartées de 2 pieds, ou le semis de quelques fèves de marais et autres plantes à tiges fortes suffiraient pour remplir ce dernier objet. *Voyez* MÉLANGE.

La RENOUÉE BISTORTE, ou simplement *la bistorte*, a la racine vivace, charnue, épaisse, contournée ou tordue; les tiges droites, simples, hautes d'un pied; les feuilles ovales, glauques en dessous, les radicales pétiolées, les caulinaires amplexicaules; les fleurs rougeâtres, disposées en épi ovale au sommet des tiges. Elle croît naturellement dans les pays de montagnes. Sa racine est âpre et astringente, et s'emploie beaucoup en médecine dans les diarrhées, les fleurs blanches, les blessures, etc. Tous les bestiaux, excepté le cheval, mangent ses feuilles, les vaches sur-tout en sont très-friandes. On la cultive pour fourrage en Suisse et dans le Jura. Ses graines sont un des alimens favoris des habitans de l'Irlande. Pourquoi donc n'en faisons-nous pas de semis?

Cette plante, qui a neuf étamines, faisait un genre dans Tournefort.

La RENOUÉE PERSICAIRE a les racines annuelles, fibreuses; les tiges cylindriques, fistuleuses, noueuses, rougeâtres, hautes d'un pied; les feuilles alternes, lancéolées, sessiles, glabres; les fleurs rouges et disposées en épis axillaires. Elle croît très-abondamment dans les lieux humides, les fossés des bois, le bord des mares, etc., et fleurit en mai. Les vaches et les cochons la repoussent, mais les autres bestiaux la mangent. Ses graines sont fort recherchées par la volaille et les petits oiseaux. Il est des lieux où elle est si abondante qu'on ne doit pas négliger de la couper pour servir à faire de la litière et augmenter ainsi les engrais. Ses feuilles passent pour astringentes, et s'emploient fréquemment en médecine.

Cette plante était, dans Tournefort, le type d'un genre de son nom.

La RENOUÉE DES TEINTURIERS, dont on tire en Chine une fécule bleue par des procédés analogues à ceux employés pour le pastel, est assez voisine de celle-ci pour qu'on soit autorisé à croire qu'elle en donnerait de semblable. *Voyez* PASTEL.

La RENOUÉE POIVRÉE, *Polygonum hydropiper*, Lin., a les racines annuelles, fibreuses; les feuilles alternes, sessiles, lancéolées; les fleurs hexandres, peu colorées, et disposées en épis axillaires fort grêles. Elle croît naturellement dans les lieux humides, le long des chemins des bois, sur le bord des mares qui se dessèchent en partie pendant l'été, époque où elle fleurit. On l'appelle vulgairement le *poivre d'eau*, la *persicaire brûlante*, le *piment brûlant*, le *curage*, tous noms qui indiquent son âcreté : aussi les bestiaux n'y touchent-ils pas. Elle est employée en médecine comme détersive, résolutive, et sur-tout diurétique. Elle teint les laines en jaune. Ses semences peuvent, au besoin, suppléer le poivre.

La PERSICAIRE AMPHIBIE a les racines vivaces; les tiges grêles, rampantes, articulées; les feuilles alternes, pétiolées, ovales, pointues; les fleurs rougeâtres, en épis axillaires et longuement pétiolées. Elle croît indifféremment dans les endroits inondés pendant l'hiver, ou dans les étangs. Dans ce dernier cas, ses feuilles inférieures deviennent membraneuses, très-étroites, et ses feuilles supérieures nagent sur la surface de l'eau. Elle fleurit au milieu de l'été. Tous les bestiaux, excepté les vaches, la mangent. Les chevaux en sont très-friands; mais c'est pour eux une mauvaise nourriture. Elle est du nombre de ces plantes aquatiques que leur abondance indique comme devant être récoltées par les cultivateurs pour augmenter leurs fumiers.

Cette plante, lorsqu'elle est en fleur, et elle y reste long-temps, embellit la surface des eaux. Il est donc bon d'en mettre quelques pieds dans les étangs des jardins paysagers.

La RENOUÉE DU LEVANT, *Polygonum orientale*, Lin., a les racines annuelles; les tiges cylindriques, droites, rameuses à leur sommet, hautes de 7 à 8 pieds; les feuilles alternes, ovales, aiguës, d'un vert tendre; les fleurs rouges, disposées en longs épis pendans à l'extrémité de longs pédoncules axillaires et terminaux. Elle est originaire des Indes, se cultive dans nos jardins d'ornement, et y fleurit à la fin de l'été. C'est une plante d'un port très-élégant, dont l'effet est majestueux, sur-tout lorsqu'on la considère de loin et qu'elle est éclairée par le soleil, mais qu'il ne faut pas trop multiplier dans les mêmes lieux. On la place dans les grands parterres, dans les plates-bandes voisines des murs, contre lesquels elle se dessine, au milieu des buissons des derniers rangs des massifs dans les jardins paysagers. Elle demande une terre légère et substantielle et une exposition chaude. Ordinairement elle est frappée de la gelée dans le climat de Paris, lorsqu'elle est encore dans tout l'éclat de sa beauté. Il faut, en conséquence, avoir soin de receuillir ses premières graines, aussitôt qu'elles sont mûres, pour les mettre à l'abri de cet accident. On sème ces graines sur couche au printemps, quand il n'y a plus de gelées à craindre, et lorsque le plant qui en est provenu a acquis 5 à 6 pouces de haut, on le transplante à demeure. Ordinairement on met deux ou trois pieds à côté l'un de l'autre pour prévenir les accidens; mais un seul, de belle venue, fait toujours mieux que plusieurs: J'en ai vu dont la tige avait la grosseur du bras à sa base. Il est bon d'ombrager et d'arroser fréquemment ce plant pendant les premiers jours, ensuite il ne demande plus aucun soin. (B.)

RENOUVELLEMENT DES SEMENCES. *Voyez* SUBSTITUTION DES SEMENCES. (B.)

RENTE. Ce mot est synonyme de FERME dans quelques cantons de la France.

Dans d'autres, c'est un DOMAINE sur lequel un CENS est assis et qui peut rentrer à la famille du propriétaire primitif dans quelques cas. La révolution a fait disparaître beaucoup de rentes de ce dernier ordre. (B.)

RENTOUILLER. Dans le département de la Meurthe, c'est faire porter à un terrain du blé ou du méteil immédiatement après la récolte du blé. Cette détestable pratique doit être proscrite. *Voyez* ASSOLEMENT. (B.)

RENVERSEMENT DE LA MATRICE. Le renversement de la matrice dans les femelles des animaux domestiques est la sortie complète de ce viscère hors du bas-ventre : c'est une espèce de sac charnu qui pend quelquefois jusque sur les jarrets.

Cet état exige des secours prompts : les uns tiennent au procédé opératoire à employer pour remettre et maintenir la matrice à sa place, les autres aux moyens accessoires qui doivent précéder l'opération pour en assurer la réussite.

Avant d'opérer, il faut que la bête soit placée de manière à ce que le derrière soit plus élevé que le devant, afin de déterminer la masse du viscère à se porter en avant et faciliter sa réduction ou son replacement. Pour cet effet, on creuse le sol sous les pieds de devant, ou on élève ceux de derrière, soit avec des planches, soutenues par des pierres ou par tout autre moyen : cette position est indispensable.

L'artiste ou la personne qui se propose d'opérer ne peut le faire seul; il faut que deux aides munis d'une nappe ou d'une grande serviette soulèvent la matrice et la supportent pendant que l'opérateur agit. Il doit d'abord vider l'intestin rectum avec la main, ensuite il lavera la matrice avec de l'eau tiède ; puis si le délivre tient encore, comme cela arrive presque toujours, il cherchera à le détacher, en observant de commencer par les parties qui offrent le moins de résistance; il aura soin de faire humecter de temps à autre avec l'eau tiède les parties qu'il voudra détacher, et pour celles qui tiendront davantage, il agira des deux mains; c'est-à-dire que

de l'une il soutiendra la matrice, tandis que de l'autre il cherchera à décoller le délivre, et il continuera ainsi jusqu'à ce
qu'il soit entièrement détaché.

Cette première opération faite, il s'assurera de l'état de la
matrice, afin de reconnaître s'il y a hémorrhagie, des meur-
trissures, des engorgemens noirâtres, des tuméfactions ou des
dépôts sanguins.

Il lave de nouveau tout le viscère avec de l'eau tiède dans
laquelle on aura mis ou du vin ou du vinaigre, ou de l'eau-
de-vie, ou encore avec quelque infusion de plantes aromatiques
ou de fleurs de sureau. S'il y a hémorrhagie, il faudra rechercher soigneusement le point d'où elle part, et étuver ce point
à plusieurs reprises avec du vinaigre chaud ou de l'eau-de-vie;
il faut aussi vider les dépôts, scarifier les engorgemens, et
emporter même avec le bistouri tout ce qui paraît mort et dé-
sorganisé, en ayant cependant l'attention de ne pas porter
l'instrument trop profondément et de ne pas percer le viscère;
toutes les parties qui ont paru mortes et désorganisées seront
lotionnées avec l'essence de térébenthine ou la teinture de
quinquina ou d'aloès, ou avec le vinaigre chaud, si l'on n'a pas
ces substances sous la main.

Toutes ces précautions prises, on procède à la réduction,
c'est-à-dire à la rentrée de la matrice. La bête maintenue dans
la position que nous avons indiquée au commencement de cet
article, les deux aides soulèveront la matrice à la hauteur de
la vulve, et l'opérateur cherchera à y faire rentrer le viscère,
observant de commencer par le fond de la grande branche, et
de n'agir que la main fermée et avec le poing pour ne pas dé-
chirer les parties avec les ongles; ce qu'il lui serait difficile
d'éviter, vu les efforts et la résistance qu'il aura à vaincre.

Ce premier pas fait, il faut chercher à faire rentrer pareil-
lement l'autre branche, puis successivement le corps de la matrice, jusqu'à ce que la réduction soit achevée.

Il faut s'armer de patience dans cette opération; les efforts
réitérés de la bête tendent toujours à repousser les parties au
dehors; on se contentera de les maintenir seulement pendant
la durée de ces efforts.

La réduction faite, il faut s'assurer de l'état de la vessie, et
la vider si elle est pleine, pour empêcher que la pression des
muscles du bas-ventre, qui a lieu pour opérer l'évacuation de
l'urine, ne détermine aussi la sortie de la matrice.

Il y a des moyens pour empêcher une nouvelle chute de la
matrice. Nous ne croyons pas devoir indiquer ici le pessaire,
il n'y a guère que les personnes de l'art qui en soient munies;
nous indiquerons des moyens qui sont à la portée de tout le
monde. Il faut, 1°. maintenir pendant plusieurs jours la bête

dans la position élevée de l'arrière-main ; 2°. faire à l'orifice de la vulve quatre ou cinq points de suture avec un fort fil ciré ; on doit prendre assez de peau pour ne pas craindre le dé-chirement, qui ne manquerait pas d'avoir lieu si les points étaient faits trop près des bords ; on peut soutenir ces points par une large sangle qu'on place sous la queue, sur laquelle on attache une pelote de la grosseur du poing, laquelle pelote doit s'appliquer le plus exactement possible sur la vulve. Cette sangle doit prendre les fesses, passer sur les parties latérales du ventre, et venir pour être fixée par chacun de ses bouts à une autre sangle qui entoure le corps, et à laquelle on attache une espèce de poitrail pour maintenir le bandage d'une ma-nière plus sûre.

Ce travail fini, on fait prendre à l'animal une bouteille de vin, dans lequel on fait fondre une demi-livre de miel.

Comme le renversement ou la chute de la matrice est ordi-nairement la suite d'efforts violens, auxquels succède un grand relâchement, il importe de fortifier. On y parviendra en donnant le breuvage ci-dessus, en administrant des lave-mens d'infusion de thym, de sauge ou de lavande, en appli-quant sur les reins de l'avoine cuite dans le vinaigre, et en in-jectant dans la vulve, avec une seringue, les mêmes infusions que celles indiquées pour les lavemens.

Lorsque la vulve se dégonflera, que la bête reprendra l'ap-pétit, qu'elle ne fera plus d'efforts et qu'elle paraîtra mieux, on pourra supprimer le bandage, couper les points de suture, et lui rendre à l'étable sa position ordinaire ; il ne faut cepen-dant pas trop se hâter.

Tout ce que nous venons d'indiquer ici est plus particuliè-rement applicable aux gros animaux, tels que la jument, l'à-nesse et la vache, et sur-tout à cette dernière, chez laquelle le renversement de la matrice se rencontre plus fréquemment.

Le même traitement peut être mis en usage pour la brebis et la chèvre : il ne s'agit que de diminuer les moyens, et d'en proportionner l'application à la taille et à la force de ces ani-maux ; il en est de même à l'égard de la chienne et de la chatte. Il a été parlé de cette maladie à l'article PART. *Voyez* ce mot. (DES.)

RÉPARATION. Ouvrage fait qu'il faut réparer. Il est facile de juger, au premier coup d'œil, si un domaine appartient à un homme soigneux et qui entend ses intérêts, ou à un maître in-souciant. Ici, je vois qu'à la première gouttière le maçon est sur les toits ; que si du mortier ou une pierre se détachent des murs, ils sont aussitôt remis en place ; que si la pluie ou de grosses eaux ont creusé un petit ravin, il ne tarde pas à être comblé, etc. Tout annonce l'œil et la présence du maître. Oh !

combien le tableau change de l'autre côté! c'est un pan de mur qui tombe, ce sont des poutres en l'air ou mal soutenues, des champs creusés, et dont toute la terre végétale est entraînée, et qui seront bientôt changés en vallons; en un mot, on ne voit que dégradations; mais comme dans cet état les dépenses que les réparations exigent seraient très-considérables, on laisse tont dépérir, et l'on est forcé de vendre à un prix très-modique un domaine autrefois excellent. Il ne faut pas des siècles pour produire ces désastres, c'est tout au plus l'affaire de huit à dix ans.

Rien ne vieillit sous un maître vigilant, rien ne devient caduc : il sait que la dépense d'un petit écu faite dans le principe lui économisera celle de 300 livres deux ou trois ans après, et quelquefois davantage; mais tout homme qui s'en rapportera à son fermier, à son maître - valet, à son homme d'affaires, sera trompé. Le premier ne lui proposera des réparations que dans les parties où il souffre; le second est à-peu-près indifférent sur tout, parce que, de quelque manière que les choses aillent, il est payé; le troisième répond *de minimis non curat prætor;* plus les réparations seront considérables et plus il gagnera. *Il n'est pour voir que l'œil du maître,* ai-je souvent répété après le bon La Fontaine; et j'ajoute, *pour faire exécuter il faut sa présence.* Aucune réparation qui concerne la maçonnerie, les toitures, les planchers, ne doit être remise à un temps éloigné, et bien moins encore toutes celles qui ont pour objet d'arrêter les progrès des eaux. (R.)

RÉPARER. C'est ôter avec une serpette bien tranchante toutes les bavures, les esquilles, les lambeaux d'écorce qui sont la suite de la fracture, ou de la coupe, ou du sciage d'une branche; c'est enfin unir une plaie pour empêcher les eaux pluviales de s'y arrêter et d'y faire naître un CHANCRE. *Voyez* TAILLE. (B.)

RÉPARÉE. Nom de la POIRÉE aux environs de Grenoble. (B.)

REPASSE. On donne ce nom, dans le commerce, à l'EAU-DE-VIE qui passe vers la fin de la DISTILLATION, et qu'on est obligé de distiller une seconde fois, à raison du peu d'ALCOOL qu'elle contient. *Voyez* ces mots. (B.)

REPENTIR. On donne ce nom au SARRASIN dans quelques parties de la Champagne, à raison de ce qu'il réussit rarement, tantôt parce qu'il ne lève pas, tantôt parce qu'il coule, tantôt parce qu'il se dessèche. Ce n'est en effet que dans les climats à atmosphère humide qu'il prospère constamment. (B.)

REPEUPLEMENT DES FORÊTS. *Voyez* au mot FORÊT.

Je voudrais ajouter à ce que dit mon collaborateur de Perthuis sur ce sujet que, dans les terrains frais, outre les peu-

pliers, il est encore avantageux de semer ou de planter des
frênes, et dans les terrains secs des pins, des sapins, des genevriers de Virginie, etc., parce qu'il est de leur nature de
croître à l'ombre des autres arbres. (B.)

REPIQUER, ou REPIQUAGE. On donne ce nom à la
plantation des arbres d'un ou deux ans, ou à celle des légumes et des fleurs qui ont été semés sur couche ou sur une
planche particulière. Il vient de ce qu'on emploie (trop souvent) un *piquet* de bois pour effectuer ces plantations, c'est-à-
dire le PLANTOIR. *Voyez* ce mot.

Le repiquage des arbres dans une pépinière a trois principaux motifs d'utilité : 1°. il espace les arbres à une distance
égale et proportionnelle; 2°. il donne de la nouvelle terre et
de la terre nouvellement remuée à leurs racines; 3°. il détermine la formation d'une plus grande quantité de chevelu. Aussi
les plants repiqués croissent-ils plus vite et sont-ils plus sûrs
à la reprise que ceux qui ne l'ont pas été. Il est même des
arbres, comme les pins, les sapins et congénères, qui viennent d'autant mieux, et craignent d'autant moins d'être re-
plantés, qu'ils ont été plus souvent repiqués; aussi, en bonne
culture, les change-t-on de place chaque année pendant les
trois premières de leur vie.

Le seul inconvénient du repiquage, mais il est grand pour
plusieurs espèces d'arbres forestiers, c'est de supprimer le
pivot, cette partie de la racine qui, s'enfonçant perpendiculairement, va chercher la nourriture à une grande profondeur, et assure les arbres contre les efforts des vents. *Voyez*
PIVOT.

Un repiquage, pour être bon, doit être fait en temps, en
terre et en exposition convenables pour chaque espèce d'arbre.
La terre doit être bien ameublie par des labours, cependant un peu plombée à sa surface autour du collet des racines. Ceux faits dans des rigoles creusées à la bêche ou à la
pioche valent mieux que ceux faits au plantoir, parce que cet
instrument tasse toujours la terre et donne souvent aux racines
une position forcée. Il en est de même pour les repiquages des
laitues, des choux, des melons, des fleurs et autres articles
du jardinage qu'on est dans l'usage de semer dans un lieu
différent de celui où ils devront grandir. Rarement j'ai vu
employer toutes les précautions nécessaires pour assurer la reprise et la bonne végétation des plantes soumises au repiquage :
aussi combien de milliers d'arbres et de plantes périssent-elles
à la suite de cette opération.

On repique pendant toute l'année, mais principalement au
printemps.

Il est toujours utile, à moins qu'il ne pleuve, et souvent

nécessaire d'arroser les plants repiqués, et de les garantir du
soleil pendant les deux ou trois premiers jours de leur transplantation, sur-tout lorsqu'ils ont des feuilles L'arrosement
tasse doucement la terre autour des racines, et facilite l'introduction de la sève dans leurs pores absorbans. La privation
du soleil diminue les effets de l'évaporation sur les feuilles
empêche qu'elles se fanent, etc. *Voyez* ARROSEMENT.

Le repiquage dans des pots ne diffère pas essentiellement
de celui en pleine terre. *Voyez* REMPOTAGE.

Il faut, autant que possible, conserver un peu de terre autour des racines du plant qu'on arrache pour le repiquer, ne
couper que ses racines altérées, et lorsqu'on veut supprimer
le pivot (on le veut presque toujours), le couper net avec une
serpette, à une raisonnable distance du collet des racines.
Voyez MOTTE.

Je ne m'étendrai pas plus sur ce sujet, quelque important
qu'il soit, parce qu'il a été traité, sous plusieurs de ses rapports. au mot PLANTATION. (B.)

REPIS. Second trait de la CHARRUE dans le département de
la Haute-Garonne.

REPLANT. Synonyme de PLANT. On emploie cependant
plus fréquemment ce mot pour les plantes herbacées que pour
les arbres. (B.)

REPLANTER. Ce mot a deux acceptions principales en
agriculture. On dit replanter un terrain qui était précédemment
planté, et replanter un arbre ou une autre plante qu'on veut
changer de place. Lorsque cet arbre et cette plante sont très-
jeunes on dit REPIQUER. *Voyez* ce mot et celui PLANTATION.

La plus importante des considérations qui doivent guider le
cultivateur qui veut replanter un terrain, c'est que chaque
espèce d'arbre épuise le sol des sucs qui lui sont propres; il ne
faut pas y mettre une seconde fois, sans un intervalle plus ou
moins long, selon la nature de l'arbre et la qualité du terrain,
la même espèce ou des epèces analogues. On trouvera au mot
ALTERNER le développement des principes sur lesquels ce principe est appuyé.

« On replante un bois, dit Rozier, qui ne produit plus
que des buissons, une avenue qu'on a coupée, un bosquet
qui est trop clair, un arbre qui est mort. Certainement les
arbres sont sujets à la mort, et il ne dépend pas plus de l'homme
de prévenir cet événement à leur égard qu'au sien propre;
mais pourquoi meurt-il tant d'arbres les deux premières années
de leur transplantation? C'est qu'on a planté à contre-temps,
que les eaux pluviales ont noyé leurs racines dans une fosse peu
profonde et qui a retenu l'eau; c'est que dans une fosse de
peu de profondeur et dont le terrain est sablonneux, la sé-

cheresse a frappé les racines, faute de quelques arrosemens. De la terre forte mêlée avec la terre sablonneuse, et la sablonneuse avec l'argileuse, auraient prévenu ces extrémités, sur-tout si la fosse avait été large et profonde, parce que les jeunes racines auraient eu la force de garantir l'arbre; ces arbres tiennent aux localités et au peu de prévoyance, mais la mutilation des racines tient au pépiniériste et au planteur. Un particulier va chez un pépiniériste et dans le nombre de ses arbres marque les plus beaux : ils sont superbes sur place, et lorsqu'on les aura sortis de terre ils seront réduits à l'état de piquets : en effet, comment concevoir qu'un ormeau, qu'un sycomore de 10 pieds de tige et de 6 pouces de circonférence par le bas, plantés à 18 pouces les uns des autres, puissent être enlevés de terre sans que leurs racines soient brisées, soient mutilées? Se figure-t-on que le marchand sacrifiera les voisins pour donner ceux que vous avez demandés, garnis de leurs racines et de leurs chevelus? A coup sûr il n'y trouverait pas son compte. La bêche est mise en terre à 9 pouces de distance du tronc, elle coupe et mâche les mères racines, et aussitôt après trois ou quatre hommes s'efforcent d'arracher l'arbre; s'il a fait quelques racines pivotantes et qui le retiennent, elles sont impitoyablement coupées comme les autres; enfin l'arbre est sorti de terre et livré à l'acheteur par le pépiniériste; de là il passe dans les mains du jardinier qui, sous prétexte de rafraîchir les racines, les mutile, les écourte et ensuite il plante son arbre : heureux encore ce pauvre arbre si la violence de l'arrachement n'a pas détruit tous ses chevelus! Et l'on veut, après cela, qu'on ne soit pas dans le cas de replanter! Le pépiniériste et le jardinier rejettent la mort de l'arbre sur la saison, tandis qu'on doit l'imputer à eux seuls. En effet, peut-on se persuader qu'un arbre de la grosseur et de la grandeur supposées puisse reprendre n'ayant que peu de racines, et des racines de 6 à 8 pouces de longueur; si on ne se hâtait de donner à ces arbres de fort tuteurs, il est impossible qu'ils ne fussent renversés par le plus léger coup de vent, puisqu'ils n'ont presque pas de point d'appui. Peu importe au pépiniériste que ses arbres prospèrent : plus il en mourra et plus il en vendra pour les remplacer. On replante souvent, parce que dans le principe, sous le prétexte de plus tôt jouir, on a planté trop près : il en résulte que le terrain est bientôt rempli des racines; que les plus fortes dévorent la substance des plus faibles, et que leurs arbres périssent; à cette époque, on replantera cent et cent fois et toujours inutilement. L'arbre replanté subsistera et végétera pendant un an ou deux et même trois, suivant le diamètre de la profondeur donnée à la fosse destinée à le recevoir. Les racines des arbres voisins, attirées par cette

terre meuble et nouvellement fouillée, se hâteront d'y pénétrer; mais dès qu'elles auront rencontré celles de l'arbre nouvellement planté, elles les dévoreront et l'arbre périra d'ina-
nition : d'ailleurs pendant le temps que le jeune arbre pousse
ses nouvelles branches, celles des arbres voisins se mettent à
leur aise, s'allongent et s'étendent, afin de mieux recevoir les
influences de la lumière et du soleil, et leur ombre étouffe le
jeune arbre en le privant des bienfaits dont elles jouissent. On
a sans cesse sous les yeux dans les promenades publiques, dans
les quinconces, l'exemple du peu de succès des replantations.
Le seul remède à opposer à ces abus, c'est de couper un arbre,
entre deux, sur toute la longueur et la largeur du quinconce.
Au premier coup d'œil après l'abattis il paraîtra de grands
vides; mais quatre ou cinq ans après la verdure sera aussi belle
que dans les premiers temps, les arbres épargnés en seront bien
plus beaux et leur existence assurée. » (B.)

RÉPONCE. *Voyez* CAMPANULE-RAIPONCE.

REPOS DES TERRES. D'un côté, la pratique des laboureurs leur prouve que toute terre qui a donné une ou deux
récoltes consécutives de céréales cesse d'être aussi fertile, et
qu'en la laissant reposer pendant une ou plusieurs années,
elle reprend de nouvelles forces, donne des produits plus abondans. De l'autre, il n'est personne qui ne puisse observer que
les bois, les prés, les pâturages subsistent pendant des siècles
avec une égale vigueur de végétation dans le même local.
Quelle est la cause de cette différence de résultat? Ce n'est que
depuis très-peu d'années qu'on la connaît, et cet ouvrage est
le seul où elle ait encore été développée avec toute l'étendue
qu'elle mérite, et appliquée à toutes les circonstances dans
lesquelles elle agit.

En effet, quoique Rozier et autres écrivains modernes l'aient
entrevue, c'est Th. de Saussure qui le premier a prouvé, par
des expériences rigoureusement exactes, 1°. que le terreau
ou humus était la seule partie solide qui entrât dans la composition de la sève des plantes ; que pour y entrer il fallait
qu'il fût à l'état soluble, et qu'il ne le devenait que successivement par l'action de l'oxygène de l'air, à moins qu'on
n'employât la potasse, la chaux et autres dissolvans du même
ordre; 2°. que les plantes tiraient, dans leur jeunesse, plus
de nourriture de l'air que de la terre; mais que, lorsque la fécondation était effectuée, elles en tiraient au contraire plus de
la terre que de l'air, et ce toujours en augmentant jusqu'à ce
que la graine fût complétement formée.

Plus les arbres sont jeunes où sont mous par nature, et plus ils vivent par leurs feuilles et leurs tiges. Les plantes grasses peuvent végéter et fleurir sans tenir à la terre (1).

D'après ces faits, on doit conclure que si un terrain ne contient que douze parties d'humus, dont deux seulement soient solubles, ces deux parties ne seront qu'au quart consommées par le blé qu'on y aura semé si on le coupe au moment de sa floraison, mais qu'elles le seront entièrement si on ne le coupe qu'après que sa graine sera arrivée à maturité. Il faudra donc, pour que la récolte suivante de la même plante soit également belle, qu'il y ait assez de temps écoulé pour que l'oxygène de l'air puisse décomposer deux autres parties de terreau ou d'humus ; mais, quoique continuelle, cette décomposition est fort lente, même lorsqu'elle est favorisée par des labours faits à propos : ainsi il faut attendre, pour réparer cette perte, une année entière. C'est sur cela qu'est appuyé le système des JACHÈRES, système bien réellement dans la nature ; mais que ce que je viens de dire prouve qu'on peut facilement suppléer, soit par le moyen des engrais, qui remplacent la portion d'humus soluble absorbée, soit par celui de la chaux, qui accélère la solubilité de la portion d'humus restant, soit enfin en semant, après le blé, des plantes destinées à être coupées avant leur fructification, c'est-à-dire qui consommeront chaque année moins que les deux parties d'humus supposées solubles, telles que des prairies artificielles, comme la luzerne, ou des graines dont la fane doit être coupée en vert comme la vesce, ou des racines bisannuelles, qui doivent être arrachées dans le cours de l'hiver, comme les raves, les carottes, etc. C'est d'après ces principes, sur lesquels reposent les bases de la théorie et de la pratique de la véritablement bonne agriculture, que sont rédigés les articles fondamentaux de ce Dictionnaire.

Toujours donc on peut se dispenser, au moyen des engrais, des amendemens et d'un système régulier d'assolement, de laisser reposer les terres ; même on peut leur faire porter des récoltes doubles, triples chaque année. Ce résultat n'est borné que par le manque de capitaux ou de débouchés, et ce seulement pour les gros propriétaires, car les petits, en travaillant et consommant, se mettent au-dessus de ces circonstances.

L'objet que je traite est susceptible de fort longs développemens ; cependant je m'arrête pour éviter un double emploi.

---

(1) Depuis que ceci est écrit, M. Mathieu de Dombasle a émis l'opinion que ce n'est pas véritablement avec les sucs de la terre que les grains se perfectionnent, mais aux dépens de ceux qui se sont accumulés dans les tiges, les branches, les feuilles. Je ne nie point la prépondérance de ces raisons ; mais elles ne m'obligent pas à modifier ce qu'on vient de lire. *(Note de M. Bosc.)*

Voyez aux mots ASSOLEMENT, JACHÈRE, SUCCESSION DE CULTURE, etc. (B.)

REPOUGNER. C'est ébourgeonner la VIGNE la seconde fois, dans le vignoble de Bar. (B.)

REPRISE. *Voyez* TERRES REPRISES.

REPRISE. *Voyez* ORPIN.

REPRISE DES PLANTES. C'est le signe qu'elles donnent de leur végétation après avoir été replantées. Si l'on veut que la reprise soit prompte, qu'on ménage les racines des arbres, des plantes, ainsi qu'il a été si souvent dit dans le cours de cet ouvrage; qu'à la manière des jardiniers, on ne supprime pas toutes les racines des laitues, des choux, et que, du moment que le plant est hors de terre, jusqu'à ce qu'il soit replanté on le tienne dans l'eau. Les arbres, les arbustes, les plantes délicates demandent à être garantis du soleil pendant plusieurs jours de suite, et découverts depuis qu'il est passé jusqu'à son lever du lendemain; la terre demande à être tenue fraîche, et non pas noyée d'eau; la trop grande abondance d'eau nuit plus à la reprise qu'un peu de sécheresse. (R.)

RÉSÉDA, *Reseda.* Genre de plantes de la dodécandrie trigynie, et voisin de la famille des capparidées, qui renferme une douzaine d'espèces, dont une est d'un grand emploi dans l'art de la teinture, et une autre fréquemment cultivée dans les jardins pour la bonne odeur de ses fleurs.

Le RÉSÉDA GAUDE, *Reseda luteola*, Lin., a la racine annuelle, pivotante; les tiges droites, striées, rameuses, hautes de 2 à 3 pieds; les feuilles éparses, lancéolées, entières, avec une dent de chaque côté vers la base; les fleurs d'un vert jaunâtre, à calice à quatre divisions et disposées en long épi terminal. On le trouve dans toute la France, dans les bois, les terres incultes, le revers des fossés, etc. Ses fleurs se développent au milieu de l'été. Il passe en médecine pour apéritif et diaphorétique, mais c'est comme plante tinctoriale qu'il est principalement important à considérer, donnant une couleur jaune, solide, sans aucun intermédiaire. Sa culture a lieu en grand dans plusieurs cantons sablonneux de la France, et il y est l'objet d'un produit souvent fort avantageux. *Voyez* au mot GAUDE, où sa culture est indiquée.

Le RÉSÉDA JAUNE, *Reseda lutea*, Lin., a les racines pivotantes, annuelles; les tiges droites, cannelées, rameuses, hautes d'un à 2 pieds; les feuilles éparses, pinnatifides, à découpures ondulées; les fleurs jaunâtres, disposées en long épi terminal. Il croît dans toute l'Europe aux lieux secs, sur le revers des fossés, dans les champs en jachère, etc. On en obtient une teinture jaune, mais inférieure à celle du précédent, et qui n'est par conséquent pas employée.

Ces deux plantes ont une grandeur et un aspect qui autorisent à les faire entrer comme ornement dans les jardins paysagers, où elles se placent en petits groupes dans les parties les plus arides entre ou en avant des buissons des derniers rangs des massifs.

Le Réséda odorant a les racines annuelles, les tiges cannelées, rameuses, en partie couchées; les feuilles alternes, sessiles, tantôt entières, tantôt trilobées, toujours glabres; les fleurs blanchâtres avec les étamines rouges. Il est originaire d'Égypte, et se cultive beaucoup dans nos jardins, à raison de l'odeur suave de ses fleurs, qui se succèdent pendant presque tout l'été. Une terre légère et sèche, une exposition chaude c'est ce qu'il lui faut. Lorsqu'il se trouve dans un sol gras et ombragé, il pousse beaucoup de feuilles, mais ses fleurs n'ont presque point et même point d'odeur.

Cette plante doit toujours être semée en place, soit en pleine terre, soit dans des pots, car elle souffre beaucoup de la transplantation. Les plus petites gelées la font immanquablement périr; il ne faut par conséquent la semer que lorsqu'elles ne sont plus à craindre. On peut la conserver deux ou trois ans en coupant ses tiges en automne et en la mettant en serre pendant l'hiver. Sa croissance s'accélère en la semant dans des pots sur couche et sous châssis, soit qu'on veuille la laisser dans ces pots, soit qu'on veuille la placer, avec la motte entière, en pleine terre.

Cette plante n'a aucun autre agrément que l'odeur de ses fleurs; mais cette odeur est très-suave, sur-tout le soir quand on s'en trouve à quelque distance. Plus il fait chaud et plus cette odeur est intense et fixe. Sentie de près, il s'y mêle une odeur herbacée qui l'altère; aussi ne faut-il jamais la cueillir, soit pour la porter à la main, soit pour la mettre dans l'eau. Ceci indique qu'elle doit être placée aux environs de la demeure, sous les fenêtres des appartemens, dans les lieux où on va souvent. Il est agréable d'en avoir un pot sur l'escalier, sur la cheminée, même sur la table à manger. Les femmes sur-tout aiment beaucoup son odeur; aussi en voit-on à Paris pendant toute l'année, quoique les pieds qu'on fait fleurir artificiellement pendant l'hiver, dans des baches, en aient fort peu.

Il faut arroser le réséda pendant les grandes chaleurs, sans quoi il perd ses feuilles et meurt même souvent. (TH.)

RÉSERVE. Portion de bois qu'on laisse croître au-delà du temps fixé pour la coupe des taillis, afin qu'il s'y forme une futaie.

La formation des réserves ne doit avoir lieu que dans les

bois en bon fond, ainsi que l'a prouvé Varennes de Fenille. *Voyez* Forêt et Exploitation des bois. (B.)

RÉSERVOIR. Amas d'eau factice destiné soit à alimenter des jets d'eau et des cascades, soit à conserver le poisson pour l'usage journalier de la table, soit à arroser les terres. Dans tous les cas, il est toujours plus petit qu'un étang.

On construit les réservoirs ou en maçonnerie, ou en terre grasse corroyée. Souvent il est fort difficile de les empêcher de perdre leur eau, et alors la dépense de leur entretien devient fort considérable. Lorsqu'un réservoir prend une forme allongée, on lui donne ordinairement le nom de CANAL; lorsque l'eau qu'il contient est remplie de plantes aquatiques ou corrompue, il s'appelle une MARE; il prend la dénomination d'ABREUVOIR quand il sert à l'usage des bestiaux. Un réservoir, pour remplir tous les usages auxquels il peut être propre, doit être situé sur une hauteur, d'où il distribue ses eaux avec facilité. *Voyez*, quant à sa construction, les mots CANAL et ÉTANG.

On doit à M. Carena, *Mémoires de l'Académie de Turin*, le meilleur travail qui me soit connu sur la formation des réservoirs artificiels pour l'irrigation. Un canton qui suivrait ses conseils à la lettre, triplerait la masse de ses récoltes. Après lui, celui qui a le plus insisté sur leurs avantages est M. Goyon de la Plombaine, dans son ouvrage intitulé *la France agricole et marchande*. Je renvoie le lecteur à ces deux ouvrages et au mot ARROSEMENT.

Un des réservoirs existans qu'il convient de citer est celui de Caromb près Vaucluse; il contient 400,000 mètres cubes d'eau.

Voyez aussi l'important ouvrage de M. Jaubert de Passa, sur le cours des eaux des Pyrénées Orientales, dans les 23 et 24e. volumes des Mémoires de la Société royale et centrale d'agriculture. (B)

RÉSINE. Produit immédiat de la végétation, dont les principales propriétés sont de brûler avec flamme par le contact d'un corps actuellement embrasé, et d'être dissoluble dans l'esprit de vin et non dans l'eau. *Voyez* au mot GOMME.

Les chimistes modernes regardent les résines comme des huiles essentielles épaissies par la perte d'une partie de leur hydrogène et l'absorption d'une partie d'oxygène.

Il y a des résines solides et cassantes, des résines solides et non cassantes. Il y en a de molles et même de liquides.

Un grand nombre d'espèces d'arbres appartenant à des familles fort différentes fournissent des résines qui sont employées dans la médecine et dans les arts; mais en France il n'y a que ceux de la famille des conifères de qui on en retire, encore parmi les genres de cette famille les pins et les sapins sont-ils les seuls qui, sous ce rapport, intéressent les cultivateurs.

Le sapin commun, le sapin-pesse, le pin sylvestre, le pin maritime, le pin d'Alep et le pin-cembro donnent, soit naturellement, soit par incision, des résines qui se confondent continuellement dans le commerce les unes avec les autres.

La résine, ou poix résine jaune de Bourgogne, provient du pin sylvestre, ou pin de Genève, le seul de son genre qui croisse naturellement dans cette ancienne province.

La résine jaune se fabrique dans les landes de Bordeaux en faisant fondre ensemble le Baras et le Galipot que fournit le pin maritime. *Voyez* ces mots.

Le Brai gras, le Brai sec, la Poix noire, le Goudron, (*voyez* ces mots) ne sont que des mélanges de ces résines avec de la térébenthine, du noir de fumée et des sucs séveux, etc.

Les résines sont employées à un grand nombre d'usages, et leur commerce est d'une importance majeure pour quelques cantons de la France. Ce sont généralement les cultivateurs qui en font la récolte et qui la vendent de première main. Ils ne peuvent donc trop multiplier les arbres qui la produisent, arbres de la diminution desquels on se plaint presque par-tout. *Voyez* Pin, Sapin, Mélèze, Cèdre, Térébinthe.

M. Malus, dans un mémoire inséré tome 10 des *Annales d'agriculture*, a prouvé, par des expériences nombreuses, que les bois de pin, de sapin et de mélèze, dont on avait extrait la résine, étaient aussi durs, aussi forts et plus légers que ceux qui n'avaient pas subi cette opération. Les conséquences de ces expériences sont très-favorables aux propriétaires des forêts d'arbres résineux. (B.)

RESPICÉ. Parcelles de Paille qui résultent du Dépiquage du blé dans le midi de la France, et qui ne servent qu'à jeter sur le Fumier. *Voyez* ces mots. (B.)

RESSOLEMENT. Synonyme de Provignement dans le département des Hautes-Alpes. *Voy.* Vigne et Marcotte. (B.)

RESSUYÉE. On dit qu'une terre est ressuyée, lorsque la surabondance d'eau dont elle était imprégnée s'est infiltrée ou évaporée, et qu'il devient possible de la labourer, planter, etc.

Il n'est jamais bon de travailler les terres, ou de travailler dans les terres, avant qu'elles soient suffisamment ressuyées. Les pays où elles se ressuient difficilement, et ils sont nombreux, ne sont fertiles et même cultivables que les années où la sécheresse est dominante.

C'est par des fossés d'écoulement, par des rigoles, des sillons transversaux, etc., qu'on peut accélérer le ressuiement des terres. *Voyez* EGOUT DES TERRES.

Des marnes très-calcaires, des sables, etc., affaiblissent aussi la disposition des terres à conserver l'eau; mais leur emploi est très-coûteux. (B)

RESTENCLE. Nom vulgaire du PISTACHIER-LENTISQUE aux environs de Narbonne. (B.)

RESTOUBLÉ. C'est le CHAUME dans le département du Var. (B.)

RETAILLER. Donner le second LABOUR aux terres.

RÉTENTION D'URINE. Maladie causée par un obstacle à la sortie de l'urine de la vessie.

Souvent cette maladie cède à un régime rafraîchissant de quelques jours; souvent elle est grave, au point d'enlever dans le même nombre de jours l'animal qui en est affecté. C'est le cheval qui l'offre le plus fréquemment, à raison des services exagérés qu'on exige de lui pendant la chaleur. On trouvera des développemens suffisans sur ce qui la concerne aux mots NÉPHRITE, CYSTITE et MÉDECINE VÉTÉRINAIRE. (B.)

RETERSAGE. Nom du second labour de la vigne dans le département de la Haute-Saône. *Voyez* VIGNE et LABOUR. (B.)

RÉTIAU. Synonyme de râteau.

RÉTICULAIRE, *Reticularia.* Genre de plantes cryptogames de la famille des champignons, qui renferme un grand nombre d'espèces dont plusieurs causent souvent de grands dommages aux cultivateurs, et que cependant fort peu d'entre eux connaissent autrement que par leurs effets.

Ce genre a été subdivisé depuis peu en plusieurs autres, dont un a été mentionné sous le nom d'ÉCIDIE. Il se rapproche beaucoup des VESSES-LOUP, des URÉDOS et des SCLÉROTES. (*Voyez* ces mots.) Ses caractères présentent une pulpe plus ou moins molle, difforme, souvent très-grosse, étalée sur la terre ou sur les plantes mortes, ou sortant de l'écorce des plantes vivantes.

La RÉTICULAIRE DES JARDINS ressemble, dans sa jeunesse, à une masse d'écume, ensuite elle prend de la consistance et devient jaunâtre; à sa mort, elle est très-friable et remplie d'une poussière noire, qui, se dispersant par le déchirement de sa membrane extérieure, laisse voir un réseau intérieur blanchâtre. On la trouve quelquefois en masses d'un demi-pied de diamètre sur les fumiers, la tannée des serres, les vieilles couches, etc. Je la cite à raison de son abondance dans certains lieux; car elle ne fait du mal que lorsqu'elle embrasse des végétaux par le pied, circonstance peu commune et à laquelle on peut toujours s'opposer facilement au moyen de beaucoup de surveillance.

La Réticulaire jaune et la Réticulaire charnue ne diffèrent pas de cette première par leurs effets, mais sont un peu plus rares.

La réticulaire des blés de Bulliard est aujourd'hui un Urédo. *Voyez* ce mot. (B.)

RÉTILLIER. C'est, dans le département des Ardennes, rassembler le foin qu'on vient de couper ou de faner.

RÉTOIRE, FEU MORT. Médecine vétérinaire. On donne ce nom aux substances qui, appliquées en manière de topique sur le corps de l'animal vivant, et fondue par la lymphe dont elles s'imbibent, rongent, brûlent, consument, détruisent les solides et les fluides, et les changent, comme le ferait le feu même, en une matière noirâtre, qui n'est autre chose qu'un véritable escarre.

Ces substances sont encore appelées caustiques, cautère potentiel. C'est par leurs degrés divers d'activité que l'on en distingue les espèces. Les unes agissent seulement sur la peau, les autres n'agissent que sur les chairs dépouillées des tégumens ; il en est enfin qui opèrent sur la peau et sur les chairs ensemble.

Les premiers de ces topiques comprennent les médicamens que nous nommons proprement rétoires et qui, dans la chirurgie humaine, sont particulièrement désignés par le terme de vésicatoire ; les seconds renferment les cathérétiques, et ceux de la troisième espèce les escarotiques, ou ruptoires.

Les rétoires ou vésicatoires que la chirurgie vétérinaire emploie le plus communément sont les poudres de moutarde, de poivre long, d'ellébore, d'euphorbe, de cantharide, de méloë, etc., qu'on incorpore avec des substances capables d'en seconder l'action et de la maintenir sur la partie. On en forme des emplâtres en la mettant avec la cire, la poix blanche, la térébenthine ; des cataplasmes, en les liant avec du levain et du vinaigre ; des onguens, en les unissant au miel et au basilicum, etc.

M. de Soleysel prescrit une huile que le méloë rend vésicante. Cet insecte est désigné, dans le Système de la nature, par ces mots : *Meloë proscarabæus : Antennæ filiformes, elytrâ dimidiatâ, alæ nullæ*. On l'appelle encore *scarabæus majalis onctuosus*. Quelques auteurs le nomment *proscarabæus, cantharis onctuosus*, le scarabé des maréchaux. Il est mou et d'un noir foncé, il a les pieds et les fourreaux coriaces. On le trouve pendant les mois d'avril et de mai dans des terrains humides et labourés, ou dans les blés.

On prend un certain nombre de ces insectes, que l'on broye dans suffisante quantité d'huile de laurier ; on les y laisse pendant l'espace de trois mois dans un vase bien fermé ; ce temps expiré, on fait chauffer le tout ; on coule ou jette le marc, et on garde l'huile pour le besoin.

Quelque précieux que ce remède ait paru à M. de Soleysel pour dissiper des Sur-Os, des Molettes, des Vessigons (*voyez* ces mots), l'expérience a prouvé néanmoins plus d'une fois qu'il était inutile et impuissant dans ces différentes circonstances.

Quelques praticiens, et M. Soleysel lui-même, conseillent, avant d'appliquer le rétoire sur les sur-os et autres tumeurs osseuses, de les battre légèrement avec une petite planche, à travers laquelle on a fait passer une douzaine de petits clous d'épingle ; ils prétendent que la partie ainsi préparée reçoit plus facilement et plus sûrement le rétoire.

Quoi qu'il en soit, les effets des rétoires sont d'une part l'ébranlement du genre nerveux et de l'autre l'évacuation qu'ils procurent. L'un et l'autre sont quelquefois à désirer en même temps, comme dans un Claveau confluent (*voyez* ce mot), dont l'éruption est difficile dans le plus grand nombre des maladies épizootiques, pestilentielles, malignes, où il s'agit souvent d'irriter, et où il n'importe pas moins d'ouvrir une porte à une portion de l'humeur morbifique, et d'en débarrasser la masse. Ils sont indiqués encore dans les affections soporeuses, dans l'Apoplexie, dans la Paralysie (*voyez* ces mots), où l'on ne se propose que l'agacement des fibres pour parvenir au rétablissement de la sécrétion de la lymphe nervale ; enfin il est des cas où l'on n'attend de ces médicamens qu'une évacuation salutaire : tel est celui dans lequel on se voit contraint de rappeler une suppuration indûment supprimée, ce qui arrive quelquefois, eu égard à certaines Affections cutanées, aux Crevasses, aux Malandres, au Farcin, etc. (*Voyez* ces mots.) Tels sont de plus les catarrhes, les maux d'yeux : mais ici le séton est à préférer aux rétoires et même aux cautères, que nous pratiquons très-peu, attendu qu'il nous est beaucoup plus commode d'entretenir la suppuration par des mèches que par les corps étrangers, qu'on est dans l'obligation de tenir dans ces mêmes cautères et qui peuvent facilement être dérangés.

On doit bannir au surplus les rétoires dans les cas d'inflammation, d'éréthisme, de crispation, soit universelle, soit particulière. Dans le premier, la fièvre et l'incendie augmenteraient, tandis que dans le second la mortification serait à craindre. (R. et Des.)

RETOURS. Ce sont, aux environs de Bordeaux, les pousses de la vigne qui sortent du vieux bois, et que l'on conserve pour asseoir la taille les années suivantes, et empêcher le cep de trop s'élever. *Voyez* Vigne.

RETOUR Les arbres en retour sont ceux qui ont des marques sensibles de dépérissement, tels que le desséchement des branches supérieures. Ils demandent à être coupés, parce que, quoiqu'ils croissent encore en grosseur, ils sont exposés à se carier intérieurement *Voyez* Bois et Carie. (B.)

RETRAIT. Se dit des semences qui ne sont pas parvenues à parfaite maturité par des circonstances particulières, ou par la faute des cultivateurs. On connaît les blés retraits à leur petitesse et aux rides dont ils sont chargés. La farine qu'ils fournissent est peu abondante et de mauvaise qualité. *Voyez* Blé, Froment, Semence.

Toute graine retraite ne vaut rien pour être semée, attendu qu'elle lève rarement, et que, lorsqu'elle lève, ses produits sont faibles et de peu de durée. *Voyez* Graine et Semis. (B.)

RETRAITE. Maladie du pied des chevaux causée par un clou qui, dans l'opération de la ferrure, s'est divisé en deux parties, dont l'une a blessé la sole charnue, et l'autre est sortie à l'ordinaire.

On ne reconnaît pas toujours facilement la retraite, mais quand on la connaît, on la traite comme l'Enclouure. *Voyez* ce mot et ceux Ferrure, Clou de rue (B.)

RETRANCHER. On appelle ainsi, dans quelques endroits, les labours croisés; labours trop vantés et qui ne doivent être exécutés que dans le cas où le premier serait mal fait. *Voyez* Labour. (B.)

RÉVEILLE-MATIN. *Voyez* Euphorbe.

REVENUE. Expression forestière, qui signifie la pousse des bois qui viennent d'être coupés. C'est de la beauté de la revenue que dépendra, pendant toute sa durée, celle du taillis, et même de la futaie, dont elle est le commencement. *Voyez* Bois. (B.)

REVENURE. Seconde pousse de la vigne après la gelée, dans les environs de Toul. Le liverdun et le verdunois ont principalement cette précieuse propriété. *Voyez* Vigne.

REVERDIR, ou devenir vert une seconde fois. Dans certaines circonstances, des arbres poussent de nouvelles feuilles même de nouvelles fleurs; c'est un signe de souffrance : par exemple, si une sécheresse forte, soutenue, et encore augmentée par la chaleur, dissipe l'humidité et empêche en grande partie la sève de monter des racines aux branches, il est clair que ce peu de sève ne peut plus entretenir la végétation dans toute son activité. Il faut donc que les feuilles tombent. Le bouton, toujours placé à la base du pétiole et dont la feuille était la nourrice, périt si la sécheresse a lieu au printemps. Il se développe au contraire après la première pluie, lorsque la sécheresse a été tardive. Ce bouton devait naturellement ne feuiller et ne fleurir que l'année d'après ; mais dans le cas présent il s'épanouit, parce que la pluie a redonné de l'activité à la sève, et cette sève agit, comme au premier printemps, sur des boutons qui se trouvent assez formés pour s'épanouir. Cette manière de reverdir est forcée, et nuit beaucoup à l'arbre, puisqu'une partie de ses boutons, destinés à pousser, l'année suivante, devance l'époque de leur développement, et prive l'arbre de ses ressources futures. Les vieux arbres et certains arbres (le TILLEUL) sont beaucoup plus sujets que les autres à ces développemens forcés ; leurs canaux séveux sont beaucoup plus oblitérés que dans les jeunes troncs ; la sève y monte donc avec moins d'impétuosité, moins d'abondance, et est moins raffinée ; dès-lors les boutons sont plus tôt formés et propres à produire des feuilles et des fleurs.... On voit souvent les arbres reverdir et fleurir après les gelées. On voit à Orléans, dans la cour d'une des principales auberges, un marronnier d'Inde se dépouiller deux fois l'année, et refleurir de nouveau. On m'a assuré, sur les lieux, que la seconde feuille était constante chaque année. Je l'ai vu chargé de fleurs dans le courant de septembre. A quoi tient ce phénomène annuel? (R.)

REVERS DES FEUILLES. *Voyez* FEUILLE.

REVIN. On donne ce nom, dans le département du Gard, aux petits VINS retirés des MARCS pressurés, sur lesquels on a jeté de l'eau. (B)

REVIVE. Synonyme de REGAIN, dans les environs de Nevers. (B.)

REY. C'est le soc de la charrue dans le département du Var.

REYREBI Seconde eau mise sur la RAFLE, après son pressurage, dans les parties méridionales de la France, dans le but d'enlever les dernières portions de jus qu'elle conserve. *Voyez* VIN. (B.)

REYVIRAS. Second LABOUR que reçoivent les terres à FROMENT, dans le département de la Haute-Vienne. (B.)

REZE. On appelle ainsi, dans certains lieux, les SILLONS profonds qui divisent les terres cultivées en billons, et qui servent à l'écoulement des EAUX. Ils diffèrent des MAITRES, en ce qu'ils sont toujours parallèles à la direction des autres sillons. *Voyez* LABOUR. (B.)

RHAMNOIDES. Famille de plantes qui a pour type le genre NERPRUN (*rhamnus*, en latin). Elle réunit vingt genres qui, la plupart, renferment des espèces qui sont susceptibles d'être cultivées en pleine terre dans nos jardins.

Ceux de ces genres les plus dans le cas d'être cités ici sont ceux appelés STAPHYLIN, FUSAIN, CÉLASTRE, CASSINE, HOUX, APALANCHE, NERPRUN, JUJUBIER, PALIURE, CÉANOTHE, PHYLIQUE et AUCUBE. (B.)

RHAPONTIQUE. Espèce de RHUBARBE.

RHEDHIBITION. On appelle ainsi la remise par l'acheteur au vendeur d'un animal à lui vendu comme bon, et en qui il a été reconnu des défauts ou des maladies cachées qui le rendent impropre au service qu'il en attendait.

La loi a fixé les cas ou défauts et les maladies qui donnent lieu à la redhibition, c'est-à-dire les CAS REDHIBITOIRES. *Voyez* ce mot. (B.)

RHENNE, *Cervus tarandus.* Quadrupède du genre des cerfs, qui se trouve sauvage et domestique dans le nord de l'Europe, et qui, à raison des services qu'il rend aux habitans voisins du cercle polaire, mérite de trouver place ici.

La taille du rhenne est à-peu-près la même que celle du cerf, mais ses jambes sont plus courtes. Son bois, qui tombe toutes les années, est dirigé en arrière, recourbé en devant, et offre à la base deux andouliers presque parallèles, dirigés en avant et au sommet, dans le mâle, une fourche, et dans la femelle une empaumure à quatre ou cinq andouliers. Il paraît au reste que la forme de ce bois varie. Un gris brun avec du gris blanc sur la tête, sur le cou, sur les fesses, sous le ventre et sur les pieds, forme la couleur de son poil. Un fanon garni de poils grisâtres pend sous son cou.

On trouve le rhenne sauvage entre le cercle polaire et les bords de la mer Glaciale, en Europe, en Asie, ainsi qu'en Amérique. Sa chair sert de nourriture, et sa peau est employée aux vêtemens des habitans de ces tristes climats. En Amérique, où il est connu sous le nom de caribou, il forme d'innombrables troupeaux. En Europe et en Asie, il est devenu plus rare, mais il a été rendu domestique, et se conserve à l'abri de l'intérêt de la propriété. Chez les Lapons, qui paraissent être le peuple qui en a su tirer le meilleur parti, il remplace le cheval, la vache et la chèvre; c'est-à-dire que ces peuples l'emploient à tirer les traîneaux dans lesquels ils voyagent ou avec lesquels ils transportent leurs marchandises; qu'ils obtiennent des femelles un lait qu'ils boivent, ou dont ils font des fromages excellens, et du beurre qui a la consistance et l'aspect du suif. Leur chair est très-bonne à manger, et leur peau extrêmement propre à être passée en mégisserie. La richesse parmi eux est calculée d'après le nombre de rhennes qu'on possède. Mille de ces animaux forment une fortune honnête. On les mène paître pendant l'été sur les montagnes, et on les renferme, pendant l'hiver, dans des espèces d'écuries voisines des habitations, où on les nourrit de foin, de ramilles et du lichen de leur nom, à cet effet récoltés en automne.

C'est par le cou qu'on attelle les rhennes, à-peu-près comme les chevaux. Les guides s'attachent aux cornes. Une longue baguette, terminée par un marteau, sert de fouet. Tantôt on en met une seule sur chaque traîneau, tantôt deux à la file ou de front. La plupart sont dressés à courir nuit et jour pendant cinq à six jours, en se reposant et mangeant toutes les deux ou trois heures.

Les femelles des rhennes sont en chaleur en mai, portent huit mois, et ne font qu'un petit. Un mâle peut suffire à plusieurs femelles. On châtre la plupart de ces derniers à la fin de leur première année, c'est-à-dire quand ils ont pris tout leur accroissement. La suite de cette opération est de les rendre plus dociles, et d'empêcher leurs cornes de tomber.

La vie des rhennes est, dans l'état sauvage, de vingt à vingt-cinq ans, et, dans l'état domestique, de douze à quinze.

On a fait, à différentes époques, des essais pour naturaliser les rhennes dans les pays tempérés; mais ils ont été sans succès. L'avant-dernière exportation qui ait eu lieu en France est vers 1780. Elle fut mise à l'école vétérinaire d'Alfort, et y a peu vécu. La dernière fut placée dans un parc, à 4 lieues est de Paris, appartenant à M. le maréchal duc de Trévise, et ne s'y est conservée que quelques mois. A Stockholm même, où l'on fait grand cas de la chair de cet animal, et où on en amène de grandes quantités de Laponie, on ne peut les garder pendant l'été.

Les gants, les culottes, et autres ouvrages de ce genre, faits en peau de rhenne, sont les meilleurs connus : aussi ces peaux sont-elles l'objet d'un commerce fort important. C'est de la baie d'Hudson qu'il en vient le plus. (B.)

RHIZOPHORE, *Rhizophora*, Lin.; nom donné au MANGLIER et au PALETUVIER. *Voyez* ces mots. (D.)

RIBOULIS. Terres qu'on laboure immédiatement après la moisson, pour les semer avant l'hiver en VESCE, en COLZA, etc. Ce mot est employé dans le Laonnais. (B.)

RHINANTHOIDES. Famille de plantes appelées PÉDICULARIÉES par Jussieu.

Outre les genres COCRÈTE (*rhinanthus*, Lin.) et PÉDICULAIRE, cette famille comprend celui POLYGALA (qu'on en a dernièrement séparé), et ceux CALCÉOLAIRE, VÉRONIQUE, EUPHRAISE, MÉLAMPYRE, DISANDRE et CASTILLEJA. Ces deux derniers sont les seuls dont aucune des espèces n'est cultivée en pleine terre, dans le climat de Paris. (B.)

RHODORACÉES. Famille de plantes que Jussieu nomme RHODODENDRÉES. Il renferme, outre les genres RHODORE et ROSAGE (*rhododendron*, Lin.), qui lui servent de type, ceux KALMIE, ÉPIGÉE, AZALÉE, MENTZIESE, LÈDE, BÉJAR et ITÉE. Cette famille est peu distincte de celle appelée ÉRICÉE par Jussieu, et BICORNE par Ventenat. (B.)

RHUBARBE. Sorte de fromage qu'on fabrique à Roquefort, avec les râclures de ceux destinés au commerce. Ils sont globuleux. *Voyez* FROMAGE. (B.)

RHUBARBE, *Rheum*. Genre de plantes de l'ennéandrie trigynie, et de la famille des polygonées, qui renferme huit espèces, dont cinq sont dans le cas d'être cultivées pour l'usage de la médecine et même pour l'agrément.

Ce genre, fort voisin de celui des PATIENCES, offre des plantes à grosses racines vivaces, à grosses tiges creuses, rameuses, hautes de 3 à 4 pieds et plus; à feuilles alternes, les inférieures pétiolées, extrêmement grandes (plus d'un pied de diamètre), les supérieures sessiles; à fleurs blanchâtres, petites, disposées en vastes panicules formés par des panicules particuliers sortant des aisselles des feuilles supérieures.

La RHUBARBE RHAPONTIQUE a les feuilles en cœur, obtuses, avec leurs nervures de dessous velues; elle est originaire de Hongrie. On la cultive depuis long-temps dans les jardins, pour l'usage de la médecine; mais je ne sache pas qu'on en ait jamais fait de plantations en grand. C'est un purgatif astringent, d'un emploi fréquent dans les diarrhées.

La RHUBARBE ONDULÉE a les feuilles oblongues, fortement ondulées sur leurs bords, légèrement velues : elle est originaire de la Tartarie chinoise. Quelques personnes prétendent que c'est elle qui fournit la véritable rhubarbe des boutiques ; d'autres soutiennent que c'est la suivante ; d'autres, que c'est la palmée. Il est très-probable que toutes les trois en fournissent, car leurs racines diffèrent peu.

La RHUBARBE COMPACTE a les feuilles presque lobées, dentelées, fort glabres : on la trouve sur les montagnes de la Tartarie chinoise. Ce que j'ai dit de la précédente lui convient parfaitement.

La RHUBARBE PALMÉE a les feuilles palmées et rudes au toucher : elle est originaire de la Tartarie chinoise. On la regarde comme la véritable ou, mieux, la meilleure rhubarbe; mais on ne sait réellement rien de positif sur ce fait.

On peut manger et on mange, dans quelques lieux, les jeunes tiges, les pétioles et les feuilles de ces trois herbes. On trouve même, dans le second volume des Transactions de la Société horticulturale de Londres, un mémoire sur les moyens de les faire blanchir.

On ne cultive point les rhubarbes dans le pays dont elles sont originaires; on va récolter tous les ans, pendant l'hiver, les racines de celles qui sont parvenues à la grosseur convenable, sur les montagnes où elles se trouvent, et cette opération se fait sous l'autorité du gouvernement. Voici ce qu'en dit Forster.

« Les racines sont souvent de 2 pieds de long et de la grosseur de la jambe, quelquefois plus longues et presque de la grosseur du corps : il leur faut environ cinq années pour arriver au point de perfection désirable. Elles sont pleines d'un suc jaune, dans lequel réside leur vertu : si on tardait à les dessécher, elles pourriraient ; si on le laissait couler, elles deviendraient légères et perdraient de leur prix ; c'est pourquoi aussitôt qu'elles sont arrachées, on commence à effectuer leur dessiccation sur des tables, après les avoir pelées et coupées en morceaux gros comme le poing. Au bout de cinq à six jours, on perce ces morceaux, on les enfile à des ficelles, et on les suspend à l'abri du soleil : elles se dessèchent complétement dans l'espace de deux mois. Elles perdent six septièmes de leur poids par la dessiccation. »

Ces trois espèces de rhubarbe, et principalement l'ondulée, sont cultivées dans plusieurs parties de la France, et aux environs de Paris, dans les champs. Beaucoup de jardins en contiennent : j'en ai pratiqué et suivi la culture.

Une terre profonde, grasse et fraîche est celle où la rhubarbe prospère le mieux : elle s'accommode assez de l'ombre des grands arbres et de l'exposition du nord. On peut la multiplier de graines ; mais comme il est rare qu'elles soient fertiles dans le climat de Paris, et qu'il faut attendre longtemps (six à sept ans) leur produit, on en fait fort rarement usage ; c'est de bourgeons enlevés au collet des racines qu'on la reproduit. Il suffit qu'il y ait un demi-pouce de racine au-dessous de ces bourgeons pour qu'on soit assuré de leur reprise. Une racine de quatre à cinq ans en donne jusqu'à trente ou quarante : on peut sans grand inconvénient éclater ceux qui sont extérieurs, sur les racines qui sont destinées à rester en terre. L'époque de cette opération est la fin de l'hiver, lorsque ces bourgeons commencent à se montrer hors de terre.

On plante les bourgeons de rhubarbe entre 4 et 6 pieds de distance en tous sens (moins écartés dans les terres médiocres, plus dans les terres fertiles) après les avoir laissés se faner un jour à l'ombre, afin que la plaie se cicatrise un peu. Si la terre ou le temps n'est pas humide, des arrosemens légers deviennent avantageux au succès de leur reprise ; des pluies continuelles sont très à craindre, parce qu'elles provoquent leur pourriture.

Comme pendant les deux premières années les feuilles des pieds de rhubarbe ne remplissent pas l'espace laissé entre eux, il sera bon d'y planter quelques touffes de légumes ou autres objets.

Au moins deux binages d'été et un labour d'hiver sont de rigueur pour accélérer la croissance des pieds de rhubarbe. Il faut éviter d'arracher ou de couper leurs feuilles, parce qu'elles concourent précisément au même but.

C'est la quatrième ou la cinquième année que la rhubarbe est bonne à être arrachée; plus tôt, elle est molle, peu résineuse, et perd, dit-on, jusqu'à onze douzièmes de son poids par la dessiccation; plus tard, elle se creuse et même se pourrit au centre, devient filandreuse en ses bords. On l'arrache à la fin de l'automne, dès que ses feuilles sont fanées, et de suite on la pèle et on la prépare comme il a été dit plus haut.

Généralement on laisse monter les tiges qui le veulent, et beaucoup le veulent la seconde et encore plus la troisième année. Peut-être serait-il bon, non de les couper, ce qui entraînerait la pousse de rejets épuisans, mais de les tordre pour les empêcher de fleurir. Je dis peut-être, parce que je n'ai point d'expérience à citer pour appuyer ce que la théorie m'indique sur cet objet.

Au prix où est la rhubarbe de Russie ou de Chine depuis une vingtaine d'années, il semblerait que la culture de cette plante devrait être extrêmement fructueuse. Quelques personnes en ont, à ma connaissance, tiré de grands bénéfices, mais quelques autres n'ont pas pu trouver à en vendre les produits. Se fondant sur l'apparence de celle qui vient de Tartarie, les droguistes refusent de prendre celle de France, ou en offrent un prix inférieur à ce qu'elle a coûté à produire : cette apparence, qui sans doute n'est due qu'à ce que cette dernière est plus fraîche, n'a pas encore pu lui être donnée.

Au reste, les essais faits à Paris et ailleurs ont constaté que la rhubarbe cultivée en France était aussi bonne que celle venue de son pays natal, seulement qu'il fallait la donner à plus forte dose.

La RHUBARBE ACIDE, *Reum ribes,* Lin., a les feuilles obtuses, couvertes de tubercules en dessus et encore plus en dessous. Elle est indigène au Liban et autres montagnes de l'Asie. On la cultive, au jardin du Muséum, de graines apportées par La Billardière; mais on n'a pas encore pu l'y multiplier.

Voici une note qu'Olivier, de l'Institut, a remise à Desfontaines, à qui on doit une bonne description et une figure de cette plante. *Voyez Annales du Muséum.*

« Les Persans donnent à cette plante le nom de ricbas; elle croît naturellement dans les terres argileuses assez sèches, couvertes de neige une partie de l'année. Ils font grand cas des jeunes pousses, sur-tout des pétioles, qu'ils mangent crus, assaisonnés avec du sel et du poivre, après en avoir enlevé l'écorce, et qu'ils vendent dans les marchés; leur saveur est piquante et agréable; ils en expriment le suc, qu'ils évaporent et réduisent à l'état de sirop et de conserve avec du miel et du raisiné, et dont ils font de grands envois dans tout le pays. Ils les emploient aussi comme médicamens dans les fièvres putrides et malignes. »

Il y en a en Perse de deux sortes, la sauvage et la cultivée : cette dernière devient beaucoup plus grande. On la couvre de terre pour faire blanchir ses feuilles et ses tiges. (B.)

RHUBARBE DES MOINES. *Voyez* au mot PATIENCE, dont elle est une espèce.

RHUM. *Voyez* RUM et RACK.

RHUMATISME. Il est très-probable que les animaux domestiques sont affectés de rhumatisme ainsi que l'homme; mais comme cette maladie n'a pas de caractères extérieurs, il est impossible de savoir quand ils en sont attaqués, et par conséquent quand il convient de leur donner des remèdes propres à la combattre. Ce que quelques auteurs ont appelé rhumatisme dans les chevaux qui ne peuvent se tenir sur leurs jambes, et qui éprouvent un sentiment douloureux lorsqu'on touche les muscles de ces jambes, ne peut être assimilé à cette maladie. C'est probablement un commencement d'INFLAMMATION, bientôt suivie de la résolution, et qui quelquefois ne se termine que par un ABCÈS. *Voyez* ces deux mots. (DESP.)

RHUPS. Nom vulgaire du RAIFORT RAPHANISTRE dans le Médoc.

RIAIZE. Ce nom se donne, dans les Ardennes, aux plus mauvaises terres, qui sont presque toujours laissées en PATURAGE. *Voyez* ce mot.

Ces terres sont sur des rochers de calcaire primitif et ont fort peu de profondeur. *Voyez* CALCAIRE, LAVE, ROCHE, MONTAGNE. (B.)

RIBE. Nom d'un MOULIN à meule conique, tournant horizontalement dans un auget, comme les roues à huile, et qui sert en Franche-Comté et ailleurs pour broyer le CHANVRE et le LIN. Il est décrit et figuré dans la Feuille du cultivateur du 10 décembre 1791. *Voyez* ces mots. (B.)

RIBOGE. C'est la GESSE CULTIVÉE, à graine blanche, dans les environs d'Abbeville. (B.)

RICIN, *Ricinus.* On donne ce nom à un genre de plantes et à un genre d'insectes.

Le genre de plantes est de la monoécie monadelphie, et de la famille des tithymaloïdes.

Il offre un petit nombre d'espèces encore imparfaitement déterminées. Ce sont de grandes plantes, des pays chauds, à feuilles alternes, pétiolées, peltées, lobées, munies de stipules.

La seule dans le cas d'être citée est,

Le RICIN COMMUN, ou *palma christi.* Il a une racine ra-

meuse ; une tige droite, fistuleuse, branchue ; les feuilles larges
de plus d'un demi-pied ; a sept lobes pointus et dentés, d'un
vert obscur en dessus et blanchâtres en dessous ; les fleurs jaunâtres et naissant sur des épis axillaires. Il est originaire des
parties les plus chaudes de l'Asie, de l'Afrique et de l'Amérique, et fleurit au milieu de l'été. C'est une plante d'un beau
port, et qui orne parfaitement les grands parterres, le bord
des bosquets des jardins paysagers. Elle est bisannuelle, et
souvent haute de 20 à 30 pieds dans son pays natal ; mais ici,
comme elle est fort sensible au froid, elle ne s'élève qu'à 5 à
6 pieds, périt tous les ans, à moins qu'on ne la rentre dans la
serre avant l'hiver ; cependant quand elle a été semée avec les
précautions convenables, elle amène assez de fruits à maturité
pour être propagée l'année suivante. On tire, dans les pays
chauds, une huile de ce fruit, qui s'emploie pour brûler et pour
purger principalement les personnes sujettes aux vers. On en
fait sous ce dernier rapport un usage assez étendu en Europe.
Elle produit cet effet, même lorsqu'on l'applique simplement
sur le creux de l'estomac.

Dans le climat de Paris, la graine de ricin doit être semée
sur couche, dans de petits pots remplis d'une terre forte et
substantielle. Lorsque les plants qui en proviennent ont acquis
5 à 6 pouces de haut, et qu'on ne craint plus les gelées, on
peut les transplanter à demeure dans une terre bien amendée,
et dans un lieu abrité et exposé aux rayons du soleil.

Les feuilles de cette plante ont la propriété, appliquées
fraîches sur le sein, de faire passer le lait des femmes-nour-
rices, et leur usage est si général en Toscane, au rapport de
Décandolle, qu'on a consacré une des serres du Jardin botanique de Florence pour en avoir et en distribuer pendant
l'hiver.

Un are cultivé en ricin a donné, dans le midi de la France,
14 kilogrammes de graines, qui ont fourni un tiers d'huile.

L'huile de ricin est susceptible de se dissoudre en entier
dans l'alcool et de dissoudre facilement le copal ; ce qui peut
la rendre utile dans les arts et en étendre par conséquent l'emploi. Elle a été l'objet d'un très-bon mémoire de M. Planche,
pharmacien à Paris.

L'huile de ricin se tire, comme celle des autres graines, au
moyen de la pulvérisation et de la pression ; mais à l'Ile de
France, cette opération se fait par l'ébullition, au fond d'une
grande chaudière, de la pâte mise dans un sac, pâte dont l'huile
monte à la surface de l'eau.

Les Indiens et les Chinois ont trouvé le moyen de rendre
l'huile de ricin susceptible d'être employée comme aliment
en la faisant bouillir avec une petite quantité de sucre et d'a-

lun en poudre. Il paraît que ce procédé, essayé à l'Ile de France et à Paris, a donné des résultats satisfaisans.

On a proposé de cultiver cette plante en grand dans les parties méridionales de la France pour tirer de l'huile de ses graines ; mais cela ne me paraît pas pouvoir être mis en pratique d'une manière fructueuse, quoiqu'on l'ait tenté à Nîmes et à Albi ; car elle prend immensément de terrain, fournit fort peu de graines, et ces graines mûrissent successivement. En Caroline même, où le climat est plus chaud et où elle acquiert 12 à 15 pieds de haut et un diamètre égal à celui du bras, il m'a paru impossible d'en tirer parti sous ce rapport. Il faut donc se borner en France à cultiver cette plante comme objet d'ornement.

Le genre d'insectes est de l'ordre des aptères, fort voisin de celui des pous, dont il diffère en ce qu'au lieu d'un tube à la bouche, il a deux crochets écailleux, qui lui servent à s'accrocher aux poules, aux canards, aux pigeons et autres oiseaux, dont il suce le sang et qu'il tourmente beaucoup. On en compte une quarantaine d'espèces connues ; mais le nombre de celles qui se trouvent sur les oiseaux de l'Europe seulement doit être beaucoup plus considérable, car j'en ai souvent observé jusqu'à trois espèces sur un seul oiseau ; et il m'a paru que celles d'Amérique sont toutes différentes de celles d'Europe. Ce genre, au surplus, a été à peine étudié. Frische et Rhédi sont presque les seuls qui en aient figuré les espèces. On en trouve toute l'année ; mais c'est pendant les chaleurs de l'été que les oiseaux en sont le plus tourmentés. On doit les chercher principalement sous les ailes, sur la tête et autres endroits où le bec et les pattes ne peuvent pas atteindre.

Ceux qui vivent sur les trois oiseaux précités sont les seuls dans le cas d'intéresser les cultivateurs. Il est des cantons et des années où ils sont si abondans que les volailles maigrissent, et périssent même souvent par suite de leurs piqûres. Les moyens à employer pour les en débarrasser sont, dit-on, de les laver avec une décoction de feuilles de noyer, de feuilles de sureau ; le poivre et le staphisaigre vaudraient sans doute mieux, mais ces graines sont trop chères pour être employées en grand. Je crois que le moyen le plus simple est de tenir les poulaillers et les colombiers aussi propres que possible, d'y faire entrer des courans d'air qui s'opposent à la permanence de cette atmosphère chaude et humide qu'on y trouve si souvent, et qui est si favorable à la multiplication des insectes dans tous les pays du monde. J'ai vu des poulaillers, j'ai vu des colombiers en être infestés au point que ceux mêmes qui y allaient chercher les œufs ou les petits avaient en peu de minutes leurs habits couverts de ces insectes. On cite plusieurs des derniers qui ont été abandonnés des pigeons uniquement par cette cause. Dans ce cas, il faut, pour les y rappeler, nettoyer l'intérieur le plus exactement possible, et y employer pendant trois ou quatre jours consécutifs les procédés de désinfection de Guyton-Morveau. La vapeur d'acide muriatique non-seulement corrige le mauvais air, mais tue de plus tous les animaux qui se trouvent exposés à son action, sans en excepter les insectes, quoiqu'ils soient cependant ceux qui en supportent plus long-temps l'effet. *Voyez* DÉSINFECTION.

Les deux espèces qui se trouvent le plus abondamment sur les poules sont le RICIN DE LA POULE, qui a la tête pointue des deux côtés, et le RICIN DU CHAPON, dont l'abdomen est bordé de noir. Ils dépassent rarement une ligne de long. Le RICIN DU CANARD est allongé, pâle, avec le bord ponctué de noir. Enfin le RICIN DU PIGEON a le corps filiforme, ferrugineux, plus épais postérieurement.

Quelques naturalistes ont aussi donné le nom de ricin aux TIQUES (*acarus*). *Voyez* ce mot. (B.)

RIDEAUX. Plantation d'arbres ou d'arbustes qu'on fait dans les pépinières uniquement pour donner de l'ombre et favoriser le semis et le repiquage des plantes qui craignent le trop fort soleil.

On donne aussi quelquefois le même nom à des plantations qui ont pour objet de cacher un mur ou une vue désagréable.

Les arbres verts, et parmi eux principalement les thuyas et les genevriers, conviennent beaucoup pour faire des rideaux. On y emploie aussi fréquemment le peuplier d'Italie.

Ce que j'ai dit aux mots ABRI, OMBRE, PALISSADE et SEMIS me dispense de m'étendre plus au long sur l'objet des rideaux. (B.)

RIDELLE. Assemblage de pièces de bois de 2 ou 3 pouces de diamètre, parallèles entre elles et aux plans d'une charrette, à travers lesquelles passent un certain nombre de baguettes également parallèles.

Les ridelles varient en longueur, en hauteur, en force, selon l'objet qu'on a en vue, objet qui est toujours de retenir les matières légères qu'on met sur les charrettes, sans trop augmenter son poids. *Voyez* CHARRETTE, CHARIOT, CHAR. (B.)

RIEZ. On donne ce nom, dans toute la ci-devant Picardie, aux pâturages de mauvaise qualité, analogues aux LANDES par la nature des plantes qui y dominent. *Voyez* FRICHE et PATURAGE.

On peut, au rapport de M. Mathorez, rendre les riez productifs par la destruction des AJONCS, des JONCS, des CHARDONS, etc., et par des labours suivis d'engrais. *Voyez* ces mots. (B.)

RIGÉE. Plant de vigne en pépinière dans le département des Deux-Sèvres.

RIGOLE. On donne généralement ce nom à des fossés peu profonds, faits à la bêche, à la pioche ou à la charrue pour donner de l'écoulement aux eaux des pluies et des irrigations; mais par extension on l'a appliqué, dans les pépinières, à ces petites tranchées dans lesquelles on place le plant trop faible pour être disposé en quinconce, et dans les jardins à ces petites raies creuses dans lesquelles on sème les graines dont on veut que le produit soit disposé en lignes ou rangées.

La confection des rigoles, sous le premier rapport, est d'un usage très-fréquent dans la grande agriculture, sur-tout dans les pays plats et argileux. Il est des localités où sans elles on ne pourrait souvent obtenir de récoltes de céréales, parce que les champs y sont sujets à être noyés par les eaux. Indiquer les cas où elles sont nécessaires est chose impossible, puisque la nature et la disposition du terrain doivent seules toujours les déterminer. Je me bornerai donc à recommander de ne les point épargner, par de mauvaises raisons d'économie. *Voyez* Égout.

Sous le second rapport, les pépiniéristes tirent un grand parti des rigoles. Ordinairement elles ont 6 pouces de large sur autant de profondeur. On y place le plant près-à-près, c'est-à-dire à 2 pouces de distance, parce qu'il ne doit y rester qu'un an (très-rarement deux). J'ai indiqué, au mot Pépinière, le mode de leur établissement, j'y renvoie le lecteur.

Lorsque les rigoles sont destinées à recevoir des semis, on se contente de leur donner une profondeur d'un à 2 pouces, souvent même on les trace avec le bout du manche d'un râteau qu'on fait glisser le long d'un cordeau. Cette méthode de semer a des avantages marqués sur celle qu'on appelle à la volée. (*Voyez* au mot Semis.) Elle est employée de toute ancienneté dans les jardins et commence à l'être dans la grande culture, principalement en Angleterre. *Voyez* aux mots Rayon et Rangée.

Les rigoles destinées à l'irrigation des prés sont ordinairement faites à la pioche ou à la bêche; mais il est beaucoup plus expéditif et plus régulier d'y employer un coupe-gazon roulant, pour ensuite enlever le gazon avec la bêche. *Voyez* Irrigation, Pré, Coupe-Gazon, Rouleau coupant.

Enfin il est des rigoles dont l'objet est de réunir dans des étangs, des réservoirs, des mares, les eaux pluviales des plaines. Toutes les hauteurs des environs de Versailles en offrent des exemples, les jets d'eau des jardins de cette ville n'étant entretenus que par l'eau des étangs ainsi formés.

Je ne puis trop engager les propriétaires des plaines dénuées de sources ou de ruisseaux d'employer cet excellent moyen d'avoir de l'eau et de la bonne eau, comme on le verra aux articles ci-dessus cités. (B.)

RIGOLER. C'est faire des rigoles; mais on applique plus particulièrement ce mot à l'action de faire des rigoles dans les prés qu'on veut arroser par IRRIGATION. *Voyez* ce mot. (B.)

RIMOTTE. Synonyme de GAUDE dans le département de Lot-et-Garonne. *Voyez* MAÏS.

RIO. Synonyme de LISERON DES CHAMPS aux environs de Toul.

RIORTE. Synonyme de HART dans le département des Deux-Sèvres.

RITTE, RITTON, RITTER. Le premier de ces mots indique, aux environs de Mirecourt, une espèce de charrue sans oreille, au soc duquel, du côté droit, est un crochet qui reçoit, au moyen d'un autre crochet, une espèce de sabre recourbé de 2 pieds de long et de 2 pouces de large, lequel s'attache, à quelque distance de l'age, à un manche, de manière à faire, avec cet age, un angle plus ou moins ouvert à la volonté du laboureur.

Le second de ces mots désigne le sabre ci-dessus, et le troisième l'action d'employer le tout.

L'objet du rittage est de couper les mottes à mesure que le soc les renverse. Il remplit assez bien cet objet; mais je crois que l'emploi de la houe ou de la ratissoire à cheval, quoique exigeant deux opérations, est préférable, comme ayant une action plus complète et plus étendue. *Voyez* CHARRUE et LABOUR. (B.)

RIVELLE. En terme forestier, ce sont des brins de chêne en grume qu'on réserve pour les charrons lors de l'exploitation des bois. Si les charrons ne les achètent pas, on les équarrit et on les vend comme chevrons. (B.)

RIVERAIN. Ce mot signifie proprement celui qui a des terres sur le bord d'une rivière; mais il s'applique généralement, dans quelques lieux, à tous les tenans et aboutissans d'un bien. On est riverain d'une forêt, d'une route, du champ de Pierre, de la vigne de Jacques, etc. *Voyez* LIMITE et BORNE. (B.)

RIVIÈRE. Grand courant d'eau douce qui se jette dans un fleuve, c'est-à-dire dans un courant d'eau encore plus grand, qui a son embouchure dans la mer. *Voyez* le mot EAU.

Toute rivière a été RUISSEAU, et tout ruisseau FONTAINE, à moins que l'un ou l'autre ne sorte d'un lac ou d'un étang alimenté par les eaux de PLUIE. *Voyez* ce mot.

Les rivières ont une influence directe ou indirecte sur l'agriculture. Est-elle navigable, elle sert à l'exportation des produits de la terre ; ne l'est-elle pas, elle est employée à faire mouvoir des moulins, des forges et autres usines propres à faciliter l'emploi des produits de cette culture ; souvent ses eaux peuvent être employées à arroser les terres voisines. Dans l'un et l'autre cas, elle abreuve les hommes et les animaux domestiques, fournit, par les poissons qu'elle contient, un supplément de nourriture, et par les émanations de ses eaux entretient la fraîcheur et la vie à une distance considérable de ses bords.

Les rivières navigables et leurs bords, dans une étendue de 4 à 5 mètres, appartiennent au public. Les propriétaires riverains ne peuvent faire aucuns travaux dans l'eau de ces rivières et sur leurs bords sans une autorisation expresse de l'autorité.

Les rivières non navigables appartiennent au propriétaire ou aux propriétaires du sol qu'elles traversent ; il peut ou ils peuvent en employer l'eau à l'irrigation de ses ou de leurs prés, sous certaines restrictions. La pêche lui ou leur appartient également.

Lorsque les montagnes des chaînes centrales étaient six à huit fois plus élevées qu'aujourd'hui, les grandes rivières roulaient une épouvantable masse d'eau. C'est dans ces temps reculés qu'elles ont creusé les vallées où elles coulent, et dont elles ne remplissent plus qu'une fort petite partie de la largeur. Chaque année, elles diminuent proportionnellement à l'abaissement de ces montagnes et aux défrichemens, ou coupes de bois faites sur leurs sommets ou sur leurs pentes.

Une rivière est un mauvais voisin, dit le proverbe ; et en effet les terres qui formaient son ancien lit sont dans le cas d'être rongées par elle, d'être couvertes de ses eaux (*voyez* aux mots TORRENT, DÉBORDEMENT, INONDATION), inconvéniens qu'elle compense cependant quelquefois en favorisant les IRRIGATIONS, en formant des ALLUVIONS, et en couvrant les terres d'un LIMON régénérateur. *Voyez* ces mots.

Généralement, les champs voisins des rivières sont laissés en PRAIRIES NATURELLES, et leurs bords sont plantés en SAULES, en PEUPLIERS, en AUNES, en FRÊNES, etc. *Voyez* ces mots. (B.)

RIZ, *Oryza sativa*, Lin. Plante célèbre de la famille des graminées, qu'on croit originaire de la Chine ou des Indes, et qui est cultivée non-seulement dans ces deux vastes pays, mais dans les parties chaudes de l'Asie, de l'Afrique, de l'Amérique, ainsi qu'en Espagne et en Italie. Le riz nourrit les deux tiers des habitans du globe ; son grain se conserve très-longtemps ; il se mange pour ainsi dire sans préparation, avantage qu'il a sur le froment et nos grains d'Europe : cuit et crevé dans l'eau bouillante ou à sa vapeur, et assaisonné simplement d'un peu de sel ou de sucre, il forme une nourriture saine et substantielle, tandis que, pour être converti en aliment, le blé ne peut se passer des arts du meunier et du boulanger.

Le riz constitue seul un genre. Il est annuel et se sème tous les ans; ra racine est fibreuse, et ressemble à-peu-près à celle du froment; elle pousse des tiges hautes de 3 à 4 pieds, grêles, plus grosses cependant et plus fermes que celles du blé, et garnies de nœuds d'espace en espace. Les feuilles du riz sont longues, étroites, terminées en pointe, et placées alternativement; elles embrassent la tige par la base. Les fleurs, de couleur purpurine, naissent aux sommités des tiges, et forment des panicules comme celles du millet ou du panic; elles sont contenues, une à une, dans une balle sans arrête, à pointe aiguë, et à deux valves à-peu-près égales; chaque fleur est composée d'un calice à deux valves inégales, creusées en forme de bateau, l'extérieure sillonnée et surmontée d'une arrête, de six étamines, et d'un ovaire muni à sa base de deux écailles opposées et soutenant deux styles à stigmate plumeux. La semence ou graine renfermée dans le calice est oblongue, obtuse, sillonnée, dure, demi-transparente, et ordinairement blanche. *Voyez* à la fin de cet article l'analyse chimique et les propriétés et usages de cette semence.

Le riz est connu et cultivé de toute antiquité, par conséquent il doit en exister beaucoup de variétés. En général, il se cultive dans les lieux humides, marécageux ou inondés, et dans les pays chauds. Cependant on connaît plusieurs espèces de riz sec, à la croissance duquel les eaux pluviales suffisent. On peut aussi cultiver le riz jusqu'au 45e. degré. Les campagnes du Piémont, qui en sont couvertes, se trouvent à-peu-près à cette latitude (1).

Dans les Indes orientales, le riz est d'un très-grand commerce; on y en cultive beaucoup, tant parce que le climat et la nature des terres lui conviennent, que parce que les rivières y sont nombreuses et abondantes, et qu'il est par conséquent très-facile d'inonder les champs de riz. Le Malabar, l'île de Ceylan et celle de Java sont les lieux qui donnent

---

(1) Le riz vivace ou riz pérenne est une variété qui a été apporté par M. Poivre de la Cochinchine à l'Ile de France, où on le cultive, mais peu en grand, au Réduit et ailleurs. Il est plus petit que les autres variétés; et son grain, dépouillé de la balle, est brun et d'un excellent goût : je dis que les autres variétés, car il y a lieu de croire qu'il est vivace à la manière des ONAGRES, c'est-à-dire parce qu'il pousse de nouvelles tiges au collet de ses racines, et que ces tiges poussent ensuite de nouvelles racines, ainsi de suite.   (*Note de M. Bosc.*)

le meilleur. La presqu'île de Malaca, la Cochinchine et le royaume de Siam en produisent aussi baucoup de bon. Ce grain tient lieu de pain à tous les Indiens. Il sert à nourrir, dans ces pays, les équipages des vaisseaux marchands, tant des compagnies de l'Europe que des autres particuliers, et cette nourriture est beaucoup plus saine sur mer que le pain et le biscuit. On ne voit jamais de scorbut, ou que très-rarement, sur les flottes qui reviennent des Indes, et qui n'ont alors que du riz; au lieu qu'il y en a toujours plus ou moins sur les vaisseaux qui y vont, et dont les équipages sont nourris avec du biscuit. Enfin le riz est une bonne marchandise dans les pays des Indes ou de l'Asie où on n'en cultive point, comme les Moluques, l'Arabie et les bords du Golfe persique.

Le riz des Indes est beaucoup meilleur que celui de l'Europe. Il y en a une espèce au Japon dont le grain est fort petit, très-blanc, et le plus excellent qu'il y ait au monde; il est aussi nourrissant qu'il est délicat. Les Japonais n'en laissent presque pas sortir de leurs îles. Les Hollandais en apportent tous les ans un peu à Batàvia. Les naturels de ces îles en font une liqueur vineuse qu'ils appellent *facki* (1).

I. Culture du riz.

Dans les lieux où le riz est cultivé, le soin des terres devient pour l'homme une immense manufacture. Il importe donc d'entrer dans quelques détails à ce sujet. D'ailleurs le riz exige une culture particulière qui ne ressemble point aux autres, et qui demande à être circonstanciée. Par cette raison, je crois devoir d'abord faire connaître en peu de mots les méthodes locales employées par les principaux peuples qui cultivent cette plante précieuse. Je m'appuie pour cela de l'autorité et des observations de plusieurs naturalistes voyageurs qui se sont occupés de cet objet, tels que Sonnerat, Thunberg, Ceré, Catesby; et comme dans chaque méthode décrite il se trouve des omissions importantes, pour y suppléer, je présente ensuite au lecteur des vues générales, dont il lui sera aisé de faire l'application à tous les climats et à tous les lieux où le riz peut prospérer.

---

(1) Il existe dans l'Inde deux variétés de RIZ dont on fait le plus grand cas: l'une, le *benafouli*, a le grain très-long, très-grêle, très-blanc et odorant; l'autre, le *gouondoli*, a les grains ronds et fort nombreux.

L'empereur chinois Kang-hi a trouvé et propagé une nouvelle variété de riz d'un tiers plus précoce que les autres, et qui peut par conséquent mieux réussir dans ces pays. C'est le riz impérial. Il serait très-utile de se procurer ces variétés.

Le riz n'est sujet ni à la carie ni au charbon, mais il est fréquent que ses fleurs avortent, par suite des brouillards froids qui règnent à l'époque de la fécondation. *Voyez* COULURE.   (*Note de M. Bosc.*)

§ 1. *Culture du riz dans l'Inde.* Le riz étant le principal aliment des Indiens, ils se sont appliqués à sa culture. Comme ce grain demande beaucoup d'eau, et que la plus grande partie des terres, sur-tout à la côte de Coromandel, sont sèches et sablonneuses, leur industrie s'est appliquée à trouver des machines propres aux arrosemens.

Ils sèment d'abord après les pluies le riz fort épais dans un coin de rivière ou d'étang. Lorsque la plante est parvenue à la hauteur de 5 à 6 pouces, ils l'arrachent et la transplantent par petits paquets à une distance suffisante dans une terre préparée, et qui a reçu un bon labour à la charrue. Dans quelques parties de l'Inde, au lieu de transplanter le riz, on le sème à demeure avec une sorte de plantoir surmonté d'une trémie, qui, à chaque coup de plantoir, laisse tomber deux ou trois grains.

Quand le riz est mûr, on le coupe à la hauteur d'appui avec une grande serpette, et jamais rez terre comme nous coupons le blé en Europe. Les Indiens en forment des gerbes, qu'ils battent contre terre sur une aire convenable pour en retirer le grain. Après l'avoir ramassé, ils font un tas des gerbes, et les battent alors avec un bambou, afin que tout le grain qui peut s'y trouver encore en sorte.

Pour cette culture, toutes les terres sont divisées en petits carrés de 50 à 60 toises, séparés les uns des autres par une élévation ou rebord bien battu, de manière que chaque carré forme comme un réservoir où sont contenues les eaux absolument nécessaires à la croissance du riz. On les conduit par des rigoles d'un carré à l'autre, si bien qu'avec une seule bascule on peut arroser un terrain immense.

La bascule, que les Indiens appellent *picote*, est une machine également simple et ingénieuse, dressée sur le bord d'un puits ou d'un réservoir d'eaux pluviales, pour en tirer l'eau et la conduire ensuite où l'on veut. Elle est construite de la manière suivante : près du puits est plantée une pièce de bois fourchue par le haut; dans cette fourche est assujettie par une cheville une autre pièce de bois destinée à faire la bascule, et garnie d'échelons pour donner la facilité de monter et de descendre à celui qui fait mouvoir la machine. Ordinairement la partie inférieure de cette bascule est un gros tronc d'arbre, et lorsqu'il n'est pas assez lourd pour faire contre-poids, on y attache une grosse pierre. A la partie supérieure est fixée une perche, au bout de laquelle pend un grand seau de cuir. Un homme monte par les échelons au haut de la bascule, en se soutenant à un treillis de bambou élevé à côté de la machine; il fait plonger le seau dans le puits, après quoi il descend et fait remonter par son poids le seau, qu'un autre homme attend pour le verser dans un bassin, d'où l'eau se répand dans les rigoles, qui la distribuent dans tout le champ. Celui qui verse chante, pour s'exciter, ces paroles : Un, deux, trois, selon le nombre de seaux qu'il a vidés (1).

Lorsque l'eau des étangs est au niveau de la surface du terrain, les Indiens se servent pour l'arroser d'un panier rendu imperméable par un enduit de bouse de vache et de terre glaise. Ce panier est suspendu par quatre cordes. Deux hommes en tiennent une de chaque main ; ils puisent l'eau et la versent en balançant le panier.

Les rizières de l'Inde ne sont point malsaines, parce que, aussitôt que le riz a passé fleur, on en fait écouler l'eau, qu'on y introduit de nouveau un peu avant la parfaite maturité du riz. Avant de le récolter, on retire l'eau une seconde fois, et quand le sol est bien sec on enterre le chaume, et l'on dispose le terrain pour recevoir de nouveau riz.

§ 2. *Culture du riz au Japon.* Le grain de première nécessité pour les Japonais, dit Thunberg, est le riz. Ils n'ont pas d'autre pain que du gruau de riz extrêmement blanc et d'un goût exquis. Ils en mangent avec toutes les viandes. Voici comment on cultive ce grain au Japon. Dès les premiers jours d'avril, on bêche les champs destinés à le recevoir, ensuite on les submerge. Quand ces champs sont des vallées ou des terrains qui peuvent être inondés sans le secours de l'art et par leur propre situation, on les laboure avec une charrue attelée d'un bœuf ou d'une vache.

On commence par semer le riz sur une couche très-épaisse, semblable à celle que nous faisons pour nos choux. Quand il a acquis un pied à-peu-près de hauteur, on le transplante en pleine terre par bouquets, séparés de 10 à 12 pouces les uns des autres. C'est ordinairement le travail des femmes; elles sont obligées de marcher dans l'eau et dans la bourbe, où elles enfoncent à une assez grande profondeur.

Les Japonais inondent ordinairement leurs plantations de riz avec l'eau du ciel, qu'ils recueillent dans des terrains élevés, pour la répandre ensuite sur les plaines qui se trouvent au-dessous. Ces plaines sont garnies, dans toute leur circonférence, d'un petit parapet destiné à retenir l'eau, qu'ils font couler ensuite dans les vallons quand leurs rizières ont été suffisamment submergées. Le riz ne mûrit que dans le mois de novembre, alors on le coupe et on le rentre lié en bottes. Il se bat très-aisément, car il suffit de frapper les bottes contre un tonneau ou contre une muraille pour en faire tomber tout

_____

(1) Voyez Sonnerat, *Voyage aux Indes, pl.* 23, et le mot Puits.
(*Note de M. Bosc.*)

le grain ; mais on a beaucoup de peine à débarrasser ce grain de son enveloppe. Cette dernière opération ne se fait qu'à mesure qu'on en a besoin et de deux manières différentes, tantôt dans une espèce d'auge ou de mortier à plusieurs pilons mus par la roue d'un moulin à eau, et tantôt par un homme qui foule le grain avec les pieds, et l'agite avec un bâton pour le faire passer dans une espèce de chausse. Ces auges sont rangées sur deux lignes au nombre de quatre au moins de chaque côté. On bat aussi le riz à la porte des maisons, sur des nattes en plein air avec des fléaux à trois battans. Sur les vaisseaux, on le bat avec un pilon de bois dans une auge faite avec un tronc d'arbre creusé.

Le riz du Japon est le plus estimé de tous ceux qu'on récolte aux Indes orientales ; il est glutineux, nourrissant et d'un beau blanc.

§ 3. *Culture du riz à la Chine et à la Cochinchine.* Elle est à-peu-près la même dans ces pays que dans l'Inde et au Japon. Les laboureurs chinois sèment d'abord leur riz dans un petit champ, et le transplantent ensuite. Ils le plantent au cordeau et en échiquier, afin que les épis, appuyés les uns sur les autres, se soutiennent réciproquement et soient plus en état de résister à la violence des vents.

Quoiqu'il y ait dans quelques provinces de la Chine des montagnes désertes, les vallons qui les séparent sont couverts du plus beau riz ; l'industrie chinoise a su aplanir entre ces montagnes tout le terrain inégal qui est capable de culture. Pour cet effet, les habitans divisent, comme en parterre, le terrain qui est de même niveau, et disposent par étages, en forme d'amphithéâtre, celui qui, suivant le penchant du vallon, a des hauts et des bas. Ils pratiquent par-tout, de distance en distance et à différentes élévations, de grands réservoirs pour ramasser l'eau de pluie et celle qui coule des montagnes, afin de la distribuer également dans toutes leurs rizières. C'est à quoi ils ne plaignent ni soins ni fatigues. Ou ils laissent couler l'eau par sa pente naturelle des réservoirs supérieurs dans les rizières les plus basses, ou ils la font monter des réservoirs inférieurs, et d'étage en étage jusqu'aux rizières les plus élevées. Enfin les campagnes de riz sont inondées de l'eau des canaux qui les environnent, et les Chinois emploient pour élever les eaux certaines machines semblables aux chapelets dont on se sert en Europe pour dessécher les marais.

Les Cochinchinois, qui cultivent avec soin le riz, ne font point usage de machines, comme les Chinois, pour arroser leurs champs ; mais ils n'en ont pas besoin, leurs plaines sont dominées d'un bout à l'autre du royaume par une chaîne de hautes montagnes remplies de sources et de ruisseaux, qui viennent naturellement inonder les terres, suivant que leur cours est dirigé. Ils labourent leurs champs avec des buffles. Ces animaux, dont l'espèce est très-grande à la Cochinchine, sont plus forts que les bœufs dans les pays chauds, et ils se tirent mieux des boues. On les attelle exactement comme des chevaux.

Les Cochinchïnois, selon M. Poivre, cultivent six espèces de riz ; savoir, le *petit riz*, dont le grain est menu, allongé et transparent : c'est celui qui est le plus délicat, et qu'on fait manger aux malades ; le *gros riz* dont la forme est ronde ; le *riz rouge*, ainsi nommé, parce que le grain est enveloppé d'une peau de couleur rougeâtre, si adhérente, que les opérations ordinaires ne peuvent l'en détacher. Ces trois sortes de grains sont ceux dont le peuple se nourrit et qui font l'abondance : ils demandent de l'eau, et les terres qui les portent doivent être inondées. Enfin ils cultivent deux autres sortes de riz appelés *riz secs*, et dont nous parlerons bientôt.

§.4. *Culture du riz en Egypte.* Le riz est une des plus riches productions de ce pays. On ne le cultive en grande quantité que dans la basse Egypte, aux environs de Damiette et de Rosette. Voici ce que dit Savary sur cette culture : « On prépare les rizières au printemps. Dans un terrain de choix, on sème le riz, préalablement germé. Des bœufs, un bandeau sur les yeux, tournent des roues à chapelets, qui versent l'eau dans un bassin, d'où elle se répand dans les champs. On l'y laisse séjourner une semaine ; lorsque la terre en est profondément imbibée, hommes, femmes, enfans, nus jusqu'à la ceinture, marchent dans la boue, où ils s'enfoncent bien avant, et enlèvent sans effort toutes les mauvaises herbes. Ce travail fini, on arrache le riz de la pépinière, et on le transplante dans la rizière. Inondé chaque jour, il croît avec une rapidité étonnante. A la fin de juillet, les terrains qui bordent le Nil et les canaux en sont plantés. On le coupe en novembre ; on étend les gerbes sur l'aire. Un homme assis sur une charrette basse, à laquelle deux bœufs sont attelés, et dont les roues sont tranchantes, se promène dessus la paille et la hache en morceaux. Le van la sépare du grain ; il est transporté dans des magasins, où l'on se sert d'un moulin propre à détacher la pellicule qui l'enveloppe : ainsi préparé, on y mêle du sel, et on le serre dans des couffes faites de feuilles de dattier.

Aussitôt que le riz est coupé, les cultivateurs arrachent le chaume, donnent un léger labour à la terre, et sèment l'orge, qui mûrit en peu de temps. Il y en a qui font succéder au riz une plante fourragère. Elle croît avec une extrême promptitude ; on la fauche trois fois avant la saison propre à transplanter le riz. Ainsi, dans l'espace de douze mois, le même champ donne deux moissons, l'une de riz, l'autre d'orge ; ou quatre récoltes, l'une de riz et trois de foin.

En parlant de la même culture, M. Sonnini (*Voyage en Egypte*) entre dans quelques détails, présentés avec autant de précision que d'élégance, et il fait l'observation suivante sur les rizières d'Egypte : « On ne doit pas les considérer, dit-il, comme des marais dangereux à remuer, à cause des exhalaisons qui en sortent. Dans les vastes plaines de la basse Egypte, outre que les vents forts et réguliers purgeraient l'atmosphère des vapeurs nuisibles dont elle pourrait être chargée, ce n'est point sur des terrains marécageux que le riz est cultivé. Une eau stagnante et infecte ne croupit point dans les champs qui le produisent ; on les humecte, on les baigne avec l'eau du fleuve, que toutes les ressources de l'art des arrosemens sont employées à y conduire. Cette eau s'écoule, et on cesse de l'y porter dès que les plantes n'exigent plus cet état de légère inondation (1). Un autre genre de culture qui ne demande pas la même fraîcheur, et qui absorbe les restes d'une trop grande humidité, succède à celle du riz, et de beaux tapis de verdure prennent la place de la robe jaunissante dont peu de temps auparavant les mêmes campagnes étaient couvertes. »

§ 5. *Culture du riz à la Caroline.* On sait que cette partie de l'Amérique septentrionale produit du riz en abondance, et en fournit une grande quantité au commerce et à la consommation de l'Europe. Ce grain bienfaisant, dit Catesby, fut planté pour la première fois dans la Caroline, vers l'an 1688, par M. le chevalier Johnson, alors gouverneur de ce pays ; mais comme il n'était que d'une espèce petite et peu profitable, on ne l'y multiplia pas beaucoup. En 1696, un vaisseau qui venait de Madagascar y aborda par accident, et y apporta, de cette île, environ un demi-boisseau de riz d'une espèce beaucoup plus grosse et plus belle, et c'est de cette petite provision qu'il s'y est multiplié comme nous le voyons aujourd'hui.

La première espèce est barbue ; le grain en est petit et ne croît que dans l'eau. Le riz de la seconde espèce est plus gros, plus clair, et se multiplie davantage. Il croît et dans l'eau et dans des terres assez sèches. Il n'y a à la Caroline que ces deux espèces de riz qui soient essentiellement différentes. Il y arrive

---

(1) On laisse rarement l'eau séjourner plus de trois jours sur les champs de riz en Egypte ; et c'est sans doute à cette pratique, qui n'est pas en usage dans la Caroline, qu'est due la blancheur et le bon goût du riz de la première de ces contrées.   (*Note de M. Bosc.*)

seulement quelques petits changemens qui proviennent des différens terroirs : ou bien ces riz dégénèrent lorsqu'on sème continuellement la même espèce dans la même terre ; ce qui fait enfin rougir le riz (1).

De tous les terrains, celui dont le riz s'accommode le mieux est un terrain gras et humide, et qui ordinairement est couvert de 2 pieds d'eau au moins pendant deux mois de l'année. On sème le riz en mars ou en avril, dans des sillons peu profonds faits avec la houe, ou dans de petits trous. On en a vu de grandes récoltes sans autre culture que celle de semer la graine sur le champ tout nu, et de la couvrir de terre. Il faut sarcler le riz plusieurs fois non - seulement avec la houe, mais même avec la main, jusqu'à ce qu'il ait plus de 2 pieds de haut. Au milieu de septembre, on le coupe et on le serre, ou bien on le met en monceaux jusqu'à ce qu'on le batte avec le fléau. Quelquefois, pour détacher le grain des gerbes, on les fait fouler par les pieds des chevaux. On se sert d'un moulin à bras pour enlever la balle ou peau extérieure.

M. La Rochefoucauld-Liancourt (*Voyage dans les Etats-Unis d'Amérique*) donne les détails suivans sur la culture du riz en Caroline. « La terre, dit-il, destinée à cette plante est labourée à la bêche et en sillons, à la profondeur de 8 à 9 pouces. C'est dans les raies des sillons que le riz est semé ; cette opération est faite par une femme, les nègres recouvrent aussitôt le grain avec la terre du sillon ; une semeuse suffit à vingt bêcheurs ou recouvreurs, parmi lesquels sont aussi beaucoup de femmes.

» La semence commence à lever au bout de dix à douze jours. Dès que la plante est haute de 6 à 7 pouces, et que les nègres l'ont nettoyée à la bêche des plantes étrangères qui lui nuisent, on fait entrer l'eau dans le champ de façon à ne laisser à découvert que la cime de la plante poussante. Le riz profite et s'élève, tandis que les mauvaises herbes ne poussent plus et meurent en partie. Après trois ou quatre semaines, on laisse couler l'eau. Les nègres enlèvent encore à la bêche les herbes qui ne sont pas tout-à-fait détruites, et on remet l'eau, qui n'est retirée que peu de jours avant la récolte. Les indices de la maturité du riz sont la couleur jaune de l'épi et la dureté de la paille. Le riz est alors coupé à la faucille et mis en meules jusqu'en hiver.

» Il est battu au fléau pour séparer le grain de l'épi ; on le

---

(1) Ce riz rouge est une variété bien distincte et non pas une dégénérescence du riz blanc. Il est peu estimé, comme je m'en suis assuré sur les lieux.   (*Note de M. Bosc.*)

porte ensuite dans une petite maison de bois, élevée de quelques pieds au-dessus de la terre, soutenue par quatre piliers et percée à son plancher d'un gros crible. On jette le riz sur ce crible ; il se sépare des restes d'épis auxquels il pouvait encore être mêlé, et dans l'espace qu'il a à parcourir jusqu'à terre le vent achève de le nettoyer.

» Le riz ainsi séparé entièrement de l'épi doit être dégagé de sa première écorce : à cet effet, il est mis au moulin. Ces moulins sont composés de deux meules de bois de pin, épaisses d'environ 4 pouces et de 2 pieds à 2 pieds et demi de diamètre ; l'une est fixe et l'autre mobile. Toutes les deux sont, de leur centre à la circonférence, taillées en une succession de petits plans inclinés tranchans à leur extrémité, et contre lesquéls le grain pressé se dépouille de son écorce. Ces moulins sont tournés par un nègre. La rapidité du mouvement des meules, l'effort qu'elles font dans leur travail, et le peu de dureté du bois dont elles sont faites, les mettent hors d'état de servir plus d'une année ; encore faut-il les réparer plusieurs fois. Le riz tombant du moulin est vanné, mais il a encore une seconde écorce dont il doit être dépouillé. Cette opération se fait en le pilant. Les pilons sont également mus par les nègres, et ce travail est aussi pénible que celui du moulin. Quelquefois plusieurs pilons sont mis en mouvement à-la-fois par une espèce de moulin tourné par des bœufs. Le grain de riz se casse plus ou moins : il est alors vanné de nouveau pour en séparer cette seconde écorce que le pilon a détachée, puis on le passe dans un autre crible ou gros tamis, pour séparer les petits grains des gros. Ces derniers sont seuls *marchands ;* mais l'exactitude de cette séparation dépend de la bonne foi du planteur, et ils conviennent eux-mêmes que depuis que le riz a acquis un si haut prix et qu'il est si recherché, leur exactitude est moins sévère et leur tamis plus serré. Les inspections pour le riz ne sont pas d'ailleurs dans la Caroline plus exactes que celles pour le tabac. Le riz destiné à la vente est mis en barils, et c'est en cet état qu'il est soumis à l'inspection et qu'il est ensuite exporté.

» Dans les premiers momens de sa crue, le riz est attaqué par de petits vers qui en mangent la racine ; à la même époque, de petits poissons vivant dans l'eau l'attaquent aussi. Les oiseaux qu'on nomme *aigrettes* sont alors les seuls protecteurs du riz, ils vivent de ces vers et de ces petits poissons, et sont, à ce titre, ménagés des planteurs.

» Quand le riz approche de sa maturité, il est dévoré par des nuées de petits oiseaux connus en Caroline sous le nom d'*oiseaux à riz.* On les fait chasser des champs par des négrillons que l'on y tient constamment. »

Le produit d'un acre planté en riz est de 50 à 80 boisseaux selon la qualité du sol. Il y a des exemples d'une récolte de 120 boisseaux dans un acre; mais ils sont rares. Vingt boisseaux de riz revêtu de son écorce pèsent environ 500 livres; quand il en est dépouillé, ces 20 boisseaux n'en font plus que 8, mais il y a eu peu de perte pour le poids. La paille se donne aux chevaux et aux bœufs de travail.

M. La Rochefoucauld-Liancourt prétend que la culture du riz est le plus mauvais genre de culture auquel un planteur de Caroline puisse appliquer ses soins et son travail : outre que cette culture, par son insalubrité dépeuple le pays, elle est, dit-il, sous le rapport des profits, la moins productive; elle emploie plus de bras qu'aucune autre et, par cette raison, elle s'oppose au défrichement de beaucoup de terres qui, consacrées à d'autres productions, seraient d'un meilleur rapport. On peut voir dans son ouvrage les preuves qu'il donne à l'appui de ces assertions.

§ 6. *Culture du riz en Espagne.* C'est principalement dans le royaume de Valence et en Catalogne qu'on cultive ce grain. Lorsqu'on veut former une rizière, dit M. Barrère (*Mémoire envoyé à l'académie royale des sciences*), on choisit un terrain bas, humide, un peu sablonneux, facile à dessécher, et où l'on puisse faire couler aisément l'eau. La terre où l'on sème doit être labourée une fois seulement dans le mois de mars, ensuite on la partage en plusieurs planches égales, ou carreaux, chacun de 15 à 20 pieds de côté. Ces planches de terre sont séparées les unes des autres par des bordures en forme de banquettes, d'environ 2 pieds de hauteur sur un pied de largeur, pour y pouvoir marcher à sec en tous temps, pour faciliter l'écoulement de l'eau d'une planche de riz à l'autre, et pour l'y retenir à volonté sans qu'elle se répande. On aplanit aussi le terrain qui a été foui, de manière qu'il soit de niveau, et que l'eau puisse s'y soutenir par-tout à la même hauteur.

La terre étant ainsi préparée, on y fait couler un pied ou un demi-pied d'eau dès le commencement du mois d'avril, après quoi on y jette le riz de la manière suivante. Il faut que les grains en aient été conservés dans leur balle ou enveloppe, et qu'ils aient trempé auparavant trois ou quatre jours dans l'eau, où on les tient dans un sac jusqu'à ce qu'ils soient gonflés et qu'ils commencent à germer. Un homme, pieds nuds, jette ces grains sur les planches inondées d'eau, en suivant des alignemens à-peu-près semblables à ceux qu'on observe dans les sillons en semant le blé. Le riz ainsi gonflé, et toujours plus pesant que l'eau, s'y précipite, s'attache à la terre, et s'y enfonce même plus ou moins, selon qu'elle est plus ou moins délayée. Dans le royaume de Valence, c'est un homme à cheval qui ensemence le riz.

On doit toujours entretenir l'eau dans les champs ensemencés jusque vers la mi-mai, où l'on a soin de la faire écouler. Cette condition est regardée comme indispensable pour donner au riz l'accroissement nécessaire et pour le faire pousser avantageusement.

Au commencement de juin, on conduit une seconde fois l'eau dans les rizières, et l'on a coutume de l'en tirer vers la fin du même mois pour sarcler les mauvaises herbes, sur-tout la presle et une espèce de souchet, qui naissent ordinairement parmi le riz et qui l'empêchent de profiter.

Enfin on lui donne l'eau une troisième fois; savoir, vers la mi-juillet, et il ne doit plus en manquer jusqu'à ce qu'il soit en épi, c'est-à-dire jusqu'au mois de septembre.

On fait alors écouler l'eau pour la dernière fois; et ce desséchement sert à faire agir le soleil d'une façon plus immédiate sur tous les sucs que l'eau a portés avec elle dans les rizières, à faire grèner le riz, et à le couper enfin commodément; ce qui arrive vers le milieu d'octobre, temps auquel le grain a acquis toute sa maturité.

On coupe ordinairement le riz avec la faucille à scier le blé, ou, comme on le pratique en Catalogne, avec une faux dont le tranchant est découpé en dents de scie fort déliées. On met le riz en gerbes, on le fait sécher, et après qu'il est sec, on le porte au moulin pour le dépouiller de sa balle. Ces sortes de moulins ressemblent assez à ceux de la poudre à canon. Ce sont pour l'ordinaire six grands mortiers rangés en ligne droite, et dans chacun desquels tombe un pilon, dont la tête, qui est garnie de fer, a la figure d'une pomme de pin de demi-pied de long et de 5 pouces de diamètre; elle est tailladée tout autour comme un bâton à faire mousser le chocolat. Je ne m'arrêterai point à décrire la force motrice qu'on y emploie, et qui peut différer suivant les lieux; en Catalogne, on se sert d'un cheval attaché à une grande roue.

§ 7. *Culture du riz dans le Piémont.* On doit à M. Choiseuil-Gouffier un très-bon mémoire sur cette culture, inséré parmi ceux de la Société d'agriculture de Paris, année 1789, trimestre de printemps. Ce qui suit en est extrait. Pour une rizière on choisit un terrain uni, bien exposé au soleil et légèrement incliné, de manière que la partie la plus élevée soit voisine d'une rivière, d'un lac ou d'un étang. L'eau de fontaine, comme trop crue, n'est point avantageuse à cette culture; si, faute d'autre, on était obligé de s'en servir, il faudrait pratiquer des bassins où elle pût reposer et perdre sa trop grande fraîcheur; en général un terrain dans lequel on

peut mettre l'eau et l'ôter à volonté est préférable à un sol
trop marécageux qu'on ne pourrait dessécher qu'avec beaucoup de peine : on ne laisse ni arbres ni haies près des
rizières, à cause de l'ombre qu'ils y porteraient, et parce
qu'ils attireraient les oiseaux, qui font beaucoup de tort
au riz.

En Piémont comme en Espagne, c'est au printemps qu'on
laboure les champs dans lesquels on veut semer le riz ; ce labour se fait soit à la charrue lorsque le desséchement du terrain le permet, soit à la bêche lorsque le sol est trop humide :
il ne doit être, dans aucun cas, fort profond, moins encore dans
les terres médiocres.

La rizière étant labourée, on la divise par carrés, autour
desquels on élève de petits épaulemens ou banquettes d'une
hauteur et d'une largeur convenables. L'espace et le diamètre
des carrés sont toujours proportionnés au plus ou au moins
de pente du terrain ; plus le sol est incliné, plus on tient ces
carrés petits, par la raison qu'il faudrait, si on leur laissait
une grande étendue, donner trop de hauteur aux épaulemens,
ce qui deviendrait un inconvénient, comme on le verra tout à
l'heure ; chacun de ces carrés a plusieurs ouvertures en sens
opposés, qui servent à recevoir l'eau et à la donner aux carrés
adhérens. On ne souffre point d'herbe sur les épaulemens, à
cause des graines qu'elle produirait et qui se répandraient
dans la rizière.

Les rizières nouvelles sont ensemencées en avril, et celles
qui ont déjà porté deux ans, vers le 10 ou le 20 mai, afin
que la terre qui avait été inondée et par conséquent refroidie
pendant les deux années précédentes, ait le temps d'être
échauffée par le soleil. On assure que le riz semé dans des
terres salées y rapporte bien davantage; d'après cela, les lieux
voisins de la mer doivent être très-propres à cette culture.

Avant de semer, on met l'eau dans les rizières, et lorsqu'elle
s'est répandue sur toute la surface des carrés, on y jette le
grain ; après quoi, un homme conduisant un cheval attelé à
une planche de 9 à 10 pieds de longueur sur 12 à 15 pouces
de largeur et de 2 pouces d'épaisseur, sur laquelle il monte,
se soutenant par l'appui des guides avec lesquels il mène le
cheval, passe ainsi sur toute l'étendue des carrés, ayant l'attention de descendre de dessus la planche lorsqu'elle doit
traverser les banquettes, pour ne point les abattre par sa pesanteur. Cette opération sert à aplanir les inégalités que la
charrue a laissées, et à enterrer les semences dans la vase,
moyen dont on ne pourrait user si on donnait trop de hauteur aux banquettes.

Au bout de douze à quinze jours, le riz commence à paraître : à mesure qu'il croît, il faut augmenter l'eau de manière que l'extrémité des plantes soit toujours flottante à fleur d'eau ; car, tendres comme elles sont alors, elles se courberaient bientôt si elles venaient à en manquer : on ne court plus ce risque à la moitié de juin, parce qu'elles ont acquis plus de force : alors on ôte pendant quelques jours l'eau de la rizière.

L'indication la meilleure pour suspendre l'arrosement est lorsque le riz a acquis une nuance d'un vert foncé, et que sa tige a déjà un nœud formé. Cette cessation d'eau paraît le faire souffrir, il devient jaune et semble même fondre ; mais aussitôt qu'on l'arrose de nouveau, il reprend toute sa force et pousse alors plus en quinze jours qu'il n'aurait fait si on l'avait toujours tenu inondé. La plus grande portion de la sève, se portant pendant ce desséchement aux racines et au collet de la tige, leur donne une vigueur qui bientôt se communique au reste de la plante dès qu'on a remis l'eau. Quelques jours après cette nouvelle inondation, on sarcle la rizière ; les travaux finis, on a soin d'y entretenir l'eau presque jusqu'à la hauteur des plantes.

Vers la moitié de juillet et avant que le riz soit en fleur, on le cime ; c'est-à-dire qu'avec des faux emmanchées à la renverse on coupe la cime du riz, afin de rendre la surface de la rizière parfaitement égale : ce qui fait fleurir toutes les plantes en même temps et pour ainsi dire le même jour, et procure au riz une égale maturité.

Quinze jours après ce cimage, le riz entre en fleur, et au bout de quinze autres jours le grain se forme : tout cela s'accomplit ordinairement depuis le 20 juillet jusqu'au 20 août ; c'est sur-tout le moment où il est nécessaire d'avoir une grande quantité d'eau ; on la soutient autant qu'il est possible jusqu'à mi-hauteur des plantes ; plus on peut leur en donner, plus on fait de riz, sur-tout lorsqu'on est secondé par une forte chaleur, avantage auquel on doit s'attendre en cette saison. On voit, d'après cela, la nécessité de changer l'eau plus souvent quand il fait très-chaud, que lorsque l'air est plus tempéré (1).

Quand on s'aperçoit que la graine est formée et que la paille

---

(1) Dans les pays chauds, il est possible de cultiver le riz par de simples arrosemens plus rapprochés, même journaliers dans les temps secs, et c'est en effet ainsi qu'il se cultive dans plusieurs parties de l'Asie ; mais en Europe et dans l'Amérique septentrionale, ce mode rend les récoltes plus incertaines, à raison du refroidissement que les eaux des rivières et encore plus des fontaines apporte toujours au sol sur lequel on la répand, et du peu de temps de chaleur dont le riz peut profiter. Ce mode est cependant celui proposé comme le moins malsain par M. de

commence à jaunir, on dessèche entièrement les rizières, mais les unes après les autres, en ouvrant les bouches des derniers carrés, et de suite jusqu'au premier qui fournit l'eau. On a l'attention de laisser le passage parfaitement libre jusqu'au bas des banquettes, afin que l'eau s'écoule entièrement, et que le terrain perde son humidité, tant pour faciliter la récolte que pour qu'il puisse recevoir le labour au temps convenable.

Le riz n'est point sujet aux maladies qui attaquent le blé; il y a cependant des contrées où le vent que les Italiens appellent *scirocco* lui cause une espèce de nielle lorsqu'il entre en fleur; cette nielle est contraire à sa fructification.

Le jaune foncé que prend l'épi de riz annonce sa parfaite maturité, il est alors bon à couper. La récolte est plus ou moins tardive selon la nature des terres et selon les qualités des eaux qui les ont arrosées; elle a lieu ordinairement à la fin de septembre : on scie le riz à moitié paille, à moins qu'il ne soit peu élevé; alors il faut le couper plus bas. On le bottelle aussitôt qu'il est coupé, et on a soin de ne pas faire les bottes trop grosses, mais proportionnées à la longueur de la paille : on les lie ordinairement ou avec des liens de paille de blé, ou avec des branches d'osier (1).

Des cultivateurs du Piémont qui récoltent une grande quantité de riz ont à côté de leurs rizières des emplacemens préparés en aires pour le battre, ce qui évite l'embarras et le retard des transports; ils ont de même des hangars pour placer le riz lorsqu'il est battu, d'où on le retire pendant les beaux jours, pour le faire bien sécher avant de le porter dans les greniers ou magasins préparés à cet effet. Les aires doivent être unies et bien battues; on doit les tenir plus élevées que le sol ordinaire, et leur donner un peu de pente pour l'écoulement des eaux pluviales.

On se sert de chevaux pour battre le riz. Voici comment on exécute cette opération. On enfonce solidement dans l'aire un poteau de 6 à 7 pouces de diamètre, et de 4 pieds hors de terre; on pose autour de ce poteau les bottes bien serrées les unes contre les autres, l'épi tourné en haut; elles sont disposées en spirale, qu'on prolonge autant qu'il est nécessaire pour qu'elles puissent être bien foulées par huit ou dix che-

---

Grégory et par M. Lasteyrie, dans des ouvrages spéciaux qu'ils ont publiés. Les *eaux stagnantes* sont nuisibles seulement quand elles diminuent, et qu'elles laissent les matières animales et végétales qu'elles contiennent exposées à l'air. (*Mémoire de M. Saint-Martin de la Mothe*, dans la *Collection de ceux de la Société d'agriculture de Paris.*)

(*Note de M. Bosc.*)

(1) On calcule, en Piémont, que la culture du riz rend six fois davantage que celle du froment. (*Note de M. Bosc.*)

vaux marchant de front attachés les uns aux autres par une corde fixée par un bout au piquet, et dont l'autre est tenu par un homme qui conduit les chevaux et les fait tourner également. Quand le riz est bien battu d'un côté, on retourne les bottes, en plaçant autant qu'il est possible les épis en dessus, et on recommence la même opération quelquefois jusqu'à trois reprises lorsque le riz n'a pas acquis une parfaite maturité ou qu'il n'est pas bien sec. Aussitôt que les bottes sont entièrement égrenées, on retire les pailles, que l'on met en monceaux, puis on amasse le riz en tas et on le vanne ; ensuite on le porte sous les hangars, ou, si le temps est beau, on l'étend sur l'aire, où plusieurs ouvriers le remuent avec des râteaux, afin qu'il reçoive également les influences du soleil et qu'il sèche parfaitement, ce dont on peut s'assurer en posant quelques grains sous la dent, où il doit être aussi ferme et aussi sec que celui qu'on consomme ; on le passe ensuite dans trois différens cribles pour l'épurer entièrement. Après toutes ces opérations, le riz est encore recouvert de sa balle, et dans cet état les Piémontais l'appellent *rizon ;* car ils ne donnent le nom de riz qu'à celui qui est préparé et blanchi.

On blanchit le riz au moyen d'un moulin fait exprès, que fait aller ou l'eau ou un cheval ; il est composé d'une roue, d'un rouet et d'une rangée de pilons et de mortiers : les pilons, mus par les rouages du moulin, battent les uns après les autres, et enlèvent ainsi la balle ou enveloppe du riz mis dans les mortiers. Quelques moulins ont ces pilons en pierre ; mais ils sont communément faits de bois dur, tel que le chêne, et revêtus en fer dans leur partie inférieure : ces derniers sont préférables.

Il est difficile de déterminer le temps que le riz doit rester dans le mortier pour être blanchi, cela dépend de son plus ou moins de grosseur et de sa sécheresse ; les ouvriers le reconnaîtront aisément en regardant à toutes les heures dans quel état est le riz, et cette précaution est indispensable pour éviter l'inconvénient de le laisser trop long-temps sous le pilon, qui finirait par l'écraser entièrement.

On doit avoir à côté du moulin des sacs dans lesquels est le rizon que l'on veut blanchir. Avant de le mettre dans le mortier, on le passe dans le tarabatte, pour lui ôter la paille et autres parties étrangères qu'il aurait pu conserver.

Lorsqu'il y en a une partie de blanchie, on ôte le riz des mortiers pour séparer celui-ci d'avec celui qui ne l'est pas encore, ce qui se fait aisément avec le tarabatte : en remuant légèrement, le riz blanchi reste au-dessous ; alors on ôte l'autre avec les mains, puis on le remet dans les mortiers pour le re-travailler.

On ne nettoie pas davantage le riz dans les rizières. Les agriculteurs trouveraient peu leur compte à le purifier entièrement; les marchands qui l'achètent s'attendent à y trouver le déchet ordinaire, et ne le paieraient pas davantage. Le déchet du rizon au riz blanchi est dans le rapport de trente-huit à vingt-cinq. Le prix du riz de Piémont blanchi est d'environ 2 sous et demi la livre. Les marchands, après l'avoir purifié, en forment plusieurs qualités qu'ils vendent à différens prix. La qualité la plus inférieure se nomme rizot, et ce rizot sert au bas peuple, auquel il fait encore une assez bonne nourriture. On s'en sert aussi pour faire de l'amidon, mais qui ne vaut pas celui du blé, étant trop sec; on l'emploie avantageusement pour nourrir la volaille, qu'il engraisse parfaitement.

La balle de riz, que les Piémontais appellent *bulla*, se donne aux chevaux après l'avoir légèrement mouillée; mais ce n'est jamais qu'une très-médiocre nourriture. Quant à la longue paille, on n'en peut faire que de la litière aux bœufs.

Il n'y a point de règle fixe pour le nombre des années pendant lesquelles on peut cultiver les rizières sans interruption, cela dépend absolument de la qualité de la terre que l'on cultive : les unes peuvent produire du riz pendant six années de suite, les autres n'en peuvent donner que pendant deux ans; mais en général lorsqu'une terre a porté trois ou quatre fois, il est à propos de la laisser reposer pendant un an. Il y a des cultivateurs qui profitent de cette année de repos pour y semer quelque autre grain; mais il vaut mieux la laisser en jachère, et la fumer si l'on peut se procurer des engrais.

§ 8. *Résumé de ce qui vient d'être dit, et vues générales sur la culture du riz* (1). 1°. Le riz n'est point une plante vorace; il tire sa principale nourriture de l'eau : par cette raison il n'épuise point la terre, et toute terre à peu près lui convient, pourvu qu'elle contienne une petite quantité de principes, et qu'elle ne laisse point échapper ceux que les eaux tiennent en dissolution.

2°. Le terrain destiné à une rizière doit être de niveau, pour pouvoir retenir les eaux, et cependant avoir une pente douce, pour rendre plus facile leur distribution et leur écoulement.

3°. On ne peut donc établir des rizières que dans les plaines.

4°. Elles doivent être bien exposées au soleil. Celles qui

____

(1) Je préviens qu'il s'agit toujours du riz humide.

n'auraient pas cet avantage ne produiraient que des plantes grêles et peu abondantes en grain ; le grain même aurait peu de qualité, serait peu spongieux et crèverait difficilement dans la cuisson.

5°. Les eaux des fleuves et des rivières sont les plus convenables pour arroser les champs de riz ; après celles-là ce sont les eaux des étangs et des mares ; celles de sources, de fontaines ou de puits sont trop froides : lorsqu'on est obligé de s'en servir on doit employer les moyens connus pour diminuer leur fraîcheur et leur ôter leur crudité.

6°. Une rizière demande à être préparée par des labours ; plus la terre est ameublie, plus elle est favorable à la végétation du riz.

7°. On doit aussi la fumer de temps en temps. On se sert des fumiers les plus chauds pour les terres froides, et des fumiers humides pour celles qui sont naturellement sèches et brûlantes.

8°. Toute rizière doit être divisée en carrés à peu près égaux, d'une certaine étendue, contigus les uns aux autres et entourés chacun d'une petite levée ou chaussée, à laquelle on pratique des ouvertures ou clefs pour faire couler l'eau dans les carrés et l'en ôter à volonté.

9°. Presque par-tout c'est de mars en mai qu'on sème le riz. On le sème aussi épais à peu près que le blé et toujours dans une terre qui a été ramollie et humectée par les arrosemens.

10°. Il est convenable, avant de semer, de faire tremper la graine dans l'eau un jour ou deux.

11°. Après avoir, semé on couvre le sol de 2 ou 3 pouces d'eau, qu'on a soin de tenir à cette hauteur. Dans la suite, on en proportionne toujours le volume au degré d'accroissement du riz. Quelquefois on la retire, soit pour sarcler le terrain, soit pour donner plus de consistance à la plante et l'empêcher de filer ; mais alors on ne tarde pas à remettre de nouvelle eau et en plus grande quantité qu'auparavant, sur-tout lorsque le riz se dispose à fleurir.

12°. Peu de jours avant l'époque de la parfaite maturité du riz, on fait couler les eaux dont la présence rendrait la récolte difficile.

13°. Quand on moissonne le riz on doit couper la paille à une petite distance de l'épi, telle qu'on puisse en former des gerbes, et que ces gerbes donnent le moins de peine possible à battre lorsqu'il s'agit d'en séparer le grain.

14°. Le riz battu et vanné est mis en grenier avec sa balle. Il doit être serré bien sec et remué de temps en temps, plus ou moins souvent selon la saison et les circonstances.

15°. Pour en faire usage ou le rendre marchand, il faut lui

enlever sa balle. On emploie, à cet effet, divers procédés et différens moulins. J'en ai décrit quelques-uns.

16°. L'eau dont le sol a été couvert pendant la croissance du riz a empêché l'évaporation des principes qui y étaient contenus; elle a attiré à elle les émanations de l'air; une multitude d'insectes ont pris naissance dans son sein et y ont laissé leur dépouille; les plantes non aquatiques s'y sont pourries, et de toutes ces décompositions le sol s'est enrichi. On peut donc avec confiance et avec succès cultiver du riz dans le même terrain pendant plusieurs années de suite. Et quand après on change de culture, les herbes ou les grains substitués au riz ne manquent jamais de produire abondamment.

II. Du riz sec.

Le riz sec est celui qui vient dans des terres sèches, c'est-à-dire sur un sol qui n'est point inondé et couvert d'eau, mais seulement arrosé plus ou moins fréquemment par les eaux de la pluie. Quelques personnes prétendent qu'un tel riz n'existe point. Ce graminée, disent-elles, de quelque espèce qu'il soit, demande par sa nature à naître et à végéter dans l'eau. S'il y avait un riz sec, sa culture n'étant point dangereuse et malsaine comme celle du riz humide, aurait été de tous temps préférée par les peuples qui vivent de ce grain, et serait aujourd'hui généralement répandue dans les contrées qu'ils habitent. On ne peut expliquer, je l'avoue, pourquoi les Indiens, les Chinois et tous les peuples de l'Asie ou de l'Afrique septentrionale qui cultivent le riz, donnent la préférence au riz humide; c'est sans doute à cause des récoltes abondantes et certaines qu'il produit, tandis que celles du riz sec seraient toujours plus ou moins éventuelles. Peut-être aussi à la Chine et dans l'Inde a-t-on une manière d'arroser les champs de riz qui n'altère pas la salubrité de l'air; la population immense de ces deux vastes pays semblerait le faire croire. On peut dire encore que, dans ces pays beaucoup plus chauds que le midi même de l'Europe, les terrains consacrés à la culture du riz sont promptement desséchés par le soleil dès que l'eau en a été retirée; ce qui empêche les rizières d'être malsaines.

Quoi qu'il en soit, on ne peut se refuser à l'évidence ni contester des faits et des témoignages certains. Voici ce qu'on lit dans un écrit de M. Poivre, ayant pour titre : *Voyage d'un philosophe* : « Les Cochinchinois, dit cet homme célèbre, cultivent deux sortes de riz sec, c'est-à-dire qui croissent dans des terres sèches, et qui ne demandent, comme notre froment, d'autre eau que celle de la pluie. L'une de ces espèces a le grain blanc comme la neige lorsqu'il est cuit, il est très-visqueux; on l'emploie à faire différentes pâtes telles que le vermicelle. Ils sont l'un et l'autre un grand objet de commerce pour la Chine. On ne le cultive que sur les montagnes et les coteaux. Après avoir donné à la terre une façon avec la bêche, on sème le riz sec comme nous semons le froment, vers la fin de décembre ou dans les premiers jours de janvier, temps auquel finit la saison des pluies. Il n'est pas tout-à-fait trois mois en terre, et il rapporte beaucoup.

» Je suis fondé à croire, dit toujours M. Poivre, que la culture de ce grain précieux réussirait en France s'il nous était apporté. En 1749 et 1750 je traversai plusieurs fois les montagnes de la Cochinchine, où ce riz se cultive; elles sont très-élevées et la température de l'air y est froide. J'ai observé, au mois de janvier 1750, que le riz était très-vert et avait plus de trois pouces de hauteur, quoique le thermomètre de Réaumur ne fût qu'à 4 degrés au-dessus de la congélation. J'emportai à notre Ile de France, quelques quintaux de ce grain, qui y fut semé avec succès et rapporta plus que n'aurait fait aucune espèce du pays. Les colons reçurent mon présent avec d'autant plus d'empressement que ce riz, qui est plus fécond et de meilleur goût, reste sur la terre quinze ou vingt jours de moins que les autres, et peut être cueilli et serré avant la saison des ouragans, qui emportent très-souvent les moissons des autres espèces de riz Ceux-ci sont plus tardifs; ils demanderaient des inondations que le peu d'intelligence des cultivateurs n'a pas permis jusqu'à ce jour de leur donner. »

Après la lecture de ces deux paragraphes, qui pourrait contester l'existence du riz sec?

Ce n'est pas tout. Outre ce riz apporté à l'Ile de France par M. Poivre et qu'on y a, dit-on, perdu, on en cultive, dans la même île un autre de même nature à peu près, et qui n'a pas plus besoin d'être inondé pour réussir. Voici comme s'exprime M. Ceré, directeur du jardin de botanique de cette île, dans un mémoire sur le riz, adressé à la Société d'agriculture de Paris.

« Le riz, dit-il, ce grain précieux croît aussi à l'Ile de France; ailleurs on le cultive dans des marais, où il se plaît. Ici, faute de marais, *on ne le cultive que dans les quartiers où il pleut fréquemment.* Il faut, ajoute-il, que les terrains consacrés à ces plantations soient assez avantageusement situés, soit auprès des forêts, soit dans le voisinage des montagnes, et dans des expositions assez favorables pour faire espérer au propriétaire assez de pluie pour obtenir des récoltes qui le dédommagent de ses avances. « M. Ceré donne ensuite les détails suivans sur la culture de ce riz :

Dans les mois d'octobre et de novembre, on nettoie la terre destinée au riz; en décembre, on la repasse, afin d'enlever toutes les mauvaises herbes. Vers le 20 de ce mois, qu'il pleuve ou non, on charge les noirs les plus intelligens de faire les fosses dans cette terre ainsi préparée ; elles sont faites d'un seul coup de pioche, et douze à quinze noirs en font en peu de temps autant qu'il en faut pour une assez grande étendue de terrain, ce travail étant facile. Dans les vieilles terres, ces fosses sont rapprochées de 7 à 8 pouces, et on les espace de 12 à 15 dans les terres neuves et fortes. Des femmes qui suivent les nègres jettent trois, quatre ou cinq grains dans chaque trou, à mesure qu'il est fait, et les recouvrent avec la terre restée sur le bord. On a l'attention d'y mettre plus ou moins de grains suivant que la terre est plus ou moins forte, qu'elle est plus ou moins anciennement cultivée, et que les insectes sont plus ou moins abondans sur la pièce. On observe aussi le temps que ce grain pourra rester à lever par le défaut de pluie. Toutes ces causes modifient le nombre de grains qu'on jette dans chaque trou. Si après les semailles la pluie ne survient pas, ces grains risquent d'être dévorés dans la terre par les fourmis. Les oiseaux, les lièvres et les rats en font leur pâture, et on peut tout perdre si l'on n'a pas le soin de garantir et la semence et les plantes naissantes de ces ennemis destructeurs.

Le riz est le grain auquel les ouragans nuisent le moins quand il est grand ; mais s'ils surviennent lorsqu'il est en herbe ou encore petit, les torrens l'emportent souvent, sur-tout lorsqu'il est planté dans des ravins.

On a encore la précaution de laisser dans la pièce où l'on sème, quelques sentiers de distance en distance ; on leur donne ordinairement 18 pouces ou 2 pieds de largeur, et un arpent est communément divisé en six ou huit carrés. Par ce moyen on se ménage la facilité de se transporter par-tout sans nuire à la culture.

Quand le riz est parvenu à la hauteur de 7 à 8 pouces, on peut s'occuper à arracher les mauvaises herbes qui croissent avec lui, et cette opération faite, il n'a plus rien à craindre jusqu'au développement des épis. Si les années sont pluvieuses, le sarclage doit être répété au moins deux fois, le riz ne s'en trouvera que mieux.

Dès que les épis commencent à paraître, les oiseaux s'y portent en troupes ; ils sucent les grains en lait et les font couler. On ne doit rien épargner pour écarter ces animaux, qui bientôt ne font plus au riz une guerre aussi destructive, à mesure que le grain se forme, se durcit, et arrive à son dernier point de maturité. Mais les rats prennent alors leur place, et nuisent beaucoup au riz. Malgré tous ces inconvéniens, dans une année où les pluies sont fréquentes et abondantes, la récolte du riz ne laisse pas de satisfaire le cultivateur.

A cinq mois et demi ou environ, le riz commence à jaunir, c'est l'indice de sa maturité. Alors, si les épis sont bien secs on ne tarde pas à entrer dans le champ, et le parcourant en entier, on coupe sur pied tous ceux qui sont mûrs; autrement ils s'ouvriraient et la récolte serait perdue. Ils sont reçus dans de grands paniers, portés dans un magasin et mis en meules. Le lendemain, on retourne au champ pour y faire la même opération, qu'on réitère tous les jours jusqu'à ce que tout le riz ait été successivement cueilli. La récolte finie, on arrache les souches, on nettoie les terres, et on procède sur-le-champ aux semailles d'un autre grain.

Le riz ainsi disposé en meules dans les magasins y éprouve quelquefois une fermentation assez forte, et la chaleur qui en résulte est telle qu'on ne peut tenir long-temps la main dans le tas : alors on le change de place. Il peut se conserver long-temps en meules, et cela fait qu'on choisit à son aise le temps nécessaire aux autres travaux qu'il exige pour devenir marchand. Quand on veut le rendre tel, on l'étend en épis au soleil, on le bat, on le vanne, et on le met en magasin. Il reste toujours enveloppé de sa balle. Dans cet état, on le nomme *riz en paille* ou *nely*. Le grain destiné pour semence est conservé dans des sacs bien fermés, et mis dans un grenier bien aéré.

Quand le grain du riz est beau, bien nourri, bien plein, 100 livres de riz en paille ou nely donnent jusqu'à 75 livres pesant de riz blanc ou pilé. S'il n'a pas toutes ces qualités, il donne depuis 40 jusqu'à 50 livres pesant.

Le riz ou nely récolté bien sec, aéré et remué souvent dans les premiers temps, peut se conserver pendant un grand nombre d'années; au lieu que s'il n'a pas été cueilli dans son point de maturité parfaite, ou bien s'il l'a été par un temps humide ou pluvieux, il s'échauffe dès qu'il est mis en tas, sa qualité est inférieure, le grain est d'un mauvais goût, et il lui arrive aussi de germer. Il s'y forme alors une végétation qui en couvre toute la superficie, les papillons y naissent, et leurs chenilles l'attaquent même sous son enveloppe, aussi bien que d'autres insectes. Le riz pilé ou dégagé de sa balle est à l'abri de ces inconvéniens.

Il est inutile d'entrer dans des détails sur la manière dont on pile le riz. Il suffit de dire qu'un homme peut, dans une journée, piler 100 livres de nely ou de riz en paille, pourvu qu'il soit bien sec; sans quoi, le grain casse, et l'ouvrage devient plus difficile. Les moulins à eau sont très-avantageux et très-expéditifs pour cette opération. Quand cette ressource manque, on a de petits bluteaux à bras, qui épargnent aussi bien du temps et du travail.

Lasteyrie a figuré, dans le second volume de sa Collection des instrumens et machines employés en agriculture, un de ces moulins dont on se sert en Espagne ; il ne diffère que par ses dimensions de celui à farine.

Telle est, selon M. Ceré, la méthode suivie à l'Ile de France pour la culture du riz que les habitans de cette colonie consomment journellement, et qui, je le répète, n'a pas besoin pour prospérer d'être semé dans des rizières proprement dites.

La même culture, à peu près, a lieu à Saint-Domingue, pour le riz particulier qu'on y récolte. On ne le trouve point au bord de la mer et dans les plaines basses, mais sur les plaines les plus élevées, dans les vallées et même sur le penchant des montagnes. Ce sont communément les planteurs de caféyers qui le cultivent, parce qu'il pleut fréquemment dans les cantons qu'ils habitent. Cette culture n'est point exclusive, mais accessoire des autres cultures. Le riz de Saint-Domingue est servi tous les jours sur la table des maîtres, mais la plus grande partie de ce grain est employée à la nourriture des noirs ; il en entre peu dans le commerce. Ce riz est d'une extrême bonté, gros et très-blanc, il renfle aisément, et quand il est cuit à propos, sans autre assaisonnement qu'un peu de sel et de graisse, il a un goût agréable de noisette. Les planteurs mêmes de la Caroline le préfèrent au leur pour leur consommation.

D'après tout ce qui vient d'être dit, il est clair que la distinction de *riz humide* et de *riz sec* est bien établie. Il n'est pas moins démontré que ces deux principales espèces, ou, si l'on veut, ces deux races de riz, quoique ayant besoin l'une et l'autre de beaucoup d'eau pour croître et fructifier, diffèrent pourtant essentiellement entre elles, en ce que la première demande à avoir la tige et le pied dans l'eau pendant tout le temps de sa végétation, tandis que la seconde se contente d'une terre non inondée, mais arrosée fréquemment par les eaux du ciel. Si on pouvoit substituer la culture du riz sec à celle du riz humide avec le même avantage dans les produits, on remédierait aux inconvéniens qui résultent de celle-ci ; car on ne peut nier que le voisinage des rizières ne soit dangereux. A la Caroline du sud, il n'est permis de cultiver le riz qu'à dix lieues de Charleston. En Espagne, il est défendu d'établir des rizières, si ce n'est à une lieue de distance des villes. On a voulu autrefois essayer cette culture en France dans quelques cantons du midi, elle a été défendue par le gouvernement. Les anciens gouvernemens de l'Italie ont été moins sévères, ou pour mieux dire plus indifférens sur la santé des citoyens. Dans le Piémont, on n'a encore pris aucune précaution pour se garantir des funestes effets de la culture du riz, et dans le bas Milanais, on suit depuis long-temps, pour les rizières, une méthode également préjudiciable aux récoltes et aux habitans. L'eau qui sert à les arroser y est conduite froide, de sorte qu'elle retarde la végétation, et le riz mûrit trop tard. Après qu'on l'a coupé, on laisse séjourner l'eau dans les champs, sous prétexte de faire pourrir les chaumes pour servir d'engrais ; l'air est vicié, et les champs se trouvent changés en marais.

Doit-on, par ces raisons, abandonner dans ces pays une culture aussi précieuse et l'interdire parmi nous ? Non, sans doute ; mais il faut employer tous les moyens possibles de prévenir les dangers qui l'accompagnent. Il y aurait à cet égard deux grandes expériences à faire, et que je propose aux riches propriétaires, mais sur-tout au gouvernement.

La première serait d'essayer une nouvelle culture du riz humide, et de rechercher si l'on ne pourrait pas accoutumer par degrés cette plante à croître sans avoir le pied dans l'eau. Cet essai a été fait à l'Ile de France par M. Poivre ; il fit semer de ce riz dans différens cantons au commencement de la saison des pluies : Quelques parties périrent ; mais cet arrosement naturel parut suffire à quelques autres, dont le grain devint propre à germer, croître et fructifier avec un moindre arrosement.

La seconde expérience serait de tenter la naturalisation du riz sec en France dans les lieux qui pourraient lui convenir par leur température et par leur position. Il faudrait y semer l'espèce de la Cochinchine, dont j'ai parlé, qui vient sur les montagnes élevées de ce pays, où l'air est assez froid. On commencerait par cultiver ce riz dans les départemens les plus méridionaux du royaume de France ; on chercherait ensuite à l'acclimater de proche en proche jusque vers le quarante-septième ou quarante-huitième degré. Je ne doute pas qu'il ne réussît même à cette température.

Si le succès de ces expériences était heureux, on cesserait de décrier la culture du riz ; on n'opposerait plus d'obstacles à l'introduction de cette culture en France ; elle deviendrait une nouvelle ressource pour le pauvre, auquel elle offrirait un aliment sain et peu coûteux, et elle procurerait à notre commerce une nouvelle branche, qui pourrait peut-être un jour soutenir la concurrence avec l'étranger.

III. Analyse chimique, propriétés et usages du riz.

Le riz entier et hors de sa pellicule est blanc, transparent, dur et difficile à casser sous la dent. Il paraît être un suc gommeux très-desséché. Mis sous la meule, il se réduit dans sa totalité en une farine comparable à l'amidon pour la blancheur seulement, car elle n'en a ni la ténuité, ni le cri, ni le toucher.

Le riz entier ne se dissout pas dans l'eau froide et n'y subit pas d'altération sensible, même après y avoir resté quinze jours, on remarque seulement qu'il se brise un peu plus facilement; il ne perd pas sa transparence. Soit qu'il soit en poudre ou en grains, il ne se dissout dans l'eau qu'après y avoir bouilli long-temps, et cette dissolution est muqueuse et collante. Quand elle est rapprochée, elle forme une sorte de gelée comparable à celle de l'amidon, mais qui est moins transparente et qui ne se fond pas en peu de temps comme cette dernière.

La farine de riz, mise en pâte avec l'eau, et malaxée un certain temps, n'offre pas, à beaucoup près, les phénomènes de la farine de froment traitée de la même manière. On est tout étonné de voir que cette substance, qui offre les caractères de la colle lorsqu'elle est bouillie, ne prend point au doigt quand elle est délayée dans l'eau froide; la masse se casse en plusieurs morceaux au moindre effort du doigt. Dans cet état, elle prend facilement de la retraite, et peut se mouler comme le plâtre. C'est ainsi que les Chinois s'en servent pour différens ouvrages.

Projeté sur le feu, le riz en poudre très-fine fuse, pétille et s'enflamme comme l'amidon, et laisse pour résidu un peu de charbon. La gomme arabique pulvérisée produit un effet semblable. Décomposé par la distillation à feu nu, le riz ne fournit pas autant de produits huileux et salins ni autant d'esprit ardent que le blé; ce qui semble prouver que ce grain, sous le même poids et le même volume, ne renferme pas autant de matière nutritive.

On ne trouve point dans le riz ce gluten, cette substance panifère qui existe dans le froment. Les principes du riz sont inséparables de lui-même par tout autre moyen que les réactifs destructeurs, comme le feu, etc; en un mot, il ne ressemble point au blé. La farine de blé préparée pour être convertie en pain éprouve une sorte de décomposition et acquiert, par sa combinaison intime avec l'eau, la propriété de passer à l'état de pain, dont elle prend les qualités et toute la consistance; le riz, au contraire, n'éprouve aucune décomposition, même après avoir subi toutes sortes de procédés: par conséquent il est inutile de chercher à faire du pain de riz. Sa farine, mêlée en nature et cuite, en diverses proportions, avec la farine de froment, rend le pain qui en résulte compacte, fade et indigeste. Aussi, chez tous les peuples qui cultivent ce grain, et dont il forme la principale nourriture, pour en faire usage on se contente de le ramollir et le gonfler dans l'eau bouillante ou à sa vapeur, et c'est dans cet état qu'on le mange concurremment avec les autres mets qui composent le repas de tous les jours. Sur la table des riches il est servi préparé de différentes manières. Les Orientaux sont très-friands d'un mets fait avec du riz, connu sous le nom de *pilau*. Ce n'est autre chose que du riz renflé par un bouillon quelconque, préparé ensuite au gras ou au maigre, selon le goût et les facultés du consommateur. Tantôt le pilau tient lieu de soupe, d'autres fois d'entrée, quelquefois on le sert comme entremets. Voici la manière de le faire ordinairement employée à Constantinople.

Selon la quantité dont on en a besoin et suivant le rang des convives, on prend, ou du mouton seulement, ou des poules, ou des cailles ou des pigeonneaux qu'on fait bouillir dans un pot et cuire à moitié ou un peu plus; après quoi, on vide le tout, viande et bouillon, dans un bassin. Le pot étant lavé, on le remet sur le feu, avec du beurre que l'on fait fondre jusqu'à ce qu'il soit bien chaud; on coupe en même temps la viande à demi cuite par morceaux, les poules en quatre, les pigeons en deux; on la jette dans le beurre, on la fricasse, et elle prend une couleur de rissolé. Alors on met dans ce pot par-dessus la viande une certaine quantité de riz, préalablement lavé trois fois, et sur ce riz on verse du bouillon resté dans le bassin, jusqu'à ce qu'il surnage le riz d'un bon doigt. On couvre le pot; on fait dessous un feu clair, et l'on tire de temps en temps quelques grains de riz pour voir s'il ramollit et s'il est nécessaire d'y ajouter quelques cuillerées de bouillon pour achever de le cuire. Il faut qu'il soit cuit de manière que le grain reste pourtant entier, ainsi que le poivre dont on l'assaisonne. Dès que le riz a absorbé la totalité du bouillon, on couvre la bouche du pot avec un linge en cinq ou six doubles, le couvercle par-dessus; quelque temps après, on jette de nouveau beurre fondu et roussi dans des trous faits au riz avec le manche de la cuiller; après quoi, on le recouvre promptement pour le laisser mitonner jusqu'à ce qu'on le serve. On le dresse dans de grands plats, la viande bien arrangée par-dessus. Tantôt le riz est blanc, c'est-à-dire laissé dans sa couleur naturelle, tantôt on le jaunit avec du safran, quelquefois on lui donne une couleur incarnate avec de la teinture du jus de grenade.

En Europe, on consomme beaucoup de riz sous forme de potages et de gâteaux. On conçoit que cette manière de le préparer ne peut convenir aux ouvriers et aux pauvres, parce qu'elle est trop chère, et qu'elle ne leur procurerait pas une nourriture assez substantielle. On a donc imaginé des préparations plus économiques et convenables à cette classe de citoyens. Celle que propose M. Renaud de Crux (*Biblioth.-phi-sico-économ.*) me paraît la plus simple et la plus propre à remplir son objet. Donner du riz aux ouvriers et aux pauvres en place de pain ne leur est guère profitable, si on ne leur enseigne la manière de le faire cuire, pour qu'il se multiplie en quelque sorte, et qu'il leur procure une bonne nourriture propre à les soutenir dans leurs travaux.

Le riz, quand il n'est pas cuit d'une certaine manière, est une nourriture légère qui n'apaise pas la faim. Celui qui ne mangerait que du riz, peu d'heures après aurait un grand appétit, quand même il ne serait point assujetti à un travail pénible.

A l'ouvrier qui n'a que peu de pain, une soupe claire n'est pas suffisante, il doit y suppléer en employant la farine. Il faut une livre et demie de farine par jour pour nourrir un ouvrier si on la met en pain, et il n'en mangera pas une demi-livre si on la lui donne en bouillie.

D'après ces considérations, M. de Crux propose un potage économique très-simple, composé de riz, de farine et de pain : on devrait, dit-il, en faire toujours usage dans une disette ou pénurie de grains. Il a été employé avec avantage en Suisse, dans les années 1770, 1771 et 1772, sur-tout dans tout le canton de Neufchâtel. Malgré la cherté du blé et du riz, on y nourrissait le pauvre avec sept à huit creutzers par jour, qui ne faisaient pas, monnaie de France, 6 à 7 sous. Voici comment ce potage doit être préparé.

On prend 2 onces de riz pour chaque personne. On le fait cuire dans peu d'eau jusqu'à ce qu'il soit crevé. On y ajoute alors une pinte d'eau, en même temps on coupe un quart de pain en petits carrés d'un pouce, qu'on jette dedans. On laisse cuire le tout quelque temps ; après quoi, on délaye 2 onces de farine dans un peu d'eau, que l'on jette dans le potage : on fait bouillir le mélange jusqu'à ce qu'il n'ait plus le goût de farine. On y met un peu de beurre ou de graisse avec du sel, avant que d'y jeter la farine délayée. Le riz ayant crevé dans peu d'eau revient à toute sa grosseur et se développe entièrement. Le pain est renflé ; il ne s'émiette pas par la façon dont il est coupé. La farine lie le tout ensemble en rendant le potage fort épais. Dans la campagne, où il y a du lait, on s'en sert pour délayer la farine, et alors on ne met qu'une once de farine par personne ; le potage est aussi nourrissant. On peut se servir de lait écrémé, de petit-lait retiré du premier fromage. Cela est toujours plus nourrissant que l'eau. Quand tout est cuit, le potage donne deux grandes écuelles par personne, ce qui forme deux repas. Cette nourriture est bonne, saine et substantielle. *Voyez* SOUPES ÉCONOMIQUES.

Dans quelques pays, on nourrit la volaille avec le riz ; il l'engraisse parfaitement.

On sait qu'à la Chine ce grain, soumis à la fermentation et à la distillation, fournit une liqueur spiritueuse appelée *arrach*. Les Chinois en composent aussi une pâte qui acquiert une grande dureté, et avec laquelle ils font divers ouvrages de sculpture. J'ai vu en Angleterre, chez le lord Anson, des statues de pâte de riz que son père avait apportées de la Chine, et qui avaient la blancheur et la solidité du stuc. (D.)

RIZ DU CANADA. On a souvent donné ce nom à la Zizanie. *Voyez* ce mot.

ROBINET. Nom vulgaire de la lychnide dioïque dans quelques cantons. (B.)

ROBINIER, *Robinia*. Genre de plantes de la diadelphie décandrie et de la famille des légumineuses, qui renferme une vingtaine d'espèces, lorsqu'on compte parmi elles celles qui se rapprochent du Caragana (*voyez* ce mot), lesquelles en font la moitié. Parmi les autres, il y en a quatre qui sont généralement cultivées dans les jardins et dont une devient chaque jour de plus en plus l'objet d'un produit de première importance pour la grande agriculture.

Le Robinier faux acacia, ou l'*acacia blanc*, ou simplement l'*acacia*, est un arbre de 40 à 50 pieds et plus de haut, dont le tronc est droit, l'écorce ridée, les rameaux alternes, d'un vert brun dans leur jeunesse, armés à la base de chacune de leurs feuilles de deux aiguillons robustes et très-piquans ; dont les feuilles sont alternes, ailées avec impaire, portées sur un pétiole canaliculé, composées de quinze ou dix-sept folioles ovales oblongues, souvent un peu échancrées à leur sommet, glabres et d'un vert gai ; dont les fleurs sont blanches, odorantes, disposées en grappes pendantes dans les aisselles des feuilles supérieures.

Cet arbre est originaire de l'Amérique septentrionale, d'où il a été rapporté en France par Robin, au commencement du dix-septième siècle. Il fleurit vers la fin de mai ou le commencement de juin. Son feuillage tendre, son ombre légère, la douce odeur de ses fleurs, la rapidité de sa croissance, le firent d'abord rechercher comme arbre d'agrément par tous les amis de la culture, mais ensuite on le rejeta des jardins, parce qu'il pousse tard ; que ses feuilles tombent de bonne heure ; que ses rameaux sont très-cassans ; qu'il se refuse à la taille ; enfin qu'il est armé de redoutables épines. Il fut presque oublié ; mais dans ces derniers temps le goût des jardins paysagers, où il produit de brillans effets, et sur-tout les avantages non contestés de sa culture comme arbre utile, l'ont fait reparaître sur la scène. Aujourd'hui c'est l'arbre étranger le plus généralement cultivé et avec raison; car peu présentent des avantages aussi certains et aussi étendus, à raison de la promptitude de sa croissance, de la bonté de son bois et de l'excellence de ses feuilles pour la nourriture des bestiaux. Dans son pays natal, où certes les bois ne manquent pas, on le juge si précieux, que lorsqu'un jeune homme se marie, il en plante une certaine quantité de pieds pour, par leur coupe, au bout de dix-huit à vingt ans, faire une dot à ses enfans. En effet, son bois est d'une agréable couleur jaune, bien veiné, très-dur, susceptible de se fendre aisément; il pourrit difficilement et n'est attaqué par aucun insecte. Quoique lourd et un peu cassant, il sert à un grand nombre d'usages qui demandent de la force, parce qu'en masse il résiste beaucoup. On en construit les maisons, on en fait des courbes de vaisseaux, des pièces pour les moulins, des meubles, etc. Il se prête très-bien au travail du tour. Son seul défaut est d'avoir les pores très-grands et de n'être pas susceptible d'un poli vif. Il pèse sec environ 56 livres par pied cube, selon Varennes de Fenille. Il ne perd qu'un peu plus du sixième de son volume par la dessiccation; sa retraite cependant le fait souvent fendiller. Les jeunes pousses et les feuilles du robinier faux acacia sont si sucrées qu'elles sont sucées avec plaisir par les enfans. Les vaches, les chèvres, les moutons, les lapins, etc., les aiment avec passion. Elles augmentent la quantité et la qualité du lait des premières, et la saveur de la chair des derniers d'une manière si notable, que je suis surpris que la France ne soit pas aujourd'hui couverte de forêts de cet arbre, qui fournit plus de fourrage, dans le même espace de terrain, qu'aucune autre plante ligneuse ou herbacée. Cependant il y a des observations qui prouvent qu'elles ont occasionné la mort de chevaux et de lapins à qui on en avait donné exclusivement.

Les sauvages emploient la décoction de l'écorce de cet arbre pour se faire vomir.

A Saint-Domingue, on fait avec ses fleurs une liqueur de table, que M. François (de Neufchâteau) assure être très-agréable.

Un autre avantage du robinier faux acacia, c'est l'excellence des cercles et des échalas qu'on fait avec son bois. On sent aisément en effet que, croissant rapidement, il peut renouveler ses produits sous ces deux rapports beaucoup plus fréquemment que la plupart des autres arbres; cependant je dois dire que, s'il l'emporte sur le frêne et sur le châtaignier dans les premières années de sa plantation, ces derniers s'en rapprochent beaucoup lorsqu'ils sont parvenus à quinze ou vingt ans d'âge, de sorte qu'il ne peut être avantageux d'arracher des taillis qui en seraient composés, pour le mettre à leur place. Des plantations faites dans ce but aux environs de Paris ont été, sous mes yeux, de nul résultat pour les propriétaires, les vignerons refusant d'en acheter les produits.

L'enthousiasme avec lequel on a repris la culture du robinier faux acacia a fait exagérer quelques-unes de ses bonnes qualités, et par là indisposé contre lui les cultivateurs de sang-froid, qui ont été trompés dans leur attente. On a dit, par exemple, qu'il croissait également bien dans toute espèce de terrain, et que le plus aquatique, comme le plus aride, pouvait en être couvert avec succès. Le vrai est qu'il ne vient bien ni dans l'un ni dans l'autre de ces sortes de terrains. Bien des dépenses ont été perdues pour n'avoir pas reconnu cette vérité. Que sont devenues les plantations de Fontainebleau, de Rambouillet? Que deviendront celles du bois de Boulogne? Un sol léger, profond et frais est celui qu'il demande. Je conseillerai donc de le planter dans les terres médiocres, dans les sables humides, dans les terres argilo-caillouteuses, dans les interstices des roches fendillées, etc. Moins il poussera rapidement, et plus souvent il faudra le couper, d'après le principe généralement reconnu dans l'aménagement des bois, que la diminution des produits des arbres est en raison inverse du temps et directe de la nature du sol.

On multiplie le robinier faux acacia par racines, par rejetons, par marcottes et par graines. Les trois premiers moyens ont été employés lorsqu'il était encore rare et qu'il ne produisait pas de graines ; mais aujourd'hui on s'en tient et on doit s'en tenir au dernier, comme fournissant le plus abondamment et le plus facilement du plant et du plant de meilleure qualité, c'est-à-dire propre à produire de plus beaux arbres et des arbres d'une plus longue durée.

La graine du robinier faux acacia ne se répandant pas naturellement avant l'hiver, il est bon de la laisser sur l'arbre jusqu'à la fin de l'automne. On la cueille à la main, ou en coupant avec un croissant l'extrémité des branches qui la portent. Lorsqu'on monte dans l'arbre pour en faire la récolte, on risque de se blesser avec les épines, ou de se laisser tomber en cassant la branche sur laquelle les pieds sont posés : aussi est-elle rarement complète sur les vieux pieds. La graine cueillie se conserve dans ses gousses jusqu'au printemps, époque où on la nettoie et où on la sème. Elle peut se garder ainsi plusieurs années sans se détériorer trop sensiblement. Comme elle alterne assez régulièrement, c'est-à-dire qu'il n'y en a point, l'année qui suit une abondante récolte, il faut toujours s'en précautionner pour deux ans lorsqu'on possède des pépinières, ou qu'on veut faire des plantations en grand.

C'est ordinairement en mai qu'on sème les graines de robinier faux acacia; mais on peut, en cas de nécessité, la semer plus tôt ou plus tard. Il y a des exemples que des semis faits en automne ont réussi. Ces semis s'exécutent, soit à la volée, soit en rayons, dans une terre douce et bien préparée, et se recouvrent au plus d'un pouce de terre. On les fait très-clair lorsqu'on sème sur place, c'est-à-dire dans le lieu où les arbres doivent rester toujours; mais il n'y a pas grand mal de les faire un peu épais lorsqu'on sème pour cultiver ensuite le plant en pépinière. Des arrosemens abondans et fréquens sont avantageux dans les grandes sécheresses, soit avant, soit après la levée du plant. Bien conduit et en bond fond, ce plant doit parvenir à un pied au moins de haut à la fin de la première année, et quelquefois à deux. Dans le climat de Paris, sa tige gèle souvent l'hiver suivant; mais il est rare que sa racine en soit affectée. Plus au nord, il faut semer en terrine ou en caisse pour pouvoir rentrer le plant dans l'orangerie, ou couvrir ce plant avec de la paille ou de la fougère. On l'arrache au printemps suivant pour le mettre en pépinière à 2 pieds de distance, après l'avoir habillé, comme disent les pépiniéristes, c'est-à-dire avoir coupé son pivot et sa tige, opération qui a peu d'inconvéniens pour lui. Le plant qui est trop faible pour être ainsi planté se met en rigoles à 5 ou 6 pouces de distance dans des tranchées éloignées d'un pied, pour être relevé l'année suivante, lorsqu'il aura pris du corps, et planté de même à 2 pieds.

Le plant en pépinière reçoit, dans le courant de la première année, deux ou trois binages et un labour d'hiver. Avant de donner ce dernier, on coupe tous les pieds rez terre. Les racines qui se sont fortifiées poussent alors au printemps plusieurs jets vigoureux, dont on retranche successivement les plus faibles, de manière qu'à la fin de mai il n'en reste plus qu'un, qui acquiert souvent, lorsque le terrain et la saison sont favorables, 6 à 8 pieds de haut.

Pendant le cours de cette année, on donne encore deux ou trois binages et un labour d'hiver, et sur la fin de cette dernière saison, on coupe en crochets, c'est-à-dire à 6 pouces du tronc, tous les petits rameaux latéraux, et rez de ce tronc ceux qui rivalisent de grosseur avec lui.

L'année suivante, même labour, retranchement complet de tous les rameaux inférieurs rez du tronc, ainsi que du sommet de la tige dans tous les pieds où elle a atteint 8 pieds ou environ de hauteur. Cette dernière opération a pour but, 1°. d'arrêter la croissance en hauteur, et de forcer la sève à refluer pour faire grossir le tronc; 2°. de lui faire former une tête.

Souvent les robiniers faux acacias ont, l'hiver de la même année, assez de grosseur pour être transplantés à demeure; mais il vaut mieux attendre leur sixième année, sur-tout quand ils

sont destinés à être plantés en avenues, à border les routes, etc.,
parce qu'alors ils sont de plus de défense contre les effets de la
malveillance et de la dent des bestiaux.

Comme ce mode de culture est très-coûteux, et qu'une
grande plantation forestière ne pourrait pas en supporter les
frais, on doit, lorsqu'on en veut faire une, mettre en place
sur un labour à la charrue, dans des trous faits à la bêche et
espacés de 3 pieds, du plant de deux ans laissé sur la planche
du semis, et donner un seul binage autour de chaque pied l'hiver suivant. Deux ou trois ans après, on recèpe tous les pieds,
et on les met en coupe réglée, ou on les laisse en futaie, selon
le but qu'on se propose.

Il ne faut pas penser à semer le robinier en plein bois ni même
dans le voisinage des bois, parce que toute sorte de gibier pâtu-
rant, sur-tout les lapins, en sont friands, malgré le danger
dont il est pour eux, au point qu'ils ne lui laissent pas de
feuilles et de bourgeons en été et d'écorce en hiver. Ce n'est
donc qu'à trois ou quatre ans qu'on peut le planter dans ces
sortes de localités. On m'a cité une terre dont presque tout le
gibier avait émigré pour aller profiter d'un semis de cet arbre
qu'on avait fait dans le voisinage.

Le bois du robinier faux acacia étant, comme je l'ai déjà
observé, très-lourd et très-cassant, et ses branches étant très-
garnies de feuilles, ces dernières sont sujettes à être rompues
par les vents; ce qui déforme sa tête et nuit à ses produits. Il
faut donc ne le planter isolément ou n'en faire des avenues
que dans les lieux abrités.

Comme arbre d'agrément, le robinier faux acacia produit
de très-bons effets dans les jardins paysagers, soit au printemps
par le beau vert de son feuillage et la bonne odeur de ses fleurs,
soit en été par les diverses nuances de jaune dont ces mêmes
feuilles se colorent. Sa tête, ordinairement régulière, produit
des masses d'ombre et de lumière que l'œil sent aisément.
On le place sur le bord des massifs, en petits groupes, à quelque distance de ces mêmes massifs, ou isolé au milieu des
gazons. On en fait des allées, des quinconces. On trouve difficilement à l'employer dans les jardins d'ornement autrement
que de cette dernière manière, encore faut-il que ces quinconces ne soient pas trop fréquens ni trop étendus. Les massifs
qu'on forme exclusivement avec lui sont inférieurs à ceux des
arbres indigènes.

Comme je l'ai déjà dit, le robinier faux acacia ne se prête
pas à la taille rigoureuse comme la charmille; mais on peut
facilement, au moyen de quelques coups de croissant ou de
serpe, régulariser sa tête et varier ses formes.

La plantation du robinier faux acacia de quatre, cinq ou six ans a lieu pendant l'hiver. On ne doit jamais lui couper la tête, comme on ne le fait que trop souvent, mais seulement raccourcir ses principales branches à un ou 2 pieds du tronc. Ses racines doivent être rigoureusement respectées. Les bourgeons qui naîtront le long du tronc au printemps suivant ne seront point enlevés avant le mois d'août, parce qu'ils assurent la reprise de l'arbre ; mais à cette époque on ne laissera que ceux qu'on destine à former la tête, afin que la seconde sève leur donne tout l'accroissement possible. J'ai vu cette année (1806) une grande plantation presque entièrement manquer par cette opération faite à contre-temps. On donnera un léger labour à la base de tous les pieds pendant l'hiver.

Les années suivantes, à la même époque, si on veut faire monter l'arbre, on coupera ses branches inférieures à 2 pieds du tronc, et on le sevrera de ses bourgeons caulinaires à quelque époque que ce soit : après quoi, il n'a plus besoin de soin, si ce n'est de loin en loin quelques labours d'hiver à son pied.

Les haies composées de robinier faux acacia seraient excellentes si elles ne s'emportaient pas trop vite et si elles n'étaient pas dévorées par les bestiaux. On doit en conséquence n'en faire que dans les cas où on est pressé de jouir, et dans les lieux qui sont déjà clos.

Lorsqu'on veut cultiver le robinier faux acacia pour la nourriture des bestiaux, on doit, ou le tenir en têtards, dont on coupe les branches tous les deux ans, soit que ces têtards soient élevés de 5 à 6 pieds, soit qu'ils soient presque rez terre. On gagne à cette méthode des feuilles plus nombreuses, plus grandes et plus sucrées. C'est au milieu de l'été qu'on fait l'opération, lorsqu'on désire faire sécher les rameaux pour l'hiver, et alors on a l'attention de laisser une ou deux maîtresses branches pour entretenir la végétation, branches qu'on coupe à leur tour en hiver. Ces branches se mettent en petites bottes, et après sept ou huit jours d'exposition à l'air, on les porte au grenier et on les stratifie avec de la paille, à laquelle elles communiquent leur saveur sucrée. Quand on veut donner les fanes en vert, on coupe les branches tous les jours à mesure du besoin, en prenant la même précaution d'en laisser quelques-unes ; à raison du danger, il faut leur en donner peu à la fois.

Les taillis de robinier faux acacia pour cercles et pour échalas doivent se couper tous les cinq ans dans les bons terrains, et tous les six dans les médiocres. Lorsqu'on ne veut qu'en faire des fagots, la moitié de ce temps suffit.

On a obtenu, ces dernières années, par les semis, une variété de cette espèce (*robinia spectabilis*) qui n'a pas d'épines, et qu'on multiplie par la greffe. C'est chez Desmet que je l'ai vue pour la première fois.

On dit que M. Cambon a fait greffer une grande quantité de cette variété entre deux terres, sur le robinier commun dans les landes de Bordeaux, et qu'il en est résulté une sorte de prairie qu'il fait couper plusieurs fois dans le courant de l'année. Je ne puis qu'inviter les propriétaires d'imiter un si bon exemple pour leur propre intérêt.

Ceux qui voudront de plus grands détails sur cet arbre précieux les trouveront dans l'ouvrage sur sa culture et ses usages, publié par M. François (de Neufchâteau).

Le ROBINIER VISQUEUX ne s'élève guère au-dessus de 20 pieds. Son écorce est grise, ses rameaux de l'année visqueux et noirâtres; ses feuilles sont alternes, ont dix-neuf ou vingt-une folioles ovales, aiguës, cordiformes à leur base, d'un vert foncé en dessus, glauques en dessous; leur pétiole est rougeâtre, canaliculé et accompagné de deux épines filiformes; ses fleurs sont rougeâtres, disposées en grappes très-serrées et pendantes dans les aisselles des feuilles supérieures. Il est originaire de la Floride, où il a été découvert par Bartram. Ordinairement il fleurit une première fois en juin, et une seconde en août. Ses fleurs ne sont point odorantes, mais produisent beaucoup d'effet. On le cultive aujourd'hui très-fréquemment dans les jardins paysagers des environs de Paris, où il figure fort agréablement, même à côté du précédent. Ses graines avortent le plus souvent; en conséquence on le multiplie par ses drageons, par ses marcottes, et sur-tout par sa greffe sur le robinier faux acacia. Cette greffe se pratique au printemps, en fente et en terre. Souvent les jets qui en résultent atteignent 6 à 8 pieds la même année, et donnent des fleurs la seconde. On conduit cette espèce dans les pépinières positivement comme il a été dit plus haut à l'occasion de la précédente.

L'infériorité de grandeur du robinier visqueux et la difficulté de le multiplier en grand s'opposent à ce qu'on le cultive de préférence sous le point de vue de l'utilité, quoique ses grands rapports avec le robinier faux acacia doivent faire croire qu'elle a toutes ses bonnes qualités. Réservons-la donc pour l'ornement de nos jardins.

Le ROBINIER SANS ÉPINES, *Robinia mitis*, Lin., qu'il ne faut pas confondre avec le R. *spectabilis* précité, a été mentionné par Linnæus, et oublié par la plupart des autres botanistes. C'est certainement une monstruosité dont on ignore l'origine. On le cultive abondamment dans les pépinières des environs de Paris, où il forme des buissons que le grand nombre de ses rameaux et la disposition de ses feuilles pendantes et fort longues rendent extrêmement précieux pour la décoration des jardins. Il ne fleurit presque jamais. J'ai cependant vu une de ses fleurs sur un vieux pied appartenant à Gilet-Laumont; elle était blanche et solitaire dans l'aisselle d'une feuille supérieure. Ses rameaux sont diffus, gris, très-cassans et sans épines; ses feuilles sont alternes, à pétiole canaliculé, et à folioles ovales, longues de 2 pouces, au nombre de vingt-trois ou vingt-cinq au plus, pâles en dessous.

Cette espèce reprend quelquefois de boutures; mais en général on ne la multiplie que par la greffe sur le robinier faux acacia. Cette greffe, faite en fente et en terre, ou en écusson et à œil poussant au printemps, ne manque presque jamais; mais en fente hors de terre, ou en écusson, à œil dormant, en automne, elle réussit rarement : il faut la faire à œil poussant au printemps. C'est à 2, 3 ou 4 pieds de hauteur qu'on doit le plus souvent la placer, parce que sa tige n'est jamais droite, est fort longue à s'élever, et qu'elle produit d'autant plus d'effet, que ses feuilles retombent avec plus de liberté, qu'elle prend plus facilement la forme de parasol, forme qui lui est la plus avantageuse.

Cet arbrisseau se place, soit isolément, soit en groupe de deux ou trois au milieu des gazons, à quelque distance des massifs, et sur le bord de ces massifs dans les jardins paysagers. Lorsqu'il est assez élevé pour recevoir un banc contre son pied, il devient une retraite assurée contre les rayons du soleil et les premières atteintes de la pluie. Rien de plus agréable que les effets de lumière qu'il produit et qui frappent tous ceux qui le voient pour la première fois : aussi ne conçois-je pas comment il se trouve des jardins qui en soient privés.

Si le robinier sans épines pouvait se multiplier facilement, je ne doute pas qu'il ne fût le plus précieux de tous les arbrisseaux pour la nourriture des bestiaux; car ses feuilles sont si sucrées que l'homme même peut les manger, et si abondantes qu'on peut les prendre à la brassée.

Le ROBINIER ROSE, ou *acacia rose*, *Robinia hispida*, Lin., est un arbrisseau de 10 à 12 pieds de haut, très-branchu, dont les rameaux et les pédoncules sont couverts de poils rougeâtres un peu épineux; les feuilles alternes, à pétiole court et pubescent, à folioles ovales, grandes, acuminées, d'un vert obscur en dessus; les fleurs grandes, rouges et disposées en grappes pendantes et axillaires. Il est originaire de la Caroline, où je l'ai fréquemment observé dans les bois humides : là, il ne forme jamais, comme ici, qu'un arbrisseau d'une mauvaise venue, qui ne dure pas long-temps et qui se reproduit naturellement par ses rejetons. En Europe, il fleurit ordinairement deux fois, en mai et en août. Son aspect, lorsqu'il est en fleur, est très-agréable dans sa jeunesse, par le contraste de la couleur de ses fleurs et de ses feuilles; mais il perd de ses avantages à mesure que ses rameaux se dégarnissent. Rarement il dure plus de quatre à cinq ans, soit qu'il soit franc de pied, soit qu'il soit greffé. Il produit fort peu d'effet dans les jardins paysagers, où on doit cependant en placer quelques pieds sur la lisière des massifs dans les lieux chauds et ombragés. On le multiplie de rejets, de marcottes et principalement par la greffe en fente et en terre sur le robinier faux acacia, qui, étant un grand arbre, l'emporte bientôt et concourt à l'empêcher de vivre long-temps. Le plus souvent, il donne des fleurs l'année même de sa greffe. Il ne fournit presque jamais de graine dans son pays natal, et encore plus rarement dans celui-ci. Les hivers rigoureux et la grande chaleur lui sont également contraires, et il aime encore moins que les autres à être gêné dans sa croissance, ou mutilé par la serpette du jardinier.

Les habitans de l'Inde orientale préfèrent la filasse d'un ROBINIER-CHANVRE à toute autre pour la fabrication de leurs cordages et de leurs filets de pêche, comme ayant plus de force et de durée. Je ne connais pas cette espèce, qui sans doute ne tardera pas à être apportée en Angleterre. (B.)

ROCAMBOL. *Voyez* au mot AIL.

ROCHE. Les roches sont la base sur laquelle reposent toutes les terres, qui même, pour la plupart, sont le produit de leur décomposition. Elles forment la masse de presque toutes les montagnes et se montrent souvent à nu. Quand on considère la grande influence qu'elles ont sur l'agriculture, soit directement, soit indirectement, on est étonné de voir qu'elles n'aient pas encore été l'objet des observations des auteurs agronomiques.

Les naturalistes distinguent un grand nombre de sortes de roches; mais ici il ne doit être question que de celles qui sont assez fréquentes et assez abondantes pour jouer un rôle important dans le système agricole d'un pays étendu. Ce sont, dans l'ordre présumé de leur ancienneté, le GRANIT, le GNEISS, le SCHISTE, le CALCAIRE PRIMITIF, la CRAIE, le GRÈS PRIMITIF, le CALCAIRE SECONDAIRE, le GRÈS SECONDAIRE, le CALCAIRE TERTIAIRE, les LAVES et autres produits volcaniques. *Voyez* ces mots (1).

Les roches jouissent de propriétés communes qui tiennent à leur position et à leur nature. Ainsi, formant le noyau de la plupart des montagnes, on doit les regarder comme donnant les abris, comme fournissant les cours d'eau qu'on est dans l'usage d'attribuer à ces dernières dans les ouvrages d'agriculture. Ce sont véritablement elles qui, dans l'origine, ont dé-

---

(1) Des faits remarqués dans ces derniers temps semblent prouver que le granit est quelquefois superposé au gneiss, au schiste, même au marbre, et que le gneiss pourrait bien être le véritable noyau du globe.

cidé, par les inégalités de surface qu'elles présentaient, la formation des vallées, quoique aujourd'hui plusieurs de ces vallées soient creusées dans leur masse même, ainsi que le prouve l'observation des bancs correspondant dans presque toutes les montagnes secondaires et tertiaires. Très-peu résistent à l'action de l'air et à celle de l'eau, comme l'examen des lieux où elles sont à nu le montre à chaque pas ; aussi les hautes montagnes s'abaissent-elles journellement, couvrent-elles d'abord les VALLÉES et ensuite les plaines de leurs débris. Les plus dures en apparence, celles de granit sur-tout, sont souvent celles sur lesquelles les météores ont le plus de prise, comme l'a prouvé Ramond. Il y a long-temps qu'on l'a dit, et je l'ai vérifié, on ne peut passer l'été, et sur-tout à l'instant du dégel, dans les hautes vallées des Alpes, au pied de ces rocs sourcilleux qui semblent braver le ciel, sans entendre leurs débris crouler de toutes parts sans causes apparentes : de sorte qu'on est fondé à supposer, d'après l'étendue des pays couverts de ces débris, que les Alpes étaient autrefois six à huit fois plus hautes qu'elles ne le sont en ce moment, et préjuger par cela même qu'elles continueront à s'abaisser jusqu'à ce que leurs sommets soient arrondis et couverts d'une couche de terre, par conséquent d'une végétation qui défende leurs restés de l'action destructive de l'air, de l'eau, du chaud, du froid, etc.

Ce que je dis des Alpes peut s'appliquer à toutes les autres montagnes où les roches sont également à nu ; mais l'effet des agens destructeurs est d'autant moindre que leurs pentes sont moins rapides et leur nature moins altérable.

Il résulte de ces remarques que, si la destruction des roches est utile à l'agriculture en augmentant l'étendue ou la profondeur de la terre cultivable, elle lui est nuisible en diminuant et la hauteur des abris et la masse des eaux. Ce dernier point sur-tout est de grande importance, puisqu'il ne peut y avoir de végétation sans eau, et qu'il est prouvé par l'expérience que les hautes montagnes attirent et font fondre les nuages, qu'il pleut cinq fois plus sur le Chimboraço que sur le Saint-Gothard, et cinq fois plus sur le Saint-Gothard que dans les environs de Paris. La hauteur des montagnes influe aussi sur la direction habituelle des vents et sur leurs qualités. Le vent du sud-ouest domine et amène la pluie à Paris, il est sec à Milan. Le même phénomène se remarque par toute la terre dans les circonstances semblables.

Plusieurs causes concourent à la destruction des roches qui sont à nu : les unes sont purement mécaniques, les autres sont chimiques, plusieurs sans doute participent des deux précédentes ; je vais en indiquer quelques-unes.

La formation de la majeure partie des roches s'est effectuée dans une eau tranquille par la précipitation des molécules pierreuses de plusieurs sortes qui y étaient suspendues ; mais il y a lieu de croire, d'après l'examen des résultats de cette précipitation, qu'elle était plus ou moins fréquemment interrompue, qu'il arrivait sur une couche déjà formée des matières d'une autre nature, soit en grande, soit en petite quantité : de là les couches de diverses compositions, ou de divers élémens pierreux, qui se lient peu ou point entre elles. De plus, la dessiccation de ces couches, ou des bouleversemens postétérieurs à cette dessiccation, les ont fendues, brisées perpendiculairement, obliquement, c'est-à-dire dans tous les sens, comme on le remarque presque par-tout. L'eau trouve donc dans la plupart des roches des moyens de pénétrer plus ou moins dans l'intérieur de leur masse et d'y entraîner des molécules terreuses. Dans les pays froids, cette eau gèle pendant l'hiver et en augmentant de volume soulève une couche, écarte une fente dans laquelle de la nouvelle terre vient se déposer : alors les racines des plantes s'y introduisent, et en grossissant achèvent la séparation d'un fragment, que les eaux entraînent dans les vallées, qu'elles froissent contre d'autres fragmens et qu'elles réduisent plus tôt ou plus tard, selon leur nature, en une terre impalpable.

Il paraît que les lichens concourent beaucoup à la destruction des roches entièrement nues et isolées, du moins ce sont eux qui fournissent la première terre végétale qui permet la naissance des mousses et ensuite des autres petites plantes dans leurs fissures.

L'action des agens chimiques sur les roches est incontestable. Il suffit de casser un morceau de quelque roche que ce soit, pourvu que ce ne soit pas du quartz pur, pour s'assurer que son intérieur a un aspect différent que son extérieur ; il suffit même de ramasser un fragment de roche pour voir que le côté exposé à l'air est plus altéré que celui qui touche à la terre. Toutes les roches quartzeuses qui ne sont pas de pur quartz, se changent ainsi en argile, qu'on reconnaît à son odeur, à sa propriété de haper à la langue, etc. Je ne chercherai pas à expliquer la cause de ce changement, il suffit qu'il soit constaté ; d'ailleurs on n'est rien moins que d'accord sur cette cause parmi les minéralogistes et les chimistes. Les roches, ou les fragmens des roches ainsi altérés, sont beaucoup plus tendres, donnent par conséquent plus de prise sur eux aux frottemens, etc.

Quelques roches se décomposent aussi dans leur intérieur par l'effet de la réaction de leurs principes ; mais ces cas sont rares, et leurs résultats sont peu sensibles pour l'agriculture.

Ce que je viens de dire porte à penser qu'il est possible à

l'industrie de l'homme d'accélérer la décomposition des roches pour les rendre plus tôt et plus complétement aptes à recevoir les produits de la culture. En effet, dans quelques endroits, au moyen du pic et même du feu, on brise ou calcine leur surface, que l'air ensuite, avec le temps, achève de réduire en argile ou en terre calcaire. Dans un plus grand nombre, on mêle leurs fragmens, autant divisés que possible, avec l'argile ou la terre végétale qui s'est accumulée entre leurs couches ou dans leurs fentes : l'île de Malte est depuis long-temps célèbre par son industrie à cet égard. J'ai vu pratiquer ces procédés dans plusieurs cantons de la France. Les dépenses, il est vrai, sont presque toujours, dans ce cas, supérieures aux produits, ce qui est diamétralement opposé au but de toute opération agricole raisonnable ; mais il est des circonstances où il est permis de s'écarter des principes.

Les fragmens des roches d'une certaine grosseur qui se montrent dans quelques champs, soit qu'ils fassent partie du sol même, soit qu'ils y aient été amenés des hauteurs voisines, doivent être brisés et enlevés autant que possible, soit au moyen du pic, soit au moyen de la poudre, parce qu'ils emploient un espace qu'on pourrait utiliser et qu'ils gênent la culture ; encore ici il faut procéder avec économie, c'est-à-dire ne pas agir lorsqu'on juge que l'amélioration du champ n'y gagnera pas assez, s'arrêter lorsqu'il se présente des obstacles difficiles à vaincre, et sur-tout ne travailler que dans les momens perdus.

Ordinairement on a soin d'enlever, à la main, ceux de ces fragmens qui sont d'une médiocre grosseur ; cependant il est des cas où il est utile de les laisser. Je citerai principalement celui où la terre végétale serait peu profonde et exposée aux rayons directs d'un soleil brûlant. Là, l'eau si nécessaire à la végétation est promptement évaporée, et toutes les fois qu'on met un obstacle à son évaporation on produit un bien réel : or, les pierres plates et couchées sur le sol produisent éminemment cet effet, sur-tout lorsque ce sont des pierres calcaro-argileuses, qui absorbent et conservent par elles-mêmes une portion d'humidité ; aussi dans quelques vignobles l'observation des effets de ces pierres a-t-elle fait adopter le principe qu'il ne fallait pas les enlever ; aussi un champ en culture de céréales, qui était passablement fertile, quoique couvert de ces sortes de pierres, est-il devenu, à ma connaissance, presque stérile lorsqu'on les en eut fait enlever. *Voyez* PIERRE.

Il en est à-peu-près de même de ces cailloux roulés qui couvrent les flancs et la base de quelques vallées, ainsi que les plaines qui entourent les chaînes des montagnes et les bords de la plupart des grandes rivières.

TOME XIII.

Mais chaque espèce de roche, ayant une composition différente, doit avoir un mode particulier d'action sur les objets de l'agriculture ; il convient donc de les passer successivement toutes en revue pour les considérer sous leurs divers rapports.

Dans ce qui va suivre, je supposerai qu'il y a environ un pied de terre végétale au-dessus de la surface des roches ; car s'il n'y en avait point, elles seraient impropres à la culture, et s'il y en avait beaucoup, les effets de ces roches ne seraient pas sensibles pour le cultivateur.

Le granit est généralement très-dur, il s'en trouve cependant qui se décompose très-rapidement à l'air : aussi Saussure a-t-il remarqué dans les Alpes, Ramond dans les Pyrénées, et moi en Espagne et dans diverses parties de la France, que les montagnes qui en étaient composées étaient devenues plus basses que les calcaires primitives qui leur étaient accolées, et qui dans l'origine leur étaient nécessairement inférieures ; c'est le feldspath, qui entre souvent pour moitié dans la composition des roches de cette sorte, qui joue le principal rôle dans cette circonstance, en se transformant en argile, car le mica qui y entre aussi, quoique plus argileux en apparence, se décompose beaucoup plus lentement. Quant au quartz pur, troisième élément des granits, il reste intact et couvre les champs de ses fragmens anguleux.

L'eau qui tombe sur les roches de granit s'infiltre en petite quantité dans leurs fentes, pour aller, non loin de là, former de petites fontaines ; le reste coule sur la surface, et entraîne dans les vallées le peu de terre végétale qui s'y était formé. Les récoltes que produisent les terrains granitiques sont presque toujours chétives, sur-tout lorsque le printemps n'a pas été pluvieux. Les chênes et les châtaigniers y croissent fort bien ; mais ils ont besoin d'être écartés les uns des autres, pour pouvoir y puiser la nourriture qui leur est nécessaire. C'est le seigle et l'épeautre que, parmi les céréales, on y cultive le plus fréquemment. Ces terrains sont généralement de mauvaises propriétés. Dans beaucoup de localités, on les laisse en pâturages, qui fournissent une herbe de bonne qualité, mais très-peu abondante. La plus avantageuse culture que j'aie vu y pratiquer est sans contredit celle des RAVES (*voyez* ce mot), qui toujours entourées de brouillards (dans les plus hautes montagnes s'entend), y réussissent plus certainement que dans la plaine, et y acquièrent une excellente saveur qui compense leur peu de grosseur.

On bâtit des maisons d'une éternelle durée avec les granits non sujets à décomposition : pour en tailler les morceaux, il faut les mouiller, car sans cela l'acier ne mordrait pas sur eux, ce qui prouve qu'elles peuvent absorber une certaine quantité d'eau.

Lorsque le granit se décompose dans son intérieur, par le seul effet de la réaction de ses principes les uns sur les autres, il se produit une espèce d'argile sèche qu'on appelle kaolin, et qui sert à fabriquer la porcelaine. J'ai vu en Espagne un canton où de toute ancienneté on fait de la poterie commune avec de ce kaolin, et il est sans doute, en France, plus d'un endroit où on pourrait en fabriquer aussi. *Voyez* KAOLIN.

Les jaspes, les porphyres, les brèches et les pouddings quartzeux, même les quartz purs forment quelquefois des montagnes ; mais elles sont trop peu communes pour qu'il soit utile de les prendre en considération particulière ; toutes ces roches, excepté le quartz pur, se décomposent aussi en argile, ou, mieux, en terre magnésienne par leur exposition à l'air.

Les gneiss ne diffèrent des granits que par les proportions de leur composition, car leurs élémens sont absolument les mêmes ; généralement ils sont en couches plus ou moins épaisses, et se lèvent en lames plus ou moins larges. Comme les granits, il en est qui s'altèrent très-difficilement, d'autres qui se décomposent aussitôt qu'ils sont exposés à l'air : ces derniers, contenant beaucoup d'argile, fournissent des sols un peu plus fertiles ; mais ce que j'ai dit des sols granitiques leur est généralement applicable. Au reste, ces sortes de sols, qui sont toujours dans le voisinage immédiat des granits, ne sont pas assez peu communs pour que leurs productions marquent d'une manière sensible dans la masse de celles d'un empire grand comme celui de la France.

Il n'en est pas de même des sols schisteux, car ils sont généralement beaucoup plus étendus que les deux précédens dans tous les pays primitifs que j'ai parcourus. La composition du schiste est, du moins pour l'ordinaire, seulement de deux des élémens du granit ; savoir, l'argile et le quartz, intimement mêlés. De l'abondance du dernier dépend sa dureté et sa plus lente altération.

Les schistes très-quartzeux ne reçoivent les eaux pluviales que pour les laisser s'infiltrer entre leurs couches ; ceux qui sont très-argileux et en décomposition les absorbent bien, mais ne les gardent pas : aussi les terrains qui sont formés de ces derniers offrent-ils une boue incultivable pendant l'hiver, et tantôt une croûte dure, tantôt une croûte pulvérulente, mais toujours très-sèche pendant l'été. Le plus souvent ils sont disposés en couches peu épaisses, que le simple effort de la charrue peut enlever et diviser en lames fort larges ; aussi les champs cultivés sur le schiste sont-ils généralement couverts de ses fragmens ; et quelque soin qu'on prenne de les enlever, il s'en montre toujours. Il est des schistes où la partie argileuse domine tellement qu'on ne peut presque les distinguer de l'argile proprement dite, que par leur position dans le voisinage des granits. Ces derniers sont quelquefois employés avec un grand succès, comme la marne, c'est-à-dire pour servir de correctif aux sols calcaires. Il en est d'autres qui contiennent une grande quantité de pyrites, qui, se décomposant, fournissent, sous le nom d'AMPELITE, un amendement encore plus recherché. En général, les champs placés sur le schiste ne sont guère plus fertiles que ceux qui sont sur le granit ou sur le gneiss; cependant lorsque le schiste est de facile décomposition, ils donnent, dans les années ni trop sèches ni trop pluvieuses, des récoltes passables, même en froment. Comme ils sont presque toujours en pente, les pluies d'orage, dans ce dernier cas, les dégradent beaucoup; j'ai vu en Espagne et dans les Vosges de ces champs entourés de dalles qui en avaient été extraites, et dont quelques-unes portaient une toise de longueur sur la moitié de hauteur. On couvre généralement les maisons avec les schistes qui sont durs. L'ardoise qu'on emploie au même usage dans les pays de plaine est une espèce de schiste, mais d'origine secondaire, et trop peu commune pour être mentionnée particulièrement ici.

Les productions utiles des pays schisteux sont les mêmes que celles des pays granitiques. Les bois y sont un peu plus touffus, mais rarement plus beaux.

Parmi les schistes solides je range les cornéennes, les stéatites et autres pierres argileuses dont sont formées quelques montagnes, mais qui, comme les jaspes et autres pierres quartzeuses de la même catégorie, sont trop peu communes pour être supposées avoir quelque influence sur l'agriculture de tout un pays.

La couleur générale des schistes est la grise tirant plus ou moins sur la noire; quelquefois elle est toute noire ou le paraît quand la pierre est mouillée. La substance noire avec laquelle les charpentiers et les menuisiers tracent leurs lignes, avec laquelle les dessinateurs travaillent quelquefois, est un schiste; cette couleur influe beaucoup sur la végétation des plantes qui croissent sur les schistes, parce qu'elle absorbe une plus grande quantité de rayons solaires, qui se concentrent dans le sol et augmentent sa chaleur. Aussi remarque-t-on une différence notable entre la nature des plantes et l'époque de leur floraison, lorsqu'on compare les productions d'une montagne granitique ou d'une montagne schisteuse qui se touchent. J'en ai fait cent fois l'observation dans le cours de mes voyages. Un agriculteur intelligent saisira donc cette circonstance pour déterminer le choix et l'époque du semis des articles qu'il doit cultiver. Dans quelques endroits des Alpes qui sont trop élevés pour que la neige fonde avant l'époque des semis du seigle de printemps, de l'orge ou autres plantes susceptibles d'y croître, on profite de cette propriété des corps noirs pour accélérer sa disparition; c'est-à-dire que là on sème de la terre végétale ou du schiste pourri (réduit naturellement en terre) sur la neige dès que le soleil commence à prendre de la force. On obtient ordinairement, par cette industrie, quinze à vingt jours d'avance à l'égard des terrains voisins qui n'y ont pas été soumis, quelquefois moins, quelquefois plus, selon que le soleil paraît plus souvent sur l'horizon.

J'appelle calcaire primitif les marbres et autres pierres qui composent quelques montagnes adossées à celles dont il vient d'être fait mention; on le reconnaît à l'absence totale de corps marins et à la finesse de ses molécules : toujours il est susceptible de poli; on en fait des statues, des vases, des dessus de tables, etc., etc.; rarement s'altère-t-il spontanément. La nature du sol qu'il produit se rapproche beaucoup, quant à ses résultats agronomiques, de celui du sol calcaire secondaire, dont je parlerai plus bas.

Il en sera de même du grès primitif qui forme des montagnes considérables, mais peu communes, quand on les compare à celles composées par les autres espèces de pierres. Il en sera fait mention à l'article des grès secondaires.

Le calcaire secondaire est tantôt superposé aux montagnes précédentes, et alors se lie avec le calcaire primitif; tantôt il forme de très-grandes chaînes particulières. Il est caractérisé principalement par la présence de certaines coquilles, dont on ne retrouve pas les analogues dans les mers actuelles, et qu'on suppose par conséquent avoir habité celles qui ont précédé les dernières grandes révolutions du globe. Les plus communes de ces coquilles sont les cornes d'ammon, les bélemnites, les gryphites, les térébratules, etc. Quelquefois la totalité de la pierre en est composée, c'est-à-dire qu'elles sont seulement liées entre elles par un gluten de même nature qu'elles; plus souvent elles s'y montrent seulement de loin en loin. Il y a lieu de croire d'après l'observation, que la totalité de cette sorte de pierre calcaire est produite par la destruction des coquilles. Tantôt elle a le grain fin comme les pierres calcaires primitives; tantôt le grain grossier. Il en est de pures, il en est encore, comme les primitives, d'intimement mélangées avec du quartz et de l'argile. En général elle présente des couches fort épaisses, mais souvent aussi des couches très-minces. Lorsqu'elle est dure, elle laisse couler l'eau, mais quand elle contient beaucoup d'argile, elle en absorbe une grande quantité : c'est ce qui fait que les gelées, et même seulement l'alternative de l'humidité et de la sécheresse la décompose si facilement ; ce qui n'arrive pas, ou du moins rarement, aux pierres calcaires primitives. Celle qui est dans ce cas ne vaut rien pour la bâtisse, et peut être employée très-avantageusement comme amendement dans la grande agriculture, comme propre à corriger le trop de ténacité des sols argileux : c'est une véritable MARNE. Très-souvent l'argile lui est superposée ou l'accompagne, et alors les terrains auxquels elle sert de base sont très-fertiles. Après la pierre calcaire primitive, c'est elle qui, lorsqu'elle est dure et peu chargée d'argile, fournit la meilleure chaux. Il est des lieux où elle est superficielle et en couches si minces, qu'on la lève, comme les schistes, en plaques d'une certaine grandeur, dont on se sert pour couvrir les maisons, sous le nom de LAVE. Dans ces lieux, les champs en sont quelquefois si remplis, que le sol en paraît couvert. Les bois de toutes espèces, excepté le châtaignier, viennent très-bien dans les terrains qui en sont composés, parce que leurs racines s'introduisent dans les nombreuses fentes qu'elle leur offre, et qu'elles y trouvent une constante humidité.

On appelle pierre calcaire tertiaire celle qui se trouve par bancs dans les plaines, et qui contient un grand nombre de coquilles marines autres que celles indiquées plus haut, coquilles dont plusieurs vivent encore en ce moment dans les mers des pays chauds. Cette roche, pour le naturaliste, présente des différences nombreuses quand on la compare avec la primitive et la secondaire ; mais pour l'agriculture, elle produit des effets peu différens, si on en isole ceux qui tiennent au gisement. C'est en général sur elle que reposent en définitif les sols les plus fertiles, quoique très-souvent des sables ou des argiles se montrent, en intermédiaire, immédiatement sous la terre labourable. Comme elle est presque toujours poreuse, elle conserve une grande masse d'eau, qui remonte en vapeur à la surface du sol, à mesure que la sécheresse ou la chaleur de l'atmosphère l'y détermine

Le tuf, du moins ce qu'on appelle ainsi dans les cantons que j'ai habités, car ce mot a différentes significations dans le langage agricole, est une pierre calcaire très-chargée d'argile et très-poreuse. On le voit quelquefois se former dans les sols marneux par la simple infiltration des eaux chargées d'acide carbonique. Il est très-nuisible, en ce qu'il empêche les racines des arbres de s'approfondir, et les eaux intérieures de se vaporiser. On l'emploie utilement à faire des voûtes de caves, à raison de sa légèreté.

La craie est une sorte de roche calcaire tertiaire relativement à sa situation dans les plaines, mais secondaire quant aux espèces de coquilles qu'on y trouve. Son origine n'est pas

encore complétement expliquée. Elle absorbe très-avidement
l'eau, mais la laisse passer avec facilité. Les pays de craie
sont de mauvais pays, ordinairement privés d'eau, à moins
que cette craie ne soit surmontée, et cela arrive souvent, d'une
épaisse couche d'argile. Comme elle est en général fort tendre,
elle se réduit ordinairement en poudre lorsqu'on l'expose sur
terre ; cependant il en est qui au contraire durcit dans ce cas.
La première peut être considérée comme une marne très-cal-
caire, et est employée comme telle dans l'amendement des sols
trop argileux. Il est quelques endroits où on creuse des caves
et même des habitations dans la craie.

Les grès secondaires, comme les primitifs, sont composés
de petits grains quartzeux, et liés entre eux par un gluten ou
de même nature, ou argileux, ou ferrugineux, ou calcaire.
Les primitifs forment des montagnes dont les couches sont
régulières, ou plus souvent forment des bancs dans les montagnes schisteuses : ils sont souvent de couleur rouge. Les secondaires sont en masses plus ou moins considérables dans les
plaines, et également disposés par lits. Ceux qui sont entièrement quartzeux n'absorbent aucune portion d'eau ; ceux qui
sont très-argileux en absorbent au contraire beaucoup : aussi
les sols qui reposent sur les premiers sont-ils infertiles, tandis
que les autres sont cultivés avec avantage. Les grès calcaires
sont intermédiaires sous ce rapport. Tous sont susceptibles de
se décomposer, et il en résulte du sablon, lequel laisse entièrement passer l'eau, et est par conséquent entièrement impropre à la végétation lorsqu'il est pur, lorsqu'il ne repose
pas sur une couche argileuse, lorsqu'il n'est pas au niveau
d'une rivière. Comme le sable est beaucoup plus abondant
dans la nature que les grès, la plupart des minéralogistes
pensent que c'est de lui qu'ils se sont formés. Cependant les
grès primitifs gisent dans des lieux où on ne voit point de dépôts considérables de véritable sablon non agglutiné.

Les grès calcaires se fendent facilement à angles droits,
c'est pourquoi on les préfère pour fabriquer des pavés. Il
en est qui contiennent des coquilles. Les grès argileux servent à faire des meules pour aiguiser les instrumens de fer ou
d'acier.

Les eaux sont rares et généralement mauvaises dans les pays
à grès.

Certains pays à sol tertiaire offrent, dans une sorte d'argile
superposée à toutes les autres parties composantes, des pierres
en masses irrégulières, plus ou moins grosses et plus ou
moins pourvues de cavités également irrégulières : ce sont les
pierres meulières, ainsi appelées de l'usage qu'on en tire. On
les emploie aussi beaucoup à la bâtisse, à raison de leur

presque inaltérabilité, et de la facilité avec laquelle, au moyen de leurs nombreuses cavités, elles se lient aux différens mortiers. Je ne la cite ici que parce que ses fragmens couvrent souvent la surface du sol dans lequel elle se trouve; car elle n'a aucune influence sur la fertilité du sol lorsqu'elle est dans sa position naturelle, puisqu'elle est toujours alors entourée d'argile, qui s'oppose au passage des eaux pluviales, et que d'ailleurs elle ne forme jamais de bancs continus. *Voyez* PIERRE et MEULIÈRE.

Les cailloux, ou pierres à fusil, qui se voient en si grande abondance dans certaines craies, sont positivement dans le même cas; mais quoique plus faciles à casser, leur contexture est presque toujours pleine. Il est des lieux où leurs fragmens couvrent les champs, soit parce que la charrue les a fait sortir de place, soit parce qu'ils ont été chariés par des rivières. Dans ce dernier cas, ils ont les angles émoussés et sont souvent très-petits. Ils constituent ce qu'on appelle SABLE et GRAVIER, qu'il ne faut pas confondre avec le sablon dont il a été question plus haut. Ce sablon se voit souvent avec eux; mais on l'en distingue facilement. C'est avec cette sorte de quartz qu'on fabrique les pierres à fusil et autres pierres à feu.

Les galets dont on trouve de si grands amas dans les terrains situés à la base des grandes chaînes de montagnes, sur les bords de quelques grandes rivières et de certaines parties des mers, ne sont autres que des pierres quartzeuses de toutes les espèces, provenant de la décomposition des montagnes, et plus ou moins arrondies et aplaties par les frottemens réciproques, que leur ont occasionnés et que leur occasionnent encore les eaux. S'ils sont souvent loin des rivières actuelles, c'est que ces rivières ont changé de cours, et se sont beaucoup affaiblies par suite de l'abaissement des montagnes d'où elles tirent leur source. Lorsqu'ils sont agglutinés, ils forment des rochers qu'on appelle POUDDINGS.

Les volcans ont joué autrefois dans la nature un rôle bien plus étendu qu'aujourd'hui, des pays considérables sont entièrement couverts de leurs débris. Les montagnes qu'ils ont formées sont très-élevées On appelle laves leur produit le plus ordinaire. Ce sont des pierres toujours irrégulières, plus ou moins noires, plus ou moins poreuses, composées de quartz et d'argile dans des proportions extrêmement variables. Lorsque le quartz domine, leur décompositon est lente, lorsque c'est l'argile elle est très-rapide. A la sortie du cratère, elles sont presque vitrifiées, repoussent, ou mieux, laissent passer l'eau comme dans un crible. Alors elles sont complétement infertiles et présentent l'aspect de la désolation. Peu à peu l'action de l'air et de l'eau agit sur elles et elles se décomposent avec d'autant plus de rapidité qu'elles sont plus argileuses. On peut accélérer cette décomposition en les réduisant en petits fragmens qu'on retourne souvent. Les terrains volcaniques au dernier degré de décomposition sont les plus fertiles de la nature, ainsi que le prouvent la Limagne d'Auvergne et les vallées qui s'y jettent, parce qu'ils réunissent à une division extrême la faculté d'absorber, comme les schistes, l'eau et la chaleur solaire; mais il faut, pour cela, qu'ils soient arrosés naturellement, ou puissent l'être artificiellement. En général ils ont beaucoup à redouter les étés secs, et c'est cette circonstance qui est cause que toutes les espèces de productions n'y réussissent pas toujours. La vigne y fait, lorsque l'exposition est bonne, des progrès qui tiennent du prodige. Ces avantages sont affaiblis autour des volcans actuellement en activité, tels que le Vésuve et l'Etna, par la crainte des ravages qui sont la suite de leurs violentes irruptions, qui anéantissent en peu d'instans les plus brillantes cultures, en les couvrant de laves brûlantes ou de cendres infertiles. Dans ces deux cas, les propriétaires ont rarement moyen d'espérer trouver quelque ressource dans leur malheur. Il faut ordinairement plusieurs siècles pour rendre au local son ancienne fertilité.

Au reste, la culture des sols volcaniques m'a paru ne pas différer de celle de ceux d'une autre nature, si j'en juge par ceux que j'ai vus, qui se réduisent à ceux de la ci-devant Auvergne et pays voisins, et à ceux du Vicentin en Italie. Dans ces derniers, on obtient souvent trois et quatre récoltes par an du même champ; aussi la terre y est-telle chère à proportion.

Les eaux sont généralement rares et mauvaises dans les montagnes volcaniques. Les pluviales y causent fréquemment de grandes pertes, en entraînant la terre dans les vallées, et il est difficile de s'opposer à leurs ravages, parce que le terrain y est généralement peu solide. Aussi de toutes les montagnes, sont-ce celles qui s'abaissent le plus rapidement, d'après les observations de Fortis. Celles où les laves sont très-quartzeuses se conservent cependant fort bien. *Voyez* Torrens.

Les basaltes ne sont que des laves qui se sont fendues en prismes réguliers lors de leur refroidissement. La pouzzolane est la lave poreuse réduite en très-petites parcelles et très-peu altérée; la cendre volcanique est la même matière encore plus fine. Les effets de ces diverses modifications de la lave quant à l'agriculture, ne diffèrent pas sensiblement. On bâtit avec les laves solides des maisons très-durables, et la pouzzolane est la meilleure substance qu'on puisse mêler avec la chaux pour en former du mortier, parce que sa porosité favorise son union. C'est dans les constructions sous l'eau qu'elle est principalement avantageuse.

Il est des terrains où les roches sont à la surface et gênent beaucoup les labours : les faire disparaître avec le pic et la poudre, est presque toujours possible, mais fort long ou fort coûteux. C'est au propriétaire à se décider par des considérations qui lui sont particulières ; car je ne puis donner de conseils applicables à toutes les circonstances qui peuvent se présenter. (B.)

ROCHE POURRIE. Tantôt c'est une PIERRE CALCAIRE très-argileuse, ou espèce de MARNE, d'une consistance moyenne, que le pic et même la charrue entament facilement ; tantôt c'est un schiste argileux pourvu de la même propriété.

Ordinairement les roches pourries sont très-infertiles ; mais lorsqu'elles sont mêlées avec des terres argileuses, elles augmentent leur fertilité en les rendant plus légères. *Voyez* MARNE.

Il est des roches pourries qui, très-tendres dans la terre, durcissent assez, par leur dessiccation, pour être propres à la bâtisse. (B.)

ROCHER. On donne, dans beaucoup d'endroits, indifféremment ce nom aux roches cachées dans la terre et à celles qui sont saillantes au-dessus de sa surface ; mais généralement cette dernière acception est la plus usitée. J'ai parlé longuement dans l'article précédent des effets directs ou indirects des roches sur l'agriculture, ici je parlerai des rochers sous leurs rapports d'agrémens dans les montagnes ou dans les jardins.

L'aspect des rochers, de quelque nature qu'ils soient, produit toujours sur les hommes qui ne sont pas blasés ou par l'habitude ou par d'autres causes, des effets d'autant plus imposans qu'ils sont plus gros et plus élevés. Les sensations qu'ils inspirent tirent leur source dans la fragilité de notre nature, dans le peu de durée de notre existence, comparée à leur inaltérabilité, et sans doute encore dans l'influence qu'ils exercent sur le globe. Comme c'est dans les montagnes élevées qu'ils sont les plus communs et les plus majestueux, qu'en même temps l'air y est plus pur, c'est là principalement qu'ils excitent l'enthousiasme de toutes les âmes sensibles. Je n'entreprendrai pas ici de les décrire poétiquement, assez d'autres l'ont fait avant moi ; je renverrai à leurs écrits ceux qui voudraient les connaître sous ces rapports. Ces écrits sont nombreux, car il n'est pas possible de se défendre, lorsqu'on a l'habitude d'écrire, du désir de peindre ce qu'ils font éprouver.

Non-seulement les rochers présentent des agrémens d'une manière absolue, mais encore par leurs accessoires, ainsi, les arbres qui les accompagnent, les eaux qui sortent de leurs flancs ou qui coulent sur leur surface augmentent les jouissances de l'observateur. Qu'ils sont à plaindre ceux qui n'ont pas joui, au moins une fois en leur vie, des beautés de tous genres qu'on rencontre à chaque pas dans les montagnes de la Suisse, qui n'ont pas vu les noirs sapins, les brillantes cascades qui embellissent ses rochers! Mais si l'intérieur de la France ne présente pas des sites aussi majestueux que ceux de ce célèbre pays, elle en montre fréquemment qui ne leur sont pas inférieurs sous les autres rapports, et dans lesquels les rochers jouent le principal rôle. J'ai voyagé en Suisse; j'ai parcouru une partie de nos départemens, et j'ai pu juger par comparaison.

Plusieurs années de ma jeunesse se sont écoulées dans une habitation entourée de rochers, dans la chaîne calcaire primitive qui lie les montagnes granitiques des Vosges avec celles du même genre de la ci-devant Bourgogne, chaîne dont Langres est le point le plus élevé. Aussi j'aime les rochers; aussi dans mes momens de repos, après la fatigue du travail, ou le tumulte de la société, je ne désire, pour ma vieillesse, qu'une retraite dans un pays abondant en rochers, en bois et en eaux.

Toutes les fois que dans le terrain qu'on destine à un jardin paysager il se trouve naturellement des rochers, on doit en tirer parti; mais ces cas sont rares, parce que les grandes villes, Lyon peut-être excepté, sont dans des plaines, et que ce sont principalement autour d'elles que s'établissent ces sortes de jardins; aussi est-on le plus communément obligé d'en bâtir d'artificiels lorsqu'on veut se procurer la sorte de jouissance qu'ils donnent.

Dire comment on doit modifier les rochers naturels et disposer les rochers artificiels dans les jardins paysagers est impossible, attendu que le même cas ne se présente jamais deux fois de suite, et qu'il faudrait se livrer à des suppositions sans nombre. D'ailleurs cet objet est plus du ressort de l'architecte que du cultivateur. Plusieurs ouvrages donnent des règles générales à cet égard et on peut les consulter. Je remarquerai seulement que lorsqu'on peut choisir la nature des pierres qu'on doit employer, il faut toujours préférer les quartzeuses non-seulement parce qu'elles sont plus lentement altérées par l'influence des élémens et par les accidens, à raison de leur dureté, mais encore parce que leurs formes anguleuses imitent mieux la nature et permettent plus facilement de cacher les jointures qui les séparent. Aux environs de Paris, les pierres meulières et les rognons de grès qu'on trouve isolés dans les argiles et les sables, sont très-propres à cet objet. Les pierres calcaires, quelque savamment taillées qu'elles soient, laissent toujours plus voir l'art, et détruisent par conséquent l'illusion.

Comme les eaux, comme les cavernes embellissent les rochers dans la nature, on a dû vouloir faire couler des eaux, fabriquer des cavernes dans ceux de l'art. Les localités décident de la possibilité de remplir son but sous ces deux rapports, et le bon goût de le remplir d'une manière convenable. Autant de petits rochers, évidemment construits pour former une cascade de quelques lignes d'eau, une caverne de quelques pieds de profondeur, sont ridicules, autant ceux où l'art est caché, où la masse est imposante, où les accessoires sont bien choisis, se contemplent avec plaisir. Tantôt les eaux coulent doucement, forment des nappes, tantôt elles se précipitent avec violence et tombent en cascade. Souvent on garnit l'intérieur des grottes de mousse, de coquillages, de minéraux éclatans, etc. Les effets qu'on peut tirer des uns ou des autres sont aussi variés que séduisans; mais, je le répète, il faut qu'ils soient combinés par des hommes de goût, c'est-à-dire qu'ils s'écartent le moins possible de la nature, laquelle seule plaît essentiellement, à laquelle on aime toujours à revenir, comme au type de toute beauté réelle.

Les rochers artificiels ne doivent jamais être laissés dénués de toute végétation. Ainsi on plantera autour, non-seulement des arbres de toute espèce, mais encore des plantes grimpantes ou rampantes, dont on dirigera les branches sur leur surface; mais encore on pratiquera des cavités sur leur sommet et sur leurs flancs pour y mettre de la terre et y planter les végétaux qui se trouvent dans la nature aux mêmes endroits. Rien de plus agréable qu'un rocher ainsi meublé lorsque la raison a présidé à sa composition. On peut sur-tout en tirer un parti avantageux sous le rapport de la botanique, car beaucoup de plantes de montagnes ne peuvent se conserver dans les jardins que lorsqu'elles sont ainsi placées, sur-tout de celles qui veulent en même temps être abreuvées par de l'eau courante. (B.)

ROGNE. Sortes d'excroissances peu élevées, mais très-rapprochées, qui se développent souvent sur les branches de l'olivier, et qui nuisent beaucoup à l'abondance des récoltes. On a long-temps cru que c'était un produit d'insectes; mais Giovène a prouvé, dans un mémoire spécial, qu'on devait les considérer comme une maladie, c'est-à-dire comme de véritables exostoses. Cet observateur n'en indique pas la cause. Le seul remède, c'est la taille au-dessous de la partie attaquée. *Voyez* EXOSTOSE et OLIVIER. (B.)

ROGNON. *Voyez* MAL DE ROGNON.

ROGNURES. On donne ce nom, dans quelques cantons, aux

herbes de mauvaise nature, qui croissent dans les prés et que les bestiaux ne veulent pas manger. On les coupe à la faux pour en faire de la litière. Un pré qui contient beaucoup de rognures est dans le cas d'être labouré et cultivé pendant quelques années en céréales, puis semé ou en luzerne, ou en sainfoin, ou en trèfle, selon la nature du sol. Souvent les rognures sont causées par une bouse de vache, un lambeau de charogne, une suite de pissemens de chiens. (B.)

ROISE. Synonyme de ROUTOIR. *Voyez* CHANVRE. (B.)

ROMAIN. On appelle ainsi, dit-on, la POIRÉE aux environs d'Amiens. (B.)

ROMAINE. Variété de LAITUE

ROMARIN, *Rosmarinus.* Genre de plantes de la diandrie monogynie et de la famille des labiées, qui renferme deux arbrisseaux à feuilles opposées, linéaires, très-entières, repliées par les bords, et à fleurs réunies en petits bouquets axillaires, dont un, qui est propre aux parties méridionales de l'Europe, se cultive fréquemment dans les jardins même des parties septentrionales, pour l'odeur suave de ses feuilles et de ses fleurs, ainsi que pour ses usages médicinaux.

Le ROMARIN COMMUN, *Rosmarinus officinalis,* Lin., s'élève à 3 ou 4 pieds et acquiert quelquefois la grosseur du bras. Ses rameaux sont nombreux, grêles, articulés; ses feuilles sessiles, d'un vert noir en dessus, blanches en dessous; ses fleurs bleuâtres et nombreuses. Il fleurit au commencement de l'été et conserve ses feuilles toute l'année. Ses diverses parties ont une odeur aromatique fort agréable. On en tire par la digestion dans l'esprit de vin et la distillation une liqueur cordiale et céphalique, connue sous le nom d'*eau de la reine de Hongrie,* liqueur dont on fait un grand usage en médecine et dans la toilette. L'huile essentielle de ses sommités fleuries est également employée dans les pharmacies et dans les parfumeries. On en fait aussi une conserve et un miel. Proust a prouvé, par le fait, que cette huile essentielle contenait une assez grande quantité de camphre, qu'on en pouvait aisément séparer par la cristallisation dans un lieu frais.

Dans les pays chauds, on forme avec le romarin des palissades, des buissons qui ont l'avantage de garnir le sol le plus aride et le plus brûlé par le soleil. Là il remplace la charmille dans beaucoup de cas. L'odeur qu'il répand dans la chaleur est très-forte et souvent fatigue les nerfs des personnes délicates. On l'y multiplie beaucoup; c'est à lui qu'est due l'excellence du miel de Narbonne et de Mahon.

Dans les pays froids, même dans le climat de Paris, il craint les fortes gelées de l'hiver, et ne doit être mis en pleine terre que dans les sols secs et à des expositions très-chaudes. On

doit même toujours en tenir en pots quelques pieds pour réparer les pertes qu'on est dans le cas d'éprouver. Dans les terres
humides il pousse très-vigoureusement, mais il y a moins
d'odeur et y est beaucoup plus sensible à la gelée. On peut le
placer en bordure dans les parterres et au premier rang des
massifs, ou contre les fabriques exposées au midi dans les
jardins paysagers; il se voit très-fréquemment dans les petits
jardins de la campagne, où ses rameaux fleuris forment des
bouquets assez agréables qu'on emploie quelquefois pour assaisonner les mets. Sa multiplication par graines est longue,
aussi ne la pratique-t-on jamais; mais celle par rejetons, par
marcottes, ou par boutures, est très-prompte et très-facile. Ces
dernières doivent être faites au printemps dans une exposition ombragée et chaude; l'année suivante, on les relève pour
les planter en pépinière à 8 ou 10 pouces de distance, et deux
ans après on peut les mettre définitivement en place. Il est
bon, dans le climat de Paris, lorsqu'elles ne sont pas en pots
et qu'on n'a pas d'orangerie, de les couvrir de litière aux
approches des grandes gelées.

On connaît une variété de romarin à très-petites feuilles,
et une autre à feuilles panachées. L'autre espèce, le ROMA-
RIN DU CHILI ne se cultive pas en France. (B.)

ROMPÉS (BOIS). Arbres cassés, rompus par les vents.

RONCE, *Rubus*. Genre de plantes de l'icosandrie polygynie
et de la famille des rosacées, qui renferme une trentaine d'espèces, dont trois sont très-communes et très-importantes à connaître, à raison de l'utilité qu'on en retire, et quelques autres
sont dans le cas d'être citées.

La RONCE-FRAMBOISE ou le *framboisier*, *Rubus ideus*, L.,
a été l'objet d'un article particulier. *Voyez* FRAMBOISIER.

La RONCE COMMUNE, *Rubus fructicosus*, Lin., a les racines traçantes; les tiges anguleuses, faibles, rameuses, velues, rampant sur la terre, ou se soutenant sur les branches
des autres arbustes, et garnies irrégulièrement d'épines recourbées; les feuilles alternes, pétiolées, velues en dessous, épineuses sur leur principale nervure, composées de trois ou de
cinq folioles lancéolées; les fleurs blanches, disposées en
grappes terminales, les fruits rouges avant et noirs après leur
maturité. On la trouve dans toute l'Europe, dans les haies,
les buissons, les bois, les lieux incultes; c'est un des arbustes
les plus abondamment répandus par-tout. Elle fleurit à la fin
du printemps sur les rameaux qui sortent des tiges de l'année
précédente, et ses fruits mûrissent sur la fin de l'été. Sa végétation est fort remarquable, 1°. en ce que les tiges qui ont
porté des fruits périssent pendant l'hiver, et qu'il en pousse
de nouvelles tous les printemps, de sorte que ce sont ex-

clusivement les tiges de deux ans qui en donnent ; 2°. en ce
que les tiges de l'année, lorsqu'elles touchent la terre, ce à
quoi elles tendent toujours par suite de leur faiblesse, s'enracinent par leur extrémité et uniquement par ce point. Ainsi il
y a toujours du bois mort et du bois de l'année dans un buisson
de ronces; ainsi leur multiplication est très-rapide, puisqu'elle
a lieu par les fruits, par les rejetons des racines et par l'extrémité des tiges.

Tout terrain convient aux ronces; mais cependant elles
prospèrent mieux dans celui qui est gras et humide. Là elles
poussent quelquefois la première année des tiges de 12 ou 15
pieds de haut et d'un pouce de diamètre. Ces tiges s'allongent
peu la seconde année, attendu que toute leur force végétative
est employée à former des rameaux aux aisselles des feuilles
supérieures, et à nourrir les nombreuses fleurs qu'ils portent.
J'ai vu des épis de ces fleurs avoir plus d'un pied de long. Un
seul pied de ronce peut, à la longue, couvrir une étendue
de terrain très-considérable, et c'est ce qui fait qu'on n'aime
point à en voir dans ses cultures, qu'on les regarde comme des
arbrisseaux *parasites*, pour me servir de l'expression des cultivateurs.

A l'exception du cheval, tous les bestiaux aiment les feuilles
de ronce. Les chèvres et les moutons les recherchent sur-tout
beaucoup lorsqu'elles sont encore jeunes; c'est avec elles qu'on
nourrit pendant l'hiver les cerfs et les daims dans les parcs.
Les vers à soie s'en accommodent assez bien. On les regarde
cependant comme astringentes et détersives.

Le bois de ronces fournit fort peu de potasse par l'incinération, parce qu'il est très-moelleux : en conséquence, lorsqu'on en a plus qu'on n'en peut employer pour chauffer le
four, il n'y a d'autre parti à prendre que de le jeter sur le
fumier, où il pourrira rapidement et fournira un fort bon
engrais.

Les haies naturelles sont presque toujours abondamment
garnies de ronces lorsque le sol où elles se trouvent leur est
favorable; mais elles leur nuisent, parce que, poussant plus
fortement que la plupart des arbustes qui les composent et se
multipliant plus rapidement, elles les privent de l'air nécessaire à leur végétation. On peut cependant les placer avec
avantage en avant des haies artificielles, c'est-à-dire plantées,
en ayant soin d'arrêter leurs progrès, soit d'élévation, en coupant leurs tiges à 2 ou 3 pieds de terre, au milieu de l'été, soit
d'étendue, en arrachant chaque hiver les rejetons ou les marcottes qu'elles auront faites. Seules, on en fait également d'excellentes haies, au moyen des mêmes précautions, lorsqu'on leur donne un palissage ou une haie sèche pour sup-

port. Elles forment également une excellente défense lorsqu'on les plante sur les revers des fossés, et de plus en retiennent très-bien la terre par leurs racines traçantes et nombreuses. La plus petite de ces racines laissée en terre suffit pour donner naissance à un nouveau pied ; en conséquence, dans ce dernier cas et même dans les autres, il est souvent avantageux d'arracher les vieux pieds pour augmenter l'épaisseur de la haie.

Quand on veut établir une haie de ronces, on peut ou en semer la graine, ou employer des plants enracinés arrachés dans les buissons. Le premier de ces moyens n'est guère en usage, attendu qu'il est très-long, que dans les pays secs et chauds, où la ronce est rare et ne vient pas bien. C'est au commencement de l'hiver qu'il faut la planter. On doit, en faisant cette opération, ou rabattre les tiges à quelques pouces des racines, ou les recourber pour enterrer leur extrémité, afin qu'elle prenne racine. Dans le premier cas, on est plus sûr de la reprise ; dans le second, on peut espérer une haie mieux garnie.

On a obtenu, par la culture, plusieurs variétés de ronces : celles à fruits blancs et celles sans épines ne sont que de simple curiosité ; celles à fleurs doubles, à feuilles découpées et à feuilles panachées peuvent être employées à la décoration des parterres et sur-tout des jardins paysagers. La ronce à fleurs doubles sur-tout est d'un très-grand éclat lorsqu'elle est en fleur, et elle y reste long-temps. Il lui faut un terrain gras et ombragé, pour que sa végétation se développe avec toute la vigueur nécessaire. Elle a, comme la ronce simple, le grave inconvénient de tracer et de s'emparer du sol, si par une surveillance continuelle on ne l'en empêche pas. On la multiplie par marcottes, par boutures et par rejetons. C'est principalement sur les rochers des jardins paysagers qu'elle produit le plus d'effet, mais elle se fait également remarquer par-tout où elle se trouve. C'est au compositeur du jardin à la placer de la manière la plus avantageuse. La ronce à feuilles découpées ne diffère de la commune que parce que ses folioles sont subdivisées ; cependant on doit la préférer pour l'ornement, comme plus pittoresque.

Le fruit de la ronce est d'abord âpre au goût ; il devient ensuite acidule et enfin fade par l'excès de sa maturité. Il est nourrissant et rafraîchissant. Les enfans le recherchent beaucoup en tous pays. Dans quelques endroits, on en fait du vin, qui n'est pas, dit-on, de beaucoup inférieur à celui de la vigne. On en fait aussi des confitures et un sirop agréables, recommandés dans les maladies du poumon et les ardeurs d'urine. La difficulté de leur récolte est seule la cause qu'on n'en fait pas un usage plus fréquent.

La Ronce bleuâtre, *Rubus cæsius*, Lin., a les tiges bien plus grêles et bien plus courtes que celles de la précédente, mais encore plus garnies de petites épines; ses feuilles sont pétiolées, ternées, à folioles lancéolées, les latérales bilobées. Son fruit est plus petit, d'un noir bleuâtre, couvert d'une poussière blanche. Elle croît dans toute l'Europe, dans les champs incultes, le long des murs, des haies, etc. Presque toujours elle rampe. Du reste, ses propriétés ne diffèrent pas essentiellement de la précédente. Son fruit a une acidité bien plus agréable, c'est-à-dire qu'il se rapproche beaucoup des mûres pour la saveur. Ordinairement la plupart de ses ovaires avortent, et il ne se trouve sur le réceptacle qu'un petit nombre de baies, deux ou trois, qui alors deviennent plus grosses. C'est de ces fruits dont on doit se servir principalement pour faire le sirop de mûres.

Cette espèce embarrasse souvent la charrue par son abondance. Il est difficile de la détruire dans les champs soumis au système des jachères, mais elle ne peut se conserver dans ceux qui ont un assolement régulier, parce qu'elle est étouffée par les prairies artificielles, et tuée par les binages d'été.

La Ronce hispide a les feuilles ternées ou quinées, glabres; les rameaux rampans et extrêmement épineux. Elle croît naturellement dans l'Amérique septentrionale, et se cultive dans les jardins depuis que j'en ai apporté les graines. Ses fruits sont plus gros et plus agréables au goût que ceux de la ronce commune. On en fait une grande consommation en Caroline, sous le nom commun de *black berry*. Il serait avantageux de la multiplier pour le même objet en France.

La Ronce odorante, *Rubus odoratus*, Lin., a les tiges droites, cylindriques, sans épines, jaunâtres, hautes de 4 à 5 pieds; les feuilles alternes, pétiolées, palmées, très-grandes, velues, d'un beau vert, et à cinq lobes peu profonds. Ses fleurs sont rougeâtres, d'un pouce de diamètre, et disposées en petits bouquets terminaux. Elle est originaire de l'Amérique septentrionale, et est cultivée dans les jardins d'agrément, où elle fleurit au milieu de l'été. C'est une belle plante qui orne fort bien un jardin paysager. On la place sur le second rang des massifs, le long des murs, des rochers, etc. Elle demande une bonne terre et de l'ombre. On a de la peine à arrêter ses racines, d'où il s'élève des rejets nombreux. On la multiplie par ces rejets. Ce sont uniquement les tiges de deux ans qui fleurissent, et elles meurent ensuite, de sorte qu'il ne faut jamais les tailler et encore moins les tondre, comme je l'ai vu faire.

La Ronce saxatile a une tige herbacée, haute de 2 à 3 pieds, rarement épineuse; les feuilles pétiolées, à trois folioles, ovales, grandes, dentées et glabres; les fleurs blanches, axillaires, et les fruits rouges dans leur maturité. Elle se trouve en Europe dans les pays de montagne.

La Ronce septentrionale, *Rubus arcticus*, Lin., a les tiges herbacées, droites, hautes de 2 ou 3 pouces; les feuilles ternées, dentées, assez grandes; les fleurs roses, solitaires et terminales. Elle se trouve dans le nord de l'Europe, de l'Asie et de l'Amérique. Son fruit est très-agréable au goût et sert de nourriture aux habitans les plus voisins du pôle. C'est pour eux une manne qui contre-balance les effets des substances animales qu'ils mangent habituellement. On la cultive dans les jardins des environs de Paris, où elle fleurit en juin. Il lui faut une ombre et une humidité constantes et la terre de bruyère. Elle y trace comme les autres ronces et s'y multiplie avec une très-grande rapidité; mais elle n'y donne jamais de fruit, ou si rarement, que je n'ai pas encore trouvé l'occasion d'en goûter.

La Ronce des marais, *Rubus chamæmorus*, Lin., a la tige herbacée, haute de 5 à 6 pouces; deux feuilles simples et lobées; une seule fleur terminale; un fruit noir et assez gros. Elle se trouve abondamment dans les marais des montagnes du nord de l'Europe. Son fruit se mange, mais est moins délicat que celui de la précédente. On la cultive aussi quelquefois dans les jardins de Paris. (B.)

RONDIER, *Borassus*, Lin. Arbre exotique des pays chauds, qui appartient à un genre du même nom dans la famille des palmiers. Il croît aux Indes et dans les îles qui en dépendent, et porte des fruits d'une grosseur considérable. Ses fleurs sont unisexuelles; les mâles et les femelles viennent sur différens pieds. Ses feuilles, en forme d'éventail, sont disposées au sommet de la tige, qu'elles couronnent. On distingue deux principales espèces de rondier, le rondier lontar et le rondier des Séchelles.

On trouve le premier dans la partie orientale de l'île de Ceylan, sur la côte de Coromandel, à Java et dans d'autres contrées de l'Inde. Il acquiert la hauteur de 25 à 30 pieds. Son tronc, marqué de distance en distance d'impressions circulaires, a environ un pied de diamètre; il est couronné à son sommet d'un faisceau de feuilles palmées, dont les unes droites, les autres plus ou moins horizontales, forment, par leur réunion, une cime ou tête arrondie; les pétioles de ces feuilles sont garnis d'épines de chaque côté.

L'individu mâle de ce rondier a beaucoup de ressemblance pour le port avec l'individu femelle, mais il en diffère par sa fructification. Ses spadix sont terminés par de longs chatons cylindriques, et ceux de l'individu femelle sont divisés en plusieurs rameaux couverts de fleurs. Cet arbre ne donne des fruits

qu'une seule fois en sa vie. La fructification paraît être en lui
le dernier effort de la nature, car après cette époque il languit
et meurt bientôt.

Le lontar est d'une grande utilité aux habitans du pays où
il croît. De ses spathes coupés d'abord par moitié et dont on
enlève successivement de nouvelles zones, on retire une liqueur d'un goût agréable, susceptible de fermentation vineuse
et avec laquelle on fait une espèce de sucre, très-inférieur sans
doute à celui de la canne, mais beaucoup plus estimé en général que le sucre obtenu des autres palmiers. Le bois du lontar est
très-dur, presque incorruptible et d'une belle couleur noire
mêlée de veines jaunâtres. On l'emploie dans la construction
des bâtimens et dans la fabrication de divers meubles et ustensiles. Avec les feuilles les Indiens couvrent les toits de leurs
maisons; ils en font aussi des parasols, des paravents, des nattes,
et ils s'en servent en guise de papier pour écrire.

Le RONDIER DES SÉCHELLES est le même palmier, dont le
fruit est connu depuis long-temps dans l'Inde sous le nom de
coco des Maldives. On avait appelé ce fruit ainsi, parce qu'il
a quelque ressemblance avec un coco, et parce qu'on le trouvait presque toujours flottant sur la mer aux environs des îles
Maldives, où il était sans doute poussé par les courans; mais
l'arbre qui le produit ne croît que dans l'île Praslin et dans
l'île Curieuse, situées dans l'archipel des Séchelles, et séparées l'une de l'autre par un canal de trois cents toises. Il vient
indifféremment, dit M. Queau-Quincy (*mémoire envoyé au
Musée royal*), dans les sables, dans les mares et sur les rochers. Il croît avec lenteur et ne rapporte du fruit qu'à l'âge
de vingt ou trente ans. Son tronc s'élève communément de 50 à
60 pieds, quelquefois de quatre-vingts à cent; il est droit
comme un mât, parfaitement cylindrique; et son diamètre, qui
varie, a environ un pied. Le sommet de l'arbre est couronné
par une touffe de douze à vingt feuilles qui ont jusqu'à 20 pieds
de long sur 10 à 12 de large. Son bois est très-dur à la surface, et rempli intérieurement de fibres molles qu'on sépare
facilement. Chaque arbre porte environ vingt ou trente fruits
très-gros et pesant chacun de 20 à 25 livres. Ils sont plus d'un
an à mûrir et ne tombent souvent qu'au bout de deux ou trois
ans. Ce sont des espèces de drupes garnis d'un brou, et dont
les noyaux sont ovales, durs, aplatis et divisés à leur partie
inférieure en deux lobes, entre lesquels est une fente garnie
de soies. Ces fruits, avant leur parfaite maturité, renferment
une substance gélatineuse, blanche, ferme, transparente et
très-bonne à manger. Chaque fruit en contient à-peu-près deux
assiettes. Elle s'aigrit et prend une odeur très-désagréable
quelques jours après que le fruit a été cueilli; lorsqu'il mûrit

sur l'arbre, cette gelée se change en une amande dure comme de la corne.

Toutes les autres parties du rondier des Séchelles sont employées dans le pays où il croît aux mêmes usages que celles du cocotier. On peut aussi le cultiver de la même manière. *Voyez* le mot COCOTIER. (D.)

RONGEURS. Les naturalistes ont donné ce nom aux quadrupèdes qui ont deux dents incisives aux deux mâchoires et point de dents canines. Tous vivent de graines, d'écorce ou d'herbe. Plusieurs nuisent beaucoup aux agriculteurs. Ceux particulièrement dans ce dernier cas sont, en France, le RAT, la SOURIS, le MULOT, le CAMPAGNOL, le LÉROT, le LOIR, l'ÉCUREUIL, le LAPIN et le LIÈVRE. *Voyez* ces mots. (B.)

ROQUETTE DES JARDINS, *Brassica eruca*, Lin. Espèce du genre des choux, originaire des montagnes de l'est de l'Europe, dont on fait usage en médecine comme aphrodisiaque, diurétique, stomachique, antiscorbutique et détersive, et qu'on cultive en conséquence dans quelques jardins. Elle se reconnaît à ses racines annuelles; à ses feuilles en lyre, presque ailées, lisses, les radicales pétiolées et étalées sur la terre, les caulinaires sessiles; à ses tiges hérissées de poils; à ses fleurs blanches et à ses siliques glabres. Elle fleurit en mai ou en juin et s'élève à 2 ou 3 pieds.

On sème fort clair la roquette au commencement du printemps, et même, si on veut avoir toujours des feuilles fraîches pendant tout l'été, dans une terre labourée et bien exposée. On sarcle et on éclaircit le plant au besoin et on l'arrose pendant les chaleurs de l'été, si on en a semé pendant cette saison. Du reste, elle ne demande aucun soin particulier.

C'est de ses feuilles et de ses graines dont on fait usage en médecine. (B).

ROQUETTE SAUVAGE. Espèce du genre SISYMBRE.

ROQUILLE. Ancienne petite mesure pour les liquides.

RORAGE. *Voyez* ROUISSAGE.

ROSACÉES. Famille de plantes qui renferme un grand nombre de genres, dont beaucoup intéressent éminemment les cultivateurs, à raison de leurs fruits, d'autres à raison de leurs fleurs. Ses caractères généraux consistent en un calice presque toujours persistant; en une corolle composée de cinq ou quelquefois d'un plus grand nombre de pétales, et insérées au calice; en un grand nombre d'étamines également insérées au calice; en un ovaire inférieur à un ou plusieurs styles latéraux; en un fruit qui varie beaucoup. Tantôt c'est une pomme, tantôt c'est une espèce de baie, tantôt une ou plusieurs capsules monospermes, tantôt enfin un drupe charnu.

Les genres de cette famille, que les agriculteurs sont dans

le cas de connaître le plus généralement, sont les Pommiers, les Poiriers, les Coignassiers, les Néfliers, les Alisiers, les Sorbiers, les Cerisiers, les Pruniers, les Abricotiers, les Amandiers, les Rosiers, les Pimprenelles, les Aigremoines, les Fraisiers, les Potentilles, les Ronces, les Benoites et les Spirées. *Voyez* ces mots. (B.)

ROSAGE, *Rhododendron*. Genre de plantes de la décandrie monogynie et de la famille des rosacées, qui renferme une douzaine d'espèces, dont deux se trouvent au sommet des montagnes élevées de l'Europe, et trois ou quatre autres se cultivent fréquemment dans les jardins, qu'ils ornent par la beauté de leurs fleurs.

Tous les rosages sont des arbrisseaux à feuilles éparses, coriaces, et les fleurs disposées en corymbes terminaux.

Le Rosage ferrugineux a les feuilles ovales, oblongues, très-entières, roulées en leurs bords, d'un vert noir et luisant en dessus, et d'un fauve ferrugineux en dessous. Ses fleurs sont rouges. On le trouve sur le sommet des Alpes. C'est un très-agréable arbrisseau qui s'élève à un ou 2 pieds et forme de larges buissons, qui fleurissent aussitôt que la neige est fondue, c'est-à-dire en juin. Je l'ai fréquemment admiré dans son pays natal. Il se cultive très-difficilement dans les jardins du climat de Paris, aussi l'y voit-on rarement. On le multiplie par graines et par marcottes. L'ombre, la fraîcheur et la terre de bruyère lui sont absolument nécessaires. Ses feuilles restent vertes pendant toute l'année.

Le Rosage velu a les feuilles lancéolées, velues en leurs bords jaunâtres en dessous, et leurs fleurs d'un rouge éclatant. Il se trouve avec le précédent, dont il se rapproche beaucoup. On le cultive de même, et il est aussi difficile à conserver ; souvent il périt sans qu'on sache pourquoi, au moment où on le croyait dans le meilleur état de santé.

Le Rosage pontique a les feuilles lancéolées, pointues, très-entières, longues de 6 pouces, glabres, luisantes ; les fleurs grandes, d'un violet plus ou moins foncé, et souvent fort nombreuses. Il est originaire des montagnes de l'Asie-Mineure, du royaume de Pont. On le cultive aujourd'hui très-abondamment dans les jardins des environs de Paris, où il s'élève à 5 ou 6 pieds, et forme des buissons très-touffus, toujours verts, et du plus grand éclat quand ils sont en fleurs. La terre de bruyère et de l'ombre lui sont nécessaires pour bien fleurir, et même se conserver : c'est la plus commune et la plus belle des espèces. On la place contre les murs, derrière les rochers, sous les arbres exposés au nord dans les jardins paysagers. Elle est en fleurs pendant les mois de mai et de juin. Elle offre quelques variétés peu remarquables.

Le Rosage à grandes fleurs, *Rhododendron maximum ;*
Lin. , a les feuilles plus épaisses, moins longues, moins noires
et roulées en leurs bords ; les fleurs plus grandes et moins
foncées en couleur, les rameaux plus courts, et les tiges moins
élevées ; mais du reste diffère si peu du précédent, qu'il faut
beaucoup d'habitude pour l'en distinguer. Il est originaire de
l'Amérique septentrionale, et se cultive également dans nos
jardins, où il fleurit un peu plus tard. Il offre une variété à
fleurs blanches.

Le Rosage ponctué a les feuilles oblongues, glabres, ponc-
tuées en dessous par des glandes résineuses. Il croît sur les
montagnes de la Caroline, où j'en ai observé de grandes quantités. On le cultive dans quelques jardins, quoiqu'il soit inférieur en beauté aux précédens, et qu'il s'en rapproche beaucoup pour l'aspect.

Tous les rosages se multiplient de semences ou de marcottes.
Les graines des trois derniers mûrissent dans le climat de Paris
lorsque l'hiver n'arrive pas de trop bonne heure. Il faut les
semer aussitôt qu'elles sont recueillies, c'est-à-dire au commencement de l'hiver, dans des terrines de terre de bruyère,
qu'on rentre dans l'orangerie ou sous une bache pendant les
grands froids. Au printemps, on couvre ces terrines de quelques brins de mousse, et on les place sur une couche sourde
à châssis, formée dans un lieu où il y a très-peu d'air, tel
qu'une petite cour, l'angle de deux murs, etc. ; et on arrose
fréquemment, mais légèrement. Comme la graine est extrèmement fine, il faut la répandre fort clair et ne point l'enterrer ; car si on l'enterrait seulement de 2 lignes, elle ne lève-
rait pas, et si elle levait trop dru tout le plant périrait. Ce
plant paraît au bout de trois semaines, mais acquiert peu de
force la première année. Quelques personnes le lèvent au printemps de la seconde, pour le mettre, à un pouce de distance,
dans de grandes terrines ou seul à seul dans de petits pots ;
mais il vaut mieux attendre celui de la troisième. En général ,
ce n'est que par des soins constamment suivis qu'on peut espérer d'amener à bien beaucoup de ces arbustes ; trop d'air,
pas assez d'air, trop d'eau, pas assez d'eau, les font également
périr. Un seul coup de soleil produit souvent le même effet.
On est heureux quand mille graines fournissent cent pieds,
et quand de cent pieds il en arrive dix à l'âge où ils produisent
des fleurs ; cependant, avec une continuité de soins, on peut,
je le répète, augmenter les chances de leur réussite.

Les pieds repiqués se conservent dans les pots ou les terrines
pendant deux ans, puis on les met en pleine terre, avec l'attention de les couvrir légèrement de paille pendant les grands
froids. Ils y restent deux autres années, après quoi on doit les

planter à demeure. C'est l'époque où ils commencent à fleurir. Alors ils ne demandent plus que les binages ordinaires aux jardins, et quelques arrosemens dans les grands sécheresses. Il est bon, pour les empêcher de trop s'élever et leur faire donner des branches latérales, de supprimer, entre les deux sèves de la quatrième année, leur bourgeon supérieur, c'est-à-dire de les arrêter, comme disent les jardiniers. Leur transplantation se fait en automne ou au printemps et n'est point difficile; mais il faut que la planche où ils doivent définitivement rester ait plus d'un pied de profondeur de terre de bruyère si on veut qu'ils prospèrent.

Le plus commun, le plus beau et le plus rustique des rosages est, comme je l'ai déjà annoncé, le pontique. Souvent on le plante dès la seconde année en pleine terre, et il commence à donner des fleurs dès la quatrième. J'ai observé, le premier, que la base de ses capsules, avant leur maturité, donnait un sucre concret fort agréable au goût, mais qui peut paraître suspect.

Les premières gelées de l'automne et les dernières du printemps font souvent beaucoup de tort aux rosages dont les pousses sont encore tendres. Il n'y a pas de remède contre leurs effets; mais rarement le pied meure.

Lorsqu'on veut faire des marcottes de rosage il faut user de précautions, car leur bois est très-cassant. Les deux premières espèces, qui ne donnent point de bonnes graines dans nos jardins, sont uniquement multipliées par cette voie et ne s'enracinent qu'au bout de deux à trois ans. Les marcottes des autres peuvent être relevées souvent dès la fin de la seconde. Au reste, les pieds qui en proviennent étant moins beaux et de moindre durée que ceux qu'on se procure par graine, on doit préférer le moyen des semis, quoiqu'un peu plus long. (B.)

ROSE. *Voyez* ROSIER.

ROSE DE CAYENNE. Mauvaise dénomination de la KETMIE DES JARDINS.

ROSE DE CHIEN. C'est le ROSIER ÉGLANTIER. *Voyez* ce mot.

ROSE DE GUELDRE. Nom vulgaire de l'OBIER. *Voyez* au mot VIORNE.

ROSE DE JÉRICO, ou JÉROSE, *Anastatica*. Plante annuelle, de la famille des crucifères, originaire de la Palestine, dont la tige est garnie de beaucoup de rameaux disposés en vase.

Lorsque cette plante est morte, ses rameaux se rapprochent dans la sécheresse et s'écartent par l'humidité. Ce phénomène, qui est commun à toutes les plantes, mais qui est plus remarquable dans celle-ci, a excité l'enthousiasme des pélerins qui allaient à Jérusalem pendant les siècles d'ignorance, de sorte qu'elle est beaucoup plus connue qu'elle ne le mérite. On ne la cultive que dans les jardins de botanique. *Voyez* Hygromètre. (B.)

ROSE DE NOEL. On appelle ainsi l'Hellébore a fleurs roses.

ROSE D'OUTREMER. *Voyez* au mot Alcée.

ROSE TRÉMIÈRE. *Voyez* au mot Alcée.

ROSEAU, *Arundo*. Genre de plantes de la triandrie digynie et de la famille des graminées, qui renferme une douzaine d'espèces, dont plusieurs peuvent être utiles aux cultivateurs sous les rapports économiques et autres.

Le Roseau a quenouille, Roseau-Canne, Roseau des jardins, *Arundo donax*, Lin., a les racines traçantes, articulées, solides, un peu sucrées; les tiges nombreuses, articulées, creuses, ligneuses, hautes de 12 à 15 pieds, quelquefois d'un pouce de diamètre; les feuilles engaînantes, striées, longues de 15 à 20 pouces, sur un à 2 de large; les fleurs rougeâtres, disposées en panicule terminale. Il croît naturellement dans les parties méridionales de l'Europe et septentrionales de l'Afrique. On le cultive dans les jardins, soit pour l'utilité, soit pour l'agrément. Ses racines passent pour favoriser la perte du lait aux femmes qui cessent de nourrir. On emploie ses tiges pour former des palissades, des échalas, des plafonds, des claies pour sécher les fruits, passer les terres, des peignes pour les tisserands, des bobines pour les fileuses, des perches pour la pêche à la ligne, enfin une infinité d'autres objets. Elles résistent très-long-temps à la pourriture, même dans l'eau, surtout lorsqu'elles sont entières, c'est-à-dire lorsque leur écorce, si dure et si polie, n'est pas entamée. Jetées au feu, elles se consument presque sans flamme et ne donnent presque pas de chaleur. Les vaches et les chevaux mangent ses feuilles.

Il est rare que le roseau fleurisse dans le climat de Paris, les gelées arrivant ordinairement avant qu'il ait acquis toute sa hauteur et toute sa consistance; en conséquence, on n'en peut faire qu'un objet de décoration dans les jardins paysagers, où il produit un bel effet sur le bord des eaux, autour des rochers, des fabriques, etc., par sa grandeur, et l'opposition de sa manière de végéter avec celle des arbres et arbustes. Là, il faut que ses touffes ne soient ni trop grosses ni trop petites, et se détachent bien. On les coupe rez terre tous les hivers. Comme il trace beaucoup quand le terrain lui est favorable, c'est-à-dire qu'il est chaud et humide, il faut avoir soin d'arrêter ses accrus tous les ans. On le multiplie très-facilement par le moyen de ses bourgeons latéraux, qu'on enlève au printemps et qu'on plante séparément. Il craint cependant d'être tourmenté, et un pied qu'on veut trop rigoureusement contenir périt souvent par cette cause. On doit prudemment couvrir ses pieds de litière pendant les fortes gelées.

Dans les parties méridionales de l'Europe, on le place communément sur le bord des rivières, des ruisseaux, pour défendre les terres des effets de l'impétuosité des eaux. Il y croît avec une telle vigueur, qu'un seul bourgeon, au bout de quatre à cinq ans, s'est emparé de 12 à 15 pieds carrés. C'est là seulement que ses tiges acquièrent le degré de maturité nécessaire pour être employées dans les arts. Celles qu'on vend à Paris viennent presque toutes du département des Bouches-du-Rhône. On les coupe tous les ans rez terre. Si on les laissait deux ans sur pied, elles ne s'éleveraient pas davantage (ou très-peu), et pousseraient des rameaux de presque tous leurs nœuds; ce qui en rendrait l'usage moins avantageux.

Cette plante a une variété à feuilles panachées ou, mieux, rubanées de blanc, qui vient de l'Inde, et ne s'élève qu'à 3 ou 4 pieds. Elle est très-délicate et demande l'orangerie pendant l'hiver.

On a rapporté d'Egypte une espèce de roseau qui se rapproche de celle-ci, mais qui a la singulière propriété de pousser, outre ses tiges droites et florifères, des tiges rampantes qui s'allongent de 12 ou 15 pieds, et qui, l'année suivante, prennent racine de tous les nœuds. On avait bien de la peine à la régler dans la partie du Jardin des Plantes de Paris, où elle était placée. Cette espèce serait très-précieuse pour fixer les sables des parties méridionales de l'Europe.

Le Roseau a balai, ou *roseau commun*, *Arundo phragmites*, Lin., a les racines traçantes; les tiges droites, hautes de 4 à 6 pieds; les feuilles longues, denticulées et coupantes à leurs bords; la panicule grande et d'un brun pourpre. Extrêmement commun dans toute l'Europe, dans les marais, les étangs, les rivières dont le cours est lent, il fleurit à la fin de l'été. On retire de ses tiges, en petit, les mêmes services que du précédent. On en fait des flûtes de Pan. Ses panicules de fleurs, coupées avant leur floraison, forment les petits balais dont on fait un si fréquent usage dans les appartemens pendant l'hiver, pour approprier les foyers. Sous ce rapport, il pourrait être l'objet d'une culture productive dans quelques cantons, car le commerce qu'on fait de ces balais ne laisse pas que d'être considérable; mais il est presque par-tout si commun, que nulle part, que je sache, on le plante pour cet objet. La plupart des étangs qui ne sont pas alimentés par des eaux de source en ont leurs bords couverts. Ils en sont souvent la peste, parce qu'ils servent de retraite aux loutres et à tous les oiseaux qui vivent aux dépens des poissons. Sa multiplication est si rapide, qu'un étang qui n'en avait point peut en être couvert en peu d'années. Elle n'est arrêtée que par le peu ou le trop de profondeur de l'eau. Il vient mal lorsqu'il y en a moins de 6 pouces et plus de 2 pieds. Vouloir le détruire en l'arrachant est folie, à raison de l'énormité de la dépense et de l'impossibilité d'un succès complet. Le mieux, lorsque la localité le permet, est de dessécher l'étang pendant cinq à six ans, et de le cultiver en céréales ou autres productions; dès que la pourriture des racines du roseau permettra l'action de la charrue.

Ce roseau, lorsqu'il n'est pas très-abondant, forme, quand ses panicules sont épanouies, et elles le sont pendant tout l'automne, un effet très-pittoresque dans les lacs des jardins paysagers, en conséquence il est bon d'y en placer quelques touffes; mais il faut, on le pense sans doute d'après ce que je viens de dire, en surveiller la multiplication avec la plus extrême rigueur.

Tous les bestiaux mangent les feuilles de ce roseau lorsqu'elles sont encore jeunes, les vaches sur-tout en sont très-friandes, et s'exposent souvent pour en aller manger dans les fondrières. On le coupe pour elles au printemps dans quelques endroits, et on devrait le faire par-tout, puisque ce serait tirer un parti utile des terrains qui le produisent, et qu'on est dans l'opinion que ce fourrage augmente beaucoup leur lait, et donne au fromage et au beurre qui en proviennent une excellente qualité.

Ce roseau est fort abondant autour des îles qui se trouvent dans le cours intérieur de la Loire : là, on le coupe en septembre ou octobre pour le fendre, l'aplatir et en former des nattes, qui sont l'objet d'un commerce de quelque importance. Ces nattes servent à couvrir les objets qu'on transporte par eau dans cette rivière et à les mettre à l'abri de la pluie. Ce sont des enfans qui les fabriquent; ils ont le pouce de la main droite enfermé dans un étui de fer poli, et c'est avec ce pouce et un couteau qu'ils aplatissent les roseaux et les débarrassent de leurs feuilles.

C'est dans les marais de la Vendée qu'on en tire peut-être le meilleur parti. La coupe d'un arpent se vend souvent 150 fr.

Le Roseau plumeux, *Arundo calamagrostis*, Lin., a les racines traçantes ; les tiges de 2 à 3 pieds; les feuilles rudes et coupantes; la panicule des fleurs très-allongée, spiciforme et jaunâtre; les poils très-abondans. On le trouve très-communément dans les bois, où il fleurit en juillet. On fait des balais avec ses panicules, des appeaux pour la pipée avec ses feuilles; et on peut employer toutes ses parties à faire de la litière : ce sont les seuls usages auxquels il soit propre, car les bestiaux le repoussent ordinairement, et lorsque, pressés par la faim, île en mangent, il leur donne la dysenterie; cependant il couvre quelquefois des espaces considérables. Une variété moins grande, que quelques botanistes considèrent comme une espèce, a été appelée *Arundo epigeos.*

Le Roseau des sables, *Arundo arenaria*, Lin., qu'on appelle vulgairement *oyat* sur quelques-unes de nos côtes, a les racines encore plus traçantes que celles des précédens. Ses feuilles radicales sont nombreuses, roulées, piquantes et d'un vert blanc; ses tiges hautes d'un à 2 pieds; ses fleurs disposées en panicule spiciforme blanchâtre, de 6 à 8 pouces de haut. Il croît dans les sables des bords de la mer et fleurit en juillet. C'est une plante d'une grande importance pour les cultivateurs de certaines côtes, en ce qu'elle a la propriété de croître avec la plus grande facilité dans le sable le plus pur, de le fixer par ses racines et ses tiges, et par là, d'un côté, de l'empêcher d'être emporté par les vents et les eaux, et, de l'autre, de permettre d'y établir des plantations d'arbres ou d'arbrisseaux, qui à la longue le consolident parfaitement. On le cultive en conséquence dans plusieurs endroits. Cette culture ne consiste qu'à arracher des drageons dans les lieux les moins exposés aux vents ou à la mer, et de les planter à un pied de profondeur dans le lieu qu'on désire en garnir. La première et même quelquefois la seconde année, il n'est pas en état de se défendre; mais dès la troisième, il brave tous les efforts des vents, et ensuite toute l'action des eaux lorsqu'elle n'est pas au dernier degré de véhémence. Je ne puis trop recommander aux propriétaires de dunes non pas seulement de faire des plantations de cette espèce de roseau, mais encore de les entretenir et de les augmenter tous les ans du côté de la mer, lorsque de nouveaux amoncellemens de sable le permettent; car on leur reproche généralement de ne plus s'occuper de leurs plantations lorsqu'elles sont terminées; ce qui fait que la mer, attaquant une partie dégarnie, mine le reste par-dessous, et emporte le tout dans un de ses momens de furie. Je leur recommanderai aussi d'y mêler l'*élime des sables* et d'autres plantes aréneuses; car ce roseau, comme tous les autres végétaux, épuise à la longue le sol où il végète, et par conséquent n'y peut plus croître. On trouvera, au mot Dune, quelques détails de plus sur cet objet.

Plus ce roseau est fréquemment butté par de nouveau sable, et plus il pousse vigoureusement. Cela tient au principe développé au mot Gazon, et qui est propre à toutes les Graminées. *Voyez* ces mots et les mots Maïs, Buttage.

Le Roseau coloré, *Phalaris arundinacea*, Lin., avait été mal à propos placé parmi les phalarides. Ses racines sont traçantes; ses tiges hautes de 3 à 4 pieds; ses feuilles longues et rudes; ses fleurs disposées en panicule allongée et rougeâtre; ses balles uniflores et ses fleurs laineuses. Il croît dans les prés, fleurit au milieu de l'été, et produit une variété à feuilles rayées de blanc et de pourpre, qu'on cultive très-fréquemment dans les jardins sous le nom de *ruban* ou de *chiendent rayé*. Cette variété fait un fort joli effet lorsqu'on la place d'une manière convenable; mais elle se propage par ses drageons avec une si grande facilité, qu'il est souvent fort difficile d'arrêter ses progrès, sur-tout quand elle est dans une terre grasse et fraîche. On la multiplie par la section de ses pieds et on la plante en hiver, ou même à toutes les époques de l'année, car elle est on ne peut plus rustique.

Il y a encore le ROSEAU-BAMBOU, ou simplement le *bambou*, dont on fait un si grand usage dans l'Inde et les îles qui en dépendent; mais comme il ne s'y cultive pas, et qu'en Europe il demande la serre chaude, je n'en parlerai pas avec détail. J'observerai seulement que, d'après Rumphius, il y a plusieurs espèces très-distinctes qui ont été confondues sous le même nom. (B.)

ROSEAU-CANNE. *Voyez* CANNE A SUCRE.

ROSÉE. Eau qui se condense pendant la nuit sur les plantes, et qui se dissipe le matin par l'effet de la chaleur solaire ou par suite de l'action des vents.

Les anciens ont attribué aux rosées une origine merveilleuse, des propriétés sans nombre. Aujourd'hui on est généralement revenu des erreurs auxquelles elle avait donné lieu; cependant il est encore des localités où on croit à son influence dans des cas où elle n'en a aucune. Je n'entreprendrai pas de combattre les opinions erronées dont elle est encore l'objet. Un simple exposé des faits et une explication de ces faits d'après les bases de la saine physique rempliront mieux mon but.

Les physiciens modernes distinguent trois sortes de rosées :

La première est produite par les vapeurs qui s'élèvent de la terre pendant le jour sans se dissoudre dans l'air, et qui se condensent pendant la nuit, à raison du refroidissement de l'air.

La seconde a lieu par la précipitation pendant la nuit, à raison du même refroidissement, de l'eau qui y était dissoute depuis plus ou moins long-temps.

La troisième est le résultat de la transpiration des plantes.

Ces causes de la rosée agissent quelquefois simultanément, quelquefois deux à deux, quelquefois isolément. La quantité d'eau qui en résulte varie dans toutes les proportions; mais la première et la troisième en fournissent plus pendant l'été, et la seconde pendant le printemps et l'automne. Pour l'agriculteur, les effets de la première et de la seconde sont les mêmes, et ceux de la troisième, certains cas exceptés, se confondent avec ceux de la Transpiration. *Voyez* ce mot

Presque toujours la rosée est globuleuse et peu de personnes savent pourquoi, c'est que le premier atome d'eau qui se fixe attire les autres par la grande loi des affinités électives. Je dis presque toujours, parce que quand la rosée a été abondante, quand sa chute a été rapide, ou qu'elle a eu lieu pendant qu'il faisait du vent, l'attraction est troublée, et les gouttelettes se réunissent.

Lorsqu'il n'y a pas de vent, la rosée est proportionnelle à la chaleur du climat et du jour et à la nature du sol. Ainsi il y a plus de rosée à Saint-Domingue qu'à Paris, plus en été qu'en hiver, plus dans les pays humides que dans les pays secs, plus dans les pays incultes que dans les pays cultivés. Les abris influent par conséquent beaucoup sur sa production : aussi le même jour, les vallons en offrent-ils davantage que le sommet des montagnes, les bois que les plaines.

Puisque, pour qu'il y ait formation de rosée, il faut qu'il y ait refroidissement de l'atmosphère et abondance de vapeurs dans l'air, ou émanation de vapeurs de la terre, on doit conclure que lorsqu'un vent chaud succède vers la fin du jour à un vent froid, il n'y a pas de rosée; que lorsque l'air est desséchant, il n'y a pas de rosée; que lorsque la terre est à une température plus haute que l'air, il n'y a pas de rosée. Pour ce dernier cas, il faut se ressouvenir que la terre conserve plus long-temps sa chaleur acquise que l'air, et que ce dernier est un très-mauvais conducteur de cette chaleur, faits auxquels on n'a pas encore fait assez d'attention dans la pratique de l'agriculture.

Pourquoi les trèfles, les luzernes plâtrées offrent-elles constamment plus de rosée que celles qui ne le sont pas? Je ne puis répondre positivement à cette question, mais je soupçonne que dans ce cas la transpiration est augmentée. *Voyez* Platre.

La rosée n'est que de l'eau distillée *per adscensum*, ou *per descensum :* ainsi elle doit être pure comme elle, ou au plus contenir quelques atomes de l'acide carbonique qui nage dans les couches inférieures de l'atmosphère : aussi l'a-t-on trouvée telle lorsqu'on l'a recueillie sur des corps incapables de lui communiquer aucun principe, comme du verre; mais lorsqu'elle a séjourné sur des plantes, qu'elle s'est mélangée avec celle qui provient de leur transpiration, elle se charge de quelques-uns de leurs principes extractifs.

On doit regarder la rosée comme le supplément des pluies, et par conséquent comme influant presque autant qu'elles sur la végétation. Beaucoup de faits tendent même à faire croire que la rosée pénètre plus facilement le tissu cellulaire des végétaux. Une plante fanée faute d'eau reprend sa vigueur par une courte exposition à la rosée, et il lui faut un fort long temps pour qu'un copieux arrosement produise le même effet. Il n'est personne qui n'ait acquis la preuve que les souliers étaient plus promptement amollis par la rosée que par l'eau ordinaire. Quelques espèces de plantes ne vivent que des influences de la rosée, sur-tout parmi celles qu'on appelle grasses, parmi les lichens, parmi les mousses, etc. Il est des pays que leur position, relativement aux montagnes, prive entièrement de pluies, qui ne pourraient sans la rosée entretenir leur végétation. Les plantes des lieux secs et arides n'ont été généralement plus pourvues de poils que celles des marais, que pour que ces poils leur donnent la faculté d'absorber une plus grande quantité de rosée. Elle est donc un bienfait pour l'agriculteur. Sa privation doit donc être regardée comme un mal, et son abondance, hors un petit nombre de cas, comme un bien. Au reste, l'homme ne peut influer que très-indirectement sur sa production; c'est-à-dire qu'il n'a pour cela que la voie des haies et autres abris. Il doit par conséquent se contenter de jouir de ses bons effets.

L'observation prouve que les rosées, dans les pays chauds, où il pleut rarement en été, suffisent pour y entretenir la végétation; mais pour qu'elles remplissent cet objet d'une manière convenable, il faut que le terrain soit perméable; les sols argileux, se refusant à recevoir leur bénigne influence, sont les plus défavorables sous ce rapport comme sous tant d'autres.

Un des avantages de la rosée qui n'a pas encore été assez senti, quoiqu'il tienne aux faits précédens, c'est que lorsque la terre est entretenue par des binages d'été à un certain degré de division, elle pénètre jusqu'aux racines des jeunes plantes et leur fournit une humidité secourable. *Voyez* Binage et Labour.

De tous les inconvéniens dont l'ignorance a chargé la rosée, il n'y en a qu'un qui soit véritablement constaté, c'est la brûlure. L'expérience de tous les pays prouve qu'il ne faut qu'une rosée abondante suivie d'un soleil chaud, pour tacher toutes les jeunes feuilles de certains arbres. La plupart des arbres fruitiers sont très-sujets à cet inconvénient, ainsi que leurs fruits, principalement les abricots et les raisins blancs. Il est des années où la récolte des feuilles du mûrier manque par la même cause. Ces feuilles et ces fruits sont, immédiatement après l'évaporation de la rosée, blanchis ou jaunis dans la place qu'occupait chaque gouttelette, ensuite la place noircit et paraît désorganisée; c'est-à-dire que l'épiderme est soulevé et le tissu cellulaire racorni. Un petit nombre de ces taches sont sans inconvéniens sensibles; mais lorsqu'elles sont très-multipliées,

il y a interruption dans les fonctions vitales, principalement
dans la circulation, et il en résulte ou la coulure des fleurs, ou
la chute des fruits, ou même la mort de la plante, et au moins
toujours une moins grande grosseur et une moins bonne saveur dans les fruits, et une plus faible pousse dans les tiges et
les branches. Les pertes que les cultivateurs éprouvent par la
brûlure sont annuellement très-considérables, quoique peu remarquées de la plupart.

« Il y a, dit Rozier, deux manières d'expliquer ce phénomène : ou chaque gouttelette de rosée, étant sphérique et transparente, forme autant de miroirs ardens, qui, pénétrés par les
rayons du soleil, brûlent tous les points sur lesquels ils établissent leurs foyers ; ou l'évaporation rapide de chaque gouttelette a produit le froid, et par conséquent une suspension de
transpiration qui a donné lieu à un petit ulcère. C'est, dit-il
encore au lecteur à choisir. »

Il est quelques moyens d'empêcher les effets de la brûlure,
ou au moins de diminuer les suites des rosées. Un d'eux a été
cité par Olivier de Serres, et je ne puis mieux faire que
d'emprunter les expressions de ce père de l'agriculture française.

« Les bruines ou fortes rosées du printemps endommagent
estrangement les bleds, quand, sur la fin du mois de mai et
commencement de celui de juin, dès une heure avant le jour,
elles tombent sur les bleds déjà avancés approchant leur maturité ; où l'eau d'icelles arrestée, s'échauffe de telle sorte, par
le soleil frappant dessus, que l'espi du bled s'en noircit de
pourriture, dont peu de grain sort par après, et encores mal
qualifié, si que presque n'en fault espérer que de la paille.
A ce mal, le seul remède est d'en abbattre la rozée, avant que
le soleil ait loisir de l'échauffer ; à l'exemple des fruiciiers,
desquels les fruicts par secouer et esbranler les arbres sont garantis de telles tempestes ; mais en ceci gist la difficulté, qu'il
semble ce moyen ne pouvoir être employé en cest endroit pour
la diversité du sujet : laquelle diversité par artifice est surpas-
sée rendant la chose aisée. Deux hommes esbranlent les cimes
du bled avec un cordeau, que chacun tient d'un bout roide-
ment tendu au dessous des espis, marchant à pas mesurés,
l'un de çà et l'autre de là le champ, en y repassant tant de
fois qu'il suffise. En champ de grande étendue, les hommes
seront montés à cheval ; au col des chevaux l'on accommodera
le cordeau à la hauteur du bled, et ainsi à moindre peine sa-
tisferont à ceste entreprinse, pourvu aussi que ce soit en raze
campagne, où il n'y ait aucuns arbres ; car où la terre en est
occupée, cela ne se peut faire qu'en portions, esquelles le

champ sera départi, en tant et telles que les arbres le permettront, à ce que librement le cordeau puisse jouer. »

J'ajouterai que dans tous les cas on peut employer une fumée qui intercepte les rayons du soleil, ou une pluie artificielle qui détruise la sphéricité des gouttelettes. Les espaliers exposés au levant sont plus sujets que les autres arbres aux inconvéniens de la brûlure, sur-tout au printemps, et ils peuvent en être facilement garantis par des paillassons ou des toiles.

On a aussi attribué la ROUILLE (*voyez* ce mot) aux rosées du printemps ; mais il est aujourd'hui prouvé que c'est une plante parasite de la famille des champignons ; il en est de même de la CARIE et du CHARBON. *Voyez* ces mots et le mot URÉDO.

Quant au règne animal, la rosée n'a d'autres inconvéniens que de causer, par le froid qui l'accompagne, des suppressions de transpiration dont les suites peuvent devenir graves. Elle donne aussi, par la même cause, des indigestions aux animaux pâturans, sur-tout aux moutons, qui ne doivent par conséquent y être exposés que le plus rarement possible. *Voyez*, pour le surplus, au mot BRULURE.

L'absence de la rosée par un temps sec et serein est immédiatement suivie de pluie ; la même chose arrive lorsqu'une rosée abondante disparaît tout-à-coup. (B.)

ROSELIERE, lieu planté en ROSEAUX. Il est des lieux dans les marais de la Vendée, par exemple, où un arpent de roseaux produit 150 fr. par an. C'est par ignorance de son emploi qu'on les regarde comme nuisibles dans beaucoup d'endroits. (B.)

ROSETTE. Quelques agriculteurs donnent ce nom à ce que d'autres appellent lambourde dans les arbres fruitiers, c'est-à-dire à des branches grosses et courtes qui ne s'allongent point et qui offrent à leur sommet ou un bouquet de feuilles, ou un bouquet de feuilles et de fleurs. C'est presque toujours sur des rosettes que sont placés les fruits des poiriers et des pommiers. *Voyez* LAMBOURDE, POIRIER et POMMIER. (B.)

ROSETTE. Les charpentiers, les charrons, les menuisiers, etc., donnent ce nom à des altérations circulaires et fendillées du centre à la circonférence, qu'ils rencontrent dans le cœur des arbres, et qui proviennent de vieilles branches cassées ou coupées, dont la cicatrice ne s'est pas recouverte la même année. Les rosettes diminuent beaucoup la valeur des bois de haut service, et influent beaucoup sur le prix qu'on offre des arbres isolés et voisins des habitations qu'on suppose avoir pu être élagués plusieurs fois. *Voyez* ÉLAGAGE et CARIE sèche. (B.)

ROSIER, *Rosa*. Genre de plantes qui renferme une grande quantité d'arbustes, tous remarquables par la beauté et quelques-uns par l'odeur suave de leurs fleurs, dont plusieurs se cultivent de toute ancienneté dans les jardins, et dont il convient, sous beaucoup de rapports, de traiter ici avec quelques détails.

Les rosiers ont la tige ligneuse, le plus souvent garnie d'épines insérées uniquement sur l'épiderme, de sorte qu'on peut les enlever très-facilement, et qu'elles tombent naturellement par l'effet de l'âge. Ces épines sont aplaties, plus ou moins recourbées, disposées dans un ordre à-peu-près régulier, et composées d'une substance subéreuse, recouverte d'une écorce très-dure (*voyez* AIGUILLON). Leurs feuilles sont alternes, ailées, ordinairement de sept folioles, dont les trois supérieures sont les plus grandes. Le pétiole de ces feuilles est presque toujours élargi et membraneux à sa base, et parsemé d'épines dans sa longueur. Leurs fleurs sont disposées en corymbes terminaux, et généralement d'une grandeur remarquable, avec des pédoncules et des calices souvent couverts de poils glanduleux; à trois ou quatre près, elles sont toutes d'un rouge tendre, c'est-à-dire de ce rouge qui de leur nom a pris celui de *couleur de rose*. Leurs fruits sont, pour la plupart, d'un rouge jaune ou couleur vermillon, et plus ou moins gros, plus ou moins pulpeux, selon les espèces.

Je pourrais ici me livrer au développement des sensations que font naître les roses, ou que rappelle leur nom; mais comme cet article doit être long, à raison des détails dans lesquels il convient d'entrer pour décrire convenablement les espèces jusqu'à présent mal connues des botanistes, et encore plus des cultivateurs, je me bornerai à renvoyer aux romanciers et aux poëtes ceux qui aiment la peinture des jouissances que procurent les fleurs, et de l'influence qu'elles ont sur l'homme à toutes les époques de la vie, et sur-tout à celle où commencent les rapports entre les deux sexes. J'entre donc en matière.

Plusieurs roses sont cultivées depuis très-long-temps dans nos jardins. La plus commune comme la plus belle de toutes, celle qu'on a principalement en vue quand on prononce simplement le mot *rose*, la rose cent feuilles (on devrait dire cent pétales), est principalement dans ce cas. On ignore non-seulement quand elle a été apportée en France, mais même de quel pays elle est originaire: d'autres s'y sont pour la première fois montrées dans des temps très-modernes. Chaque jour, il nous en arrive de nouvelles, et les variétés produites par la culture se multiplient également: on en compte aujourd'hui plus de cent.

Eh! qu'on ne se plaigne pas de ce grand nombre, chacune a un mérite particulier, et leur réunion concourt à augmenter nos jouissances. Elles sont devenues un genre de luxe qui ne nuit à personne, qui fait vivre des citoyens industrieux, et contre lequel il n'y a que des esprits moroses ou la plus crasse ignorance qui puissent s'élever.

Les rosiers peuvent végéter dans toutes sortes de terrains; mais ils réussissent généralement mieux dans ceux qui sont légers et frais; il en est quelques-uns qui craignent les gelées; une exposition chaude et aérée est favorable à presque tous. La culture qu'ils exigent en pleine terre consiste en des labours d'hiver, des binages d'été et dans le retranchement des branches mortes ou trop vieilles, et de celles qui s'écartent trop; souvent même on se dispense de ces soins sans qu'ils paraissent en souffrir. Autrefois on les taillait avec le croissant, en boules, en pyramides, ou en d'autres formes encore plus ridicules les unes que les autres, et de manière qu'ils ne portaient pas de fleurs : aujourd'hui on se contente de les rapprocher en automne, de les régulariser avec la serpette au printemps, et encore seulement dans certains cas, et on en obtient tout ce qu'on a droit d'en attendre.

Le palissage des rosiers contre des murs, des arbres, le long des berceaux, etc., qui était autrefois si communément pratiqué et depuis abandonné, commence à reprendre faveur; les espèces qui se prêtent le mieux et qui produisent le plus d'effets dans cette disposition, sont la muscade, la cent-fleurs, multiflore des jardiniers, la bengale, les variétés de la gallique, qui fournissent beaucoup.

Il est quelquefois utile de renouveler les pieds des rosiers en coupant toutes les tiges rez terre. Cette opération est ordinairement indiquée par des branches chargées de lichens, par des pousses très-faibles, par des fleurs petites et peu nombreuses. Une manière fort agréable de les cultiver est même de les planter au milieu des gazons, de leur couper la tige tous les hivers de manière qu'ils ne s'élèvent jamais à plus d'un pied de hauteur. Leurs fleurs alors, plus grandes et plus colorées, jouent avec avantage contre la verdure. En général il est bon de les changer de place tous les dix à douze ans dans les terrains médiocres. Leur transplantation, quelque peu de racines qu'ils aient, est presque sans inconvéniens lorsqu'on la fait au commencement de l'hiver, ainsi que l'expérience de tous les jours le constate, et ainsi que je m'en suis assuré sur des pieds qui avaient plus d'un siècle et demi d'âge constaté.

Dumont Courset observe qu'il ne faut tailler les rosiers que lorsqu'ils entrent en sève, parce que, dans le cas contraire, il sé forme un chicot de bois mort au bout de chaque rameau coupé, chicot qu'on est obligé d'enlever ensuite si on tient à la propreté.

On cultive le rosier, probablement le *rosier-muscade*, en grand dans le Fayoum, contrée de la haute Egypte, pour retirer l'essence de rose de ses pétales. Il se plante à 2 pieds en quinconce, s'arrose tous les quinze jours, est en plein rapport dès la seconde année et s'arrache la sixième. C'est une culture très-productive.

Plusieurs maladies attaquent les rosiers, la plus dangereuse est la rouille, produite par un URÉDO (*voyez* ce mot). Elle lui donne un aspect désagréable et l'empêche de fleurir. Le meilleur moyen de s'en débarrasser pour l'avenir est de couper les tiges rez terre au commencement de l'été, c'est-à-dire avant que l'urédo ait amené ses semences à maturité. Un jardin infesté de cette maladie la conserve quelquefois pendant un grand nombre d'années, si on ne se détermine pas à faire ce sacrifice.

La BRULURE produite par les gouttes de ROSÉE les affecte très-fréquemment lorsqu'ils sont à l'exposition du LEVANT. *Voyez* ces trois mots.

J'ai remarqué aussi que certains rosiers ne pouvaient amener leurs fleurs à épanouissement. Le bouton prêt à s'ouvrir se fanait par le desséchement de son pédoncule, sans qu'il m'ait été toujours possible de reconnaître la cause de ce phénomène. Les rosiers-pompons sont principalement sujets à cet accident.

Beaucoup d'insectes attaquent les rosiers, et plusieurs leur nuisent d'une manière notable. Je citerai le DIPLOLÈPE DU ROSIER, qui, en piquant l'écorce de ses branches et en y déposant ses œufs, fait naître cette singulière excroissance appelée *bédéguar,* excroissance dont la grosseur égale quelquefois celle du poing, qui est recouverte de filets rougeâtres, velus, entrelacés, et qui, en absorbant toute la sève destinée à la branche qui la porte, empêche les fleurs de s'épanouir. Je citerai encore la TENTHRÈDE DU ROSIER, dont la larve mange quelquefois en peu de jours toutes les feuilles, et empêche par là la production des fleurs (1), ainsi qu'une larve que je crois être celle d'une TEIGNE, laquelle mange la moelle des bourgeons avant l'époque de la floraison et les fait périr.

---

(1) Pour se donner les moyens de faire utilement la chasse aux tenthrèdes, quelques amateurs de roses sèment dans le voisinage de leurs rosiers quelques pieds de fenouil sur les fleurs desquels ces insectes aiment à se reposer pour en sucer le miel, et où on peut facilement les voir et les tuer.   (*Note de M. Bosc.*)

Les moyens de s'opposer aux ravages de ces insectes, c'est d'enlever les bédéguars aussitôt qu'ils commencent à se montrer, et de tuer les larves des tenthrèdes dès qu'on les aperçoit, de retrancher les bourgeons dès qu'on voit leur sommet se faner. Par là on détruit la génération future dans la localité.

On multiplie les rosiers par toutes les méthodes connues, c'est-à-dire par semences, par rejetons, par déchirement des vieux pieds, par marcottes, par boutures, par racines et par greffe.

Les semences des rosiers doivent être mises, au commencement de l'hiver, dans une terre préparée et exposée au levant. Elles restent ordinairement deux ans en terre, et le plant qu'elles produisent doit y rester encore deux autres années avant d'être repiqué ailleurs. Ce n'est guère qu'à la sixième ou septième année qu'il commence à donner quelques fleurs : cette lenteur de végétation est cause qu'on n'emploie ce moyen que pour avoir des variétés nouvelles, et sur-tout pour faire doubler les espèces nouvellement arrivées des pays étrangers. Dans ces deux cas, on accélère l'instant de la jouissance en semant la graine dans une terrine qu'on remplit d'une terre convenablement amendée et préparée, et qu'on place, au premier printemps, sur une couche à châssis.

Les rejetons sont le moyen le plus prompt et en même temps le plus facile de multiplier les rosiers. Leurs racines, sur-tout lorsqu'elles se trouvent dans une terre légère, ne sont souvent que trop disposées à en pousser au grand détriment du pied, qu'ils affaiblissent. S'ils n'en donnent pas, on les y force, soit en les blessant, soit en les coupant. Un vieux pied mal arraché est ordinairement remplacé l'année suivante par des centaines de jeunes, qui s'élèvent quelquefois autant que lui dans l'espace d'une saison. On lève ces rejetons au commencement de l'hiver, et on met en pépinière, à 2 pieds de distance, ceux qui sont trop faibles pour être immédiatement mis en place, afin qu'ils se fortifient.

Quelques espèces, telles que le rosier-muscade et le rosier mousseux, poussent rarement des rejetons; aussi les multiplie-t-on principalement de marcottes, qui s'enracinent ordinairement dans l'année lorsqu'on les a faites pendant l'hiver, que le terrain est frais, ou qu'on a multiplié les arrosemens pendant les chaleurs. Toutes les espèces se prêtent à ce genre de multiplication; mais cependant quelques-unes moins facilement que d'autres, parce qu'elles poussent toujours des rejetons directs : dans ce cas, il faut mettre une large pierre sur le pied dont les branches auront été couchées, et ligaturer ces branches avec du fil de laiton : les plants que produisent ces marcottes sont mis en place ou en pépinière comme ceux provenant des rejetons.

Le déchirement des vieux pieds, c'est-à-dire la séparation de chacune de leurs tiges avec une portion de racines, soit par le seul effort de la main, soit avec un instrument tranchant, est encore un moyen de multiplication fréquemment employé; on peut le pratiquer pendant tout l'hiver : il manque rarement lorsqu'on a pris les précautions convenables et qu'on a rabattu les tiges, en cas qu'elles soient vieilles, à 2 ou 3 pouces de terre.

Les boutures n'offrent aucune difficulté; on les fait au printemps dans un lieu chaud et ombragé; rarement on emploie ce moyen pour les espèces communes, quelque facile qu'il soit, on le réserve principalement pour les espèces d'orangerie, et alors on les place dans des pots, sur couche et sous châssis, à toutes les époques de l'année.

Les racines s'enlèvent à un vieux pied, se coupent en tronçons de 5 à 6 pouces de long, et se mettent également dans des pots, sur couche et sous châssis, en ayant soin de laisser hors de terre quelques lignes du gros bout de chaque tronçon : des bourgeons ne tardent pas à se montrer, et les plants sont ordinairement bons à relever dès l'hiver suivant.

Il y a vingt ans qu'on ne greffait que les espèces trop rares pour les multiplier d'une autre manière, aujourd'hui on les greffe toutes, et même la greffe l'emporte, dans les pépinières des environs de Paris, sur tous les autres moyens de multiplication : c'est l'effet de la mode. On estime principalement les rosiers faisant la boule sur une tige unique, d'un, 2, 3, 4 et 6 pieds de hauteur. Certainement les rosiers en tête ont des avantages de plusieurs sortes sur ceux en buisson; mais ces derniers en ont aussi qui leur sont particuliers, et je vois avec peine qu'on les dédaigne. Quoi qu'il en soit, ce sont de jeunes pousses, droites et sans branches, du rosier des haies arraché dans les bois, et plantées en pépinière un an d'avance, qu'on emploie pour sujets sous le nom d'*églantiers*. On fait usage aussi quelquefois des rejetons des rosiers à feuilles odorantes, turbinés et hérissés, mais ils sont inférieurs au premier. Je crois qu'on pourrait aussi se servir avantageusement des rosiers blancs et évratins, à raison de la vigueur de leurs pousses; mais les essais que j'ai tentés ont eu peu de succès. C'est assez généralement sur une ou deux des pousses supérieures latérales de l'année, qu'on place les greffes; cependant quelques pépiniéristes préfèrent les mettre sur la tige même lorsqu'elle n'a pas plus de trois ans. Ces greffes sont toujours en écusson et presque toujours à œil dormant, c'est-à-dire faites pendant la pousse d'automne : lorsqu'on peut en placer deux, il faut le faire pour que la boule soit plus tôt formée et plus régulière; mais on doit se refuser à mettre ces deux greffes, d'espèces différentes, comme quelques personnes le désirent, parce que l'une, la plus vigoureuse, l'emporte et fait périr l'autre, et que celle qui reste souffre nécessairement de la lutte qu'elle a supportée. La greffe en fente et la plupart des autres peuvent cependant être employées avec succès.

Rarement les rosiers greffés sur le rosier des haies subsistent long-temps (du moins je n'en connais pas qu'on puisse croire avoir plus de dix à douze ans), parce que ou l'églantier est plus vigoureux et s'emporte en pousses qui, continuellement retranchées, le font périr, ou il est plus faible, et alors dans quelques cas se casse, parce qu'il ne peut plus soutenir sa tête, et dans d'autres ne peut pas lui fournir assez de nourriture.

Il faut donc continuellement surveiller les rosiers greffés sur églantier, pour diminuer la gravité de ces inconvéniens par les efforts de l'art; c'est-à-dire qu'il faut ôter ou laisser des bourgeons, raccourcir les rameaux, donner des tuteurs selon les circonstances. Aussi je ne doute pas que la mode de ces greffes ne passe, et qu'on ne les remplace par des tiges franches de pied, tiges qu'il faut plusieurs années pour former, et qui ne peuvent même être formées avec toutes les espèces, mais qui durent incomparablement plus, et remplissent par conséquent mieux leur objet.

Les agrémens dont sont pourvues les roses ont fait rechercher les moyens d'en avoir pendant toute l'année, et on y est parvenu de trois manières : 1°. on a multiplié certaines espèces ou variétés qui jouissent naturellement de la faculté de fleurir continuellement ou plusieurs fois dans l'année : leur nombre est en ce moment considérable; 2°. on a empêché, par le retranchement complet des bourgeons lorsqu'ils commencent à pousser, ou par la transplantation à la même époque de quelque espèce que ce soit, à donner des fleurs dans la saison ordinaire; ce qui l'oblige à une nouvelle végétation plus tardive, mais d'ailleurs suivant les mêmes phases; 3°. on a placé les rosiers dans une serre chaude ou sur une couche à châssis, soit en automne, soit au printemps, pour accélérer leur végétation.

Le second de ces moyens, appliqué avec intelligence aux rosiers de tous les mois, peut fournir des pieds fleurissant pendant tout l'été, et pendant toute l'année si on le combine avec le troisième aux approches de l'hiver, ainsi qu'on peut s'en assurer facilement chez les jardiniers fleuristes de Paris, et chez les amateurs éclairés.

Ceci me conduit à observer que la culture du rosier en pot fait l'objet d'un commerce d'une assez grande importance dans cette ville pour mériter l'attention : tantôt ce sont des buissons, tantôt ce sont de basses tiges qu'on place dans ces pots ; l'art consiste à les distribuer dans des expositions telles, que la floraison de ces rosiers s'effectue successivement ; on l'avance en les plaçant contre des murs au midi, et on la retarde en les mettant contre des murs au nord. Ces pots demandent de fréquens, mais modérés arrosemens ; la terre qu'ils renferment doit être légère, mais cependant consistante ; trop d'amendement détermine une trop forte pousse de bois, et par là nuit à la production des fleurs. Les rosiers gagnent à être taillés courts immédiatement après leur floraison, principalement ceux en pots.

Les usages économiques des rosiers et des roses ne sont pas très-importans, mais cependant doivent être énumérés ici. Leur bois est fort pesant et susceptible de poli ; il pourrait être substitué dans beaucoup de cas au buis s'il était fréquent d'en avoir de forts échantillons et s'il avait moins de moelle. Par-tout on brûle ceux qui croissent naturellement, et on emploie dans la confection des haies ceux qui sont assez grands pour en faire partie ; leurs feuilles, leurs bourgeons et les excroissances qui naissent sur eux, sont astringens et employés en médecine dans la dysenterie ; leurs fleurs purgent légèrement. On trouve dans les pharmacies une eau distillée, une huile, un onguent, un miel, une conserve et un vinaigre rosat, qui, au moins, servent à amuser les malades à qui on les ordonne. Les arts du confiseur, du liquoriste, et sur-tout du parfumeur, tirent un parti plus réel de l'excellente odeur de leurs fleurs : on fixe cette odeur dans des pastilles, dans des crèmes, dans des glaces, dans des ratafiats, dans des essences, dans des huiles, dans des graisses, etc., etc. On fait des sachets de ces fleurs ; on en met dans les armoires pour parfumer les habits et le linge : on en tire sur-tout une huile essentielle citrine d'une excellente odeur, qu'on appelle aussi *beurre de rose*, et qui est extrêmement recherchée, sur-tout dans l'Orient : c'est à Desfontaines qu'on doit de savoir qu'elle se tire principalement des fleurs du rosier-muscade par la distillation. (*Voyez* la *Flore atlantique*.) Dans l'Inde, au rapport de Donald Mouro, on se contente de mettre les pétales dans un vase d'eau exposé au soleil, et de ramasser avec du coton l'huile qui vient nager à la surface. Cette huile se garde très-long-temps sans s'altérer, et il suffit de ce qui se fixe à la pointe d'une épingle qu'on y trempe, pour embaumer un appartement pendant toute une journée ; mais elle est extrêmement chère, parce qu'il faut prodigieusement de roses pour en produire fort peu.

A Grasse et aux environs de Paris, on fixe l'odeur des roses (c'est la rose de Damas, variété de la cent feuilles) dans la graisse de porc, en faisant bouillir leurs pétales avec cette graisse dans de grandes chaudières pleines d'eau. On retire ensuite l'huile essentielle de cette graisse au moyen de l'esprit de vin, lorsqu'on veut faire des essences et autres parfums.

Je passe à l'énumération des diverses espèces et variétés de roses, laissant à mon collaborateur Parmentier de compléter à la fin de cet article ce qui manque à ce que je viens de dire des usages des roses et de la culture des rosiers.

Depuis la première édition de ce Dictionnaire, il a paru en France deux ouvrages importans sur les roses : l'un, d'un grand luxe, par le célèbre peintre Redouté ; l'autre, à la portée des plus minces fortunes, par mon collègue à la Société d'agriculture de Versailles, M. de Pronville. Toutes les espèces, une grande partie des variétés actuellement connues, sont rappelées dans ce dernier ; aussi en est-il à sa seconde édition.

Rosiers à fruits ronds.

Le Rosier a feuilles simples, *Rosa berberidifolia,* Pallas, a les feuilles simples, ovales, presque sessiles ; les tiges, les pédoncules et les fruits garnis d'épines recourbées. Il croît dans le nord de la Perse, d'où Michaux et Olivier l'ont rapporté. Ses tiges sont très-grêles et leur hauteur surpasse rarement un pied. Il se conserve difficilement dans nos jardins. Les marcottes ou les greffes qu'on en a faites ont souvent réussi, mais n'ont pas duré. Plusieurs de ces pieds, greffés sur le rosier très-épineux, ont fleuri chez Cels et au Jardin du Muséum. Olivier pense que ce défaut de succès tient au trop de soin qu'on en prend, et cela est possible ; mais il est permis d'en conclure que cette remarquable espèce ne sera jamais très-abondante en Europe. *Voyez* la figure et la description qu'en a données ce naturaliste dans la Relation de son voyage en Perse.

Le Rosier jaune, *Rosa eglanteria,* Lin., a l'ovaire et le pédoncule glabres ; le calice et les pétioles épineux ; les aiguillons des rameaux droits à leur base et nombreux ; les feuilles à sept folioles ovales, profondément dentées, glabres des deux côtés, rarement de plus de 8 ou 10 lignes de long. Ses fleurs sont ordinairement d'un jaune ponceau et de plus de 2 pouces de diamètre. On le trouve dans les montagnes de l'Allemagne et de l'Italie, et on le cultive fréquemment dans nos jardins, où il fleurit à la fin de mai. Il fournit beaucoup de variétés, dont les principales sont celles à fleurs d'un rouge ponceau, celles à fleurs jaunes et rouges (*rosa bicolor*), celles à fleurs doubles, etc. , appelées *rose d'Autriche, églantier jaune, rose tulipée, rose capucine, etc.*

Ce rosier forme des buissons très-rameux, qui s'élèvent à 5 ou 6 pieds et qui se chargent d'une immense quantité de fleurs sans odeur, mais sont d'un grand éclat, sur-tout quand le soleil donne dessus. On le place ordinairement, dans les jardins paysagers, au second rang des massifs, contre les rochers, même isolément au milieu des gazons. Il ne produit pas moins de bons effets dans les parterres et contre les murs des jardins ornés. Les terrains les plus arides lui conviennent, et même ses fleurs y acquièrent une plus grande intensité de couleur que dans ceux qui sont plus fertiles. Le nom latin que lui a donné Linnæus fait qu'il a été confondu par quelques auteurs avec le rosier des haies, qu'on appelle vulgairement *églantier,* et avec le rosier odorant auquel Miller et autres ont donné le même nom.

Le Rosier jaune soufre, *Rosa sulphurea,* Willd. , a les ovaires très-gros, légèrement épineux ; les pétioles et les tiges garnies d'aiguillons géminés, recourbés et de différentes grosseurs ; les feuilles le plus communément à cinq paires de folioles ovales, obtuses, glabres, d'un vert pâle et presque glauques en dessous, dont les plus grandes ont environ un pouce. Ses fleurs sont d'un jaune clair, inodores et d'un pouce et demi de diamètre. On le dit originaire du Levant. Sa variété double se cultive dans nos jardins de temps immémorial ; mais comme ses fleurs se développent rarement avec régularité, que souvent même elles avortent, on en fait peu de cas. Cependant on peut en obtenir de fort belles en supprimant la plus grande partie des boutons latéraux. Il en est de même de sa sous-variété naine, dont je n'ai jamais vu la fleur. On doit les planter dans un terrain sec et à une exposition fraîche ou ombragée. Elles fleurissent au commencement de l'été.

Le Rosier de mai, *Rosa cinnamomea,* Lin. , a l'ovaire et le pédoncule sans épine ; la tige d'un rouge brun, glauque, garnie d'aiguillons seulement à sa base ; les feuilles ordinairement à sept folioles ovales, glauques en dessous, souvent longues d'un pouce et demi, portées sur un pétiole commun, légèrement velu et quelquefois garni de quelques épines stipulaires ; les fleurs rouges, d'environ un pouce de diamètre, réunies en bouquets, d'une odeur douce, mais peu en rapport avec celle de la cannelle. Il est originaire de l'Europe méridionale, et se cultive depuis long-temps dans les jardins sous le nom ci-dessus et sous ceux de *rose cannelle, de rose du Saint-*

Sacrement. Ses fleurs s'épanouissent dès les premiers jours de mai, sont extrêmement nombreuses et se succèdent pendant près d'un mois. Ses tiges forment ordinairement des buissons fort touffus de 6 à 8 pieds de haut. Il varie à fleurs semi-doubles et à fleurs doubles, ainsi qu'à tige non épineuse à la base. C'est une très-agréable espèce qu'on doit beaucoup multiplier dans les jardins paysagers sur-tout, parce qu'elle est très-rustique et se passe aisément de culture. Tout terrain et toute exposition lui sont bonnes. Son plus grand inconvénient, c'est de trop tracer et par conséquent de fournir trop de rejetons. Il fait très-bien sur le bord des massifs et au milieu des plates-bandes. Dans ce dernier cas, on le greffe sur églantier, et il forme alors de petites boules d'un charmant aspect lorsqu'elles sont couvertes de fleurs.

Le Rosier élégant, *Rosa blanda,* Willd., croît naturellement sur les côtes de la baie d'Hudson. Je ne crois pas qu'il se cultive en Europe.

Le Rosier des champs a les ovaires glabres, les pédoncules hérissés de poils glanduleux ; les feuilles composées ordinairement de sept folioles ovales, aiguës, glauques en dessous, à pétiole commun, garni de quelques aiguillons ; les tiges violettes, rampantes, glabres, armées de larges aiguillons recourbés ; les fleurs blanches ou rougeâtres, d'un pouce et demi de diamètre, d'une odeur faible, et disposées en bouquets terminaux souvent fort garnis. Il croît naturellement dans les bois et les champs, parmi les broussailles, les pierres, etc. Sa variété double est encore rare. On l'a long-temps confondu avec le rosier des haies, quoiqu'il puisse être facilement distingué seulement par le faisceau de ses pistils beaucoup plus élevé. J'en ai vu des rameaux qui avaient plus de 20 pieds de long. Le seul usage qu'on puisse en faire, c'est d'en garnir le derrière des rochers des jardins paysagers et de le faire ramper dessus, soit dans son état naturel, soit chargé de greffes des autres espèces. J'ai vu un jardin, près de Soissons, où il produisait des effets magiques. Il convient beaucoup pour garnir les haies, sur-tout quand elles commencent à devenir vieilles ; mais il faut se donner la peine de diriger ses rameaux vers les clairières et de les entrelacer.

Le Rosier très-épineux, *Rosa spinosissima*, Lin., a les ovaires glabres ; les pédoncules glanduleux ; sa tige est hérissée d'un grand nombre d'aiguillons inégaux, longs et peu courbes ; ses feuilles sont à sept folioles rondes ou ovales, glabres, portées sur des pétioles garnis de quelques aiguillons ; les fleurs rougeâtres, larges d'un pouce et demi, et ordinairement solitaires ; le fruit est brun et très-gros dans sa maturité. On le trouve en abondance sur les montagnes sèches de l'Europe,

où il s'élève à un ou 2 pieds, et où il fleurit au milieu du printemps. Il fournit une grande quantité de variétés, dont l'une
a été appelée *rosier à feuilles de pimprenelle* par Linnæus et
autres botanistes. Dupont cultive près d'une douzaine de ces
variétés, dont une est remarquable par le défaut absolu d'aiguillons, et une autre par sa petitesse, n'ayant que quelques
pouces de hauteur. Sur les montagnes de la ci-devant Bourgogne, qu'il couvre exclusivemeent dans des espaces considérables, on l'emploie à chauffer le four. On peut le faire entrer
dans la composition des jardins paysagers. Il fournit deux ou
trois variétés à fleurs doubles et semi-doubles, et deux ou trois
simples, tachées de blanc d'un très-joli effet. C'est une de ces
dernières, laquelle est probablement perdue, mais que je possède en herbier, que Dupont avait appelée la *Belle-Laure.*

Le Rosier a épines rouges, *Rosa rubrispina,* Bosc, a les
ovaires et les pédoncules parsemés de longues épines rouges et
rondes ; les tiges d'un vert brun couvertes d'épines semblables,
inégales et recourbées ; les feuilles de cinq ou sept folioles très-
allongées, glabres, luisantes, coriaces, d'environ un pouce de
long ; les fleurs rougeâtres, d'un pouce de diamètre ; il est,
dit-on, originaire de l'Amérique. On le cultive depuis quelques annés dans les jardins, quoiqu'il ne produise guère plus
d'effet que le précédent. Il se rapproche beaucoup du *blanda*
de Linnæus, peut-être même n'en est-il qu'une variété ; sa
hauteur surpasse rarement un pied.

Le Rosier luisant, *Rosa lucida,* Willd., a les ovaires et les
pédoncules parsemées de glandes pédicellées ; les bourgeons de
l'année glabres ; les tiges hérissées d'aiguillons ronds, courbes
et rouges ; les feuilles composées de sept ou même neuf folioles
ovales, aiguës, coriaces, luisantes, d'un pouce et demi de
long, dont le pétiole commun est quelquefois armé d'aiguillons ; les fleurs rougeâtres, de 2 pouces de diamètre, disposées
en corymbes terminaux. Il vient d'Amérique. On le confond
souvent avec le *rosier-turneps,* quoiqu'il soit fort différent par
ses fruits. Sa hauteur surpasse rarement 2 pieds. Son aspect est
agréable et il mérite d'être cultivé, si ce n'est pour ses fleurs
qui, à ma connaissance, n'ont pas encore doublé dans nos jardins, au moins pour le beau vert de ses feuilles et la densité de
ses touffes.

Le Rosier-Turneps, *Rosa rapa,* Bosc, a les ovaires très-
gros, semi-sphériques, parsemés, ainsi que les pédoncules, de
glandes pédicellées ; les tiges garnies d'aiguillons rares et quelquefois non épineuses ; les feuilles composées ordinairement
de sept folioles ovales, glabres, luisantes, d'un vert foncé ; les
fleurs doubles, rouges, légèrement odorantes, d'un pouce et
demi et plus de diamètre. Il est probablement originaire de l'A-

mérique et fleurit à la fin du printemps. Ses ovaires se rapprochent, pour la grosseur, de ceux du rosier turbiné, et ses feuilles de celles du précédent; cependant elles ne sont ni aussi luisantes ni aussi coriaces. C'est donc mal-à-propos qu'on lui a donné l'épithète de *lucida* dans quelques collections; le nom anglais que j'ai adopté lui convient au mieux. On en cultive à fleurs simples, semi-doubles et doubles. C'est une très-belle espèce qui ne s'élève guère à plus de 2 ou 3 pieds, mais qui doit entrer dans la composition de toute espèce de jardins, attendu qu'elle fleurit successivement pendant une partie de l'été. Il paraît qu'une bonne terre substantielle lui est nécessaire. Je ne le connais pas à fleurs simples.

Le Rosier a petites fleurs a l'ovaire légèrement aplati, parsemé, ainsi que le pédoncule, de glandes pédicellées; ses tiges sont armées de deux longs aiguillons stipulaires, presque droits; ses feuilles ont ordinairement cinq folioles ovales, aiguës, luisantes, coriaces, d'environ un pouce de long, portées sur des pétioles légèrement velus et souvent épineux; ses fleurs sont rouges, légèrement odorantes et d'un pouce de diamètre. Il est originaire de l'Amérique septentrionale et fleurit pendant tout l'été. On cultive quelquefois dans les jardins sa variété semi-double sous le nom de rose de Caroline, et elle s'y fait remarquer par le grand nombre de ses fleurs. Sa variété parfaitement double est encore rare.

Le Rosier de la Caroline a l'ovaire tantôt parsemé de glandes pédicellées, tantôt glabre; la tige armée d'aiguillons nombreux, parmi lesquels les stipulaires se font remarquer par leur grandeur et leur parfaite opposition; les feuilles à cinq ou sept folioles ovales, aiguës, coriaces, luisantes, d'environ un pouce de long, portées sur des pétioles épineux, mais glabres; les fleurs rougeâtres, d'environ un pouce de diamètre. Il se trouve dans les marais en Caroline, où je l'ai observé et d'où j'ai rapporté les graines qui ont fourni le pied qui se voit chez Dupont; Pronville le possède. Il fleurit au commencement de l'été. Il a été confondu par beaucoup d'auteurs avec le précédent et avec les suivans, dont il se rapproche en effet.

Le Rosier en corymbe, *Rosa corymbosa*, Eraht, a les ovaires et les pédoncules parsemés de quelques glandes pédicellées, les tiges armées de longs aiguillons axillaires, géminés et recourbés; les feuilles composées de sept folioles ovales, obtuses, velues en dessous, ainsi que leur pétiole; les fleurs disposées en corymbe, rougeâtres, d'un pouce et demi de diamètre. Il croît en Virginie et en Caroline au milieu des marais, et y fleurit pendant tout l'été, ainsi que je l'ai observé pendant mon séjour en Amérique. C'est une belle espèce qui a été confondue avec la précédente, dont elle est cependant fort distincte. Dans nos jardins, ses feuilles deviennent plus velues et plus aiguës, et se rapprochent de celles de la suivante. On l'y cultive sous les noms de *rose de Virginie*, *rose de Caroline*, et de *rose de Pensylvanie*. Elle varie souvent. C'est sur le bord des eaux, dans les terrains argileux qu'il faut la placer. Les buissons qu'elle forme s'élèvent à 4 à 5 pieds et sont fort touffus.

Le ROSIER DE PENSYLVANIE a les ovaires et les pétioles constamment glabres; les tiges armées d'aiguillons stipulaires, géminés et recourbés; les feuilles composées de sept folioles ovales, aiguës, velues et blanchâtres en dessous, ainsi que leur pétiole; ses fleurs sont rougeâtres, légèrement odorantes et ont un pouce de diamètre. Il est originaire de l'Amérique septentrionale. On cultive dans beaucoup de jardins sa variété double sous le nom de *rose de Caroline*, espèce dont elle diffère beaucoup plus que de la précédente. Cela tient à la confusion qui jusqu'à présent a régné dans la nomenclature de ces espèces. Celle dont il est ici question s'élève à 3 ou 4 pieds, et forme des buissons touffus qui sont chargés de fleurs pendant les deux derniers mois du printemps. Elle produit de fort agréables effets sur le bord des massifs des jardins paysagers comme au milieu des plantes-bandes. Elle trace beaucoup, de sorte qu'on ne manque jamais de rejetons. Il m'a paru qu'un sol argileux et frais lui convenait mieux que les autres.

Le ROSIER GLAUQUE, ROSIER A FEUILLES ROUGES, *Rosa rubrifolia*, Lamarck, a les ovaires rougeâtres, très-glabres, ainsi que les pédoncules. Ils sont ovales, oblongs dans leur jeunesse, mais ils deviennent parfaitement ronds par l'effet de la maturité. Ses tiges sont rougeâtres et armées d'aiguillons recourbés. Ses feuilles ont sept folioles ovales, aiguës, glabres, rougeâtres dans leur jeunesse et glauques dans leur parfait développement. Leur pétiole commun est armé d'aiguillons. Ses fleurs sont rougeâtres, larges d'un pouce et plus, et disposées en corymbe terminal. Il est originaire des montagnes de l'Europe et fleurit en juin. On commence à le cultiver dans les jardins, principalement dans les jardins paysagers, à raison de la singulière couleur qu'offrent toutes ses parties au printemps. Il forme de gros buissons de 5 à 6 pieds de haut, qui contrastent fort bien avec la verdure des autres arbustes. On en connaît une variété semi-double.

Cette espèce peut indifféremment se placer dans cette division ou dans celle à ovaires ovales.

Le ROSIER-HÉRISSON, *Rosa rugosa*, Thunberg, a les ovaires globuleux, glabres; les tiges velues, surchargées d'aiguillons presque coniques, velus, blancs, d'inégales grandeurs; les feuilles à neuf folioles, ovales, obtuses, longues d'un pouce, rugueuses et d'un vert cendré en dessus, très-velues et blanchâtres en dessous, portées sur un pétiole commun, velu et aiguillonné. Il est originaire du Japon et se cultive dans quelques jardins des environs de Paris, où il s'élève au plus à 2 pieds et où il fleurit à la fin du printemps.

A cette espèce, qui est très-remarquable par le nombre de ses aiguillons, il faut provisoirement rapporter le *rosier du Kamtschatka* qui en diffère par des aiguillons plus petits et des feuilles moins velues, et qui a été envoyé de ce pays par les compagnons de l'infortué La Peyrouse.

Le Rosier hispide, *le rosier velu, le rosier pomifère, rosa villosa,* Lin., a les ovaires et les pédoncules presque couverts de glandes longuement pédicellées; les tiges armées d'aiguillons ordinairement géminés, droits et aplatis; les feuilles composées de sept folioles ovales, velues en dessous et très-souvent pourvues d'une glande à la pointe de chacune de leurs dentelures; leurs pétioles sont également velus, glanduleux et épineux; ses fleurs sont d'un rouge vif, faiblement odorantes, et larges de près de 2 pouces. On le trouve dans les cantons montagneux de la France et de l'Angleterre. J'en ai cueilli des échantillons presque au sommet du Saint-Gothard. Il varie beaucoup selon le sol, l'aspect et le climat; mais ses glandes visqueuses, ses feuilles qui, froissées, exhalent une odeur légèrement résineuse, le font immanquablement reconnaître. Ses fruits atteignent quelquefois un pouce de diamètre. On les mange généralement sous le nom de *pommes de rosier,* et ils sont réellement agréables au goût. Les conserves qu'on fait avec elles sont plus délicates que celles faites avec ceux du *rosier des haies.* Il est probable qu'on en pourrait tirer de l'eau-de-vie par la fermentation.

Ce rosier s'élève à 8 ou 10 pieds. L'aspect qu'il présente est très-agréable à toutes les époques de sa végétation, au printemps par ses larges feuilles blanchâtres, en été par ses nombreuses fleurs, en automne par ses fruits. On le multiplie beaucoup dans les jardins paysagers et avec raison. Toute situation lui est bonne, excepté celle qui est trop ombragée. Sa variété à fleurs doubles est peu recherchée, parce qu'elle ne donne pas de fruit.

Comme c'est une des espèces qui pousse les plus grosses tiges, on a cru qu'elle pourrait convenir pour la greffe des autres espèces; mais l'expérience a prouvé que celles qu'on lui confiait réussissaient rarement et ne subsistaient pas long-temps, probablement plutôt à raison de la nature résineuse de sa sève, que par rapport à la vigueur de sa végétation.

Le Rosier cilié, *rosa ciliata,* Bosc, a les ovaires et les

pédoncules couverts de glandes pédicellées ; les tiges très-peu épineuses ; les feuilles composées de sept folioles, ovales, d'un vert foncé, glauques et glabres en dessous ; ses fleurs sont rouges, peu odorantes et d'un pouce et demi de diamètre. Il est originaire des montagnes élevées de l'Europe, et se cultive chez Dupont. Ses fruits sont presque aussi gros que ceux du rosier velu, et de même qu'eux couverts de glandes. Les folioles de ses feuilles sont plus petites, d'une nuance différente, et très-glabres en dessus comme en dessous. En général, toutes ses parties sont dépourvues de poils.

Le Rosier de Provence a les ovaires souvent ovales pendant la floraison, mais presque toujours globuleux lors de la maturité du fruit. Les glandes pédicellées dont ils sont couverts ainsi que les pédoncules et même les rameaux, sont noires et visqueuses ; ses tiges sont irrégulièrement parsemées de petits aiguillons rougeâtres ; ses feuilles, composées de cinq folioles presque rondes et terminées en pointe, longues de plus d'un pouce, d'un vert foncé en dessus et très-glauques en dessous, sont portées par un pétiole commun glanduleux ; ses fleurs sont d'un rouge plus ou moins foncé, presque sans odeur, larges de plus de 2 pouces, simples, semi-doubles ou doubles, et leur calice est formé par des folioles dont trois au moins sont toujours pinnées. Il est originaire des parties méridionales de l'Europe, et fleurit au milieu de l'été. Sa hauteur surpasse rarement 3 pieds. On le voit simple chez Cels. Les terrains légers et chauds lui conviennent le mieux ; mais il se soutient dans tous, pourvu qu'ils ne soient pas très-humides. On le confond généralement avec le rosier gallique, quoiqu'il s'en distingue très-bien par ses calices à divisions toujours pinnées, et par ses feuilles presque rondes. C'est une de ses variétés à fleurs extrêmement doubles et peu ouvertes, qu'on recherche dans les jardins sous le nom de *rose noire, rose cramoisie, rose de sang,* à raison de la forte coloration de ses pétales. Elle offre aussi l'*agate royale,* l'*agate prolifère* (1), l'*incomparable,* la *blanche d'Angoulême,* le *grand dauphin.* La *rose de Champagne* ou *rose de Meaux* est aussi regardée comme une de ses variétés par quelques auteurs ; mais comme les folioles du calice de cette dernière ne sont jamais toutes pinnées, je pense qu'on doit plutôt les rapporter à l'espèce suivante.

Le Rosier gallique, Rosier de Provins, Rosier rouge, a les ovaires globuleux, mais cependant quelquefois ovales, sur-tout avant la chute des pétales ; ses pédoncules et même ses rameaux sont, ainsi qu'eux, couverts de glandes noirâtres

---

(1) On trouve dans le 5e. volume de la *Société italienne* un mémoire sur les roses prolifères, par l'abbé Spadoni.

pédicellées; ses tiges montrent des aiguillons nombreux, petits et irrégulièrement disposés; ses feuilles sont composées de cinq folioles, ovales, oblongues, aiguës, longues souvent de plus de 2 pouces, d'un vert foncé en dessus, très-glauques en dessous, et portées sur un pétiole commun glanduleux et épineux; ses fleurs sont d'un rouge foncé, peu odorantes, larges de 2 ou 3 pouces, et ont un calice dont les folioles ont rarement plus de deux à trois appendices; ses fruits sont ronds, d'un brun rougeâtre, et de 5 à 6 lignes de diamètre. Il est originaire des parties méridionales de l'Europe, et fleurit au milieu de l'été. On le cultive très-abondamment dans les jardins, où il s'élève rarement au-dessus de 3 à 4 pieds. Tout terrain lui est bon; cependant il forme de plus belles touffes, il donne des fleurs plus nombreuses et plus colorées dans celui qui est léger et chaud; après le rosier cent feuilles, c'est celui qui fournit le plus de variétés : il est rare qu'on trouve 2 pieds qui soient exactement semblables dans toutes leurs parties : on profite de cette circonstanse pour le multiplier dans les jardins sans craindre la monotonie. Il ne peut être trop abondant dans ceux dits paysagers, où on le place à toutes expositions, au dernier rang des massifs, sous les arbres isolés, au milieu des gazons, sur le bord des eaux, etc., et où par-tout il se fait remarquer par la grandeur et la belle coloration de ses fleurs. Les pieds à fleurs simples ou semi - doubles sont, aux yeux de quelques amateurs, préférables dans ces cas, à ceux à fleurs parfaitement doubles; cependant ces derniers, quoique réellement plus délicats et moins fournis, doivent être également recherchés. Toutes les variétés de couleur qui lui sont propres peuvent être réduites aux trois suivantes : *rouge foncé*, *rouge pâle* (*rosa officinalis*), *rouge panaché de blanc* (*rosa versicolor*). C'est la seconde qu'on cultive si abondamment aux environs de Provins, à Fontenay-aux-Roses près Paris, etc., pour l'usage des pharmaciens et des confiseurs. Cette culture consiste à les planter à 2 pieds, à les tenir toujours rez terre et à leur donner un labour d'hiver et deux binages d'été.

Quelques personnes regardent aussi la *rose de Champagne* ou *rose de Meaux*, plus petite dans toutes ses parties, comme une variété de celle-ci, et je penche à être du même avis. Il n'en est pas de même de la rose de Provence, que je crois une espèce distincte ainsi qu'on l'a vu à l'article précédent.

Toutes les variétés du rosier gallique ont des noms dans les catalogues de Hollande, qui changent souvent d'une année à l'autre, parce que l'important pour les pépiniéristes est d'avoir du nouveau, et que la plus petite différence, ou la différence la moins constante, suffit pour en établir une. Je ne crois pas, en conséquence, devoir donner ici la liste nominale de ces variétés, quoiqu'elle pût être agréable à quelques lecteurs ; voici cependant celle des principales d'après Pronville :

Pourpre, Junon, roi des pourpres, pourpre ponceau, grand cramoisi, ornement de parade, grandesse royale, panachée, pivoine mauve, aimable rouge, belle violette, évêque (Bishops), manteau pourpre, reine, noire de Hollande, maheca, velours pourpre, superbe en brun, pourpre charmant, renoncule, cramoisi brillant, velours noir.

Le Rosier de Saint - François est petit dans toutes ses parties et ne s'élève guère qu'à un pied ; on le regarde généralement comme une variété naine du gallique. Sa floraison précoce porte à le beaucoup multiplier, et on y parvient avec la plus grande facilité, par le déchirement des vieux pieds en automne. Il produit un bel effet en pot, aussi l'y voit - on souvent.

Le *rosier de Portland* me paraît encore une variété assez peu importante de celle-ci.

Rosiers à fruits ovales.

Le Rosier cent feuilles a les ovaires très-allongés, parsemés, ainsi que les pétioles, de glandes longuement pédicellées ; ses tiges sont très-chargées d'aiguillons inégaux et recourbés ; ses feuilles composées de sept folioles ovales, souvent de plus de 2 pouces de long, légèrement velues et glauques en dessous ; ses pétioles velus, glanduleux et épineux ; ses fleurs souvent de plus de 2 pouces de diamètre, d'un rouge pâle, et d'une odeur très - suave ; il s'élève de 6 à 8 pieds, fleurit au milieu du printemps, et fournit une grande quantité de variétés.

Cette espèce est cultivée de temps immémorial dans les jardins, et c'est proprement elle qu'on désigne vulgairement lorsqu'on parle de rosier ou de rose sans aucune autre désignation ; c'est en effet la plus belle sous tous les rapports, ainsi que je l'ai déjà observé dans les généralités : on ignore quel est son pays natal ; mais il est probable que ce sont les contrées orientales. Jusqu'à ces derniers temps, on ne connaissait que ses variétés semi - doubles ou doubles ; mais Dupont, en semant des graines des premières, a obtenu le type simple, type qui diffère beaucoup, ainsi que j'ai pu le constater dans ses jardins, de toutes les variétés connues.

Il faudrait un volume pour décrire avec suffisamment de détails toutes les variétés du rosier cent feuilles. Les catalogues des jardiniers, sur-tout des jardiniers hollandais, en portent le nombre à plusieurs centaines, je me contenterai donc d'indiquer les plus belles ou les plus singulières.

Rose de Hollande, grosse rose cent feuilles, rose gauffrée. Sa fleur est extrêmement grosse, extrêmement double, d'un beau rouge et d'une excellente odeur; c'est véritablement la perfection jardinière de l'espèce : j'en ai vu qui avaient 4 pouces de diamètre. C'est elle qu'on ne peut trop multiplier dans toutes les espèces de jardins; il lui faut un sol riche, mais ni trop fumé, ni trop humide, car dans ces deux derniers cas, elle donne moins de fleurs et des fleurs moins odorantes.

Rose semi-double, rose des peintres. Cette variété a beaucoup de sous-variétés. Celle que j'entends mentionner ici a les feuilles plus allongées et d'un vert plus obscur que le type; ses fleurs, très-grandes et d'un rouge plus pâle, brillent même à côté de la variété précédente.

Rose mousseuse. Elle se fait remarquer autant par la grandeur, la vive couleur et l'excellente odeur de ses fleurs, que par la surabondance des glandes pédicellées ou des aiguillons inégaux et glanduleux dont ses ovaires, ses pédoncules et même ses rameaux sont couverts; sa viscosité est plus grande que celle d'aucune des autres. Cette variété, qui est une véritable monstruosité, a été mal à propos regardée comme une espèce par quelques botanistes. Elle mérite, sous tous les rapports, d'être abondamment cultivée dans nos jardins; mais elle est plus délicate que la plupart des autres, et n'y est pas aussi commune qu'il serait à désirer; il lui faut une bonne terre franche et une exposition sèche : van Mons l'a plusieurs fois obtenue par les semis de la variété précédente. La sous-variété à fleurs blanches est encore peu commune.

Rose aurore. La couleur de sa fleur tirant légèrement sur le jaune est ce qui la rend principalement digne d'être mentionnée. Elle contraste fort agréablement à côté de celle de la précédente; ses feuilles sont plus petites.

Rose carnée, rose couleur de chair, a la fleur de médiocre grandeur et d'un rouge très-pâle, tirant sur la couleur de chair. C'est la *fausse cuisse de nymphe* de Dupont, qui a sur cette dernière (variété de la rose blanche) l'avantage d'être odorante : on en voit chez Vilmorin une très-belle sous-variété, qui porte le nom de cet habile cultivateur.

Le Rosier petit pompon, Rosier de Bourgogne, *Rosa parvifolia,* Willd. Il ne s'élève guère à plus d'un pied et demi; ses tiges sont grêles, rameuses, droites; ses fleurs très-nombreuses, d'un rouge foncé, à peine d'un pouce de diamètre : c'est un des plus jolis et des plus généralement cultivés. Il fleurit de très-bonne heure, et peut facilement être mis sur couche ou sous châssis, et orner les cheminées et les fenêtres.

On le place dans les parties abritées des jardins paysagers, dans les parterres les plus rapprochés de la maison ; quelquefois le défaut de chaleur et d'humidité fait que ses boutons se dessèchent au moment de s'épanouir. Il offre plusieurs sous-variétés de grandeur et de couleur, dont une a les feuilles panachées, une autre les fleurs blanches, une troisième les fleurs incarnates. Sa multiplication a presque exclusivement lieu par déchirement des vieux pieds, déchirement qui a lieu en automne.

Rose gros pompon, rose de Bourgogne à grandes fleurs, rose de Bordeaux, a les fleurs larges d'un pouce et demi, très-nombreuses et faiblement odorantes ; les tiges droites, très-rameuses, grêles ; les feuilles d'un pouce de long. On la cultive plus rarement que la précédente, dont elle ne diffère que par plus de grandeur dans toutes ses parties.

La floraison de cette variété est souvent hâtée dans les jardins des environs de Paris, en la mettant sous châssis vers la mi-février, et en la chauffant avec du fumier neuf qu'on change tous les quinze jours. Il n'est pas possible de la faire fleurir artificiellement en été ni en automne.

Rose-œillet. Ses pétales sont comme avortés et très-courts, de sorte qu'ils ont l'apparence de ceux d'un œillet double ; cette monstruosité, encore rare, est très-jolie.

Rose sans pétales. Ici les pétales ont presque entièrement ou même souvent entièrement disparu, c'est le complément de la monstruosité précédente ; les étamines ont repris leur place. Cette régénérescence par dégénérescence est extrêmement remarquable et devrait être prise en considération spéciale par les physiologistes ; car si on conçoit comment les étamines peuvent se changer en pétales, on ne conçoit pas également comment des pétales peuvent redevenir des étamines : au reste, cette variété n'a aucun agrément.

Rose foliée. Dans cette variété, les extrémités des folioles du calice ont pris de l'amplitude, sont devenues des feuilles souvent larges d'un pouce, feuilles qui ne diffèrent des autres que parce qu'elles sont plus allongées, plus profondément dentées et plus glanduleuses. Son aspect est agréable, et elle mérite qu'on en place quelques pieds dans les environs de la maison ; ordinairement ses pétales restent courts et ne se développent pas complétement. Quelquefois elle est *prolifère*, c'est-à-dire que de son centre sort une nouvelle rose plus petite. Pronville croit que cette variété appartient à la rose de Provence, et je ne le lui conteste pas.

Ces deux monstruosités peuvent avoir lieu ensemble ou séparément sur plusieurs des variétés anciennement cultivées, mais rarement elles y sont constantes ; c'est-à-dire que les pieds qui en fournissaient le plus certaines années, n'en montrent pas les suivantes.

Rose crénelée. Tire son nom de ce que les folioles de ses feuilles ont leurs dentelures plus larges et plus obtuses. Il n'est pas de botaniste qui n'en fît une espèce distincte, si on ne connaissait pas son origine. Ses fleurs sont peu doubles et les folioles de son calice sont souvent bipinnées; elle est, comme la précédente, dans le cas d'être cultivée pour sa singularité.

Rose bipinnée, a les folioles des feuilles si profondément crénelées qu'elles en paraissent bipinnées comme les feuilles du persil; aussi l'appelle-t-on quelquefois *rose à feuilles de persil.* Cette division des feuilles est fort irrégulière, cependant le nombre trois y est le plus commun. Cette rose n'est que singulière; rarement sa fleur se développe complétement, et rarement sa greffe sur l'églantier subsiste plus de trois ou quatre ans : je ne l'ai jamais vue franche de pied.

Le *Rosier à feuilles de chêne* a les feuilles rapprochées de celles de l'ilex, ses fleurs sont d'un rouge clair; on le cultive dans les collections.

Le *Rosier précoce* ou *multiflore,* ou *petite hollandaise hâtive,* a les calices et les pédoncules pourvus de quelques glandes pédicellées; les tiges peu garnies d'aiguillons; les feuilles à sept folioles ovales, aiguës, longues de près de 2 pouces, d'un vert noir en dessus, et les pédoncules communs velus et aiguillonnés; ses fleurs sont d'un rouge foncé, peu odorantes, et réunies en gros bouquets presque toujours droits.

Ce rosier tient le milieu entre le précédent et le rosier de Provins, il est probablement leur hybride. Il fleurit un des premiers, c'est-à-dire au commencement de mai, et reste en fleur jusqu'à la fin de juillet; c'est un des plus agréables pour l'aspect, à raison de la grande quantité de fleurs dont il se charge : il produit sur-tout un très-bel effet lorsqu'il est greffé sur un églantier un peu élevé et qu'il forme une grosse tête. La couleur rouge brun de ses ovaires, de ses pédoncules et même de ses rameaux est très-remarquable : Dumont Courset l'a mentionné le premier; je le multiplie beaucoup dans les pépinières royales.

Le *Rosier de Damas* a les ovaires allongés, les fleurs géminées, pendantes, et les fleurs peu garnies de pétales. C'est lui qu'on cultive en si grande quantité autour de la montagne du Calvaire pour l'usage des parfumeurs de Paris. Sa culture consiste à le planter à 3 pieds de distance, à couper ses tiges rez terre lorsqu'elles ont atteint leur quatrième année, et à arrêter à un mètre celles de deux ans. On leur donne un labour d'hiver et un binage d'été.

Les fleurs de ce rosier sont très-nombreuses et très-odorantes; on les cueille chaque matin avant qu'elles soient complétement épanouies; on en sépare les pétales en faisant attention qu'il ne s'y mêle pas des étamines, des portions de calice de feuilles, etc., et de suite on les jette dans une grande chaudière d'eau très-chaude, sur laquelle nage un pouce d'épaisseur de saindoux. Ce saindoux absorbe l'arome des pétales qui se sont précipitées au fond de la chaudière.

Le *Rosier des quatre-saisons, Rosier de tous les mois, Rosier bifère*, a les ovaires très-allongés, rétrécis vers le calice, abondamment couverts, ainsi que les pédoncules, de glandes pédicellées. Ses branches sont très-garnies d'aiguillons inégaux presque cylindriques et presque droits; ses feuilles ont sept folioles ovales, aiguës, d'un vert pâle en dessus, légèrement velues en dessous, sur un pétiole commun, velu et armé de quelques aiguillons. Ses fleurs sont droites, réunies en bouquets, et de plus de 2 pouces de large; leur odeur est presque la même que celle de la rose cent feuilles; leur couleur varie du rouge au blanc : elles sont plus ou moins doubles.

Cette rose a beaucoup de rapports de constitution avec la rose de Damas; mais elle est fort distincte au premier aspect. On la regarde aussi comme une variété de la rose cent feuilles. Elle est très-intéressante, en ce qu'elle fleurit pendant tout l'été, ou au moins deux fois, au printemps et en automne : aussi la multiplie-t-on beaucoup dans les jardins. C'est elle qu'on doit préférer lorsqu'on veut avoir des roses pendant l'hiver, parce qu'il est plus facile de l'amener à en donner dans cette saison.

Les sous - variétés de la rose des quatre saisons sont la *rose Yorck* et *Lancastre* et la *rose de Cels*, qui offrent des fleurs rouges et blanches sur le même pied, la *cent feuilles carnée*, le *rosier à bouquet*, la *rose de Portland*, la *grande royale*.

On peut obtenir des fleurs de ce rosier en novembre et décembre, ou en février et mars, en les mettant, en septembre ou en janvier, sous des châssis élevés qu'on entretient dans un degré de chaleur convenable au moyen de réchauds de fumier. L'expérience a prouvé qu'en les plaçant plus tôt ou plus tard sous les châssis, on n'en obtient pas de boutons à fleurs.

J'ai vu de ces rosiers dont les ovaires n'avaient presque pas ou même pas de glandes pédicellées; au reste, ils varient beaucoup.

Le *Rosier belgique*, regardé par la plupart des auteurs comme une variété du précédent, en diffère assez, au rapport de Dumont Courset, pour mériter le titre d'espèce. Ses ovaires sont plus courts, n'ont point d'étranglement et sont peu glanduleux; les folioles de leurs calices sont plus courtes et presque toujours simples. Les folioles de ses feuilles sont rarement au nombre de plus de cinq. Ses fleurs sont rouges ou blanches et d'une odeur douce assez agréable.

Le Rosier de Francfort, *Rosa turbinata*, a les ovaires aussi longs que larges, de la forme d'une toupie, quelquefois de plus d'un demi-pouce de diamètre, et toujours parsemés, ainsi que le pédoncule, de glandes pédicellées ; ses tiges sont garnies de quelques aiguillons épars et recourbés ; ses feuilles, ordinairement composées de cinq folioles ovales, aiguës, ridées d'un vert très-foncé en dessus et glauques en dessous, ont un pétiole commun velu, et garni de quelques aiguillons ; ses fleurs, d'un rouge vif et larges de plus de 2 pouces, sont réunies en bouquets aux extrémités des rameaux et peu odorantes. Il est Européen, probablement des montagnes de l'Allemagne.

Cette espèce s'élève à 4 à 5 pieds de haut et a plus d'agrément de loin que de près. On en forme des buissons dans les jardins paysagers et dans les parterres, qui contrastent même avec les autres espèces par la nuance de la couleur des feuilles et des fleurs. Il offre quelques variétés, dont la plus intéressante est à mes yeux la semi-double, parce que la double se développe rarement d'une manière complète. Toutes fleurissent en juin et en juillet.

Je possède en herbier une branche de rosier à fleurs doubles dont l'ovaire est plus allongé et moins gros, mais du reste semblable à celui de cette espèce. Les folioles de ses feuilles sont beaucoup plus aiguës Est-ce une espèce, est-ce une variété ? Son aspect est fort différent.

Le Rosier inerme a les ovaires à-peu-près de la forme et de la grosseur de la variété ci-dessus. Ses rameaux sont sans épines ; mais ses feuilles en ont quelques-unes sur leurs pétioles. On le dit originaire de la Chine. Il commence à être multiplié dans les collections. Ses fleurs sont rouges et simples, larges de près de 2 pouces.

Le Rosier digitaire, *Rosa digitaria*, Bosc, a les ovaires turbinés, parsemés, ainsi que les pédoncules, d'un très-petit nombre de glandes pédicellées. Ses tiges sont rarement épineuses ; ses feuilles sont composées de cinq folioles, ovales, aiguës, d'un vert pâle, un peu plus clair en dessous, longues de plus d'un pouce ; ses fleurs sont larges de 2 pouces. J'ignore son pays natal. J'ai observé à Malmaison sa variété semi-double et panachée de rouge et de blanc. Ses ovaires le distinguent fort bien du rosier turbiné et autres voisins, étant moins évasés à l'extrémité supérieure, et plus brusquement arrondis à l'extrémité inférieure ; c'est-à-dire qu'ils ont la forme d'un dé à coudre renversé.

La Rose de noisette a les rameaux aiguillonnés, les

ovaires allongés, glabres; les fleurs d'environ un pouce de diamètre, réunies en bouquet, s'épanouissant successivement, d'abord roses, ensuite blanches; les feuilles glabres, luisantes, toujours vertes, à pétiole aiguillonné en dessus. On ignore d'où elle vient; mais il est probable qu'elle est une hybride de la rose-muscade ou de la rose toujours verte. Son odeur est faible; ses fleurs se succèdent pendant presque tout l'été : aussi doit-on la regarder comme une précieuse acquisition.

Le ROSIER ÉVRATIN, *Rosa evratina*, Bosc, a les ovaires ovales, allongés, extrêmement chargés, ainsi que les pétioles, de glandes longuement pédicellées. Ses tiges ont très-peu d'aiguillons. Ses feuilles sont à cinq ou sept folioles ovales, souvent obtuses, de plus de 2 pouces de long, d'un vert foncé, luisant en dessus et pâle en dessous. Ses fleurs sont d'un rouge pâle, légèrement odorantes, larges de 2 pouces, et disposées en panicule pendante à l'extrémité des rameaux; les folioles de leur calice sont appendiculées, très-longues et très-glanduleuses.

J'ignore le pays natal de cette espèce, qui est venue de Hollande sous le nom de *rose-muscade rouge*, et dont je dois la connaissance à l'amateur Evrat. Elle est très-distincte. C'est une très-bonne acquisition non-seulement par le nombre et la beauté de ses panicules de fleurs, mais encore par la belle couleur de ses feuilles et la vigueur de sa végétation. Je présume qu'elle sera très-commune un jour dans nos jardins, et qu'on l'emploiera à la greffe des autres espèces, en place de l'églantier, qui devient rare aux environs de Paris.

Le ROSIER DE MONTAGNE a les ovaires très-allongés et couverts, ainsi que les pécondules, de glandes longuement pédicellées. Ses tiges sont peu épineuses dans leur jeunesse; ses feuilles ont sept folioles ovales, obtuses, d'un vert clair, glauques en dessous, rarement de plus d'un pouce de long, portées sur des pédoncules constamment épineux; ses fleurs sont rougeâtres, de 2 pouces de diamètre. Il croît dans les Alpes et s'élève à 5 ou 6 pieds. On ne le cultive point dans les jardins, quoiqu'il le mérite. Un seul pied qui existait dans l'école de la pépinière de Trianon, a été arraché malgré mon opposition. Je ne le connais pas à fleurs doubles.

Le ROSIER-MUSCADE, *Rosa moscata*, Lin., a les ovaires allongés et, ainsi que les pédoncules, velus et parsemés de quelques glandes pédicellées. Ses tiges sont armées de larges aiguillons recourbés; ses feuilles sont composées de trois, cinq ou sept folioles ovales, très-aiguës, longues de plus d'un pouce, luisantes, et d'un vert foncé en dessus, glauques et tomenteuses en dessous. Leur pétiole est très-épineux. Ses fleurs nombreuses, blanches, larges de 2 pouces, exhalent une odeur de musc faible, mais très-agréable, et sont disposées en panicule pendant à l'extrémité des rameaux.

Cette belle espèce est originaire des côtes de Barbarie, fleurit à la fin de l'été, et conserve ses feuilles jusque bien avant dans l'hiver. C'est d'elle que l'on tire, au rapport de Desfontaines, l'*huile essentielle de rose*, qui se trouve dans le commerce. C'est elle que le naturaliste Olivier a vue former des arbres de 30 pieds de haut dans les jardins du roi de Perse à Ispahan. Dans le climat de Paris, elle gèle fréquemment; mais on ne l'y cultive pas moins, parce qu'elle repousse toujours de ses racines, que ses bourgeons donnent ordinairement des fleurs dès la première année, et qu'on la garantit aisément en empaillant ou en couchant ses branches en terre pendant l'hiver; sa greffe sur églantier la rend plus robuste. On en voit de semi-doubles et de doubles. Les pieds de ces dernières sont plus délicats que ceux des autres. Une terre légère et une exposition chaude sont indispensables pour elle; ce qui ne permet pas de la placer par-tout dans les jardins. On la cultive aussi en pots, qu'on rentre dans l'orangerie. Dans ce cas, on la tient en boule sur des tiges de 2 à 3 pieds de haut. Cette manière mérite d'être préconisée.

Le Rosier toujours vert, *Rosa semper virens*, Lin., a les ovaires allongés, couverts, ainsi que les pédoncules, de glandes pédicellées. Ses tiges sont armées d'aiguillons nombreux et recourbés; ses feuilles sont composées de cinq folioles ovales, terminées par une longue pointe recourbée, d'un vert luisant en dessus comme en dessous, et subsistantes jusqu'à la pousse des nouvelles. Leur pétiole est pourvu d'aiguillons. Ses fleurs sont blanches, d'un peu plus d'un pouce de diamètre, exhalent une odeur musquée agréable, et sont généralement disposées en ombelle, et accompagnées de bractées lancéolées et réfléchies. Il est originaire de l'est de l'Europe, fleurit à la fin de l'été, et s'élève de 12 à 15 pieds lorsqu'il a un support. Ses rapports avec le précédent sont nombreux; mais il s'en distingue cependant très-bien à ses feuilles non velues en dessous et à ses bractées. Quelquefois il est frappé par la gelée; mais il est facile d'éviter cet accident en le plaçant à une exposition chaude et en le couvrant de paille pendant l'hiver. En général on le cultive peu, quoiqu'il mérite de l'être, parce qu'on préfère le précédent, dont les fleurs ont une odeur plus forte et plus suave. Il se greffe fort bien sur l'églantier, mais n'y subsiste pas un grand nombre d'années.

Le Rosier trifolié a les tiges brunes, garnies d'aiguillons rouges et recourbés; ses feuilles sont composées de trois folioles ovales très-aiguës, très-luisantes en dessus comme en dessous, et persistantes; leur pétiole, ainsi que leur grosse nervure, sont armés d'aiguillons linéaires et très-longs. Il est originaire de la Chine, et est cultivé dans nos jardins sous le nom de *rosier toujours vert de la Chine,* mais il n'y fleurit presque jamais. C'est une très-remarquable espèce.

Le Rosier blanc, *Rosa alba*, Lin., a les ovaires ovales, le plus souvent glabres; les pédoncules garnis de glandes pédicellées; les tiges et les pétioles armés d'épines recourbées; les feuilles composées ordinairement de cinq folioles ovales d'un vert foncé, les plus grandes d'un pouce et demi de long. Ses fleurs sont blanches, d'une odeur désagréable, et de plus de 2 pouces de diamètre. Il se trouve dans les hautes montagnes de l'Europe, s'élève à 12 ou 15 pieds, et fleurit au milieu de l'été. On le cultive de temps immémorial dans les jardins.

Toute sorte de terrain convient à cette espèce. Par la vigueur de sa végétation, elle est plutôt propre à servir de sujet pour la greffe des autres espèces, qu'à être elle-même greffée : aussi n'est-ce guère que sa variété couleur de chair qu'on soumet à cette opération. Il est très-fâcheux que son odeur soit disgracieuse, car elle produit toujours de bons effets dans les jardins où on la place avec intelligence.

Nos jardins possèdent beaucoup de variétés et de sous-variétés de cette espèce, parmi lesquelles j'en choisirai trois.

La *cuisse de nymphe.* Sa couleur de chair la rend d'un aspect fort agréable. Ses sous-variétés sont la *petite cuisse de nymphe* et le *duc d'Yorck,* plus gros et plus coloré; la *cocarde,* à fleurs blanches et à fleurs rouges sur le même pied; l'*unique,* ses fleurs sont rouge vif à l'extérieur, et du blanc le plus pur à l'intérieur. Leur diamètre est souvent de plus de 2 pouces.

Cette dernière, sans contredit la plus belle de toutes celles que l'on cultive en ce moment dans nos jardins, c'est-à-dire *unique en beauté,* est regardée par quelques botanistes comme une variété de la précédente; mais si elle s'en rapproche par son odeur et par sa forme, elle s'en éloigne par ses feuilles et surtout par ses épines, parfaitement semblables à celles du rosier cent feuilles. Je la soupçonne être une hybride de ces deux espèces, et comme telle je lui donne une place particulière. On la multiplie ainsi que les autres, mais plus communément par la greffe sur églantier, et on la place ordinairement dans les parterres, au voisinage des maisons, afin qu'on puisse jouir de son éclat au moment où elle commence à s'épanouir. Les amis des roses ne sauraient trop la répandre.

Ses sous-variétés sont : la *céleste,* extrêmement blanche; la *belle aurore,* dont le blanc est en même temps rougeâtre et jaunâtre ; le *cœur vert*, dont le centre est de cette couleur ; la *rose à feuilles de chanvre*, ses feuilles n'ont ordinairement que trois folioles, lancéolées, très-rudes au toucher, d'un vert noir ; ses fleurs sont d'un blanc légèrement rosé à l'époque de leur épanouissement, et toutes blanches après cette époque. Elle se fait remarquer au milieu de toutes les autres par son feuillage extraordinaire.

Le Rosier des haies, *Rosa canina*, Lin., a les ovaires ovales, glabres, ainsi que les pédoncules ; ses tiges sont armées de larges aiguillons recourbés, souvent presque opposés ; les feuilles composées de sept folioles ovales, aiguës, d'un vert luisant, glabres, longues d'environ un pouce, et portées sur un pétiole commun armé d'aiguillons. Ses fleurs sont rougeâtres, légèrement odorantes, larges de plus de 2 pouces, et ses fruits d'un rouge ponceau dans leur maturité. Il croît en abondance dans les bois, les haies, les buissons de presque toute l'Euope ; s'élève de 10 à 12 pieds, quelquefois même au double, ainsi que je l'ai vu chez Dupont, et fleurit au milieu de l'été. On le connaît sous les noms de *rosier sauvage, rosier des chiens*, d'*églantier harponnier, gratte-cul, cynorrhodon* ; c'est principalement lui qu'on emploie pour greffer les autres espèces. Ses fruits se mangent et s'emploient en médecine, ainsi que ses feuilles, ses racines et les excroissances que produit sur ses tiges le Diplolèpe du rosier (*voyez* ce mot); excroissances connues sous les noms de *bédéguar, pomme mousseuse*, et d'*éponge d'églantier*. Il présente plusieurs variétés, qui tiennent sans doute à la nature du sol et à l'exposition. On en voit souvent à fleurs semi-doubles, à fleurs blanches, à feuilles étroites, à fruit allongé, etc. Tous les bestiaux, excepté les chevaux, en mangent les feuilles. On peut en faire de très-bonnes haies, mais elles ne durent pas long-temps; en conséquence, il vaut mieux les réserver pour regarnir celles qui sont formées d'autres arbustes, et dans lesquelles il se trouve des vides. On croit, dans quelques lieux, qu'il mange les haies, c'est-à-dire qu'il les détruit; mais c'est un préjugé fondé sur une fausse observation. Lorsqu'une haie vieillit, une partie des pieds des arbustes qui la composent périt par suite de l'épuisement du sol, et ils sont remplacés naturellement par le rosier, qui, exigeant des sucs différens, peut vivre après eux ; on a donc pris ici, comme dans tant d'autres circonstances, l'effet pour la cause.

La multiplication des rosiers des haies se fait par le semis de ses graines, par marcottes, par boutures et, mieux que tout cela, par les rejetons de ses racines. En effet, il suffit de couper, ou même seulement de blesser pendant l'hiver une de ses racines, qui, la plupart du temps, rampent à la surface du sol, pour qu'il en sorte une ou deux pousses, qui quelquefois atteignent 5 à 6 pieds dans le courant de la première année. Ce sont ces jeunes bourgeons qu'on doit toujours préférer pour la greffe des autres espèces. On les arrache en hiver avec le plus de racines possible, et on les plante sur-le-champ. C'est ordinairement sur les pousses de l'année suivante qu'on place les greffes, mais quelquefois on les met sur la tige même.

Les fruits du rosier des haies ne sont regardés comme bien mûrs que lorsque la gelée a passé dessus ; ce n'est du moins qu'alors qu'il convient de les cueillir, soit pour les manger en nature, soit pour en composer des conserves, des sirops, etc. Ils servent, dans la vallée de Barcelonette, après avoir été séchés et réduits en poudre, à faire de petits gâteaux appelés *pâtissons*. Leur goût propre, et encore plus celui des préparations où entre le sucre, est très-agréable ; mais on a beaucoup de peine à se garantir des effets des poils qui entourent les graines, poils qui picotent et irritent d'abord le gosier et ensuite le fondement, car ils ne se digèrent pas. C'est de cette dernière circonstance que ces fruits ont pris le nom de *gratte-cul*.

Le ROSIER A FEUILLES ODORANTES, *Rosa rubiginosa*, Lin., l'*églantier* proprement dit des Français, a les ovaires oblongs, parsemés, ainsi que les pédoncules, de quelques glandes pédicellées et visqueuses ; les tiges armées d'aiguillons fauves, aplaties, recourbées, souvent fort larges ; les feuilles composées de sept folioles, ovales, obtuses, rugueuses, d'un vert cendré, glanduleuses en leurs bords et en dessous, et exhalant dans la chaleur ou lorsqu'on les froisse, une odeur résineuse, analogue à celle de la pomme de reinette. Ses fleurs sont rougeâtres, larges de 2 pouces et légèrement odorantes. Ses fruits sont d'un rouge brun. Il croît abondamment sur les montagnes pelées, dans les fentes des rochers, les haies, etc., s'élève à 8 à 10 pieds, et fleurit au milieu de l'été. Les sols calcaires paraissent être ceux qui lui conviennent le mieux ; cependant il se trouve aussi dans ceux qui sont argileux. Il ne s'élève pas à plus d'un pied, et ses feuilles n'ont que 3 ou 4 lignes de long dans certains lieux secs et arides. En général il varie beaucoup ; mais il est toujours reconnaissable à l'odeur de ses feuilles, odeur qui lui est exclusivement propre. Bien des fois, dans les jours chauds de l'été, j'ai découvert sa présence, par cette seule odeur, à plusieurs toises de distance. A cette époque de l'année, ses feuilles, ses bourgeons et surtout ses ovaires sont extrêmement visqueux. Je ne sache pas qu'on ait tenté d'analyser la résine, à cause de ces deux effets ; mais j'ai lieu de croire qu'un travail qui l'aurait pour objet serait de quelque intérêt. On voit rarement cette espèce dans les jardins, quoiqu'elle ne soit pas sans agrémens, et qu'elle fournisse des fleurs de plusieurs nuances de rouge, des panachées de blanc et de toutes blanches, des semi-doubles et des doubles, et qu'elle y fasse de l'effet, sur-tout au milieu des gazons, dans les parties les plus sèches de ceux appelés paysagers.

On substitue quelquefois le rosier à feuilles odorantes au rosier des haies pour la greffe des autres espèces; mais il est moins avantageux : j'ai l'expérience qu'une moitié des greffes manque sur lui.

J'ai rapporté d'Amérique un rosier à feuilles odorantes, qui ne diffère presque de celui-ci que par le calice, qui est plus arrondi, et les feuilles, qui sont moins coriaces; je crois cependant qu'on doit en faire une espèce.

Le Rosier velu de Thuilier paraît encore devoir être regardé comme une simple variété de celui-ci, qui, par circonstance locale, a offert des feuilles extrêmement velues. On n'en connaît que deux pieds, qui ont, dit-on, fourni tous les échantillons qu'on trouve dans les herbiers ; le mien est du nombre. Ils se voient à Fontainebleau.

J'oserai en dire autant de la *rose de Crète*, quoique plusieurs botanistes l'aient regardée comme espèce. Les pieds qui se cultivent dans les jardins de Paris de graines rapportées par Olivier sont plus petits, mais du reste bien ressemblans à cette dernière variété.

Le Rosier tomenteux, Smith, a les ovaires plus arrondis, plus garnis de glandes; les feuilles plus aiguës et moins velues. Peut-être est-ce une espèce distincte; mais je n'ose l'affirmer, quoique je le possède en herbier.

Le Rosier intermédiaire, *Rosa intermedia*, Bosc, a les ovaires très-allongés, très-glabres; les rameaux garnis de quelques épines larges et recourbées; les feuilles composées de sept folioles ovales, aiguës, finement découpées et portées sur un pétiole armé d'épines; les fleurs rougeâtres, simples, d'un pouce et demi de diamètre. Il se cultive chez Dupont, où il fleurit régulièrement au printemps et en automne. Il tient du rosier à feuilles odorantes par la couleur et la forme de ses feuilles, et du rosier des haies par ses fleurs. On peut supposer qu'il est leur hybride, et qu'il deviendra très-important lorsqu'on sera parvenu à lui faire donner des fleurs doubles. Pronville croit que c'est le *rosa sepium* de Mérat.

Le Rosier des Alpes, *Rosa alpina*, Lin., a les ovaires ovales, glabres; les pédoncules et les pétioles pourvus de quelques glandes pédicellées; ses feuilles ont ordinairement neuf folioles, ovales, oblongues, d'un vert clair, glabres, longues de 6 à 8 lignes; ses fleurs sont presque toujours solitaires, rougeâtres, légèrement odorantes, et de plus d'un pouce de diamètre. Les divisions de leur calice ne sont jamais pourvues d'appendices. Ses tiges sont rougeâtres et dépourvues d'épines. Il croît dans les Alpes et se cultive dans quelques jardins, où il s'élève à 5 à 6 pieds. On l'a semi-double. Quelquefois, surtout dans ce dernier cas, ses ovaires sont arrondis.

Le Rosier a fruits en calebasse, *Rosa lagenaria*, Lin., a les ovaires allongés, renflés et glabres ; les pédoncules et les pétioles pourvus de quelques glandes pédicellées ; les rameaux sans épines ; les feuilles à folioles ovales, obtuses, ordinairement au nombre de sept, glabres, glauques en dessous, et de 8 à 10 lignes de long. Il est originaire des montagnes de la Suisse, et se rapproche infiniment du précédent. C'est principalement par ses feuilles qu'il en diffère.

Je possède en herbier un rosier qui ressemble en tout à celui-ci, mais dont les ovaires et les pédoncules sont couverts de glandes pédicellées. Je l'en suppose une simple variété.

Le Rosier a fruits pendans, *Rosa pendulina*, Lin., a les ovaires oblongs, renflés, glabres, recourbés après leur fécondation ; les pédoncules et les pétioles hérissés de glandes pédicellées ; les rameaux sans épines ; les feuilles ordinairement composées de sept folioles, ovales, glabres, d'un vert foncé, glauques en dessous ; les plus grandes de moins d'un pouce de long ; les fleurs rougeâtres, toujours solitaires et larges d'un pouce et plus. Il est originaire de l'Amérique septentrionale, et se cultive dans quelques jardins, où il s'élève à 5 à 6 pieds, et où il fleurit au commencement de l'été.

Je possède en herbier un autre rosier du même pays, qui présente quelques différences ; mais je n'ose assurer qu'il forme une espèce distincte.

Le Rosier de Macartney, *Rosa bracteata*, Ventenat, a les ovaires ovales, soyeux, accompagnés de bractées lancéolées et soyeuses ; les rameaux velus et armés d'un grand nombre de petites épines ; les feuilles composées de sept folioles obovales, glabres, luisantes, et d'un pétiole épineux et velu. Ses fleurs sont solitaires, d'un blanc jaunâtre, odorantes, et larges d'un pouce et demi. Il est originaire de la Chine, d'où il a été apporté par l'ambassadeur Macartney. Il craint les gelées du climat de Paris, et en conséquence on le cultive presque exclusivement dans les orangeries, où il conserve ses feuilles toute l'année et où il fleurit au printemps. On le multiplie par la greffe, les marcottes et les boutures. Il n'est pas encore commun.

Le Rosier multiflore a les ovaires ovales, velus, la tige et les pétioles aiguillonnés, les feuilles soyeuses, et les leurs réunies en bouquets pendans, très-garnis de fleurs. Le Japon est son pays natal , et c'est là que Thunberg l'a décrit. Ce n'est que depuis peu d'années que nous le possédons. Il est très-susceptible des gelées du climat de Paris , en conséquence c'est en pot qu'on le place le plus généralement , et il y donne peu de fleurs et des fleurs fort petites. En pleine terre , à une exposition chaude , il fait des pousses de 12 à 15 pieds par saison , et des grappes qui offrent plus de 50 fleurs doubles, rougeâtres, d'un pouce de diamètre et peu odorantes. On le multiplie par greffes et par boutures.

Le Rosier du Bengale, *Rosa indica*, Lin. , a les ovaires ovales, glabres ; les pédoncules et les pétioles garnis de glandes pédicellées ; les tiges rougeâtres , armées de quelques épines larges et recourbées ; les feuilles composées de cinq, quatre, trois, deux, et même une seule foliole ovale, oblongue, aiguë, glabre, d'un vert clair , longue de plus de 2 pouces ; les fleurs larges de plus de 2 pouces , faiblement odorantes, solitaires et d'un rouge plus ou moins foncé. Il est originaire de l'Inde , et se cultive depuis quelques années dans nos orangeries, où il s'élève à 2 ou 3 pieds , reste vert et fleurit pendant presque toute l'année. Avec quelques précautions , surtout lorsqu'il est greffé sur églantier , on peut lui faire passer l'hiver en pleine terre , et alors il végète avec beaucoup de force , et fournit un plus grand nombre de fleurs. Il a des variétés à fleurs doubles et semi-doubles de diverses nuances de rouge, et même de blanches. On l'a appelé *rosa diversifolia,* à raison des variations qu'offrent ses feuilles sur le même pied.

Les variétés de cette espèce se sont considérablement multipliées depuis la première édition de ce dictionnaire. On en compte plus de vingt remarquables , parmi lesquelles le *Bengale à odeur de thé*, dont les fleurs ont cette odeur, sont grandes et peu colorées ; le *Bengale blanc*, le *Bengale sans épines*, le *Bengale pompon*, le *Bengale pourpre*, le *Bengale à bouquet*, se distinguent.

A la différence de la plus grande partie des arbres, ce sont les vieilles pousses de ce rosier qui sont les plus affectées par les gelées , les bourgeons non aoûtés les bravent. On ne peut pas, dans l'état actuel de la science , rendre raison de ce singulier phénomène.

Le Rosier de la Chine, *Rosa sinensis*, Willd. , a les ovaires glabres ; les pédoncules et les pétioles pourvus d'un petit nombre de glandes pédicellées ; les tiges très-grêles , armées de peu d'aiguillons ; les feuilles ordinairement de trois folioles ovales, glabres, les plus grandes d'un pouce de long ; les fleurs rouge foncé, odorantes et solitaires à l'extrémité des rameaux. Il est originaire de la Chine, et se cultive dans nos orangeries, où il s'élève rarement au-dessus d'un pied, où il reste vert et fleurit toute l'année. Il offre ordinairement une seule fleur épanouie, et plusieurs boutons destinés à la remplacer successivement. On ne peut trop multiplier cette jolie espèce, pour la placer sur les cheminées, les fenêtres, etc. On y parvient avec la plus grande facilité à toutes les époques par la voie des boutures ou des marcottes. Sa fleur varie de couleur, mais est toujours très-foncée. Il y en a de semi-doubles et de doubles. (B.)

On ne cultive sous les rapports de l'utilité que deux espèces de rosiers, celui à cent feuilles et le rosier de Provins, le premier à cause de son parfum. On connaît la passion des Orientaux pour l'essence de rose, qui se vend si cher à Constantinople; mais il est bon de savoir qu'on ne la retire pas, comme on l'a cru, par la distillation. Sa préparation consiste à effeuiller les roses dans un vase de bois dans lequel on met de l'eau et qu'on expose à la chaleur du soleil; il surnage une matière huileuse qu'on ramasse avec du coton fin, et qu'on exprime dans de petites bouteilles, ensuite fermées hermétiquement. Cette huile, qui n'a pas subi l'action du feu, semble différer de celle-ci en ce qu'elle est fluide et d'une odeur plus suave.

Le *Rosier de Provins* est cultivé en grand dans les environs de Paris, parce que les pétales de ses fleurs sont devenus une branche de commerce assez considérable, à raison de leur propriété tonique et astringente, diamétralement opposée, par conséquent, à celle des autres roses, qui toutes sont plus ou moins relâchantes et purgatives.

Les pharmaciens de Paris, qui ont tant contribué au perfectionnement de leur art, fatigués de faire circuler dans le commerce des roses qu'ils ne pouvaient se procurer qu'à une certaine distance pour les sécher eux-mêmes, se déterminèrent à rapprocher de leurs foyers la culture des roses de Provins, et choisirent, pour l'établir, le petit village près de Sceaux, appelé *Fontenay-aux-Roses*, à cause de la nature du sol et de l'exposition, qui lui ont tellement été favorables, que l'arbrisseau n'a rien perdu de son port et de ses produits.

Sans doute il n'est pas toujours facile de constater l'intensité des effets médicinaux de certains objets analogues dans l'économie animale; mais après avoir soumis à l'analyse les roses de Provins et celles de Fontenay, M. Henry, chef de la pharmacie centrale des hôpitaux civils de Paris, a retiré de l'une et de l'autre, toutes circonstances égales d'ailleurs, autant d'acide gallique et de tannin : or, on sait que c'est dans ces deux principes que réside leur efficacité.

Dessiccation des roses. Les auteurs les plus recommandables en matière médicale, Cartheuser, Lewis, Murray, Geoffroy, n'admettent aucune différence entre les roses cultivées aux environs de Paris ; tous s'accordent à demander qu'elles soient cueillies avant leur entier épanouissement, parce que alors elles sont plus colorées et moins affaiblies dans leurs propriétés médicinales, il faut aussi les monder de leur calice et ongler exactement leurs pétales. Cette opération minutieuse terminée, il faut procéder à leur dessiccation, qui s'exécute à l'ombre lorsqu'il fait chaud, et à la chaleur de l'étuve ou sur le dessus d'un four de boulanger quand la saison est humide, avec la précaution de les tenir élevées au moins de 2 pieds au-dessus du sol.

Au reste, dans tous les cas, il faut faire en sorte que la dessiccation s'exécute promptement, selon l'observation de Ray, qui, le premier, a remarqué que tant que la rose tient à l'arbrisseau, elle exhale peu d'odeur, mais que celle-ci ne se développe complétement que par une dessiccation accélérée ; on sait que le mélilot, la petite centaurée et le botrys sont dans ce cas. Nous n'ajouterons plus qu'une réflexion, c'est qu'il ne suffit pas d'avoir séché parfaitement les roses pour les conserver, il faut, avant de les renfermer, avoir soin de les secouer sur une toile, pour en séparer le sable, la terre et les œufs qui pourraient s'y trouver mêlés ; sans quoi, elles deviennent bientôt la proie des insectes : aussi Poncet, après avoir fait un éloge pompeux de l'adresse des habitans de Provins à les faire sécher, prévient-il qu'il est difficile, malgré leurs soins, de les conserver un an ou dix-huit mois au plus sans que les vers s'y engendrent, et il croit qu'en mettant du vieux fer, ce serait un moyen de les en préserver. Plusieurs auteurs ont fait à cet égard quelques recherches. Demachy, par exemple, voulait qu'on remuât les roses épluchées, et séchées dans une bassine sur le feu, afin de détruire les œufs d'insectes ; mais ce moyen détériore en même temps une partie de la couleur : ce qu'il y a de très-certain, c'est que les roses rouges, dont on fait commerce à Paris, bravent plus long-temps la durée du temps sans s'altérer, pourvu qu'on les tienne renfermées dans un endroit sec et frais, qu'on les visite et les crible de temps en temps dans l'année. (Par.)

ROSSE. Cheval vieux et maigre, ou affaibli au point de ne pouvoir plus fournir qu'un mauvais service. *Voyez* Cheval.

ROSSE, ou GARDON. Poisson du genre cyprin, qui vit dans les eaux douces, qui multiplie beaucoup, et qu'on doit placer dans les étangs où on tient des brochets et des truites, afin de leur servir de nourriture.

Rarement la rosse atteint plus d'un pied de long ; elle aime les eaux claires, mais vit cependant dans celles dont le fond est vaseux. Sa chair est blanche et d'un assez bon goût ; mais elle est si garnie d'arrêtes qu'on peut difficilement la manger.

On reconnaît la rosse à son dos d'un vert noirâtre, à son ventre blanc et à ses nageoires rouges. (B.)

ROSSE (BATTAGE A LA). On donne ce nom au Dépi-QUAGE dans les environs de Toulouse. *Voyez* ce mot.

ROTANG, *Calamus*, Lin. Genre de plantes de la famille des PALMIERS, qui comprend huit à dix espèces toutes indigènes aux contrées orientales de l'Asie, et dont plusieurs sont très-utiles aux habitans de ces pays.

Les *rotangs* ont des tiges articulées, droites, souvent très-élevées, et communément terminées par un bourgeon en forme de corne, renfermant une substance amilacée, blanche et d'un goût agréable. Leurs feuilles sont alternes et pinnées avec impaire. Leurs fleurs ont les deux sexes et sont pourvues d'un calice à six divisions, de six étamines, et d'un ovaire surmonté d'un style conique. La fructification est disposée sur des spadix axillaires, très-rameux et couverts d'écailles imbriquées.

Davy a observé que la surface de l'écorce de ces plantes contenait tant de silice, qu'elle rendait souvent des étincelles lorsqu'on la frappait avec le briquet.

Parmi les espèces utiles, on distingue le ROTANG COMMUN, *Calamus rotang*, Lin., qui croît dans les forêts voisines des fleuves, dont les rameaux s'appuient sur les arbres voisins, et s'élèvent à près de 60 pieds, quoiqu'ils aient rarement plus d'un pouce de diamètre. C'est cette espèce qui fournit au commerce ces cannes connues sous le nom de *joncs*, que les Hollandais apportent en Europe, et dont on faisait en France, il y a trente ans, un si grand usage. On mange, dans l'Inde, les fruits de ce rotang, qui sont acides et agréables au goût ; on mange aussi ses jeunes pousses après en avoir enlevé l'é-corce et les avoir fait cuire dans l'eau ou torréfier sur les charbons.

Le ROTANG VRAI, *Calamus verus*, ainsi nommé parce que c'est cette espèce, et non la précédente, comme on l'a cru long-temps, qui produit ces jets extrêmement longs et minces avec lesquels on fait dans l'Inde des cordes, des nattes, des treillis de toutes espèces, et en Europe des siéges à jour, et des baguettes nommées badines ou servant à battre les habits. Les Hollandais font aussi un grand commerce des tiges de ce ro-tang, qui croît particulièrement dans les îles de Sumatra et de Java.

Le ROTANG-OSIER, *Calamus viminalis*, qu'on trouve dans les

forêts humides de Java et des Célèbes. Ses tiges sont à peine grosses comme une plume d'oie et presque aussi longues que celles des précédens. On en fait dans l'Inde un grand usage pour tous les objets auxquels on emploie l'osier en Europe. On en forme des liens de toutes espèces, et des cordes qui servent même dans la navigation.

Le Rotang a sang de dragon, *Calamus draco*, qui vient dans presque toute l'Inde, sur le bord des rivières ou plus communément dans les forêts susceptibles d'être inondées par les crues d'eau. Ses fruits sont couverts, à leur maturité, d'une gomme résine rouge, qui est une des espèces de *sang-dragon* repandues dans le commerce. On peut voir dans le *Nouveau Dictionnaire d'histoire naturelle*, article Rotang, la manière dont cette gomme est extraite et son usage.

Le Rotang-Zalacca, *Calamus Zalacca,* croît dans la partie orientale de l'île de Java. On le cultive dans le Malabar. C'est un palmier de petite taille, dont les feuilles sont épineuses, toutes radicales et fort grandes. Ses spadix naissent entre ses feuilles. Ses fruits sont plus gros que des poires et bons à manger; ils ont une saveur agréablement acide, qu'on compare à celle de l'ananas. On les mange crus, et ils se conservent dans la saumure. Les marins en font toujours une provision quand ils s'embarquent. (D.)

ROTATION. On a appliqué ce mot à l'agriculture pour désigner l'ordre de succession dans lequel les végétaux soumis à nos cultures ordinaires peuvent se suivre avantageusement sur le même champ pendant une série d'années plus ou moins prolongée, conformément aux principes d'Assolement. (*Voyez* ce mot et les mots Alternat, Jachère et Successson de culture, où ces principes sont établis, développés et confirmés par un très-grand nombre de faits authentiques et concluans, tirés de l'agriculture française même. (Yvart.)

ROUABLE. Lame de fer très-courbée, ayant 2 à 3 pouces de hauteur, terminée par une longue douille et un manche de bois.

On emploie le rouable pour retirer la braise du four lorsque ce dernier est parvenu au degré de chaleur convenable. Il est bon que tous les ménages des cultivateurs en soient pourvus, car les perches avec lesquelles on le supplée remplissent fort imparfaitement son objet. *Voyez* Four et Pain. (B.)

ROUANNE. Instrument dont les commis des droits réunis et les marchands de vin se servent pour marquer la contenance des futailles après qu'ils les ont jaugées, soit en traçant des cercles, des demi ou quarts de cercle, soit en traçant des lignes droites dans l'épaisseur du bois. (R.)

ROUCHE. Nom des LAICHES (*carex*) dans quelques parties de la France. (B.)

ROUCHE. Nom du ROSEAU dans l'ouest de la France. (B.)

ROUCHE. C'est la RONCE DES HAIES dans plusieurs endroits. (B.)

ROUCOUTER. Dernier BINAGE des VIGNES dans les environs de Reims. (B.)

ROUCOUYER ou **ROCOU**, *Bixa*, Lin. Arbre exotique de moyenne grandeur, de la famille des tiliacées, qui croît naturellement sur le bord des eaux dans l'Amérique méridionale et dans les îles de l'Inde, et dont la semence donne une matière colorante connue dans le commerce sous le nom de *rocou* ou *roucou*.

Le roucouyer s'élève à-peu-près à la hauteur des orangers. Il pousse plusieurs tiges droites et rameuses, couvertes d'une écorce mince, unie, pliante, brune en dehors et blanche en dedans. Ses feuilles, presque semblables pour la forme à celles du tilleul, sont grandes, pointues, lisses et d'un beau vert avec des nervures roussâtres en dessous ; elles sont attachées à d'assez longs pétioles, accompagnées de stipules et alternes. Les rameaux du roucouyer portent, deux fois l'année, à leurs sommités des bouquets composés de plusieurs petites têtes ou boutons de couleur brune roussâtre, et ces boutons s'épanouissent en des fleurs à dix pétales, qui sont disposés en rose, alternativement grands et petits, d'un rouge pâle tirant sur l'incarnat et sans odeur. Chaque fleur offre un calice à cinq folioles, qui tombent à mesure que la fleur se dessèche. Au milieu de cette fleur est une espèce de houppe composée d'un grand nombre d'étamines jaunes à leur base et d'un rouge purpurin dans leur partie supérieure ; chacune de ces étamines est terminée par une anthère oblongue, blanchâtre, sillonnée et remplie d'une poussière blanche. Le centre de la houppe est occupé par un petit embryon, couvert de poils fins et jaunâtres, et surmonté d'une espèce de petite trompe fendue en deux lèvres à sa partie supérieure.

L'embryon, en croissant, devient un fruit ovale ou oblong, pointu à son extrémité, aplati sur les côtés, ayant à-peu-près la figure d'un mirobolan. Ce fruit est de couleur tannée, hérissé de poils d'un rouge foncé, et formé de deux valves, qui renferment un grand nombre de semences, de figure pyramidale, attachées les unes près des autres à une pellicule mince et luisante, qui tapisse l'intérieur des valves. Ces semences sont recouvertes d'une matière humide d'un beau rouge, d'une odeur forte, et très-adhérente aux doigts lorsqu'on y touche avec le plus de précaution. C'est cette matière qui forme le rocou du commerce, dont on fait un grand usage dans la teinture du petit teint. Quand elle est détachée, sa semence offre alors une couleur blanchâtre tirant sur celle de la corne.

Le roucouyer peut se planter depuis le mois de janvier jusqu'au mois de mai; mais soit qu'on le plante de bonne heure ou tard, l'arbre n'en produit pas plus tôt. Il se plante (1) à la manière des pois; c'est-à-dire qu'après avoir bien nettoyé la terre, on y fait de petits trous avec la houe, dans lesquels on jette deux ou trois graines au plus. La distance ordinaire qui suffit pour chaque plant est de 4 pieds en carré. Dans le cours de sa croissance, on a soin de le sarcler, et quand il s'élève trop haut, on le rabat pour l'épaissir et pour l'entretenir en buisson.

La récolte du rocou se fait deux fois l'année, à la fin de juin et à la fin de décembre. On le distingue comme en deux espèces, l'un qu'on nomme rocou vert, et l'autre rocou sec. Le premier est celui qu'on cueille aussitôt que quelque fruit ou capsule d'une grappe commence à sécher et à s'ouvrir, le second est celui où dans chaque grappe il se trouve plus de capsules sèches que de vertes. Ce dernier peut se garder six mois, l'autre ne peut guère être conservé que pendant quinze jours; mais il rend un tiers plus que le rocou sec, et le rocou qu'il produit est plus beau.

Le rocou sec s'écale en le battant, après l'avoir exposé au soleil, et l'avoir remué quelque temps. A l'égard du rocou vert, il ne faut, pour l'écaler, que briser la capsule du côté de la queue, et le tirer en bas avec la peau qui environne les graines sans s'embarrasser de cette peau.

Après que les graines ont été détachées, on les met successivement dans divers canots (vans) de bois, faits d'une seule pièce et qui ont différens usages et différens noms.

Le premier dont on se sert se nomme canot de trempe. On y jette d'abord la graine à sec, et on la concasse légèrement avec un pilon; après quoi, on remplit le canot d'eau bien vive et bien claire à 8 ou 10 pouces près du bord. Il faut cinq barils d'eau sur trois barils de graine. On la laisse ordinairement dans le canot de trempe huit à dix jours, pendant lesquels on a soin de la remuer deux fois par jour avec un rabot, un demi-quart d'heure environ à chaque fois. On appelle première eau celle qui reste dans le canot de trempe après qu'on en a retiré la graine avec des paniers.

De ce premier canot elle passe dans un second, nommé canot de pile, où elle est pilée à force de bras avec de forts pilons pendant un quart d'heure ou davantage, de sorte que toute la

---

(1) Dans les colonies françaises, on emploie communément le mot *planter* pour le mot *semer*.

graine s'en sente. Il faut que ce canot ait au moins 4 pouces
d'épaisseur par le fond, pour mieux soutenir les coups de pilons. On met sur la graine de nouvelle eau, qui doit y demeurer
une ou deux heures; après quoi, on la passe au panier en la
frottant avec les mains. L'eau qui reste se nomme seconde eau
et se garde comme la première.

Ensuite on met la graine dans un canot à ressuer; elle doit y
rester jusqu'à ce qu'elle commence à moisir, c'est-à-dire près
de huit jours. Pour qu'elle ressue mieux, on l'enveloppe de
feuilles de balisier.

Après qu'elle a ressué, on la pile de nouveau, et on la laisse
tremper successivement dans deux eaux, qui s'appellent les
troisièmes eaux.

Quand toutes les eaux sont tirées, on les passe séparément
avec un hébicher, en mêlant un tiers de la première avec la
seconde et deux tiers avec la troisième. Le canot où se passent
les eaux s'appelle canot de passe, et on nomme canot à laver
un canot plein d'eau, où ceux qui touchent les graines se lavent
les mains et lavent aussi les paniers, les hébichers, les pilons
et autres instrumens qui servent à faire le rocou. L'eau de ce
canot, qui prend toujours quelque impression de couleur, est
bonne à tremper les graines.

L'eau passée deux fois à l'hébichet se met dans une ou
plusieurs chaudières de fer, suivant la quantité qu'on en a, et
en l'y mettant on la passe encore dans une toile claire et souvent lavée.

Quand l'eau commence à écumer, ce qui arrive presque aussitôt qu'elle sent la chaleur du feu, on enlève l'écume, qu'on
met dans le canot aux écumes; ce qu'on réitère jusqu'à ce
qu'elle n'écume plus. Si elle écume trop vite, on diminue le feu.
L'eau qui reste dans les chaudières quand l'écume est enlevée
n'est plus propre qu'à tremper les graines.

On appelle batterie une seconde chaudière dans laquelle on
fait cuire les écumes pour les réduire en consistance et en faire
le rocou. Il faut diminuer le feu à mesure que les écumes
montent, et les remuer presque sans interruption, pour empêcher le rocou de s'attacher au fond ou aux bords de la
chaudière. Quand le rocou saute et pétille, on diminue encore
le feu; quand il ne saute plus, on ne laisse que de la braise
sous la batterie. A mesure que le rocou s'épaissit et se forme
en masse, il faut le tourner et retourner souvent, diminuant
peu-à-peu le feu, afin qu'il ne brûle pas; ce qui est une des
principales circonstances de sa bonne fabrique, sa cuisson ne
s'achevant guère qu'en dix ou douze heures.

Pour connaître quand le rocou est cuit, il faut le toucher
avec un doigt qu'on a auparavant mouillé, et quand il ne s'y

attache pas, sa cuisson est finie. En cet état, on le laisse un peu durcir dans la chaudière, avec une chaleur très-modérée, en le tournant de temps en temps, pour qu'il cuise et sèche de tous côtés, ensuite on le tire, observant de ne point mêler avec le bon rocou une espèce de gratin trop sec qui reste au fond, et qui n'est bon qu'à repasser avec de l'eau et des graines.

Le rocou, au sortir de la batterie, ne doit pas d'abord être mis en pain; mais il faut l'étendre sur une planche à une certaine épaisseur, et l'y laisser refroidir huit ou dix heures, après quoi on en fait des pains. L'ouvrier chargé de cette opération, avant de manier le rocou, doit se frotter légèrement les mains avec du beurre frais, du saindoux ou de l'huile de *palma-christi*. Les pains sont ordinairement de 2 ou 3 livres; on les enveloppe de feuilles de balisier. Le rocou diminue beaucoup; mais il a fait toute sa diminution en deux mois.

Quand on veut faire de très-beau rocou, il faut employer du rocou vert. On en met tremper les graines dans un canot, aussitôt qu'elles ont été cueillies et détachées de leurs capsules; après quoi, sans les battre et les piler, mais seulement en les remuant un peu, et en les frottant entre les mains, on les passe dans un autre canot. Après cette seule façon, on enlève de dessus l'eau, avec une écumoire, une espèce d'écume ou de graisse qui surnage; on la fait épaissir à force de la battre avec une spatule ou avec la main, et on la fait ensuite sécher à l'ombre sans employer aucune sorte de cuisson. Ce rocou est excellent; mais on n'en fait que par curiosité, parce qu'il serait trop cher et point marchand.

La manière dont les Caraïbes font le rocou est encore plus simple. Ils détachent les graines des capsules, et les frottent tout de suite entre les mains, qu'ils ont auparavant trempées dans l'huile de carapal. Quand la pellicule incarnate s'est détachée des graines et qu'elle est réduite en une pâte très-fine et très-claire, ils la raclent de dessus les mains avec un couteau, pour la faire sécher à demi et à l'ombre sur une feuille bien propre; ensuite, lorsqu'il y en a suffisamment, ils en forment des pelotes grosses comme le poing, qu'ils enveloppent de feuilles de cachibon. C'est avec cette sorte de rocou, mêlé avec de l'huile de ricin, que les Caraïbes se font peindre par leurs femmes, soit pour s'embellir à leur mode, soit pour se garantir de l'ardeur du soleil ou de la piqûre des moustiques. Ils s'en servent aussi à mettre en couleur leur vaisselle de terre, ce qui lui donne beaucoup d'éclat.

Les ouvriers qui travaillent à préparer le rocou sont sujets à des maux de tête qu'on peut attribuer à l'odeur forte de la graine exaltée par la macération et la fermentation, et rendue alors insupportable. Mais à mesure que la pâte de rocou se dessèche, elle prend une odeur agréable, qui approche de celle de la violette.

Le rocou de bonne qualité est sec, haut en couleur, et d'un rouge ponceau, plus vif en dedans qu'en dehors. Il est doux au toucher, d'une bonne consistance et n'offre aucune dureté. Celui qui a été mal desséché est d'un rouge pâle, celui qui est frelaté ne se dissout pas entièrement dans l'eau. On le frelate en y mêlant pendant sa préparation de la brique pilée, de la terre rouge bien tamisée ou d'autres matières; ce qui augmente considérablement son poids et son volume.

Le rocou le plus estimé dans le commerce est celui qu'on prépare à Cayenne. Les teinturiers s'en servent pour mettre en première couleur les laines qu'ils veulent teindre en rouge, bleu, jaune, vert, etc.; car il est peu de couleurs où on ne le fasse entrer. Celle qu'il donne, employée seule, est très-belle, mais elle ne dure point. L'air l'affaiblit et le savon l'emporte; aussi ne fait-on point usage du rocou dans les fabriques de bon teint, on y supplée par un mélange de la gaude et de la garance. Pour l'employer dans les fabriques de petit teint, on se sert du procédé suivant. On fait fondre dans une chaudière de la cendre gravelée avec une suffisante quantité d'eau, et on fait bouillir pendant une heure. Ensuite on met autant de livres de rocou que de cendres, on remue bien, et on laisse encore bouillir le tout un quart d'heure; après cela, on trempe les étoffes, préalablement mouillées, jusqu'à ce qu'elles aient pris le ton demandé; on les retire, on les passe à l'eau de rivière et on les fait sécher.

Le bois du roucouyer est tendre et blanc, son écorce est filandreuse comme celle du tilleul; on en fait des cordes. (D.)

ROUENS. On donne ce nom, en Angleterre, à des prairies dont on a conservé le regain sur pied pour le faire pâturer à l'issue de l'hiver. L'herbe des rouens se dessèche en partie, mais elle n'en fournit pas moins une excellente nourriture aux bestiaux. *Voyez* PRAIRIE.

Ce nom de rouens viendrait-il de ce que cette utile pratique est passée de la Normandie en Angleterre? J'ai bien vu quelques prairies en France dont le regain avait été ainsi réservé; mais je n'ai pas entendu dire que ce fût par suite d'un calcul, et je ne sache aucun lieu où on en agisse ainsi chaque année. (B.)

ROUERGASSE. Nom d'une race de moutons qui tient des roussillons et des bérichons, mais qui a les mouvemens moins vifs et qui est plus difficile à engraisser. C'est sur les montagnes du centre de la France qu'elle se trouve. Sa toison en suint est de 4 à 5 livres au plus. (B.)

ROUESSE. On donne ce nom, aux environs de Moulins, à de petits bois à moitié dégarnis, qu'on réserve dans chaque ferme pour le pâturage des bœufs pendant les grandes chaleurs. (B.)

ROUGEAU. Sorte de Brulure des feuilles de la Vigne. *Voyez* ces mots et celui Rougeot. (B.)

ROUGE-BÉ. C'est la cameline aux environs de Laon.

ROUGE-GORGE. Oiseau du genre de la fauvette, que son abondance dans les pays boisés et humides et la bonté de sa chair rendent le but d'une chasse de quelque importance. On le reconnaît à sa longueur de 5 à 6 pouces, à son bec mince, à ses plumes d'un gris brun sur la tête, le cou et le dos, d'un roux orangé à la gorge et à la poitrine, d'un blanc gris sous le ventre.

La plupart des rouges-gorges quittent la France au milieu de l'automne pour aller chercher des climats plus doux, où ils trouvent les insectes qui font presque exclusivement leur nourriture. Ceux qui restent se rapprochent alors des habitations, et il n'est pas rare qu'ils s'établissent dans les granges des cultivateurs, où ils font la chasse aux mouches et aux araignées. Ils deviennent alors d'autant plus familiers qu'on affecte moins de les effrayer. J'en ai connu un qui s'était habitué à entrer dans une maison pendant l'hiver dès qu'il trouvait une fenêtre ouverte, et qui y restait toute la journée sans s'inquiéter du nombre des allans et des venans, mais sachant fort bien déjouer les ruses des chats.

C'est presque exclusivement à la pipée et aux raquettes qu'on prend les rouges-gorges. Je ne décrirai pas ces chasses, parce que les cultivateurs doivent désirer la conservation plutôt que la destruction de ces jolis oiseaux. (B.)

ROUGE-HERBE. C'est la mélampyre des champs dans beaucoup de lieux.

ROUGEOLE. La clavelée s'appelle ainsi dans quelques cantons. (B.)

ROUGEOLE ou MALADIE ROUGE. Maladie du seigle, caractérisée par une ou plusieurs longues taches rouges sur les épis, et dont les suites sont une grande diminution dans la production des grains.

M. Rougier-la-Bergerie, qui a décrit cette maladie, l'attribue au manque de chaleur pendant la floraison.

Quoique je croie me rappeler avoir vu des épis tachés de rouge aux environs de Paris, je n'ai rien à ajouter à ce que je viens de dire, ayant cru que cette couleur leur était accidentelle.

Des ABRIS sont, au dire de M. Rougier-la-Bergerie, le meilleur moyen à employer contre la rougeole. (B.)

ROUGEOT. On appelle ainsi dans quelques vignobles, la couleur rouge que prennent les FEUILLES de la vigne avant la vendange, soit que cette couleur soit due à une grande SÉCHERESSE, à un BINAGE trop profond, à des FROIDS précoces, ou à toute autre cause qui interrompt la circulation de la sève. *Voyez* VIGNE. (B.)

ROUGET. On donne vulgairement ce nom au pollen des fleurs que les abeilles déposent dans les alvéoles de leurs gâteaux pour la nourriture de leurs larves, et qui n'étant pas employé de suite, perd assez de ses qualités pour ne pouvoir plus l'être. *Voyez* ABEILLE.

La couleur rouge ou jaune du pollen se conserve dans le rouget, seulement il se fonce et devient terne par suite de sa vétusté.

Comme chaque année le nombre des alvéoles remplies de rouget et ne pouvant plus, par conséquent, servir à recevoir des larves, s'augmente, il arrive une époque où les abeilles sont obligées d'abandonner la ruche pour aller construire ailleurs de nouveaux gâteaux. C'est cette circonstance qui, avec les ravages de la GALLERIE (*voyez* ce mot), agit le plus puissamment sur la destruction des vieilles ruches.

La présence d'une certaine quantité de rouget dans une ruche en diminue beaucoup la valeur sous le rapport du produit en miel, en ce que d'un côté il tient sa place, et que de l'autre il lui communique sa couleur et son âcreté. On doit donc, autant que possible, le séparer des gâteaux qu'on se dispose à presser : aussi je suis dans l'usage de ne tirer que le miel vierge, c'est-à-dire celui qui tombe naturellement des alvéoles de ces gâteaux dont j'ai enlevé les couvercles, et que j'expose à une température de 20 degrés, terme moyen, laissant aux abeilles la liberté de reprendre ce qui reste, avant de fondre les gâteaux.

On a remarqué que le rouget était plus abondant dans les ruches des pays à bruyère, ce qui s'explique par l'époque de la floraison de cette plante, qui coïncide avec celle de la diminution de la ponte de la mère abeille. (B.)

ROUGETTE. On donne ce nom, dans quelques cantons, aux terres franches de couleur rougeâtre qui, lorsqu'elles ont du fond et ne sont pas trop sèches, sont très-favorables à presque toutes les cultures : ces terres sont plus ou moins légères. *Voyez* TERRE FRANCHE. (B.)

ROUGETTE. On donne ce nom, dans le département des Ardennes, à la MÉLAMPYRE DES CHAMPS. (B.)

ROUGIÈRE. Terre argileuse et ferrugineuse de couleur

rouge, qui se trouve immédiatement sous la roche calcaire qui recouvre les montagnes de l'Aveyron, et qui se montre au jour sur beaucoup de pentes de ces montagnes. Cette terre conserve l'eau long-temps, de sorte qu'il est des années où on ne peut la labourer; les pâturages qu'elle offre sont très-nourrissans. (B.)

ROUGISSURE. Maladie des fraisiers, qui en fait souvent perdre de grandes quantités; elle paraît due à un urédo fort voisin de celui de la rouille, s'il n'est pas le même. *Voyez* Urédo. (B.)

ROUILLE. Les cultivateurs donnent ce nom à des taches plus ou moins semblables à la rouille de fer, c'est-à-dire jaunâtres, qui se développent sur les feuilles et sur les tiges de différentes plantes, principalement du blé, et dont l'effet est de diminuer la quantité du grain et même de s'opposer complétement à sa production.

Long-temps on a attribué la rouille aux brouillards, à la rosée, etc., et on a bâti des systèmes pour expliquer sa formation, actuellement on sait qu'elle est produite par un champignon parasite du genre des Urédos (*voyez* ce mot), qui se propage probablement comme la Carie et le Charbon (*voyez* ces deux mots), c'est-à-dire par le moyen de la sève.

Ce qui fait principalement qu'on a attribué à la rosée et aux brouillards la production de la rouille, c'est que ses effets sont peu différens de la brûlure, et qu'elle se montre réellement plus abondamment dans les années pluvieuses, dans les champs voisins des marais et des bois. J'ai connu en France des localités où on avait été forcé de renoncer à la culture du froment par suite de son abondance, et ces localités étaient des vallées marécageuses ou au milieu des bois. Il m'a paru, par quelques observations, que c'était principalement elle qui s'opposait à la culture de la même plante dans la basse Caroline, pays où l'air est toujours surchargé d'une abondante humidité.

Les anciens étaient dans l'opinion que les engrais chauds, la fiente de pigeon principalement, pouvaient empêcher la production de la rouille. *Ubì vel uligo vel alia pestis segetem enecat, ibì columbinum stercus convenit,* dit Columelle, livre II, chapitre 9. Ce fait, dont quelques observations qui me sont propres confirment l'exactitude, peut s'expliquer, en disant que les fumiers ayant plus d'action sur la végétation des plantes qui font l'objet de nos cultures, que sur le champignon parasite interne, qui constitue la rouille, les premiers prennent un accroissement si rapide, que les seconds en sont étouffés.

Lorsqu'il n'y a que peu de rouille sur les feuilles d'un pied de blé, elle ne paraît pas influer d'une manière sensible sur sa végétation et par conséquent sur ses produits en grains; mais lorsqu'il y en a beaucoup sur les feuilles ou un peu sur la tige, elle absorbe la plus grande partie de la sève destinée à le nourrir: cette tige s'élève moins, ses grains avortent, et elle périt avant les autres.

Les moyens qu'on a proposés pour mettre obstacle aux désastreux effets de la rouille ne remplissent aucunement leur objet. Le seul qui mérite d'être mis à exécution, c'est de faucher les blés qui en sont infestés avant l'apparition de la tige; car il paraît que les nouvelles feuilles qui se développent en sont le plus souvent exemptes: d'ailleurs cette rouille n'ayant pas encore répandu ses bourgeons séminiformes, c'est autant de moins à redouter pour les récoltes suivantes. Ce que j'ai dit plus haut doit faire croire qu'un des moyens de la prévenir, c'est de semer le blé dans des endroits secs ou exposés aux grands vents.

Peut-être trouvera-t-on un jour quelque remède contre ce fléau. L'analogie semblerait faire croire que le chaulage serait son spécifique, comme il l'est et de la carie et du charbon; mais quelques rapports qu'il y ait entre ces derniers et la rouille, les circonstances sont fort différentes. En effet la rouille ou la plus grande partie de la rouille achève son évolution avant la maturité des grains; ses bourgeons séminiformes se répandent sur la terre et y attendent le grain qu'on doit y semer les années suivantes. Comment les attaquer? Il semblerait que la marche la plus favorable à suivre serait la culture à longs retours des céréales; car il ne paraît pas que la rouille qui attaque les légumineuses, les crucifères, et autres familles de plantes cultivées, soit la même que celle qui se voit sur les graminées; mais combien d'années ces bourgeons séminiformes peuvent-ils rester dans la terre en état de germer? C'est sur quoi on n'a aucune donnée positive; mais ce qu'on sait de la carie et du charbon, peut faire penser que leur faculté de se reproduire ne dure pas long-temps.

Il a été constaté en Angleterre que les fromens semés dans le voisinage de la mer offraient rarement des traces de rouille, et que ceux qu'on a fumés avec des *varecs* dans lesquels on a répandu du sel marin, en recevaient bien plus faiblement les atteintes.

Les habitans de la Morée sont persuadés que la rouille est contagieuse, en conséquence ils dépouillent de feuilles les arbres qui en sont chargés, pour l'empêcher de se communiquer à leurs moissons.

Quelques cultivateurs prétendent que les fromens barbus

sont moins sujets à la rouille que les autres ; mais ce fait n'est pas applicable à tous les lieux.

Il paraît, par des observations faites en Angleterre et en Amérique, que la rouille attaque plus fréquemment et plus abondamment les céréales semées claires que les céréales semées épaisses : je ne puis indiquer l'explication de ce fait.

Une expérience dont j'ai constaté les résultats, semble prouver que l'Epine-Vinette (*voyez* ce mot) favorise la formation de la rouille, et par suite le Retrait des graines de toutes nos céréales ; cependant je ne suis pas encore convaincu de la constance de ses effets.

Le pain fait avec du blé rouillé est bien moins bon que celui fabriqué avec du blé sain.

La paille rouillée est une fort mauvaise nourriture pour les bestiaux, et le fumier qu'elle produit est inférieur. (B.)

ROUILLE DU FER. Nom vulgaire de l'oxide de fer au premier degré. *Voyez* Fer et Oxide.

Comme le fer exposé à l'air se rouille d'autant plus promptement que cet air est plus humide, et que non-seulement il perd son éclat et son poli, mais qu'à la fin il se détruit, on a cherché les moyens de le garantir de son action.

Deux moyens principaux sont généralement employés : l'un c'est la peinture à l'huile rendue siccative par la rouille même ou l'oxide vitreux de plomb (litharge) ; l'autre c'est la graisse de porc (saindoux) mélangée de plombagine en poudre. Cette dernière substance laisse au fer sa couleur brillante ou, mieux, lui en donne une semblable.

La rouille, dissoute en partie dans l'huile, est un excellent moyen pour marquer les linges grossiers d'une manière ineffaçable. Tous les sacs, les bannes, et autres objets de ce genre, d'un service journalier dans une exploitation rurale, devraient être ainsi marqués. (B.)

ROUILLE DES FOINS. Quoique la plupart des herbes qui composent les prairies soient susceptibles de la rouille dont il a été question plus haut, ce n'est pas d'elle, du moins le plus communément, qu'entendent parler les cultivateurs lorsqu'ils disent que leurs foins sont rouillés, mais de l'application d'une couche de terre, le plus souvent argileuse et jaune, produite par une inondation d'eau trouble lorsqu'ils étaient encore sur pied, mais déjà grands.

Les foins rouillés sont souvent totalement impropres à la nourriture des bestiaux, qui les refusent, et auxquels ils occasionnent des maladies graves. En les battant avec un fléau ou des baguettes, on fait bien tomber une partie de la terre qui les encroûte, mais il en reste toujours trop ; en les lavant à l'eau courante on ne produit pas en eux une amélioration plus complète. Cependant ces deux moyens, séparément ou ensemble, doivent être employés lorsqu'on est forcé de donner les foins rouillés aux bestiaux : une aspersion d'eau salée est un correctif important à mettre en usage dans ce cas.

Toutes les fois qu'on peut se dispenser de nourrir les bestiaux de foins rouillés il faut les consommer en litière, qui donne un fumier d'excellente qualité. *Voyez* PRAIRIE.

Une autre espèce de rouille moins connue, parce qu'elle est moins apparente, est celle qui est produite par le dépôt des matières extractives animales et végétales que contiennent les eaux des étangs vaseux et des marais, lorsqu'elles sont portées par une inondation sur les prés. Les bestiaux répugnent encore plus à manger le foin qui en est atteint, et on est obligé de le laver plusieurs fois consécutives et à grande eau avant de le leur donner, si on ne veut pas le perdre. (B.)

ROUISSAGE. Opération dont le but est de décomposer le gluten qui unit les fibres de l'écorce du chanvre, du lin, de l'ortie, etc., afin d'en faire de la filasse ou chanvre d'œuvre, et par suite du fil et de la toile. *Voyez* CHANVRE et LIN.

On a beaucoup écrit sur cette matière, quoique la théorie en soit très-simple et la pratique peu compliquée. Je me contenterai d'exposer un résumé de l'un et de l'autre.

C'est ordinairement dans l'eau que s'exécute le rouissage ; mais quelquefois cependant on l'effectue à la rosée ou dans la terre.

On regarde, sur les bords du Rhin, le chanvre roui dans l'eau comme inférieur à celui qui a été roui à la rosée, c'est tout le contraire dans d'autres endroits. Tant de circonstances variables agissent dans cette opération, qu'il est à croire que chacun a raison.

L'écorce du chanvre, comme celle de la plupart des autres, est composée de plusieurs couches dont les fibres sont longitudinales et intimement unies entre elles et avec la tige, par un gluten résino-gommeux, dont Rozier a le premier bien reconnu la nature ; c'est ce gluten qu'il s'agit de décomposer ou de dissoudre. La proportion de la résine est de 4 gros 18 grains, et de la gomme, de 3 onces 3 gros et demi par livre, le reste est la filasse. *Voyez* ÉCORCE.

Les meilleures substances pour dissoudre ce gluten seraient d'abord l'eau-de-vie, ensuite les alcalis, les savons, la chaux en petite quantité, les acides minéraux affaiblis, les acides végétaux et animaux ; mais aucune de ces substances isolée n'agit complétement.

La plupart de ces substances sont trop chères pour être employées en grand.

Heureusement qu'il est possible de parvenir au même résultat par le moyen de la fermentation dont la partie gommeuse est susceptible, et par son action sur la partie résineuse, qui est alors réduite en molécules si petites, qu'elles n'ont plus la faculté agglutinante, dont l'effet était d'empêcher la division de l'écorce en filasse.

Pour cela donc on met les tiges du chanvre réunies en petites bottes, après avoir coupé leurs racines, dans une eau stagnante ou peu courante, et on les charge de pierres, afin de les tenir constamment au fond. On appelle Routoirs les endroits consacrés annuellement à cette opération. *Voyez* ce mot.

Étendre le lin ou le chanvre dans une épaisseur de 2 à 3 pouces sur deux bâtons parallèles et attacher avec des osiers ces deux bâtons à deux autres opposés, placés sur le lin ou le chanvre, donnerait une garantie certaine de l'égalité du rouissage, soit à l'eau courante, soit à l'eau stagnante, et éviterait par conséquent les inconvéniens dont je viens de parler.

Lorsqu'il fait chaud, on voit, dès le lendemain du jour où on a mis le chanvre dans l'eau, des bulles d'air s'élever à la surface de cette eau, ce n'est que de l'air commun; mais au troisième jour cet air est du gaz acide carbonique, et au cinquième de l'hydrogène. Alors l'eau est trouble et colorée; elle exhale une odeur désagréable, même fétide : si elle contient des insectes ou des poissons, ils périssent.

Dans le commencement du rouissage, le poisson est enivré par le chanvre, et vient à la surface, mais il ne meurt pas; ce n'est que lorsque la fermentation a absorbé tout l'oxigène de l'eau, c'est-à-dire vers la fin de cette opération qu'il périt immanquablement.

Les hommes, les animaux ne sont jamais dans le cas de boire de l'eau où le chanvre a roui, parce qu'ils sont avertis par la mauvaise odeur et la détestable saveur dont elle est pourvue. Ce n'est donc que lorsqu'elle est mêlée avec celle des rivières où elle a afflué qu'elle peut leur causer du mal; ses effets, à très-haute dose, doivent être narcotiques et purgatifs, mais rarement plus dangereux. *Voyez* Chanvre.

« Qui ne reconnaît, observe Rozier, au simple énoncé de ces phénomènes, qu'ils sont produits par la fermentation ? Cette fermentation est retardée ou avancée par le froid et le chaud, plus forte et plus prompte dans les eaux stagnantes et peu abondantes, moins avantageuse dans les ruisseaux et les rivières. Les grandes masses de chanvre sont bien plus tôt rouies que les petites; mais il n'y a que ce gluten qui, dans le chanvre, contienne les élémens de la fermentation; il s'humecte, il s'amollit, il s'enfle, comme tout mucilage dans le même cas. Si cette matière était entraînée à mesure qu'elle se dissout, il n'y aurait pas de fermentation : c'est la raison du peu de perfection que prend le rouissage dans les eaux courantes; cependant à cet inconvénient s'oppose la construction des tas qui sont alors plus serrés et plus chargés que ceux des eaux dormantes. La partie du gluten encore enclavée dans l'écorce, qui la distend de toutes parts et l'attaque dans tous les sens, subit la fermentation et produit les différens gaz dont on a parlé, suivant les degrés de cette fermentation. On sait que tout mucilage qui a fermenté perd sa glutinosité et devient acide avant de pourrir, que dans cet état il est un menstrue pour dissoudre les résines. Les sommités du chanvre sont encore glutineuses lorsque le rouissage est parfait pour les tiges; cette partie est peut-être plus résineuse, elle est d'ailleurs placée plus loin du centre de la fermentation; elle a moins éprouvé le mouvement intestin qui atténue et mixtionne les principes. Ce sont ces observations qui ont sans doute engagé les Hollandais à mettre de la fougère entre les couches de leurs bottes de lin, afin de faciliter et d'accélérer la fermentation, qui déterminent tant de cultivateurs français à laisser les feuilles au chanvre qu'ils placent au routoir. »

D'après ce qui a été dit plus haut de l'utilité des feuilles pour hâter la fermentation, et de la plus grande résistance de l'extrémité des tiges à son action, on doit conclure que c'est mal à propos qu'on coupe la tête à ces tiges, puisque c'est là qu'il se trouve le plus de feuilles. Mais, dit-on, les feuilles coloreront la filasse, la rendront noire : cela n'aura lieu, répondrai-je, que lorsque le chanvre aura séjourné trop long-temps au routoir, et c'est pour qu'il y séjourne moins que je veux qu'on les conserve, à moins qu'on ne les remplace par des plantes moins colorantes, par du mauvais foin, par exemple, si on ne peut se procurer de la fougère.

Mais les plantes qu'on met à rouir ne sont pas toutes au même degré de maturité, ne sont pas toutes de la même longueur, grosseur, etc. : or, on a reconnu que, toutes choses égales d'ailleurs, le chanvre femelle rouissait plus tôt que le mâle, le gros plus tôt que le petit, le long plus tôt que le court, le vert plus tôt que le jaune, le voisinage des racines plus tôt que le voisinage de la tête, le nouvellement arraché plus tôt que le sec, celui qui a cru serré, qui a cru à l'ombre ou dans un enclos plus tôt que celui qui a cru écarté, qui a cru au soleil et en plein champ; il faut donc séparer toutes ces qualités et les mettre rouir à part ou les placer différemment dans le routoir; c'est-à-dire mettre au centre celles qui sont les plus difficiles à rouir. Rarement cependant on prend ces précautions : aussi combien de chanvre est chaque année inégalement roui, et par conséquent diminué de valeur ou en partie perdu!

Il faut conclure de l'observation que le chanvre sec se rouit plus lentement que le vert, qu'il est avantageux de le porter au routoir aussitôt qu'il est récolté, et par conséquent d'opérer sur le mâle avant d'opérer sur la femelle; on gagnera encore à cela de profiter de la chaleur de la saison. Si on ne pouvait absolument pas rouir peu de jours après la récolte, il faudrait, dans le climat de Paris, le faire avant la mi-octobre, à cause du froid et des pluies. D'ailleurs la dessiccation rapide au soleil ou à l'air est de rigueur, celle exécutée artificiellement dans un four ou au séchoir nuisant à la qualité de la filasse.

Le temps du rouissage varie selon la chaleur de la saison, la qualité et la quantité des eaux, la nature du chanvre et l'emploi de la filasse. Dans un routoir isolé et de moyenne grandeur, alimenté par des eaux de rivière, il est ordinairement, dans le climat de Paris, de quatre à cinq jours en juillet, de cinq à huit en septembre, de neuf à quinze en octobre. Il est retardé dans les eaux de source, dans les eaux courantes, dans les eaux trop profondes ou trop étendues, dans les eaux séléniteuses, les eaux salées, etc. J'ai fait voir plus haut que tous les pieds et même les diverses parties du même pied ne rouissent pas dans le même espace de temps. Le chanvre destiné à faire des cordes ou de la grosse toile doit être moins roui que celui qu'on veut employer à faire de la toile fine : le lin ne demande à rester dans l'eau que la moitié du temps qu'exige le chanvre.

Un bon rouisseur visite tous les soirs son routoir pour voir si rien ne s'est dérangé, et lorsque l'opération approche de sa fin, il examine les changemens qui se sont opérés dans la couleur de l'eau, dans l'odeur qui s'en exhale; il tire quelques tiges de chanvre au centre et sur les bords, et réunissant toutes ses observations, il juge du moment où il faudra ôter le tout de l'eau.

Le signe de la terminaison du rouissage est lorsque l'écorce quitte la tige, qu'alors on appelle CHENEVOTTE (*voyez* ce mot), d'un bout à l'autre et lorsque la moelle a disparu.

Quand le rouissage a manqué par défaut, on peut réparer le mal en mettant de nouveau les bottes dans l'eau, ou en les étendant sur le pré ; mais lorsqu'il a manqué par excès il n'y a plus de remède; la filasse à moitié pourrie est noire, courte, se casse facilement, se transforme presque entièrement en étoupe dans les opérations du serançage et du peignage.

Le nombre de bottes ou javelles que l'on range les unes sur

les autres dans le routoir dépend de la profondeur de l'eau; mais tout routoir qui est profond est défectueux. Lorsqu'on rouit dans les rivières, outre les pierres destinées à tenir les bottes enfoncées, il faut encore employer des piquets qui les traversent, afin d'empêcher l'eau de les entraîner.

Le chanvre complétement roui est retiré de l'eau à la main, après avoir enlevé les pierres et les piquets qui l'assujettissaient. Pour cela, un homme entre dans l'eau : c'est le matin qu'il faut procéder à cette opération, à raison de l'insalubrité dont elle est pour les personnes qui y concourent, insalubrité qui est plus à craindre pendant la chaleur du jour. Dans quelques lieux, on emploie des crocs; mais ce moyen ne doit être permis que dans un cas de nécessité absolue, à raison de ce qu'il brise les chenevottes, emmêle la filasse, et cause par conséquent beaucoup de déchet et de perte de temps.

Dès que les bottes de chanvre sont retirées de l'eau, il faut les laver, et c'est alors qu'une eau courante et abondante est une chose utile, parce qu'elle remplit mieux l'objet qu'une eau stagnante et sans profondeur; cependant on peut rarement l'employer, à raison des inconvéniens qui en résultent pour les poissons et même pour les hommes et les bestiaux. Le plus souvent on est réduit à les laver avec des seaux d'eau qu'on jette sur elles. Attendre que la pluie remplisse cet office, comme on le fait dans tant de lieux, est la pire de toutes les pratiques, parce que l'expérience prouve que tout chanvre roui qui n'est pas desséché le plus promptement possible, perd de sa qualité et prend une mauvaise couleur.

Il faut donc faire dessécher le chanvre aussitôt qu'il est lavé. Pour cela, ou on met les bottes en CHAÎNE (*voyez* ce mot), ou on écarte le pied de chaque botte en trois faisceaux sans défaire le lien, et on la dresse sur le sol. Ces manières d'opérer valent mieux que celle de placer les bottes le long des murs et des haies, parce que la dessiccation opérée par l'air agité est plus avantageuse que celle qui est la suite de la chaleur du soleil, laquelle colle la filasse, qui n'est pas encore débarrassée de toute sa résine, sur la chenevotte. D'ailleurs les abris retardent la dessiccation lorsque le soleil ne brille pas.

Il est des cultivateurs qui, au lieu de suivre un de ces trois procédés, délient leurs bottes de chanvre et étendent sur la terre les chenevottes qui les composent; mais ils sont exposés à les voir dispersées ou bouleversées par le vent, par les pluies d'orage, par les animaux, et il s'en casse toujours beaucoup en les étendant et en les ramassant.

Aussitôt que le chanvre roui est complétement desséché, on réunit un certain nombre de bottes ensemble pour en faire de plus grosses, ou on le transporte à la maison pour le TILLER, ou le Serancer, ou le Riber (*voyez* ces mots), ensuite peigner et filer la filasse qu'il a fournie, filasse qui porte aussi le nom de chanvre. Ces deux dernières opérations, quoique le plus souvent faites par les cultivateurs, sortent du domaine de l'agriculture : ainsi je n'en parlerai pas.

Il est bon que je revienne sur quelques considérations que je n'ai fait qu'indiquer plus haut.

Du même chanvre mis à rouir dans l'eau stagnante et dans l'eau courante, le premier a été plus tôt roui, a fourni plus de filasse et de la filasse plus facile à blanchir ; mais le second avait la filasse plus blanche, plus entière, plus forte.

Il en a été de même du chanvre mis à rouir dans une eau de rivière stagnante et dans une eau de mer stagnante.

Les eaux de fumiers, les eaux dans lesquelles on a introduit des sels alcalis accélèrent le rouissage du chanvre. Il en est de même de l'eau dans laquelle du chanvre a déjà roui.

Une petite quantité de chaux mise dans un routoir produit le même effet, mais brûle trop la filasse.

M. Homme, il y a une cinquantaine d'années, M. Brasle ensuite, et depuis M. Saint-Sever, ont proposé de rouir le chanvre et le lin en peu d'heures, le premier, en le mettant dans une eau alcaline chauffée ; les derniers, en l'imprégnant d'une eau semblable, et en l'exposant, dans une chaudière de cuivre exactement fermée, à la vapeur de l'eau élevée à une haute température. Les nombreux essais qui ont été faits dans ces derniers temps et dont j'ai vu les résultats, prouvent l'excellence de cette dernière méthode ; cependant la dépense de l'appareil et la difficulté de l'opération ne permettront jamais aux habitans des campagnes de l'adopter. Plusieurs cultivateurs aisés l'ont pratiquée pendant quelques années dans les environs de Paris ; mais il est douteux, à raison du haut prix actuel de la potasse et de la soude, qu'elle le soit encore chez un seul d'entre eux. Il est donc superflu que j'entre dans des détails plus étendus à son égard.

On a aussi fait des expériences qui ont prouvé qu'il était possible de rouir le chanvre dans des vapeurs d'acide sulfureux.

J'ai dit, au commencement de cet article, qu'on pouvait rouir le chanvre en l'étendant sur l'herbe. Dans un climat médiocrement humide, ce rouissage dure un mois : or, que de chances d'accidens il y a à craindre pour lui pendant cet espace de temps ? D'ailleurs, rarement ce rouissage est par-tout égal et la filasse noircit beaucoup, ce qui la rend plus difficile à blanchir ; souvent elle est tachée d'une manière ineffaçable. Beaucoup de pays qui manquent d'eau sont cependant forcés de rouir ainsi.

On peut accélérer le rouissage à l'air en arrosant soir et matin lorsque le temps est sec; mais quel emploi de temps! On peut produire le même effet en l'arrosant quelquefois avec des eaux alcalines; mais quelle dépense! Avec de l'eau de mer; mais il faut être sur les côtes.

On doit craindre de mettre le chanvre rouir à l'air sur les prés, parce que l'herbe s'imprègne pour long-temps de son odeur, et que les bestiaux n'en veulent pas. S'ils en mangeaient, ils seraient exposés à des maladies graves et même à la mort. *Voyez* Chanvre.

Les inconvéniens du rouissage du lin à l'air sont bien moins graves que ceux de celui du chanvre, parce que cette plante se rouit plus promptement et n'est pas délétère : c'est cette méthode de rouissage qu'on préfère dans les pays où on la cultive en grand pour en faire de la batiste ou de la dentelle, comme en Flandre et en Hollande, parce qu'on a reconnu qu'elle donnait une filasse bien affinée, très-souple et très-soyeuse.

Il est des localités où le manque d'eau disponible et la grande sécheresse du climat ne permettent pas de rouir dans l'eau et à l'air : là on n'a d'autre ressource que de faire cette opération dans la terre. Pour cela, on creuse à la portée d'un puits une fosse, on y arrange le chanvre comme dans un routoir, on le recouvre d'un à 2 pieds de terre, plus ou moins, selon la nature de cette terre; on donne une bonne mouillure au tout et on attend que le rouissage s'accomplisse. Si l'on renouvelait la mouillure, on retarderait l'opération, parce que l'eau froide nuit à toute fermentation en action; cependant on est quelquefois obligé de le faire lorsqu'on procède avec du chanvre déjà desséché ou dans les terres et dans les saisons sèches : c'est à l'expérience à décider du cas. Il faut assez communément le double de temps pour effectuer le rouissage dans la terre, que pour effectuer celui dans l'eau. Lorsqu'on croit qu'il s'avance, on visite tous les deux ou trois jours une des bottes supérieures, pour juger de l'état de la masse.

Lorsque le chanvre ainsi roui est retiré de la fosse, on le fait rapidement sécher, comme il a été dit plus haut. La terre qui lui est adhérente reste jusqu'au moment qu'il est teillé ou serancé, à moins qu'on ait assez d'eau de puits pour l'enlever de suite. Cette terre au reste n'a pas les inconvéniens, pour la coloration de la filasse, de la boue des routoirs à eau, à moins qu'elle ne soit ferrugineuse; et en ce cas il ne faudrait pas y mettre le chanvre. Les résultats de ce rouissage, convenablement exécuté, sont en général fort beaux, le plus souvent préférables à ceux du rouissage à l'eau. Il y a donc lieu de désirer que sa pratique s'étende davantage. Je dois observer cependant que la marche de la fermentation est fort irrégulière dans ces fosses, et que souvent elle parcourt ses phases avec une telle rapidité, que du jour au lendemain la filasse est altérée. La cause en est à l'action de la chaleur atmosphérique, beaucoup plus variable que celle de l'eau.

On doit prendre de grandes précautions lorsqu'on enlève le chanvre de ces sortes de routoirs, car les gaz acides carboniques et hydrogènes sulfurés qui s'y trouvent sont dans le cas de causer instantanément la mort aux ouvriers : c'est le matin, avant le lever du soleil, qu'il convient d'y procéder. Il faut commencer par le bord au-dessus du vent, et, pour plus de sûreté, allumer un feu clair tout près de ce bord.

La terre qui a recouvert le chanvre dans ces sortes de routoirs, ainsi que la boue du fond de ceux qui emploient l'eau, sont un excellent engrais ; il ne faudrait donc jamais négliger de les utiliser. Je n'ai cependant pas vu qu'elles fussent employées, quoique j'aie vécu long-temps dans des pays dont la culture du chanvre fait la richesse.

Aujourd'hui, l'eau même qui a servi à rouir le chanvre s'emploie comme engrais en Angleterre depuis qu'on connaît ses prodigieux effets sur les terres. Ces effets sont tels, qu'un terrain loué 10 francs a été porté à 50 francs par suite de cette découverte.

Les inconvéniens du rouissage pour la santé non-seulement de ceux qui l'exécutent, mais de la population entière des villages voisins des routoirs ; les grandes pertes en chanvre et en lin qui sont la suite des opérations qui le précédent, l'accompagnent et le suivent ; l'impossibilité de rouir également et de juger du moment où il faut retirer le chanvre ou le lin de l'eau, ce qui donne lieu à de nouvelles pertes, souvent très-considérables, ont fait de tous temps désirer qu'on pût s'en passer.

Il paraissait facile de parvenir au but en écrasant les tiges sèches du chanvre et du lin ; mais les machines inventées en Angleterre et en France, quelque bien conçues qu'elles fussent, ont été presque aussitôt abandonnées qu'employées, parce que leur effet n'était pas celui du rouissage, parce que la dépense de leur acquisition et celle de leur emploi étaient trop considérables, parce que leur action était lente et qu'elle ne pouvait être aggrandie au point désirable. J'ai assisté, comme commissaire du Gouvernement, aux expériences faites avec celle inventée par M. Christian, et quelque disposé que je fusse à la trouver bonne, j'ai été obligé de reconnaître qu'elle ne pouvait pas devenir utile à la masse des cultivateurs, par les causes ci-dessus. *Voyez* au mot CHANVRE, où j'en ai parlé. (B.)

ROUISSOIR. *Voyez* ROUTOIR.

ROULAGE. Opération par laquelle, au moyen d'un cylindre de bois, de pierre ou de fer, tournant sur son axe et traîné par des chevaux, on brise les mottes des champs nouvellement ou anciennement labourés, et on plombe le terrain. *Voy*. MOTTE, PLOMBAGE, ROULEAU A PLOMBER LES TERRES.

Quels que soient ses avantages reconnus dans les cantons où il est commun, le roulage n'est pratiqué que dans la plus petite partie de la France. Ce n'est cependant ni la cherté de l'instrument ni la difficulté d'en faire usage qui s'opposent à son emploi, c'est uniquement l'attachement aux habitudes, si enraciné parmi les habitans des campagnes.

On roule, soit immédiatement après le labour, et dans ce cas le seul but est de briser les MOTTES, soit après le hersage et l'ensemencement, et l'objet est alors de briser les mottes et de plomber la terre. Quelquefois on répète cette opération, c'est-à-dire qu'on la fait après le labour et après l'ensemencement. C'est dans les terres fortes qu'elle a principalement lieu et qu'elle donne des résultats importans.

Il est des cultivateurs qui roulent leurs fromens après l'hiver, leurs orges et leurs avoines un peu avant qu'ils montent en épi. Leur intention, disent-ils, est d'écraser les trochées de ces céréales et de les forcer par là à pousser un plus grand nombre de rejets latéraux. Une observation exacte et répétée des résultats de cette sorte de roulage m'ont convaincu que ce n'était pas seulement parce que les trochées étaient écrasées qu'elles poussaient davantage de rejets, mais parce qu'elles étaient buttées par la terre des mottes renversées dans les creux qui accompagnent ces mottes. *Voyez* BUTTER.

Les terres légères demandent à être principalement roulées pour les plomber, et les terres fortes pour écraser leurs mottes; les semis des prairies artificielles, pour l'un et l'autre de ces objets et pour unir le terrain afin de faciliter le fauchage.

On peut plus difficilement rouler dans les pays où on laboure en billons, mais on y parvient cependant au moyen de rouleaux courts, qu'on fait passer successivement sur les deux côtés du billon.

Une terre ni trop humide ni trop sèche est celle qui se roule avec le plus d'avantage; car lorsqu'elle est trop humide, elle s'attache au rouleau et se plombe trop, et lorsqu'elle est trop sèche, elle résiste à l'effet de l'opération. Dans ce dernier cas, on doit prendre un rouleau très-pesant ou des CASSE-MOTTES. *Voyez* ce mot. (B.)

ROULEAU. On donne ce nom à un petit meuble dont on peut faire un fréquent emploi dans les ménages des cultivateurs, et qui ne s'y voit cependant que rarement. Il consiste en un cylindre de bois dur, bien poli, d'environ 2 pouces de diamètre et 2 pieds de long, et il s'utilise pour faire des pâtisseries, pour écraser des légumes, pour égruger le sel, etc. Je ne conçois pas comment tant de ménagères s'en passent quand je pense à combien d'emplois il peut être appliqué. Les PILONS et les MOULINS à petites meules ne le remplacent pas toujours. (B.)

ROULEAU. Sorte de BOUTEILLE fort longue, fort étroite et à court col, dans laquelle on met ordinairement du sirop chez les apothicaires et les épiciers de Paris. Elle est de VERRE vert. (B.)

ROULEAU A PLOMBER LES TERRES. Cylindre d'un bois dur et pesant, quelquefois de pierre ou de fonte de fer, traversé par un axe de fer, tournant dans un cadre ou à l'extrémité d'un brancard, qu'on fait traîner par des chevaux ou par des bœufs sur les terres nouvellement labourées, 1°. pour écraser les mottes; 2°. pour unir le terrain; 3°. pour le plomber; ou pour le faire traîner par des hommes sur les gazons et les allées des jardins, pour les unir.

On a des rouleaux de toutes les dimensions et de tous les poids, qui ne surpassent pas celui qu'un cheval peut traîner. Ceux en fonte sont quelquefois creux. Il en est qui sont armés de dents de bois ou de fer.

L'usage du rouleau n'est pas aussi général dans la grande agriculture que l'importance dont il est pour le succès des semis semble le comporter. Il est inconnu dans la plus grande partie de la France. On peut juger de son utilité aux mots MOTTE, PLOMBAGE et ROULAGE.

Dans la ferme du roi d'Angleterre, à Windsor, on emploie, pour semer en lignes, un rouleau que je crois inconnu en France : c'est un cylindre de bois garni, à des distances égales, d'épais et saillans anneaux de fer fondu, anneaux qui forment des raies, dans lesquelles se loge la plus grande partie de la semence, lors même qu'on la sème à la volée, lorsqu'on herse en travers avec une herse plate. (B.)

ROULEAU COUPANT. Rouleau de bois dans lequel sont enfilés plusieurs disques de fer coupans, et qu'on emploie quelquefois pour rendre plus facile le labour des terrains en friche qui contiennent beaucoup de racines et peu de pierres, en les divisant en tranches plus ou moins larges.

Le rouleau coupant a sur les assemblages des coutres l'avantage de moins fatiguer les chevaux ou les bœufs, et de couper par son poids. Cette dernière circonstance oblige de le fabriquer avec un bois très-lourd, ou de le surmonter d'une caisse susceptible de recevoir de grosses pierres.

On a fabriqué aussi des rouleaux coupans d'une seule pièce en fonte; mais lorsque les disques s'ébrèchent, et cela peut leur arriver dès le premier jour de leur emploi, il faut en acheter un autre.

Il n'en est pas de même des disques ; ceux en fonte sont préférables, quoique plus cassans que ceux en fer, parce qu'ils coûtent moins.

Ordinairement, on place six disques, de 6 pouces de lame, sur chaque rouleau, à la distance de 6 à 8 pouces l'un de l'autre ; mais on peut en varier le nombre et le diamètre d'après les vues qu'on se propose.

Ces rouleaux sont plus convenables qu'aucun autre instrument pour découper régulièrement les gazons qu'on est dans l'intention de lever sur les friches pour les plaquer dans les jardins. J'en ai vu un destiné à cet usage à Trianon, avant la révolution, lequel n'était composé que de quatre disques.

M. Duperrey, jardinier à Rouen, a proposé d'employer ces sortes de rouleaux à couper, chaque année, l'extrémité du chevelu des arbres fruitiers en pleine terre, et de hacher celui des plantes vivaces des prairies, dans le but de ranimer la vigueur de la végétation de ces arbres et de ces plantes. Cette idée, dont l'exécution lui a été très-profitable, est en concordance avec la théorie, et a depuis long-temps son application dans les jardins, puisque l'opération du REMPOTEMENT et du RENCAISSEMENT est toujours accompagnée de la suppression du tiers, ou moins du quart des RACINES.

M. Trochu a employé avec un grand succès ce rouleau au défrichement des LANDES. *Voyez* ce mot. J'ai inséré un mémoire sur ce rouleau dans le vol. 9 de la seconde série des *Annales d'agriculture*. (B.)

ROULEAU A POINTES. Ce rouleau est beaucoup plus avantageux que le rouleau simple pour briser les mottes et réduire en poussière le labour le plus incomplet. On peut aussi l'employer utilement pour remettre en état de recevoir la semence un labour anciennement fait, ou que des pluies abondantes, une inondation momentanée auraient plombé au-delà du terme nécessaire. Il est également propre à briser les terres qui ne contiennent point de mauvaises herbes. Son usage est extrêmement économique, puisqu'il ne s'agit que de le passer deux fois sur un terrain pour rendre sa surface aussi meuble que possible, et qu'il peut suppléer la charrue toutes les fois qu'un nouveau labour n'est pas indispensable. Je ne sache pas qu'on en fasse usage en France ; mais il paraît qu'il commence à devenir d'un emploi commun en Angleterre. Les deux modèles dont je présente le dessin au lecteur, *Pl. I, fig.* 2 et 3, sont tirés du Cultivateur anglais d'Arthur Young. Je n'en donne point les dimensions, parce qu'elles peuvent, comme celles du rouleau simple, varier sans inconvéniens. Celui de la figure 3 a sur le premier l'avantage de moins fatiguer les chevaux, parce qu'il offre deux

lignes de rotation, l'une à l'axe du cylindre, l'autre à l'axe
des petites roues supérieures. Il est digne des amis de l'agriculture française, que leurs lumières et leurs richesses mettent au-dessus des simples laboureurs, de faire valoir cet utile
instrument par la puissante influence de l'exemple.

Lasteyrie, dans son importante Collection des machines
employées en agriculture, article *Récolte*, donne la figure,
Pl. 1 et 2, de plusieurs sortes de rouleaux; savoir, trois pour
écraser les mottes, et un pour dépiquer les grains. (B.)

ROULEAU A DÉPIQUER LES GRAINS. *Voyez* Dépiquage et Battage.

Il paraît, par ce que les journaux d'agriculture ont rapporté,
que le meilleur de tous les rouleaux imaginés pour battre le
blé, est celui de M. Martine, perfectionné par M. Carrère.

Ce rouleau est formé par deux roues de charrette, transfor-
mées en décagone, fixées par un essieu, et portant sur leur
pourtour dix arrêtes obtusément tranchantes.

Vis-à-vis du milieu de l'intervalle que laissent entre eux les
arrêtes du cylindre, chacune des extrémités de l'axe est percée
d'un trou qui la traverse diamétralement. Ces trous doivent
être distans entre eux d'un intervalle égal à celui qu'on a mis
entre les tringles du battoir, que ces trous doivent recevoir, et
dans lesquels elles doivent couler librement.

Chaque battoir est composé d'un cadre rectangulaire. Deux
tringles de fer rond en forment les montans, et deux solives de
chêne les traversent. Celles-ci ont de longueur celle de l'intervalle des deux roues décagones, et les tringles quelques pouces
de plus que l'élévation de l'axe de la machine.

On sent que, pour que les tringles des dix battoirs qui ré-
pondent aux dix intervalles entre les arrêtes ne se rencontrent
point à leur croisement dans l'axe, l'intervalle entre les tringles doit décroître de manière que chaque trou se trouve à
un pouce au moins de celui qui précède. Il faut faire en sorte
que les trous pratiqués de chaque côté de l'axe pour les recevoir soient renfermés dans un intervalle de 6 à 7 pouces. De
cette construction il suit nécessairement :

1°. Que, puisque les tringles ou montans de chaque battoir
traversent diamétralement l'axe du cylindre, cinq battoirs occu-
peront les intervalles entre les arrêtes, de manière qu'une traverse de chaque battoir répondra à deux intervalles diamétralement opposés ;

2°. Que si dans le moment où le cylindre, en repos, porte sur
l'extrémité de deux rayons ou arrêtes consécutives, on soulève
le battoir qui répond au milieu de leur intervalle, ce battoir,
coulant dans ces trous tombera, par son poids, avec une force
proportionnée à la hauteur à laquelle il aura été élevé, et

qu'ainsi la traverse inférieure s'appliquant sur le sol, la traverse supérieure se trouvera arrivée à 4 ou 6 pouces à-peu-près de l'axe du cylindre;

3°. Que si, dans cet état de choses, on fait faire au cylindre une demi-révolution, la traverse inférieure devenant alors la plus élevée, le cadre descendrait en tombant de son poids; l'autre traverse frapperait à son tour avec une force proportionnée à la hauteur de la chute, c'est-à-dire l'élévation de l'axe au-dessus du terrain.

Ce qui est dit ici d'un battoir devant s'entendre de tous, il est évident que cinq battoirs auront frappé chacun deux coups dans chaque révolution du cylindre.

Le jeu de cette machine est si heureusement adapté au pas du bœuf, qu'il tire de sa lenteur même la plénitude de son action. Il est en effet aisé de sentir que, dans ce rouleau, le jeu des battoirs exige une certaine lenteur dans les mouvemens, que trop de précipitation empêcherait chacun des battoirs d'arriver jusqu'à terre avant d'être remplacé par le suivant, et qu'ainsi successivement aucun n'aurait le temps de produire son effet.

Il a donc fallu que M. Carrère combinât l'élévation de l'axe du cylindre qui determine la hauteur de la chute de ses cadres, et les poids de ces mêmes cadres, avec la vitesse que les bœufs devaient imprimer à la machine. Ce ne peut être qu'après de longs tâtonnemens qu'il a pu donner à chacune de ces parties les dimensions les plus avantageuses pour l'effet désiré, et qu'on ne pourrait changer sans s'exposer à détruire l'accord qui doit régner entre elles. C'est d'après ces considérations qu'on les donne ici.

	pieds.	pouces.
Roues polygones, diamètre........	6	
Intervalle entre les roues, environ..	4	
Diamètre de l'axe...............		10
Tringles des battoirs, diamètre.....		1
Hauteur des cadres..............	4	
Longueur des traverses des battoirs..	3	6
Poids des cadres........ 40 livres.		
Poids du cylindre...... 800 *id.*		

L'aire sur laquelle M. Carrère a fait manœuvrer son rouleau à l'aide d'un seul bœuf a 83 pieds de diamètre; à son centre est élevé un poteau d'environ 10 pieds de hauteur, à l'extrémité supérieure duquel est pratiqué un collet embrassé par un collier tournant, auquel est fixée la longe qui détermine les rayons successifs du cercle que le bœuf doit décrire. Cette

manière d'attacher la longe laisse la liberté de passer au-dessous et facilite le reste du service.

Les gerbes disposées circulairement, comme dans la ma-
nœuvre du cylindre ordinaire, étaient au nombre de 240. Elles
furent, malgré que le temps ne fût pas favorable, dépouillées
de leur grain en trois heures, sans que le bœuf parût fatigué,
tandis que, dans la méthode ordinaire, une douzaine d'hommes
n'eussent pu exécuter le même effet par un travail forcé pendant une journée entière. Le résultat fut reconnu plus parfait
que par aucune autre méthode connue.

Un autre rouleau à dépiquer, en usage dans quelques cantons de l'Italie, et depuis quelques années introduit dans les
environs d'Agen, de Toulouse, de Montpellier, etc., est celui
qui est décrit et figuré dans les *Annales d'agriculture*.

C'est un cône tronqué de 3 à 4 pieds de long (*voyez Pl. II,
fig.* 1), sur 20 pouces de diamètre d'un côté et 16 de l'autre
(ces proportions peuvent varier en plus ou en moins), sur la
surface duquel sont solidement attachées huit barres ou jumelles de même longueur et de 6 pouces de haut sur 4 de
large. Le bord supérieur de ces jumelles est arrondi. A travers
ce cône tronqué passe un essieu de fer d'un pouce de diamètre,
qui le déborde de 4 pouces de chaque côté. Cet essieu sert à
fixer le rouleau dans un cadre dont les côtés sont recourbés
en haut, et aux extrémités antérieures duquel sont fixés deux
crochets de fer qui servent à attacher les cordes destinées à
faire traîner le tout par un cheval.

On peut, au lieu de jumelle, entailler des cannelures dans le
cône même, mais cela devient plus coûteux, et si une d'elles
se cassait il faudrait toujours la remplacer par une jumelle.

Pour faire agir cette machine, on la fait traîner avec une
rapidité moyenne par un cheval, sur les gerbes déliées et disposées en rond ou en hélice. Un homme placé au centre dirige le cheval au moyen d'une corde qu'il allonge ou raccourcit à volonté. D'autres personnes disposent les gerbes, les re-
tournent, etc. (*Voyez* aux mots BATTAGE et DÉPIQUAGE.)
Chaque fois qu'une jumelle quitte la surface de l'aire, sa suivante tombe sur le blé avec une force proportionnelle et à leur
distance respective et au poids total de la machine. Il en résulte d'abord une percussion et ensuite une compression qui
font sortir le blé de sa balle. La seule attention à avoir, je le
répète, c'est de ne pas faire marcher le cheval trop vite ni trop
lentement.

Il paraît, d'après des calculs et des expériences sur l'exactitude desquels on ne peut jeter aucun doute, qu'il y a un
vingtième à gagner par l'emploi de ce rouleau, comparé à celui

du dépiquage au moyen des piéds des animaux; que de plus la paille est bien moins brisée, bien moins salie et par conséquent conserve plus de valeur; qu'enfin l'opération se fait plus promptement.

On doit donc engager les propriétaires des pays où le dépiquage est encore en usage de préférer ce rouleau, d'ailleurs si simple et si peu coûteux.

C'est de frêne qu'on doit faire autant que possible le rouleau, à raison de la pesanteur moyenne de son bois; car, trop lourd comme trop léger, il ne produirait pas autant d'effet. (B.)

ROULURE. Maladie des arbres qui s'annonce par la séparation entière ou partielle d'une ou de plusieurs de leurs couches ligneuses, et qui diminue beaucoup la valeur de ceux de ces arbres qui sont destinés à la charpente, à la marine ou autres hauts services. On l'appelle aussi CADRAN. *Voyez* ce mot.

Il paraît que plusieurs causes concourent à cette maladie, très-rare dans la jeunesse des arbres et plus commune dans certaines espèces. Le châtaignier, par exemple, y est si sujet qu'il n'est presque jamais possible d'employer à autre chose qu'à brûler les vieux pieds qui ont été étêtés. Ici, c'est à la faiblesse des fibres transversales, ou rayons médullaires, à peine apparentes dans le châtaignier, qu'on doit attribuer la cause; ailleurs c'est peut-être à la gelée, ou à la grande sécheresse, qui l'une et l'autre peuvent agir sur le liber, véritable créateur des couches ligneuses. Au reste, il n'y a pas moyen d'empêcher cet effet d'avoir lieu. On le remarque dans les lieux secs et sablonneux plus qu'ailleurs. *Voyez* aux mots COUCHE LIGNEUSE, AUBIER, LIBER, GELIVURE. (B.)

ROUSSAILLE (POISSON). C'est la même chose que BLANCHAILLE. *Voyez* ÉTANG. (B.)

ROUSSIE. On donne ce nom, dans quelques cantons, au réservoir où se rendent les eaux des fumiers. Il est d'une bien grande importance pour les cultivateurs que ce réservoir soit convenablement placé, et construit de manière à ne pas laisser perdre le liquide qu'il est destiné à contenir. *Voyez* FUMIER et ENGRAIS. (B.)

ROUSSILLE. Nom vulgaire du BOLET ORANGÉ.

ROUSSIN. On donne ce nom, dans quelques cantons, aux chevaux les plus mal faits, ou d'un aspect lourd et désagréable, qu'on emploie au tirage des charrettes. *Voyez* CHEVAL. (B.)

ROUSSIN D'ARCADIE. Nom vulgaire de l'ANE.

ROUTE. On donne ce nom, dans le département du Var, aux défrichemens des landes. *Voyez* LANDES. (B.)

ROUTES, CHEMINS (PLANTATION DES). La diversité de la nature du sol et la nécessité de substituer une espèce à une autre obligent de planter sur les routes des arbres différens, et cependant presque par-tout, et sur-tout dans les environs de Paris, on n'y voit que des ormes.

Certainement l'orme, par la rapidité de sa croissance, par sa faculté d'être planté gros, par l'excellence de son bois pour le charronnage, par la facilité avec laquelle il s'accommode des terrains médiocres et supporte les accidens, mérite d'y être employé de préférence; mais pourquoi toujours des ormes?

Il est prouvé par l'expérience qu'un arbre quelconque, planté à la place qu'en occupait un autre de la même espèce, végète faiblement, et meurt souvent l'année même de sa plantation, parce qu'il ne trouve plus dans la terre les élémens de sa nourriture; tandis que si on y eût placé un pied d'une autre espèce, sur-tout de genre fort éloigné, il eût poussé avec vigueur. En effet, le système des assolemens s'applique aux arbres isolés comme à ceux des forêts, comme aux plantes annuelles. (*Voyez* le mot ASSOLEMENT.) Il serait donc beaucoup plus conforme à l'intérêt public et particulier que les réglemens sur les plantations des routes exigeassent que, toutes les fois qu'on arracherait un orme de plus de vingt-cinq ans d'âge, il serait remplacé par un arbre d'espèce différente: et qu'on ne dise pas que la différence du port et du feuillage jetterait sur le coup d'œil des routes une bigarrure désagréable; car l'uniformité actuelle est bien ennuyeuse pour les voyageurs qui font attention à ces sortes d'objets. D'ailleurs, si c'est un inconvénient, il est petit, et doit céder à un avantage général.

Mais quelles sont les espèces d'arbres qui peuvent être substituées à l'orme? Ici on se trouve embarrassé, toutes les espèces qui ont qualités requises, se trouvant avoir en même temps quelques inconvéniens. Dans cette position des choses, il faut prendre un parti d'après les circonstances locales, c'est-à-dire d'après la nature du terrain et la facilité de se procurer telle ou telle espèce avec plus d'économie et de certitude de succès.

Ici je ne puis mieux faire, je crois, que de passer en revue les différentes espèces d'arbres indigènes qui peuvent concourir à remplacer l'orme.

Le CHÊNE devrait être préféré à l'orme sous plusieurs rapports; mais sa transplantation réussit rarement lorsqu'il est parvenu à la grosseur qui le rend défensable, c'est-à-dire à plus d'un pouce de diamètre, et il n'acquiert cette grosseur qu'au bout de dix à douze ans et plus. Ainsi, il y a plus d'incertitude de succès et plus grande dépense en plantant cet arbre qu'en plantant des ormes. Pour former sûrement et économiquement des avenues de chênes, il faut au préalable planter des haies et semer des glands, ou planter du plant de deux ou trois ans au milieu de ces haies. *Voyez* au mot CHÊNE.

Cependant à la porte de la capitale, près d'Étampes, une portion de route a été plantée en chênes, avec succès, par M. le comte Mollien, membre de la chambre des pairs.

Le FRÊNE. Après l'orme, c'est l'arbre qu'on voit le plus souvent sur les routes; cependant il y est rarement beau, parce qu'il ne se plaît que dans les lieux humides et ombragés. Il se transplante fort bien lorsqu'il a la grosseur convenable pour être défensable, mais il a le défaut de donner peu d'ombre. On pourrait substituer au frêne commun, dans les mauvais terrains, le frêne à fleur, qui y croît assez bien et qui est plus garni de feuilles. Jamais on ne doit couper la tête aux arbres de ce genre. *Voyez* au mot FRÊNE.

Le CHARME. Il y a quelques départemens où on trouve beaucoup de charmes sur les grandes routes. Il vient facilement dans tous les terrains, pourvu qu'ils ne soient pas trop secs. Probablement que la cause qui le fait rejeter des plantations de cette sorte aux environs de Paris, c'est qu'on y a beaucoup besoin de bois de charronnage, et que le sien n'est presque employé qu'à brûler. Des élagages modérés lui sont nécessaires, dans ses premières années, pour le faire filer en hauteur.

Le HÊTRE. Ce bel arbre devrait se trouver fréquemment sur les routes; cependant il ne s'y voit presque jamais. La cause en est que, comme le chêne et même encore plus que lui, il ne peut être transplanté avec certitude de réussite lorsqu'il a la grosseur requise pour être défensable, et que sa croissance est lente.

Le CHATAIGNIER. Si cet arbre s'accommodait de toute espèce de terrain, on devrait le faire entrer dans la plantation des routes, car il y convient sous bien des rapports; mais il ne prospère que dans les sols quartzeux ou schisteux. Il peut se planter défensable. Au reste, beaucoup de routes sont dans un sol qui lui est propre.

Le BOULEAU. Les observations précédentes peuvent être appliquées à cet arbre, moins important pour nous sans doute que le châtaignier, mais dont cependant le bois peut être appliqué à un grand nombre d'usages économiques, comme le montrent les habitans du nord de l'Asie, pour qui il est une source de richesse.

Le SYCOMORE. On voit assez souvent des pieds de cet arbre sur les grandes routes, et il mérite d'y être placé par la beauté de son feuillage et l'emploi de son bois dans quelques arts. Il se plante très-sûrement à l'époque où il est défensable, pousse

rapidement et craint peu les accidens ; mais il faut lui conserver la flèche comme au frêne.

Le Tilleul. Quoiqu'on ne fasse que peu d'usage de son bois,
il doit être placé dans certains sols qui ne conviennent pas à
l'orme même, il fera au moins décoration. On peut sur-tout
l'employer à regarnir les files de ce dernier arbre qui commencent à devenir vieilles. Il se plante très-défensable.

Le Poirier et le Pommier. Beaucoup de départemens plantent leurs routes avec ces deux arbres et s'en trouvent bien.
Le poirier sur-tout, lorsqu'il n'est pas affaibli par la greffe,
devient dans les sols de bonne nature un arbre de première
beauté, et dont le bois peut être d'une grande utilité pour
les arts. Le produit en fruits de ces arbres sera moins considérable que dans les vergers, à raison des délits et des vents ;
mais il suffit presque toujours pour payer la rente de la terre
et l'intérêt de la dépense de leur plantation. J'invite donc à
multiplier beaucoup le poirier sur les routes. Il se plante très-
défensable.

Les Peupliers noir et blanc se voient sur beaucoup de
routes dont le terrain est humide. L'avantage qu'ils ont de se
multiplier très-facilement, de pousser très-rapidement et de
pouvoir se planter très-gros, doit les faire choisir pour
toutes celles qui sont dans le même cas. Le peuplier blanc ou
l'*hypréau* devient d'une grosseur énorme, et son bois est utilement employé dans plusieurs arts. Je réunis sous le même
nom le *grisard*, quoiqu'il fasse certainement une espèce distincte.

L'Aune ne vient bien que dans les lieux frais ou susceptibles
d'être inondés, et doit être conservé pour ces sortes de terrains,
ou pour border les canaux. Son bois est recherché pour faire
des conduites d'eau, parce qu'il pourrit difficilement. On plante
cet arbre très-défensable.

Les Arbres verts, sur-tout le sapin et le pin sylvestre,
feraient un très-bel effet sur les routes, mais ils ne peuvent
être planté lorsqu'ils sont défensables, et ils exigent la conservation de toutes leurs branches : c'est pourquoi ils y sont
rares et n'y présentent pas tous leurs avantages. Pour espérer
les voir prospérer, il faudrait les semer au milieu d'une haie
vive, comme les chênes, et les surveiller rigoureusement contre
les malveillans pendant six à huit ans ; ce qui devient fort
difficile.

Il est encore des arbres indigènes qu'on pourrait placer sur
les grandes routes, mais que le peu d'utilité de leur bois ou
la lenteur de leur croissance en éloigne. Parmi les premiers
sont les saules blanc et marsault ; parmi les seconds, les sorbiers, les cormiers, les azaroliers.

Dans les parties méridionales, on plante de plus le mico-coulier, le mûrier blanc et l'amandier, arbres d'une grande importance, le premier pour son bois, le second pour sa feuille, et le troisième pour son fruit.

Parmi les arbres depuis long-temps acclimatés en France, on n'emploie guère dans la plantation des routes que le noyer, le platane d'Occident et le peuplier d'Italie. Le premier gèle souvent, le troisième a les inconvéniens des autres peupliers, et est, à mes yeux, fort inférieur à l'ypréau. L'avantage de faire naturellement décoration est ce qui le distingue le plus. Reste le second, qui réunit un grand nombre d'avantages et point d'inconvéniens : aussi est-ce celui que je voudrais voir substituer à l'orme par-tout où le terrain n'est pas extrème-ment sec. La grandeur à laquelle il parvient et la beauté de son port le rendraient très-précieux lors même que son bois ne serait pas aussi utile qu'il peut l'être.

Parmi les arbres nouvellement acclimatés et qu'on peut ou pourra employer à la plantation des routes, il faut distinguer le robinier faux acacia, l'érable négundo, l'érable rouge, les noyers noir et cendré, les peupliers de Canada et de Virginie, et l'aylante.

Le premier, dont la croissance est si rapide et l'utilité si variée, se voit déjà sur quelques routes, mais il n'y est pas encore multiplié autant qu'il serait à désirer. Il est sur-tout très-propre à remplacer les ormes qui périssent à un certain âge dans une file, quoique son feuillage contraste beaucoup avec le sien.

Le second et le troisième sont encore rares; mais il est cependant possible de s'en procurer aux environs de Paris des quantités suffisantes pour faire quelques plantations.

Les noyer noir et cendré sont encore plus rares; mais comme il y a des pieds dans les jardins des environs de Paris qui donnent des fruits, il est probable qu'ils deviendront bientôt communs. Ils seraient, selon moi, qui les ai vus dans dans leur pays natal, très-propres à être employés à ce genre de plantation.

La rapidité de la croissance des deux peupliers précités, l'excellence de leur bois et leur facilité à croître par-tout les rendront bientôt un des ornemens de nos routes.

Quant à l'aylante, quelque beau qu'il paraisse et quelque rapide que soit sa végétation, comme il ne produit presque jamais de bonnes graines, qu'on ne le multiplie que de ra-cines, il faudra encore long-temps attendre pour en jouir sous ce rapport.

Il est à espérer que si le goût des plantations se perpétue au degré où il est en ce moment, que si le gouvernement fait encore quelques sacrifices pour faire venir des graines d'Amérique, le nombre des espèces exotiques s'augmentera beaucoup. Je pourrais en faire une liste de plus de vingt de la première grandeur, que j'ai observés en Amérique et dont la réussite me paraît certaine.

Les départemens voisins de Paris sont pourvus d'un si grand nombre de pépinières, qu'il n'est pas à craindre qu'on manque d'arbres pour la plantation des routes, mais il n'en est pas de même dans la plupart de ceux qui sont éloignés de cette ville; là on est souvent obligé de se pourvoir d'arbres dans les forêts, arbres qui réussissent rarement, qui végètent mal et ne vivent pas long-temps, comme je le ferai voir ailleurs. Je désirerais donc que l'administration établît des pépinières forestières pour chaque deux ou trois départemens, lesquelles cultiveraient non-seulement les arbres indigènes, mais encore les exotiques les plus avancés vers la naturalisation, pour pouvoir les substituer aux ormes qui ont épuisé le terrain où ils se trouvent par la succession des années. De plus il est des lieux, aux environs de Paris principalement, où les chenilles du bombice cossus ne permettent plus de conserver des plantations d'ormes jusqu'à l'âge requis, et où il devient indispensable de leur substituer d'autres arbres pour arrêter l'effrayant acccroissement de cet insecte dévastateur. *Voyez* au mot Bombice.

On doit regarder comme une chose avantageuse non-seulement de replanter sur la même route des arbres d'espèces différentes de ceux qui y étaient auparavant, mais même de les placer dans les intervalles des lieux qu'ils occupaient, plutôt que dans les lieux mêmes.

M. Rast-Maupas a publié un projet de plantation de routes ou d'avenues, plantation qu'il appelle perpétuelle, et qui consiste à placer entre des arbres de grandes dimensions et très-écartés un arbre de moyenne et deux de petites dimensions, et après que ces trois derniers seront coupés leur substituer deux de grandes dimensions, qui devront remplacer les premiers du même ordre, plantés soixante ou quatre-vingts ans auparavant. Lorsque ces derniers seront enfin coupés, on les remplacera par trois arbres, dont un de moyenne et deux de petite taille, et ainsi de suite dans la série des siècles.

On ne peut qu'applaudir à cette idée de M. Rast-Maupas, qui satisfait au grand principe de l'Assolement (*voy.* ce mot), ne laisse jamais la route ou l'avenue dégarnie et donne des produits à des époques différentes et peu éloignées. Il ne s'agit que de savoir choisir les espèces conformément à la nature du terrain.

Les trous destinés à recevoir les arbres des routes doivent

avoir au moins un mètre cube et être faits plusieurs mois à
l'avance si cela est possible. La terre dont on les remplira sera
celle de la surface du sol environnant, plutôt que celle tirée
du trou même, comme plus riche en principes de végétation
que celle qui a toujours été privée des influences atmosphériques. On les espacera plus ou moins selon la nature du sol et
l'espèce des arbres ; c'est-à-dire qu'ils seront plus rapprochés
dans un mauvais terrain, et qu'un frêne le sera plus qu'un
orme. Le terme moyen sera de 18 pieds. Il peut paraître paradoxal de dire qu'il faille rapprocher les arbres dans un mauvais terrain lorsque la nature les y espace davantage, ainsi que
le prouvent les bois existans dans ces sortes de terrains ; mais
cela n'en est pas moins vrai, puisqu'on les plante pour donner
de l'ombre et du bois. Or ils donneront plus de l'un et de
l'autre lorsqu'ils seront rapprochés, seulement ils vivront
moins long-temps.

Dans le cas où le terrain serait très-argileux, il faudrait
creuser des trous plus profonds, afin que les racines pussent
pivoter un peu pendant les premières années de la plantation,
et par conséquent aller chercher au loin leur nourriture et
s'affermir contre les vents.

Aux environs de Paris et dans beaucoup d'autres lieux, on
est dans l'usage de faire une fosse dans l'entre-deux des arbres,
tant pour recevoir les eaux pluviales que pour empêcher les
voitures de passer dans les champs voisins. On ne peut qu'ap-
prouver cette pratique dans les terrains argileux et profonds ;
mais dans ceux qui sont sablonneux et où la terre végétale est
peu épaisse, ils ont l'inconvénient de favoriser, dans les étés
secs, l'évaporation de l'eau au-dessus des racines et de nuire
par conséquent à la vigueur de la végétation des arbres, même
de les faire périr. J'en ai des exemples.

Toutes plantations d'arbres de route doivent être faites autant
que possible à la fin de l'automne et par un temps humide.
Celles qu'on entreprend au printemps sont sujettes à manquer, parce que la terre n'a pas le temps de se tasser autour
des racines, ou que l'eau manque pour opérer ce tassement.
On doit éviter de les faire pendant les gelées et par la même
raison, et parce que les racines de la plupart des arbres, d'ailleurs très-rustiques, de l'orme, par exemple, sont très-sensibles
à leurs effets.

Je ne parlerai pas des moyens d'aligner les arbres, ni des
autres procédés relatifs aux plantations des routes, parce que
cela se trouvera autre part et allongerait trop cet article.

Les arbres qu'on tire des pépinières marchandes sont ordinairement assez mal arrachés : de là viennent principalement les

mécomptes qu'on trouve sur leur reprise. Il faut donc rédiger les marchés de telle manière qu'on puisse rebuter ceux qui ont les racines trop écourtées ou, mieux, faire remplacer sans frais ceux qui meurent dans les deux ou trois premières années. Cependant souvent aussi la non reprise provient de la faute des planteurs, qui laissent les racines des arbres exposées à l'air, où elles se dessèchent et perdent leur faculté d'absorber la sève.

On est généralement dans l'usage de couper la tête aux arbres qu'on plante sur les routes ; mais il vaut beaucoup mieux se contenter de rapprocher leurs grosses branches à un pied du tronc, parce que les bourgeons ont beaucoup moins de peine à percer l'écorce d'une branche qui a un an ou deux de moins et qui est inclinée, et que la tête se forme avec plus de facilité. Il est des arbres, tels que les chênes, les pins, sapins, etc., que cette suppression de leur tête fait fréquemment mourir. Il en est d'autres, tels que les frênes, les érables, etc., qu'elle déforme presque toujours. Cette pratique de RAPPROCHER (*voyez* ce mot) les branches des arbres qu'on transplante est fondée sur la plus saine physique, puisque les branches des arbres doivent être proportionnées à leurs racines, et que toujours on coupe une partie de ces dernières dans l'arrachage, et que toujours ces racines sont quelque temps avant de reprendre toute leur énergie vitale : aussi plus l'arbre est vieux, plus le terrain où on le plante est mauvais, plus la saison est sèche et plus il faut le raccourcir ; mais, dira-t-on, vous aurez des arbres de hauteurs inégales ? Oui, mais seulement les premières années, car je saurai bien par la suite les réduire au même niveau. D'ailleurs par combien d'avantages rachete-t-on ce léger défaut ? Sûreté dans la reprise, rapidité dans la croissance, beauté dans la direction de la branche principale, etc., etc.

On sait que pour empêcher les bestiaux d'ébranler les arbres plantés sur les routes tant qu'ils ne sont pas affermis sur leurs racines, on les entoure de quelques branches d'épines attachées avec du fil de fer : il ne faut pas négliger cette précaution, mais avoir soin d'enlever le fil de fer lorsque les épines sont détruites ; car il entre dans l'écorce et nuit à la croissance de l'arbre pendant plusieurs années.

Généralement on laisse croître les arbres plantés sur les routes pendant trois ou quatre ans sans y toucher, et ensuite on les élague jusqu'au sommet ; c'est-à-dire qu'on ne laisse qu'un petit bouquet de branches à ce sommet. On ne peut imaginer une pratique plus opposée aux vrais principes, plus opppposée au but puisqu'elle retarde la croissance et anéantit la beauté de ces arbres ; cependant on commence à conduire les plantations des routes d'une manière moins absurde dans les environs de Paris, et je ne puis qu'engager les ingénieurs des ponts et chaussées et les propriétaires de suivre cet exemple : ainsi, au lieu de faire couper les branches inférieures rez le tronc, il les feront couper à un pied de distance ou, mieux, ils se contenteront d'arrêter l'extrémité de ces branches par quelques coups de croissant. C'est une véritable taille en crochet qui s'oppose à l'allongement des branches latérales, favorise celui de la pousse perpendiculaire, et qui cependant ne prive pas l'arbre des feuilles, qui sont si importantes à son bien-être. On doit faire cette opération pendant l'été entre les deux sèves : quelquefois on est obligé de la répéter une des années suivantes, mais le plus souvent elle suffit seule. Si deux branches supérieures rivalisent de force, on coupera rez le tronc celle qui sera la moins droite ou la plus mal venante.

Il y a un tel rapport entre les branches et les racines des arbres, que toutes les fois qu'on diminue la masse des unes, on nuit à l'augmentation des autres, et par suite à celle du tronc, qui leur est intermédiaire. On peut en avoir la preuve en comparant ces ormes ou ces tilleuls, taillés en boule de 2 ou 3 pieds de diamètre, qu'on voit dans les parterres de quelques jardins dits français, avec ceux qui croissent librement dans les massifs des mêmes jardins. Quoique plantés en même temps et dans la même terre, les seconds ont des troncs quatre et même, je l'ai constaté un jour, six fois plus gros que les premiers. Il en résulte qu'on ne devrait jamais élaguer les arbres, sur-tout ceux qui sont destinés à fournir de grosses pièces à la charpente ou au charronnage ; cependant cela devient souvent indispensable pour ceux des routes qui ne doivent pas empêcher le soleil de les dessécher, et qui ne doivent pas nuire aux récoltes des propriétés voisines en les étiolant. On peut satisfaire à toutes ces considérations en agissant avec prudence, c'est-à-dire en ne coupant chaque année que quelques-unes des branches les plus inférieures, et en raccourcissant leurs voisines de quelques pieds pour les préparer à être également coupées les années suivantes : par cette conduite, en commençant à élaguer la quatrième année de la plantation, on arrivera à avoir, au bout de huit à dix ans, des arbres très-élancés et d'une belle forme, auxquels on devra se dispenser de toucher le reste de leur vie. Le point où il est bon de s'arrêter peut être fixé à 12 pieds dans les mauvais sols et à 24 dans les bons. Les élagueurs perdront à cette méthode de conduite ; mais la société en général y gagnera, mais les propriétaires des arbres y gagneront ; ce qui doit paraître plus juste.

21 *

Outre les inconvéniens cités plus haut, je dois encore faire mention de ceux qui résultent des plaies multipliées et des larges plaies qui sont faites aux arbres. En effet l'écorce ne pouvant les recouvrir, le bois se fendille, la pluie s'y introduit; il se forme un chancre qui petit à petit gagne le cœur, se change en ulcère, carie toute sa longueur, le rend impropre au charronnage et par conséquent diminue sa valeur des trois quarts. Il suffit d'avoir vu exploiter les arbres d'une route, pour être en état d'apprécier toute l'étendue des pertes qui résultent pour la société de l'altération de leur bois.

J'ajouterai que non-seulement les hommes à pied souffrent du défaut absolu d'ombre sur les routes, mais encore les chevaux, et que les conducteurs des messageries m'ont souvent dit, lorsque j'étais à la tête de cette administration, qu'ils en perdaient beaucoup plus par les coups de sang sur ces routes, que sur celles qui n'avaient pas été élaguées ou l'avaient été modérément.

Il est à observer que les inconvéniens d'un élagage exagéré sont plus sensibles sur un arbre qui n'y a jamais été assujetti, que sur celui qu'on y soumet régulièrement. On en a vu périr de fort âgés à la suite d'une de ces opérations, tandis qu'il en est qui y sont assujettis depuis leur enfance tous les cinq à six ans et qui ne paraissent pas en souffrir; au contraire, quand ils ne continuent pas à l'être, leur tête périt presque immanquablement. *Voyez* ÉLAGAGE.

L'échenillage des arbres des grandes routes est nécessaire, puisque les chenilles en rongent souvent toutes les feuilles, et que c'est en grande partie par la privation des feuilles que l'élagage est nuisible; on doit donc le maintenir rigoureusement, il faut seulement recommander à ceux qui s'en chargent de respecter la flèche, ou le bourgeon direct, dans tous les arbres dont les branches sont opposées, comme les frênes, les érables, etc.

Le moment d'arracher les arbres des routes est indiqué, comme celui des arbres qui croissent naturellement dans les forêts, par le cessation de leur croissance en hauteur, c'est-à-dire par le desséchement de leur cime, desséchement qu'on appelle leur COURONNEMENT; cependant il est toujours utile, pour la qualité du bois, de le devancer de quelques années, parce qu'il est rare que ce bois reste sain jusqu'à cette époque. L'espèce des arbres et la nature du terrain concourent tous deux pour fixer ce moment; en conséquence il n'est pas possible de donner de règles générales, l'inspection en apprend plus que le discours. En effet, dans le même terrain le chêne vit plus long-temps que l'orme, et dans un bon terrain l'orme vit deux fois plus long-temps que dans un terrain aride. Du plus, il est des circonstances dépendant de la manière dont l'arbre a été semé, planté, conduit dans sa jeunesse, des accidens de toutes espèces qu'il a pu essuyer pendant le cours de sa vie, qui avancent sa fin. (B.).

ROUTINE EN AGRICULTURE. C'est une constance de pratique, telle qu'elle s'oppose à tout changement lors même qu'il est évidemment avantageux.

Plus que dans la plupart des arts, la routine est nuisible en agriculture, parce qu'il n'y en a pas qui soit influencé par un plus grand nombre de causes opposées, et qui procède sur une aussi grande quantité d'objets divers ; cependant c'est celui où elle est la plus générale et la plus enracinée.

On peut supposer, sans craindre de beaucoup se tromper, que la routine, soit en occasionnant des pertes, soit en empêchant des améliorations, diminue de moitié les produits annuels du sol de la France : elle est donc le plus terrible des fléaux de notre agriculture.

Mais comment substituer à la routine une pratique exempte de ses inconvéniens ? En instruisant les cultivateurs dès leur jeune âge. *V.* INSTRUCTION AGRICOLE PRATIQUE et THÉORIE. (B).

ROUTOIR ou ROUISSOIR. Lieu où on fait rouir le CHANVRE et le LIN. *Voyez* ces deux mots et le mot ROUISSAGE.

La perte de matières à laquelle les rouissoirs donnent lieu, leurs inconvéniens dans les rivières et les ruisseaux, leur insalubrité dans les mares, ont fait désirer qu'il fût trouvó des moyens de préparer le chanvre et le lin sans les faire rouir ; mais toutes les tentatives faites, quoiqu'elles eussent donné des espérances, n'ont eu en définitif aucun résultat utile, soit à raison de la mauvaise préparation des matières, soit à raison de la dépense et de la lenteur de l'opération.

Quelquefois les routoirs ne sont que des espaces consacrés, dans les rivières, les lacs, les étangs, au rouissage du chanvre, et alors on choisit les localités où les eaux sont les moins rapides et les moins profondes ; mais comme cette opération produit des gaz et une matière miscible à l'eau, qui sont mortels pour les poissons, ces sortes de routoirs sont presque partout défendus par la loi, je n'en parlerai donc pas plus au long.

Le plus souvent les routoirs sont des fossés creusés pour l'écoulement des eaux, ou des fosses destinées à dessécher les terres marécageuses, à recevoir le superflu des eaux d'une fontaine ou des mares naturelles ; c'est-à-dire qu'ils remplissent habituellement un autre objet que celui de rouir le chanvre.

Ces deux premières sortes de routoirs peuvent être appelées

des routoirs circonstanciels : aussi perdent-elles leur nom dès qu'elles ne sont plus garnies de chanvre ou de lin.

Les véritables routoirs sont des fosses de médiocre largeur, longueur et profondeur, qu'on établit sur le bord d'un cours ou d'un amas d'eau, ou même seulement d'un puits, et qui sont uniquement destinées à rouir le chanvre et le lin.

L'emplacement d'un routoir doit être éloigné des habitations, parce que les émanations qui en sortent lorsqu'il est rempli de chanvre sont désagréables à l'odorat et nuisibles à la santé.

On a peut-être exagéré les inconvéniens du voisinage des routoirs ; mais il est impossible de nier que les gaz qui s'en dégagent sont dangereux, et l'excès de précaution ne nuit jamais lorsqu'elle a pour objet la salubrité de l'air.

Le meilleur routoir est celui qui est en terrain argileux, et qui peut à volonté recevoir ses eaux d'un côté et les écouler de l'autre. Ces eaux doivent y arriver à la température de l'atmosphère, pour que le rouissage s'y termine plus promptement. Ceux qui sont alimentés par des fontaines très-voisines sont donc inférieurs à ceux qui tirent leur eau des ruisseaux ou des rivières, encore plus des étangs.

Il est reconnu que le rouissage se fait moins bien dans les EAUX crues, c'est-à-dire ou SÉLÉNITEUSES ou CALCAIRES (*voyez* ces trois mots). Il faut donc les éviter autant que possible.

La longueur et la largeur d'un routoir sont extrêmement variables, et le plus souvent dépendent de la quantité de chanvre qu'on a à y mettre chaque année. Comme le rouissage se fait mieux en grandes qu'en petites masses, il faut que ces dimensions soient plutôt fortes que faibles ; mais comme le service d'une grande fosse est plus difficile que celui d'une moyenne, il est bon qu'elles soient restreintes. Deux toises de long sur une de large paraissent une grandeur moyenne assez convenable.

Quant à la profondeur, elle doit être toujours de 3 à 4 pieds au plus, tant pour que la température y soit toujours égale, que pour pouvoir mettre et ôter aisément et sans danger les rangs inférieurs des bottes de chanvre.

Loin d'y avoir de l'inconvénient à ce qu'il y ait plusieurs routoirs à la suite les uns des autres, dont les supérieurs déchargent leurs eaux dans les inférieurs, il y a le plus souvent de l'avantage, parce que les eaux qui ont déjà servi à rouir accélèrent le rouissage du nouveau chanvre.

Il est quelques endroits où on bâtit des routoirs en maçonnerie, qui, hors du temps du rouissage, servent à laver le linge ou autres objets. Toujours il serait bon que tous fussent au moins pavés.

En général, les routoirs sont mal creusés, mal placés, mal

conduits, de sorte qu'il en résulte une défectuosité et un déficit dans le chanvre roui, qui cause annuellement de grandes pertes à la France.

On a proposé de forcer les communes à faire creuser des routoirs communs ; mais l'exemple des fours, des moulins banaux et autres institutions de ce genre, me fait craindre d'applaudir à cette proposition, qui aurait quelques avantages.

Chaque année, les routoirs doivent être curés ; la terre qu'on en tire est un engrais de première qualité : ainsi les frais de cette opération sont nuls.

L'eau même des routoirs est un excellent engrais qu'on ne laisse plus perdre en Angleterre, mais que je n'ai jamais vu utiliser en France.

La salubrité exige que le pourtour des routoirs soit planté de grands arbres, qui, comme on sait, absorbent les gaz délétères, et renouvellent l'air par le moyen de leurs feuilles. Une haie ne produirait pas le même effet, parce qu'elle empêcherait les vents de balayer ces gaz de dessus la surface de l'eau. (B.)

ROUX-VENTS. On donne vulgairement ce nom à des vents d'est et de nord-est, qui sont en même temps forts, secs et froids, et qui au printemps causent souvent de grandes pertes aux cultivateurs, en desséchant les bourgeons naissans, en empêchant les graines de lever. *Voyez* VENT et HÂLE.

Des ABRIS et des ARROSEMENS fréquens sont les seuls moyens que l'industrie humaine puisse opposer aux désastreux effets des roux-vents. *Voyez* ces deux mots.

La lune rousse tire son nom de ce que les roux-vents soufflent ordinairement pendant sa durée. (B.)

ROUX-VIEUX. MÉDECINE VÉTÉRINAIRE. La gale qui, dans le cheval, le mulet et l'âne, occupe les plis que forme la peau sur la partie supérieure de l'encolure sous la crinière, est connue sous le nom de *roux-vieux*.

Les différences du roux-vieux à la gale humide portent sur ce que le siége du premier est uniquement, comme nous venons de le dire, dans la crinière, c'est-à-dire dans les plis que forme la peau qui couvre la partie supérieure du ligament cervical. Cette maladie arrive communément aux encolures épaisses et chargées, les chevaux entiers y sont très-sujets : les pustules sont très-profondes, leur siége est dans les bulbes des crins ; ce qui établit de véritables petites tumeurs enkystées, ouvertes à la superficie par un émissoire très-petit en raison du fond. Plusieurs de ces pustules s'ouvrent quelquefois par leurs parties latérales, les unes dans les autres : alors le foyer est très-grand, nous en avons vu qui occupaient un pli entier ;

elles renferment souvent des vers, et toujours beaucoup de matière blanchâtre. L'encolure des chevaux de charrette, chez lesquels cette maladie est ordinairement négligée, présente très-souvent de ces clapiers renfermant des vers.

La gale humide est au roux-vieux ce que la gale sèche est aux dartres; ces maladies ne diffèrent que du plus au moins: en effet, elles reconnaissent les mêmes causes, les mêmes procédés en triomphent; elles sont toutes également contagieuses, et la contagion des unes et des autres a lieu non-seulement entre les animaux de la même espèce, mais entre les animaux d'espèce différente. La manière la plus ordinaire et peut-être la seule dont cette contagion s'opère, est par les pores absorbans des tégumens; au surplus, l'animal dartreux ne communique pas toujours des dartres, ni le galeux la gale: cette dernière, ainsi que le roux-vieux, naît quelquefois à la suite d'un attouchement, *et vice versâ*. Les effets de ce virus naturellement admis ne sont pas toujours, dans l'individu qu'il pénètre ce qu'ils étaient dans celui qui le communique; les modifications qu'il éprouve dépendent de l'état actuel des humeurs qu'il attaque, et de l'action des organes, qui, plus ou moins susceptibles de recevoir son impression, rendront ses effets ou nuls ou de peu de conséquence, ou fâcheux. *Voyez* GALE et SARCOPTE.

Le roux-vieux et les autres maladies psoriques sont ordinairement une suite de la rétention des parties excrémentielles dans l'intérieur des individus, soit à raison de la faiblesse des organes sécrétoires et excrétoires, ou de leur obstruction, soit à raison de la viscosité, de la ténacité et de la *compacité* des molécules sanguines et lymphatiques, etc., etc. Tout ce qui peut appauvrir le sang, affaiblir le ton des solides, épaissir la lymphe, la charger de parties âcres et hétérogènes, etc., sera et doit être regardé comme la cause du virus dont il s'agit. Il peut naître d'une perte excessive de lait et de semence, de la rétention de ces sécrétions, des alimens mal récoltés et échauffés, de la trop grande ou de la trop petite quantité dans les rations, de la malpropreté et de la crasse dans laquelle on laisse croupir les animaux, du défaut d'exercice, enfin de l'admission des particules de ce virus dans un animal sain. On voit souvent éclore des maladies dans le cheval après certaines affections de poitrine, telles que la gourme, la fausse gourme, la péripneumonie, la morfondure, la morve, etc. Après la cure des eaux, des javarts, des atteintes et autres maux qui auront fait beaucoup souffrir l'animal, et auront exigé un séjour plus ou moins long dans l'écurie, presque tous les chevaux épais et massifs qui y sont condamnés par une cause quelconque, sont bientôt affectés de cette maladie, si l'on n'a soin de les panser régulièrement de la main trois fois par jour, de diminuer leur ration, et d'entretenir la fluidité de leur sang.

Le traitement de cette maladie doit être établi d'après les symptômes qui l'accompagnent, les causes qui lui ont donné lieu, la forme sous laquelle elle se montre, le nombre et l'étendue des parties affectées, l'ancienneté du mal, l'état actuel du malade, le climat qu'il habite, la saison régnante, le tempérament et les maladies qui ont précédé l'éruption et qui lui ont le plus souvent donné lieu.

Le roux-vieux fortement étendu, profond et ancien, résiste long-temps, mais il cède, et le traitement fait avec méthode n'est pas suivi d'accidens.

Les soins et le régime seront les mêmes que ceux prescrits à l'article GALE. Le traitement local demande, outre les ablutions prescrites dans les formules du même article dont on doit faire un assez long usage, beaucoup d'opérations de la main ; pincez chaque pli par le moyen d'une paire de tenettes, et pressez assez fortement pour faire sortir le pus contenu assez souvent dans chaque pustule ; s'il y a des clapiers, ouvrez-les et pincez encore ; lavez, brossez et nettoyez à fond, plusieurs fois le jour, toutes les parties de la crinière. Les animaux auxquels on fait cette opération paraissent éprouver une sensation agréable, et cette sensation cesse lorsqu'on a assez exprimé la suppuration que cette tumeur contenait ; ce qui guide sur le temps pendant lequel on doit pincer et tenailler ainsi l'animal.

Quant au traitement interne, il sera le même que celui indiqué à l'article GALE, ci-dessus cité ; mais le roux-vieux cède facilement aux frictions, ainsi que la gale qui occupe le tronçon de la queue, et ce n'est que rarement qu'on est obligé d'avoir recours aux lotions antipsoriques. On doit avoir la plus grande attention d'empêcher que les animaux ne se mordent et ne se lèchent les parties couvertes de ces onguens, dans lesquels entrent des substances caustiques. Ils s'empoisonneraient indubitablement. (R.)

ROUZADES. Synonyme de ROUTOIR dans le midi de la France. *Voyez* ce mot et ceux CHANVRE et LIN. (B.)

ROUZELLO. Nom vulgaire du PAVOT-COQUELICOT aux environs de Toulouse. Cette plante, par son excessive abondance, nuit encore plus aux moissons de ce pays qu'à celles du nord de la France. (B.)

ROYE. *Voyez* RAIE et SILLON.

ROYER. C'est faire de petits FOSSÉS dans les PRAIRIES pour leur IRRIGATION. *Voyez* ces mots. (B.)

ROYER. Synonyme de rouir dans le département des Ardennes. *Voyez* Rouissage. (B.)

ROYOTER. Labour à la bêche qu'on donne tous les six à huit ans dans le pays de Wass et dans les environs d'Alost, dans la ci-devant Belgique. Il se fait tantôt de la main droite, tantôt de la main gauche, et la terre se jette du côté opposé. *Voyez* Labour et Ruchotter. (B.)

RU. Synonyme de ruisseau.

RUAULT. Petit fossé destiné à l'écoulement des eaux dans le département de l'Aisne. (B.)

RUBANIER, ou RUBAN D'EAU, *Sparganium*. Plante à racines rampantes, épaisses; à tiges rondes, flexueuses, rameuses, remplies de moelle, haute d'un à 2 pieds; à feuilles alternes, engaînantes, très-longues, étroites, rudes, coupantes par leurs bords; à fleurs blanches, réunies en boules éparses au sommet des tiges; qui croît dans les eaux stagnantes et pures, dans les rivières dont le cours est lent, et qui, avec deux ou trois autres, forme un genre dans la monoécie triandrie, et dans la famille des typhoïdes.

Cette plante est très-abondante dans quelques cantons, et on doit voir avec peine qu'elle se perde tous les ans sans utilité pour l'agriculture, lorsqu'en la coupant à la fin de l'été on pourrait en former de la litière et par suite de l'excellent fumier. Les chevaux et les cochons la mangent lorsqu'elle est jeune; cependant on s'aperçoit à peine de la consommation qu'ils en font, car elle repousse très-rapidement. On peut aussi l'employer avec beaucoup de succès pour élever les terres des flaques d'eau que les alluvions ont laissées, à raison de ce que ses diverses parties sont fort épaisses et que ses racines tracent beaucoup. Les îles des rivières qui en sont bordées s'augmentent en largeur au lieu de diminuer, parce que la vase se fixe entre ses feuilles et ses racines. Elle concourt puissamment à former la tourbe, mais ce n'est que lorsqu'il y a moins d'un pied d'eau, car elle ne croît pas dans les lieux où il y en a davantage à l'époque de sa floraison. Dans quelques endroits, on couvre les chaumières et on rembourre les fauteuils et les paillasses avec ses feuilles; ses racines passent pour sudorifiques.

On peut employer ses feuilles pour fixer les greffes en écusson (B.)

RUBAT. Instrument dont on se sert aux environs de Toulouse pour battre le blé. C'est un cylindre de 6 pieds de diamètre et d'un peu plus de longueur, armé de douze saillies longitudinales, arrondies qui, tombant successivement sur les épis, en font sortir le grain. On y attelle un cheval au moyen d'un timon attaché à un axe mobile. *V.* Rouleau a défriquer. (B.)

RUBIACÉES. Famille de plantes, une des plus nombreuses en genres, puisqu'elle en contient plus de quatre-vingts, dont près de la moitié renferment des espèces utiles ou à la nourriture de l'homme, ou à la médecine, ou aux arts, mais qui pour la plupart, hors ceux qui peuvent être regardés comme les véritables et qui sont indigènes, ne peuvent croître en pleine terre dans le climat de Paris.

Ceux de ces genres qui doivent être l'objet des considérations qu'il entre dans mon plan de mettre sous les yeux du lecteur, se réduisent à ceux SHÉRARDIE, GAILLET, GARANCE, CRUCIANELLE, CROISETTE, QUINQUINA, GENIPAYER, PSYCHOTRE, CAFÉYER et CÉPHALANTHE. (B)

RUBLE. La CUSCUTE se nomme ainsi aux environs du Mans. (B.)

RUBOURT. C'est, dans le midi de la France, la FARINE dépouillée de sa fleur. (B.)

RUCHE. Logement des ABEILLES DOMESTIQUES.

Comme je suis entré, à l'article ABEILLE, dans des détails fort étendus sur les diverses formes des ruches, sur les manières de les construire, de les disposer, etc. , je n'ai rien à en dire ici ; je dois cependant observer que depuis qu'il est rédigé, je me suis assuré que la ruche villageoise de M. Lombard est usitée de temps immémorial dans le Jura, sous le nom de *ruche à capote :* seulement elle est plus surbaissée, c'est-à-dire est plus large que haute. (B.)

RUCHE. Nom du RUBANIER aux environs de Vendôme. (B.)

RUCHER. Construction à l'abri de laquelle on place les ruches, quelquefois même lieu où sont placées une certaine quantité de ruches.

Il est beaucoup de personnes qui croient que les abeilles ne peuvent pas prospérer sans être protégées contre le vent, la pluie, la neige, le froid, par l'intermédiaire d'un rucher ; mais elles prospèrent cependant dans leur état de nature, c'est-à-dire dans un arbre creux au milieu des bois, et l'expérience de tous les temps prouve que celles qui sont si bien garanties des effets des météores, ayant moins froid en hiver, consomment davantage et sont plus sujettes en été aux décolemens des rayons, par suite d'une excessive chaleur.

Mon opinion est donc que la dépense des ruchers nonseulement peut être, mais même doit être évitée. C'est dans ce sens que j'en ai parlé au mot ABEILLE.

Mais il est beaucoup de personnes qui veulent décorer leur jardin de fabriques, qui veulent soustraire leurs enfans à la piqûre des abeilles, qui craignent les voleurs, ces personnes font donc construire des ruchers.

Ordinairement un rucher n'est qu'un toit placé sur un des

murs de clôture, ou contre une fabrique ; toit sous lequel se placent deux planches écartées de 3 pieds, pour poser les ruches. Quelquefois c'est un bâtiment complet, fermé, dont la forme et les dimensions peuvent varier sans fin.

Je crois superflu de m'étendre sur les ruchers, attendu que le caprice du maître où de l'architecte aime à s'exercer sur eux, et que de plus longs détails ne les convaincraient pas de leur inutilité.

Il est des propriétaires qui placent leurs ruches dans des chambres basses ou hautes, dans des greniers, etc. Lasteyrie, volume 2 de sa *Collection des machines et constructions rurales*, a représenté une SERRE A LÉGUMES (*voyez* ce mot) dont le dessus sert de rucher. (B.)

RUCHEUR. Ouvrier qui, dans quelques cantons, est destiné à mettre en petites meules de la grandeur et de la forme d'une ruche le foin qui vient d'être coupé, et pour lequel on craint la pluie. C'est une très-bonne pratique que celle de procéder ainsi. *Voyez* FOIN. (B.)

RUCHOTTER. Manière de labourer usitée dans la ci-devant Belgique, et qui consiste à changer de place, en huit ans, en faisant les billons, toute la terre d'un champ.

Sans doute il est bon que la terre change de place, sur-tout que celle qui est inférieure devienne supérieure ; mais qu'importe que telle molécule de terre soit à droite ou à gauche du lieu où elle se trouvait ? Je crois donc que l'embarras de mettre une grande régularité dans cette sorte de labour n'est pas compensée par de meilleures récoltes provenant de cette seule cause : c'est seulement à une grande division de la terre que doivent tendre les LABOURS. *Voyez* ce mot. (B.)

RUDBECK, *Rudbeckia*. Genre de plantes de la syngénésie frustranée, et de la famille des corymbifères, qui renferme une dixaine d'espèces, toutes de l'Amérique septentrionale, et la plupart susceptibles d'être employées comme ornement dans nos jardins, où on en cultive plusieurs en pleine terre.

Les espèces les plus communes dans ces jardins sont :

Le RUDBECK A FEUILLES LACINIÉES. Il a les racines fibreuses ; les tiges glabres, rameuses à leur sommet, hautes de 5 à 6 pieds ; les feuilles alternes, pétiolées, les inférieures à cinq lobes pointus et trifides, les supérieures ovales, pointues, dentées ; les fleurs jaunes, grandes, solitaires et terminales. Il croît en Caroline dans les lieux sablonneux, où j'en ai observé de grandes quantités.

Le RUDBECK A FLEURS POURPRES. Il a les racines fibreuses, traçantes ; les tiges droites, peu rameuses, hautes de 3 ou 4 pieds ; les feuilles alternes, pétiolées, ovales, lancéolées, entières, glabres ; les fleurs solitaires et terminales, grandes, d'un rouge obscur, à rayons pendans, bifides, d'un rouge plus clair, et longs de 3 à 4 pouces. Il se trouve dans les mêmes endroits que le précédent, mais plus rarement. C'est une plante très-remarquable par la grandeur de sa fleur, mais dont la tige est trop grêle. On la place dans le milieu des grands parterres, à quelque distance des massifs des jardins paysagers, où elle appelle toujours l'attention des promeneurs. C'est le plus rare.

Le RUDBECK VELU a les racines fibreuses ; les tiges de 2 ou 3 pieds ; les feuilles alternes, pétiolées, ovales, oblongues, trinerves, dentées et velues ; les fleurs assez grandes, solitaires, terminales et jaunes. Il se trouve aussi en Amérique : c'est le moins beau des trois.

On multiplie les rudbecks par leurs graines , qui, excepté celles du second, mûrissent assez ordinairement dans le climat de Paris, qu'on sème au printemps dans une terre légère, bien préparée et bien amendée à l'exposition du levant , et qu'on arrose fréquemment, mais légèrement. Le plant levé se sarcle et s'éclaircit au besoin : l'année suivante, au printemps, on le lève , soit pour le repiquer en pépinière, soit pour le mettre immédiatement en place ; ordinairement il fleurit cette même année ; les suivantes, on peut, au commencement de l'hiver ou du printemps, séparer les bourgeons qui se trouvent avoir poussé latéralement, et en former de nouveaux pieds; ce mode de multiplication est même le plus pratiqué, mais il produit des individus moins beaux et de moindre durée que ceux qui résultent des semis.

Une terre légère et une exposition chaude sont ce qui convient aux rudbecks; cependant, comme ils sont peu délicats, rien n'empêche de les placer par-tout où on le juge à propos. Les plus rudes gelées ne leur font pas de mal; mais une humidité trop constante leur est préjudiciable. (B.)

RUE, *Ruta.* Genre de plantes de la décandrie monogynie, et de la famille des rutacées, qui renferme une dixaine de plantes , dont une est trop fréquemment cultivée dans les jardins, à raison de ses usages médicinaux, pour négliger d'en parler ici.

La RUE COMMUNE, ou *Rue des jardins , Ruta graveolens,* Lin., a une racine ligneuse, très-fibreuse , de couleur jaune; une tige frutescente, rameuse, haute de 3 à 4 pieds; des feuilles éparses, pétiolées, deux fois pinnées , à folioles ovales, charnues, lisses , glauques, longues de 3 ou 4 lignes; des fleurs jaunes, disposées en panicule terminale, la supérieure de chaque rameau ayant toujours une partie de plus que les autres.

On trouve la rue sur les montagnes des parties méridionales

de l'Europe, aux lieux les plus arides. Elle fleurit au milieu de l'été : toutes ses parties ont une odeur forte, aromatique, qui déplaît à beaucoup de monde et une saveur âcre et amère. On la regarde comme éminemment résolutive, antispasmodique, antivermineuse et emménagogue : on en fait un fréquent usage sous ces rapports. Comme elle forme des touffes d'un aspect remarquable et qui conservent leurs feuilles pendant tout l'hiver, on l'emploie quelquefois à la décoration dans les jardins paysagers, en la plaçant contre les rochers, les fabriques, en avant des massifs, dans les expositions les plus chaudes. Un terrain sec et léger est celui qui lui convient le mieux ; la gelée l'endommage dans le climat de Paris, lorsque les hivers sont humides, mais jamais elle ne fait périr les racines : de sorte que dans ce cas il suffit de couper les tiges rez terre pour avoir, au bout de deux ans, un pied aussi fort que le premier ; il est même bon de lui faire subir cette opération tous les quatre à cinq ans pour conserver sa beauté.

Cette plante se multiplie de graines qu'on sème au printemps, soit dans des pots sur couche et sous châssis, soit en pleine terre à une exposition méridienne. Souvent il en lève spontanément de grandes quantités autour des vieux pieds. Le plant se repique au printemps de l'année suivante, et commence à fleurir la troisième année ; mais ce n'est guère qu'à la quatrième que la touffe qu'il forme est propre à figurer avantageusement par sa grosseur. On ne donne aux vieux pieds que la culture ordinaire des jardins. (B.)

RUE DE CHÈVRE. *Voyez* GALÉGA.

RUE DE MURAILLE *Voyez* ADIANTE.

RUE DES PRÉS. *Voyez* PIGAMON.

RUISSEAU. Faible courant d'eau, c'est-à-dire très-petite RIVIÈRE. *Voyez* ce mot.

Toute source qui a un écoulement forme un ruisseau, et c'est l'origine du plus grand nombre ; cependant il est beaucoup de ruisseaux qui sortent des rivières, des étangs, des lacs et autres courans ou amas d'eau.

La multiplicité des ruisseaux dans un canton en plaine est généralement un indice de sa fertilité, parce qu'elle suppose des élévations voisines, dont les terres ont été entraînées par les eaux pluviales dans ces ruisseaux et déposées sur leurs bords. Presque toujours c'est tout le contraire dans les pays de montagnes, parce que ces ruisseaux se changent en TORRENS à certaines époques de l'année. *Voyez* ce mot.

On peut quelquefois tirer un grand parti des ruisseaux dans ces mêmes pays de montagnes et même dans quelques plaines, pour l'arrosement des terres. *Voyez* IRRIGATION et FONTAINE.

Une propriété rurale qui n'a que des eaux de puits, ou de

citerne, ou de mare, pour abreuver ses bestiaux et arroser ses cultures, a beaucoup de désavantages sur celle qui jouit de l'usage d'un ruisseau ou d'une rivière ; de plus, les eaux courantes jettent de la vie dans un paysage, et lorsqu'elles ne sont pas surabondantes, augmentent la salubrité de l'air. *Voyez* Eau.

Souvent les plus petits ruisseaux, principalement dans les pays de montagnes, sont peuplés d'écrevisses et de petits poissons d'un excellent goût, tels que la cobite loche franche, les cyprins chevane et vairon, même des lottes et des truites, qui augmentent beaucoup leurs agrémens.

Le bord des ruisseaux, dans le plus grand nombre des cas, peuvent être plantés de saules, de peupliers, d'aunes. de frênes, et autres arbres propres à produire un revenu, et en même temps à embellir leurs bords.

Un ruisseau qui offre un volume d'eau suffisant pour faire tourner un moulin est souvent une propriété précieuse, surtout dans les pays de montagnes, où on trouve facilement la pente nécessaire. *Voyez* Moulin.

Les ruisseaux sont un des plus beaux ornemens des jardins paysagers lorsqu'ils sont convenablement dirigés : tantôt ils doivent serpenter entre des pierres, sur de la mousse, sous l'ombrage des bosquets ; tantôt ils entoureront en partie le pied d'un grand arbre isolé, feront une flaque, tomberont d'une cascade, circuleront dans une prairie, se perdront sous terre pour reparaître plus loin, formeront des îles, etc. Entre les mains d'un compositeur habile, ils se métamorphoseront de cent façons. L'important, c'est qu'ils aient assez de pente et que la masse de leurs eaux soit assez considérable. Leur nombre doit cependant être en rapport avec l'étendue du terrain, car il faut sur-tout, dans ces sortes de jardins, éviter la trop fréquente répétition des mêmes scènes. (B.)

RUMINATION. Action par laquelle certains animaux font revenir dans leur bouche et y remâchent les alimens qui étaient déjà descendus dans leur estomac Plusieurs auteurs ont écrit sur la rumination, et Peyerus, en particulier, sur tous les animaux sujets à cet exercice. En général, tous les quadrupèdes frugivores ruminent, et sur-tout ceux qui sont à pieds fourchus ; quelques oiseaux et un grand nombre d'insectes ruminent : le perroquet, la mouche, le taupegrillon en sont un exemple, et Peyerus cite l'exemple de plusieurs hommes qui ruminaient. On doit à Daubenton un travail complet sur la rumination des quadrupèdes domestiques, et personne n'en a mieux que lui développé le mécanisme. Son ouvrage est inséré dans le volume de l'Académie des sciences de Paris, année 1768.

On sait que plusieurs espèces de quadrupèdes mangent deux fois le même aliment : après avoir pris leur nourriture comme les autres animaux, ils la font revenir dans leur bouche par la gorge, ils la mâchent de nouveau et ils l'avalent une seconde fois : c'est ce qu'on appelle la *rumination*. On sait aussi que les animaux ruminans ont plusieurs estomacs, on a même cru jusqu'à présent qu'ils en avaient quatre. A l'inspection de ces estomacs et des matières qu'ils contenaient, on a reconnu que les alimens étaient conduits la première fois dans le premier estomac, qu'ils en sortaient pour revenir à la bouche, et qu'ils rentraient dans l'œsophage après la rumination, pour aller dans un autre estomac ; mais on a tenté vainement d'expliquer le mécanisme de cette opération singulière. (R.)

RUOTTE. Rigole qu'on creuse, dans la ci-devant Belgique, entre les rangées de COLZA, de POMMES DE TERRE, etc., dans le but de CHAUSSER ces plantes.

C'est une excellente chose que de ruotter. (B.)

RUSQUE. Nom du LIÉGE dans le département du Var. *Voyez* CHÊNE. (B.)

RUSTIQUE. On dit qu'un arbre, qu'une plante sont rustiques lorsqu'ils bravent le chaud et le froid, la sécheresse et l'humidité extrême, qu'ils viennent aussi bien sans culture que ceux auxquels on prodigue le plus de soins. (B.)

RUTABAGA, ou NAVET DE SUÈDE. Variété de la rave, qu'on cultive aujourd'hui en France et en Angleterre pour la nourriture des bestiaux, et qui diffère beaucoup du chou de Laponie, avec lequel on l'a confondu (*voyez* au mot CHOU) ; en effet ses feuilles ont des aspérités et sont vertes comme celles de la rave ; ses racines sont rondes, jaunes et très-sucrées ; il est plus hâtif au moins de quinze jours que cette dernière. *Voyez* RAVE.

Je crois devoir donner ici un extrait du mémoire de M. d'Edelcrantz sur le navet de Suède ou rutabaga.

Ce navet a un goût plus doux et plus sucré que les autres, sur-tout quand il est cuit. Il offre beaucoup plus de consistance dans sa chair, ce qui fait qu'il résiste mieux au froid et se conserve hors de terre une année sur l'autre. Ses feuilles, qui s'étendent horizontalement sur la terre, peuvent être successivement enlevées pour la nourriture des bestiaux, qui en sont très-friands ; ce qui n'empêche pas que ses racines ne soient du plus grand produit, puisqu'un arpent de Suède peut en produire 28,000 c'est-à-dire 350 quintaux. Les plus mauvais terrains, ou ceux qui ont déjà porté une récolte, lui suffisent. On sème une demi-livre de sa graine sur un arpent de Suède au commencement ou au milieu de mai. Le plant se re-

pique à la fin de juin ou au commencement de juillet et s'arrose
de suite. Planter et arroser de cinq à six mille pieds est la journée d'un homme ou de deux femmes. Un ou deux binages augmentent singulièrement ses produits. La récolte se fait au commencement de novembre et se conserve dans des fosses ou dans
des caves non humides.

Les rutabagas avaient été d'abord cultivés avec enthousiasme en Angleterre, où, comme en France, ils ont résisté aux
plus fortes gelées ; mais on y a renoncé, parce que leur dureté
les fait repousser par les bestiaux, qu'ils ne produisent pas autant que les turneps et qu'ils ne jouissent pas des avantages de
ces derniers relativement aux assolemens.

M. Durand fils, qui croit ces plaintes exagérées et qui continue de cultiver le rutabaga avec profit, a fait insérer dans le
tome 14 de la nouvelle série des *Annales d'agriculture* une
excellente instruction pour cultiver cette plante.

J'ai inséré dans le 16e. volume de la seconde série des *Annales d'agriculture* un rapport, par lequel il est constaté qu'il
y a plus d'avantage de planter le rutabaga que le colza, sous
le point de vue de l'huile qu'on peut retirer de sa graine. (B.)

RUTACÉES. Famille de plantes dont le genre RUE est le
type. Outre ce genre, elle en renferme huit autres, qui sont
ceux appelés HERSE, FAGONE, FABAGELLE, GAYAC, PÉGANE,
FRAXINELLE, DIOSMA, MÉLIANTHE, EMPLÈVRE et ARUBE.

Quoique des espèces de tous ces genres se voient dans nos
écoles de botanique, il n'y a que la FRAXINELLE qui intéresse
les amateurs de jardins. *Voyez* ce mot. (B.)

S.

SABBAT. Instrument propre au nettoyage des grains, employé aux environs de Nevers. Je ne le connais pas. (B.)

SABE. Olivier de Serres dit qu'on appelle ainsi du moût de
vin à moitié réduit par l'ébullition, pour l'employer à l'assaisonnement des viandes. Je ne crois pas que ce mot soit encore employé. *Voyez* RAISINÉ. (B.)

SABE. Synonyme de SÈVE dans le département du Var.

SABINE. Espèce de GENEVRIER. *Voyez* ce mot.

SABLE. Fragmens anguleux de quartz, qui forment dans
certains lieux des amas d'une grande étendue et d'une grande
épaisseur, amas qui sont par conséquent dans le cas d'être pris
en considération par les cultivateurs. Le sable aggluciné s'appelle GRÈS. *Voyez* ce mot.

Presque par-tout le sable provient ou d'une cristallisation
confuse, analogue à celle du sucre, dans la chaudière où on le

purifie, ou de la décomposition des roches granitiques, qui forment le noyau des Montagnes primitives (*voyez* ce mot), montagnes autrefois bien autrement élevées qu'aujourd'hui.

Dans l'usage ordinaire, on confond généralement le sable avec le gravier. (*Voyez* ce mot.) Sabler l'allée d'un jardin, c'est presque toujours la recouvrir de gravier.

Les naturalistes mêmes ne sont pas d'accord sur l'acception précise qu'il faut donner à ce mot. Dans leurs ouvrages, on voit souvent le sable pris pour le sablon, quoique ce dernier soit toujours roulé, c'est-à-dire sans angles.

C'est le sable qu'on emploie ordinairement pour polir les ouvrages de métal, de verre, pour récurer les marmites, les chaudrons et autres ustensiles de cuisine, pour composer le verre, pour diminuer le retrait des poteries; comme il est souvent coloré en jaune et en rouge par le fer, on s'en sert quelquefois pour recouvrir les allées des jardins : il est, quoique inférieur au sable, souvent employé à la fabrication des mortiers pour la bâtisse. C'est lui qu'on doit préférer pour enterrer les légumes dans la serre, ou les bouteilles de vin dans la cave.

Encore plus que le sablon, le sable est employé dans la composition du mortier, avec lequel il se lie mieux, à raison de son irrégularité et de ses angles. On en fait également usage pour la composition du verre, des poteries communes, etc.

Comme il y a peu de différence pour la pratique de l'agriculture entre les terrains composés de sable et ceux composés de sablon, je traiterai des uns et des autres au mot Sablonneux sans les distinguer.

Lorsque le sable ou le sablon sont purs et privés d'eau, ils deviennent le jouet des vents; c'est-à-dire que le vent fait continuellement changer leur superficie de place, et que là où il y avait hier un monticule, il y a aujourd'hui une plaine, et qu'il y aura demain une vallée. On appelle ces localités des *sables mouvans.* Elles sont d'un séjour dangereux pour les hommes et les animaux, et généralement peu susceptibles de productions agricoles; cependant, comme je le dirai au mot Sablonneux, l'industrie de l'homme peut les fixer et en tirer parti. *Voyez* Dune.

Les sables mouvans ne couvrent pas des espaces fort étendus en France; mais il n'en est pas de même en Asie et en Afrique. Quelques plantes leur sont particulières.

Par l'habitude, on a donné le nom de sable à tout ce qui est en petits fragmens. Il y a des sables calcaires, des sables ferrugineux, des sables volcaniques; mais ils ne sont pas assez abondans dans la nature, ni assez différens du sable quartzeux, dans leurs effets agricoles, pour que je doive les mentionner particulièrement.

Le sable (ou le sablon) mêlé avec les terres argileuses est un excellent amendement, en ce qu'il divise les molécules de ces terres et les rend perméables à l'eau. On gagne toujours à faire ce mélange lorsque la dépense de l'extraction et du transport n'est pas trop forte.

Sur les bords de la mer, on emploie le sable et comme amendement et comme engrais dans le même cas, parce que celui que les flots rejettent sur le rivage est toujours mélangé de matières animales et végétales réduites en petites parcelles.

Dans quelques pays, on met du sable dans les écuries, les étables et les bergeries en place de litière, et lorsqu'il est suffisamment imprégné des urines des bestiaux, on le répand sur les terres. Il produit sur-tout de bons effets sur les sols argileux, parce qu'il les divise et les engraisse. Aux environs d'Yarmourth en Angleterre, on choisit pour cet objet des sables salés des bords de la mer; ce qui augmente encore leur efficacité. (B.)

SABLE DES SALINES. On appelle de ce nom, dans le département du Calvados, les sables du bord de la mer, qui, comme imprégnés de sel marin, sont un fort bon amendement pour les terres et qu'on emploie généralement à cet objet, quelque coûteux qu'en soit le transport. *Voy.* SEL MARIN. (B.)

SABLER. C'est mettre du gravier, du sable ou du sablon sur la surface d'une allée, afin que d'un côté on puisse s'y promener immédiatement après la pluie, et que de l'autre la pousse des herbes n'y soit point active. *Voyez* ALLÉE.

Comme ayant les grains plus gros, le GRAVIER (*voyez* ce mot) est préférable au sable et au sablon; mais on n'est pas toujours le maître de choisir, puisqu'à raison de la dépense c'est la matière la moins éloignée qui est à préférer.

On tire le gravier des rivières ou de la terre : dans ce second cas, il faut le passer à la CLAIE (*voyez* ce mot), pour en séparer d'un côté la terre et de l'autre les grosses pierres.

Le sable et le sablon se prennent toujours dans la terre, par la difficulté de les extraire de l'eau.

Souvent on met, par des intentions économiques, le sable sur les allées seulement, après les avoir dressées et en avoir égalisé la terre; mais ce sable s'enfonçant dans la terre par suite de la fréquentation de ces allées, combinée avec l'action des pluies et des dégels, il arrive qu'il faut continuellement les recharger; ce qui devient très-coûteux. Le mieux est de mettre d'abord, ou une couche de recoupes de pierre, c'est-à-dire de ces fragmens de pierre qui résultent du travail des tailleurs de pierre, ou une couche de plâtras de 3, 4, 5 et 6 pouces d'épaisseur, bien tassée avec la Batte. *Voyez* ce mot.

L'épaisseur du sable qu'on met dans les allées varie beaucoup; mais elle ne doit pas être assez considérable pour qu'il soit mouvant sous les pieds des promeneurs, parce que cette circonstance donne à ces promeneurs une démarche guindée, les fatigue beaucoup, déforme et use leurs souliers. Il en faut bien moins, comme je viens de le dire, sur les allées à couches de pierre ou de plâtre que sur les autres; il vaut mieux en remettre de loin en loin que d'en accumuler trop à-la-fois.

Quelquefois on emploie du sable coloré en rouge, en jaune, en noir et en blanc, pour faire des dessins sur les allées; mais cela est plus rare aujourd'hui qu'autrefois. (B.)

SABLIÈRE. Lieu où l'on tire du Sable. *Voyez* le mot précédent.

SABLON. Fragmens quartzeux, au plus d'une demi-ligne de diamètre, qui couvrent souvent de grandes étendues à la surface de la terre, et dont je dois par conséquent parler, comme intéressant l'agriculture.

Il est presque général de confondre le sable avec le sablon, quoique ce dernier, étant composé exclusivement de petites pierres roulées et par conséquent arrondies, soit fort différent. (*Voyez* Sable.) J'imiterai cependant les cultivateurs en traitant de ces deux sortes d'amas au mot Sablonneux.

Les Grès (*voyez* ce mot) sont tous composés de sables agglomérés avec du quartz, du calcaire, ou avec des argiles ferrugineuses : or tout porte à croire, je l'ai déjà dit plus haut, que le grès est une pierre formée par cristallisation confuse et par précipitation, en même temps que les Gneiss et les Schistes. (*Voyez* ces mots.) Donc on peut conclure que le sablon, comme le Sable, comme le Gravier, comme les Cailloux roulés, est le produit de la décomposition des Montagnes primitives. *Voyez* ces mots.

Il est bon que le lecteur consulte les articles Dune, Lande, Bruyère (terre de) et Grève, où le sablon est considéré comme agissant sur l'agriculture. (B.)

SABLONNEUX (TERRAINS). On applique ce nom à des terrains graveleux et à des terrains sableux, bien plus fréquemment qu'à ceux à qui il appartient véritablement; cependant comme la nature de ces trois sortes de terrains est presque la même, que leur culture diffère peu et que par-tout on est dans l'habitude de les confondre, je réunirai ici tout ce que j'ai à en dire. *Voyez* Gravier, Sable et Sablon.

Généralement les terrains sablonneux sont le produit de la décomposition des granits et autres roches quartzeuses ; cependant ils le sont quelquefois des silex : aussi est-ce dans les plaines qu'on en trouve le plus. Ils recouvrent seuls des espaces d'une grande étendue, et forment des collines fort élevées.

Quand on considère seulement l'immense quantité des sables qui se trouvent en France, l'esprit ne peut se faire une idée de leur origine, si on les considérait comme exclusivement formés par des débris de roches, tant il faut supposer de hauteur et de largeur aux montagnes à l'époque de leur formation, et de longueur à la série des siècles qui se sont succédé depuis lors, à plus forte raison quand on se rappelle que les déserts de l'Asie et de l'Afrique, déserts qui ont des centaines de lieues de diamètre, en sont également composés. *V.* MONTAGNE, GRANIT, QUARTZ, SILEX, CAILLOU, GALET, TORRENT, RIVIÈRE et FLEUVE.

Il est heureusement assez rare de trouver des terrains sablonneux exempts de mélange; car lorsqu'ils sont de pur gravier, de pur sable ou de pur sablon, et qu'ils manquent d'humidité, ils forment les SABLES MOUVANS, sables qu'on ne peut rendre productifs qu'avec des travaux et par conséquent des dépenses considérables, ainsi que je le dirai plus bas.

Le plus ordinairement les terrains sablonneux sont mêlés d'une grande quantité d'argile et de quelque peu de calcaire, de fer et de terre végétale : les proportions de ces diverses parties varient sans fin; souvent l'argile domine au point, qu'on les appelle terrains argileux. (*Voyez* ARGILE.) Quelquefois le fer y est si abondant, qu'il lie en une seule masse les grains du sable et les transforme en mine de fer. (*Voyez* FER.) Lorsque le mélange est convenable, c'est-à-dire qu'il n'y a pas plus des deux tiers de sable contre un d'argile, on peut les regarder comme de bonnes terres à blé, pour peu qu'elles contiennent de l'humus ou terre végétale. Ce n'est que lorsqu'elles offrent trois quarts de sable qu'on les appelle TERRES LÉGÈRES, TERRES SABLONNEUSES, TERRES A SEIGLE.

Quelquefois la terre est argilo-sablonneuse, et est recouverte d'une couche sablonneuse plus ou moins épaisse. Ces sortes de terrains, qui constituent les LANDES de Bordeaux, de la Sologne, de la Bretagne, sont exposés à être noyés d'eau pendant l'hiver et extrêmement secs pendant l'été. C'est cette circonstance qui s'oppose le plus à leur amélioration; car on pourrait, en mélangeant la couche inférieure avec la supérieure, donner à l'une et à l'autre le degré de densité moyenne le plus favorable à la végétation. Comme j'ai traité de cette nature de terre au mot LANDE, j'y renvoie le lecteur.

Lorsque la surface d'un terrain ainsi constitué est composée de sable non argileux, mêlé avec plus d'un quart de terreau ou de fragmens de végétaux en décomposition, on dit qu'elle est formée de terre de bruyère, du nom de la plante qui y croît le plus généralement et le plus abondamment. J'ai également présenté, au mot Bruyère, les principales considérations agricoles qui regardent cette terre.

Ce qui manque spécialement aux terrains sablonneux de quelques pieds de profondeur, c'est l'humidité, parce que l'eau des pluies les traverse pour gagner les couches inférieures, et que la petite quantité qui reste adhérente aux molécules de leur surface est facilement évaporée par l'action de la chaleur du soleil ou des vents desséchans. C'est donc au printemps et en automne, et dans les années pluvieuses, qu'ils sont le plus productifs.

. Puisque les plantes peuvent vivre dans les sables, ou les sablons quartzeux les mieux calcinés, les mieux lavés, même dans le verre pilé, etc., elles le peuvent, à plus forte raison, dans les terrains sablonneux, qui contiennent toujours, ainsi que je l'ai observé plus haut, quelques parcelles d'argile, de calcaire, de terreau, etc. Aussi tous les terrains sablonneux, quelque stériles qu'ils soient pour l'agriculture, lorsque les vents sur-tout ne bouleversent pas journellement leur surface, donnent - ils naissance à un assez grand nombre de plantes, appelées plantes aréneuses ou sablonneuses, qui ne se plaisent que là. Beaucoup de ces plantes sont propres à la nourriture des bestiaux, mais peu assez grandes ou d'assez bonne qualité pour mériter la peine d'être coupées et séchées. La plupart des terrains sablonneux sont donc dans le cas de fournir naturellement un pâturage peu abondant, mais très - propre aux moutons : ainsi, ces sortes de terrains offrent un produit à l'agriculture sans aucune dépense. C'est malheureusement ce à quoi on se restreint le plus souvent à leur égard ; je dis malheureusement, parce qu'il est presque toujours des moyens d'en tirer un parti plus avantageux, comme je le dirai plus bas.

Plusieurs arbres et arbustes croissent aussi naturellement, ou peuvent être plantés sans beaucoup de dépense, dans les terrains sablonneux. Les principaux d'entre eux sont l'osier des sables, le saule marsault, le bouleau, le tamarix, le genêt, le lilas, les peupliers blanc et gris, le chalef, le lyciet, l'épine-vinette, les chênes rouvre et toza, l'aubépine, le groseillier épineux, la rose très-épineuse, le sureau, l'orme, les érables commun et de Montpellier, le frêne a fleur, les pins sylvestre, de Genève, maritime, laricio et d'Alep. On peut donc créer des forêts dans des localités qui ne produisent presque rien ; les pins sur-tout sont dans ce cas, par la promptitude de leur croissance et le grand nombre d'objets d'utilité qu'ils offrent, d'enrichir les propriétaires des terrains sablonneux.

D'après ce que j'ai dit plus haut de l'influence de l'eau sur la végétation des terrains sablonneux, on doit conclure que les cultures qu'il est le plus avantageux d'y faire sont celles qui se recueillent au printemps, ou qui se sèment en automne, c'est-à-dire celles qui n'ont pas à redouter les chaleurs dévorantes de l'été.

L'observation prouve que les terrains sablonneux, toutes choses égales d'ailleurs, sont plus précoces que les autres. Ce fait s'explique par le peu d'eau qu'ils contiennent, et par la facilité avec laquelle la chaleur du soleil pénètre entre leurs molécules. *Voyez* Précocité.

Comme étant très-perméables aux racines des plantes, les terrains sablonneux doivent donner, lorsqu'ils sont chargés d'engrais et convenablement arrosés, des productions très-vigoureuses, ce qui a lieu en effet (*voyez* Racine); mais quand ils sont maigres et secs, leurs productions sont très-chétives.

L'air et la chaleur pénétrant plus facilement, comme je viens de le faire remarquer, dans les terrains sablonneux que dans les autres et l'eau y étant moins permanente, les fruits et les légumes y sont plus savoureux. Ce fait est principalement si marqué dans les racines alimentaires, qu'il faudrait presque se refuser à cultiver autre part les Pommes de terre, les Carottes, les Panais, les Raves, les Betteraves, etc. *Voyez* ces mots.

Il devient donc très-avantageux de former des jardins dans les terrains sablonneux, je dis même qu'on ne peut avoir de bons jardins que dans ces sortes de terrains. (*Voyez* Primeur et Jardin.) Il le devient également d'y faire des semis et plantations, par conséquent d'y établir des Pépinières. *Voyez* ce mot et celui Bruyère.

Dans les environs des grandes villes, où les pois, les haricots, les fraises, les cerises de primeur sont payés fort cher, et où les engrais sont abondans et à bon compte, il est profitable d'en faire des cultures en grand dans les terrains sablonneux. Par leur moyen, tel arpent de terre de la plaine du Point-du-Jour, de la plaine des Sablons, de la plaine de Montesson près Paris, qui ne devrait pas rapporter 6 francs en culture de céréales, rapporte quelquefois 2 et 300 fr. Il en est de même de la plaine du Dauphiné près Lyon.

La culture des terrains sablonneux est beaucoup moins coûteuse que celle des terrains argileux. Ils demandent moins de labours et des labours moins profonds; souvent il est possible de leur faire produire plusieurs récoltes successives sans autres labours que des binages ou même des hersages. Le Rouleau leur est nécessaire après leur ensemencement, à raison de leur grande légèreté, afin de les Plomber. *Voyez* ces mots.

Quelques terrains sablonneux, tels que ceux provenant des alluvions des rivières, ceux placés à la base des montagnes, et qui en reçoivent les dépouilles végétales par le moyen des eaux des pluies, sont naturellement très-fertiles; mais, en général, leur nom rappelle l'idée de la stérilité. Ils n'ont presque toujours qu'une portion trop peu considérable d'humus pour nourrir le froment; en conséquence c'est le seigle, qui en consomme moins, qu'on y cultive de préférence, et ce avec d'autant plus de raison, que, mûrissant le premier, il est moins sujet aux atteintes de la sécheresse (1). Des engrais sont donc nécessaires lorsqu'on veut y cultiver le froment et autres articles qui en demandent beaucoup; mais parmi les engrais il y a un choix à faire, car ceux qui ont naturellement plus d'humidité, ou qui la conservent le plus long-temps, le fumier de vache, par exemple, sont préférables.

Mais les fumiers sont peu abondans et chers, les terrains sablonneux fort étendus et de peu de valeur. Ne serait-il pas possible de les améliorer par des moyens moins actifs, moins durables peut-être, mais qui rempliraient cependant le but? Oui, répondrai-je, il ne s'agit que de les diviser en bandes étroites par des haies élevées, qui rompront l'effort des vents ainsi que les effets des rayons du soleil, qui tendent à les dessécher (*voyez* VENT et SOLEIL.), puis de leur donner ensuite un bon système d'assolement, système dans lequel entreront, de temps en temps, des récoltes enterrées au moment de leur floraison. *Voyez* ASSOLEMENT et SUCCESSION DE CULTURE.

La pratique d'enterrer des récoltes à la charrue est fondée sur le principe que, depuis l'époque de la germination des plantes jusqu'à celle où la floraison s'accomplit, elles tirent plus de nourriture de l'air que de la terre. La consommation d'humus soluble qu'elles font est donc restituée avec bénéfice lorsqu'on les rend à la terre. *Voyez* VÉGÉTATION et RÉCOLTE ENTERRÉE.

Le seigle sur-tout, semé comme fourrage sur les sables les plus arides, en août, fournit un puissant moyen de les fertiliser, comme le constatent un grand nombre d'expériences. *Voyez* SEIGLE et SUCCESSION DE CULTURE.

Parmi les amendemens, le meilleur pour les terres sablonneuses est l'argile ou la marne très-argileuse, parce qu'elle

---

(1) Une manière avantageuse de cultiver les céréales dans les terrains sablonneux, serait de les semer par petites touffes écartées d'un pied, parce que les racines pouvant s'étendre autour de ces touffes, trouveraient plus de nourriture que lorsque le semis est plein. J'ai vu des semis ainsi faits sur des ados, aux environs de Paris et dans plusieurs autres parties de la France, donner des récoltes extrêmement abondantes.

(*Note de M. Bosc.*)

leur donne la consistance qui leur manque, les rend plus aptes
à retenir l'eau des pluies. (*Voyez* ARGILE et MARNE.) La chaux,
si fructueuse sur les terres riches en humus, ne sert souvent
qu'à les détériorer, parce que, je le répète, elles manquent
d'humus. *Voyez* CHAUX.

On voit par tout ce que je viens de dire qu'avec de l'eau
on peut rendre fertiles les terrains les plus sablonneux : ce sont
donc des ARROSEMENS qu'il leur faut. *Voyez* ce mot.

C'est au moyen des irrigations que tant de terrains sablonneux et naturellement fort mauvais, sont devenus si productifs dans la ci-devant Lombardie et autres cantons de l'Italie.
(*Voyez* IRRIGATION.) C'est au moyen des arrosemens par infiltration que les habitans de San-Lucar de Barameda sont parvenus à rendre leurs navazos supérieurs aux plus excellentes
terres. C'est par arrosemens à la main que les cultivateurs de
Houilles et de Montesson, près Paris, que les jardiniers de
tant de localités, ont transformé des terres infertiles en jardins productifs.

Par-tout où on peut arroser les terres sablonneuses par irrigation, il faut le faire, à raison de l'économie et de la puissance
d'action de ce mode. C'est dans les pays chauds que ses effets
sont les plus étonnans : là, on peut souvent, par son moyen,
obtenir quatre à cinq superbes récoltes par an d'un champ
qui, sans lui, en aurait donné à peine une très-faible ; j'en ai
vu des exemples nombreux dans mes voyages.

Par-tout où, comme aux environs de San-Lucar de Barameda, ou de Houilles, ou de Montesson, l'eau sera infiltrée
à une petite distance de la surface du sol, on pourra faire dans
le sable de vastes bassins dont le fond sera toujours humide
(San-Lucar), ou creuser un grand nombre de puits qui permettront d'arroser abondamment par écoulement (Houilles et
Montesson).

C'est à l'estimable Lasteyrie qu'on doit la description du
procédé usité dans le premier de ces lieux. (Supplément de la
première édition de Rozier.) C'est moi qui ai fait connaître la
pratique qu'on suit dans le second. (Bibliothèque des propriétaires ruraux.)

Aux environs d'Alexandrie d'Égypte, on cultive également
les melons, la vigne, etc., dans des fossés de 8 à 10 pieds de
profondeur, dont le fond touche presqu'à l'eau, et on y obtient des produits très-abondans et très-précoces.

Aux environs de Coutances, on cultive avec un grand bénéfice, à raison de la même circonstance locale, en plein champ,
les choux, les oignons, les échalottes, les aulx, les melons,
les potirons, les asperges, et généralement tous les légumes
susceptibles d'un grand débit.

Il est une infinité de lieux où on pourrait opérer de même avec un grand avantage.

Par cette industrie, la vigne pourrait être cultivée avec succès, bien au-delà du climat qui lui est naturel.

Mais les terrains disposés aussi favorablement que ceux-ci sont rares, de sorte que généralement c'est en tirant l'eau d'une grande profondeur qu'on arrose les terrains sablonneux : ce qui augmente beaucoup la dépense, et ce qui rend impossible l'amélioration par ce moyen de tant de plaines vouées à l'infertilité.

Il est encore d'autres pratiques bonnes à citer : par exemple, Décandolle rapporte que les habitans d'Aigues-Mortes couvrent, après la semaille, leurs champs de joncs, qu'ils font piétiner par des moutons, de manière à ce que le sable les retienne. Il en résulte que les vents n'ont plus de prise sur ce sable, dans lequel les céréales germent et prospèrent. Cette ingénieuse et simple pratique peut être imitée avec succès dans beaucoup de localités du même genre, qui, en ce moment, sont complétement infertiles par suite de la mobilité de la surface de leur sol. *Voyez* DUNE.

Par exemple encore, M. Baugé fut appelé à cultiver, comme régisseur, une terre sablonneuse qu'on était dans l'usage, après une récolte de froment sur écobuage, et ensuite une de seigle sans fumure, de laisser cinq ans en jachère. Après cette dernière récolte, sur un seul labour, il fit semer, au printemps, sur la même terre, sans fumure, moitié de graines de raves, un quart de graines de sarrasin, un sixième de graines de millet, comparativement à ce qu'il en aurait fallu pour couvrir le même terrain d'une seule de ces graines. A la faveur de l'ombrage du sarrasin et du millet, les navets prospérèrent, et au bout de l'année, il retira de ces navets 150 francs par arpent, du sarrasin 120 francs, et du millet 50 francs : total, sans en déduire les frais de culture, 320 fr., valeur égale à celle du fond. (B.)

SABON. Nom de la CHARRUE ancienne dans la Crimée. Ce n'est qu'une branche crochue à laquelle on attelle des bœufs (B.)

SABOT. Chaussure de bois en usage dans une grande partie de la France, sur-tout parmi les cultivateurs.

La fabrication des sabots sortant du plan de cet ouvrage, je n'en parlerai pas ; mais j'observerai qu'il n'est pas indifférent de choisir des sabots de tel bois plutôt que de tel autre, tant pour la durée que pour la santé.

Les meilleurs sabots sont faits avec le noyer ; après, viennent ceux de hêtre. Les premiers sont très-chers, et les seconds très-cassans et très-lourds ; mais ils remplissent bien leur objet et ne prennent pas l'eau.

Les plus mauvais sont ceux d'aune et de bouleau ; ils sont légers, peu cassans, mais absorbent l'eau et la conservent long-temps.

Je ne me rappelle pas en avoir vu fabriquer en grande quantité avec d'autres espèces de bois.

Les avantages des sabots sont de tenir le pied sec, quoiqu'on reste la journée entière dans la boue, et de coûter très-bon marché.

Leurs inconvéniens, c'est de déformer ou blesser les pieds, de ne pas permettre une course rapide, et de se casser fréquemment.

Sans vouloir dépriser les sabots plus qu'il ne convient, je crois pouvoir émettre le vœu qu'on en abandonne l'usage. Il semble qu'ils sont l'indication de l'imperfection des arts et le signe de la misère. J'ai vu, dans les pays où ils sont le plus employés, qu'ils n'étaient pas toujours aussi économiques que leur bas prix semble le faire croire.

Je préférerais beaucoup voir les pauvres cultivateurs chaussés avec ce qu'on appelle dans quelques endroits des claques, c'est-à-dire avec des souliers à semelle de bois épaisse d'un pouce, souliers qui offrent la plupart des avantages des sabots, et n'ont que fort peu de leurs inconvéniens. (B.)

SABOT. MÉDECINE VÉTÉRINAIRE. Quand on parle des animaux, on comprend généralement par l'expression de *pied* les parties qui posent sur le sol et qui supportent le corps : or, comme l'homme a été le premier des êtres organiques animaux qu'on ait décrit, on a appelé du nom de pied toute la partie comprise depuis le bas de la jambe, depuis le talon jusqu'au bout des doigts. Cette partie se compose donc de l'articulation du coude-pied, de la région métatarsienne et de la région des doigts. Pour suivre une marche uniforme en histoire naturelle, on a appelé de ce même nom les mêmes parties dans les autres animaux mammifères, sans prendre garde si elles touchaient par terre ou non : ainsi le pied postérieur du cheval, scientifiquement parlant, commence à la partie appelée *jarret* dans cet animal, et se compose d'elle et de toutes les régions inférieures. Ce que l'on devait appeler pied dans les membres postérieurs étant déterminé, il fallait déterminer ce qu'on appelerait ainsi dans les extrémités antérieures des animaux dont le corps est supporté par quatre membres : on a comparé alors l'extrémité antérieure à l'extrémité postérieure, et l'on a appelé *pied*, dans celle-là, toutes les parties qui exécutaient les mêmes actions de locomotion dans celle-ci. Ainsi le pied antérieur a compris ce qu'on appelle le poignet en histoire naturelle, ou genoux dans le cheval, et ensuite les parties inférieures, ou la région métacarpienne et la région digitée. Ce n'est donc plus qu'en terme vulgaire que le mot *pied* s'applique à la partie seule qui touche le sol. C'est ainsi que le *sabot*, dans les quadrupèdes domestiques qui en sont pourvus, a été et est journellement désigné par le nom de *pied*, quoiqu'il n'en soit qu'une des parties.

La conformation qu'elle doit avoir et les vices qui la déparent ayant été décrits à ce mot (Pied), je ne parlerai ici que de ses maladies, parce que ces maladies, à cause de la corne qui entoure les parties vives internes, présentent une marche particulière et demandent un traitement plus actif. Les maladies qui attaquent les parties situées sous les onglons du bœuf et du mouton, présentant les mêmes accidens, doivent être rangées dans la même classe.

Piqûres. Au mot *plaies*, nous avons déjà vu que les piqûres étaient les plaies les plus dangereuses ; c'est le même cas pour les piqûres du sabot, quand elles sont profondes et étroites sur-tout. Une inflammation se développe au fond de la plaie, la suppuration s'y établit ; le pus ne pouvant s'échapper parce que l'ouverture extérieure est fermée, soulève et détache le sabot. D'autres fois le corps qui a occasionné la piqûre a pénétré jusqu'aux tendons, même jusqu'à l'os, et a produit une lésion de ces parties, qui ne se guérissent que par exfoliations ; ces exfoliations ne peuvent sortir à cause de l'obstacle qu'y apporte le sabot, et de là des accidens consécutifs toujours graves.

Des clous que les chevaux rencontrent dans les rues, sont les causes les plus ordinaires de ces piqûres ; des morceaux de verre, des morceaux de bois ou des *chicots*, comme on les appelle, les occasionnent aussi fréquemment ; enfin le maréchal lui-même, en brochant les clous, les enfonce quelquefois dans le vif. Quand il les retire aussitôt, on dit que le cheval a été piqué ; et quand le clou est resté, que le pied a été encloué. Tous ces différens genres d'accidens peuvent être rangés dans la même classe, et présentent plus ou moins de dangers, suivant la profondeur à laquelle les corps vulnérans ont pénétré, suivant la grandeur des déchiremens qu'ils ont produits, et enfin selon les parties du pied qu'ils ont attaquées : ainsi ils sont toujours moins graves en talons qu'en pince.

Ces accidens s'annoncent ordinairement par la douleur aussi subite que leur cause ; quand l'animal vient donc à manifester tout-à-coup de la douleur dans le pied, le premier soin doit être de visiter cette partie, de la nettoyer et de s'assurer si c'est quelque corps qui l'a blessée : on extrait sur-le-champ ces corps, s'ils y sont restés ; sinon, on trouve la plaie qu'ils ont faite.

Quand le corps n'a fait que traverser la corne, l'accident n'est rien, l'animal après avoir boité quelques pas ne boite plus, et il n'y a point de suites à redouter ; cependant il est plus prudent de le laisser reposer quelque temps, afin de s'assurer s'il ne ressentira pas de la douleur en recommençant à marcher.

Si la douleur persiste quelques jours, il ne faut plus attendre, et crainte d'accidens plus graves, on doit procéder de suite à une opération qui consiste à mettre le fond de la blessure à découvert : on enlève toute la corne qui l'environne ; on coupe le tissu réticulaire, et l'on parvient ainsi jusqu'au fond, dont on s'efforce de faire une plaie simple. Le plus souvent on néglige de pratiquer cette opération, dans l'espérance que la plaie guérira et que l'on évitera ce grand délabrement toujours long à guérir ; pendant ce temps, la suppuration s'établit, détache la corne, et l'on est obligé d'y recourir plus tard. Elle devient même alors beaucoup plus grave, par les désordres arrivés consécutivement, sur-tout si quelques parcelles du corps vulnérant sont restées dans la plaie.

Les clous ou chicots pénètrent quelquefois jusqu'à l'os, dans lequel ils s'implantent, et presque toujours alors une exfoliation de la partie de l'os attaquée est inévitable ; il faut avoir soin dans ce cas que l'exfoliation puisse se faire facilement, et sortir de la plaie, que l'on doit entretenir grande et libre jusqu'à ce que l'exfoliation soit tombée ; cette portion d'os devient corps étranger, et par sa présence occasionne de nouveaux désordres toujours de plus en plus dangereux.

Les blessures qui pénètrent jusque dans le tendon perforant ou jusqu'au petit sésamoïde, sont les plus graves et les plus longues à guérir ; elles nécessitent souvent non-seulement la dessolure, mais encore l'extirpation partielle ou totale du coussinet plantaire ; elles exigent des ouvertures et des extractions de portions de l'expansion du tendon perforant, pour pouvoir mettre le fond de la blessure à découvert. Les pansemens de tous ces accidens sont simples ; ils consistent le plus souvent dans l'application d'un fer léger, fixé par quatre clous, et d'éclisses pour tenir les étoupes sur la plaie : celles-ci doivent être ou sèches ou imbibées d'eau légèrement alcoolisée, et être disposées de manière à faire une compression régulière sur toute la surface.

En résumé, dans toutes les piqûres et plaies profondes du sabot un peu graves, il faut faire brèche et pratiquer assez de délabrement pour mettre à découvert tout le mal, et panser de manière à prévenir les compressions irrégulières, à laisser sortir les exfoliations quand il doit s'en opérer, et à prévenir ainsi les fistules, les caries et les bourgeons charnus ou cerises, qui toujours aggravent le mal et retardent la guérison.

Bleimes. Voyez ce mot.

Les *Cerises* sont des excroissances rouges qui s'élèvent des plaies faites au sabot; ce sont de véritables bourgeons charnus qui se forment rapidement sur ces plaies et qui se trouvent comprimés entre la nouvelle corne qui s'organise et l'ancienne; on les fait disparaître, ou par la compression, ou en les enlevant par l'instrument tranchant, ou en ôtant le pincement qui les produit.

Le *Crapaud* est une maladie qui commence par se manifester sur les côtés de la fourchette, à l'endroit de sa réunion avec les parties que les Anglais appellent les *barres*; il est donc bien facile de la distinguer de la *fourchette pourrie*. Elle est caractérisée par le suintement d'une humeur extrêmement fétide, par un boursoufflement et une mollesse de la corne de ces parties, et sur-tout par des végétations cornées en forme de filamens, qui paraissent pousser dans sa substance. Des parties latérales de la fourchette la maladie s'étend au talon, sépare peu-à-peu la sole de la muraille, en produisant toujours le même genre d'altération, et gagne ainsi successivement jusqu'en pince. La muraille extérieurement paraît saine, seulement plus volumineuse que dans l'état naturel, et ce n'est qu'en soulevant le pied qu'on aperçoit tous les ravages de la maladie. Quand elle a fait de grands progrès, les filamens cornés poussent des racines qui s'implantent dans les parties tendineuses, qui passent à travers, et qui s'étendent jusque dans l'os du pied.

Quand on a laissé la maladie arriver à ce degré, il est rare que les soins du vétérinaire puissent être efficaces, et presque toujours alors la diminution de valeur que l'animal a éprouvée empêche d'entreprendre un traitement long, dispendieux, toujours incertain; on se contente donc d'employer le cheval, en lui posant des fers convenables à l'état de ses pieds, c'est-à-dire, qui empêchent les parties malades de porter à terre, et qui le rendent ainsi capable de faire encore quelque service. A cette époque même, la guérison devient quelquefois dangereuse en supprimant un émonctoire ordinaire, auquel l'organisme est habitué, et qui est devenu, pour ainsi dire, nécessaire à la santé de l'individu.

Toutes les fois, cependant, que le cheval a de la valeur, qu'il est jeune, et que le mal n'a pas encore fait de trop grands progrès, il faut tenter la guérison; elle est longue, mais on peut l'obtenir avec de la patience et en prenant tous les soins nécessaires. Le procédé le plus efficace consiste à enlever avec le bistouri toute la corne détachée, ensuite toute celle qui végète par filamens, et autant que possible jusqu'à la racine de ces filamens. En un mot, on tâche de faire une plaie simple, en enlevant toute la corne malade et tous les tissus sous-jacens aussi malades. On ajoute un fer à dessoler, des éclisses, et l'on panse la plaie avec des étoupes sèches ou imbibées d'eau alcoolisée. On fait une pression égale sur toute la plaie, et on laisse ce premier appareil jusqu'à ce que la suppuration commence à s'établir, c'est-à-dire, cinq ou six jours. On l'enlève alors, et on examine l'apparence de la plaie; presque toujours elle est couverte de bourgeons charnus, dont les uns sont de bonne nature, tandis que les autres, blanchâtres, livides, fongueux, indiquent un travail qui n'est pas celui d'une suppuration louable, qui tend à la cicatrisation. Si l'on croit remarquer une nouvelle végétation de ces filamens de corne, il faut avoir de nouveau recours à l'instrument tranchant, sinon l'on se contente de couvrir les bourgeons charnus de mauvais aspect de petits plumasseaux chargés d'égyptiac, tandis que l'on n'en place que de secs par-tout ailleurs.

L'égyptiac, par sa causticité, forme une petite escarre sous forme de pellicule mince, que l'on enlève au pansement suivant, en irritant la plaie le moins possible; on recouvre de nouveau d'égyptiac les parties de la plaie qui sont d'un mauvais aspect, jusqu'à ce qu'elle devienne entièrement belle. L'on renouvelle les pansemens tous les jours; on les rend moins fréquens quand la plaie tend à la cicatrisation. Si l'égyptiac n'est point assez caustique, on peut y ajouter du sulfate de cuivre, ou employer à sa place la poudre de Rousseau ou même le sublimé corrosif. On doit persister dans l'emploi de ces substances jusqu'à ce que toutes les chairs fongueuses soient détruites, et jusqu'à ce que toutes les parties qui avaient été affectées organiquement soient rongées.

Ce traitement n'est efficace qu'autant qu'il est bien suivi, bien entendu, et que le pied malade est soustrait à toutes les causes maladives et sur-tout à l'humidité. La nourriture de l'animal pendant tout le temps qu'il ne travaille pas, doit être modique, mais de la meilleure qualité; il doit être promené, autant que possible, sur un terrain doux, sur une prairie, et dans les beaux jours seulement : cette affection, qui paraît tenir plus à la constitution de l'individu qu'à toute autre cause extérieure, exige beaucoup de soins, de précautions hygiéniques, et sur-tout de persévérance dans le traitement, qui est long, quoique peu dispendieux, et qui souvent fatigue les propriétaires qui ne peuvent pas jouir de leurs animaux.

Le *Crapaud* du bœuf est aussi un ulcère, caractérisé par le suintement d'une humeur séreuse, puriforme, fétide, à la face interne de l'onglon, et qui finit par détacher et désorganiser toute la corne quand on n'y remédie point promptement. Le

bœuf affecté reste couché. Si plusieurs onglons à différens
pieds sont attaqués à-la-fois, les animaux maigrissent, dépé-
rissent, quelques-uns même meurent. Le traitement consiste
à couper, à enlever toutes les parties de corne désorganisées,
et à panser les plaies qui en résultent comme des plaies simples. *Voyez* le mot PLAIE.

Crapaud du mouton. Voyez PIÉTAIN ou PESOGNE.

L'*Engravée* dans les didactyles est une contusion des onglons,
soit par la dureté du chemin, soit par des cailloux ou d'autres
corps durs qui se sont logés entre les deux onglons. C'est une
irritation d'abord légère et qui n'a de suite qu'autant que l'on
force l'animal engravé à continuer ses travaux, mais qui peut
aller jusqu'à produire l'inflammation de tout le pied et la
chute entière des ongles. Le repos, les bains, les cataplasmes
émolliens, font disparaître bientôt cette affection; mais la cure
n'est bien complète qu'autant que la corne a repris sa solidité
première ; jusqu'à cette époque, le pied est faible, et l'animal
demande à être ménagé.

Cette maladie est la même dans les bêtes à laine, et exige
les mêmes traitemens.

Fourbure. — C'est l'inflammation générale du tissu réticulaire du pied, manifestée par une chaleur considérable dans
cette partie, et par une douleur qui force l'animal à s'appuyer
sur les autres membres pour soulager le malade : si ce sont les
pieds antérieurs qui sont affectés, l'animal place ses pieds
postérieurs sous lui, pour leur faire supporter le poids, et
place les autres en avant; si ce sont les pieds postérieurs qui
souffrent, il place les extrémités antérieures sous lui, de manière que la position du corps indique quelquefois cette maladie comme les autres symptômes. Souvent il n'y a qu'un
pied affecté ; quand il y en a plusieurs, l'un est plus malade
que l'autre. Cette inflammation du tissu réticulaire du pied se
termine rarement par résolution, presque toujours c'est par
une affection organique de ce même tissu réticulaire, et par
la sécrétion lente d'une nouvelle corne mal organisée tout-
à-fait différente : cette corne, qui se forme sous l'ancienne, la
pousse en avant, fait relever sa partie inférieure, de manière
que cette partie, au lieu de décrire une ligne droite depuis la
couronne jusqu'au bord inférieur, décrit souvent une ligne
concave, toujours irrégulière, entrecoupée d'éminences et de
dépressions. Pendant que cet effet a lieu, l'os du pied, de son
côté, poussé en arrière par l'accumulation de cette nouvelle
corne, se dévie de sa position naturelle ; sa face antérieure en
pince devient presque perpendiculaire ; son bord inférieur s'a-
baisse, porte sur la sole et la rend bombée, de concave qu'elle

était. La maladie continuant toujours ses ravages, une séparation s'effectue bientôt en pince entre la sole et la muraille, et
laisse apercevoir un tissu caverneux, anfractueux, d'une substance cornée, toute particulière. Dans cet état, le pied est dit
affecté d'une *fourmilière*. Malgré tous les soins, il ne résiste
pas long-temps à la fatigue, et l'animal est bientôt hors d'état
de servir.

Quand la fourbure commence, il faut faire avorter l'inflammation, et dans ce but employer la diète, l'eau blanche, les
saignées générales, les résolutifs, même les astringens sur les
pieds et sur les canons; en même temps on fait des frictions
vigoureuses d'huile essentielle de lavande aux genoux ou aux
jarrets, selon que ce sont les pieds antérieurs ou postérieurs
qui sont affectés, pour y déterminer un point d'irritation et
pour déplacer l'inflammation: c'est ce genre de traitement qui
réussit le mieux à empêcher les suites de la fourbure. Si les
frictions d'essence de lavande ne suffisent pas pour produire
l'engorgement des genoux et des jarrets, on y substitue les
frictions d'essence de térébenthine.

Si, malgré ces soins, l'on ne peut faire avorter l'inflammation du tissu réticulaire, et que l'affection organique en soit
la suite, la ferrure devient alors l'unique ressource; et des
chevaux, quoique avec des pieds fourbus, rendent encore
long-temps des services quand leurs fers sont bien appropriés à
l'état de leurs pieds et qu'ils ne les gênent en aucune manière;
l'animal est de temps en temps sujet à boiter, exige quelques
jours de repos, et ne devient tout-à-fait inhabile à rendre
des services que quand la désorganisation du sabot est poussée
trop loin.

On appelle *fourchette échauffée* le suintement d'une humeur noirâtre, fétide, qui se fait dans la cavité de la fourchette, et *fourchette pourrie* cette affection quand elle est portée
au point d'attaquer toute la fourchette, de soulever la corne
par lames et de la désorganiser. La *fourchette échauffée* est une
affection légère en apparence qui se guérit assez souvent, mais
quelquefois qui ne guérit pas malgré tous les soins, et qui dégénère en *fourchette pourrie* encore plus rebelle. La cause de
ces maladies, dont l'une n'est sûrement qu'un degré de l'autre,
est, selon M. Clark, vétérinaire anglais, le resserrement que
le pied éprouve par la ferrure, et la mauvaise habitude d'a-
battre la fourchette en parant le pied, opération qui facilite
encore le resserrement en enlevant le point d'appui des arcs-
boutans. Ce vétérinaire regarde aussi le resserrement du pied
comme la cause de la difficulté qu'on éprouve à guérir la four-

chette pourrie, et il en donne des raisons assez plausibles (1). L'on doit toujours néanmoins tenter la guérison, et avec de la patience l'on en vient souvent à bout. Quand la fourchette n'est qu'échauffée, que l'animal ne boite pas, on introduit dans la fente de la fourchette des étoupes sèches ou bien des poudres dessiccatives; on tient le pied aussi propre que possible, et quelquefois le suintement cesse au bout d'un certain temps. Quand la maladie a fait plus de progrès; quand la fourchette est désorganisée, on enlève tous les lambeaux de corne, on met le fond de l'ulcère à découvert, on en fait une plaie simple; une corne nouvelle se forme, et la cicatrisation s'opère : dans cette guérison, presque toujours la fourchette perd sa cavité, et ne forme plus qu'une seule masse. JAVARTS, OIGNON, SEIMES, SOLE. *Voyez* ces mots (1). (HUZ. fils.)

SABRE. Instrument de jardinage avec lequel on tond les haies et les palissades pour les tenir garnies et pour économiser le terrain. Sa longueur est de 2 pieds et demi, la douille comprise; sa largeur, de 21 lignes. Son tranchant est recourbé en arrière vers son extrémité. Cet instrument est fixé à un manche de 4 pieds. (B.)

SACS A FRUIT. Ce sont de petits sacs de papier, de toile ou de crin, dans lesquels on enferme les grappes de raisin quand elles commencent à mûrir, afin de les garantir des attaques des oiseaux et de la piqûre des guêpes ou des mouches. Ce moyen de préservation n'est employé que dans les jardins situés au milieu ou dans le voisinage des villes. Les sacs de papier, même ceux imbibés d'huile, sont peu propres à remplir l'objet dont il s'agit, parce que la moindre pluie qui survient les crispe et les ramollit, et qu'alors les oiseaux les crèvent sans peine, becquettent le raisin et facilitent l'entrée aux insectes. Les sacs faits en toile de canevas grossier sont préférables; mais les meilleurs sans contredit sont ceux de crin noir ou blanc. On doit en avoir de plusieurs grandeurs, et quelques-uns qui puissent contenir deux ou trois grappes. Les sacs de crin noir sont employés de préférence à ceux de crin blanc, parce que non-seulement ils préservent parfaitement le raisin, mais encore accélèrent de quatre ou cinq jours sa maturité, à cause de leur couleur noire, qui absorbe et retient la chaleur. *Voyez* le mot FILET. (D.)

SADON. Ancienne mesure de superficie. *Voyez* MESURE.

---

(1) *Recherches sur la construction du sabot du cheval, et suite d'expériences sur les effets de la ferrure.* Paris, in-8, fig., chez madame Huzard, libraire, rue de l'Éperon, n°. 7.

SAFRAN , *Crocus*. Genre de plantes de la triandrie monogynie et de la famille des iridées, qui renferme plusieurs
espèces, dont deux sont cultivées pour le produit ou pour l'a-
grément.

Haworch, dans un mémoire sur la culture des safrans pour
l'ornement des jardins, inséré dans les Transactions de la Société horticulturale de Londres, en porte le nombre à treize.

Le SAFRAN CULTIVÉ, ou simplement le *safran*, est originaire de l'Orient. Ses feuilles sont longues, en apparence
cylindriques et ses stigmates sont plus longs que les divisions
de sa corolle; son bulbe, de plus d'un pouce de diamètre. On
le cultive depuis long-temps dans quelques cantons de la
France, principalement aux environs d'Angoulême, aux environs de Nemours, aux environs de Caen, en Beauce, etc.,
uniquement pour ses stigmates. Ces stigmates, qui sont longs
d'un pouce, d'une couleur rouge orangée et d'une grosseur
assez considérable, ont une odeur particulière très-suave et
des propriétés médicinales fort étendues. Ils sont, pour la
France, l'objet d'un commerce de quelque importance et un
moyen de fortune pour les cultivateurs des cantons précités.

On doit à La Rochefoucauld des observations sur la culture
de cette plante aux environs d'Angoulême, et à Duhamel une
description très-détaillée de celle qu'on lui donne autour de
Nemours, c'est-à-dire dans le ci-devant Gâtinois. Je suis passé
dans ces deux contrées et j'y ai visité des safranières ; mais je
ne puis cependant en parler que d'après ces deux célèbres agriculteurs, et en employant la plus grande partie de la rédaction
de Rozier.

La culture du safran ne peut être entreprise avec succès que
par des cultivateurs travaillant de leurs propres mains, principalement par des pères de famille, parce qu'elle exige beaucoup de bras, ainsi qu'une surveillance minutieuse et toujours
active. Tous les propriétaires aisés qui ont voulu l'entreprendre avec des hommes à gages n'ont pas réussi ; ces propriétaires sont cependant intéressés à ce qu'elle ait lieu sur
leurs propriétés, parce que les terres reconnues propres à
produire le safran se louent trois ou quatre fois plus que les
autres.

Les bonnes terres légères, non pierreuses, sont les plus
propres pour le safran. Il ne réussit bien ni dans les sables
arides ni dans les argiles pures, l'humidité sur-tout lui est
très-contraire.

Les bulbes du safran qui ont environ un pouce de diamètre
et sont aplaties donnent plus de caïeux, et celles qui sont plus
petites et globuleuses donnent plus de fleurs. La couleur de
leurs enveloppes varie du fauve clair au fauve rouge et au fauve

noir; mais la nature de ces nuances ne paraît pas influer sur la quantité ni la qualité des produits. Ces bulbes sont recherchées par tous les bestiaux, sur-tout par les cochons, et fournissent un très-bel amidon. Les mulots les aiment aussi beaucoup. Une petite scolopendre vit à leurs dépens.

Les fleurs du safran cultivé sont d'un gris violet, striées, longues de près de 2 pouces, et se développent en automne avant la pousse des feuilles. Ces dernières croissent pendant tout l'hiver et le printemps. Elles sont un très-bon fourrage pour les bestiaux; aussi les coupe-t-on, pour leur usage, à la fin du printemps, lorsqu'on juge que cela ne peut plus nuire à l'oignon.

Le champ qu'on destine à une plantation de safran doit être au préalable labouré, avec la houe ou la bêche, jusqu'à 9 ou 10 pouces de profondeur. Il ne faut pas épargner ses peines dans le cours de ces opérations préliminaires, desquelles dépend principalement le succès: par exemple, ne pas laisser dans la terre des pierres plus grosses qu'une noix. Elles se font pendant l'hiver et au printemps.

On a remarqué que le fumier diminuait la qualité du safran: en conséquence, on n'en met jamais, en Gâtinois, dans les terres qui en portent ou qui sont destinées à en porter; mais, aux environs d'Angoulême on est moins scrupuleux; cependant les cultivateurs honnêtes se contentent d'amender leurs terres avec du marc de raisin, des feuilles sèches, de la terre ramassée dans les bois, des curures de rivières, d'étang, etc.

C'est au commencement de l'automne, c'est-à-dire vers la fin de juillet ou les premiers jours d'août, qu'on plante les oignons de safran. Pour cela, on ouvre des tranchées de 6 à 7 pouces de profondeur, et on y dépose les oignons à un ou 2 pouces de distance. La terre retirée de la seconde tranchée sert à combler la précédente, et ainsi de suite. Il y a 6 à 8 pouces de distance entre chaque tranchée, pour pouvoir donner les façons et faire la cueillette.

Quelques cultivateurs enlèvent les enveloppes des oignons (*leur robe*), séparent rigoureusement tous les caïeux avant de les mettre en terre; mais les plus expérimentés ne le font pas, et n'enlèvent les caïeux que lorsqu'ils sont devenus trop nombreux, ou lorsqu'ils en ont besoin pour augmenter leur culture.

Dès que les premières pluies d'automne ont pénétré la terre, si le temps s'est conservé doux, les fleurs du safran commencent à poindre et ne tardent pas à se développer. On donne alors un léger binage à la plantation.

La récolte du safran commence ordinairement vers les premiers jours d'octobre. Alors les cultivateurs n'ont aucun moment de repos, car les fleurs se succèdent avec une grande rapidité. Cette récolte dure ordinairement trois semaines. Pendant ce temps, hommes, femmes, enfans, vont dès la pointe du jour dans les champs avec des paniers, et chacun se mettant à califourchon sur une rangée de plants de safran, la suit dans sa longueur, coupant de la main droite avec l'ongle, ou simplement rompant les fleurs qui sont complétement développées ou qui commencent à s'ouvrir, et les mettant avec précaution dans le panier qu'il tient de la main gauche. Comme ces fleurs passent promptement, et que plus elles restent long-temps épanouies et plus leur stigmate perd de sa qualité et est difficile à enlever, il faut, autant que possible, que la récolte de chaque jour soit terminée avant que la rosée soit dissipée ; cependant, dans le plus fort de la récolte, on cueille aussi le soir, et on est quelquefois forcé d'attendre au lendemain pour en éplucher le produit: alors on étend les fleurs sur des toiles, où elles se fanent, mais se conservent.

La première année, un arpent ne fournit guère que 4 à 5 livres de safran; mais la seconde et la troisième, il en produit jusqu'à 15, 20 et même 25 livres.

La récolte finie, on ne s'occupe plus de la plantation que vers la fin de mai, pour couper (ou arracher) les feuilles. Vers la mi-juin, on donne un premier labour de 3 à 4 pouces de profondeur ; à la fin d'août, on en donne un autre absolument semblable, et en septembre un binage comme il a été dit plus haut.

On continue cette culture pendant trois ans, et le quatrième on relève les oignons pour les planter autre part: 1°. parce que la terre est épuisée et que les récoltes suivantes deviendraient inférieures : les fleurs de celle de la troisième sont déjà moins belles que celles de la seconde; mais comme elles sont plus nombreuses, le résultat est le même; 2°. parce que l'oignon du safran se renouvelant chaque année et au-dessus de l'ancien, celui qui était à 6 pouces de profondeur est remonté de 3 pouces, et est par conséquent plus exposé à la gelée, aux ravages des mulots et aux blessures des instrumens de labourage; 3°. parce que les caïeux sont devenus trop nombreux et se nuisent réciproquement. En effet, on a calculé que cinq boisseaux d'oignons en fournissaient vingt en quatre ans.

On place environ six cent mille oignons par arpent dans le Gâtinois, et un tiers moins dans l'Angoumois, parce qu'on les espace davantage dans ce dernier canton.

Duhamel a discuté la question de savoir s'il convenait mieux de replanter les oignons du safran aussitôt qu'ils sont sortis de terre que d'attendre qu'ils fussent un peu desséchés, et se décide en faveur de la première méthode. Tout homme éclairé sera de son avis, non qu'il y ait de l'inconvénient pour les oignons, à attendre, mais parce que plus tôt ils seront en terre, et plus tôt ils commenceront à se développer et plus les fleurs qu'ils produiront seront belles ; cependant, dans ce cas, il faut se conformer aux circonstances, et ne pas sacrifier à une plantation anticipée de quelques jours d'autres opérations importantes.

Les terres qui ont porté du safran sont cultivées en autres natures de plantes pendant sept, dix, quinze et même vingt ans. On a remarqué que le sainfoin réussissait très-bien après lui ; en conséquence on l'y sème ordinairement, et quand il est usé, c'est-à-dire huit à dix ans après, on lui substitue le blé et les autres céréales.

Il n'y a pas de doute que si l'on restituait à la terre, par des amendemens autres que le fumier, les principes que le safran lui a enlevés, ou si on la défonçait de 2 pieds (le sol supposé le permettre), on pourrait y remettre du safran peu de temps après ; mais il est, à mon avis, très-utile d'accoutumer les cultivateurs aux rotations à longues années, parce qu'elles ne peuvent produire que des résultats avantageux. *V.* Assolement.

Les oignons de safran sont sujets à trois maladies dangereuses.

1°. Le *fausset* ou *luette :* c'est une excroissance allongée, souvent en forme de corne, qui paraît ne pas différer des exostoses, quoique Duhamel la compare à un anévrysme. Elle diminue le produit des fleurs et même fait périr les oignons ; mais elle est rare et ne se communique pas. On la guérit en extirpant cette excroissance lors de la transplantation des oignons.

2°. Le *tacon :* c'est un véritable ulcère, qui s'annonce par une tache pourpre sur le corps même de l'oignon, tache qui devient jaune et enfin noire et sanieuse. Il est très-abondant dans les terrains et les années humides. Les pluies du mois de mai le produisent principalement. Lorsque cet ulcère est parvenu au centre, l'oignon périt. Jusque-là on peut le sauver en extirpant la partie gangrenée, en faisant un peu dessécher la partie conservée et en la replantant ensuite. Comme cette maladie est contagieuse, il vaut mieux, comme le conseille La Rochefoucauld, planter séparément les oignons opérés, que de les placer avec les autres, ainsi qu'on le pratique dans le Gâtinois.

3°. La *mort.* On a été long-temps dans l'ignorance de la cause de cette maladie qui, seule, fait plus de ravages dans un champ

de safran que toutes les autres causes de destruction réunies.
Duhamel, qui avait une sagacité si éminente pour observer,
s'est aperçu le premier que cette maladie était produite par
une espèce de champignon fort en rapport avec les truffes, et
Bulliard a mis ce fait hors de doute dans son superbe ouvrage
sur les champignons. Depuis, Persoon l'a placé dans un genre
particulier qu'il a appelé SCLEROTE, et Décandolle dans un autre
auquel il a donné le nom de RHIZOCTONE. La forme de ce singulier végétal est irrégulièrement globuleuse. Sa couleur est
roussâtre, sa chair assez ferme. Il pousse de divers côtés des
racines ramifiées, qui vont chercher les oignons de safran à
une distance considérable, de sorte qu'un seul pied infecté
devient le centre d'un cercle d'infection qui ne tarde pas à
s'étendre sur tout le champ. Lorsqu'une de ces racines atteint
un oignon sain, ses enveloppes deviennent violettes et hérissées; ensuite il se forme de nouveaux tubercules, qui pénètrent
dans l'intérieur de l'oignon et en détruisent totalement la substance. Il a été observé par Duhamel que ce redoutable parasite vit aussi aux dépens de plusieurs autres plantes, telles
que la bugrane, l'hièble, l'asperge, et sur-tout le liseron des
champs, de sorte qu'on n'est jamais sûr qu'il n'y en a pas ou
qu'il n'y en a pas eu dans un champ qu'on veut planter en
safran. On ne connaît pas de remède pour les oignons attaqués
de cette maladie, et il n'y a d'autre moyen préservatif, lorsqu'à la dessiccation des feuilles on juge qu'elle commence à
exercer ses ravages, que de faire une tranchée profonde autour du cercle de l'infection, et d'en rejeter la terre en dedans. Une seule pelletée de cette terre suffit pour propager la
maladie dans un autre champ, et la place où la maladie a existé
en conserve les germes pendant quinze à vingt ans, de sorte
qu'on ne doit plus y remettre de safran sans craindre de l'y
voir renaître. Cette cruelle maladie se développe au printemps
et dure pendant trois mois.

Les effets de l'ISAIRE sur les racines des arbres sont parfaitement semblables, et se préviennent par les mêmes moyens.
Voyez ce mot.

Mais j'en suis resté à la cueillette du safran, et il faut parler
des opérations qui en sont la suite.

Les fleurs du safran se fanent très-facilement lorsqu'elles
sont exposées à l'air, et se pourrissent très-rapidement lorsqu'elles sont entassées. Dans le premier cas, il devient plus
difficile d'en séparer le pistil, but de la culture, comme je l'ai
déjà dit ; dans le second, il est altéré au point de ne pouvoir
plus être mis dans le commerce : il faut donc qu'on s'occupe
sur-le-champ de l'épluchage, c'est-à-dire d'isoler ce pistil. En
conséquence, aussitôt que les fleurs sont arrivées à la maison,

on les étend sur de grandes tables, autour desquelles sont assises des éplucheuses ayant à côté d'elles une assiette, sur laquelle elles mettent les stigmates, après les avoir coupés un à un avec l'ongle un peu au-dessous de leur origine. Une ouvrière habile peut ainsi éplucher une livre de safran vert dans l'espace d'une journée; malgré cela, les cultivateurs de safran sont presque toujours obligés de louer du monde pour cette opération, à raison de la célérité qu'elle nécessite. Il faut sur-tout qu'on ait la plus scrupuleuse attention de ne laisser dans le safran épluché aucune portion des pétales, parce que, se moisissant, elles lui communiqueraient une mauvaise odeur. Il en est de même des étamines, quoique susceptibles de se dessécher plus facilement.

A mesure qu'on épluche le safran, il faut le faire sécher au feu. C'est une opération délicate dont le maître ou la maîtresse se chargent ordinairement. Les moyens employés sont grossiers, mais conduisent au but, au moyen des précautions nécessaires. Dans le Gâtinois, on l'étend sur des tamis de crin suspendus à un pied et demi au-dessus de la braise allumée et recouverte de cendre ; dans d'autres lieux, on l'étend sur des plats de terre ou des plaques de cuivre, etc. : dans toutes les manières, le point est de le remuer continuellement, et de ne le laisser ni brûler ni s'imprégner de l'odeur de la fumée, car il serait perdu. Quand il est parvenu à un degré de dessiccation tel qu'il se brise entre les doigts, on le met refroidir entre des feuilles de papier, et ensuite on le renferme dans des boîtes qu'on place dans l'endroit le plus sec de la maison. Cinq livres de safran vert n'en fournissent qu'une après la dessiccation.

Il semble qu'il y aurait de grands avantages, tant sous le rapport de la célérité que sous ceux de la sécurité et de la perfection, d'avoir une petite étuve portative pour cette dessiccation, et à cet effet je renvoie à la Collection des machines propres à l'agriculture, de Lasteyrie, où une de ces étuves est figurée.

On peut conserver bon le safran pendant deux ou trois ans, pourvu qu'il ne soit pas exposé à l'humidité ; mais ensuite il s'altère petit à petit, si on ne le prive pas complétement du contact de l'air. Les fraudes auxquelles il donne lieu sont la mouillure, pour augmenter son poids, et son mélange avec le safranum, pour corriger sa mauvaise couleur. On reconnaît la première au toucher, le safran bien sec devant toujours se casser sous le doigt; la seconde, au point de réunion des stigmates, cette partie, qui a une ligne de long, étant blanche dans le safran naturel. Le bon safran doit avoir une couleur vive et une odeur forte. Celui du Gâtinois passe pour le meilleur de France, et l'est en effet, parce qu'on ne fume pas, comme aux environs d'Angoulème et de Caen, les terres qui le produisent, et parce qu'on prend toutes les précautions nécessaires pour ne pas le détériorer dans l'opération de son desséchement et de sa conservation.

Le safran du commerce sert à un grand nombre d'usages dans la médecine, l'économie domestique et les arts. Il est béchique, emménagogue, détersif, résolutif, anodin, céphalique, ophthalmique, stomachique, diaphorétique, etc. ; mais son usage n'est pas sans danger, et on ne doit l'employer qu'avec beaucoup de circonspection, car, à haute dose, il provoque l'assoupissement léthargique, les vomissemens, le délire, etc., Son odeur seule cause souvent ces accidens, et les éplucheuses, ainsi que les sécheuses, ne doivent en conséquence travailler que dans un lieu bien aéré. Malgré ces précautions, elles sont souvent attaquées de pertes, d'enflure aux yeux et autres parties du corps, et même de syncope. On cite un garçon droguiste mort pour s'être endormi sur un sac qui en était rempli. Cependant il est des peuples qui en font un usage habituel ; les Espagnols et les Polonais en mettent presque tous dans leurs sauces. Il entre dans les crêmes, les biscuits, les vermicelles, les conserves, les liqueurs de table, dans beaucoup de préparations pharmaceutiques et autres. Il colore souvent le beurre, etc.

On assure qu'un paquet de safran porté sur le creux de l'estomac préserve du mal de cœur, ce que la théorie ne repousse pas.

Les peintres à la gouache et les teinturiers de petit teint en emploient quelquefois.

La culture du safran est très-importante à encourager en France, parce que ses produits sont presque tous exportés et procurent des bénéfices importans. On a calculé qu'à raison de 50 francs la livre, un arpent donnait, au bout de trois ans, plus de 1,500 francs de bénéfice, terme moyen. Il est fâcheux 1°. que de fortes gelées fassent quelquefois périr les oignons dans la terre, sur-tout ceux de trois ans, qui, comme je l'ai observé, sont moins enfoncés que les autres ; 2°. que les petites gelées hâtives diminuent ou fassent manquer totalement une récolte en frappant les fleurs au moment où elles se montrent ; 3°. que des pluies prolongées à la même époque produisent les mêmes effets en les faisant pourrir ; 4°. que la *mort* en fasse quelquefois disparaître en trois mois des champs entiers ; 5°. que sa trop rapide floraison ne permette pas toujours de l'éplucher en temps convenable ; 6°. qu'on en perde quelquefois par suite de sa mauvaise dessiccation ou de sa conservation dans des lieux humides, etc.

On cultive rarement le safran dont il vient d'être question dans les jardins, mais bien les SAFRANS PRINTANIERS qui en diffèrent, parce que leurs feuilles sont plus larges et leurs stigmates inodores et moins longs que les divisions de la fleur. Ils sont originaires des hautes montagnes de l'Europe et de l'Asie. Leurs fleurs sont bleues, grises, jaunes, rougeâtres, blanches avec des stries ou des raies de diverses couleurs. Long-temps on les a crus des variétés, mais il est constaté qu'ils sont des espèces. Ce sont eux que les jardiniers appellent CROCUS. Ils forment des touffes ou des bordures du plus grand éclat pendant les premiers jours du printemps. On les relève tous les trois ou quatre ans pour les changer de place et les débarrasser des caïeux qu'ils produisent en grande abondance et avec lesquels on les multiplie. La nature de terre propre à la précédente espèce leur convient. On les plante au commencement de l'hiver. Leur précocité fait qu'on en garnit souvent des pots qu'on place sur la cheminée, qu'ils ornent par leurs fleurs dès le mois de janvier. L'art consiste à mélanger les couleurs de manière à produire le meilleur effet possible. On ne peut trop recommander la culture de ces jolies plantes aux amateurs de fleurs. Elles ne craignent point les gelées, et si elles sont sujettes, comme cela est probable, aux maladies indiquées plus haut, on ne s'en plaint pas. (B.)

SAFRAN BATARD. *Voyez* CARTHAME.

SAFFRE ou SAFRE. Terme usité aux environs de Marseille pour indiquer la roche qui existe sous la couche de terre végétale. C'est un grès calcaire peu dur. (B.)

SAGINA. Le SARRASIN porte ce nom dans quelques cantons de l'Italie. (B.)

SAGOUTIER, *Sagus farinifera* (Gœrtn). C'est un palmier très-intéressant, qui est utile dans toutes ses parties et qui produit une substance médullaire farineuse, que les habitans de l'Inde mangent sous différentes formes. Cet arbre croît naturellement dans plusieurs contrées de l'Asie, principalement à Amboine et à Sumatra. Il vient dans les endroits marécageux. Ses racines s'étendent à de grandes distances et poussent des rejets nombreux. Son tronc s'élève à la hauteur de 10 à 12 pieds; ses feuilles sont ailées, longues de 20 pieds, réunies à leur base et armées à leurs pétioles de touffes d'épines qui protégent le tronc naissant contre la dent des animaux. Il porte des fleurs unisexuelles, dont les mâles et les femelles naissent sur le même pied.

Le sagoutier ne donne des fruits que lorsqu'il est parvenu à son dernier développement, c'est-à-dire lorsqu'il approche de l'âge de retour. Comme sa fructification n'a lieu qu'aux dépens de sa substance farineuse, les habitans en retardent l'époque. Lorsque les feuilles se couvrent d'une poudre blanchâtre, qui ne paraît être qu'une transsudation de la moelle, on juge alors que celle-ci a acquis la qualité convenable pour être mangée. Quelquefois on en retire des parcelles du tronc, après y avoir fait un trou, et on les broie dans la main pour reconnaître, par la qualité de la farine, si elle est parvenue à son point de maturité. La récolte de cette substance se fait de la manière suivante.

On coupe le tronc du sagoutier et on le partage en plusieurs tronçons que l'on fend ; on enlève la moelle, on la dépouille de ses enveloppes ; elle est écrasée et mise dans un baquet avec de l'eau, on l'agite jusqu'à ce que la fécule soit entièrement suspendue ; elle est passée alors dans un tamis de crin : on met ce qui a passé dans des vases, où la fécule se dépose et d'où on la retire après avoir décanté l'eau. Cette fécule est coupée en petits pains qu'on fait sécher à l'ombre : c'est le véritable *sagou*.

Cette substance, qui est très-blanche et très-fine, supplée au riz. On en fait du pain ou plutôt des galettes, car elle n'est pas susceptible de fermentation. On mange aussi le sagou en bouillie ou cuit dans les sauces, on le prépare enfin d'autant de manières que notre pomme de terre ; il s'en fait dans l'Inde une grande consommation : tenu dans un lieu sec, le sagou se conserve très-long-temps ; pour les voyages de mer, on le dessèche au four, on en rôtit un peu la surface, soit en galette, soit après qu'il a été réduit en grains de la grosseur du riz. C'est ordinairement sous cette dernière forme qu'il arrive en Europe, où les Hollandais en importent une assez grande quantité : employé en potage comme du vermicelle, il devient transparent et se gonfle beaucoup ; on le consomme plus ordinairement en bouillie, ou cuit avec du lait, du sucre et des aromates : c'est un aliment agréable, très-léger et peu nourrissant ; il convient aux enfans, aux vieillards, aux convalescens et à tous ceux dont les forces digestives sont affaiblies.

La fécule de sagou se dissout dans l'eau froide, d'après l'observation de Caventou.

Il découle des incisions faites au sagoutier une liqueur saine et agréable à boire, mais qui passe promptement à la fermentation : on n'en fait pas un grand usage, parce qu'elle est fournie aux dépens de la substance farineuse. Le tronc et les feuilles de ce palmier sont d'une grande ressource dans la construction des maisons ; le tronc fournit la charpente et les planches, et les feuilles donnent la couverture ; avec celles-ci on fait des nattes, des cordes et plusieurs petits objets d'utilité domestique. (D.)

SAIGNÉE. La saignée est l'ouverture d'un vaisseau quelconque à l'aide d'un instrument tranchant, dans l'intention de procurer une évacuation de sang; on la pratique sur les artères et sur les veines, mais plus particulièrement sur les veines : ce genre de vaisseaux est plus apparent que les artères, leur ouverture est moins dangereuse, et l'effusion du sang qu'ils fournissent est plus facile à arrêter. D'autres motifs déterminent encore à saigner plutôt aux veines qu'aux artères; mais ils tiennent à des considérations physiologiques qui seraient déplacées ici.

On a peu d'occasions de saigner aux artères : cette sorte de saignée ne se pratique guère qu'à l'artère temporale, dans l'intention de procurer une prompte évacuation des vaisseaux et sinus sanguins du cerveau; encore, dans ce cas, fait-on l'ouverture de l'artère et de la veine en même temps, comme dans la saignée au palais (sur laquelle nous ferons quelques remarques), et dans celles que l'on pratique à la partie du pied qu'on appelle la *pince*.

Les veines auxquelles on saigne le plus ordinairement sont la jugulaire, ou veine du cou; celle des ars, ou céphalique; celle de l'éperon, ou thoracique externe; celle du plat des cuisses, ou saphène; celle des tempes ou temporales, appelée aussi *veines des larmiers;* celle du palais, appelée *palatine;* celle de la queue, ou sacrée; celle du paturon, et enfin celle de la pince.

Les instrumens avec lesquels on saigne sont la flamme, la lancette et le bistouri; le choix de ces divers instrumens est déterminé par le genre et le volume du vaisseau à ouvrir, et l'espèce d'animal sur lequel on a à agir.

Dans le cheval, l'âne, le mulet et le bœuf, on ouvre les gros vaisseaux avec la flamme, et les petits avec la lancette.

Dans le mouton, la chèvre, le chien, le chat et le cochon, toutes les saignées se font avec la lancette. Il en est de même pour les volatils, chez lesquels on la fait sous l'aile, tout près de l'articulation.

La saignée du palais et celle qu'on fait à la pince ne sont pratiquées que sur le cheval, l'âne, le mulet et le bœuf : quant a la première, nous croyons qu'elle ne doit pas être faite avec un clou appointé, comme elle est usitée par quelques personnes, ni même avec un bistouri ou autre instrument tranchant (1); mais bien avec la corne de chamois, ainsi que l'in-

---

(1) La difficulté de borner l'instrument, à cause des mouvemens de l'animal, doit faire préférer la corne, qui glisse sur le périoste et ne peut

dique M. Soleysel, qui la recommande comme un moyen de donner de l'appétit aux chevaux.

Pour faire la saignée de la pince, il faut parer le pied dans toute la circonférence de la sole, puis amincir le plus possible le point où l'on doit saigner, et ensuite inciser les vaisseaux avec un bistouri : cette opération faite, on peut mettre le pied dans l'eau chaude, ou le laisser saigner tout simplement ; on arrête l'hémorrhagie au moyen d'un petit appareil : premièrement on applique un fer préparé pour cela, puis on met sur l'ouverture des bourdonnets ou plumasseaux trempés dans l'eau-de-vie ; on a soin de les contenir et de les comprimer avec deux éclisses, dont une doit être placée selon le grand axe du pied, c'est-à-dire dans toute sa longueur, et l'autre le traverser dans sa largeur.

Le manuel de cette saignée est, comme on le voit, bien différent de celui qui doit avoir lieu pour les vaisseaux qui rampent sous la peau.

Pour ces vaisseaux, si on opère avec la lancette, on fait la compression avec une main, et avec l'autre on pratique l'ouverture en ponctuant, puis en faisant un mouvement d'élévation.

Si c'est avec la flamme, l'instrument étant ouvert, on en tient la lame entre le pouce et l'index, puis avec les autres doigts de la même main on prend un point d'appui sur le vaisseau, dont on fait en même temps la compression, et de l'autre main on frappe sur la flamme avec un morceau de bois ou tout autre agent. Il faut tenir la lame de l'instrument tant soit peu éloignée de la peau ; si elle la touchait, avant de donner le coup, elle exciterait l'animal à faire des mouvemens qui gêneraient l'opérateur. On ferme cette saignée avec une épingle qu'on passe à travers les deux lèvres de la plaie, et avec laquelle on les réunit par le moyen d'un petit bout de ficelle ou de quelques brins de crins dont on entortille le tout ; en plaçant l'épingle, il faut éviter de tirer la peau, cela donne lieu à l'épanchement du sang entre cuir et chair, et occasionne un engorgement qu'on appelle *trombe*.

Dans les petits animaux, on arrête les saignées faites par la lancette avec une compresse maintenue par une bande.

On saigne facilement à la jugulaire le mouton, la chèvre, le chien et le chat ; il n'en est pas de même du cochon, la graisse dont il est recouvert masque les vaisseaux et les rend difficiles

---

jamais l'atteindre. Au reste nous pensons, avec M. Lafosse et beaucoup de vétérinaires, que la saignée du palais peut être abandonnée et supprimée de la saine pratique.

à trouver : ils sont plus apparens à l'oreille ; c'est à cette partie qu'on saigne ces animaux.

Les fortes inflammations, les grandes douleurs requièrent l'usage de la saignée ; elle a quelquefois fait cesser la suppression et la rétention d'urine, lorsque ces maladies n'étaient pas compliquées d'indigestion ; enfin, elle est calmante, relâchante, et d'une grande efficacité lorsqu'elle est employée avec discernement. Dans la fourbure, par exemple, elle produit les meilleurs effets ; mais si cette maladie est occasionnée par l'usage immodéré de l'avoine, elle devient nuisible et ne doit être faite qu'après avoir traité la maladie principale.

On pratique la saignée dans beaucoup de cas ; il serait trop long d'indiquer ici toutes les maladies qui en nécessitent l'emploi et celles qui en doivent interdire l'usage.

Le cheval est de tous les animaux celui qu'on saigne le plus fréquemment, presque toujours sans motif plausible ni nécessité bien marquée. Les écuyers, les piqueurs, les maréchaux, les marchands de chevaux, les palefreniers, les charretiers, les garçons d'écuries saignent ou font saigner leurs chevaux pour tous les genres de maladie indistinctement. Il n'y a pas en vétérinaire de remède dont on fasse un plus grand abus ; les saignées de précaution font chaque année bien des victimes.

La saignée ne doit être faite que lorsqu'on n'a pas à craindre l'accumulation des alimens dans l'estomac et les intestins ; on doit aussi se garder de la faire lorsqu'il y a prostration des forces, à moins que cet état ne soit causé par la pléthore sanguine ; ce que l'on reconnaît à la dureté du pouls et à la tension des artères.

Elle est également nuisible pendant la durée des crises opérées par la nature ; si elle les favorise avant le paroxysme, elle peut les empêcher et même les supprimer lorsqu'on la pratique dans le temps qu'elles ont lieu.

Elle fait disparaître les tumeurs critiques ; elle en opère la rentrée subite, occasionne des métastases plus ou moins dangereuses et quelquefois mortelles.

Il y a des personnes qui, après de grandes fatigues, des exercices forcés et de longues routes, ont l'habitude de faire saigner leurs chevaux, dans l'intention de les rafraîchir et de leur *renouveler le sang* : telle est leur expression. Nous ne pensons pas que par cette opération ils atteignent le but qu'ils se proposent, sur-tout s'il y a faiblesse générale, comme cela arrive ordinairement dans ces circontances ; ce qui se manifeste par la teinte morne du poil et la facilité avec laquelle les crins se détachent. Nous ne prétendons pas cependant dire ici qu'il ne se rencontre pas quelques cas qui, après de longues fatigues, ne justifient l'usage de la saignée ; mais ces cas sont rares, et souvent les bains, le frictions, les repos ét les petites promenades réitérées triomphent de la plupart des accidens, et remettent promptement des plus grandes fatigues.

Nous avons encore à signaler ici un autre abus de la saignée, qui, pratiquée dans le sens opposé à celui dont nous venons de parler, ne nous en paraît pas moins condamnable ; c'est la méthode qu'ont certaines personnes de saigner leurs chevaux pour les préparer à des exercices violens, tels que les courses, ou encore pour préparer les étalons à la *monte* ; on sent aisément toute l'absurdité de cette méthode. *Voyez* le volume de 1792 des *Instructions vétérinaires*, on y trouve un fort bon mémoire sur la saignée. (DES.)

SAIGNÉE. Sorte de petit fossé qu'on pratique dans les berges des rivières, des canaux, et de tout amas d'eau, afin de diriger vers un point une certaine quantité d'eau ; ou pour faire écouler toute l'eau, et les mettre à sec. L'agriculture pratique fréquemment des saignées. (B.)

SAINDOUX. Graisse qui se trouve autour des intestins du cochon. *Voyez* AXONGE.

SAINFOIN, *Hedysarum*. Genre de plantes de la diadelphie décandrie, et de la famille des légumineuses, qui renferme près de cent cinquante espèces, la plupart propres à la nourriture des bestiaux, et dont deux sont, dans ce but, l'objet d'une culture de grande importance pour la France.

Les caractères des sainfoins sont, 1°. calice à cinq divisions ; 2°. corolle papilionacée à étendard oblong, pointu et réfléchi, à ailes étroites, à carène transversalement obtuse ; 3°. dix étamines dont les filets sont réunis en deux paquets ; 4°. un ovaire supérieur oblong, terminé par un style en alène et recourbé ; 5°. une gousse droite, articulée, renfermant une seule graine à chaque articulation.

Il y a des sainfoins à racines annuelles, à racines vivaces et à tiges frutescentes ; les unes ont les feuilles simples, les autres les ont ailées ; les fleurs sont en général disposées en épi au sommet de pédoncules axillaires ou terminaux ; mais quelques espèces offrent uue disposition différente.

Le SAINFOIN COMMUN, *Hedysarum onobrychis*, qui porte aussi les noms d'*esparcette*, de *Bourgogne*, est une plante originaire des montagnes calcaires de l'Europe moyenne et méridionale : elle a la racine vivace, pivotante ; les tiges droites, flexueuses, hautes d'environ un à 2 pieds ; les feuilles alternes, pinnées, accompagnées de stipules, composées de neuf à treize folioles cunéiformes, glabres ; les fleurs rougeâtres, striées, disposées en tête spiciforme, à l'extrémité de longs pédoncules axillaires ; les gousses monospermes et hérissées de pointes.

Il est à observer que le nom de sainfoin s'applique en quelques lieux à la LUZERNE. *Voyez* ce mot.

Du temps d'Olivier de Serres, le sainfoin était peu cultivé en France, aujourd'hui il couvre des espaces extrêmement étendus non-seulement dans le midi, mais encore dans le nord de la France; cette amélioration est due aux principes de culture qui commencent à prédominer en France.

Les terrains sablonneux et humides conviennent au trèfle; ceux qui sont profonds et substantiels sont réservés à la luzerne : le sainfoin se contente des sols les plus secs et les plus pierreux, sur-tout s'ils sont calcaires. Il fournit un fourrage moins abondant, mais plus substantiel que le dernier ; sa qualité compense sa quantité. Les animaux qui s'en nourrissent sont plus forts, ont la chair plus ferme et plus savoureuse que ceux qui vivent exclusivement de luzerne. Cette supériorité du sainfoin est sur-tout remarquable dans le midi de la France; là il donne trois et même quatre coupes, tandis que dans le nord il en donne à peine deux.

« Le sainfoin, dit Rozier, est un magnifique présent de la nature pour les pays qui manquent de fourrages, à raison du peu de valeur de leurs champs; jusqu'à présent on ne connaît aucune plante capable de le suppléer; ainsi tous les soins des cultivateurs doivent tendre à y multiplier cette culture : le trèfle ni la luzerne, malgré leur excellence, ne les en dédommageraient point, puisque dans de tels champs ils ne sauraient prospérer ; mais dans les bons fonds, les produits de l'un ou de l'autre l'emporteront de beaucoup sur les siens. Il vaut mieux avoir peu de fourrage que point de tout, sur-tout lorsque ce peu est d'excellente qualité; les craies pures, si rebelles à toutes autres cultures, permettent celle du sainfoin. Ce n'est que depuis qu'il a été introduit dans cette partie de la France, ci-devant appelée Champagne pouilleuse, que le triste aspect qu'elle présentait a changé, qu'on a pu y élever quelques bestiaux, qui ont fourni des engrais et procuré des ressources à ses misérables habitans. Cette faculté de croître dans les sols les plus ingrats, le sainfoin la doit à ses racines qui s'enfoncent, selon Tull, jusqu'à 30 pieds, et selon Gilbert, jusqu'à 6 pieds et demi. Je les ai vues s'enfoncer dans les fissures des roches calcaires sur lesquelles il n'y avait que de 2 à 3 pouces de terre, et en suivre les sinuosités jusqu'à une profondeur considérable. »

Le sainfoin peut donc mieux qu'aucune autre plante aller chercher l'humidité à une grande distance de la surface, et par conséquent résister aux chaleurs les plus intenses, aux sécheresses les plus prolongées, réussir dans les terrains les plus arides, dans les expositions les plus brûlantes. A ces avantages déjà si majeurs il faut joindre ceux non moins importans, 1°. de n'exiger que fort peu de soins et de dépenses pour son semis et son entretien; 2°. d'améliorer le terrain pour les récoltes futures en céréales ou autres, par les débris de ses feuilles et de ses racines, ainsi que par les résultats d'un bon assolement.

Il résulte de ces considérations que, quelque étendue que soit la culture du sainfoin en France, elle n'est pas encore arrivée au point que doit désirer tout ami de son pays; des départemens entiers ne la connaissent pas du tout, quoique le sol y soit très-propre; d'autres, où elle est restreinte à quelques communes et même à quelques fermes. La cause en est sans doute à cette inertie générale des cultivateurs peu éclairés, qui les porte toujours à se refuser à l'introduction de nouveaux objets dans la rotation de leurs assolemens. De plus, sa culture est extrêmement peu soignée, même dans les lieux où elle est le plus en faveur; dans la ci-devant Bourgogne, par exemple. Arthur Young, qui a souvent si bien vù ce qui manque à notre agriculture, observe que chez nous cette plante ne dure que six ans au plus, et souvent deux ou trois seulement, tandis qu'en Angleterre elle subsiste douze ou quinze ans. Il attribue cette différence, 1°. au préjugé, si désastreux, que la production du blé doit être le but principal de toute culture; 2°. au peu de longueur des baux, qui, étant généralement de neuf ans, ne laissent pas à celui qui sème la certitude de récolter; 3°. au peu d'importance qu'on met à la multiplication des bestiaux; 4°. enfin au peu de soin qu'on apporte à nettoyer la terre par des cultures de plantes qui exigent des binages d'été, comme les pommes de terre, les haricots, etc., des mauvaises herbes, qui finissent par étouffer le sainfoin.

Le même Arthur Young nous a donné des renseignemens précieux sur l'importance qu'on met en Angleterre à la culture du sainfoin, sur les avantages qui en sont la suite, et sur le mode qu'on y emploie. Je vais en présenter l'extrait.

Des provinces entières ont changé d'aspect depuis qu'on y cultive le sainfoin, de riches récoltes ont succédé aux plus maigres pâturages. C'est sur-tout sur les sols craïeux que les avantages de cette plante se font sentir; mais elle vient d'ailleurs fort bien dans les sables et dans les argiles lorsqu'il n'y a pas excès d'humidité. On a reconnu que, soit frais, soit sec, il formait une excellente nourriture pour les bestiaux, qu'il leur en fallait moins que du trèfle ou de la luzerne pour les tenir en bon état. Les moutons le préfèrent à tout autre. Il donne au lait et par suite au beurre des vaches une qualité supérieure. Les cochons qui s'en nourrissent sont mieux disposés à l'engrais. Les poules, les pigeons et autres volailles recherchent ses graines, dont l'usage les porte à pondre davantage.

Généralement le sainfoin dure de dix à quinze ans. On a remarqué que sa plus grande durée et ses plus belles récoltes avaient lieu lorsqu'on le semait sur une terre préparée par la culture des turneps ; qu'il était plus avantageux de le semer à la volée qu'en rangées, et avec de l'orge et de l'avoine que seul ; qu'un temps humide était favorable au succès de cette opération ; qu'il améliore les terrains pauvres au point que celui qui, avec des fumiers, n'aurait donné que de chétives récoltes de seigle, donne, sans fumier, après sa destruction, de belles récoltes de froment. Les engrais ou amendemens qui lui conviennent le mieux sont les cendres, la suie et le plâtre.

Quoique le sainfoin dure moins sur les terres arides que sur celles qui sont fertiles, c'est cependant sur elles qu'il convient de plus prolonger sa durée, parce qu'elles ne sont pas susceptibles d'un assolement très-varié ; ainsi, dans ces sortes de terres, on aura soin de le couper au moment même où il commence à entrer en fleur ; on évitera de le faire paître en aucun temps, et sur-tout l'été, par les bestiaux en général, et principalement par les moutons ; on aura soin de le herser avec une herse de fer à la fin de l'hiver, pour détruire les mauvaises herbes qui auront déjà poussé à cette époque, sur-tout la brome, l'orge des murs et autres graminées annuelles.

Ce que je viens de rapporter peut servir à établir sur des bases solides le meilleur mode de culture du sainfoin.

D'abord on doit le semer de préférence, 1°. sur les sols calcaires ; 2° sur les sols sablonneux ; 3°. sur les sols argileux lorsqu'ils sont trop secs pour donner de belles récoltes de trèfle ou de luzerne.

Les coteaux exposés au midi paraissent être la vraie localité du sainfoin, il y prospère mieux que nulle autre part ; aussi en Bourgogne, est-il généralement substitué aux vignes qu'on est dans le cas d'arracher.

Ensuite il faut préparer le terrain par la culture antérieure de raves, de pommes de terre, de haricots, de pois, de lentilles, etc., binées deux ou trois fois dans le courant de l'été.

On peut semer le sainfoin en automne avec du blé ; mais comme il est sensible, sur-tout lorsqu'il est jeune, aux fortes gelées de l'hiver, on ne le sème guère qu'au printemps.

Un labour très-profond avant l'hiver, un autre pendant cette saison, et un troisième à l'époque des semailles, sont indispensables au succès d'un semis de sainfoin. Ceux qui croient qu'un seul est nécessaire n'ont nulle connaissance de la constitution de cette plante. Il suffit en effet de considérer la durée de son existence et la longueur de ses racines pour voir qu'il faut qu'elle trouve une terre meuble dans sa jeunesse, c'est-à-dire lorsqu'elle n'a pas encore la force nécessaire pour pénétrer dans celle qui n'a jamais été remuée : faire passer deux fois la charrue dans le même sillon, ou employer ces charrues *approfondissantes* inventées en Angleterre, est toujours une bonne opération.

C'est avant le dernier labour qu'on répand le fumier, lorsqu'on le juge nécessaire, ou la suie, les cendres, la marne, la chaux et autres amendemens toujours si avantageux. Le plâtre, qui produit des effets si prononcés sur le sainfoin, quoiqu'un peu inférieurs à ceux qu'il donne sur le trèfle et la luzerne, ne se répand que la seconde année du semis et lorsque la plante est en pleine végétation.

La quantité de semence du sainfoin doit être doublé de celle du blé qu'on emploierait sur la même superficie de terrain. Cette quantité serait peut-être trop forte dans les bons sols; mais il est rare qu'il n'y ait pas un quart et même un tiers de cette graine qui ne lève pas, soit parce qu'elle est mangée par les mulots et les oiseaux, soit parce qu'elle n'a pas été assez enterrée pour pouvoir profiter de l'humidité du sol, soit enfin parce qu'elle ne valait rien, les fleurs du sommet des épis avortant ordinairement.

La seconde de ces considérations doit engager à choisir un temps pluvieux et à ne pas tarder plus que le milieu de mars pour semer le sainfoin. Je l'ai vu généralement d'autant mieux réussir qu'il avait été semé plus tôt.

La bonne graine doit peser environ 31 kilogrammes l'hectolitre.

Des agriculteurs soutiennent que le sainfoin doit être semé plus épais qu'aucune autre plante; le vrai est que lorsqu'il est épais ses tiges sont plus nombreuses, plus grêles et plus tendres; mais aussi il dure moins long-temps, parce que les plantes dont la croissance est gênée dans les premiers momens de leur existence ne sont jamais aussi vigoureuses que les autres.

Le hersage du sainfoin se fera avec tout le soin possible par cette même considération et par la première.

On sème toujours des céréales, comme du blé, du seigle, de l'orge et de l'avoine, avec la graine de sainfoin, tant pour payer une partie de la dépense de la culture de cette année, par la récolte de ces céréales, que pour protéger le jeune plant contre les ardeurs du soleil de l'été. On sent bien que, dans ce cas, il faut que ces céréales soient peu serrées, pour ne pas étouffer le plant. L'orge et l'avoine, comme moins élevés, sont préférables par la même raison.

Lorsque le semis a manqué par quelque cause que ce soit,

il est toujours possible de semer de la nouvelle graine dans les places vides, au printemps de l'année suivante. Les pieds qui en proviendront, quoique d'abord plus faibles, se distingueront par la suite difficilement des autres.

La première année, le plant de sainfoin fait peu de progrès, souvent même il paraît clair, car beaucoup de graines ne lèvent que la seconde. On ne doit pas le couper et encore moins le faire pâturer, parce que les racines prennent d'autant plus de force qu'il y a plus de feuilles, et que le collet de ces racines est souvent saillant d'un pouce au-dessus de la surface de la terre : or, tout jeune pied coupé au-dessous de ce collet meurt immanquablement.

Quelques cultivateurs, d'après la considération de cette élévation du collet des racines, attendent le premier hiver pour marner leurs sainfoins, afin de les chausser par cette opération. On ne peut mieux faire que de les imiter, car le principe d'après lequel ils agissent est dans la nature. Les semis en pente sont encore plus dans ce cas que les autres, à raison de l'entraînement des terres par les eaux pluviales.

L'année suivante, on peut couper le sainfoin deux et même trois fois, selon le climat et autres circonstances. Dans le midi de la France, lorsque son irrigation est possible, on peut le couper jusqu'à cinq, et alors ses produits sont égaux à ceux de la luzerne. L'époque la plus avantageuse à choisir pour cela est le moment où il commence à entrer en fleur ; plus tôt, il est peu substantiel et se retrait prodigieusement ; plus tard, il est trop dur et perd toutes ses feuilles par la dessiccation, le bottelage, etc.

Il est préférable, sous plusieurs rapports, de réserver des sainfoins uniquement pour la graine. Je blâme ceux qui laissent monter la seconde coupe toutes les années et ceux qui attendent que leurs sainfoins soient dans le cas d'être rompus. Les bénéfices que l'on retire de la vente de la graine ou de son emploi pour la nourriture de la volaille ne dédommagent pas, dans ce cas, de l'infériorité des fourrages et de la diminution de la durée du semis. Une prairie déjà usée donne plus de graine proportionnellement aux pieds qui la composent, parce que ces pieds, étant plus espacés, jouissent mieux des influences de l'air et de la lumière, mais cette graine est moins belle ou moins bonne.

Comme la graine du sainfoin mûrit successivement et que lorsqu'on le coupe à sa complète maturité, d'un côté, ses premières graines, toujours les meilleures, sont tombées, de l'autre, ses fanes ne sont plus aussi bonnes pour la nourriture des bestiaux, il est plus convenable de le couper de bonne heure que ard. Dans ce cas, on le bat avec des baguettes lorsqu'il est seulement fané, et on se contente de la petite quantité de bonne graine qu'il donne. Dans la ci-devant Bourgogne, où la culture de cette plante est très-étendue, on la coupe comme je l'indique, et on la porte sur le grenier lorsqu'elle est parfaitement sèche, de sorte que les bonnes graines sont tombées lorsqu'elle y arrive.

C'est la seconde année et la cinquième ou sixième, en supposant que le sainfoin doive durer dix ans, qui est le plus long terme commun usité en France, qu'il faut le plâtrer. Si on ne le plâtre pas, il sera bon de le fumer la cinquième ou sixième année, ou d'y répandre des curures d'étang, des boues de villes et autres matières analogues, pour le ranimer. A toutes les époques, on devra, au commencement du printemps, avant qu'il monte en fleur, le débarrasser par un sarclage des grandes plantes vivaces ou annuelles, qui nuiraient à son accroissement ou à la qualité du fourrage qu'il doit fournir.

Beaucoup de cultivateurs se contentent d'une coupe de sainfoin, et font manger sur place ses repousses par leurs bestiaux. Je ne m'opposerai pas à cette pratique, qui peut être commandée par les circonstances; mais j'observerai qu'il est prouvé, par des expériences comparatives, qu'elle diminue de beaucoup l'abondance et la durée des produits.

Une utile opération à faire sur les sainfoins, sur-tout sur les vieux, c'est de les herser une ou deux fois pendant l'hiver avec une herse à dents de fer, et d'y répandre de suite de la chaux en poudre, il en résulte une augmentation considérable de produit, ainsi que l'a également prouvé l'expérience.

On ne doit rompre les sainfoins que lorsqu'au moins la moitié des pieds a péri. Jamais il ne faut, d'après les principes des assolemens, ressemer de la graine dans les places vides, dans l'intention de perpétuer sa durée. D'ailleurs les avantages qu'on est dans le cas de retirer des productions en céréales qu'on confie après lui à la terre sont tels, qu'il ne peut être que rarement désirable de prolonger cette durée au-delà du terme fixé par la nature. Si on voulait cependant le faire, il serait mieux de regarnir les places vides avec de la luzerne ou du trèfle; mais alors il faudrait faire pâturer le mélange sur place, parce que la différence de l'époque de la maturité de ces plantes rendrait le fourrage sec inférieur en qualité.

La coupe du sainfoin se fait comme celle de tous les autres fourrages; sa dessiccation est prompte lorsque le temps est favorable. Rarement le foin qu'il fournit est dans le cas de s'échauffer, de moisir, de pourrir comme la luzerne et le trèfle. Lorsqu'on le stratifie avec de la paille de blé ou d'avoine immédiatement après sa récolte, il leur communique de son odeur et même un peu de sa saveur, de sorte que les bestiaux la mangent avec plus de plaisir. Les opérations qui suivent cette coupe, comme le bottelage et le transport au grenier, doivent être faites avant sa parfaite dessiccation, afin que les folioles des feuilles qui tiennent peu à leur pétiole ne tombent pas ; car il arrive souvent, lorsqu'on ne prend pas cette précaution, qu'il ne reste que des tiges dures et insipides.

On doit à M. Huillier un fort bon mémoire sur la culture du sainfoin, inséré tome 36 des Annales d'agriculture, dans lequel il observe avec raison que ce fourrage serré trop humide s'échauffe, moisit et pourrit ; serré trop sec, se brise et perd sa saveur. Voici le procédé qu'il suit pour l'avoir à l'état mitoyen de sécheresse, qui est le plus parfait.

« Lorsque le sainfoin est à demi sec, je le préserve de la rosée de la nuit en l'amassant en roue, le lendemain à chaque dix pas je fais une tranchée dans la roue ; puis deux personnes avec la fourche forment un petit tas de ce qu'il y a de foin d'une tranchée à l'autre. Je laisse ces tas sans y toucher pendant vingt-quatre heures, puis je réunis sept à huit tas dans un seul. Cette opération est facile : deux personnes, au moyen d'un bâton de 2 mètres de long qu'elles glissent sous le tas, l'emportent ; une troisième personne se tient sur le principal tas et le foule aux pieds. On a soin que la dernière mise forme un sommet bien arrondi, afin que la pluie ne puisse pénétrer. On laisse ainsi ce tas pendant six jours ; le sainfoin devient doux au toucher ; il reste vert, conserve toutes ses feuilles et son agréable odeur. Ayant subi une fermentation modérée, il n'est pas sujet à se gâter, et on peut le serrer sans crainte. Cette manière de faner coûte moins de main d'œuvre que la manière ordinaire. »

La récolte du sainfoin pour graine doit être faite de façon qu'on perde le moins possible de graine et que la plus grande partie de cette graine soit mûre. Le point juste est difficile à saisir, attendu que les premières graines sont bonnes à recueillir quand les dernières sont à peine nouées : l'inspection de la plante peut seule guider dans ce cas. La coupe de ce sainfoin se fera le matin, ses produits seront emportés à la maison le soir du même jour et déposés dans une grange, où ils achèveront de se dessécher lentement. Par ce moyen, la graine mûre ne tombera pas, et celle qui ne l'est pas se perfectionnera. On peut la battre au bout de huit jours ; la laisser dans sa gousse est très-avantageux à sa conservation. Il est beaucoup de lieux où jamais on ne la dépouille de cette gousse, opération longue et inutile pour la réussite des semis, que lorsqu'il s'agit de la donner aux bestiaux ou aux volailles. C'est avec le fléau qu'on procède ordinairement à ce dépouillement ; quelquefois cependant on emploie un rouleau ou une pierre plate.

Un instrument très-commode pour nettoyer rapidement et complétement la graine de sainfoin, est celui qui est connu aux environs de Laon sous le nom de Queue de rat. *Voyez* ce mot.

Encore plus que les autres fourrages, le sainfoin garni de graines est beaucoup plus nourrissant pour les chevaux ; on leur donne cette graine pure en guise d'avoine lorsqu'elle ne peut pas se vendre.

Les tiges du sainfoin qui a fourni sa graine, car toutes les feuilles tombent dans l'opération du battage, sont trop dures et trop insipides pour être du goût des bestiaux. M. Huillier, dont j'ai ci-devant parlé, les hache avec les hache-pailles, mélange ses fragmens avec de la paille hachée et du son, mouille le tout vingt-quatre heures à l'avance, et en fait ainsi une excellente nourriture pour ses chevaux, qui recherchent avec ardeur ce mélange.

La graine de sainfoin se conserve bonne pendant deux ans et même trois lorsqu'elle est restée dans sa gousse. Il faut la renfermer dans des sacs ou des tonneaux défoncés d'un bout, et la placer dans un lieu ni trop sec ni trop humide. Les avantages qu'on retire du sainfoin le font souvent employer à garnir les allées et les pièces de gazons des jardins. Il est d'un aspect très-agréable au premier printemps et quand il est en fleur ; mais après qu'il est coupé et pendant l'hiver, il ne remplit plus que très-imparfaitement le but qui a fait établir ces allées et ces gazons, parce qu'il laisse la terre trop nue.

Ses fleurs fournissent le meilleur miel qu'on recueille dans le centre de la France.

Il y plusieurs variétés de sainfoin, qui se distinguent, soit par la couleur des fleurs, soit par la grandeur et le nombre des folioles des feuilles, soit par la hauteur de la tige, soit enfin par la précocité de sa végétation. Cette dernière est de beaucoup préférable, puisqu'elle fournit presque toujours une coupe de plus chaque année. M. Pincepré l'a introduite dans les environs de Péronne, d'où elle s'est répandue dans les départemens voisins. Des cultivateurs doivent chercher les moyens de s'en procurer de la graine, qu'on trouvera à Paris chez Vilmorin. La manière de la semer, couper, sécher, conserver, etc., ne diffère pas de celle du sainfoin ordinaire.

Mon collaborateur Décandolle observe que le sainfoin commun vient mal sur les montagnes trop élevées ou dans les expositions trop froides, et il propose de lui substituer dans ce cas le sainfoin de montagne, espèce distincte, mais qui en diffère peu pour la qualité et l'abondance du fourrage et qui vient spontanément à une exposition de plus de 2,000 mètres de hauteur.

On doit à M. Bornot, notaire à Savoisy, près Chatillon-sur-

Seine, un mémoire sur la culture du sainfoin, dont je dois conseiller la lecture.

Le Sainfoin d'Espagne, *Hedysarum coronarium*, Lin., a la racine vivace; les tiges nombreuses, hautes de 2 à 3 pieds; les feuilles composées de onze à quinze folioles elliptiques et légèrement velues; les fleurs grandes, rouge foncé, disposées en gros épis sur de longs pédoncules axillaires; les fruits longs, articulés et hérissés. Il est originaire des parties méridionales de l'Espagne et de l'Italie. Dans ces lieux, de même qu'à Malte et en Sicile, on le cultive comme fourrage. Aux environs de Paris, on doit se borner à le faire servir à l'ornement des parterres, parce qu'il y arrive rarement à toute sa hauteur et qu'il y est exposé à être frappé par les gelées.

Mon estimable ami Roland de la Platière, et tous les autres voyageurs qui ont écrit sur la culture de Malte, vantent beaucoup les avantages que lui procure cette plante, qu'on y appelle *sulla* : c'est presque le seul fourrage qu'on y voie. Il est également recherché par les chevaux, les mulets, les bœufs et les moutons, soit en vert, soit en sec. C'est en mai qu'on le récolte; mais comme ses tiges sont fort dures, il vaut mieux le couper en avril, c'est-à-dire dès que ses premières fleurs sont épanouies.

Toute espèce de terre peut recevoir le sulla; mais celles qui sont crétacées et profondes lui conviennent mieux. On doit le semer en automne pendant les pluies et sur un bon labour; cependant l'ignorance des premiers principes de la culture fait qu'on se contente de répandre la graine sur le chaume du blé nouvellement coupé et de la faire enterrer par le trépignement des bestiaux qui y pâturent. En Calabre, on procède d'une manière encore plus absurbe, puisqu'on met le feu au chaume après avoir semé la graine.

La réussite de la sulla dépend 1°. de la qualité du sol; 2°. des pluies; 3°. du sarclage, sur-tout de celui du chiendent, qui, dans les pays chauds, a une vigueur de végétation dont on ne se fait pas d'idée.

Un semis de sulla bien conduit et qui n'est pas frappé de la gelée, car à Malte même il gèle quelquefois, peut donner de bonnes récoltes pendant plusieurs années; cependant on ne le laisse pas subsister au-delà de la première, probablement par l'importance de multiplier les récoltes de blé.

Pour avoir de la graine, on laisse toujours un coin de champ intact; on en fait la récolte lorsque la gousse est prête à tomber et avant le soleil levant, pour éviter sa chute. Cette graine se garde plusieurs années.

M. Grimaldi dit que quand une fois on a semé du sulla dans un champ en Calabre, et que ce champ est tous les deux ans semé en froment, on obtient, sans nouveau semis, dans l'année de jachère, une récolte abondante de ce fourrage.

Les essais qu'on a faits pour introduire la culture en grand du sulla en France n'ont pas eu de succès, les gelées s'y sont toujours opposées ; il semble cependant qu'il n'y a rien à craindre de ces gelées si on le regarde comme plante annuelle. L'exemple de Malte, où le terrain est si précieux, prouve qu'il y aurait de l'avantage à le semer tous les ans. L'exemple de Paris, où il donne tous les ans de la bonne graine dans les jardins, où il repousse même lorsque l'hiver est doux, comme j'en ai eu pendant trois ans l'exemple sous les yeux dans les pépinières de Versailles, en indique la possibilité.

Il y a lieu de croire que le produit de la culture en grand de cette espèce de sainfoin serait trois fois plus considérable que celui de l'espèce commune.

Lorsqu'on veut cultiver le sainfoin d'Espagne dans les jardins, on en sème la graine sur couche, et dans des pots, en février ou en mars. En mai, lorsqu'il n'y a plus de gelée à craindre, on arrache la surabondance des pieds de chaque pot, c'est-à-dire qu'on n'y laisse que deux ou trois de ces pieds, et on transplante le reste en motte dans les parterres. Les fleurs commencent à se montrer à la fin de juin et durent jusqu'aux gelées. Il y a toujours assez de graines mûres avant cette époque pour la reproduction ; cependant par prudence il convient de laisser quelques pieds en pots, pour les rentrer dans l'orangerie.

Lorsque les printemps sont chauds, le semis en place peut aussi bien et même mieux réussir que celui sur couche, j'en ai l'expérience.

Le coup-d'œil des touffes de sainfoin d'Espagne, que quelques jardiniers appellent *sainfoin à bouquets*, est fort brillant lorsque les fleurs sont développées. Le beau vert et l'abondance des feuilles concourent aussi aux effets qu'il produit.

Il y a encore deux espèces de sainfoin dont je dois dire un mot.

L'un, le Sainfoin alhagi, est un arbrisseau épineux des contrées orientales, dont les feuilles sont simples ; les fleurs rougeâtres, disposées en petites grappes axillaires ; les fruits recourbés et articulés d'un côté seulement ; ses feuilles et ses jeunes branches se chargent, dans les grandes chaleurs de l'été, d'une liqueur onctueuse, qui se solidifie pendant la nuit, et que les habitans ramassent le matin. C'est une sorte de manne analogue à celle du frêne à feuilles rondes, mais un peu inférieure en vertu.

Cette plante sert aussi de nourriture aux chevaux et aux chameaux ; elle se conserve fort bien en pleine terre dans le climat de Paris, comme on peut s'en assurer au Jardin du Muséum, et s'y multiplie en abondance par ses rejetons. Je ne doute pas que sa culture, dans les terrains sablonneux, ne soit avantageuse; on pourrait probablement la couper six à huit fois par an, pour la donner en vert aux bestiaux.

Le SAINFOIN OSCILLANT, *Hedysarum gyrans*, Lin., a les feuilles ternées, ovales, lancéolées, avec les folioles latérales beaucoup plus petites; ses fleurs sont terminales : il est originaire du Bengale et ne peut se conserver dans le climat de Paris que dans les serres chaudes. Ce qui me détermine à en parler, c'est qu'il présente un fait de physiologie végétale fort remarquable. Les folioles latérales de ses feuilles ont un mouvement presque continuel d'oscillation, c'est-à-dire s'abaissent et s'élèvent alternativement le plus souvent l'une en sens contraire de l'autre : ce phénomène est encore inexpliqué. (B.)

SAINFOIN CHAUD. On désigne ainsi la variété de sainfoin qu'on cultive aux environs de Péronne, et dont j'ai parlé à la fin de son article, laquelle est plus précoce, plus forte et plus susceptible d'être coupée plusieurs fois que l'espèce. Les cultivateurs ne doivent donc pas craindre de faire quelque dépense pour s'en procurer de la graine, qu'ils devront d'abord semer dans de bons terrains. C'est la graine venue dans ces bons terrains qu'ils devront employer exclusivement dans les mauvais, l'expérience ayant appris qu'elle y fournissait des coupes plus belles que celles des sainfoins communs. *Voyez* l'article précédent et le mot VARIÉTÉ. (B.)

SAINFOIN. Nom de la LUZERNE dans le département de la Haute-Garonne.

SAINT-ETIENNE, variété de FROMENT. *Voyez* RACCO.

SAINT-GERMAIN. Variété de POIRE.

SAINTE-NEIGE. C'est le CHIENDENT dans le Médoc.

SAISI. La ROUILLE DES BLÉS se nomme ainsi aux environs de Lille. (B.)

SAISON. Les astronomes divisent l'année en quatre saisons de trois mois chacune : le printemps, qui commence au 20 mars; l'été, qui commence au 20 juin; l'automne, qui commence au 22 septembre; et l'hiver, qui commence au 21 décembre.

Mais pour l'agriculteur les saisons commencent à d'autres époques, qui varient tous les ans, ou, mieux, qui ne sont jamais précises, puisqu'elles ne sont pas les mêmes pour chaque climat et même pour les différentes expositions, les différentes natures de terre d'un même climat A leur égard, le printemps, par exemple, commence lorsqu'il ne gèle plus, lorque la végétation commence à se développer : or, ce moment arrive plus tôt à Marseille qu'à Lyon, plus tôt à Lyon qu'à Paris, plus tôt à Paris qu'à Bruxelles, plus tôt dans un lieu exposé au midi que dans un lieu exposé au nord, plus tôt dans une terre sèche et sablonneuse que dans une terre humide et argileuse.

Lors donc qu'on parle d'une saison dans un ouvrage sur l'agriculture, il faut considérer la localité que l'auteur a en vue. Dans celui-ci, c'est toujours le printemps des agriculteurs et de tous les climats que j'indique lorsque je parle du printemps en général. Quand je veux préciser davantage, j'indique le mois et même le jour du mois.

C'est des saisons, encore plus que du climat, de la nature de la terre, des travaux du labourage, etc., que dépend le succès des récoltes. Ainsi, si, dans le climat de Paris, l'hiver est trop humide, les blés pourriront; s'il est trop froid, ils gèleront; s'il est trop court, ils prendront trop de force; s'il est trop long, ils n'en prendront pas assez. Si le printemps est humide, ils ne produiront que de l'herbe; s'il est trop sec, ils resteront stationnaires; s'il est trop précoce, ils risqueront de verser; s'il est trop tardif, ils monteront rapidement en graine et fourniront de courts épis. Si l'été est humide, les grains mûriront tard et seront sans saveur; s'il est sec, ils seront petits.

L'automne même influe sur eux, car c'est l'époque des labours et des semailles, et ces deux opérations sont de première importance pour le succès des récoltes.

Ce que je dis du blé s'applique à toutes les autres cultures sans exception.

La variation des saisons d'une année à l'autre est ce qui gêne le plus les cultivateurs qui raisonnent leurs procédés; car jamais, quoi qu'en disent quelques savans, ils ne peuvent prévoir, lorsqu'ils exécutent un semis, quelles seront les circonstances par lesquelles il passera, ainsi que celles qui accompagneront la croissance et la récolte de ses productions.

La puissance de l'homme sur les saisons est nulle; mais il peut, jusqu'à un certain point, augmenter leur influence en bien ou diminuer leur influence en mal par des moyens industriels, lorsqu'il ne s'agit que de petites cultures, par le moyen des abris et des arrosemens.

Je pourrais écrire un volume sur les considérations qui découlent du sujet que je traite; mais comme elles seront toutes développées aux articles généraux de cet ouvrage, ce serait un double emploi que de les rappeler ici.

Chaque saison est marquée, en agriculture, par des travaux différens. Ils seront indiqués en général à leurs noms, et plus en détail à ceux de chaque mois de l'année.

Dans beaucoup de départemens, on appelle *saison* ou *sole* une certaine quantité de terre, ordinairement le tiers de la masse de celle d'un domaine, destinée à une culture particulière. Ainsi cette quantité donne du blé dans la première saison, de l'orge ou de l'avoine dans la seconde, et se repose dans la troisième. Cette méthode de culture est sujette à de grands reproches. *Voyez* aux mots JACHÈRE et ASSOLEMENT. (B.)

SALADE. Mets composé de feuilles de certaines plantes susceptibles d'être mangées crues et assaisonnées avec du vinaigre, de l'huile, du sel et du poivre. Par suite on a cependant appelé du même nom des racines, des graines, des feuilles cuites, de la viande, etc., assaisonnées de même.

L'usage des salades est si général en Europe, que la culture des plantes qui les fournissent est un des articles importans du jardinage. Le but qu'on doit se proposer dans cette culture, c'est de produire les feuilles les plus grandes et les plus douces; et on y parvient principalement par les ARROSEMENS et par l'ÉTIOLEMENT. *Voyez* ces deux mots.

Les plantes qu'on mange le plus communément en France en salade sont, la LAITUE, la CHICORÉE, l'ENDIVE, le CRESSON, la MACHE, le CHOU, le CÉLERI, le POURPIER, le PISSENLIT, la RAIPONSE, etc., plantes auxquelles on mêle souvent du CERFEUIL, du PERSIL, de l'OIGNON, de la CIBOULE, de la BACCILE, du PIMENT, de la MENTHE, du BASILIC et de la PIMPRENELLE. *Voyez* ces mots. (B.)

SALADELLE. Nom vulgaire du STATICE MARITIME (*statice limonium*, Lin.) dans les marais salins des Bouches-du-Rhône. (B.)

SALAISONS. Les assaisonnemens les plus usités de nos alimens sont le sucre et le sel marin (muriate de soude), mais il faut les employer dans une certaine proportion; car à petite dose, loin de leur servir de condimens, ils activent leur altération. Le premier de ces assaisonnemens paraît destiné par la nature à conserver les matières végétales, tandis que le second est réservé spécialement pour les substances animales.

Le but qu'on se propose dans l'emploi de ces deux grands moyens de conservation, c'est d'abord de fournir à la matière qui en est l'objet un principe qui s'oppose à sa décomposition, de lui communiquer ensuite une saveur qui convienne à l'organe du goût, enfin de rendre le nouveau corps qu'on en obtient plus agréable, d'une digestion plus facile et plus avantageuse à l'économie. Ici, il ne doit être question que des salaisons. *Voy.* les articles VIANDE et DESSICCATION des viandes (1).

---

(1) Dans les contrées du Nord, où les hivers sont de six mois et plus, et où il est par conséquent indispensable de conserver pendant ce temps les substances qui servent à la nourriture, on fait beaucoup de salaisons.

Dans les contrées intertropicales, où les subsistances animales et vé-

Du sel. Son choix n'est pas une chose aussi indifférente qu'on le croit communément pour la qualité des viandes conservées par ce moyen. Le vieux sel mérite la préférence sur le nouveau, celui-ci est âcre et amer, et s'humecte à l'air, à cause des muriates calcaire et magnésien qu'il contient par surabondance : c'est peut-être à cette cause que les salaisons du ci-devant Bigorre et du Béarn, connues sous le nom de *jambons de Baïonne*, doivent leur réputation, assurément bien méritée. On peut lui donner la qualité de sel vieux par une purification spontanée, ou par une dissolution dans l'eau : par ce moyen, on le débarrasse d'une matière terreuse, qui recouvre toutes

gétales surabondent, ce moyen de conservation est superflu, et on n'y fait point de salaisons.

Enfin, dans les climats tempérés, les cultivateurs isolés, qui consomment peu, font des salaisons pour avoir de la nourriture à leur disposition au moment du besoin, et ne pas perdre ce qu'ils n'ont pu consommer des animaux tués.

Aujourd'hui que les progrès des lumières nous ont fait connaître que les viandes salées étaient moins saines que les viandes fraîches, qu'il y avait toujours des pertes à craindre en les gardant, que l'aisance générale, résultat de l'augmentation du travail, a permis à la classe la plus pauvre d'acheter de la viande fraîche, on ne sale plus guère en France, dans les campagnes, que la viande de cochon, celle de bœuf étant réservée pour l'approvisionnement des vaisseaux.

Il serait cependant toujours avantageux que les cultivateurs isolés eussent un saloir pour placer simplement, en la saupoudrant de sel, la viande qu'ils auraient achetée pour la consommation de la semaine, dans tous les lieux où on ne tue des bestiaux que le samedi, et ces lieux sont nombreux ; car la perte qui résulte de la corruption d'une partie de cette viande est, à ma connaissance particulière, un article extrêmement important pour la somme générale des produits de la France.

Dans ce cas, la salaison ne devant avoir d'effet que pendant huit jours au plus, ne doit pas être aussi complète que pour de la viande qui est destinée à faire le tour du monde, à n'être consommée qu'au bout de deux ou trois ans : ainsi saupoudrer, comme je l'ai dit plus haut, le bœuf, le veau, le mouton apportés de la boucherie, avec du sel gris très-sec, suffit le plus communément. On peut encore assurer avec plus de certitude la conservation de la viande, en mettant dans le saloir du charbon grossièrement concassé. Mettre ces viandes dans une forte saumure aiguisée de bon vinaigre, dans laquelle nage du charbon, remplit le même objet. *Voyez* CHARBON.

Dans ces deux modes, le même sel et la même saumure peuvent servir deux ou trois fois ; et au moyen de la filtration, de l'évaporation, on peut encore retrouver et épurer le sel, de manière à le faire servir de nouveau.

Enfouir les viandes dans un tas de charbon, dans une terre très-chargée d'humus, les conserve également fort bien pendant deux ou trois jours.

Il a été reconnu que les viandes faites sont préférables pour les salaisons : aussi en Irlande la loi ne permet-elle la vente des bœufs dont la viande est destinée à être salée, que lorsqu'ils sont arrivés à quatre ans révolus, et encore trouve-t-on que ce n'est pas assez attendre. *Voyez* VIANDE.

(Note de M. Bosc.)

les faces de ses cristaux et altère leur blancheur, et du muriate de chaux et de magnésie qui lui est toujours mêlé.

Une autre opération préalable à l'emploi du sel, c'est de le sécher, de l'égruger, et de ne jamais l'associer avec des épices et des aromates, ainsi qu'on l'a recommandé fort mal à propos.

Saloir. C'est un ustensile essentiel du ménage, il doit être fait en bois de chêne et tenu dans une extrême propreté. Une ferme bien montée en a deux ordinairement, un pour le porc et l'autre pour le bœuf.

Saumure. Le sel n'est pas seulement employé dans l'état sec, on le fait fondre et bouillir à la dose de 4 livres et de 2 onces de salpêtre dans 16 pintes d'eau ; on écume exactement la liqueur quand elle est assez concentrée pour qu'un œuf plongé dans la liqueur surnage, et qu'elle est parfaitement refroidie. On la décante, et on la verse sur la viande déjà salée et arrangée dans le saloir, ou dans le tonneau qui doit la conserver. Lorsqu'il s'agit de retirer la viande du saloir on peut se dispenser de jeter la saumure, quoique toute colorée par le sang dont elle est imprégnée ; en lui faisant prendre un bouillon, l'écumant et la passant à travers un tamis, elle est encore en état de servir une seconde fois : c'est une épargne pour le ménage.

Quand bien même la saumure, placée dans un endroit chaud et humide, ou surchargée de matières lymphatiques, aurait contracté une mauvaise odeur, il serait possible de lui appliquer, comme au beurre devenu rance, la chaleur de l'ébullition et de lui enlever sa mauvaise qualité en l'écumant.

Salaison du bœuf. On désosse la viande, on la laisse se mortifier pendant deux jours ; après en avoir séparé la tête et les pieds, on la découpe en morceaux de cinq à six livres, on les frotte de sel et on les place dans des baquets de bois ; on les charge d'un poids considérable, qui en exprime une liqueur rougeâtre, à laquelle on procure un écoulement en débouchant le fond du baquet.

On retire les morceaux de viande des baquets pour les placer sur des planches ; on les frotte de nouveau avec du sel pilé, et ensuite on les arrange, en isolant chaque morceau, dans des barils, qu'on ferme et qu'on remplit avec la saumure par l'ouverture du bondon ; et lorsqu'on est assuré qu'il n'existe dans le baril aucun vide, qu'il est bien rempli, on le ferme hermétiquement, opération qu'on répète pendant deux ou trois jours. C'est par le moyen d'un procédé à-peu-près semblable qu'on parvient à saler la chair des autres quadrupèdes. Olivier de Serres indique les vaches, les chèvres comme propres aux salaisons ; mais il faut pour cela qu'elles aient subi la castration, afin qu'elles prennent facilement la graisse, car la viande maigre se sale mal ; les moutons ne sont même soumis à une préparation de cette espèce que par nécessité (1).

Salaison du porc. La quantité de viande qu'il faut saler pour les besoins de la maison dépend de la saison, une ménagère éclairée connaît parfaitement quel est le moment le plus opportun pour y pourvoir. On tue les cochons en automne et dans les premiers jours de janvier.

Dès que la viande est refroidie on la découpe, on garnit le fond du saloir d'une bonne couche de sel; on étend chaque morceau après l'avoir bien frotté de sel tout autour ; on fait un premier lit des plus gros morceaux, sur lesquels on en jette encore, puis un second, et ainsi de suite ; les autres pièces les moins en chair, comme oreilles, têtes et pieds, occupent le dessus.

Le tout étant distribué et arrangé, on recouvre la partie supérieure d'un lit copieux de sel ; on ferme exactement le saloir de manière à empêcher l'accès de l'air extérieur pendant six semaines environ.

Dans l'île de Sandwich, la salaison des porcs se pratique ainsi : on tue l'animal le soir, et après en avoir séparé les entrailles, on ôte les os des jambes et des échines ; le reste est divisé en morceaux de 6 à 8 livres. Tandis que sa chair est encore pourvue de sa chaleur naturelle, on les entasse sur une table élevée; on les couvre de planches surchargées de poids les plus lourds, et on les laisse ainsi jusqu'au lendemain au soir. Quand on les trouve en bon état, on les met dans une cuve remplie de sel et de marinage.

S'il y a des morceaux qui ne prennent point le sel, on les retire sur-le-champ, et on met les parties saines dans un nouvel assaisonnement de vinaigre et de sel ; six jours après, on les sort de la cuve, on les examine pour la dernière fois, et quand on s'aperçoit qu'ils sont légèrement comprimés, on les met en barriques en plaçant une légère couche de sel entre chaque morceau.

Les petits ménages qui se bornent à saler quelques livres de cochon, ont le soin d'examiner si la viande n'est pas trop salée au moment de s'en servir: alors ils la retirent du saloir, la trempent un moment dans l'eau bouillante, et la suspendent au plancher ou bien à la cheminée, où elle sèche insensiblement.

Du lard. Il s'enlève de dessus le cochon ; on ne laisse que le

---

(1) On sale rarement la viande de mouton ; mais il est des cantons, comme l'Auvergne, où l'on sale généralement celle de chèvre. Là, on a remarqué que cette opération faisait disparaître l'odeur de bouc dont elle est quelquefois pourvue.   (*Note de M. Bosc.*)

moins de chair qu'on peut; on l'arrange sur des planches dans la cave, où l'on a soin de ne laisser entrer ni rats ni souris, et sur 10 livres de lard on met une livre de sel pilé. Quand on l'a bien frotté par-tout, on met les tranches de lard les unes sur les autres, ensuite on met des planches dessus et des pierres sur les planches pour les charger, afin que le lard en soit plus ferme; on le laisse ainsi dans le sel pendant quinze jours ou trois semaines; après quoi, on le suspend dans un endroit sec pour perdre son humidité.

Salaison des oies. Ce ne sont pas seulement les oies qu'on soumet aux salaisons, le dindon et le canard se salent aussi très-bien. Comme ces derniers ne fournissent pas suffisamment de graisse pour recouvrir leurs débris, on se sert de celle de porc; en sorte que par ce moyen on peut toute l'année manger de ces oiseaux dans la soupe des habitans de la campagne, et leur procurer constamment un mets, qui, avec des choux et des racines potagères, leur fournit de la bonne chère.

Les cantons où les oies ont le plus de qualité sont ceux qui peuvent cultiver le maïs, tant ce grain est propre à la constitution de ces oiseaux. C'est là aussi que l'on entend le mieux à les élever, à les engraisser et à les saler. Il faut un peu s'écarter du procédé suivi pour le cochon.

En économie domestique, les procédés les plus simples sont précisément ceux qui doivent mériter la préférence et qu'il faut s'empresser de répandre; car, pour peu qu'ils paraissent exiger quelques soins et des opérations compliquées, on les rejette même avant de les avoir essayées : c'est à cette cause souvent qu'est due la lenteur avec laquelle les meilleures pratiques sont adoptées dans les campagnes.

On connaît deux méthodes pour conserver les oies en pot. La première consiste à les employer crues; dans la seconde, il s'agit de les cuire : toutes deux ont leurs partisans. La première est la plus délicate, mais la plus coûteuse, parce qu'il devient nécessaire alors de se servir d'une graisse étrangère pour condiment.

Pour les préparer cuites, ce qui est d'usage le plus général, on fait rissoler les quartiers d'oies dans un chaudron de cuivre, où la graisse fond. Quand les os paraissent et qu'une paille entre dans la chair, l'oie est assez cuite; on arrange les quartiers dans des pots de terre vernissés, au fond desquels on met trois ou quatre brins de sarment pour empêcher les quartiers de toucher au fond, et pour que la graisse les entoure de tous côtés. Il faut avoir soin de couper les os dont la chair s'est retirée : c'est la première partie de la salaison qui rancit et qui gâte le reste. On y verse de la graisse d'oie, de sorte qu'en se figeant elle couvre bien toute la chair et la garantisse du contact de l'air. Quinze jours après, on verse par-dessus la graisse de cochon jusqu'à l'ouverture du pot, pour bien remplir les fentes qui se sont faites à la graisse d'oie, et on couvre le vaisseau d'un papier trempé dans l'eau-de-vie et d'un gros papier huilé ; mais malgré ces précautions, les quartiers les plus élevés contractent, au bout de cinq à six mois, une odeur légère de rance.

Pour conserver l'oie salée crue, après avoir coupé la viande en demi-quartiers ou l'équivalent, on presse en tous sens un morceau contre le sel égrugé comme du gros sable, et bien sec, et on le place dans le pot avec le sel qu'il a pu prendre ; on continue ainsi morceau par morceau, ayant le soin, en les plaçant, de les presser fortement les uns contre les autres et contre les parois du pot, pour ne laisser de vide que le moins possible : on remplit ainsi le pot jusqu'à quatre travers de doigt de l'entrée. Avant d'y mettre de la graisse, on observe qu'elle ne soit pas bouillante ; on l'y verse peu à peu avec une grosse cuiller de bois, puis on en remplit le pot. Ordinairement les premiers morceaux sont aussi frais que ceux de l'intérieur. Cette pratique est celle de tout le sud-ouest de la France, et elle est avouée par une longue expérience.

Observations sur les salaisons. On ne saurait douter que l'examen du sel employé aux salaisons n'influe sur leur qualité. Ce qu'il y a de certain, c'est que le sel blanc et le sel gris varient dans leurs effets : le premier passe dans quelques cantons pour faire de mauvaises salaisons en tous genres ; ailleurs c'est l'autre : il serait donc bien nécessaire que des expériences suivies, multipliées et comparatives pussent approfondir la véritable manière d'agir de ce condiment.

La saison la plus favorable pour saler indistinctement toutes les viandes est l'hiver ; préparées dans une autre, elles ne sont pas autant susceptibles de conservation, car c'est une erreur de croire qu'il faille choisir absolument le temps de la pleine lune pour tuer ou saler les bœufs ; les charcutiers de Paris se livrent à ce travail à chaque époque du mois.

Les endroits les plus secs et les moins chauds sont ceux qui conviennent le mieux à la conservation des viandes salées ; il est également nécessaire que les vases qui les renferment soient bien fermés, à l'abri de la lumière, et de ne se servir que d'une fourchette de bois pour en retirer les viandes et de les fermer aussitôt.

Toutes les viandes peuvent indistinctement être soumises à la salaison et fournir des résultats plus ou moins utiles à l'économie ; mais c'est sur-tout celle du porc qui prend le mieux le sel, et qui offre de grandes ressources pour les approvisionnemens des armées, soit de terre, soit de mer, et aussi dans les circonstances où le cochon frais est ordinairement fort cher.

Mais une circonstance qui appartient à tous les genres de salaisons, c'est la proportion dans laquelle s'y trouve le sel. Avant que la gabelle fût supprimée, les hommes qui s'occupent des salaisons n'y employaient à-peu-près que la quantité strictement nécessaire de sel, aujourd'hui qu'il est tombé de prix, on en force la dose, parce qu'il se vend au même taux que la viande; elle en est même saturée quelquefois au point que sa saveur naturelle se trouve masquée et n'a plus absolument que celle du sel; d'ailleurs sa propriété spécifique est de s'emparer de l'humidité, qui constitue la souplesse de la fibrine, et il rend la viande dure et coriace. Pour se justifier des reproches qu'on leur fait, les charcutiers ont toujours dans la bouche ce proverbe, que jamais sel n'a gâté cochon.

Chargé par ordre du gouvernement de me rendre à Honfleur pour visiter l'établissement de salaisons des frères Hellot, j'obsevrai alors que cet établissement pouvait devenir à peu de frais susceptible de prendre une grande extension, et que, moyennant quelques encouragemens accordés à ces négocians estimables, ils seraient en état de fournir aux besoins du gouvernement. C'est alors que je proposai au département de la marine de désosser les viandes, comme un grand moyen d'améliorer les salaisons, parce que d'abord les os ne prennent pas le sel, et qu'ensuite les chairs qui les recouvrent le plus immédiatement sont celles qui se gâtent avec le plus de facilité.

Aucun ouvrage, il faut l'avouer, ne s'est encore expliqué clairement et en détail sur cette partie intéressante des subsistances publiques, parce que d'un côté les Anglais, long-temps en possession de nous approvisionner en ce genre, ont toujours fait mystère de leur procédé, ou plutôt de la composition de la saumure qu'ils emploient, et que de l'autre le haut prix du sel a toujours été un des principaux obstacles à ce que cette branche de l'industrie pût tourner au profit de notre commerce.

Les saleurs de la meilleure foi n'ont souvent d'autre règle que celle de leur palais pour juger de la quantité de sel dont ils doivent se servir; cette préparation est cependant bien digne de fixer l'attention, quand on réfléchit sur-tout que la mauvaise qualité des salaisons a plus fait périr d'hommes que les naufrages et la fureur des combats. Espérons qu'un jour, plus familiers avec les lois à observer pour préparer la chair non-seulement des quadrupèdes, mais encore des volailles et des poissons, à recevoir et à conserver le sel qui doit l'attendrir, l'assaisonner, et en prolonger la durée dans tous les climats, nous cesserons, à cet égard, d'être tributaires de nos voisins avec d'autant plus de facilité, que le sel français possède une supériorité reconnue et avouée par toutes les nations, chez lesquelles cependant nous allons chercher à grands frais une grande partie de nos salaisons (1). (Par.)

SALANQUET. Nom vulgaire, dans la Camargue, d'une ANSERINE qui paraît être la LIGNÉUSE. On en fait de la SOUDE. *Voyez* ce mot. (B.)

SALEP. On donne ce nom aux racines d'orchis qu'on apporte de Turquie pour l'usage de la médecine. Je me demande toujours pourquoi on ne fait pas de salep en France. *Voyez* ORCHIS.

M. Caventou, *Journal de pharmacie*, juin 1821, observe que le salep n'est pas une fécule, mais une GOMME voisine de celle ADRAGANT. *Voyez* ces mots. (B.)

SALGOTTER. C'est, dans le département de l'Ain, couper les sarmens de la vigne à 5 ou 6 pouces au-dessus de la tête du cep, pour ensuite tailler sur ce qui reste. Comme cette opération multiplie sans utilité le travail, elle ne peut être recommandée nulle part. (B.)

SALICAIRE, *Lythrum*. Plante à racines vivaces, fibreuses; à tige droite, quadrangulaire, noueuse, rameuse, rougeâtre, velue, haute de 3 à 4 pieds et plus; à feuilles opposées, sessiles, lancéolées, en cœur, un peu velues, longues de 3 à 4 pouces; à fleurs rouges, disposées en long épi terminal; qui, avec quelques autres, forme un genre dans la dodécandrie monogynie et dans la famille des calycanthèmes.

La SALICAIRE COMMUNE, *Lythrum salicaria*. Lin., qu'on appelle vulgairement *lysimachie rouge*, croît dans les marais, les bois et les prairies humides, sur le bord des étangs et des rivières, et fleurit à la fin de l'été. C'est une plante fort élégante et qu'on peut employer avantageusement à la décoration des jardins paysagers, dont le sol lui convient. Elle est regardée en médecine comme astringente, vulnéraire et détersive. On en fait sur-tout usage avec beaucoup de succès dans les dysenteries séreuses et épidémiques : tous les bestiaux la mangent, les moutons sur-tout la recherchent beaucoup. On ne doit pas moins la regarder comme une plante nuisible aux prairies, parce qu'elle y tient beaucoup de place, et nuit par son ombre à la croissance et à la qualité du foin. Un cultiva-

---

(1) M. Brunn-Neergaard a traduit du danois le *Traité des Salaisons des viandes et du beurre en Irlande*, de M. Merfort. J'y renvoie ceux qui voudraient de plus grands éclaircissemens sur ce qui y a rapport.

(*Note de M. Bosc.*)

teur soigneux la fera donc couper entre deux terres avec une pioche à fer étroit, lorsqu'il s'apercevra qu'elle devient trop abondante.

Cette plante est, au Kamtchatka, un article important pour les hommes, qui en boivent la décoction en guise de thé et en mangent les feuilles en guise d'épinards. Sa moelle sur-tout, soit crue, soit cuite, est pour eux un mets fort recherché, et de plus elle sert, en la mettant dans l'eau, à faire un véritable vin, qui donne de l'alcool et se change en vinaigre. (B.)

SALICOR. *Voyez* l'article suivant.

SALICORNE, *Salicornia*. Genre de plantes de la monandrie monogynie et de la famille des chénopodées, qui renferme une dizaine d'espèces, toutes croissant sur les bords de la mer, dans des marais salés, et dont deux, qui se trouvent en Europe, sont, dans certains endroits, l'objet d'un produit de quelque importance.

La SALICORNE HERBACÉE a les racines annuelles; les tiges épaisses, articulées, rameuses, couchées, dentées au sommet des articulations, et hautes de 6 à 8 pouces. Elle est très-commune en France.

La SALICORNE LIGNEUSE a la tige frutescente, droite, très-rameuse, haute de plus d'un pied; ses articulations sont courtes, grêles et bidentées à leur sommet. Elle croît principalement en Espagne.

Ces deux plantes, coupées pendant leur végétation, ensuite desséchées et brûlées, fournissent une grande quantité de soude semblable à celle que donnent les plantes de ce nom lorsqu'on les brûle de même. On dit que la première est cultivée dans quelques endroits pour cet objet; cependant je ne puis l'assurer. Cette culture, au reste, ne doit pas différer de celle de la soude annuelle; elles ont tant de rapports avec les soudes, qu'on les confond généralement sous le même nom. *Voyez* au mot SOUDE. (B.)

SALICOT. C'est la soude ordinaire (*salsola soda*) dans les environs d'Arles et autres lieux. (B.)

SALIQUOT. C'est la MACRE.

SALISBURY, *Salisburia*. Arbre du Japon, plus connu sous le nom de *ginkgo*, qu'on cultive depuis nombre d'années en pleine terre dans les jardins de France et d'Angleterre, où il a d'abord été si rare qu'on a vendu ses pieds quarante écus pièce.

Cet arbre s'élève de 15 à 20 pieds et plus; ses feuilles sont alternes, réunies en faisceaux sur les vieux rameaux, pétiolées, cunéiformes, striées, arrondies à leur sommet, bilobées, déchirées, luisantes et d'un vert foncé; ses fleurs sont verdâtres et réunies en petits paquets au milieu des faisceaux des feuilles. Il a fleuri en Europe pour la première fois en 1796 ; mais il n'a pas encore porté de fruits.

Dans son pays natal, le salisbury se cultive pour son fruit, dont l'amande est très-bonne à manger lorsqu'on la fait cuire sur les charbons. En France, il n'est propre qu'à la décoration des jardins, où il se fait remarquer par la forme singulière de ses feuilles. Un terrain léger et substantiel est celui qui lui convient ; une exposition abritée, mais non méridienne, est celle qu'il préfère. Il craint les premières gelées de l'automne, et résiste à celles de l'hiver. On le multiplie par boutures, qu'on fait au printemps, sur couches à châssis, avec du bois de deux ans, et qui réussissent ordinairement, mais qui sont très-long-temps avant de donner des pousses vigoureuses, au moins dans le climat de Paris ; car, en Caroline, j'en ai obtenu, dès la première année, de plus d'un pied de hauteur. Ces boutures se rentrent de bonne heure à l'orangerie pendant leurs premières années, et ensuite se mettent en pépinière à 15 à 20 pouces de distance, jusqu'à l'époque où on veut les mettre définitivement en place. On le multiplie aussi par marcottes, qui, lorsqu'on ne les étrangle pas, restent souvent trois ou quatre ans avant de s'enraciner. Ce dernier moyen est cependant le plus prompt pour avoir des arbres, parce que les pousses sont plus vigoureuses dans ce cas que dans le premier.

Une fois mis en place, le salisbury ne demande plus d'autre culture que celle qu'on doit à tous les arbres des jardins. (B.)

SALLE DE VERDURE. On donne ce nom, dans les jardins français, à un groupe de quelques grands arbres plantés en carré, ou en rond, ou en ovale, et dont les sommets sont rejetés par la taille de leur extérieur du côté de leur intérieur, et forment ainsi berceau. *Voyez* JARDIN.

Lorsque les salles de verdure ne sont pas trop multipliées dans un jardin et que la taille ne les a pas trop défigurées, elles produisent un assez bon effet ; on les garnit de bancs ; quelquefois leur centre est orné d'une statue, d'un vase, etc. (B.)

SALMÉE. Ancienne mesure de superficie en usage en Provence. *Voyez* MESURE.

SALPÊTRE ou NITRE. Au dire de quelques personnes, ces deux mots sont synonymes ; cependant celles qui s'occupent de chimie et des arts qui ont cette science pour base, appellent salpêtre le nitre mêlé de nitrate de chaux, de muriate de potasse, de muriate de chaux et d'autres sels, c'est-à-dire celui qu'on obtient par l'évaporation de l'eau qu'on a fait passer à travers les plâtras et les terres nitrées.

Les cultivateurs sont fréquemment dans le cas d'observer la

formation du salpêtre sur les murs de leurs écuries, de leurs caves, en général de tous leurs bâtimens qui sont bas et voisins des fumiers, des fosses d'aisance, etc. Ils ont même quelquefois à se plaindre de son abondance, soit parce qu'il accélère la dégradation de leurs murs, soit parce que la loi accorde aux salpêtriers patentés par le gouvernement la faculté exclusive de l'extraire, contre leur gré et toujours d'une manière nuisible à leurs intérêts.

L'usage du salpêtre dans les salaisons et dans la médecine vétérinaire, le goût que la plupart des bestiaux ont pour lui, leur rendent également sa connaissance indispensable.

Le plus grand emploi du salpêtre est pour la fabrication de la poudre à canon, dans laquelle il entre pour environ soixante-quinze parties sur cent.

On reconnaît le salpêtre à sa saveur fraîche et fade, et surtout à sa propriété de brûler (fuser) lorsqu'on le jette sur des charbons ardens.

Il peut être souvent utile aux cultivateurs d'extraire eux-mêmes le salpêtre de leurs bâtimens. L'opération n'est pas difficile, puisqu'il ne s'agit que de balayer ou de gratter les murs qui en sont chargés, de mettre le résidu de cette opération dans de l'eau chaude, de laisser déposer toutes les parties terreuses ou pierreuses, de décanter l'eau, de la faire évaporer dans une grande chaudière jusqu'aux deux tiers, et de laisser refroidir le reste. A mesure que le refroidissement s'opère, le salpêtre se précipite et se cristallise sur les parois, d'où on l'enlève pour le mettre égoutter et sécher.

L'eau qui reste est un excellent stimulant. Lorsqu'on la jette sur le fumier, elle en augmente considérablement les effets.

Les murs ainsi balayés ou grattés reproduisent du nitre en plus ou moins de temps, selon l'état de l'atmosphère. Ainsi il en paraît plus tôt ou davantage lorsqu'il fait humide et qu'il n'y a pas de vent : c'est pourquoi le printemps et l'automne sont plus favorables à sa création que l'été et l'hiver.

C'est principalement dans les terrains calcaires que le salpêtre se forme abondamment : cela tient sans doute à ce que la pierre calcaire contient encore, disséminée dans sa masse, une partie de la gélatine qui constituait les animaux qui l'ont formé, car cette gélatine contient beaucoup d'azote, et le salpêtre est composé d'acide nitrique et de potasse. Le premier certainement, et la seconde probablement, sont formés en majeure partie d'azote.

Mais il est rare que le salpêtre soit assez abondant pour être ainsi extrait. Dans la plus grande partie de la France, on est obligé, pour se le procurer, de lessiver la terre formant le sol des écuries, des granges, les plâtras provenant de la démolition.

de leurs murs. Des cuviers semblables à ceux dans lesquels on fait la lessive, ou des tonneaux défoncés d'un côté et disposés de même, servent à cette opération. On emploie toujours de l'eau bouillante, parce qu'elle dissout mieux le salpêtre que l'eau froide. On fait passer la même eau plusieurs fois sur le même tonneau ou, mieux, successivement sur plusieurs tonneaux, afin qu'elle entraîne tout le salpêtre et s'en charge le plus possible. Cette eau est ensuite évaporée, comme je l'ai dit plus haut.

On fait aussi des nitrières artificielles en élevant sous un bâtiment fort surbaissé, peu aéré, voisin des fumiers, des voiries, et autres lieux où il y a des matières animales en décomposition, de petits murs composés de terre végétale, de cendre, de matières animales et végétales de toutes espèces, murs qu'on arrose légèrement de temps en temps, et sur lesquels le nitre se forme et se reproduit continuellement. On le retire de ces murs en le grattant. La terre lessivée sert à former de nouveaux murs, en y mêlant de nouvelles matières animales et végétales, et ces murs deviennent les plus productifs. On y voit réellement pousser le salpêtre. *Voyez* NITRIÈRE.

Le salpêtre donne une belle couleur rouge aux salaisons dans lesquelles on le fait entrer. Il excite le cours des urines et rafraîchit le sang lorsqu'on le donne à petite dose aux hommes et aux animaux. Il purge à forte dose. On le prescrit généralement dans les maladies inflammatoires.

J'ai déjà dit que les animaux domestiques l'aimaient beaucoup, les vaches et les pigeons sur-tout en sont friands. On voit souvent les premières lécher, et les seconds becqueter les murs sur lesquels il est cristallisé. Un des moyens de fixer ces derniers dans un colombier, c'est de suspendre dans le milieu une masse de terre qui en soit imprégnée. *Voyez* COLOMBIER et PIGEON.

Le haut prix du salpêtre ne permet pas de l'employer à l'amélioration des engrais lorsqu'il est purifié; mais au moins la connaissance de ses effets doit engager les cultivateurs à faire jeter sur leur fumier tout celui qu'ils peuvent retirer par le balayage (houssage) des murs de leurs écuries, de leurs granges, etc. Répandu sur les terres en état de pureté, il produit peu ou point d'effet; mais lorsqu'il est mêlé avec les sels déliquescens dont il a été question au commencement de l'article, il devient utile de l'employer sous ce mode, probablement parce qu'il conserve à la terre une humidité toujours nécessaire, et dont elle manque quelquefois. Au reste, ce résultat est contesté, et quoique j'aie personnellement des faits à faire valoir pour l'appuyer, je ne le présente ici que comme douteux. *Voyez*, pour le surplus, au mot NITRE. (B.)

SALPÊTRAGE. Formation de salpêtre sur les roches calcaires, les murs exposés à l'humidité dans les nitrières artificielles. *Voyez* le mot précédent et celui NITRE.

S'il est des cas où on doive désirer la formation du salpêtre, il en est aussi où elle est à redouter.

Les derniers cas sont principalement ceux où le salpêtre se forme dans les chambres basses et humides, parce que la destruction du recrépissage des murs est la suite de cette formation, et qu'il en résulte un aspect désagréable.

De plus, le salpêtrage augmente l'humidité de la chambre, et s'oppose à la conservation des boiseries et des tapisseries employées pour recouvrir les murs.

Enduire les murs sujets au salpêtrage avec de la peinture à la colle et même de la peinture à l'huile, semble d'abord produire de bons effets, mais le salpêtre ne tarde pas à repousser, et il faut recommencer tous les ans.

Cependant il est deux moyens analogues qui m'ont paru remplir parfaitement le but: l'un, de substituer un MASTIC d'une ligne à la peinture; l'autre, de faire usage du BITUME en couches épaisses. *Voyez* ces deux mots.

Au préalable, il convient de laver les murs salpêtrés à l'eau bouillante, pour enlever tout le nitre formé qui s'y trouve.

La Société d'agriculture de la Marne a indiqué le lavage des murs avec de l'acide sulfurique étendu d'eau comme un moyen assuré d'empêcher le salpêtrage. On répète l'opération, si on n'a pas obtenu l'effet désiré par la première.

Ce sont principalement les maisons de campagne, sur-tout celles généralement si basses et si voisines des écuries, des fumiers, etc., dont les chambres basses sont exposées au salpêtrage. Les pauvres cultivateurs n'y font aucune attention, mais les riches s'en désespèrent. J'ai vu des châteaux où, tous les ans, on repeignait sans succès les parties salpêtrées. En suivant convenablement une des deux indications que je viens de donner, les propriétaires de ces châteaux les tiendront propres à peu de frais. (B.)

SALSIFIS, ou CERCIFI, *Tragopogon.* Genre de plantes de la syngénésie égale et de la famille des chicoracées, qui renferme une douzaine de plantes dont l'une est l'objet d'une culture assez étendue dans nos jardins, et l'autre se trouve assez fréquemment dans nos prairies.

Le SALSIFIS COMMUN, ou *Salsifis blanc, Tragopogon porrifollium,* Lin., a la racine fusiforme, bisannuelle, souvent fort longue et de la grosseur du pouce; la tige fistuleuse, rameuse, haute de 2 à 3 pieds; les feuilles alternes, lancéolées, amplexicaules, très-glabres, très-vertes, celles du collet de la racine très-rapprochées et souvent fort longues;

les fleurs d'un bleu pourpre, solitaires à l'extrémité des rameaux.

Cette plante est originaire des montagnes du midi de l'Europe, et se cultive de toute ancienneté dans nos jardins pour
sa racine, qu'on mange cuite et assaisonnée de diverses manières : elle fleurit au milieu du printemps; on fait peu attention aux petites variétés qu'elle offre.

Une terre très-légère, très-profonde, un peu fraîche, parfaitement labourée et bien fumée, est celle où le salsifis réussit le mieux; cependant, comme il prend très-facilement l'o-
deur du fumier, il vaut mieux ne lui donner que du terreau
bien consommé. On le sème ordinairement en rangées écartées de 8 à 10 pouces, quelquefois à la volée, aussitôt que les
gelées ne sont plus à craindre. Il faut, malgré cela, par prudence, faire ces semis à différentes époques, éloignées de 8 à
10 jours, et les recouvrir de feuilles sèches ou de litière. Plus
le semis est précoce et plus les racines sont belles. Le plant
levé s'éclaircit de manière qu'il y ait d'un à 2 pouces d'écarte-
tement entre les pieds. Il se bine deux ou trois fois dans le
courant de l'été, et s'arrose abondamment pendant les sécheresses. Couper la fane pour la donner aux bestiaux est toujours une opération nuisible à la beauté et à la bonté de la racine, d'après le principe que les plantes vivent autant par
leurs feuilles que par leurs racines. Si des pieds montaient en
fleur, il faudrait les arracher sans miséricorde pour les donner
aux bestiaux, qui les aiment avec passion.

C'est vers la fin de septembre qu'on commence à arracher le
salsifis pour le manger; mais, si on le peut, on attendra un
mois plus tard, car c'est seulement aux approches des gelées
qu'il a acquis toute la grosseur et toute la saveur qu'il doit
avoir.

Dans les climats où les hivers ne sont pas rigoureux, on
laisse le salsifis en terre pendant tout l'hiver, les fanes seules
en souffrent; mais dans ceux où les gelées sont très-fortes on
l'arrache pour le déposer dans des Serres a légumes (*voyez*
ce mot), lit par lit avec du sable, ou pour l'enterrer, stratifié
de même, dans une fosse profonde. On le mange jusqu'à ce
qu'il monte en graine.

Les pieds réservés pour graine doivent être, autant que possible, laissés en terre, par la raison que toutes les plantes à
longues racines sont toujours affaiblies par suite d'une transplantation, et que cet affaiblissement nuit à la bonté de la
graine. On les couvre d'une épaisse couche de feuilles sèches,
de fougère ou de litière. (*Voyez* Couverture.) La graine se
recueille au milieu de l'été, à mesure qu'elle arrive à maturité :
on la conserve dans des sacs dans un lieu sec.

Dès que le salsifis monte en fleur, sa racine devient creuse, perd sa saveur et n'est plus bonne qu'à donner aux bestiaux; elle convient à tous, mais principalement aux cochons.

La racine du salsifis est un aliment très-sain et très-nourrissant: on n'en fait pas autant usage que la facilité de sa culture et l'abondance de ses produits le comportent. Les estomacs même faibles le digèrent facilement: on mange aussi ses feuilles en salade ou en potage.

Le Salsifis des prés, vulgairement *barbe de bouc*, ne diffère presque du précédent que parce que les folioles de son calice sont plus courtes et ses fleurs jaunes; il croît dans les prés gras, sur le bord des rivières. Sa présence annonce toujours un sol fertile : les touffes qu'il forme sont extrêmement recherchées de tous les bestiaux; on mange ses feuilles en salade. (B.)

SALSONYRE. On appelle ainsi la soude épineuse (*salsola tragus*, Lin.) aux environs de Narbonne. (B.)

SALSPAREILLE, *Smilax*. Genre de plantes de la dioécie hexandrie et de la famille des smilacées, qui renferme plus de quarante espèces, la plupart ligneuses, sarmenteuses, épineuses et munies de vrilles. Leurs feuilles sont alternes, coriaces, nerveuses; deux de ces espèces sont propres à l'Europe, et plusieurs, originaires de la Chine ou de l'Amérique, fournissent à la médecine des remèdes très-employés.

La Salspareille épineuse a les tiges nombreuses, quadrangulaires, épineuses, hautes de 2 à 3 pieds; les feuilles en cœur, très-aiguës, panachées de blanc et épineuses en leurs bords: elle croît dans les parties méridionales de l'Europe et sur la côte d'Afrique. Je l'ai vue concourir à former d'excellentes Haies en Italie. (*Voyez* ce mot.) On vend quelquefois ses racines comme celles de la véritable salspareille, dont elle a les vertus à un plus faible degré.

La Salspareille officinale, *Smilax salsparilla*, Lin., a les tiges angulaires et épineuses; les feuilles en cœur, sans épines et d'un vert clair : elle croît dans l'Amérique méridionale et en Caroline. Je l'ai vue dans ce dernier pays s'élever à 30 ou 40 pieds de haut et former des fourrées de plusieurs toises de diamètre, impénétrables à tous les animaux. C'est sa racine dont on fait un si grand usage dans la médecine comme sudorifique.

La Salspareille de la Chine est la plante qui fournit la squine, racine qui a les mêmes vertus que la précédente.

Aucune salspareille n'est cultivée dans nos jardins d'agrément. De toutes celles que je connais il n'y a que celle à feuilles de laurier qui dût y être employée comme non épineuse et très-élégante; mais elle craint les gelées du climat de Paris. (B.)

SALUBRITÉ DES BATIMENS RURAUX. (Architecture et économie rurales.) Cette qualité est aussi désirable pour les bâtimens que leur solidité. À quoi serviraient en effet les édifices les plus solides, même les plus commodes et les mieux distribués intérieurement, si leur insalubrité ne permettait pas de les occuper? On obtient la salubrité des bâtimens par une position saine et un orientement convenable à leur destination.

Mais, ainsi que nous l'avons dit au mot Placement, on n'est pas toujours le maître de choisir leur position, et il est toujours nécessaire de procurer à ces bâtimens la salubrité la plus grande.

L'humidité, que nous avons déjà signalée comme la cause principale des dégradations des bâtimens, est aussi le foyer du mauvais air, qui affecte toujours plus ou moins les hommes et les animaux, et le principe de presque toutes les maladies qui abrègent leur vie. *Voyez* Salpêtrage.

L'humidité est encore l'état de température le plus favorable à la fermentation des grains et à la multiplication des insectes qui les dévorent. Cette humidité si nuisible de l'air intérieure des bâtimens est souvent occasionnée par le sol même sur lequel ils ont été édifiés, soit parce qu'il est naturellement humide, soit parce que les bâtimens sont terrassés. Quelquefois encore elle est l'effet de vents dominans qui, avant de les frapper, traversent des étangs ou des marais.

Dans le premier cas, il faut assainir le terrain naturellement trop humide, tenir le rez-de-chaussée du bâtiment qu'on veut élever dessus à un niveau supérieur à celui de ce terrain desséché, et établir son pavé ou carrelage sur un lit de terre absorbante, ou de charbon de bois pulvérisé, ou de tan, ou de mâchefer, ou de sciure de bois (*bran de scie.*) Dans le second cas, c'est-à-dire lorsqu'il ne serait pas possible d'établir le pavé du rez-de-chaussée du bâtiment à un niveau par-tout supérieur à celui du terrain environnant, sans être obligé de l'élever trop haut, il faut extraire les terres des côtés où elles terrassent ce bâtiment, dans une largeur de 4 mètres au moins, et sur une profondeur suffisante pour que le niveau de son pavé intérieur soit supérieur d'un demi-mètre environ à celui du terrain environnant. Et dans le troisième cas, il faudrait supprimer toutes les ouvertures du bâtiment qui seraient exposées au mauvais vent, ou du moins n'en conserver que le moindre nombre possible, et les multiplier aux autres aspects, et particulièrement du côté du nord. Un autre moyen de se préserver de l'air malsain amené par les vents, qui serait encore préférable, parce que son efficacité est incontestable, ce serait d'abriter le bâtiment par des plantations en massifs placées à sa mauvaise exposition.

Ce dernier moyen de purifier l'air extérieur, que l'on peut employer avec tant de facilité, est beaucoup trop négligé dans les campagnes. Indépendamment de cette propriété qu'ont les arbres d'absorber le mauvais air, leur proximité des bâtimens les garantirait encore souvent des avaries que les vents impétueux occasionnent dans les couvertures, et ils leur serviraient aussi de paratonnerre naturel.

Nous avons l'expérience de ces bons effets des plantations autour des bâtimens ruraux; les arbres doivent être placés à une distance de 4 mètres au moins de leur côté extérieur, afin qu'ils n'entretiennent pas les murs dans un état d'humidité préjudiciable.

Il est à désirer, sous tous les rapports, que les établissemens ruraux soient tous embellis par de semblables plantations, qui d'ailleurs deviendraient un objet de revenu pour les propriétaires. (DE PER.)

SAMENA. L'action de SEMER dans le département de Lot-et-Garonne.

SANA. C'est, dans le département de Lot-et-Garonne, CHATRER les bestiaux et faire écouler les eaux des prairies.

SANELE. Nom de la BINETTE dans le département de Lot-et-Garonne.

SANG, MAL DE SANG, MALADIE ROUGE, MALADIE DES MOUTONS DE LA SOLOGNE, ou MALADIE DE LA SOLOGNE. La maladie rouge est une maladie des moutons; c'est une vraie dissolution du sang, une altération de ses principes constituans; elle est le plus souvent due à des causes générales, qui agissent en même temps sur presque tous les individus : en sorte qu'elle prend assez promptement le caractère épizootique; elle est pour ainsi dire habituelle dans quelques parties de la Sologne, ce qui la fait regarder comme *enzootique* à ce pays; elle se manifeste plus particulièrement après les grandes chaleurs ou les grandes pluies, et encore après un hiver dur, pendant lequel les animaux n'ont eu qu'une nourriture malsaine et pas assez abondante; dans ce cas c'est au printemps qu'elle se développe : elle attaque indistinctement les bêtes de tous les âges, mais les sujets les plus gras, les plus forts, enfin ceux qui paraissent les mieux portans en sont attaqués les premiers; on a remarqué qu'en Sologne, qui est le pays où elle exerce les plus grands ravages, quelques fermiers en garantissaient leurs moutons en évitant de les mener paître dans les bruyères et en leur donnant du genêt (1). Il paraît

---

(1) On assure aussi que les habitans du Dauphiné en préservent leurs moutons en les soumettant à l'usage du genièvre et du sel commun : ce dernier moyen, employé sans ménagement, devient quelquefois nuisible.

qu'elle se montre peu dans les pays où la nature du sol et l'aisance des propriétaires leur permettent de donner une nourriture saine, et de faire observer à leurs moutons le régime qui leur convient, à moins que quelques-unes des circonstances dont nous venons de parler, telles que les grandes sécheresses et les grandes pluies, n'en favorisent le développement.

Cette maladie a des symptômes généraux qui appartiennent aussi à d'autres maladies, on peut les regarder comme précurseurs de son invasion. Ces symptômes sont la perte de l'appétit, la tristesse, la lenteur de la marche, et un état pour ainsi dire stationnaire ; il leur succède la chaleur de la bouche, quelquefois le flux par les naseaux d'une humeur glaireuse, des évacuations sanguines, qui lui ont fait donner le nom de mal de sang ou maladie de sang : ces évacuations qui ont lieu par les naseaux, par les yeux, par l'anus avec les excrémens qu'elles teignent, et par les urines, ne sont autre chose qu'une sérosité roussâtre, quelquefois noirâtre, enfin un sang dissous, dépourvu de ses parties vivifiantes ; la diarrhée se joint aussi à ces symptômes dans quelques animaux ; à cette époque, le pouls est petit et misérable ; la durée de la maladie est relative aux forces et à l'état particulier de chaque individu. Il y en a qu'elle emporte en trois ou quatre jours, et d'autres chez lesquels elle dure jusqu'à dix ou douze.

A l'ouverture des cadavres, on trouve des taches noires répandues sur les intestins, quelquefois même des dépôts séreux et sangninolens, la rate gonflée ou plus volumineuse que dans l'état naturel et gorgée de sang noir ; le foie, qui n'est le plus souvent malade que dans les animaux qui ont eu la diarrhée, a ordinairement une teinte jaune, et sa substance se sépare facilement avec les doigts ; dans la poitrine, on trouve les poumons gorgés de sang noir et dissous.

Les grandes chaleurs, l'extrême sécheresse, suivie de pluies abondantes, le défaut de nourriture ou une nourriture malsaine, la privation de boisson à certaines époques, une nourriture succulente donnée en trop grande quantité après une assez longue abstinence, le parcage dans des lieux aquatiques et avant que la rosée soit dissipée, enfin tout ce qui peut affaiblir ces animaux, dont le tempérament est mou et cachectique, sont autant de causes qui peuvent donner lieu à la maladie rouge ; il faut par conséquent chercher à les éviter, et à en atténuer pour ainsi dire les mauvais effets par le régime qu'on doit faire observer aux animaux.

Quant au traitement curatif, il est incertain, et, comme dans toutes les maladies épizootiques, difficile à administrer ; les moyens sont si insuffisans et les ressources si promptement épuisées, qu'on se décide avec peine à indiquer des remèdes ;

il paraît prudent de se borner aux préservatifs, qu'on doit choisir de préférence dans les moyens diététiques.

Lorsque l'on aura à craindre que les causes dont nous venons de parler plus haut peuvent donner lieu à la maladie, on ne conduira les bêtes aux champs qu'après que la rosée sera dissipée, et de préférence sur les parties les plus élevées; à l'étable, on leur donnera, s'il est possible, quelques poignées de bon foin, de bonne paille, soit de froment, de seigle, d'orge ou d'avoine; pour les abreuver, on placera à la porte des bergeries des baquets remplis d'eau qu'on blanchira avec quelques poignées de farine: ce serait bien le cas d'y ajouter le vinaigre; mais pour peu que le troupeau soit nombreux et qu'il y en ait plusieurs à abreuver, cette ressource serait bientôt épuisée: on y suppléera en mettant dans ces baquets des morceaux de fer rouillé. Si les bergeries sont basses, peu aérées, on y pratiquera des jours pour y établir des courans d'air, et pendant que les bêtes seront aux champs on parfumera ces habitations avec les moyens désinfectans de M. Guyton de Morveau, ou avec des plantes aromatiques (*voyez* DÉSINFECTION); on aura soin d'enlever les fumiers, de ne les y pas laisser plus d'un jour; on en lavera le sol à grande eau à force de bras et avec des balais pour les pousser en dehors; enfin on tiendra les bergeries dans la plus grande propreté.

Nous croyons devoir indiquer quelques médicamens dont on pourrait faire usage si l'on n'avait à traiter qu'un petit nombre de moutons; on peut administrer, tous les matins, l'extrait de genièvre ou celui de gentiane, le premier à la dose de 16 grammes à 32 grammes (4 gros à une once), et le second à celle de 4 grammes à un décagramme (un gros à 3 gros); l'oxide de fer noir, *æthiops martial,* ou battitures d'enclume, peut encore être employé avec quelque avantage: on le donne à la dose de 4 grammes à un décagramme (un gros à 3 gros), avec à-peu-près la même quantité de poudre d'aunée ou de gentiane; on incorpore le tout dans le miel et on fait un opiat, qu'on donne le matin à jeun: on sent bien que ces médicamens doivent être secondés par le régime que nous avons indiqué plus haut.

On trouve dans les Instructions vétérinaires, volume de 1790, page 320, des remarques sur la maladie rouge des moutons de la Sologne, par M. Flandrin; on peut aussi consulter les mémoires qui ont été publiés sur cette maladie par MM. Tessier et Huet de Froberville. (DESP.)

SANGLIER. C'est le type sauvage du cochon domestique. *Voyez* COCHON.

On trouve le sanglier dans toute l'Europe et une partie de l'Asie. Il vit, dans sa jeunesse, en troupes plus ou moins nombreuses, formées par la réunion de deux, trois ou quatre familles, et presque toujours isolé dans sa vieillesse.

La première année de sa vie, la couleur du poil du sanglier, qu'on appelle alors marcassin, est un mélange de fauve et de brun, avec des raies plus fauves et des grises. Cette couleur devient ensuite rousse, puis noire.

La nourriture du sanglier est autant animale que végétale. Il mange absolument tout ce qu'il trouve. Les escargots, les grenouilles, les serpens font ses délices : c'est pourquoi il se tient de préférence dans les forêts marécageuses. Il se contente d'herbe lorsqu'il n'a pas de racines et sur-tout de fruits.

Les cultivateurs ne doivent apprendre à connaître le sanglier que pour le détruire, car il est un de leurs plus dangereux ennemis, non en le chassant à grands frais comme font les gens riches, mais en le tirant à l'affût, en le suivant à la trace pendant la neige, en lui tendant des piéges de toutes espèces.

Il arrive souvent que des bandes de sangliers se rendent pendant la nuit dans les blés, les orges, les avoines, les maïs, etc, et y causent des pertes considérables autant par le dégât qu'ils font avec leurs pieds que par ce qu'ils consomment. Il en est de même en automne dans les vignes, dans les champs de raves, etc. Presque toujours ils reviennent dans le lieu où ils ont trouvé abondamment une nourriture qui leur plaît : ainsi il ne s'agit que d'avoir la patience de les attendre pendant plusieurs nuits consécutives.

Les piéges qu'on tend aux sangliers sont des lacets horizontaux attachés à un jeune arbre, qui se redresse lorsque l'animal en marchant a fait tomber le mécanisme qui le tenait courbé, des piéges à renard à planchette, des fosses recouvertes de branches et de feuilles sèches.

Pendant l'automne, les sangliers s'engraissent beaucoup en mangeant des pommes et des poires sauvages; des glands, des faînes et autres graines. Comme ils labourent continuellement la terre avec leur groin pour trouver leur nourriture, ils enterrent beaucoup de ces fruits et de ces graines, et concourent par là au repeuplement des forêts. *Voyez* aux mots Chêne et Cochon. (B.)

SANGUINELLE. Un des noms du Panic sanguin. (B.)

SANGSUE. On donne ce nom à de petits fossés creusés dans les terres arables ou dans les prairies, dans le but d'en faire écouler les eaux. Ils ne diffèrent des Rigoles que par leurs moindres dimensions, et des Maîtres que parce qu'on les fait avec la bêche ou la pioche; quelquefois ils sont recouverts. *Voyez* ces deux mots et le mot Egout des terres. (B.)

SANGSUE. Genre de vers qui renferme une quinzaine d'espèces vivant dans les eaux douces et qui sont caractérisées par un corps cylindrique ou aplati, très-susceptible d'allongement ou de contraction à la volonté de l'animal, offrant, à chacune de ses deux extrémités, un disque susceptible de se dilater et de se fixer comme une ventouse, et de plus à l'antérieure une bouche à trois dents.

Je dois dire ici un mot des sangsues, non parce qu'une ou deux de leurs espèces sont employées dans la médecine humaine pour faire de petites saignées locales, mais parce que les bestiaux sont exposés à leurs morsures lorsqu'ils vont se baigner ou même boire dans les eaux qui en contiennent.

Les sangsues sont hermaphrodites et vivipares. Elles multiplient beaucoup. Les eaux stagnantes et boueuses sont celles qu'elles préfèrent. Elles nagent par un mouvement de bas en haut et de haut en bas. Elles marchent en appliquant alternativement leurs deux extrémités au même point. Leur nourriture de prédilection est du sang qu'elles tirent des animaux ; mais comme elles n'en ont pas toujours, elles se contentent de l'humeur séreuse des insectes et des autres vers qui habitent les eaux ainsi qu'elles.

Lorsqu'un cheval, un bœuf ou une vache sont piqués par des sangsues, et j'en ai vu des douzaines fixées en même temps sur leurs pieds, sous leur ventre et à leur museau, il ne faut pas chercher à les enlever de force, parce qu'on risquerait de faire naître une inflammation par suite du séjour de l'extrémité de la tête dans la blessure ; il ne faut pas non plus les couper, comme on le fait souvent, parce qu'il en pourrait résulter une hémorrhagie difficile à arrêter. C'est du sel ou du tabac qu'on doit employer pour les faire tomber ; une pincée suffit pour chacune. Au reste, s'il n'y a qu'un petit nombre de sangsues, il ne faut pas s'en inquiéter, puisqu'il n'en résulte qu'une très-légère saignée.

On accuse souvent les sangsues d'entrer dans l'estomac des animaux qui boivent et de les faire périr. Cela se pourrait dans un chien ; mais quand on a vu boire le cheval et le bœuf, on conçoit difficilement comment cela aurait lieu. Je crois donc que c'est à quelque maladie qu'on doit la mort des animaux qu'on dit avoir été tués par elles. D'ailleurs pourraient-elles vivre dans l'estomac de ces animaux? Au reste, des boissons d'eau salée sont probablement ce qui conviendrait le mieux dans ce cas.

Les petites sangsues aplaties qu'on trouve dans les eaux pures des fontaines et des ruisseaux s'appellent actuellement des Planaires. (B.)

SANICLE, *Sanicula*. Plante à racine vivace, fusiforme, fibreuse ; à feuilles presque rondes, divisées en cinq lobes dentés, les radicales longuement pétiolées, les caulinaires

alternes, et d'autant moins pétiolées qu'elles sont plus éloignées des premières; à tige légèrement rameuse, et à fleurs
blanches disposées en petites ombelles, qu'on trouve dans les
bois dont le sol est argileux et l'exposition froide.

Cette plante fleurit au milieu du printemps. Ses feuilles
restent vertes toute l'année. Elle a joui autrefois d'une grande
réputation médicale; mais aujourd'hui on n'en fait presque
plus usage. Elle est astringente et détersive. Dans quelques
endroits, on la donne, sous le nom d'*herbe du défaut*, aux
vaches qui viennent de vêler, pour faciliter la sortie de l'arrière-faix. (B.)

SANICLE DE MONTAGNE. C'est la BENOITE.

SANSONNET. Nom vulgaire de l'ÉTOURNEAU.

SANSOUIRE. On donne ce nom, aux environs d'Arles, à
une couche imprégnée de sel, qui se trouve sous la terre végétale. Lorsqu'on enterre cette couche par les labours, et qu'on
en rapporte les parcelles à la surface, on rend stérile pour plusieurs années un champ jusqu'alors très-fertile. *Voyez* SEL
MARIN et MARAIS SALÉS. (B.)

SANTAL, SANTALIN, *Santalum*, Lin., arbre exotique
de la famille des ONAGRES ou des MYRTES, dont le bois desséché a une odeur aromatique très-agréable, sur-tout quand
on le brise.

Le santalin croît aux Indes orientales, principalement dans
le royaume de Siam et dans les îles de Tymor et de Solor. Il
s'élève à la hauteur d'un noyer, et se garnit de feuilles ovales,
oblongues, lisses et opposées. Ses fleurs, d'un bleu noirâtre,
naissent en corymbe aux aisselles des feuilles et à l'extrémité
des rameaux. Elles n'ont point de corolle, mais quatre étamines et un pistil, enfermés dans un calice fait en forme de
vase, et dont l'entrée est couronnée par quatre écailles barbues.
Ses fruits sont des baies ovoïdes, grosses à-peu-près comme
une cerise, d'abord vertes et ensuite noires à l'époque de leur
maturité; quoiqu'elles soient insipides, elles sont mangées avec
avidité par les oiseaux.

Le *santal blanc* et le *santal citrin* du commerce sont tirés
de cet arbre, que les Indiens appellent *sarcanda*, et les botanistes *santalin*. L'aubier est le santal blanc, et la partie intérieure de l'arbre ou le bois proprement dit est le santal
citrin.

Le santal citrin est pesant, compacte; il a les fibres droites,
qui le rendent facile à fendre en petites planches. Sa couleur
est d'un roux pâle, sa saveur aromatique est mêlée d'une petite amertume qui n'est point désagréable. Son odeur semble
être un mélange de musc, de citron et de rose.

Le santal blanc ne diffère du précédent que parce qu'il a

une couleur plus pâle et une odeur faible. Les parfumeurs d'Europe emploient ces bois; comme ils sont fort chers et fort rares, on leur en subtitue quelquefois d'autres, tels que le *bois de citron*, le *bois de jasmin*, etc. Dans les Indes, on fait des étuis, des éventails, et autres petits meubles avec le bois de santal; on en brûle aussi pour parfumer les temples et les appartemens.

On connaît dans le commerce un *santal rouge*, qui est très-différent de ceux dont je viens de parler, et qui n'est pas tiré du même arbre. Il est fourni par le *ptérocarpe santalin*. C'est un bois solide, dense, pesant, à fibres tantôt droites, tantôt ondées et imitant les vestiges des nœuds. Il n'a aucune odeur sensible, et sa saveur est légèrement astringente et austère. Il est employé dans la teinture.

Le santalin ne peut être cultivé, dans nos climats, qu'en serre chaude. (D.)

SANTOLINE, *Santolina*. Genre de plantes de la syngénésie polygamie égale, et de la famille des corymbifères, qui réunit huit à dix plantes, dont deux ou trois s'emploient en médecine comme vermifuges, emménagogues, stomachiques, etc., et se cultivent en conséquence dans quelques jardins.

La Santoline a feuilles de cyprès est un arbrisseau d'un à 2 pieds de hauteur, très-touffu, dont les rameaux sont couverts d'un duvet blanchâtre; les feuilles alternes ou, mieux, imbriquées sur quatre rangs, sessiles, linéaires, quadrangulaires, dentelées par des tubercules; les fleurs jaunes, solitaires à l'extrémité de longs pédoncules terminaux. Elle est naturelle aux endroits les plus arides des parties méridionales de l'Europe, et fleurit au milieu de l'été. Son odeur est forte et aromatique, sa saveur âcre et amère. On la place assez fréquemment dans les grands parterres, où on la tient en buisson dans le milieu des plates-bandes, et où on en fait des bordures et des palissades qui se taillent aussi facilement que le buis. On la met aussi dans les jardins paysagers, où le contraste de sa couleur avec celle des feuilles des autres arbustes produit des effets fort avantageux. Il lui faut toujours un terrain sec et léger et une exposition chaude. Dans des lieux frais et argileux, elle pousse plus vigoureusement, mais elle est beaucoup plus sensible aux gelées.

On multiplie cette plante par le semis de ses graines (moyen très-long et peu usité), par marcottes et par boutures. Les premières se font avant l'hiver en couvrant de terre les branches latérales. Elles s'enracinent dans le cours de l'été suivant, et se mettent en place au printemps de la seconde année. Les boutures peuvent s'entreprendre en tout temps, si on les met sur couche et sous châssis, et seulement au printemps si on les met en pleine terre. Elles manquent rarement, et ne doivent être mises en place qu'à la troisième année, si on veut jouir sur-le-champ.

Il est toujours prudent d'en conserver quelques pieds en pots, qu'on rentre dans l'orangerie, pour parer aux accidens des hivers rigoureux.

La santoline se dégarnit à la longue de ses branches inférieures, ce qui altère sa beauté. Dans ce cas, il faut la couper rez terre, et si elle ne repousse pas, ce qui arrive souvent, la remplacer par un jeune pied.

Cette plante s'appelle *auronne femelle* ou *garde-robe* dans les jardins. On a cru que son odeur chassait les larves des teignes qui mangent les habits et autres étoffes de laine ; mais Réaumur a prouvé que c'était une erreur.

La Santoline a feuilles de romarin et la Santoline a feuilles blanches ne diffèrent que fort peu de celle-ci, et leurs propriétés ainsi que leur culture sont les mêmes. (B.)

SAOUZE. C'est le Saule dans le département du Var.

SAPERDE, *Saperda*. Genre d'insectes de l'ordre des coléoptères, qui renferme plus de cent espèces connues, dont les larves vivent toutes dans l'intérieur des arbres ou des plantes, et causent quelquefois de grands dommages aux cultivateurs. Parmi elles une trentaine appartiennent à l'Europe.

Les espèces les plus communes de ce genre sont,

La Saperde carcharias. Elle est chagrinée, jaunâtre, ponctuée de noir ; ses antennes sont courtes et annulées de gris et de noir ; sa longueur est d'un peu plus d'un pouce. Sa larve vit dans différens arbres, principalement dans les peupliers.

La Saperde scalaire. Elle est noire, avec la suture et des taches jaunes, dont plusieurs font partie de cette suture même. Sa longueur est de 8 lignes. Sa larve vit dans le peuplier, l'érable-sycomore, etc.

La Saperde oculée. Elle est couleur de rouille, avec la tête, les antennes et deux points noirs sur le corcelet. Ses élytres chagrinés et de couleur ardoisée. Sa longueur est de 8 à 10 lignes. Sa larve vit dans les saules et les peupliers.

La Saperde linéaire. Elle est noirâtre, avec les pattes jaunes. Sa longueur est de 8 lignes. Sa larve vit dans le noisetier.

La Saperde cylindrique. Elle est noire, avec les pattes antérieures jaunes. Sa longueur est de 6 lignes. Sa larve se trouve dans les branches du poirier, du pommier et du prunier, dont elle dévore la moelle. Souvent, par son abondance, elle cause beaucoup de dommage à ces arbres, car toutes les branches attaquées par elle meurent immanquablement. Elle y vit deux ans, après quoi elle se transforme en insecte parfait, qui sort vers le commencement de l'été par un trou qu'elle lui a ménagé.

La Saperde popunér. Elle est noire, chagrinée, avec le dessous du ventre, cinq raies sur le corcelet et quatre points jaunâtres sur chaque élytre. Sa longueur est de 5 à 6 lignes. Sa larve vit dans les branches du peuplier blanc et autres du même genre, sur lesquelles elle fait naître des nodosités très-remarquables. Il m'a paru qu'elle exerçait principalement ses ravages sur les peupliers grisard et blanc plantés dans des terrains secs et arides. J'ai vu des cantons, entre autres la partie supérieure de la vallée de Montmorency, où tous les peupliers en étaient infestés au point qu'ils ne pouvoient s'élever et périssaient même. Cette larve reste deux ans dans le bois et l'insecte parfait en sort vers le milieu de l'été.

La Saperde du tremble. Elle est verte, avec des points noirs sur les élytres et le corcelet. Elle a 8 à 9 lignes de long. Sa larve vit dans le tremble, le peuplier blanc et autres arbres de cette famille. On la trouve rarement aux environs de Paris ; mais elle cause quelquefois de grands dommages dans les parties méridionales de la France. Il y a une vingtaine d'années qu'elle fit périr une grande partie de ces arbres dans les environs de Toulouse.

Faire la chasse aux insectes parfaits dans le court intervalle qui s'écoule entre leur sortie de la branche où a vécu leur larve et leur accouplement, est le seul moyen de s'opposer à la multiplication des saperdes ; mais ce moyen donne des résultats si peu considérables, qu'on ne peut réellement le mettre en usage que pour des arbres précieux ; car comment atteindre tous ces insectes dans les forêts, sur le sommet des arbres plantés en avenues, etc. ? J'ai voulu les faire chercher dans les pépinières de Versailles, où tous les ans ils font périr beaucoup de greffes de *peupliers d'Athènes*, de *peupliers à grandes dents*, etc. ; mais cela a été sans succès.

Les espèces qui font naître des nodosités sur les branches peuvent être attaquées dans leurs larves mêmes ; mais pour cela il faut sacrifier les branches, car faire un trou dans la nodosité, pour la tuer, a en définitif pour résultat la mort de la branche ; ce qui équivaut par conséquent à son amputation.

Les greffes qui sont attaquées par des larves de saperdes se cassent fort aisément par l'effort des vents. Elles végètent assez bien la première année, mais languissent et meurent ordinairement la seconde. (B.)

SAPIN, *Abies*. Genre de plantes de la monoécie monadelphie et de la famille des conifères, que plusieurs botanistes réunissent à celui des pins, mais qui en diffère autant par son aspect que par les caractères de son fruit, qui est un cône allongé, composé d'écailles en recouvrement.

Ce genre renferme une douzaine d'espèces d'arbres, la plupart utiles sous plusieurs rapports, et dont on cultive la moitié dans les jardins d'agrément des environs de Paris; leurs feuilles sont toujours solitaires, courtes, raides et persistantes; leurs tiges terminées par une flèche droite; leurs troncs abondent en résine. Ils croissent naturellement dans les pays froids.

Le **Sapin commun**, ou *sapin blanc*, ou *sapin argenté*, *sapin de Normandie*, ou *sapin à feuilles d'if*, *Abies alba*, Juss., *Pinus picea*, Lin., est un arbre de la première grandeur, dont la forme est pyramidale; les branches verticillées et horizontales; les feuilles linéaires, aplaties, échancrées à leur sommet, blanches ou argentées en dessous, disposées en forme de peigne des deux côtés des rameaux; les cônes longs d'un demipied, solitaires, pédonculés et relevés, ayant leurs écailles rougeâtres, filamenteuses, obtuses, et leurs semences anguleuses et noirâtres. Il croît naturellement sur les montagnes élevées et dans le nord de l'Europe. On en voit de vastes forêts dans quelques parties de la France, telles que les Alpes, les Vosges, le Jura, les Pyrénées, l'Auvergne, la haute Normandie, les environs de Strasbourg, etc. C'est un arbre qui s'élève à plus de 100 pieds de hauteur, et dont les branches horizontales et verticillées par étages forment naturellement une superbe pyramide. Rien de plus imposant qu'un vieux sapin isolé au milieu des rochers. Les effets qu'il produit dans les jardins paysagers, quoique moins pittoresques, n'en sont pas moins agréables, soit qu'isolé au milieu des gazons, il produise seul ce qu'on en attend, soit lorsque étant placé sur le bord des massifs, il fasse contraster sa forme et sa couleur avec celles des arbres placés derrière lui. Mais ce n'est point sous le rapport de l'agrément qu'il faut principalement le considérer.

Le sapin est pourvu d'une flèche, c'est-à-dire d'un bourgeon terminal, ce qui fait qu'il s'élève toujours droit ; mais aussi quand ce bourgeon est cassé par accident, ou se dessèche par quelques circonstances, l'arbre cesse le plus souvent de croître en hauteur. Aussi la sage nature a-t-elle pris pour sa conservation des précautions particulières. Le bouton dont il sort est plus gros, plus abondamment pourvu d'écailles protectrices, et il se développe plus de quinze jours après les autres. Il est le seul de son espèce sur chaque pied. Ordinairement il est accompagné de quatre autres boutons plus petits destinés à donner des branches, à l'extrémité desquelles se formeront trois autres boutons également plus petits. Ainsi quelques efforts qu'on fasse pour faire produire une autre flèche à un arbre qui l'a perdue, on n'y parvient point. J'ai vu quelquefois de ces bourgeons à flèche sortir naturellement de la partie supérieure d'une branche, mais jamais de son extrémité. Dans ce cas, la jeune pousse a l'air d'une greffe.

La végétation du sapin est lente dans ses premières années, elle prend ensuite plus d'activité, et se ralentit de nouveau après douze ou quinze ans. Elle est d'autant plus rapide que le sol et le climat sont plus convenables; c'est-à-dire que le premier est plus léger, et le second plus froid et plus humide, car cet arbre est celui des nuages; il ne vient naturellement que sur les hauteurs où ils sont permanens.

Les forêts de sapin étaient beaucoup plus communes autrefois en France qu'elles ne le sont actuellement, et les lieux où elles existaient, aujourd'hui dépourvus d'arbres, n'en peuvent plus être naturellement regarnis. Cela tient à l'avidité du gain ou au défaut d'intelligence. Le sapin ne repousse jamais du pied, et son jeune plant a besoin d'abri pendant les premières années; il faut donc ne pas couper ces forêts *à blanc*, pour me servir de l'expression technique, comme je le ferai voir plus bas. Il est fort difficile par conséquent, même impossible, de replanter les forêts qui ont été détruites par l'effet des coupes inconsidérées et qui se trouvaient dans leur lieu naturel, c'est-à-dire à 900 toises au-dessus du niveau de la mer, élévation où les chênes cesssent de croître. Aussi une grande partie des pentes des Alpes, jadis couvertes de superbes sapins, sont-elles destinées à ne plus fournir que des pâturages, et par conséquent à rester désertes; car, dans des élévations aussi froides, où les hivers sont de six à sept mois, il faut abondance de chauffage pour que l'homme puisse les habiter. Il n'y a que le pin cembro et le mélèze qui croissent dans les zones supérieures au sapin, et ces deux arbres se trouvent dans le même cas que lui.

On rencontre, par-ci par-là, en Suisse, dans les lieux où existaient des forêts de sapins, des pieds qui y subsistent isolés depuis l'époque de leur destruction, et qui ont cessé de croître en hauteur, soit par l'effet de leur vétusté, soit parce qu'ils ont perdu leur flèche. Ces pieds étendent au loin leurs épais rameaux, et servent de retraite aux hommes et aux bestiaux pendant les orages : on les appelle en conséquence des *abris-tempête*, et il est défendu de les couper. J'en ai vu plusieurs dont l'effet était réellement imposant; mais ils n'offrent rien qui ne se remarque dans les arbres des autres genres placés dans la même circonstance; s'ils ne se multiplient pas, quoique annuellement surchargés de graines, cela tient à ce que leur dessous est couvert de gazon, et à ce qui vient d'être dit de la nécessité des abris pour le jeune plant.

C'est principalement dans les pentes exposées au nord, et dans les sols schisteux, que se trouvent les forêts de sapin. Les racines de ces arbres savent aller chercher la terre dans les fissures des rochers. Souvent ces racines courent sur la surface de ces rochers, dans une longue distance, avant de pouvoir trouver une de ces fissures.

Comme je l'ai dit plus haut, la croissance des sapins est lente dans les premières années; mais quand ils sont parvenus à cinq ou six ans, et qu'ils se trouvent dans des circonstances favorables, elle s'accélère beaucoup. Un sapin de cinquante ans a souvent un pied de diamètre et 120 pieds de haut. Comme ils sont presque toujours très-rapprochés, ils filent beaucoup, et les plus faibles périssent successivement, étant privés de nourrriture et de lumière par les plus forts, de sorte que, s'ils sont abandonnés à eux-mêmes, il n'y en a qu'un petit nombre qui parviennent à la plus grande vieillesse. Ils n'ont pas l'avantage dont jouissent les autres arbres, de se soutenir longtemps dans l'état intermédiaire entre la vie et la mort, et par conséquent de pouvoir reprendre vigueur lorsque les causes qui les ont affaiblis cessent d'agir. Dès qu'une de leur partie est frappée, il est rare que l'arbre entier ne meure pas bientôt : ils ne repoussent jamais de leurs racines. Ces circonstances indiquent le mode d'exploitation qui convient aux forêts qui en sont composées, mode qui cependant a donné lieu à des discussions parmi les agronomes forestiers, parce que beaucoup d'entre eux n'observent pas la nature et mettent à sa place les résultats de leur imagination. Ainsi ce ne sera pas en abattant d'une seule fois la totalité des sapins d'une forêt, qu'on en tirera un revenu, mais en coupant successivement ceux qui auront acquis la grosseur et la hauteur désirées, c'est-à-dire en jardinant. Par là on brise sans doute beaucoup de jeunes pieds, soit par la chute de ceux qu'on coupe, soit par la nécessité de faire des chemins pour sortir ces derniers; mais on conserve et des pieds porte-graine, et l'humidité et l'ombre nécessaires à la croissance du plant dans ses premières années. D'ailleurs, la perte serait plus considérable encore si on coupait la forêt en une seule fois, à cinquante ans, par exemple, parce qu'il s'y trouverait immensément de pieds qui ne seraient bons qu'à brûler et que ce bois est d'un fort médiocre emploi sous ce rapport, sur-tout lorsqu'il est jeune; d'ailleurs, dans les lieux où il croit naturellement, l'ébranchage de ceux qu'on abat, de ceux qui sont cassés ou arrachés par les vents, qui meurent de vétusté, etc., suffit à la consommation des habitans peu nombreux et économes. Mais, dira-t-on, telle et telle forêt qui a été coupée à blanc dans une de ses parties a repoussé? Oui, répondrai-je; mais c'est parce que cette partie était abritée des grands vents, des vents desséchans par les autres parties, et que ces autres parties y ont envoyé leurs semences, ou que la coupe a eu lieu une année où il y avait beaucoup de semences, ou que la situation de la forêt n'était pas assez élevée pour qu'il n'y crût pas des arbustes ou de grandes plantes propres à protéger le plant pendant son premier âge. En général, dans les forêts de sapins, le sol ne produit aucune autre espèce de végétaux; il semble que l'ombre ou la qualité corrosive de ses débris les empêchent de croître; mais cependant lorsque ces forêts se trouvent placées au-dessous de la zone où le chêne et le hêtre cessent de croître, ces deux arbres et plusieurs autres entrent toujours dans leur composition. Là il y aurait moins d'inconvéniens sans doute à les couper à blanc; mais cependant on ne le fait généralement pas, parce que l'expérience a indiqué comme plus avantageuse la coupe que j'indique comme telle. L'influence des orages, dont j'ai déjà touché un mot, est des plus importantes à considérer dans les zones élevées. Il suffit souvent de quelques instans pour déraciner une forêt tout entière de vieux arbres, que deviendrait donc une forêt de jeunes? Aussi m'a-t-on cité les vents comme la principale cause qui s'opposait à la recroissance de celles qui ont été imprudemment abattues sur les Hautes-Alpes, les Vosges, etc.

Quoique naturel aux zones élevées, le sapin peut croître aussi dans les plaines et encore mieux sur la croupe nord des montagnes du dernier ordre. On en voit des plantations dans beaucoup d'endroits. Il croît sur-tout fort bien dans les sols argilo-sablonneux : là on peut l'obtenir, soit de semis dans les clairières des taillis, soit par la plantation des pieds élevés dans les pépinières. Il est quelquefois un excellent moyen de repeupler les forêts épuisées : dans ce cas, il est préférable au pin, qui craint le trop d'ombre dans sa jeunesse. Dans quelques cantons de la Normandie, on le sème, on le plante même dans les haies, et il y fournit de superbes arbres, d'un bois d'autant meilleur qu'ils sont plus isolés. Je ne puis trop recommander ce genre de culture dans tous les lieux qui lui sont convenables.

Généralement on coupe les sapins à la fin de l'automne lorsque les travaux de la culture sont terminés, et cela est bon lorsqu'on veut faire des planches, des poutres et autres objets qui demandent de la légèreté, et qui ne sont pas exposés à l'air; mais quand on les coupe, comme on le fait si souvent en Suisse, dans le but d'en construire des maisons, des palissades, des retenues d'eau, des parties de moulins, etc., il convient de le faire lorsqu'ils sont le plus abondamment pourvus de résine, afin que cette résine concoure à rendre le bois plus durable.

Un abus très-nuisible à la croissance en grosseur des sapins existe dans les bois communaux des Vosges, c'est celui qui autorise chaque pauvre habitant à couper, pour son usage, toutes les branches dont il a besoin, quel que soit l'âge du pied. Il est hideux de voir ceux de ces arbres qui sont dans le voisinage des villages, tant on mésuse de cette désastreuse faculté, qui est cependant commandée par la rigueur du froid qui règne sur ces montagnes pendant six mois de l'année.

Les feuilles de sapin sont souvent données en Angleterre aux bêtes à laine pendant l'hiver, et elles s'en trouvent bien.

Le bois du sapin est du service le plus étendu pour la marine, la menuiserie, la charpente, etc. Sa tranche présente alternativement des zones blanches et tendres, et des zones fauves et dures, plus étroites que les précédentes. Il réunit la solidité à la légèreté. Sa pesanteur est d'environ 32 livres par pied cube, et sa retraite de $\frac{1}{16}$. Il devient rouge lorsqu'il commence à s'altérer par vétusté. Varennes de Fenille avait commencé sur ses qualités une suite d'expériences dont sa mort funeste a empêché de connaître le résultat.

On a observé que ce bois était celui qui transmettait le mieux les sons, c'est-à-dire qui rend le ton le plus haut lorsqu'on frappe ou qu'on parle à une des extrémités de ses fibres longitudinales.

Outre l'emploi du bois pour les usages ci-dessus et autres de même genre, de l'écorce pour tanner les cuirs, les sapins fournissent encore un produit d'une grande importance. C'est la TÉRÉBENTHINE de Strasbourg du commerce, différente de la térébenthine de Venise, qui est fournie par le MÉLÈZE, et de la véritable térébenthine, ou térébenthine de Scio, qui découle du PISTACHIER-TÉRÉBINTHE. *Voyez* ces mots.

Cette liqueur, qui est transparente, visqueuse, d'une odeur agréable et d'une saveur amère, se trouve dans des vessies, quelquefois d'un pouce de diamètre, tantôt presque rondes, tantôt allongées transversalement, qui se forment, pendant les deux sèves, et sur-tout pendant celle du printemps, sous l'épiderme de l'écorce. Pour l'obtenir, des hommes montent sur l'arbre au moyen des crochets dont leurs souliers sont armés, et avec une corne de bœuf percée et épointée, ou un cornet de fer-blanc, crèvent les vessies à mesure qu'ils les rencontrent, et en font découler la liqueur dans une bouteille attachée à leur ceinture.

Les sapins commencent à montrer quelques vessies lorsqu'ils ont acquis 3 pouces de diamètre, et continuent d'en fournir jusqu'à ce qu'ils aient acquis environ un pied, époque où l'écorce devient trop épaisse pour leur permettre de se former. Alors il faudrait les aller chercher au sommet ou sur les branches, ce qui deviendrait plus long, plus difficile et même plus dangereux. Ces arbres fournissent moins de térébenthine dans les mauvais terrains et dans les années sèches; mais ils ne paroissent pas s'épuiser lorsqu'on l'enlève, comme s'épuisent les épicéas, les pins, dont on tire la résine; quoique cette substance, réabsorbée par la végétation lorsqu'on la laisse dans ses réservoirs, doive être nécessaire à la formation du bois. M. Malus, dans un mémoire inséré dans le dixième volume des *Annales d'agriculture*, établit, par des expériences, que les arbres ainsi épuisés sont aussi durs, aussi forts et plus légers, résultat très-favorable aux propriétaires des forêts d'arbres résineux. Dans beaucoup de parties des Alpes, on ne fait au reste cette récolte qu'une fois l'an, au mois d'août; ce qui est avantageux aux arbres.

Il est rare que les vessies crèvent naturellement; mais il suinte souvent de leurs environs ou des plaies qu'on leur fait une véritable résine analogue à celle des Épicéas, résine dont il sera parlé à l'article de ce dernier arbre; mais comme elle est peu abondante, on la récolte rarement.

On ne fait subir d'autre opération à la térébenthine que de la débarrasser par le filtrage à travers du linge, ou même seulement d'une botte de branches de sapin, des corps étrangers qui s'y sont mêlés.

Il est quelques cantons où on tire aussi la térébenthine des cônes de sapin, en les hachant et en les distillant avec de l'eau dans de grands alembics à ce destinés. Probablement on en tirerait également des rameaux qu'on traiterait de même; mais le retranchement de ces rameaux ferait périr l'arbre si on le pratiquait souvent.

La térébenthine jaunit et s'épaissit avec le temps. On en fait peu usage; mais lorsqu'on la distille avec de l'eau, on obtient ce qu'on appelle dans le commerce l'*essence de térébenthine*, qui est sa partie la plus subtile et la plus aromatique, c'est-à-dire son huile essentielle, dont on fait un si grand usage dans les arts et en médecine. Les vernisseurs l'emploient sur-tout beaucoup pour dissoudre les autres résines, et les peintres pour rendre plus fluides et plus siccatives leurs couleurs : c'est le plus puissant diurétique connu et un excellent détersif. Les urines de ceux qui en font usage sentent la violette. Lorsqu'on mêle avec de l'essence de térébenthine de l'acide muriatique oxygéné, il se précipite du véritable camphre, fort difficile à distinguer, lorsqu'il est bien purifié, du camphre de l'Inde. Cela, joint aux expériences faites sur d'autres huiles essentielles, prouve que toutes doivent leur volatilité au camphre, et fait espérer qu'on pourra un jour retirer cette dernière substance en grand des végétaux indigènes.

Le résidu de la distillation de la térébenthine est une résine appelée *colophone* ou *colophane*, qui sert à frotter les archets des joueurs de violon, à fabriquer des vernis, et qu'on emploie quelquefois en médecine.

La culture du sapin diffère peu de celle des autres arbres verts; elle consiste, en grand, à répandre la semence dans les clairières des bois, après avoir légèrement gratté la terre; cette graine demande à être peu enterrée et défendue contre les mulots et les oiseaux, qui en sont très-friands. Rarement on doit, d'après ce que j'ai dit plus haut, tenter de faire un semis sans avoir au préalable garni le terrain de grandes plantes vivaces ou d'arbustes propres à protéger le plant pendant ses premières années contre l'ardeur du soleil et l'action des vents desséchans; j'indique comme propre à cet objet le Topinambour et ensuite l'Onagre bienne. *Voyez* ces mots.

Dans les pépinières, on sème la graine de sapin au printemps lorsqu'il n'y a plus de gelée à craindre, dans une planche exposée au nord et dans un terre légère et bien préparée : la terre de bruyère est la meilleure. On couvre cette planche de mousse ou de débris de feuilles, afin d'empêcher d'autant l'évaporation de l'humidité, et on lui donne des arrosemens au besoin. La plant ne s'élève guère au-dessus d'un pouce la première année, et demande à être repiqué, dès le printemps de la seconde, à 4 à 5 pouces de distance dans une terre et à une exposition semblables. Là, il reste deux ans, et est ensuite transplanté dans tout autre lieu, cependant, autant que possible, frais et abrité, pour y rester deux autres années; après quoi, il est propre à être mis en place définitive. A cette époque, il a ordinairement 2 à 3 pieds de haut. Pendant tout le temps qu'il reste en pépinière, on lui donne deux binages pendant l'été et un bon labour pendant l'hiver. Ses ennemis sont alors d'abord les Courtillières et ensuite les Vers blancs. *Voyez* ces mots.

En général, plus tôt on plante les jeunes sapins et plus on est assuré de leur reprise et de la beauté des arbres qu'on en attend; cependant ils sont moins délicats à cet égard que plusieurs autres espèces de leur genre.

C'est toujours au moment où le sapin entre en sève qu'il convient de le transplanter, et il faut faire en sorte que ses racines restent exposées à l'air le moins de temps possible, le hâle les frappant très-rapidement de mort. Cette circonstance détermine beaucoup de pépiniéristes à les repiquer dans de petits pots, qu'ils enterrent complétement, de sorte qu'une partie de ses racines reste dans le pot et l'influence de la dessiccation ne peut agir sur elles. Lorsqu'on transplante les arbres ainsi conduits, on se contente de casser le pot sans en ôter les morceaux, qui sont bientôt désunis par le seul effet de la végétation. Cette pratique mérite d'être plus généralement suivie qu'elle ne l'est.

Dans aucun cas, il ne faut mutiler les racines des sapins, et on doit toujours être très-réservé sur le retranchement de leurs branches, parce que les suçoirs de la sève se trouvent exclusivement à l'extrémité des premières, et que les feuilles des secondes sont encore plus nécessaires à l'accroissement du tronc que celles des autres arbres. D'ailleurs leur élagage diminue considérablement de leur beauté : il suffit de comparer deux arbres différemment conduits, pour être convaincu de ce fait. Dans les forêts, les branches inférieures périssent naturellement par l'effet de la privation de la lumière et de l'air : de là viennent ces troncs d'une énorme longueur et presque sans branches dont on fait des mâts, des poutres, des planches, etc.

Les cônes du sapin doivent être cueillis à la fin de l'automne ; lorsqu'on attend à la fin de l'hiver, on risque de les trouver privés de la plus grande partie de leur graine. On en tire cette graine en les exposant au soleil sur des toiles, ou en les mettant dans une étuve ; la pratique d'employer pour ce but la chaleur du four est sujette à beaucoup d'inconvéniens. Cette graine peut se garder plusieurs années sans perdre sa faculté germinative ; mais en général il vaut mieux la semer sur-le-champ. Elle lève toute la première année, à moins que le défaut d'eau ne s'y oppose, dans lequel cas elle se conserve en terre pour l'année suivante.

On peut greffer le sapin principalement avec ses bourgeons encore poussant, et le multiplier par marcottes et par boutures ; mais ces moyens sont rarement employés, parce qu'ils ne fournissent des arbres ni d'une belle venue ni d'une longue durée. *Voyez* GREFFE.

Le SAPIN-BAUMIER, vulgairement BAUMIER DE GILÉAD, *Pinus balsamea*, Lin., diffère si peu du précédent, qu'il faut beaucoup d'habitude pour les distinguer. Ses feuilles couvrent toute la partie supérieure des rameaux, sont un peu plus larges et plus blanches en dessous ; ses cônes sont plus gros et plus courts.

Cette espèce s'élève rarement à plus de 25 à 30 pieds de haut. Le nord de l'Amérique est son pays natal. On le cultive assez fréquemment dans les jardins paysagers, où il produit des effets encore plus agréables que ceux du sapin. La térebenthine qu'il fournit est d'une odeur très-suave, analogue au baume de la Mecque ou de Giléad. On emploie fréquemment dans le Canada cette térébenthine dans la guérison des plaies et des ulcères ; mais on n'en récolte pas assez pour la faire entrer en concurrence commerciale avec celle du sapin.

La culture du sapin-baumier ne diffère pas de celle du sapin ordinaire. On remarque généralement qu'après une existence de douze ou quinze ans dans nos jardins, il se charge progressivement chaque année d'une plus grande quantité de cônes et finit par périr. Dumont Courset, à qui on doit de si excellentes observations en agriculture, pense que cette abondance de fruit n'est pas, dans ce cas, comme on l'a cru, cause de sa mort ; mais qu'ils sont l'un et l'autre la suite d'une transplantation ou trop tardive, ou mal faite, ou dans un sol inconvenant. Il paraît qu'une atmosphère humide et un terrain léger sont encore plus nécessaires à cette espèce qu'à la précédente.

Le Sapin nain a les feuilles plus petites et d'un vert plus foncé que le sapin ordinaire. Il est originaire de la baie d'Hudson. M. Lafortelle en cultive depuis quinze ans un pied dans son jardin à Versailles, et il n'a pas plus d'un pied et demi de hauteur : c'est peut-être le *pinus taxifolia* de Lambert.

Le Sapin lancéolé de Lambert, originaire de la Chine, n'est pas cultivé dans nos jardins.

Ces quatres espèces, et deux autres dont j'ai reçu des échantillons des îles de Terre-Neuve, peuvent être regardées comme les véritables sapins, étant les seules dont les feuilles sont aplaties et qui donnent de la térébenthine.

Le Sapin du Canada, *Pinus canadensis*, Lin., a les feuilles aplaties, solitaires et rangées à côté les unes des autres des deux côtés des rameaux. Elles sont petites, d'un vert gai et blanchâtres en dessous. Ses cônes sont ovales, de moins d'un pouce de long et pendans à l'extrémité des rameaux. Cet arbre, qui s'élève à 30 à 40 pieds, est originaire de l'Amérique, où il est connu sous le nom d'*hemlock-spruce*, et où on emploie généralement ses jeunes pousses pour fabriquer de la bière. On le cultive dans plusieurs des jardins paysagers de France et d'Angleterre, et il y donne de bonnes graines. Son aspect est fort différent des autres sapins ; c'est-à-dire que ses branches sont plus longues, plus grêles, plus inégalement distribuées sur le tronc et qu'il n'a pas de flèche. Il n'en produit pas moins un effet agréable lorsqu'il est convenablement placé. Le sol qu'il préfère est celui qui est frais et médiocrement ombrage. Il fleurit en mai. On le multiplie presque exclusivement de graine, quoique ses marcottes et même ses boutures prennent assez facilement racine. Sa culture est la même que celle des précédens. On gagne beaucoup à le planter jeune.

J'ai bu, en Amérique et en France, de la bière faite avec ses rameaux; son goût résineux est peu agréable, mais on s'y accoutume bientôt, et son usage passe pour être extrêmement sain, elle est sur-tout éminemment antiscorbutique. On y mêle de la mélasse et de l'orge lorsqu'on veut augmenter sa force et sa qualité nutritive.

Le Sapin-Pesse ou pece, picéa ou épicéa, Sapin de Norwege, faux Sapin, *Pinus abies*, Lin., est fréquemment confondu avec le sapin, avec lequel il a en effet beaucoup de rapports par son bois; mais dont il diffère considérablement par la forme de ses feuilles et la disposition de ses fruits. Il croît naturellement dans le nord de l'Europe et dans les montagnes dont la hauteur est considérable, telles que les Alpes, les Vosges, etc. Il s'élève à plus de 60 pieds et toujours très-droit, au moyen de sa flèche, semblable à celle du sapin commun. Ses branches sont verticillées et se recourbent avec grâce dans leur vieillesse; ses feuilles sont longues d'un demi-pouce; tétragones, piquantes, d'un vert noir, nombreuses et couvrant irrégulièrement les parties supérieures et latérales des rameaux. Ses cônes sont pendans à l'extrémité de ces rameaux, et ont 4 à 5 pouces de long, sur 15 à 18 lignes de diamètre : leurs écailles sont échancrées.

Cet arbre n'est pas moins utile que le sapin dans les lieux où il croît naturellement, et ces lieux sont plus rapprochés des habitations des hommes, car on en voit beaucoup dans les vallées inférieures des montagnes, et par conséquent dans les lieux susceptibles de culture. Son bois, comme je l'ai déjà dit, diffère peu de celui du sapin commun; il est seulement plus blanc. On l'emploie absolument aux mêmes usages, et on le recherche également pour tous les services qui demandent en même temps de la force et de la légèreté. C'est lui qui fournit la *poix ordinaire*, ou *poix grasse*, ou *poix de Bourgogne*, qu'il ne faut pas confondre, comme on le fait souvent, avec le Galipot et le Goudron, qui proviennent du pin, ni avec le Bitume minéral ou asphalte. *Voyez* ces mots.

On emploie généralement l'écorce de l'épicéa, dans le Jura, pour suppléer au tan dans les opérations à faire subir aux peaux pour les transformer en cuir.

Les bois d'épicéa conservent moins long-temps la neige que les autres, ce qu'on peut attribuer aux obstacles qu'ils apportent à l'action des vents et à la propriété de la résine d'être un mauvais conducteur de la chaleur.

La coupe des sapins-pesses doit être faite dans les mêmes principes que celle des sapins communs, c'est-à-dire çà et là, ou en jardinant. Le semis de leurs graines en grand et dans les pépinières n'en diffère pas non plus d'une manière importante; cependant comme ils ont moins besoin d'humidité et qu'ils sont toujours moins sujets à être frappés, pendant l'été, par des coups de soleil, la réussite de leur plant est plus certaine : aussi sont-ils plus communs dans les jardins paysagers. L'effet qu'ils y produisent est beaucoup plus pittoresque que celui des sapins. Rien de plus imposant qu'un vieil épicéa isolé au milieu des gazons, ou placé sur le bord et à quelque distance des massifs, ainsi qu'il est facile d'en juger par une infinité d'endroits aux environs de Paris et ailleurs. Leur surabondance seule nuit à leurs effets.

On peut aussi très-facilement multiplier cet arbre par marcottes et par boutures; mais, malgré l'assertion de Dumont Courset, je ne crois pas que les arbres ainsi produits valent ceux venus de semences.

Il se cultive dans les pépinières royales un sapin-pesse venant des Vosges, qui a les feuilles plus plates et plus piquantes et qui paraît devoir former une espèce distincte. Un pied qui portait des fruits a été arraché malgré mon opposition, lors de la destruction de l'école de cet établissement. Ces fruits différaient aussi de ceux du sapin-pesse; mais j'ai négligé de les décrire.

La résine ou la poix des sapins-pesses découle en gouttes fluides et blanches (qui ne tardent pas à devenir solides et jaunâtres après leur exposition à l'air) de toutes les fentes qui se trouvent naturellement à leur écorce; ils en fournissent tant qu'ils subsistent. Cette poix ne se trouve pas accumulée dans des réservoirs comme la térébenthine du sapin, mais coule de l'aubier pendant la durée des deux sèves; on l'obtient artificiellement en beaucoup plus grande abondance, en faisant de légères entailles au bois du côté du midi, entailles qu'on rafraîchit tous les quinze jours lorsqu'on vient récolter la résine qui en a découlé et qui s'est consolidée sur leurs bords ou plus bas. Dans les cantons où on veut ménager les arbres, on n'opère qu'à la sève d'août; on ne leur fait qu'une entaille, et on ne leur donne plus rien lorsqu'ils sont parvenus à un certain âge; car une production outre mesure les épuise et finit par les faire périr. Dans les années sèches et chaudes, la récolte est plus abondante et son résultat de meilleure qualité.

La poix détachée de l'arbre se met dans un sac et est apportée à la maison, où on la purifie en la fondant dans des chaudières pleines d'eau et en la passant dans des toiles claires; sa couleur est alors jaune et sa consistance peu solide. La moindre chaleur la ramollit. On en fait de la poix noire en la fondant à feu nu avec du noir de fumée.

Les usages de la poix sont fort étendus dans la marine et dans les arts. La France ne fournit pas à beaucoup près celle qui est nécessaire à sa consommation. On en tire par la distillation une espèce d'essence de térébenthine, qu'on appelle *eau de rase*, et qu'on emploie comme la véritable térébenthine, quoiqu'elle lui soit de beaucoup inférieure.

On a remarqué que les épicéas qui croissent sur les montagnes élevées ont un bois plus résistant que ceux des montagnes inférieures : ainsi ceux du Rinon, dans le Jura, sont plus forts que les autres dans la proportion de quatre à un ; ce qui est d'une grande considération dans la charpente et autres emplois analogues.

Le Sapin blanc, *sapin du Canada* de Miller, qu'on appelle *sapinette blanche* dans le Canada, où il croît naturellement, est un arbre de 40 à 50 pieds de haut, qui diffère du précédent par ses feuilles plus courtes, plus courbées, et glauques sur leurs quatre faces, par ses cônes beaucoup plus petits et plus nombreux. On le cultive fréquemment dans les jardins paysagers, parce qu'il croît rapidement, s'accommode de presque tous les terrains et contraste fort agréablement avec les autres arbres verts, par la couleur blanchâtre de ses feuilles. Sa culture est absolument la même, et encore plus facile que celle du sapin-pesse. Il est probable qu'il peut fournir de la poix, car son écorce en laisse souvent fluer naturellement ; mais on ne la récolte pas. La gelée ne fait aucun tort au plant qui en provient ; cependant on ne sème ses graines, comme celles des autres, qu'à la fin du printemps. Je ne sache pas qu'on ait encore fait en France de plantations en grand de cet arbre, quelque avantageux qu'il fût d'en entreprendre, à raison de son peu de délicatesse. J'invite les propriétaires de forêts délabrées à en regarnir leurs clairières.

Le Sapin noir, *sapin d'Amérique* de Miller, *sapinette noire* des Canadiens, s'élève moins que le précédent, a les feuilles moins glauques, moins recourbées et plus courtes ; les cônes au plus d'un pouce et demi de long sur 6 à 7 lignes de diamètre, et formés d'écailles ondulées sur leurs bords. On le cultive également dans les jardins paysagers d'Europe. Tout ce que j'ai dit plus haut lui convient complétement.

Le Sapin rouge, ou Sapinette rouge, qui a les cônes beaucoup plus gros et leurs écailles bilobées, est regardé par quelques botanistes comme une variété des précédentes ; mais il forme certainement espèce distincte. Il croît dans le Canada. On le voit plus rarement dans nos jardins.

Le Sapin d'Orient n'a pas été revu depuis Tournefort.

Toutes ces espèces ont les cônes pendans et en maturité dès la fin de l'été. Il faut les cueillir à cette époque, si on ne veut pas perdre la plus grande partie de leurs graines. En général il est mieux de laisser cette graine dans les cônes pendant tout l'hiver que de la séparer plus tôt.

Le genre des pins est encore obscur pour les botanistes. Lambert vient d'en publier une monographie qui ne les satisfait pas pleinement. Ce n'est qu'en l'étudiant dans la nature même qu'on peut espérer de parvenir à le débrouiller. *Voyez,* pour le surplus, au mot Pin. (B.)

SAPIN. Le pin marittme, ou, mieux, sa variété, petite et à fruits en trochées, porte ce nom aux environs du Mans.

En Champagne, on donne le même nom au pin d'Ecosse. (B.)

SAPINE. Petite cuve en sapin, usitée dans les vignobles du Jura pour transporter la vendange au pressoir. (B.)

SAPONACÉES. Famille de plantes dont le type est le genre savonnier.

Outre ce genre, il en contient onze, parmi lesquels je ne citerai, comme cultivés dans nos jardins, que ceux cardiosperme, paullinie, koelreutérie et litchi. (B.)

SAPONAIRE, *Saponaria.* Genre de plantes de la décandrie digynie et de la famille des caryophillées, qui renferme une dizaine d'espèces, dont deux sont dans le cas d'être mentionnées ici, à raison de l'utilité qu'en peuvent retirer les cultivateurs.

La Saponaire officinale a les racines noueuses, traçantes, fort longues; les tiges droites, cylindriques, articulées, presque ligneuses, rameuses, hautes d'un à 2 pieds; les feuilles opposées, presque conées, lancéolées, d'un vert glauque; les fleurs rougeâtres, légèrement odorantes, disposées en panicule sur des pédoncules trifides, qui naissent du sommet de la tige et des aisselles des feuilles supérieures. Elle croît dans toute l'Europe aux lieux argileux et frais et fleurit à la fin de l'été. Son nom lui vient de la propriété de ses feuilles, qui, écrasées et froissées dans l'eau, donnent une écume semblable à celle du savon; mais qui n'a certainement pas la propriété de blanchir le linge, comme on l'a prétendu, puisque cette écume n'est qu'un mucilage. *Voyez* Savon.

Cette plante, qui est légèrement amère, passe pour un puissant résolutif, pour un spécifique contre les dartres, la gale et même les maladies vénériennes. On l'emploie soit en décoction, soit en fomentation, soit en bain. La couleur remarquable de ses feuilles, la beauté de ses panicules de fleurs, la rendent propre à entrer dans la décoration des jardins, où on la place, soit dans les plates-bandes, soit sur le bord des massifs, des pièces d'eau, au pied des rochers, etc. Elle subsiste dans tous les terrains, pourvu qu'ils ne soient pas trop secs. Toutes les expositions lui sont indifférentes, pourvu qu'elle ait de l'air et de la lumière. On la multiplie de graines, ou, mieux, et plus rapidement, par les rejetons qu'elle pousse annuellement en abondance : c'est même cette facilité de s'étendre qui la fait repousser des jardins d'ornement, dont, quand le terrain lui convient, elle couvrirait bientôt toute la surface.

Les bestiaux ne mangent point la saponaire : en conséquence, dans les lieux où elle est très-abondante, et ces lieux ne sont pas rares, l'agriculture ne peut en tirer parti que pour augmenter la masse des fumiers, ou pour faire de la potasse. Sa récolte est soujours facile, parce qu'elle croît en grosses touffes.

Elle fournit une variété à fleurs doubles, une autre à feuilles concaves et plusieurs nuances dans la couleur de ses fleurs. A mon avis, la plus commune, lorsque ses panicules sont bien fournies, me paraît préférable pour l'aspect.

La Saponaire a cinq angles, ou blé de vache, *Saponaria vaccaria*, Lin., a les racines annuelles ; les tiges articulées, rameuses, hautes d'un à 2 pieds ; les feuilles opposées, presque perfoliées, ovales, pointues, lisses, glauques ; les fleurs rouges, disposées en panicule terminale. Elle croît dans les champs les plus arides des parties méridionales de l'Europe et fleurit en juillet. Les bestiaux et principalement les vaches la mangent avec avidité, d'où lui est venu son nom vulgaire. Quoique annuelle, la grandeur de sa tige et la nature du terrain qui lui convient sembleraient la rendre propre à être utilement semée pour la nourriture des vaches dans les champs qu'on laisse en jachère. (B.)

SAPOTILLÉES. Famille de plantes appelée des Hilospermes, par Ventenat. *Voyez* ce mot.

SAPOTILLIER, SAPOTIER ; *Achras*, Lin., arbre fruitier de la famille du même nom, qu'on cultive aux Antilles dans les jardins ; son fruit passe, avec raison, pour le meilleur de ce pays après celui de l'oranger ; c'est un arbre de la seconde grandeur, dont la racine est pivotante et chevelue, l'écorce d'un brun sombre, et le bois blanc et filandreux : il a un très-beau port et une forme comme pyramidale ; ses branches sont alternes ou opposées ; elles se couvrent de longues et larges feuilles lisses, luisantes et entières, pointues aux deux extrémités, et disposées par bouquets aux sommités des rameaux ; ses feuilles sont très-veinées et remplies d'un suc laiteux, gluant et âcre ; leur surface inférieure est pâle, et la surface supérieure d'un vert foncé ; le pétiole qui les porte a un demi-pouce de longueur, et son prolongement forme une côte saillante, qui divise la feuille en deux parties égales. Les fleurs croissent au centre des bouquets de feuilles au nombre de cinq ou six ensemble, soutenues par de courts pédoncules; elles sont composées d'un calice persistant à cinq divisions, d'une corolle en cloche, dont le limbe est découpé en six segmens, et garni à son orifice de six petites écailles échancrées, de six étamines et d'un style à stigmate obtus. Le fruit est une pomme arrondie ou ovale, contenant dans huit ou dix loges un même nombre de semences. On lui donne indifféremment le nom de *sapote* ou de *sapotille*.

La peau extérieure de la sapotille est brune et plus ou moins crevassée. Avant sa maturité, sa chair est verdâtre, et d'un goût fort âcre et désagréable; mais quand elle est mûre, cette chair est d'un brun rougeâtre; elle est fondante et a une saveur délicieuse. Les pepins sont oblongs, aplatis, revêtus d'une écorce ligneuse, noire, dure et cassante, qui renferme une amande blanchâtre très-amère. Ce fruit est très-rafraîchissant et très-sain; on peut en manger beaucoup sans en être incommodé; on le sert aux Antilles sur toutes les tables.

Le sapotillier, comme tous les arbres cultivés, offre plusieurs variétés, parmi lesquelles on distingue celles *à fruit oblong et ovoïde*, *à fruit oblong et gonflé au sommet*, *à fruit rond*, dont le sommet et la base sont aplatis, et *à fruit rond* dont le sommet est pointu et la base aplatie. Ces variétés ne diffèrent pas seulement par la forme du fruit, mais encore par le goût, qui est plus ou moins relevé et sucré.

Dans son pays natal, le sapotillier est aisé à multiplier de semences, qu'il faut pourtant mettre en terre de bonne heure, parce qu'elles ne conservent pas très-long-temps la faculté de germer. La croissance de cet arbre est lente; il aime un sol substantiel, qui ne soit ni sec ni humide, tel à peu près que celui où croît la canne à sucre : on ne le taille point; on se contente d'enlever les branches mortes ou desséchées, et de couper celles que le vent aurait brisées ou fait éclater. Parvenu à sa hauteur naturelle, non-seulement il donne alors une grande quantité de fruits, mais il fait encore l'ornement des jardins, et procure un ombrage frais et agréable; c'est de tous les arbres fruitiers des Antilles celui qu'on cultive avec le plus de soin.

Dans nos climats, il ne peut être élevé et conservé qu'en serre chaude. La meilleure méthode, dit Miller, pour se procurer des sapotilliers en Europe, est de faire venir les jeunes plantes d'Amérique : voici le procédé qu'il indique. Aussitôt que les pepins sont tirés du fruit, on doit les mettre dans des caisses remplies de terre, et qui ne soient exposées qu'au soleil du matin; on les arrose constamment. Quand les plantes poussent il faut les garantir des insectes, et les tenir nettes de mauvaises herbes : on les conserve en Amérique jusqu'à ce qu'elles aient un pied de haut, alors on peut les mettre sur un vaisseau : on doit nous les envoyer en été, de manière, s'il est possible, qu'elles aient assez de temps pour pousser de bonnes racines après leur arrivée en Europe. Dans la traversée, on les arrose pendant qn'elles sont dans un climat chaud ; mais à mesure qu'elles approchent de nos régions froides, on ne leur donne que très-peu d'eau. Il faut aussi les mettre à l'abri de l'eau de mer, qui les détruirait en peu de temps. Quand elles arrivent, on les retire des caisses avec soin, en conservant une motte de terre à leurs racines, et on les plante dans des pots remplis d'une terre fraîche ; ensuite on les plonge dans une couche de tan de chaleur tempérée, en observant, si le temps est chaud, de couvrir chaque jour les vitrages avec des nattes, pour leur procurer de l'ombre jusqu'à ce qu'elles aient repris racine, et de ne pas trop les arroser d'abord, sur-tout si la terre dans laquelle elles arrivent est humide, parce qu'une trop grande humidité est nuisible à ces plantes avant qu'elles soient bien enracinées. Mais après cela il faut les arroser souvent dans les temps chauds, leur donner beaucoup d'air et les traiter par la suite de la même manière à peu près que les autres plantes de la zone torride. (D.)

SAR. Synonyme de SERPE dans quelques cantons. (B.)

SARAIGNET. Variété de froment barbue à chaume grêle, qu'on cultive dans le département du Gers ; elle réussit dans les terres légères et fait un pain très-blanc : souvent elle verse dans les bonnes terres. *Voyez* FROMENT. (B.)

SARCELLE. Espèce de petit canard qui vit sur les grands étangs, et qu'on chasse comme le canard sauvage. *Voyez* CANARD.

SARCLAGE. Action de SARCLER. *Voyez* l'article suivant.

SARCLER. C'est arracher avec la main, ou couper entre deux terres avec un instrument tranchant les herbes qui nuisent aux cultures, et qu'on appelle si improprement *mauvaises herbes* ou *herbes parasites*. Cette opération a pour but principal d'empêcher ces herbes qui, étant presque toujours propres au sol, croissent plus rapidement que les plantes qu'on cultive, d'étouffer ces dernières, et de s'emparer de la plus grande partie des sucs de la terre : c'est pour cela qu'on sarcle les CHARDONS, la MOUTARDE DES CHAMPS, le COQUELICOT, etc. Elle a pour but secondaire, dans la grande culture, d'empêcher les plantes de laisser mûrir leurs graines, qui se mêleraient avec celles du blé ou autres céréales ; c'est pour cela, par exemple, qu'on sarcle l'IVRAIE, la NIELLE. Il est même des cas où les sarclages sont nuisibles ; ce sont ceux où des plantes délicates seraient exposées, dans les premiers jours de leur vie, aux rayons d'un soleil trop ardent, si elles n'en étaient garanties par les feuilles de celles qui sont nées spontanément. Toutes les plantes des forêts, des prés, etc., germent constamment à l'ombre des autres, et dans la culture des plantes étrangères il faut presque toujours ombrer les semis, soit en les plaçant au nord, soit en les couvrant de claies, de paillassons ou de toiles, pour les faire arriver à bien. En général les agriculteurs, qui ne sont point physiciens, outrent fréquemment l'application des meilleurs principes, parce qu'ils ne voient pas que ce qui est bien dans telle circonstance et jusqu'à tel degré, devient nuisible dans tel autre et lorsqu'on l'étend trop. On ne doit donc ordonner un sarclage qu'après avoir bien combiné ses avantages et ses inconvéniens, ce qui n'est pas toujours facile.

En général tous les sarclages, sur-tout ceux des semis, doivent être faits après la pluie lorsque la terre est encore humide, afin qu'en arrachant la plante inutile on n'arrache pas celle qui est l'objet de la culture. Il est bon d'arroser fortement après qu'ils sont terminés, pour recouvrir les racines qui ont été déchaussées, remplir les crevasses qui se sont faites dans la terre, etc. Ils s'exécutent pendant presque toute l'année, mais principalement au milieu du printemps.

Le sarclage des blés, dans les pays où les jachères sont encore en faveur, est une opération très-coûteuse et presque toujours incomplète. Les herbes pour lesquelles elle a lieu le plus ordinairement, les COQUELICOTS, les BLEUETS, les MÉLAMPYRES, les CHARDONS, les AGROSTÊMÆS, les IVRAIES, les CAUCALIDES, etc., se ressèment toujours et sont peu du goût des bestiaux. Dans la culture par assolemens variés et réguliers, jamais on ne sarcle, et cependant les champs sont toujours propres, parce qu'on fait succéder au blé une prairie artificielle, qui fait périr les plantes annuelles, et à la prairie une culture qui exige des binages d'été, telle que celle des haricots, des fèves, des pommes de terre, du maïs, etc., ou une de plantes étouffantes, telles que la vesce, les pois gris, etc., qui font périr les plantes vivaces.

Le sarclage, en soulevant la terre autour des herbes arrachées, devient une espèce de petit labour, qui favorise souvent beaucoup la végétation des céréales.

Un avantage du sarclage des céréales auquel on n'a pas encore fait toute l'attention convenable, c'est, lorsqu'elles versent, d'empêcher les mauvaises herbes de les dominer, et de favoriser la pourriture ou la germination des graines de ces céréales. On ne peut se faire une idée des pertes qui, certaines années, sont occasionnées par cette circonstance, que lorsqu'on a comme moi étudié spécialement les résultats.

On a aussi appelé sarclages les véritables serfouissages, c'est-à-dire les légers binages, par l'effet desquels toutes les plantes étrangères aux cultures sont détruites ; mais cette opération se faisant, soit avec des ratissoires à tirer ou à pousser, soit avec de petites pioches particulières, soit même avec la charrue, ne doit pas être confondue avec celle dont il vient être question. *Voyez* aux mots SERFOUISSAGE, BINAGE et RATISSAGE.

En général, le défaut de sarclage dans un jardin, dans une vigne, dans un champ, etc., indique toujours un manque d'activité ou de moyens dans le cultivateur, et ses conséquences sont presque toujours nuisibles au produit des récoltes.

Les plantes qui proviennent des sarclages, lorsqu'on ne les donne pas aux bestiaux, sont le plus souvent abandonnées sur le lieu même à l'action desséchante du soleil ; cependant elles produiraient des effets plus utiles si on les apportait à la maison pour en faire de la litière, ou simplement pour les jeter sur le fumier, ou encore mieux si on en faisait des COMPOSTS à la tête du champ ou de la vigne. L'influence des engrais est si marquée, qu'on ne peut trop saisir d'occasions d'en augmenter la masse, et je crois devoir les indiquer chaque fois qu'elles se présentent à ma mémoire. (B.)

SARCLOIR ou SARCLET. Espèce de petit couteau qui a 4 pouces de long, et qui sert aux maraîchers de Paris, 1°. pour sarcler les semis très-épais ; 2°. pour ôter la terre qui s'attache à leur bêche ou à leur houe ; 3°. pour enlever les lichens et la mousse des arbres. Il doit peu couper. C'est un instrument fort commode et propre à être employé dans un grand nombre de circonstances. *Voyez* l'article précédent.

Les nègres du Sénégal sarclent leur mil avec une RATISSOIRE A POUSSER (*voyez* ce mot), qu'ils nomment *ilèr* (hirondelle), parce qu'il a la forme de cet oiseau volant, c'est-à-dire une pointe au centre et des extrémités recourbées en dehors. Un long manche permet de l'employer sans se baisser, de sorte qu'il expédie plus rapidement et avec moins de fatigue qu'aucun des outils employés en France au même objet. (B.)

SARCOCÈLE. MÉDECINE VÉTÉRINAIRE. Le sarcocèle est une tumeur charnue qui prend naissance dans les testicules, ou dans les vaisseaux spermatiques, et souvent même se manifeste dans tous les deux à-la-fois. On le voit journellement accompagner la morve dans les chevaux et même la précéder. Cette tumeur, toujours dure, vient à la suite des coups que l'animal aura reçus, d'une chute ou d'un vice quelconque dont il puisse être affecté. Aussitôt que cette tumeur paraîtra, employez le remède suivant, qui en rendant la douleur moins vive, finira par résoudre ce noyau, qui fatigue l'animal et l'empêche de marcher.

Prenez quatre onces de savon blanc, et deux onces d'huile de tartre par défaillance : le tout étant mêlé, appliquez-le sur la tumeur ; mais si le mal est parvenu à son dernier degré, il ne faut plus chercher aucun autre remède résolutif ; n'ayez plus recours qu'à la castration, au moyen de la ligature ou ficelle passée dans le cordon spermatique.

Les suites quelquefois pernicieuses, et les douleurs que fait toujours éprouver à l'animal l'usage du feu et des caustiques, ne demandent pas d'autre explication pour prouver combien on doit préférer à ce remède pénible celui que nous avons indiqué ci-dessus. (DESP.)

SARCOPTE, *Sarcoptes*. Genre d'insecte aptère, qui avait été confondu par Linnæus et Fabricius avec la MITTE (*acarus*), mais que Latreille a su en séparer. Ses caractères sont : corps sans distinction de tête ni d'anneaux ; organes de la manducation formant un simple avancement antérieur ou un suçoir sans antennulles apparentes ; huit pattes courtes et terminées par un double crochet.

C'est à ce genre que se rapporte l'insecte qui produit une des espèces de gales, celle qui présente des vésicules pleines de lymphe à demi transparente. Linnæus l'avait appelé *acarus scabiei*. C'est aujourd'hui le SARCOPTE DE LA GALE. Il en est un autre qui produit la même maladie, sans doute avec quelque différence : Linnæus l'a nommé *acarus exulcerans*, et on pourra le désigner sous le nom de SARCOPTE ULCÉRANT.

Ces deux insectes sont à peine visibles. J'ai observé plusieurs fois à la loupe l'un des deux ; mais comme ils diffèrent fort peu, je ne sais lequel. La maladie qu'ils produisent est facile à guérir par le moyen des préparations mercurielles, du soufre, de la décoction de plusieurs plantes, et plus rapidement ainsi que plus sûrement par les bains de vapeurs du gaz acide sulfureux. C'est la seule espèce de gale qui se communique réellement par la cohabitation avec ceux qui en sont affectés. En effet, il ne faut qu'une femelle fécondée, pour infecter en peu de jours le corps le plus sain ; car leur multiplication a lieu toute l'année et s'opère très-rapidement. Ce qu'il y a de remarquable, c'est que certaines personnes ne conviennent pas à ces insectes, de sorte qu'ils ne se propagent jamais sur elles. (B.)

SARDE. Sorte d'orge qu'on cultive dans les plus mauvais fonds du département du Gers, mais dont le grain n'est bon que pour la volaille. *Voyez* ORGE. (B.)

SARIETTE, *Satureja*. Genre de plantes de la didynamie

gymnospermie et de la famille des labiées, qui renferme une douzaine d'espèces, dont une est fréquemment cultivée dans les jardins et possède des propriétés qui la rendent importante sous plusieurs rapports.

La SARIETTE DES JARDINS a la racine annuelle, pivotante et fibreuse; la tige velue, rougeâtre, noueuse, à quatre angles obtus, et très-rameuse, haute de 8 à 10 pouces; les feuilles opposées, sessiles, lancéolées, linéaires, un peu velues; les fleurs rougeâtres, géminées sur des pétioles axillaires. Elle est originaire des parties méridionales de l'Europe, et se voit dans la plupart des jardins des pays du nord, où elle fleurit au milieu de l'été, et où elle se multiplie ordinairement d'elle-même. Toutes ses parties ont une odeur et une saveur aromatique forte et agréable : on les emploie fréquemment pour assaisonner les mets, pour relever la fadeur des salades, sous le nom de *sariette d'été*. Elles fortifient l'estomac, raniment les forces vitales et échauffent beaucoup. On les regarde aussi comme fondantes, appliquées à l'extérieur. Elles se conservent desséchées pour l'hiver.

La culture de cette plante est très-facile, puisqu'il ne s'agit que d'en répandre la graine au printemps sur une terre préparée. Tantôt on les disperse çà et là dans les parterres, tantôt on en forme des bordures, des masses, etc. Elle ne craint ni le chaud ni le froid, mais périt souvent par excès d'humidité. (B.)

SARMENT. On donne ce nom aux bourgeons de la vigne lorsqu'ils sont devenus bois, c'est-à-dire après la vendange. C'est avec les sarmens qu'on fait les PROVINS et les BOUTURES. Ceux qu'on n'emploie pas à cet objet sont coupés lors de la taille, et servent à chauffer le four, à faire bouillir la marmite, etc. *Voyez* au mot VIGNE.

Il est arrivé plusieurs fois en France, sur-tout dans les départemens méridionaux, que la disette de fourrage a forcé les cultivateurs à nourrir, à la fin de l'hiver, leurs chevaux et leurs vaches avec les sarmens provenant de la taille des vignes, sarmens qu'ils coupaient en petits morceaux, et réduisaient en pâte sous une meule à huile ou, autrement, après les avoir mouillés.

Il résulte d'observations faites auprès de Besançon que la pâte de sarment nourrit mieux les animaux que la paille, et est plus recherchée qu'elle par les chevaux et les vaches. Elle nourrit sans doute moins que le foin, cependant il n'y avait pas de différence entre des animaux qui avaient été nourris comparativement avec l'un et l'autre.

Il est bon que les cultivateurs connaissent ce moyen, qui peut être d'une grande ressource pour eux dans certaines localités et dans certaines circonstances. Probablement que les branches d'un grand nombre d'arbres ou d'arbrisseaux, traitées de même, rempliraient le même but. (B.)

SARMENTACÉES. Famille de plantes qui n'est composée que de deux genres la vigne et le cisse. (B.)

SARMENTEUX. Toute tige longue et grêle qui ne peut se soutenir s'appelle ainsi, parce qu'elle a, comme le sarment de la vigne, besoin d'un support. *Voyez* Plante. (B.)

SARPER. C'est couper le froment avec une petite faux à court manche, que l'ouvrier tient d'une main, tandis qu'il tient de l'autre un bâton sur lequel se couche le froment abattu. Ce mode de faire la moisson est beaucoup plus expéditif, mais a, dit-on, l'inconvénient de beaucoup plus égrener que celui de la faucille. *Voyez* Moisson, Faux et Faucille. (B.)

SARRASIN, ou *blé noir*, *bucail*, ou *bouquette*. Espèce du genre des renouées, dont les racines sont annuelles; la tige droite, cylindrique, rameuse, lisse, charnue, rougeâtre, haute d'environ deux pieds; les feuilles alternes, en cœur, d'un vert clair, les inférieures pétiolées, les supérieures sessiles; les fleurs rougeâtres, réunies en bouquets aux extrémités des rameaux.

Ce grain n'a pas été apporté par les Arabes, ou Maures, ou Sarrasins, comme on le croit généralement, mais il est venu de la haute Asie par le Nord. Son nom actuel est une corruption de l'ancien, qui était *had-rasin*, *blé rouge*. En effet, son pays originaire est la Perse, où Olivier, de l'Institut, l'a trouvé dans l'état sauvage. Aujourd'hui il est généralement cultivé dans toutes les parties méridionales et moyennes de l'Europe, et le serait par-tout s'il ne craignait pas autant les gelées; car il offre des avantages précieux sous plusieurs rapports, dont les principaux sont l'abondance de ses graines, la rapidité de sa croissance, la propriété de réussir dans les sols les plus arides, et de servir à les améliorer lorsqu'on l'enterre pendant sa floraison.

Il est en France des pays d'une grande étendue qui se trouveraient privés de leur plus sûr et plus abondant moyen de subsistance, si on leur enlevait le sarrasin. Sa farine, quoique non susceptible de panification, n'en est pas moins très-nourrissante. Tous les bestiaux, toutes les volailles aiment son grain, qui les engraisse rapidement.

Non-seulement les terres sablonneuses et légères sont très-convenables au sarrasin, mais encore les terres argileuses et fortes. Il n'y a que celles qui sont froides, c'est-à-dire trop humides, qui lui soient contraires. Dans un sol fertile, il pousse avec une grande vigueur, mais donne peu de graines.

Des labours multipliés sont utiles à toute espèce de culture, mais parce que le sarrasin ne peut être regardé que comme une récolte secondaire et qu'il faut que la dépense ne l'emporte pas sur le produit, il suffit souvent de gratter la terre, lorsqu'elle est légère, avec la houe à cheval, et lorsqu'elle est forte, de donner un seul coup de charrue. Ceci s'applique particulièrement aux semis d'automne qui n'ont pour objet que du fourrage, ou dont le résultat doit être enterré pour engrais.

L'important, c'est de labourer en billons les terres qui sont sujettes à retenir l'eau et d'y pratiquer des égouts, cette plante, comme je l'ai déjà observé, craignant beaucoup une surabondance d'humidité.

La graine de sarrasin demande à être semée clair quand le but est une récolte de graine, parce que la plante se ramifie davantage, et donne plus de fleurs lorsqu'elle jouit des bénéfices de la lumière et de l'air; mais quand on a l'intention de l'enterrer, ou de la faire servir à nettoyer les champs des mauvaises herbes, emplois auxquels elle est très-propre, il faut la semer épais. Il est difficile de fixer la quantité de semence à employer, puisque, outre ces deux cas, elle dépend encore de la nature du sol et de l'époque des semis. Cependant on peut dire que cette quantité doit être le tiers de celle qu'on est dans l'usage d'employer pour le seigle dans le canton et sur la même nature de terre.

C'est généralement à la volée qu'on répand la semence de sarrasin; cependant, comme il gagne beaucoup à être biné et butté, il serait possible qu'il y eût dans certains cas, comme quand on veut une surabondance de semence, de l'avantage à le semer par rangées. *Voyez* Semis par rangées.

Un bon hersage et un bon roulage concourent beaucoup au succès d'un semis de sarrasin.

Lorsqu'il fait chaud, que la terre est humide, ou qu'il pleut immédiatement après le semis du sarrasin, la graine n'est que quelques jours à lever. Il ne demande plus alors aucun travail jusqu'à l'époque de la récolte, qui a ordinairement lieu environ trois mois après, quelques jours moins ou plus, selon la chaleur du climat, la nature du sol, etc.

Dans les pays froids, et lorsqu'on sème le sarrasin comme récolte principale, et cela a lieu dans tous les pays où la terre est extrêmement maigre, principalement dans les pays granitiques, on le met en terre au printemps, dès qu'il n'y a plus rien à craindre des gelées; mais dans les pays chauds, et lorsqu'on ne lui demande qu'une récolte secondaire, on le sème en été sur les terres qui ont déjà produit du seigle, du froment ou toute autre récolte. C'est principalement de cette dernière manière qu'il est à désirer qu'on le cultive, tant parce que ne produisant jamais directement des bénéfices comparables à ceux des céréales, il faut économiser plus que pour ces dernières le terrain, le temps et le travail.

C'est ce motif si puissant de la nécessité d'économiser, qui fait qu'on verse rarement des engrais sur les terres qu'on sème en sarrasin : aussi quelles chétives récoltes il offre presque partout ! Il m'a semblé dans un grand nombre de cantons, même de ceux où on cultive cette plante comme récolte principale, qu'on avait seulement voulu indiquer que l'intention avait été d'en mettre dans tel champ, tant il y était rare et petit. On ne peut pas appeler cela cultiver, mais bien se ruiner; car ces champs, qui ne produisaient peut-être pas la semence qui avait été employée, n'avaient pas moins coûté des journées de chevaux et d'hommes pour être labourés, n'en payaient pas moins l'impôt, la rente du propriétaire, etc. Il faut donc mettre des engrais lorsque cela devient nécessaire, ou ne semer qu'après une récolte qui en a demandé beaucoup, qui a exigé des binages d'été, etc., c'est-à-dire employer un judicieux assolement. Arthur Young, le premier, je crois, a fait des expériences pour rechercher après quelle culture le sarrasin prospérait sans engrais immédiats, et il a trouvé qu'après une jachère, qu'après des pois, qu'après des raves, qu'après des pommes de terre, il fournissait davantage qu'après les céréales. L'opinion de ce célèbre agriculteur est que cette culture sera plus fructueuse que l'orge dans les terrains qui n'auraient pas été suffisamment préparés. Ainsi, il est indubitablement avantageux de substituer le sarrasin à l'orge et encore plus à l'avoine, lorsqu'on veut allonger la série de la rotation de l'assolement des terres sèches, légères ou fortes, ou, puisqu'on peut le semer tout l'été, lorsque des circonstances, de quelque nature qu'elles soient, ont empêché de semer ces céréales à l'époque exigible.

Le même a encore conclu de ses expériences que le sarrasin épuise moins le sol que beaucoup d'autres plantes cultivées.

Un fermier de Suffolk, au rapport d'Arthur Young, a imaginé un assolement pour remplacer la jachère, qui réunit tous les avantages désirables, c'est-à-dire une récolte, un demi engrais et la destruction des mauvaises herbes, c'est de faire succéder à des vesces coupées de bonne heure pour fourrage, du sarrasin qu'on enterre lorsqu'il commence à entrer en fleur. *Voyez* ASSOLEMENT.

Mais, comme je l'ai observé plus haut, ce n'est pas seulement pour la graine que la culture du sarrasin est très-avantageuse, c'est comme engrais; dans beaucoup de lieux même il est principalement considéré sous ce rapport. On juge en effet, par le seul aspect de ses tiges herbacées et charnues, de ses feuilles larges, épaisses et nombreuses, qu'il doit se nourrir plus des gaz de l'atmosphère que des sucs de la terre, et qu'il doit porter, en s'y pourrissant, dans le sol où on l'enterre au moment où il entre en fleur, beaucoup d'humus et une humidité durable. Dans le cas où on le cultive avec cette intention, il faut le semer plus épais, afin qu'il fournisse davantage de tiges, qu'il étouffe plus complétement les mauvaises herbes, et qu'il empêche mieux l'évaporation de l'humidité du sol.

« Je ne connais, dit Rozier, aucune plante qui fournisse un meilleur engrais et qui se réduise plus tôt en terreau. De quelle ressource ne serait-elle pas dans les climats approchant de ceux du bas Languedoc et de la basse Provence, où on est presque forcé de laisser les terres à grains en jachère, parce que les fumiers y sont rares? Dans ces climats, on est obligé de semer de bonne heure, afin que le seigle et le froment aient le temps de taller en racines avant l'hiver; ce qui leur donne la force de résister aux chaleurs et aux sécheresses de l'été. Le proverbe de ces cantons est que les meilleures semailles sont celles faites dans les quinze derniers jours de septembre et pendant les quinze premiers jours d'octobre. On a donc le temps avant les fortes gelées, qui y sont rares et tardives, de labourer à fond les champs destinés au repos; ces labours seraient répétés en février avec autant de soin que si on voulait y semer du blé. On semerait sur la terre ainsi préparée le sarrasin à la fin de février et même au milieu de ce mois, si la saison le permettait, ou tout au plus tard au commencement de mars. La chaleur à ces époques est, dans ces climats, suffisante pour faire germer le sarrasin. En moins de quarante jours, il commence à fleurir, et c'est le temps où il convient de l'enfouir avec la charrue à oreille. Les labours, dans ce cas, doivent être faits près à près et très-serrés, afin que la fane soit mieux recouverte. Sur ces labours d'enfouissage, on semera de nouveau du sarrasin. Lorsque ce second semis sera en pleine fleur, on le labourera comme la première fois. Supposé que quelques pieds fussent mal enterrés, il suffira de faire passer un troupeau de moutons sur le champ. Le premier enfouissage sera donc au milieu ou à la fin d'avril, et le second en juin. Pendant tout le mois de juillet, l'herbe pourrira en terre, il restera août et la moitié de septembre pour préparer le champ à recevoir la semence du blé. La seule dépense extraordinaire consistera dans l'acquisition de la semence du sarrasin. Cette opération n'est à coup sûr ni coûteuse ni difficile, et souvent elle double le produit du sol.

» Dans les climats beaucoup plus tempérés, la prolongation des froids et leur retour plus prochain ne permettent pas de songer à doubler les semailles. On se contentera d'une seule, qui aura lieu lorsqu'on ne redoutera plus les gelées tardives. Comme cette plante est originaire des pays chauds, la plus petite gelée la détruit.

» De quelle utilité cette plante ne peut-elle donc pas être pour les mauvais terrains secs qui ne produisent rien sans engrais ! On objectera que celui-ci dure très-peu, j'en conviens ; mais il suffit à produire une bonne récolte de grains. Pourquoi ne la répéterait-on pas chaque année de repos, puisqu'il se trouve tout porté sur le champ et suffit aux besoins? En outre, on ne fait pas assez attention que ces plantes enfouies tiennent la terre soulevée pendant un certain espace de temps, et qu'alors l'air la pénètre davantage ; qu'une plus grande masse est exposée à la lumière du soleil ; que cette opération détruit bien mieux les mauvaises herbes que ne le feraient les labours multipliés. Si la terre est forte et compacte, elle est adoucie et divisée par l'humus ou terre végétale résultant de la décomposition des plantes ; enfin l'humus seul fournit la terre végétale qui contient tous les matériaux de la sève. »

Je n'ajouterai rien aux observations de Rozier, quelque important qu'en soit l'objet, parce que l'emploi du sarrasin, comme engrais et comme servant aux assolemens, sera de nouveau pris en considération par mon collaborateur Yvart aux mots ASSOLEMENT et SUCCESSION DE CULTURE.

Dans les terrains secs et dans les étés où les pluies sont peu fréquentes, les épis de sarrasin sont exposés à se dessécher, pour prévenir cet accident, il faut ne le semer qu'en juin.

La plus petite grêle fait un tort irréparable au sarrasin en pleine végétation. Ses tiges, étant charnues et tendres, sont exposées à être écrasées par les hommes et les animaux, qui les foulent aux pieds. Les chasseurs en détruisent beaucoup en automne. Elles sont aussi renversées ou pliées par les grands vents.

La floraison du sarasin s'effectuant successivement et pendant près de la moitié de sa durée, c'est-à-dire un mois et demi, il en résulte que les premières graines sont mûres avant même que les dernières soient formées. A ce grave inconvénient, auquel il n'y a pas moyen de remédier, se joint celui que les graines, lorsqu'elles sont mûres, tombent avec la plus grande facilité. Il faut donc laisser constamment perdre les premières et sacrifier les dernières de ces graines. Heureusement que, malgré que souvent la moitié des fleurs avorte, la récolte de celles qu'on peut appeler intermédiaires est suffisante pour satisfaire l'ambition du cultivateur, lorsqu'il en fait la récolte au moment et avec les précautions convenables. Ces précautions consistent : 1°. à choisir le point de maturité du plus grand nombre de graines, et l'inspection du champ peut seule le donner ; 2°. à ne couper ou arracher les tiges que le matin , c'est-à-dire avant que les effets de la rosée aient complétement cessé; 3°. à mettre sur-le-champ les tiges en bottes de moyenne grosseur et à les réunir, une douzaine ensemble, les pieds sur terre , soit en les traversant d'un échalas , soit en écartant leur base en trois faisceaux ; 4°. en couvrant leur tête de paille ou de bottes de sarrasin renversées, ouvertes et écartées par leur tête , de manière que les oiseaux ne puissent pas manger la graine ; 5°. en les laissant ainsi sur le champ jusqu'à ce que les tiges , et par conséquent les feuilles et les fruits, soient entièrement desséchés; 6°. en les enlevant avec douceur pour les jeter dans une charrette garnie de toile ; 7°. en les déposant dans une grange à l'abri des ravages des volailles et des rats.

On peut diminuer les pertes qui sont la suite de la dispersion des graines du sarrasin en envoyant les volailles, sur-tout les dindons, dans les champs immédiatement après la récolte, on peut être certain qu'elles sauront bien trouver celle qui est restée en terre. Tendre des piéges aux campagnols, qui consomment une grande quantité de ces graines est une précaution utile. *Voyez* CAMPAGNOL.

Rarement on doit se dispenser de battre le sarrasin peu après son arrivée à la maison , parce que , quelque soin qu'on prenne , chaque jour de retard cause des pertes. Cette opération se fait avec le fléau et est extrêmement prompte, la graine tenant à peine à son calice. On vanne cette graine comme le blé , mais en deux fois; c'est-à-dire qu'on rejette d'abord tous les débris des feuilles et des tiges et les graines qui ne contiennent aucune farine , et qu'ensuite on reprend le tout pour expulser celles de ces graines qui , n'étant arrivées qu'à la moitié de leur maturité, seraient impropres à la reproduction et ne donneraient que de la mauvaise farine. On reconnaît ces dernières, qui peuvent encore servir à la nourriture de la volaille, à leur couleur peu foncée et à leur légèreté. Rarement la bonne graine forme le tiers du tout. Cette dernière est ensuite montée au grenier, étendue sur le plancher, remuée à la pelle tous les huit jours, puis mise en sacs, où elle se conserve deux ou trois ans.

La farine de sarrasin est assez blanche, et a une saveur propre qui plaît beaucoup à ceux qui y sont accoutumés. Elle n'est pas susceptible de la fermentation panaire , ainsi que je l'ai déjà observé (*voyez* au mot PAIN); mais on en fait d'excellente bouillie, des galettes fort nourrissantes, etc. J'ai cru remarquer qu'elle était bien plus savoureuse dans les pays granitiques , tels que les Cévennes, le Limousin, la haute Bourgogne, la basse Bretagne qu'ailleurs. La consommation qui s'en fait en France est considérable; mais elle commence à diminuer depuis que la pomme de terre est connue dans les pays où on en fait usage.

Beaucoup de cultivateurs, même dans les pays riches, donnent la graine du sarrasin à leurs chevaux en place d'avoine, ou mêlée avec de l'avoine, et s'en trouvent très-bien. Les bœufs, les cochons et les moutons s'engraissent promptement par son usage, sur-tout quand elle est réduite en farine, et donnée en bouillie chaude et un peu salée. Tous les oiseaux de basse-cour la recherchent avec passion. Elle les fait pondre de bonne heure, et les engraissse également. On prétend qu'elle enivre ceux de ces animaux qui en mangent pour la première fois.

On voit, d'après ce rapide exposé, que l'emploi du grain de sarrasin ne manque pas, et que si sa production n'est pas plus considérable, c'est uniquement par le fait de notre ignorance des avantages des assolemens variés et du parti qu'on en peut tirer pour engrais.

La fane du sarrasin est médiocrement du goût des bestiaux lorsqu'elle est verte, il paraît même qu'elle est sujette à quelques inconvéniens pour leur nourriture pendant sa floraison; cependant tous la mangent. Elle augmente la quantité et la qualité du lait des vaches, engraisse les bœufs et les cochons. Comme les tiges sont presque toujours pleines de vie lorsqu'on fait la récolte, quelques cultivateurs ont proposé de les couper plutôt que de les arracher, afin que, repoussant, elles puissent donner un pâturage; mais ils ne font pas attention que les tiges coupées se dessèchent plus vite que les tiges arrachées, et que par conséquent une moins grande quantité de graine non encore mûre parvient à perfection; ce qui leur occasionne une perte bien plus considérable que le profit qu'ils peuvent retirer de leur pâturage.

On donne également la fane sèche aux bestiaux, soit seule, soit mêlée avec de la paille ou du foin. Il n'y a point d'exemple que dans ce cas elle leur ait fait du mal. Lorsqu'elle est altérée, ce qui arrive souvent, elle peut servir à faire de la litière ou à chauffer le four.

Il est un emploi de la fane du sarrasin que je crois complétement ignoré des cultivateurs, mais qui, dans le moment actuel, serait certainement le plus productif de tous, c'est d'en faire de la potasse, les expériences de Vauquelin constatant qu'elle en contient de vingt à trente pour cent. *Voyez* Po-TASSE.

Les abeilles recherchent beaucoup les fleurs de sarrasin, et comme il s'en développe presque jusqu'aux gelées, il leur est infiniment précieux d'en avoir à leur portée : aussi, dans beaucoup de lieux, en sème-t-on exprès pour elles. (*Voyez* au mot ABEILLE.) Le miel que fournissent ces fleurs est très-coloré, mais de bonne qualité, comme le prouve celui dit du Gâtinois, si connu à Paris. Je dois signaler ici l'ignorance ou la méchanceté de quelques cultivateurs, qui, attribuant aux abeilles la coulure à laquelle, ainsi que je l'ai observé plus haut, les fleurs du sarrasin sont sujettes par leur nature, mettent autour de leurs champs des assiettées de miel empoisonné pour les faire périr. Je ne parle pas d'après des ouï-dires, car j'ai été une fois dans le cas de le voir.

Il existe une autre espèce de sarrasin, originaire de Tartarie, *polygonum tartaricum*, Lin., qui diffère de celui dont il vient d'être question par sa tige plus jaune, ses bouquets de fleurs plus allongés, ses semences plus petites et munies de dents sur leurs angles. On l'a préconisée à différentes reprises comme plus avantageuse à cultiver ; cependant il ne paraît pas que, malgré l'enthousiasme de quelques personnes, elle soit fort répandue en France. Elle présente l'avantage d'être plus vigoureuse, un peu plus précoce, un peu moins sensible aux gelées, et de donner une plus grande quantité de graines; et pour inconvénient, de s'égrener plus facilement et de donner une farine plus amère. Je ne doute pas, d'après les essais qui ont été faits par des personnes qui méritent toute confiance, qu'il soit fâcheux que sa culture ait été abandonnée, et je fais des vœux pour que quelques amis de l'agriculture l'entreprennent de nouveau. (B.)

SARRAZIN. C'est l'*ocymum* des anciens.

SARRETTE, *Serratula*. Plante à racines vivaces, fibreuses; à tige droite, striée, glabre, légèrement rameuse à son sommet, haute de 2 à 3 pieds; à feuilles alternes, pétiolées, dentées, les radicales pinnatifides, avec le lobe terminal plus grand; les caulinaires lancéolées, plus ou moins entières; à fleurs purpurines, petites, disposées en corymbe terminal, qui forme, avec plusieurs autres, un genre dans la syngénésie égale et dans la famille des cynarocéphales : elle se trouve dans les bois argileux de presque toute la France, et elle fleurit au milieu de l'été.

On regarde, en médecine, la sarrette comme astringente, et on l'emploie en conséquence quelquefois dans le cas de blessure, de hernie, d'hémorroïde, etc.; mais ce n'est pas sous ce rapport qu'il est le plus intéressant de la considérer. En effet, ses tiges et ses feuilles fournissent à la teinture une couleur jaune verdâtre très-solide, qui lui donne une valeur réelle et telle qu'autrefois on l'a cultivée avec profit. Aujourd'hui on lui préfère la gaude, uniquement parce que cette dernière, coupée avant sa maturité, donne la même nuance, et que dans les arts toutes les fois qu'on peut éviter de multiplier les objets, on gagne beaucoup. D'ailleurs, la culture de la gaude, étant générale, a dû nécessairement l'emporter à la longue. Aussi, si on fait encore usage de la sarrette dans quelques manufactures de France, ce sont les bois qui la fournissent. Je l'ai vue si abondante dans certains lieux, que je ne mets pas en doute la possibilité de se dispenser d'en cultiver, lors même qu'on l'emploierait en aussi grande quantité que la gaude : elle peut être coupée deux fois par an, c'est-à-dire en mai ou juin, et en août ou septembre.

Les bestiaux, aux vaches près, mangent la sarrette, surtout quand elle est jeune.

Décandolle a établi le genre SAUSSURÉE aux dépens de celui-ci, dont il diffère par son aigrette plumeuse. (B.)

SARRETTE DES CHAMPS. C'est le CHARDON HÉMORROÏDAL. (B.)

SARRETTE DES JARDINS. C'est le CHRYSANTHÈME DES PARTERRES. (B.)

SARRON. Nom vulgaire de l'ANSERINE BON HENRI dans les Pyrénées. (B.)

SARRE ou SART. Nom du goëmon ou varec dans les environs de la Rochelle, où on l'emploie à l'engrais des terres. Il donne un goût aux vins lorsqu'on le met frais dans les vignes; mais lorsqu'il a été stratifié, un an d'avance, avec de la terre, cet inconvénient n'a plus lieu. *Voyez* VAREC et COMPOST. (B.)

SARTS. Nom des terres dont on brûle le gazon dans le département des Ardennes. *Voyez* ESSARTER et ÉCOBUER.

SAS. Large PANIER circulaire d'OSIER de peu de profondeur, dont le fond est à claire voie.

On se sert de sas pour ôter les grosses pierres de la terre, ou du sable destiné à recouvrir les allées des jardins, à entrer dans la composition du MORTIER, etc. : c'est un CRIBLE grossier et d'un faible prix.

Ce meuble, nécessaire aux jardiniers et aux maçons, a des dimensions variables depuis 3 pieds jusqu'à un pied de diamètre et depuis 10 pouces jusqu'à 3 pouces de hauteur; son fond a les osiers ou les MANCIENNES, ou les baguettes de chêne plus ou moins grosses, plus ou moins écartées, plus ou moins fréquemment liées entre elles.

Si les cultivateurs veulent construire des sas, il faut qu'ils n'y fassent entrer que du bois coupé depuis deux ans, car ceux de bois vert se disloquent toujours : en général, il vaut mieux qu'ils les achètent, les foires en offrant toujours à vendre. (B.)

SASSAFRAS. Espèce de LAURIER.

SATURNE (SEL DE). Il est composé d'oxide de plomb et de vinaigre. On en fait usage dans la médecine vétérinaire. *Voyez* OXIDE et PLOMB. (B.)

SATYRIUM. Racine d'une plante de la famille des orchidées, qu'on emploie pour faire du salep, mais qui est trop rare pour être particulièrement décrite. *Voyez* ORCHIS.

SAUCISSE. Mélange de viande de cochon et de graisse, le tout haché menu et fortement assaisonné, qu'on place dans un boyau et qu'on conserve pour la nourriture.

Par un ancien usage, très-louable, il est d'usage, quand un cultivateur tue un cochon, d'envoyer à ses parens, à ses amis, à ses voisins une partie de sa dépouille, c'est-à-dire des saucisses, du boudin, de l'andouille et un petit morceau pris sur le dos.

Un saucisson est plus gros qu'une saucisse, mais composé de même; cependant il est des saucissons où la chair de cochon entre en petite quantité, ou même point du tout, ceux de Lyon, par exemple. (B.)

SAUGNÉE. Ancienne mesure d'étendue. *Voyez* MESURE.

SAUGE, *Salvia* Genre de plantes de la diandrie monogynie et de la famille des labiées, qui renferme plus de cent espèces, dont quelques-unes se cultivent dans les jardins et servent à l'ornement ou à des usages médicinaux, et d'autres sont très-communes dans les campagnes.

Toutes les sauges ont les feuilles opposées et les fleurs disposées en épi verticillé, accompagnées de bractées. Beaucoup exhalent une odeur aromatique plus ou moins agréable. Parmi elles il faut principalement remarquer.

La SAUGE OFFICINALE, ou la *grande sauge*, qui est vivace, a les tiges ligneuses, quadrangulaires, rameuses, velues, hautes d'un à 2 pieds, les feuilles légèrement pétiolées, ovales, lancéolées, crénelées, épaisses, blanchâtres; les fleurs bleues ou purpurines, avec un calice mucroné. Elle est originaire des parties méridionales de l'Europe, et se cultive de temps immémorial dans les jardins, où elle fleurit au milieu de l'été. On en connaît plusieurs variétés, dont les plus saillantes sont la *sauge à larges feuilles*, la *sauge à feuille frisée*, que quelques auteurs regardent comme les variétés d'une espèce particulière, appelée par Willdenow *salva tomentosa;* la *sauge à feuilles étroites, à oreille ou sans oreille*, ou *sauge de Catalogne*, qui fait peut-être espèce; la *sauge tricolore*, et la *sauge panachée*, qui peuvent appartenir non-seulement au type de l'espèce, mais encore à ses variétés.

Tout terrain convient à la sauge, pourvu qu'il ne soit pas aquatique; mais elle se plaît mieux dans celui qui est sec, pierreux, et exposé au soleil du midi : elle craint les hivers rigoureux du climat de Paris, et la variété à petite feuille plus que les autres ; cependant il est rare qu'elle périsse à leur suite : les pieds plantés dans un mauvais sol y sont moins exposés que les autres. Les touffes qu'elle forme ont souvent plusieurs pieds de diamètre, et prennent naturellement une forme agréablement arrondie. On les place au milieu des plates-bandes, ou en bordure, ou contre les murs dans les jardins français, et en avant des massifs, sur les rochers, et dans le voisinage des fabriques dans les jardins paysagers. Elles ornent peu en général, excepté la variété à larges feuilles, frisée, ou tricolore, ou panachée, qui produit beaucoup d'effet. Il est bon de ne pas les laisser trop long-temps en place, plus de trois ou quatre ans, par exemple, parce qu'elles épuisent rapidement le terrain, et qu'elles se dégarnissent par le centre d'une manière désagréable à l'œil.

On multiplie la sauge par graines, par boutures, par marcottes et par séparation des vieux pieds. Cette dernière manière est la plus rapide et la plus usitée ; elle suffit aux besoins du jardinage ordinaire, parce qu'en général si on aime voir quelques pieds de sauge dans un jardin, on n'en veut pas un grand nombre. On la pratique au printemps. Les nouveaux pieds qui en résultent donnent des fleurs dès la même année et forment touffes dès la suivante.

Les feuilles de la sauge ont une odeur agréable et une saveur âcre : elles contiennent beaucoup d'huile essentielle, qui a pour base du camphre, ainsi que Proust l'a prouvé. Souvent on trouve des morceaux de cette substance dans les cavités du bois des vieux pieds. On en fait fréquemment usage en médecine pour ranimer les forces vitales et exciter les sueurs. Les pharmaciens en font une eau distillée, un vinaigre, une huile par infusion, une teinture, une huile essentielle, etc. Les parfumeurs en tirent aussi parti pour augmenter l'activité de quelques parfums, et la font entrer dans la composition de leurs sachets odorans : son infusion est très-agréable. On dit même que les Chinois, auxquels on en a porté des cargaisons, la préfèrent à leur thé et ne conçoivent pas comment, ayant une feuille si agréable, nous venons chercher celle de leur arbrisseau. C'est la sauge de Catalogne qui est préférable pour tous les usages médicinaux, comme ayant un arome plus pur et une saveur moins âcre.

La Sauge des prés a les racines vivaces, fibreuses ; les tiges quadrangulaires, velues, hautes d'un à 2 pieds ; les feuilles ovales, oblongues, cordiformes, crénelées, ridées et velues ; les radicales pétiolées, les caulinaires amplexicaules ; les fleurs bleues, grandes et disposées en verticille, formant un long épi terminal : elle se trouve en abondance dans les prés secs, sur les pelouses, le long des haies et des chemins de presque toute l'Europe, qu'elle orne lorsqu'elle est en fleur, c'est-à-dire en été. Les moutons et les chèvres l'aiment beaucoup ; mais les autres bestiaux n'en veulent pas, à raison de son odeur forte et désagréable. Comme ses feuilles radicales ont souvent près d'un pied de long, et qu'elles s'étalent en rosette sur la terre, elles nuisent beaucoup à la production de l'herbe ; ce qui doit engager tous les cultivateurs à la faire arracher dans leurs prés à la fin de l'hiver avec une pioche à fer étroit. Elle est souvent si abondante dans les terres abandonnées, qu'il devient avantageux de la couper pour la transporter sur les fumiers et en augmenter la quantité, ou pour en faire de la potasse.

La Sauge verbenacée, qui a les feuilles sinuées, dentées, et les fleurs bleues ; la Sauge a'longs épis, qui a les feuilles en cœur et les fleurs blanches ; les Sauges verticillée, a feuilles de rave et a épis pendans se cultivent quelquefois dans les jardins paysagers, où elles font décoration : elles sont toutes vivaces et se multiplient par semence ou par déchirement des vieux pieds.

La Sauge orvale, ou toute saine, ou toute bonne, *Salvia sclarea*, Lin., a les racines ligneuses, bisannuelles ; les tiges droites, carrées, velues, rameuses, hautes d'un à 2 pieds ; les feuilles cordiformes, oblongues, dentées, ridées, velues ; les bractées plus longues que le calice, et colorées ; les fleurs bleuâtres. Elle croît naturellement dans les prés des parties méridionales de l'Europe et fleurit au milieu de l'été. On la cultive dans les jardins, à raison de ses propriétés médicinales : elle jouissait autrefois d'une grande réputation sous ce rapport, comme le prouvent ses noms vulgaires ; mais aujourd'hui on en fait beaucoup moins usage. Son odeur est aromatique, peu agréable, et sa saveur âcre et amère. On l'emploie comme stimulante, résolutive, anti-ulcéreuse et stomachique.

La Sauge-Ormin, *Salvia horminum*, Lin., a les racines annuelles ; les tiges carrées, velues, hautes de 2 pieds ; les feuilles obtuses et crénelées ; les fleurs bleues, disposées en épis et accompagnées de bractées colorées en rouge ou en violet. Elle est originaire des parties méridionales de l'Europe, et se cultive quelquefois dans les parterres, à cause de la coloration de ses bractées. On en sème la graine sur couche lorsque les gelées ne sont plus à craindre ; et quand le plant qui en est provenu a 3 ou 4 pouces de haut, on le transplante avec les précautions usitées ; elle fleurit au milieu de l'été.

Je ne parlerai pas des autres sauges annuelles ou bisannuelles qu'on pourrait également cultiver pour ornement, parce qu'elles ne se voient que dans quelques jardins d'amateurs, et que leur culture est très-facile. (B.)

SAUGE DES BOIS. *Voyez* au mot GERMANDRÉE.

SAULDE. Synonyme de place à CHARBON dans quelques cantons. (B.)

SAULE, *Salix*. Genre de plantes de la dioécie diandrie et de la famille des amentacées, qui renferme une cinquantaine d'espèces, dont plusieurs sont d'une grande importance pour les agriculteurs, à raison de leurs usages, et d'autres se cultivent en pleine terre dans les jardins paysagers, qu'ils ornent par la disposition de leurs branches et la belle couleur de leurs feuilles.

Les espèces de ce genre aiment en général les lieux aquatiques, fleurissent au premier printemps, avant le développement de leurs feuilles. Toutes ont les feuilles alternes et les chatons axillaires. Leurs caractères sont peu tranchés et elles varient beaucoup, de sorte qu'il est fort difficile de les distinguer par des descriptions. Hoffmann, qui avait entrepris d'en faire une monographie, s'est trouvé dans l'impossibilité de la continuer lorsqu'il a eu décrit les espèces les plus communes. Il en est qui, croissant à l'extrême nord, là où les autres arbres ne peuvent subsister, sont une ressource pour les hommes et pour les animaux qui habitent ces contrées. Les hommes font du feu avec leur bois, des filets et des étoffes avec leur écorce; Ils les emploient aussi pour tanner leurs cuirs. Les bestiaux mangent leurs feuilles pendant l'été et les sommités de leurs branches pendant l'hiver. Sans eux, les Islandais, les Groënlandais, les Lapons, ne pourraient peut-être pas subsister. Héarne et Mackenzie, qui sont allés jusqu'à la mer de l'Amérique septentrionale, ne cessent de vanter l'utilité des saules. Comment se fait-il que nous négligions si fort en France d'en faire usage sous ces deux rapports, lorsqu'il serait possible d'en tirer de si grands avantages? En effet, quelle prairie donnerait autant qu'une plantation de saule marsault, de saule acuminé, de saule pentandre de même étendue, qu'on couperait tous les ans à la fin de l'été? Il me semble qu'avec une seule de ces espèces de saules la fortune d'un pauvre cultivateur devrait incontestablement s'améliorer.

Voici les espèces qu'il est le plus important aux cultivateurs français de connaître.

Le SAULE-MARSAULT, *Salix caprea*, Lin., qui a l'écorce cendrée; les rameaux nombreux; les feuilles pétiolées, plus ou moins ovales, épaisses, coriaces, crénelées, quelquefois ondulées, ridées, velues sur-tout en dessous; les chatons mâles ovales, épais, légèrement pédonculés; les chatons femelles plus allongés; les capsules pubescentes. Il croît très-abondamment par toute l'Europe dans les bois, fleurit dès que les neiges sont fondues, et s'élève de 20 à 30 pieds Il varie à un point prodigieux, selon les terrains et les expositions, soit relativement à sa hauteur, soit relativement à la grandeur, à la forme et à la couleur de ses feuilles. Celui à feuilles rondes et petites, qui croît dans les tourbières, est regardé comme espèce par quelques botanistes. Il en est de même de celui à feuilles ondulées et de celui à stipules en forme d'oreilles. Ces variétés, dont quelques botanistes font des espèces, ont quelquefois les feuilles panachées. Aucun arbre ne s'accommode mieux de toute espèce de terrain et ne pousse plus rapidement. On le voit croître dans les sables les plus arides, les argiles les plus tenaces, les marais les plus fangeux, et y donner des produits plus importans que la plupart des autres cultures qu'on pourrait lui subsistuer; cependant c'est dans les terrains frais et gras qu'il fait le plus de progrès : là un vieux pied coupé pousse quelquefois des rejets de 10 à 12 pieds de haut et d'un à 2 pouces de diamètre dans une seule année. Dès qu'on voit dans un taillis une trochée qui s'élève au-dessus des autres, on peut être assuré qu'elle est de saule-marsault. Ces avantages le rendent très-précieux pour les cultivateurs, soit de la grande, soit de la petite culture, quoique généralement ils n'en sachent pas tirer tout le parti convenable. C'est en Champagne qu'il faut aller pour apprendre à connaître toute l'utilité dont peut être ce saule pour obtenir un revenu des plus mauvaises terres. Les chatons mâles ont une odeur agréable et fournissent abondamment aux abeilles le pollen nécessaire à la nourriture de leurs larves et un miel d'excellente qualité à une époque où il n'y a pas encore d'autres fleurs épanouies. Son écorce sert à tanner les cuirs et ses jeunes pousses à faire des paniers, des corbeilles et autres meubles de ce genre. Son bois pèse sec, d'après Varennes de Fenille, 41 livres 6 onces 6 gros par pied cube, perd un douzième de son volume par la dessiccation et prend assez bien le poli. Il a quelquefois une nuance de couleur de chair agréable. Le feu qu'il donne est clair, mais peu durable et peu ardent : aussi est-ce principalement à chauffer le four, cuire le plâtre, la chaux, etc., qu'il est le plus propre. Son charbon est très-léger et fort convenable pour la fabrication de la poudre. Les échalas et les cercles qu'on en fabrique, lorsqu'ils ont été coupés au moment de la sève, écorcés, et gardés à l'abri de la pluie pendant un an, sont presque aussi durables que ceux du châtaignier : sous ce seul rapport, ce bois est de première importance pour les cultivateurs dans les pays de vignoble.

Le docteur Wilkinson établit, par un grand nombre de faits, que l'écorce de ce saule est supérieure à celle du quinquina dans un grand nombre de cas de médecine et de chirurgie.

Tous les bestiaux aiment avec tant de passion les feuilles du saule-marsault, qu'encore sous ce seul rapport il devrait être par-tout cultivé. On peut les en nourrir dès le premier printemps, avec la certitude qu'elles procureront aux vaches et aux chèvres un lait abondant et d'excellente qualité. On peut les dessécher au milieu de l'été, entre les deux sèves, et les conserver dans un lieu sec, avec assurance qu'elles corrigeront les effets des autres fourrages d'hiver par leur qualité tonique.

Aux environs d'Avignon, de Beaucaire et d'Arles, le saule est le seul arbre dont les fagots servent aux usages domestiques. On cite un M. Monfrin qui nourrissait ses chevaux uniquement avec ses feuilles depuis la fin d'août jusqu'aux gelées. Ces chevaux, qui étaient de race arabe, faisaient jusqu'à 20 lieues par jour sans être fatigués.

Pourquoi donc ne voit-on pas tous les terrains incultes couverts de marsaults? Parce que les cultivateurs sont ignorans et routiniers. En effet, comme je l'ai déjà dit, il vient dans tous les sols, dans les sables ou les craies les plus arides, comme dans les tourbières les plus fangeuses. Il est vrai que dans ces deux extrêmes il ne pousse pas des jets aussi vigoureux ; mais enfin il en pousse, et dès qu'on en retire un produit, il a rempli sa destination. Que de sables mouvans, de craies brûlantes, d'argiles durcies, de terrains aquatiques, sans aucun produit, pourraient nourrir par son moyen de nombreux troupeaux de moutons!

Plus que les autres saules, le marsault est susceptible d'être multiplié de semences. Il faut les répandre sur la terre bien labourée et hersée, aussitôt qu'elles sont sorties de leurs capsules, mais ne les enterrer aucunement. Elles lèveront et fourniront du plant de 6 à 8 pouces de haut dès la première année, si l'été est pluvieux, ou si le sol est humide ; mais s'il est sec et que le terrain soit aride, il n'en poussera pas un seul. Pour parer à cet inconvénient, on sème la graine du saule-marsault dans une pépinière à portée de l'eau, on la couvre d'une légère couche de litière ou de mousse et on l'arrose dans le besoin. Il est certain qu'ainsi traité, il lèvera abondamment, et que, dès la seconde année, il aura acquis 2 ou 3 pieds de haut, et par conséquent pourra être transplanté à demeure à 3 ou 4 pieds de distance plus ou moins, selon la qualité du terrain. Si l'on ne veut ou ne peut pas entreprendre des semis, on fera des boutures, des marcottes, des déchiremens de racines. Un seul gros pied peut fournir, sans qu'il périsse, plus de mille tronçons de racines de 6 à 8 pouces de long, qui donneront, l'année même, autant de pieds.

Dans un bon terrain, et pour échalas ou cercles, le saule-marsault se coupe tous les cinq, six, sept et huit ans. Dans un terrain médiocre, pour chauffage, tous les trois, quatre ou cinq; et dans les mauvais, pour les feuilles, tous les deux ans, ou pour faire des corbeilles, tous les ans. Ce n'est pas qu'on ne puisse le couper aussi tous les deux ans, même dans le meilleur terrain; mais j'ai établi cette règle pour consacrer le principe si lumineusement développé par Varennes de Fenille, que les bois doivent être d'autant plus souvent coupés, qu'ils sont dans un plus mauvais sol. Il serait très-avantageux de couper tous les ans la totalité des branches des pieds destinés à fournir des feuilles aux bestiaux, parce que les jeunes pousses ont toujours les feuilles plus larges et plus nombreuses que les vieilles; mais cette trop fréquente soustraction des feuilles avant la pousse d'automne empêcherait les racines de croître, et ferait d'abord languir et ensuite périr le pied. *Voyez* RACINE.

Lorsque les marsaults sont dans de bons terrains, il est préférable de les tenir en têtard à 4 ou 5 pieds de terre, parce qu'on peut employer l'intervalle à des cultures d'un autre genre, ou même simplement à la production d'une herbe, qui sera d'autant meilleure, que leurs pieds seront plus espacés.

Comme arbre d'agrément, le saule-marsault est dans le cas de figurer dans les jardins paysagers. La nuance de la couleur de son feuillage contraste fort bien pendant l'été avec celle des autres arbres; et au printemps, les touffes de ses pieds mâles fleuris, soit qu'ils soient isolés au milieu des gazons, sur le bord des eaux, soit qu'ils bordent les massifs, se font considérer avec plaisir. Souvent on l'y emploie, à raison de la rapidité de sa croissance, uniquement pour cacher des massifs en chêne ou autres arbres qui croissent très-lentement. Le même motif le fait aussi quelquefois préférer à d'autres arbres pour la formation des haies, l'établissement des abris dans les pépinières, etc., etc.

Le SAULE ACUMINÉ a été regardé comme une variété du précédent, quoiqu'il s'en distingue constamment. Ce que j'en ai dit lui convient presque entièrement. On le cultive très-abondamment comme osier, aux environs de Paris, sous le nom de *vache brune*, quoique ses pousses soient plus cassantes que celles de beaucoup d'autres espèces, parce qu'il croît dans les terrains argileux les plus difficiles à cultiver autrement. Les vanniers l'emploient à leurs plus grossiers ouvrages, principalement à la construction des caisses de voitures.

Le S**aule brun**, *Salix rufinervis*, Décandolle, a les feuilles ovales, oblongues, légèrement crénelées, avec les nervures de dessous couvertes de poils roux. Il croît dans la ci-devant Bretagne et provinces voisines, où on le plante dans les haies. C'est une des espèces confondues avec le saule-marsault. Il paraît peu différer du précédent.

Le S**aule blanc**, *Salix alba*, Lin., se confond facilement avec le S**aule fragile**. Il a l'écorce grise; les rameaux bruns, lisses; les feuilles légèrement pétiolées, longues, lancéolées, dentées, blanchâtres et soyeuses en dessous; les chatons longs et grêles. Il est indigène à l'Europe, s'élève à 50 pieds et plus, et fleurit dès les premiers jours du printemps. On le cultive par-tout le long des rivières, des ruisseaux, des fossés, dans tous les lieux dont le sol est un peu frais, mais rarement on le laisse monter; c'est-à-dire qu'on le tient presque généralement en têtard à 6 à 8 pieds de haut. Son bois, d'un blanc rougeâtre mêlé d'un peu de jaune, a un grain uni et homogène, et se travaille aisément, même au tour. Il pèse sec 27 livres 6 onces 7 gros par pied cube, et perd par la dessiccation un peu plus du sixième de son volume. On l'emploie principalement pour faire des fagots propres à brûler dans le foyer, à chauffer le four, cuire le plâtre et la chaux, des échalas d'une petite durée, etc. Lorsqu'il n'a pas été étronçonné et que son cœur est sain, il est recherché pour une infinité d'usages qui demandent de la légèreté, tels que des solives, des douves, des cabestans, des belandres, des planches pour voliges, etc., etc.

Il a été établi à Caen une fabrique de chapeaux en lanières de saule, dont les produits sont de fort peu inférieurs à ceux des fabriques de Suisse en lanières de l**auréole**. Il est à désirer qu'elle s'étende, car toute augmentation d'industrie est une conquête. Ses procédés consistent à lever sur des branches de saule de deux à trois ans, avec un couteau à deux manches, de fines lanières de bois, auxquelles on donne une largeur égale, en passant sur les branches un peigne d'acier à dents tranchantes. *Voyez* L**auréole**.

La Peyrouse rapporte qu'en Tartarie on fabrique les étoffes avec le fil de l'écorce d'un saule peu différent de celui de France, s'il n'est pas exactement le même.

La plantation des saules blancs se fait presque exclusivement par grosses boutures, qu'on appelle plançons; c'est-à-dire que ce sont des branches de trois, quatre et même cinq ans, qu'on aiguise par le gros bout, qu'on coupe d'une longueur de 6 à 10 pieds, et qu'on place, avant ou après l'hiver, dans des trous ordinairement faits avec un pieu de bois ou de fer enfoncé à coups de maillet. Dans quelques endroits, on a un instrument ou une pince de fer terminée en fer de lance, avec laquelle on perce les trous par un mouvement giratoire. Cette dernière méthode est préférable, en ce que la terre est moins tassée autour du plançon, et que par conséquent les racines qui doivent sortir de son écorce auront moins de peine à y pénétrer ; mais la meilleure de toutes, c'est de faire des trous avec la bêche ou la pioche. *Voyez* aux mots Bouture et Plançon.

On doit choisir pour plançons les jets les plus droits et les moins pourvus de branches, faire leur pointe de manière à laisser de l'écorce d'un côté dans toute sa longueur, les espacer au moins de 6 pieds, faire une petite butte de terre autour de leur pied.

Lorsqu'on ne pourra pas les planter sur-le-champ, on les mettra, en attendant, dans l'eau, où ils se conserveront même jusqu'au printemps ; mais il faut nécessairement les mettre en terre avant que leurs racines commencent à se développer.

Les plançons repris sont débarrassés, entre les deux sèves, la même année, de tous les bourgeons qu'ils auront poussés dans leur longueur ; c'est-à-dire qu'on ne réservera que ceux qui seront le plus près du sommet, lesquels pousseront avec vigueur l'année suivante et feront une tête à l'arbre. Il est bon de ne les couper pour la première fois que la cinquième année, pour donner le temps aux racines de se fortifier ; après quoi, on pourra le faire tous les trois ou quatre ans sans inconconvénient, si on le juge à propos.

On a beaucoup discuté sur la question de savoir s'il était mieux de conserver les saules dans toute leur hauteur ou de les établir en têtards. Certainement cette dernière méthode a des inconvéniens graves, principalement celui d'accélérer la pourriture du cœur de l'arbre ; mais elle a aussi des avantages tels qu'elle prédomine par-tout : par exemple, de former des taillis hors des atteintes des bestiaux, et sous lesquels on peut établir d'autres cultures, ou au moins trouver des pâturages. Une saussaie produit peu par sa coupe, mais cette coupe se renouvelle fréquemment, de sorte qu'en définitif on en tire plus de profit que du même nombre de pieds d'une autre nature de bois. Sa dépouille est toujours d'un débit assuré, sur-tout dans les pays de vignoble : c'est ce qui fait qu'on en forme par-tout où le terrain le comporte. Sans les saules, une grande quantité de terrains sujets aux inondations pendant l'hiver et même quelquefois pendant l'été, seraient entièrement perdus pour l'agriculture. Ils favorisent l'élévation du sol dans ces sortes de terrains et, par leurs nombreuses racines, consolident les bords des ruisseaux et des rivières contre les efforts des eaux. Aussi un bon père de famille ne doit-il pas négliger d'en planter dans ces lieux, lorsqu'il y a assez de profondeur de bonne terre.

C'est en automne, ou pendant les jours tempérés de l'hiver, qu'on doit tondre les saules; ceux qui attendent pour le faire que la sève soit en mouvement occasionnent la déperdition d'une grande quantité de cette liqueur, qui ne peut pas par conséquent être employée à la reproduction des bourgeons : aussi, dans ce cas, les pousses sont faibles et souvent le pied meurt. Les branches coupées doivent être dépouillées de leurs rameaux et portées sous des hangars : lorsqu'on les laisse à l'air, la végétation s'y conserve en activité et la dessiccation en est d'autant retardée; cependant, lorsqu'on veut faire des échalas avec ces branches, il est mieux de ne les pas rentrer, parce que cette même végétation favorise leur pèlement; opération qui concourt, avec leur dessiccation parfaite, à la durée de ces échalas. Il est d'observation qu'il ne faut les employer que la seconde année après leur coupe, si on veut en tirer tout le parti possible.

Généralement, on abandonne les sols en têtards à eux-mêmes, et, après leur tonte, ils se garnissent, la première année, d'une immense quantité de jets, qui se nuisent réciproquement. La théorie et la pratique prouvent qu'il est très-avantageux de supprimer les plus faibles entre les deux sèves, ou si on ne l'a pas pu à cette époque, pendant l'hiver suivant. On fait gagner au moins une année aux arbres qu'on conduit ainsi.

L'écorce de ce saule est fort amère et a été souvent substituée avec succès au quinquina.

Les vieux saules, ainsi que tout le monde le sait, produisent une grande quantité de branches, quoique leur centre soit complétement creux, et que souvent il n'y ait plus qu'une petite lanière d'écorce pour porter la sève à leur tête. En général il est bon de ne pas attendre qu'ils soient arrivés à la décrépitude pour les remplacer; mais comme ils sont, ainsi que tous les arbres, soumis aux lois de l'assolement, il ne faut pas placer les nouveaux exactement à la place des anciens, mais mettre un intervalle de quelques années entre l'arrachage des derniers et la plantation des premiers; le plus souvent il vaut mieux les remplacer par le Frène ou l'Aune. *Voyez* ces deux mots.

Tous les bestiaux aiment les feuilles du saule blanc, mais avec moins de passion que celles du saule-marsault. On peut également les leur donner fraîches ou sèches. La couleur de ces feuilles et leur forme allongée le rendent très-propre à la décoration des jardins paysagers, où on les place au troisième rang des massifs, ou isolé sur le bord des eaux. Quelques personnes ont prétendu que cet arbre étêté devenait hideux; mais sans doute elles étaient guidées par un préjugé, car il suffit de les regarder, dans certaines situations, pour juger du bon effet qu'il fait, ainsi disposé.

Je crois que si on cultivait le saule dans des pépinières comme les autres arbres, c'est-à-dire que si on plantait les boutures des rameaux de l'année précédente, qu'on les mît sur un brin, qu'on les taillât en crochet, qu'on les arrêtât à 8 ou 10 pieds, pour les planter ensuite à demeure, on y trouverait de grands avantages; mais la dépense serait plus considérable et la jouissance peut-être moins prompte.

Le Saule fragile. Il a les feuilles plus larges et moins blanches que le précédent, et ses rameaux de l'année tiennent si peu à leur branche après la chute des feuilles, que le plus petit oiseau les fait tomber en se plaçant dessus. On le confond généralement avec le précédent. J'ai lieu de croire qu'il pousse plus rapidement et s'élève davantage. Les bords de la Seine en sont peuplés : tout ce que j'ai dit du précédent lui convient.

Le Saule décipient, Thuilier, dont les boutons sont noirs pendant l'hiver, a également les rameaux susceptibles de s'éclater. Il est originaire de France; ses jeunes pousses sont fort longues et fort flexibles.

Le Saule de Babylone, ou *saule-parasol, saule-pleureur*, s'élève de 20 à 30 pieds ; son écorce est grise, ses rameaux nombreux, très-longs, très-grêles et pendans; ses feuilles glabres, linéaires, lancéolées, très-finement dentelées ou presque entières ; ses chatons grêles à axe velu. Il est originaire du Levant et fleurit au milieu du printemps lorsque les feuilles sont déjà développées. Nous n'avons que la femelle. On le cultive beaucoup dans les jardins paysagers, à raison de la forme pittoresque que lui donnent ses longs rameaux pendans et des cabinets de verdure qui se forment naturellement autour de sa tige. Il lui faut un sol gras et humide. On le place sur le bord des eaux de manière que ses branches tombent sur leur surface, ou isolé à quelque distance, ou au troisième rang des massifs, afin de jouir du contraste de sa forme et de sa couleur avec celles des autres arbres. Les effets qu'il produit dans tous ces cas sont très-agréables. On peut aussi diriger ses branches, dans leur jeunesse, de manière à lui faire faire, comme je viens de le dire, des cabinets de verdure, dans lesquels on place des bancs et où on trouve la fraîcheur et l'ombre. Enfin c'est un des arbres les plus précieux pour la décoration des jardins ; il ne faut cependant pas trop l'y prodiguer, car l'abondance produit la satiété.

On multiplie le saule de Babylone par boutures ou par marcottes. Les premières se font au printemps avec des rameaux

de l'année auxquels on laisse un talon de bois de deux ans.
Elles prennent promptement des racines ; mais manquent souvent, soit par l'effet des gelées tardives, soit par celui des sécheresses prolongées. Les secondes s'exécutent pendant tout
l'hiver, ne craignent point les sécheresses, ne sont jamais tuées
par les gelées, prennent rapidement racine et s'élèvent de plus
du double dans la première année : je les préfère donc. L'hiver
suivant on relève les unes et les autres, on les repique en pépinière à 20 ou 25 pouces les unes des autres, on leur donne
des tuteurs, on coupe en crochet leurs branches latérales ;
enfin on les traite comme les autres arbres dans les mêmes circonstances. Les saules peuvent être mis en place dès leur troisième année, ayant déjà alors plus d'un pouce de diamètre, et
on gagne à le faire alors plus tôt que plus tard.

Les gelées, comme je l'ai déjà dit, frappent quelquefois les
jeunes rameaux et sur-tout les feuilles naissantes du saule de
Babylone, mais il est rare qu'elles fassent périr le pied. On en
est ordinairement quitte pour nettoyer sa tête des brindilles
desséchées qui la défigurent.

Le bois de ce saule diffère peu de celui du précédent, et ses
feuilles sont aussi fort du goût des bestiaux.

Le Saule pentandre a les feuilles tantôt ovales et tantôt
lancéolées ; il se distingue par de grosses glandes sur les pétioles
des feuilles : on le trouve dans toute l'Europe. Il prend une
odeur suave sur les hautes montagnes. C'est un de ceux qui
croissent le plus rapidement et qui offrent le plus bel aspect ; en
conséquence j'en recommande la multiplication dans les jardins paysagers, soit en tige, soit en buisson.

Le Saule-Hélice, *Salix helix*, Lin., est un arbrisseau de
moyenne grandeur dont les rameaux sont grêles, droits, anguleux et d'un rouge noirâtre ; les feuilles étroites, lancéolées, d'un vert brillant en dessus et d'un vert glauque en
dessous. Ses chatons sont cylindriques, purpurins et se développent en même temps que les feuilles. Il est indigène à l'Europe et se cultive dans les jardins d'agrément, où il forme des
touffes qui contrastent fort bien par la disposition des rameaux
et la couleur des feuilles avec les autres arbres. Il se place sur
le bord des eaux, isolé au milieu des gazons, ou au second
rang des massifs. On le multiplie de boutures et de marcottes.
C'est lui qui, le plus souvent, garnit le bord des torrens des
Alpes et s'oppose avec tant de succès à leurs effets dévastateurs.

Le Saule pourpre diffère fort peu du précédent ; mais s'en
distingue par une manière de végéter, qui le rend encoré plus
propre que lui à arrêter l'effort des eaux. Ses pousses s'étendent
sur la terre tout autour du tronc.

Je pourrais encore citer ici un grand nombre de saules qui

peuvent également entrer dans la composition des jardins paysagers et qui y entrent même quelquefois ; mais comme leur culture est absolument la même que celle des précédens, je crois pouvoir me dispenser d'en parler particulièrement.

Le Saule bicolor a les feuilles presque ovales, jaunâtres en dessus et glauques en dessous. Les Alpes sont, je crois, son pays natal ; ses jeunes pousses sont grosses et courtes, mais des plus flexibles : il forme naturellement un petit arbuste d'un aspect agréable et très-propre à orner les jardins paysagers.

Le Saule jaune, *Salix vitellina*, Lin., plus connu sous les noms d'*osier jaune*, d'*amarinier*, s'élève à 20 pieds, a les rameaux grêles, longs, flexibles et de couleur jaune ; les feuiles étroites, fortement dentées et un peu cartilagineuses en leurs bords. Il se trouve en Europe dans les pays des montagnes et se cultive dans beaucoup de lieux pour ses rameaux, qui servent à faire des paniers, des liens, etc.

Le Saule-Amandier, ou *osier brun*, *Salix triandra*, Lin., a les rameaux noirâtres ou purpurins ; les feuilles lancéolées, très-longues, très-glabres ; les stipules dentées ; les pétioles glanduleux Il s'élève à 8 à 10 pieds. Les observations précédentes lui conviennent. On doit principalement l'employer comme le saule-hélice pour arrêter les eaux courantes et élever le sol des alluvions, ou empêcher la destruction des bords des rivières.

Le Saule a longues feuilles, ou *osier blanc*, *Salix viminalis*, Lin., a les rameaux longs, verdâtres ou noirâtres ; les feuilles linéaires, lancéolées, dentées, velues, souvent roulées et ondulées en leurs bords. Ses chatons se développent avant les feuilles, ses fleurs mâles n'ont que deux étamines. Il est indigène à l'Europe et se cultive fréquemment. Même observation que ci-dessus.

Le Saule a feuilles aigues, *Salix acutifolia*, Willd., qui a les feuilles lancéolées, pointues, dentées, glabres, glauques en dessous, et les rameaux couverts d'une poussière violette. Il est originaire des bords de la mer Caspienne. On le cultive en Allemagne, en Angleterre et dans les pépinières des environs de Paris. Andrew l'a figuré sous le nom de *S. violacea*. La hauteur de ses pousses annuelles, qui surpassent 12 pieds, le rendent un objet de culture important pour la grosse vannerie. Il n'a pas dépendu de moi qu'il se soit multiplié rapidement en France.

Le Saule rouge, ou *osier rouge*, *Salix purpurea*, Lin., a les rameaux longs, droits, pourpres ou noirâtres ; les feuilles longues, finement dentées, les inférieures opposées. Il est indigène à la France et se cultive fréquemment. On peut lui appliquer encore les observations précédentes.

La culture et les usages de tous ces osiers ont été mentionnés à l'article OSIER ; j'y renvoie le lecteur.

J'ai vu des chapeaux faits avec des osiers fins, qui avaient une régularité parfaite, qui étaient presque aussi légers que ceux en paille et d'une solidité dix fois plus considérable. Il est bien à désirer que la fabrique de ces chapeaux, qui est établie dans une maison de détention, prenne une grande amplitude.

Beaucoup de saules, tels que le SAULE DÉPRIMÉ, le SAULE DES SABLES, le SAULE RÉTICULÉ, etc., rampent sur la surface de la terre et retiennent par là le sable ou les terres que les vents ou les eaux entraînent quelquefois. Ils sont, par conséquent, dans le cas de rendre des services importans à l'agriculture. D'autres, par l'abondance de leurs racines et leurs branches, comme les osiers et les SAULES DAPHNÉ, SUISSE, ARBUSTE, MYRTE, etc., remplissent encore mieux le dernier objet, principalement le long des torrens des rivières sujettes aux débordemens. On trouvera, je le répète, au mot OSIER des explications à cet égard. (B.)

SAUMRET. Race de MOUTONS recherchée aux environs de Saint-Flour, à raison de sa sobriété et de la facilité avec laquelle on l'engraisse. Elle se rapproche du Berrichon, mais est moins fournie de laine. (B.)

SAUPOUDRER. On emploie quelquefois ce mot, dans l'art du jardinage, pour désigner l'action de répandre la poudre des excrémens humains, ou des poules, des pigeons, etc., desséchés, ainsi que la chaux éteinte sur les semis et plantations. *Voyez* aux mots ENGRAIS, POUDRETTE et COLOMBINE.

Après avoir répandu sur le sol ou dans une terrine des semences extrèmement fines et qui ne veulent pas être enterrées, telles que celles des rosages, des kalmies, des bouleaux, etc., on les saupoudre de terre, soit avec la main, soit avec un crible. *Voyez* aux mots SEMIS et TERRÉAUTER. (B.)

SAUSSAIE. Lieu planté de SAULES.

SAUT-DE-LOUP. On donne ce nom à un large fossé, revêtu de murs, au moins d'un côté, que nos pères creusaient à l'extrémité des grandes allées de leurs jardins, afin de les fermer et cependant de conserver le prolongement de la vue sur la campagne. Ces fossés avaient au moins 8 pieds de profondeur et de largeur, afin qu'il ne fût pas facile de les franchir.

Aujourd'hui on fait rarement des sauts-de-loups qui, à raison de la poussée des terres, sont d'un entretien coûteux. On préfère, dans les jardins paysagers, qui remplacent ceux qui étaient jadis à la mode , d'élever des buttes de terre ou des fabriques, au sommet desquelles on va chercher la vue de la campagne. *Voyez* JARDIN PAYSAGER.

Quelques-uns de ces jardins ne sont même fermés que d'une haie ou d'un fossé, soit sec, soit plein d'eau. (B.)

SAUTELLE ou SAUTERELLE. On désigne ainsi , dans l'Orléanais et autres lieux, la marcotte d'un sarment de vigne, faite uniquement dans l'intention de regarnir une place vide. La sauterelle ne diffère du provin qu'en ce qu'elle ne s'exécute que sur un ou deux sarmens , tandis que ce dernier s'opère sur tous les sarmens d'un cep.

Dans d'autres vignobles on donne le même nom aux sarmens laissés longs et recourbés dans l'intention de leur faire produire plus de grappes. Cette méthode remplit son but, mais épuise promptement les ceps, et ne doit être pratiquée que sur les variétés les plus robustes.

Dans quelques vignobles des environs de Paris, on fixe l'extrémité des sautelles en terre; c'est-à-dire qu'on en fait de véritables marcottes qui se relèvent et se coupent l'hiver suivant. Cette pratique, en fournissant de nouvelles racines aux grappes , favorise le grossissement des grains. Elle est principalement très-bonne à suivre dans les mauvais terrains ou dans les terrains épuisés. *Voyez* VIGNE et MARCOTTE. (B.)

SAUTELLE. Tas D'ÉCHALAS.

SAUTERELLE, *Locusta.* On donne vulgairement ce nom à des insectes de deux genres différens, de l'ordre des orthoptères, qui vivent aux dépens des feuilles des plantes , et dont quelques-uns sont souvent en si grand nombre dans les pays chauds, que leur vol intercepte les rayons du soleil; que leur séjour pendant quelques heures dans un canton suffit pour le dépouiller entièrement de verdure, et que leur mort est suivie d'exhalaisons putrides qui causent souvent des épidémies sur les hommes et les animaux.

Ceux de ces insectes qui sont si célèbres à raison des ravages qu'ils exercent fréquemment dans les parties moyennes de l'Asie et septentrionales de l'Afrique, quelquefois même dans les parties méridionales de l'Europe, sur-tout dans le voisinage des déserts , font partie du genre des CRIQUETS, *grillus ,* Fab. (*Voyez* ce mot.) Je ne traiterai donc ici que des sauterelles des naturalistes, qui ne sont nulle part assez nombreuses pour que la consommation des feuilles qu'elles font soit sensible pour le cultivateur, mais qu'il trouve cependant assez fréquemment sous ses pas pour désirer les connaître.

Les sauterelles proprement dites ont le corps allongé et déprimé. Leur tête est grande, verticale, pourvue de deux antennes très-longues, très-fines, à articles peu distincts.

La longueur des pattes postérieures des sauterelles et la grosseur du muscle qui est renfermé dans leurs cuisses leur permettent des sauts de plusieurs pieds, sauts qu'elles terminent souvent par un vol de plusieurs toises et quelquefois très-prolongé. Les mâles font entendre un bruit produit par le frottement de la base scarieuse de leurs élytres. Ce bruit, qu'on appelle *chant des sauterelles,* et qui est analogue à celui des cigales, leur a fait donner ce dernier nom dans quelques endroits. *Voyez* au mot CIGALE.

La consommation de nourriture que font les sauterelles est très-considérable, et elle a lieu pendant quatre mois de l'année ; mais, comme je l'ai déjà observé, elles ne sont nulle part en Europe assez nombreuses pour que les cultivateurs s'en plaignent. Leur quantité n'est pas à celle des criquets comme un est à mille. Il paraît qu'il en est de même dans les autres parties du monde. En Caroline, où il y en a beaucoup plus qu'en France, elles ne se font pas plus remarquer par leurs dégâts. D'ailleurs leurs ennemis sont par-tout nombreux. Les renards et autres quadrupèdes, les oiseaux de plusieurs sortes, les serpens, etc., leur font une guerre continuelle et en détruisent beaucoup. Il ne faut qu'une pluie froide au mois d'août pour faire périr en un jour, avant leur ponte, la plus grande partie de celles d'un canton, ainsi que j'ai eu occasion de l'observer.

Les femelles des sauterelles déposent leurs œufs, en automne, dans la terre, au moyen d'un appendice qu'elles ont à l'extrémité de leur abdomen. Les larves qui en naissent, au printemps, ne diffèrent de l'insecte parfait que parce qu'elles n'ont ni élytres ni ailes, et vivent, comme lui, des feuilles des plantes. Ce n'est guère qu'au commencement de juin, dans le climat de Paris, qu'elles prennent ces organes, et avec eux ceux de la reproduction.

Des quarante-cinq espèces de sauterelles qui sont décrites dans la dernière édition de l'Entomologie de Fabricius, je ne citerai ici que les plus communes et les plus remarquables de France ; savoir,

LA SAUTERELLE VERTE, la *sauterelle à coutelas, Locusta viridissima,* Fab., qui a environ 2 pouces de long, la couleur d'un vert pur, les élytres plus longues que l'abdomen, la tarière (dans la femelle) a la forme droite d'un coutelas.

La SAUTERELLE RONGE-VERRUE, la *sauterelle à sabre, Locusta verrucivora,* Fab., est moins grande, mais plus grosse que la précédente ; sa couleur est verte, avec des taches brunes ; la tarière (dans la femelle) a la forme recourbée d'un sabre.

Cette espèce mord très-fort lorsqu'on la prend, et fait fluer, dans ce cas, par la bouche, ainsi que toutes les autres espèces,

une liqueur brune que Linæus dit être assez âcre pour consommer les verrues dans lesquelles la morsure l'introduit. J'ai
été plusieurs fois mordu par elles sans que leur morsure ait
eu aucune suite.

La Sauterelle porte-selle, *Locusta epipiger,* Fab., a
environ un pouce de longueur. Sa couleur est un vert brun
ou un cendré rougeâtre; ses élytres sont très-courtes, très-
bombées ou, mieux, elle n'a que la base scarieuse des élytres,
et point d'ailes; sa tarière (dans les femelles) est longue et
légèrement recourbée. On la trouve en automne dans les vignes
et autres lieux exposés au midi. Elle fait entendre un bruit
bien plus fort et plus continu que celui des deux espèces précédentes, bruit très-monotone et qu'on peut à peine distinguer
de celui des cigales.

Les volailles recherchent beaucoup les sauterelles, les gril-
lons et autres insectes de la même famille, et c'est une bonne
nourriture pour elles lorsqu'elles n'en mangent qu'en petite
quantité, ou de loin en loin; mais lorsqu'elles s'en gorgent
outre mesure et chaque jour, leurs œufs prennent une teinte
noire et un goût désagréable, et elles prennent un flux de
ventre qui les conduit souvent à la mort. J'ai vu ces deux cas,
sur-tout le premier, un assez grand nombre de fois. (B.)

SAUTERELLE. Les pépiniéristes donnent aussi ce nom à
la partie de la marcotte qui est hors de terre et qui tient à la
mère, parce qu'elle a la forme du piége de ce nom qu'on emploie pour prendre les oiseaux, c'est-à-dire une forme demi-
circulaire.

Ces sauterelles, lorsque la marcotte est levée, doivent être
coupées le plus près possible des racines de la mère, afin que
la sève se porte avec plus de force sur les nouvelles pousses
directes de cette dernière et les rende plus belles et plus nombreuses. Cependant, comme le plus souvent elles portent des
pousses vigoureuses, on couche, mais seulement la première
année et lorsque l'arbre est précieux, ces pousses pour en faire
de nouvelles marcottes. *Voyez* Marcotte.

Lorsque les pieds sont faibles, ces pousses aident à la marcotte à soutirer la sève et lui sont par conséquent utiles; lorsqu'ils sont forts, elles deviennent des gourmands, qui aspirent
toute la sève et empêchent la marcotte de prendre racine. Dans
ce dernier cas, il faut les Pincer, ou les Tordre, ou les
Casser, ou les Arquer. *Voyez* ces mots. (B.)

SAUTERELLE. *Voyez* Sautelle. C'est aussi la même
chose que Raquette (chasse.) (B.)

SAUTEURS. Nom d'une race française de moutons à laine
fine, qui est recherchée sur les montagnes du centre de la

France. Elle tient le milieu entre les ROUSSILLONS et les BER-
RICHONS. (B.)

SAUTER LE FOIN. C'est l'éparpiller en le faisant sauter,
afin d'accélérer sa dessiccation. Cette opération, si simple et
si avantageuse, n'est pas assez généralement pratiquée : aussi
combien de foin qui se gâte, parce qu'on le rentre avant sa
complète dessiccation, ou après qu'il a été mouillé. On pourrait aussi faire usage des SÉCHOIRS pour remplir le même objet.
Voyez PRAIRIE. (B.)

SAUVAGEON. Nos pères établissaient peu de pépinières.
Il y a cent ans, lorsqu'on voulait multiplier un arbre fruitier,
un poirier, un pommier, par exemple, on allait arracher un
jeune arbre de cette espèce dans les bois, on le plantait dans
le verger, et lorsqu'il était repris, c'est-à-dire un ou deux ans
après, on greffait dessus la variété à multiplier. Ce jeune arbre
était sauvage et on l'appelait sauvageon.

Lorsque l'augmentation du goût de la culture eut fait sentir
le besoin de suppléer, par des semis dans des pépinières, au petit
nombre de sauvageons qu'il était ainsi possible de trouver dans
les bois, on a continué d'appeler sauvageons et les pieds arrachés à l'ancienne manière et ceux provenant des graines des
arbres crus naturellement dans les bois, constituant l'espèce
originelle. On a appelé *francs* les pieds résultant du semis des
graines des variétés plus ou moins perfectionnées par la culture.
Ainsi, des pepins de cressane, de calville, donnent des francs ;
cependant la facilité d'avoir en abondance et à bon marché
des pepins de pommes ou de poires à cidre, a déterminé les
pépiniéristes des environs de Paris à les employer généralement ; quoique ces poires et ces pommes soient souvent très-
peu différentes de celles cueillies dans les bois : elles ne doivent
être appelées que des quarts de francs, même des huitièmes
de francs. *Voyez* FRANC.

L'expérience a prouvé, toutes choses égales d'ailleurs,
qu'une greffe de variété perfectionnée qu'on plaçait sur un
véritable sauvageon fournissait des fruits inférieurs en grosseur
et en saveur à ceux produits par une greffe prise sur le même
arbre et placée sur un véritable franc. De plus, cette dernière
se mettra bien plus tôt à fruit. Mais si la greffe sur franc a
de nombreux avantages, elle a aussi des inconvéniens. Elle
donne peu de fruit, prend moins d'amplitude, et dure moins
long-temps. C'est parce que nos pères greffaient sur franc,
qu'on voit encore, dans les départemens, des poiriers de deux
siècles, qui ont 2 ou 3 pieds de diamètre, s'élèvent à 60, s'é-
tendent sur un rayon de 12 ou 15, et qui, au moins tous les
deux ans, donnent plus de fruit qu'un cheval attelé à une
charrette ne peut en traîner. Certainement je suis loin de

blâmer ceux qui veulent avoir des poiriers greffés sur coignassier, sur franc, des pommiers greffés sur paradis, sur doucin,
sur franc; mais je suis fâché de voir qu'aux environs de Paris
et autres grandes villes, dans toutes les pépinières marchandes
sur-tout, on ne greffe plus sur véritable sauvageon, qui fait
attendre ses produits dix, douze, quinze ans et plus, mais
qui en donne de si grandes quantités et pendant si long-temps.
Si cela continue, bientôt il n'y aura plus que les personnes
aisées, celles qui peuvent payer 5, 6 et 12 sous chaque poire,
qui mangeront de ce fruit. Le principe de toute agriculture
ne doit pas être seulement de produire du beau et du bon,
mais encore de produire abondamment sans augmenter la dépense. Or, qui produit plus et coûte moins qu'un arbre greffé
sur sauvageon semblable à celui dont j'ai donné plus haut les
dimensions?

Cependant, je dois le dire, toutes les variétés de poires ou
de pommes ne réussissent pas également bien sur sauvageon,
comme toutes ne réussissent pas également bien sur coignassier ou sur paradis. Celles de ces variétés qui sont les plus
altérées ne prospèrent pas, parce que le sauvageon leur fournit plus de sève qu'à raison de leur faiblesse elles ne peuvent
en employer, et parce qu'il se produit sans cesse des rejetons de
ce sauvageon, rejetons qu'on regarde communément comme
la cause de la faiblesse de la greffe, mais qui sont réellement
la suite de cette faiblesse. *Voyez* aux mots POIRIER, POMMIER
et GREFFE.

Quoique je provoque le retour de l'emploi de la greffe sur
véritable sauvageon, ce n'est pas sur sauvageons arrachés dans
les bois, mais venus dans les pépinières de graines cueillies
dans les bois. Les premiers sont de beaucoup inférieurs aux seconds, à raison de ce qu'ils ont cru à l'ombre, qu'ils sont
d'âges différens, qu'ils ont rarement un empatement de racines
propre à assurer leur reprise; aussi calcule-t-on qu'il périt toujours un tiers et même une moitié de ces sauvegeons à la
transplantation, et que parmi le reste il en est encore autant
qui languissent pendant une, deux ou trois années; ce qui
cause des pertes et des retards très-préjudiciables. Un sauvageon de trois ans, cru dans les pépinières, est d'ailleurs aussi
gros qu'un de six, arraché dans les bois.

A défaut de graines de poires ou de pommes sauvages, on
doit choisir celles provenant des poiriers ou des pommiers à
cidre les plus épineux et les plus vigoureux, c'est-à-dire les
plus rapprochés de l'état de nature. Ces francs au premier degré
peuvent être regardés comme des sauvageons au dernier : en
effet, la transition entre eux est insensible.

Quant aux pruniers, aux cerisiers, ce sont leurs rejetons

qu'on appelle sauvageons, lorsque d'ailleurs ces rejetons ne donnent pas des fruits d'un certain degré de perfection.

Les autres arbres fruitiers, tels qu'amandiers, pêchers, abricotiers, se produisent exclusivement de noyaux, ou se greffent les uns sur les autres, principalement sur amandier et prunier.

Un sauvageon de poirier ou de pommier, élevé de 5 à 6 pieds et destiné à être gréffé en fente à cette hauteur, s'appelle un ÉGRAIN. *Voyez* ce mot. (B.)

SAUX. Synonyme de SAULE.

SAUVE-VIE. C'est la DORADILLE DES MURS.

SAVANNE. On donne ce nom, dans les colonies françaises de l'Amérique, aux lieux consacrés au pâturage des bestiaux, qu'ils soient ou non entourés de haies ou de fossés. Dans ce pays, où il n'y a pas de prairies et où les bestiaux paissent toute l'année, les savannes sont indispensables dans toutes les habitations qui ont des bestiaux. On pourrait avantageusement les semer de bonnes espèces d'herbes ; mais on les laisse toujours telles que la nature les donne. *Voyez* PATURAGE. (B.)

SAVARTS. Ce sont, dans le département des Ardennes, les terres incultes qui servent au PATURAGE. *Voyez* ce mot.

SAVINIER. *Voyez* le mot GENEVRIER-SABINE.

SAVON. Combinaison d'un alcali pur (caustique, comme on dit vulgairement) avec une huile ou une graisse. *Voyez* ALCALI, HUILE et GRAISSE.

Toutes les huiles forment des savons, mais ces savons sont aussi différens qu'il y a de sortes d'huile. Le plus solide, le meilleur sous plusieurs rapports, et le plus commun dans le commerce, est celui fait avec l'huile d'olive et la soude, c'est-à-dire le savon de Marseille.

Depuis qu'on emploie la soude factice à la composition des savons, on mêle un cinquième et même un quart d'huile de pavot à celle d'olive ; ce qui rend le savon moins coûteux, moins cassant et plus blanc, avantages considérables et qu'on ne doit par conséquent pas négliger.

En mêlant de l'acide sulfurique concentré avec les huiles, on les rend plus aptes à éprouver la saponification, ainsi que l'a remarqué M. Braconnot.

Les huiles rances sont plus propres à la fabrication du savon que les huiles fines, et c'est ce qui fait qu'elles se vendent aussi cher que ces dernières dans beaucoup de pays.

On doit à Chevreul d'excellens travaux sur les savons. *Voyez Annales de chimie.*

Les savons fabriqués avec des huiles de graines, les huiles de poisson, ne servent guère qu'aux fabriques de draps et de cuirs.

Le suif forme cependant avec la soude un savon, qui, à sa mauvaise odeur près, ressemble beaucoup à celui de Marseille.

Les anciens ne paraissent pas avoir connu l'emploi du savon pour nettoyer le linge; mais aujourd'hui on ne peut s'en passer. *Voyez* Lessive. Plus il est sec et plus il fait profit.

La fabrication des savons, pour être bonne et économique, ne doit se faire qu'en grand : ainsi elle sort des attributions des cultivateurs; cependant, il peut quelquefois être avantageux pour eux de faire de l'eau de savon par la combinaison de l'huile rance qu'ils possèdent, avec la potasse tirée des cendres de leur foyer, plutôt que de dissoudre du savon du commerce : pour cela, on fait chauffer à part l'huile et la potasse dissoute dans l'eau, et on verse de cette dernière lorsque l'autre commence à bouillir, en remuant continuellement jusqu'à ce que l'on ne voie plus d'huile (1).

Le savon, contenant un excellent engrais (l'huile) et le plus puissant des amendemens (l'alcali), peut être avantageusement employé en agriculture; mais son haut prix l'éloigne de cet usage. La quantité qu'il faut en répandre est extrêmement foible, car son excès fait périr (brûle) toutes les plantes qu'il touche. *Voyez* Engrais et Amendement.

On a beaucoup d'exemples des bons comme des mauvais effets des eaux de savon pour activer la végétation. Ce sont exclusivement les terres riches en humus, comme celle dite à oranger, sur lesquelles on doit l'employer. Un propriétaire d'orangers ne doit jamais perdre l'eau de savon de sa barbe, mais il faut qu'il la disperse également sur toutes ses caisses. Tout cultivateur qui fait laver son linge dans un baquet doit en faire jeter l'eau sur ses fumiers. *Voyez* Eau de lessive.

On fait un assez fréquent usage du savon dans la médecine vétérinaire.

Il fait la base des compositions propres à empêcher les insectes de manger les peaux, les plumes, les laines et autres articles de ce genre.

---

(1) « .... Je me permettrai de ne pas être entièrement de votre avis sur l'impossibilité de faire économiquement du savon en petit et pour la consommation des ménages : le procédé de fabrication et les matières employées pour le faire, en Angleterre et dans tout le nord de l'Europe, mettent cet art dans la main de tous les maîtres de maison qui voudront s'en occuper. Le voici, simplement précisé :

» Lessive caustique, faite avec les cendres du foyer et un peu de chaux; cuite avec le suif et les vieilles graisses, que l'on achève par l'addition d'une quantité déterminée de sel marin; seconde cuite, conduite de même.

» Il est beaucoup de pratiques, dans l'économie rurale et domestique, plus compliquées que celle-ci. »

(*Extrait d'une lettre adressée à M. Bosc.*)

Un auteur ancien, je crois que c'est Bernard de Palissy, a dit que les sucs de la terre qui servaient de nourriture aux plantes étaient des savons. Rozier a repris cette idée, l'a étendue et l'a fait servir de base théorique à son ouvrage. Une légère modification est en ce moment exigible pour l'adopter, Th. de Saussure ayant prouvé, 1°. que ce n'était ni une huile ni une graisse qui formait le TERREAU OU HUMUS; 2°. que ce n'était pas un alcali qui rendait annuellement soluble une petite partie de ce terreau ou humus : par conséquent on ne peut appeler savon le résultat de cette dissolution.

A cela près, la théorie de Rozier est vraie : aussi en ai-je adopté les conséquences, en substituant le mot de mucilage rendu soluble, quoique je ne conçoive pas encore comment un mucilage est insoluble dans l'eau pure, comment il est rendu soluble par l'OXYGÈNE d'un côté, par l'ALCALI et par la CHAUX de l'autre. *Voyez* ces mots.

Ce qui doit être principalement admiré dans la marche de la nature dans ce cas, c'est qu'il n'y a chaque année que la portion nécessaire à la nutrition des plantes qui devienne soluble, avec une très-petite partie en sus pour les besoins accidentels de la végétation, et que jamais les eaux de source, pour peu qu'elles soient profondes, n'en offrent un atome. Le mucilage qu'on trouve dans celles des ruisseaux et des rivières provient des plantes ou des animaux morts. Que de recherches il reste encore à faire sur cet objet ! (B.)

SAVONNAGE. Opération d'économie domestique, qui consiste à faire dissoudre du savon dans de l'eau et à y laver le linge fin, les mousselines, les dentelles, etc., pour les blanchir.

Un bon savonnage équivaut à une LESSIVE (*voyez* ce mot) et n'en a pas les inconvéniens : on doit donc en faire souvent dans les ménages aisés. *Voyez* SAVON. (B.)

SAVONIÈRE. *Voyez* SAPONAIRE.

SAVORÉE. On appelle ainsi la SARIETTE dans quelques cantons.

SAXIFRAGE, *Saxifraga*. Genre de plantes de la décandrie digynie et de la famille des saxifragées, qui renferme quatre-vingts espèces, la plupart propres aux hautes montagnes, et dont quelques-unes se cultivent dans les jardins, à raison de l'abondance ou de la beauté de leurs fleurs.

Les seules dans le cas d'être ici citées sont,

La SAXIFRAGE GRANULEUSE, ou *saxifrage blanche*. Elle a les racines vivaces, tuberculeuses et fibreuses en même temps; les tiges droites, rameuses; les feuilles alternes, pétiolées, réniformes, lobées; les fleurs blanches, disposées en panicule terminale. Elle se trouve dans toute l'Europe, aux lieux secs et arides, s'élève à environ un pied, et fleurit à la fin du printemps : c'est la plus remarquable de celles qui croissent dans les plaines. Son infusion dans le vin blanc passe pour être apéritive et pour provoquer les menstrues. Elle est d'un aspect assez agréable pour qu'on l'ait introduite dans les jardins, et pour qu'on l'y ait fait doubler. Là, on la place en touffes aux rangs latéraux des parterres; on en fait des bordures, ou on la place au bord des massifs, au milieu des gazons. On la multiplie de graines ou, mieux, par la séparation des tubercules de ses racines, tubercules de la grosseur d'un petit poids, lesquels, plantés séparément, donnent naissance à de nouveaux pieds, qui fleurissent quelquefois la même année. Cette opération se fait à la fin de l'hiver.

La Saxifrage cotylédon a la racine vivace; les feuilles radicales réunies en rosette, lingulées, cartilagineuses et dentées en leurs bords; les tiges hautes de plus d'un pied, garnies de quelques feuilles alternes et terminées par une grande panicule de fleurs blanches, dont le calice est couvert de poils glanduleux. Elle croît naturellement sur les Alpes, où elle fleurit au milieu du printemps. C'est une assez belle plante lorsqu'elle est en fleur et même avant. On la cultive dans les jardins sous le nom de *sedon*; mais elle fleurit rarement et se conserve difficilement, sur-tout lorsqu'on la met en pleine terre. Il faut, en conséquence, être à portée de l'y renouveler souvent par du plant tiré de son climat natal, et la tenir constamment en pot. On la multiplie par la séparation des rosettes latérales, lorsqu'elle en produit.

La Saxifrage a feuilles épaisses a les racines vivaces, fibreuses; les feuilles ovales, rétuses, épaisses, très-larges, très-luisantes et toutes radicales; les fleurs rouges et réunies en tête au sommet d'une hampe de 5 à 6 pouces de haut. On la trouve, mais rarement, dans les Alpes suisses; elle est plus commune dans celles de la Sibérie. On la cultive depuis peu d'années dans les jardins, où elle se fait remarquer, dès les premiers jours du printemps, par la beauté de ses feuilles et la belle couleur de ses fleurs. On en fait des bordures dans les endroits frais et ombragés. On la place en touffes sur le bord des ruisseaux, dans les fentes des rochers d'où tombent des cascades. On la multiplie par séparation des vieux pieds en automne. En général, il est bon qu'elle forme touffe d'une demi-douzaine de tiges au moins; en conséquence, il ne faut pas trop dégarnir les pieds, dans cette opération, si on ne veut pas détruire tout leur effet.

La Saxifrage brioide a les racines vivaces; les tiges couchées; les feuilles lancéolées, mucronées, cartilagineuses et ciliées en leurs bords; les fleurs blanchâtres et portées en petit nombre sur de longs pédoncules en forme de tige. Elle croît sur les rochers des montagnes élevées et y forme de petits gazons fort denses, qui semblent être de mousse lorsque ses fleurs ne sont pas épanouies.

La SAXIFRAGE HYPNOIDE a les racines vivaces; les tiges rampantes; les feuilles linéaires, entières ou trifides; les fleurs verdâtres et disposées en corymbe au-dessus de pédoncules peu élevés. On la trouve avec la précédente et elle offre le même aspect.

Ces deux plantes peuvent se cultiver avec avantage sur les rochers des cascades, et dans les lieux humides et ombragés des jardins paysagers, pour cacher la nudité de la terre. J'ai vu des pieds sur les Alpes et dans les jardins de Paris, qui couvraient seuls des espaces de deux pieds de diamètre d'un gazon toujours vert et très-agréable à l'œil. On les multiplie par séparation des vieux pieds et par semis.

La SAXIGRAGE TRIDACTYLE a la racine annuelle; les tiges rameuses, rougeâtres, hautes au plus de 3 pouces et quelquefois seulement de 3 lignes; les feuilles alternes, cunéiformes, trifides, les fleurs blanches. On la trouve par toute l'Europe, dans les terrains secs et sablonneux, sur les vieux murs, qu'elle couvre quelquefois entièrement. Elle fleurit une des premières au printemps: c'est, dit-on, un spécifique contre la jaunisse et les écrouelles. (B.)

SAXIFRAGE DES PRÉS. C'est la LIVÈCHE. *Voyez* ce mot.

SAXIFRAGE MARITIME. On donne ce nom à la CRISTE-MARINE.

SAXIFRAGÉES. Familles de plantes dont le type est le genre SAXIFRAGE.

Les autres genres appartenans certainement à cette famille, sont ceux, TIARELLE, MITELLE, HEUCHERE, HYDRANGÉE, HORTENSE, TANROUGE et CUNONE. Ces deux dernières ne se cultivent pas en pleine terre aux environs de Paris et paraissent devoir former une famille spéciale.

Les genres DORINE, MOSCATELLE, CERCODE et GROSEILLIER, se rapprochent beaucoup de cette famille. (B.)

SCABIEUSE, *Scabiosa*. Genre de plantes de la tétrandrie monogynie et de la famille des dipsacées, qui réunit une soixantaine d'espèces, la plupart remarquables par leur grandeur, et dont plusieurs sont trop communes dans les campagnes, et d'autres trop souvent cultivées dans les jardins, pour n'être pas mentionnées ici.

Les espèces les plus remarquables parmi les scabieuses sont:

La SCABIEUSE DES CHAMPS OU DES PRÉS, *Scabiosa arvensis*, Lin., qui a la racine vivace; les tiges cylindriques, velues, rarement rameuses, hautes d'un à 2 pieds; les feuilles opposées, presque ailées, velues, terminées par un grand lobe; les radicules souvent entières, peu divisées et plus grandes; les fleurs d'un bleu rougeâtre ou d'un pourpre pâle, portées sur de longs pédoncules terminaux et axillaires; les corolles divisées en quatre lobes. Elle se trouve très-abondamment dans les champs, les prés, les friches, le long des chemins, sur le revers des fossés, etc.; et fleurit au milieu de l'été. Tous les bestiaux la mangent lorsqu'elle est jeune. On a observé qu'elle donne au lait des vaches qui en mangent beaucoup une teinte bleuâtre, mais qui n'altère pas sa qualité. Ses diverses parties sont regardées comme adoucissantes, détersives et sudorifiques. On en fait peu d'usage.

Dans quelques parties des Cévennes, on cultive la scabieuse comme fourrage. Il lui faut une terre légère, mais cependant substantielle et fraîche. On répand 12 ou 15 livres de graines par arpent. Semée trop tôt, elle fleurit la première année, ce qui l'affaiblit pour toujours. Elle ne se coupe qu'une fois cette même première année, mais, les suivantes, on peut la couper jusqu'à trois fois. Son usage engraisse et rafraîchit les bestiaux, sur-tout les moutons, qui l'aiment beaucoup. Les cochons seuls la repoussent. Pourquoi ne pas la faire entrer dans la rotation des assolemens ?

La Scabieuse colombaire a les racines vivaces; les tiges rameuses, hautes d'un à 2 pieds; les feuilles radicales spatulées et dentées, les caulinaires opposées, pinnatifides, à divisions linéaires; les fleurs bleuâtres, portées sur de longs pédoncules terminaux et axillaires, et les corolles à cinq lobes.

La Scabieuse a feuilles découpées, *Scabiosa gramuntia*, Lin., ne diffère presque de la précédente que parce que toutes ses feuilles sont découpées et qu'elle s'élève moins.

Ces deux plantes sont très-communes sur les pelouses sèches, le long des chemins, dans les champs en friche des pays calcaires. Elles annoncent un sol crayeux, et par conséquent de mauvaise nature. Les déserts de la Champagne pouilleuse en sont couverts. Les bestiaux les mangent au printemps, mais les dédaignent en automne, époque de leur floraison. Elles ne manquent pas d'élégance dans les sols arides; mais cette élégance diminue par suite de leur culture dans les jardins, parce que leurs diverses parties prennent des dimensions plus fortes. On ne doit les placer que dans les jardins paysagers en mauvais fonds.

La Scabieuse des bois, ou *mors du diable*, *Scabiosa succisa*, Lin., a les racines vivaces, épaisses, traçantes, tronquées net, et pourvues de fibrilles simples; les tiges souvent simples, velues, hautes d'environ 2 pieds; les feuilles opposées, lancéolées, velues, tantôt entières, tantôt dentées, souvent longues de 6 pouces ; les fleurs bleuâtres ou purpurines , à corolle à quatre lobes et disposées en tête globuleuse , portées sur de longs pédoncules terminaux ou axillaires. Elle est extrêmement commune dans les bois , les pâturages argileux et humides , et fleurit en automne. C'est elle qui termine la décoration de ces lieux , et elle semble faire des efforts de végétation pour la prolonger malgré les gelées. Tous les bestiaux en mangent les feuilles encore jeunes , mais les rebutent à l'époque où elles leur seraient le plus utiles : aussi cette plante doit - elle être détruite dans les prairies et les pâturages. Je l'ai vue souvent si abondante qu'elle couvrait entièrement le sol et qu'on était caché au milieu de ses tiges comme dans un champ de blé. Les labours et une ou deux années de culture sont le seul moyen d'en débarrasser les lieux qui en sont infestés. Ses feuilles contiennent une fécule verte que les habitans des campagnes emploient quelquefois pour reteindre leurs habits , colorer leurs œufs , etc. , mais dont on ne fait pas usage dans les manufactures.

On appelle cette plante *mors du diable* , parce que la troncature de sa racine fait croire qu'on la casse toujours en l'arrachant , ou que le diable la coupe avec les dents au moment où on veut la sortir de terre. On doit la placer dans quelques parties des jardins paysagers.

La Scabieuse des Alpes a les racines vivaces ; les tiges droites , velues , peu rameuses ; les feuilles longues de plus d'un pied , velues , pinnées , à divisions lancéolées , dentées et profondes ; les fleurs d'un jaune pâle , globuleuses et penchées , portées sur de longs pédoncules terminaux ou axillaires, et la corolle à quatre lobes. Elle croît dans les Alpes , s'élève de 4 à 5 pieds , forme de très-grosses touffes et fleurit au milieu de l'été. On la cultive dans quelques jardins , où elle produit des effets agréables par sa grandeur. On la place au milieu des plates-bandes des parterres au premier rang des massifs , autour des bouquets d'arbrisseaux , etc. On la multiplie par ses semences ou plus fréquemment par le déchirement des vieux pieds en automne ou au premier printemps.

Plusieurs autres scabieuses vivaces peuvent également être introduites dans les jardins paysagers, telles que celle de Transylvanie, celle à fleurs blanches , celle argentée. Leur culture est la même que celle de la précédente.

La Scabieuse des jardins ou fleurs de veuve , *Scabiosa atro-purpurea* , Lin. , a les racines bisannuelles ; les tiges rameuses, hautes d'environ 2 pieds ; les feuilles opposées, velues, les inférieures spatulées , crénelées , les supérieures pinnatifides , avec le lobe terminal plus grand et crénelé ; les fleurs d'un violet brun , veloutées , à cinq lobes , portées sur des

pédoncules très-longs, terminaux et axillaires. Elle est originaire des Indes, et se cultive fréquemment dans les jardins,
où elle produit un bel effet par la couleur singulière de ses
fleurs et par les nombreuses nuances qu'elles présentent. Il est
dommage que sa tige trop grêle et ses pédoncules trop longs
l'empêchent d'avoir la grâce convenable. Elle fleurit pendant
une partie de l'été et de l'automne. On la multiplie par ses
graines qu'on place dans des plates-bandes de bonne terre et
ombragées. Comme elle fleurit quelquefois la première année
de son semis, et qu'elle est plus belle lorsqu'elle ne fleurit que
la seconde, il est bon de ne faire les semis que vers la fin de
mai. Le plant est sensible aux gelées; il doit être couvert avec
de la paille ou de la litière pendant l'hiver. Au printemps, on
le relève et on le place à demeure dans les plates-bandes. Trop
rapprochées, les scabieuses des jardins se nuisent réciproquement pour leur effet. Il faut savoir les mélanger avec d'autres
plantes de couleur différente, et varier leurs nuances le plus
possible.

On voit encore dans quelques jardins des scabieuses annuelles, dont la SCABIEUSE ÉTOILÉE est la plus commune. On
les sème sur place. Leur effet est plus singulier que vraiment
beau. (B.)

SCALAT. Synonyme de COULURE des CÉRÉALES dans le midi
de la France. *Voyez* FÉCONDATION. (B.)

SCARABÉ, *Scarabœus*. Les anciens naturalistes donnaient
ce nom à tous les insectes qui ont des élytres durs, c'est-à-dire
aux coléoptères; mais on l'a depuis restreint, d'abord à ceux
de ces insectes qui avaient les antennes en feuillets, et ensuite
seulement à une partie de ces derniers. Aujourd'hui, d'après
les nouveaux travaux de Fabricius, d'Olivier et de Latreille,
ils se sont trouvés encore réduits.

Je réunirai ici sous ce nom les scarabés de Fabricius avec
ses géotrupes, parce que leurs caractères génériques sont fort
peu différens. Je renverrai au genre BOUZIER les autres espèces de scarabés d'Olivier qui seront dans le cas d'être mentionnées.

Le SCARABÉ NASICORNE, le *rhinocéros* de Geoff., qui a une
corne recourbée sur la tête; trois proéminences sur le corcelet; les élytres unis; le corps d'un châtain plus ou moins
foncé, et le plus ordinairement long de plus d'un pouce. Il se
trouve dans les racines pourries des arbres, et sur-tout dans les
vieilles couches et la tannée des serres. Sa larve est blanchâtre,
avec la tête fauve. Elle ressemble en tout, excepté qu'elle est
plus grosse, au ver blanc, c'est-à-dire à la larve du HANNETON
(*voyez* ce mot), et vit comme elle trois ans en terre; mais
elle ne cause pas comme elle des dommages aux jardiniers

qui cultivent des melons et autres articles de couche, quoiqu'on l'en accuse souvent, attendu qu'elle ne vit que d'humus. C'est au milieu du printemps qu'elle se transforme en insecte parfait.

Le Scarabé phalangiste, *Scarabæus typhæus*, Lin., a la tête tuberculeuse; trois cornes droites au corcelet, dont l'intermédiaire est plus courte; les élytres striés; le corps noir, de 6 à 8 lignes de long. Il se trouve au printemps dans les bouses de vaches; sa larve vit dans la terre sous ces mêmes bouses.

Le Scarabé stercoraire a la tête tuberculeuse; le corcelet uni; les élytres striés et ponctués; le corps d'un noir luisant, souvent bleuâtre et long de 7 à 8 lignes. Il se trouve très-abondamment, en été, dans les bouses de vaches. On le connaît généralement dans la campagne sous le nom de *fouille-merde*. Il vole le soir.

Le Scarabé vernale a la tête inégale; le corcelet et les élytres légèrement pointillés; son corps est long de 5 à 6 lignes, d'un bleu noir, quelquefois vert et très-brillant. Il se trouve encore avec le précédent, mais plus fréquemment au printemps. On lui donne la même dénomination.

Ces trois dernières espèces sont de quelque utilité aux cultivateurs, en accélérant la décomposition des bouses de vaches, et en les rendant plus tôt propres à servir d'engrais. Ils agissent à cet égard positivement comme les Bousiers, à l'article desquels je renvoie le lecteur. (B.)

SCARABÉ DE L'ASPERGE ET DU LIS. *Voyez* Criocère.

SCARABÉ-TORTUE. *Voyez* Coccinelle et Casside.

SCARABÉ A TROMPE. *Voyez* Attelabe et Charançon.

SCARIFICATEUR. Assemblage de coutres montés comme une herse, qu'on emploie pour fendre la terre dans les défrichemens et favoriser par là les labours. On voit, *Pl. 5* du 3e. volume, la figure d'un de ces instrumens, qui ne porte que trois lames, mais qui peut en porter un plus grand nombre.

On voit, *Pl.* 1re. du *Système d'agriculture de Coke*, par M. Molard, la figure d'un scarificateur ouvrant.

Le peigne Machau doit être encore considéré comme un scarificateur.

Il en est de même du petit-cultivateur, figuré *Pl.* 4 de l'Atlas d'instrumens aratoires de M. Guillaume.

On a aussi appelé scarificateurs des houes à cheval à plusieurs socs qui servent au même objet, mais d'une autre manière; c'est-à-dire que les premiers de ces instrumens facilitent les labours en fendant la terre, et les seconds en enlevant le gazon qui la recouvre. *Voyez* Labour.

Toute exploitation rurale bien montée doit avoir un ou deux

scarificateurs, attendu que, soit en facilitant les labours, soit en les suppléant dans beaucoup de cas, ils économisent beaucoup de temps et d'argent. (B.)

SCARIFICATION. On a donné ce nom, dans le jardinage, à l'incision longitudinale de l'écorce des arbres, incision qui favorise leur accroissement en grosseur. *Voyez* Ecorce.

Roger Schabol a aussi appelé de même des entailles transversales qui remplissent le même objet que l'Incision annulaire. *Voyez* ce mot. (B.)

SCARIFICATION. Petites plaies longitudinales qu'on pratique sur le corps des animaux domestiques pour donner lieu à une suppuration, ou tenir lieu d'une petite saignée locale. (B.)

SCARIOLE. *Voyez* Escarole, Endive et Chicorée.

SCEAU DE NOTRE-DAME. *Voyez* Taminier.

SCEAU DE SALOMON. *Voyez* Muguet.

SCELERI. *Voyez* Céleri.

SCEOLD. Synonyme d'égout de terre dans les environs de Verdun. (B.)

SCHAPZIGUER. Nom d'un fromage aujourd'hui exclusivement fabriqué dans le canton de Glaris, et dans la composition duquel entrent des plantes aromatiques des Alpes ; ce qui lui donne une couleur verte et une saveur très-âcre. On le recherchait beaucoup plus autrefois qu'aujourd'hui ; mais il en paraît cependant quelquefois sur les bonnes tables de Paris. *Voyez* Fromage (B.)

SCHISTE. Roche primitive, c'est-à-dire antérieure à l'époque où la mer a déposé sur les continens les plus anciennes coquilles fossiles qui s'y trouvent, et qui, en conséquence, est souvent recouverte par des dépôts calcaires, mais qui n'en recouvre jamais, à moins qu'elle n'ait été remaniée par les eaux, qu'elle soit le produit d'un alluvion. *Voyez* les mots Montagne, Granit et Gneiss.

On reconnaît cette roche à son tissu feuilleté, dont les couches, plus ou moins épaisses, plus ou moins colorées en bleu grisâtre ou en brun, sont toujours parallèles, quoique toujours obliques et souvent contournées, et se cassent en fragmens rhomboïdaux.

On a long-temps confondu les ardoises avec les schistes ; mais elles doivent être distinguées, les premières ne se trouvant que dans les pays à couches. *Voyez* Ardoise.

Les schistes sont généralement composés de terre quartzeuse, de terre argileuse et de terre magnésienne, mais dans des proportions si variées, qu'on ne trouve jamais deux morceaux, pris à quelque distance, qui donnent les mêmes résultats à l'analyse ; les uns sont donc très-durs, les autres très tendres : ces derniers diffèrent souvent fort peu de l'argile pure et s'exploitent souvent pour faire des CRAYONS NOIRS. Souvent ils contiennent du mica, souvent de la terre calcaire, quelquefois des pyrites, des grenats, des tourmalines et autres pierres

On trouve des montagnes de schiste sur les flancs de toutes les chaînes granitiques. Elles abondent en France, dans les Alpes, les Pyrénées, les Vosges, les Cévennes, l'Autunois, le Lyonnais, le Limousin, l'Auvergne, la Bretagne, etc., etc.

Relativement aux usages économiques, on doit distinguer les schistes quartzeux des schistes argileux. Les premiers servent à fabriquer des pierres à rasoir, à bâtir des chaumières, des murs de clôture, à faire des couvertures et des enceintes, en plaçant de champ leurs feuillets les uns à la suite des autres. Ils sont trop durs pour être facilement décomposés par les influences atmosphériques, et les montagnes qui en sont composées sont vouées à l'infertilité; les seconds peuvent être employés à faire de l'alun, des crayons noirs, et à servir d'amendement aux terres légères ou tenaces, selon qu'ils sont plus ou moins argileux. Ils portent la fécondité dans tous les lieux où les eaux les déposent, ainsi que je l'ai observé un grand nombre de fois en France, en Espagne, en Italie et en Suisse; ce sont sur-tout les terres calcaires qui s'améliorent prodigieusement par leur mélange avec les schistes argileux; cependant on emploie peu ce moyen en France, probablement à cause des frais qu'il entraîne et du peu de valeur des fonds dans la plupart des cantons où il est praticable. Au reste, on n'a pas encore d'expériences positives sur cet objet, et je dois me borner ici à donner l'éveil aux cultivateurs, et à engager ceux d'entre eux qui sont à portée d'en faire de ne pas les négliger. *Voyez* AMPELITE.

Les schistes argileux en décomposition, non mélangés, ne sont pas aussi fertiles que leur aspect semble l'indiquer, parce que, ou l'eau les traverse, ou n'y entre pas, du moins j'ai cru remarquer par-tout que les plantes qui y croissent étaient généralement petites et brûlées par le soleil dans la sécheresse, comme celles qui se voient dans les craies ou dans les argiles pures. Probablement aussi la magnésie qui se trouve en surabondance dans quelques variétés contribue à cette infertilité. *Voyez* MAGNÉSIE.

La couleur noirâtre des schistes, en absorbant les rayons du soleil (*voyez* CHALEUR et COULEUR), les rend plus précoces que les terrains granitiques ou calcaires environnans, et leur donne la faculté de nourrir des plantes bien plus méridionales que leur latitude ne le comporte. En général ils offrent peu d'espèces de plantes et même peu de plantes.

Ce sont principalement des schistes que les cultivateurs des montagnes élevées, à raison de leur couleur noire, répandent sur la neige pour en accélérer la fonte. Ceux de la vallée de Chamouni les rassemblent dans des fosses, dont Lasteyrie a donné la figure, *Pl.* 5 de sa Collection des constructions rurales.

La culture des terrains schisteux diffère à peine de celle des terrains granitiques. *Voyez* GRANIT.

Des mines de charbon de terre sont presque toutes encaissées dans des schistes d'une nature particulière, qui tient le milieu entre celle des primitifs et celle des secondaires. Lorsque ces schistes sont susceptibles de se décomposer à l'air, et ils le sont souvent, ils forment, comme ceux mentionnés plus haut, un amendement. On dit qu'on tire un grand parti, sous ce rapport, des mines de charbon des environs de Valenciennes; ce que je n'ai pas de peine à croire, puisque ces mines se trouvent, chose rare, au-dessous de couches calcaires. (B.)

SCIE. Instrument très-connu, employé dans plusieurs arts, et dont le jardinier se sert aussi dans le sien. Il est ordinairement pourvu de deux espèces de scies, appelées, l'une, *scie en couteau* ou *égoïne*, et l'autre, *scie à main*. Il se sert de la première pour supprimer les chicots, les branches mortes et en général tout bois sec et vieux, par conséquent dur et capable de gâter la serpette. Quand il s'agit de couper de grosses branches à des places où on ne peut pas faire usage de la serpe ou de la hache, il fait alors usage de la scie à main. Un jardinier intelligent n'emploie jamais la scie à retrancher des branches qu'il peut couper adroitement d'un seul coup de serpette.

La scie en couteau est ainsi nommée, parce qu'elle est pliante comme un couteau, et que son tranchant se serre dans le manche; ce qui la rend très-portative. On donne à l'autre le nom de scie à main, parce qu'il suffit d'une main pour s'en servir, au moyen du court manche qui se trouve à l'extrémité de sa partie supérieure.

Il faut que la scie soit droite, qu'elle soit d'une matière extrêmement dure et bien trempée, qu'elle ait bien de la voie, c'est-à-dire les dents bien écartées et bien ouvertes, l'une allant à droite et l'autre à gauche, et qu'avec cela le dos soit fort mince, ou moins épais que les dents; car autrement les dents seront aussitôt pleines et engorgées, la scie ne passera pas aisément, et l'ouvrier qui s'en sert n'avancera pas et sera bientôt fatigué.

On fait fréquemment usage en ce moment, comme expédiant plus vite, de scies circulaires tournant sur leur axe, et contre le bord desquelles les objets à scier sont constamment appliqués. (D.)

SCIER LE BLÉ. On donne ce nom, dans beaucoup de localités, à l'opération de couper le blé avec la **Faucille**. *Voyez* ce mot.

On croit presque par-tout que la coupe des blés avec la faux fait perdre plus de grain que celle avec la faucille ; cependant toutes les expériences qui ont été faites, expériences qui, il est vrai, ne peuvent être très-rigoureusement comparatives , prouvent le contraire.

Les environs de Paris suivaient la méthode générale ; mais depuis quelques années la rareté des moissonneurs y a fait substituer la faux à la faucille, et on s'en trouve si bien, qu'il n'est pas probable qu'on revienne à l'ancien usage. Il n'y a que les seigles et les fromens dont on veut conserver la paille pour les services qui exigent qu'elle ne soit pas irrégulièrement disposée, qui doivent être coupés à la faucille. *Voyez* Moisson, Froment et Seigle. (B.)

SCILLE , *Scilla.* Genre de plantes de l'hexandrie monogynie et de la famille des liliacées , qui renferme une vingtaine d'espèces , dont deux sont beaucoup employées en médecine et deux autres assez souvent cultivées dans les jardins.

Toutes les scilles ont les racines bulbeuses, formées, comme dans l'oignon , par des tuniques charnues qui se recouvrent ; des feuilles radicales charnues , et des fleurs disposées en épis à l'extrémité d'une hampe.

La Scille maritime a l'oignon rougeâtre , souvent gros comme les deux poings ; des feuilles lancéolées , longues d'un pied ; une hampe haute d'un à 2 pieds ; des fleurs blanches, nues, à bractées réfléchies. On la trouve sur les bords de l'Océan et de la Méditerranée, dans les sables les plus arides, où elle ne plonge qu'une très-petite partie de sa racine, et où elle fleurit à la fin de l'été. On la connaît vulgairement sous les noms de *squille rouge*, de *grande scille rouge*, de *scille femelle*, d'*oignon marin* , de *charpetaire*, de *scipoule*, etc.

C'est de sa racine que l'on fait un si fréquent usage en médecine dans l'hydropisie , l'asthme pituiteux, la toux catarrhale, etc. Elle est l'objet d'un commerce de quelque importance pour certaines plages. On l'envoie vivante à Paris , où elle se conserve un an entier hors de terre et souvent fleurit comme si elle y était. Je ne sache pas qu'on la cultive nulle part, dans le midi de la France , quoique son haut prix dût donner l'espoir de l'entreprendre avec avantage.

La Scille d'Italie a l'oignon très-gros et blanchâtre ; les feuilles droites et canaliculées ; les tiges hautes de 8 à 10 pouces ; les fleurs bleues et disposées en épi conique. On la trouve sur les bords de la mer en Italie : c'est la *scille blanche* ou *scille mâle* des boutiques. Sa racine partage les propriétés apéritives et incisives de la précédente : ses fleurs sont plus belles.

On cultive quelquefois ces deux plantes dans les jardins de Paris ; mais elles n'y subsistent pas long-temps ; leurs oignons pourrissent la seconde ou la troisième année. Il leur faut un sable salé ; une exposition chaude leur est également nécessaire, car elles sont sensibles à la gelée.

La Scille des jardins, *scilla amœna*, Lin., a la tige anguleuse ; les feuilles linéaires, lancéolées, plus longues que la tige ; les fleurs bleues à centre jaune, et disposées en épi dense ; les bractées obtuses. Elle est originaire des parties méridionales de la France, et se cultive dans quelques jardins, à raison de l'éclat de ses fleurs. Sa culture consiste à enterrer les oignons assez profondément pour qu'ils ne soient pas atteints par les labours, et à les changer de place tous les cinq à six ans, tant pour leur donner de la nouvelle terre que pour les multiplier. En général, il est bon qu'il y en ait cinq à six ensemble, mais plus font confusion. Il est rare que la graine de cette plante, prise dans les jardins, soit féconde ; d'ailleurs il faudrait attendre trois ou quatre ans pour commencer à jouir de ses produits, tandis que les caïeux fleurissent dès l'année qui suit celle de leur transplantation.

La Scille du Pérou se rapproche beaucoup de la précédente, mais est plus belle à mon avis. Elle est originaire d'Espagne. Sa multiplication et sa culture ne diffèrent pas de celles que je viens de décrire.

La Scille double feuille a les oignons de la grosseur du pouce ; les feuilles linéaires, lancéolées, ordinairement au nombre de deux seulement ; les tiges hautes de 6 pouces et terminées par une grappe de fleurs assez grandes et d'un beau bleu. Elle croît dans les bois de presque toute la France, et fleurit dès les premiers jours du printemps. C'est une très-jolie petite plante, qu'on ne doit pas négliger de mettre en abondance dans les bosquets des jardins paysagers, pour embellir leur aspect à une époque où les fleurs sont encore rares. Il suffit d'en planter quelques oignons arrachés dans les bois, pour que le sol en soit couvert au bout d'un petit nombre d'années, si peu favorable qu'il soit, c'est-à-dire léger et frais. (B.)

SCION. Quelques agriculteurs donnent ce nom à ce que d'autres appellent bourgeon, c'est-à-dire, dans les arbres, à la pousse de l'année, tant qu'elle n'est pas encore complétement solidifiée. Un scion est branche lorsqu'il ne pousse plus, lors même qu'il est encore garni de ses feuilles. Il est rare que, dans les arbres fruitiers, les scions portent des fleurs, et lorsqu'ils en ont, elles sont presque toujours stériles. *Voyez* Bourgeon, Branche, Arbre.

D'autres agriculteurs réservent ce nom aux bourgeons qui

sortent des racines, et alors il devient synonyme de REJETON, ACCRU, OEILLETON. (B.)

SCIRPE, *Scirpus*. Genre de plantes de la triandrie monogynie et de la famille des cypéroïdes, qui renferme près de cent espèces, dont une vingtaine appartiennent à l'Europe, parmi lesquelles il en est une qui croît dans les eaux stagnantes et qu'on emploie habituellement à des usages économiques, d'autres qui sont très-communes dans les prairies marécageuses ou dans les bois humides, et qui servent par conséquent très-fréquemment à la nourriture des bestiaux.

Le SCIRPE DES LACS a les racines vivaces, charnues, très-traçantes; la tige cylindrique, nue; les épis pédonculés, réunis cinq à huit ensemble et terminaux. Il croît dans les lacs et les étangs vaseux, sur le bord des rivières dont le cours est lent, s'élève à 8 à 10 pieds et fleurit en été. Il ne lui faut ni plus de 3 pieds d'eau ni moins d'un pour qu'il puisse prospérer. Il couvre quelquefois exclusivement des espaces considérables dans les eaux, et sert de refuge aux oiseaux aquatiques et aux poissons pendant les chaleurs de l'été. Les bestiaux n'y touchent point. La base de ses jeunes tiges est cependant tendre et agréable à manger. Les enfans les recherchent dans certains pays, les cochons les dévorent lorsqu'ils peuvent s'en procurer. Ses vieilles tiges, c'est-à-dire celles coupées à la fin de l'automne, servent à fabriquer des paniers, des nattes, des chaises, à couvrir les chaumières et à beaucoup d'autres objets d'économie. Leur surface lisse et coriace laisse couler l'eau et se pourrit difficilement; mais leur intérieur est une éponge qui l'absorbe avec la plus grande facilité et qui se décompose très-rapidement. La durée des objets auxquels on l'emploie tient donc, lorsqu'ils sont exposés à l'air, à leur intégrité et à la manière dont on place leur gros bout. Lorsqu'on ne peut pas en faire un usage plus avantageux, on les met sous les bestiaux en guise de litière, ou on les jette sur le fumier, dont elles augmentent la masse. Dans beaucoup d'endroits, on attend pour les couper plus économiquement que les eaux soient gelées; mais plus on les coupe vertes, et plus elles sont d'un bon usage : c'est donc en juillet et août qu'il faut faire cette opération.

Cette plante, lorsqu'elle forme de petits groupes, fait un très-bon effet dans les eaux, et on doit en placer dans celles des jardins paysagers lorsqu'elles sont d'une certaine étendue; mais elle trace avec tant de rapidité, que ces eaux ne tardent pas à en être couvertes, si on n'en arrête pas tous les ans la croissance. C'est une de celles qui concourent le plus puissamment au desséchement progressif des eaux par l'élévation du sol, occasionné par la destruction annuelle de ses tiges et de ses racines, qui forment, soit de la tourbe, soit du terreau, selon que les eaux sont plus ou moins profondes.

Le Scirpe des marais a les racines vivaces, charnues, traçantes; la tige cylindrique, nue; l'épi conique et terminal. Il se trouve abondamment dans les marais, les fossés, le bord des rivières et des étangs, s'élève à un pied au plus, et fleurit en été. On le confond facilement avec les joncs, dont il a l'aspect, mais non la ténacité. Ses racines sont extrêmement du goût des cochons, et en Suède on les arrache en automne pour les leur donner pendant l'hiver. Je ne les ai jamais vu employer en France à cet usage, et cependant la plante est excessivement commune dans certains lieux: pourquoi donc cet oubli de la part des cultivateurs? Encore un effet de l'ignorance. Ce n'est pas l'usage dans ce pays, me répondit froidement un d'entre eux, qui se plaignait de la dépense que lui occasionnaient ses cochons et à qui je conseillais ces racines.

Les chevaux et les vaches aiment aussi beaucoup les tiges et les feuilles du scirpe des marais, de sorte qu'on pourrait le faire entrer comme article de grande culture dans les lieux où il se plaît. Il est sur-tout convenable pour élever le terrain des marais sujets aux inondations, fixer le sol boueux de quelques alluvions de rivières, utiliser les fossés où il ne coule que peu d'eau, etc., etc. Je le recommande donc aux cultivateurs éclairés, bien persuadé que si on était convaincu des grands avantages qu'on peut en retirer, on ne tarderait pas à en faire des semis ou des plantations. Il talle si rapidement, qu'un vieux pied de 6 à 8 pouces de haut de diamètre, coupé en autant de morceaux, donne dès la seconde année des pieds chacun aussi gros que lui. On peut aussi le semer sur un seul labour fait en automne.

Le Scirpe des bois a les racines vivaces; les tiges triangulaires, feuillées; les feuilles étroites, engaînantes, longues de 8 à 10 pouces; les fleurs disposées en épis fort rapprochés, les uns sessiles, les autres pédonculés, et formant par leur réunion une panicule ombelliforme également feuillée. Il croît dans les marais, les bois humides, le bord des ruisseaux, etc., s'élève à un ou 2 pieds et fleurit au milieu de l'été. Les bestiaux le mangent quand il est jeune, les chevaux sur-tout en sont très-friands. Sa forme très-pittoresque le rend propre à orner les bosquets et le bord des eaux dans les jardins paysagers dont le terrain lui convient. Il se multiplie de semences et par déchirement des vieux pieds. (B.)

SCIURE DE BOIS. Produit de la division des bois au moyen de la scie.

Généralement on laisse perdre la sciure de bois dans les campagnes, quoiqu'elle puisse être utilisée à beaucoup de petits usages d'économie, au plus s'en sert-on à brûler. Je voudrais qu'on l'utilisât au moins comme engrais.

Dans quelques moulins à scie du Jura, on vend la sciure de bois pour l'introduire dans le mortier, qu'on a reconnu devenir plus solide par cette addition.

Lorsqu'on est dans le cas de faire au loin des envois de plantes vivantes, les mettre dans une boîte et les entourer de sciure de bois est un moyen presque assuré de réussite. *Voyez* EMBALLAGE DES PLANTES.

Les œufs, les fruits, etc., mis dans la sciure de bois, se conservent plus long-temps qu'à l'air. (B.)

SCLAFIDON. Nom vulgaire du CUCUBALEBEHEN dans les Pyrénées.

SCLARÉE. Espèce de SAUGE.

SCLÉROTE, *Sclerotium*. Genre de plantes confondu par Buliard avec les TRUFFES (*voyez* ce mot), et qui contient plusieurs espèces, dont une est le fléau des cultivateurs de safran, qui la connaissent sous le nom de *mort du safran*.

Décandolle a formé le genre RHIZOCTONE, en retirant de celui-ci l'espèce qui vit sur le safran, et en y joignant celui qu'il a découvert sur la LUZERNE.

Le SCLÉROTE DES SAFRANS offre des tubérosités dont l'écorce est dure, rousse, la chair compacte et dépourvue de veines. Ces tubérosités, souvent de 2 pouces de diamètre, poussent de divers côtés des racines fibreuses et ramifiées, qui s'attachent aux oignons de safran, absorbent toute leur substance et les font périr en peu de temps. Elles se reproduisent très-rapidement, soit par leurs semences, soit par d'autres tubérosités qui naissent à l'extrémité des racines, de sorte que la safranière la plus étendue en est bientôt infestée en totalité. (*Voyez* au mot SAFRAN). Duhamel, Fougeroux et Buliard ont publié de très-bons mémoires au sujet de cette parasite, dont avant eux on ne connaissait pas la nature.

L'expérience a prouvé que des oignons de safran plantés dans un terrain où il avait cru des sclérotes quinze ou vingt ans auparavant, ne tardaient pas à en être attaqués : de sorte que les cultivateurs de safran ne doivent jamais en remettre dans les lieux qu'ils se souviennent avoir été abandonnés par suite de la présence du sclérote. Lorsqu'il se montre pour la première fois dans un champ planté en safran, ce qu'on reconnaît à la mort successive des pieds de safran dans un cercle qui s'élargit chaque jour, on n'a d'autre moyen pour arrêter sa propagation que de faire une fosse circulaire, profonde de 2 pieds, en rejetant la terre en dedans ; car une seule pelletée de cette terre suffirait pour porter la contagion dans les endroits non attaqués.

Les espèces du genre ISAIRE, qui tuent les racines des arbres, se rapprochent beaucoup, par leur végétation et leurs effets, du sclérote des safrans.

Il est difficile d'expliquer comment elle se produit pour la première fois dans une safranière éloignée de toutes les autres, et où elle ne s'était pas développée pendant les premières années de sa plantation ; mais combien de faits d'histoire naturelle sont encore incompréhensibles !

Une espèce de ce genre, qui vit sur les tiges et les légumes des haricots nains, a été reconnue par Palisot-Beauvois comme très-nuisible à la récolte de ce légume dans les années et les expositions humides.

Décandolle a établi, dans un mémoire qu'il a lu à l'Institut en janvier 1813, que l'ergot, qui cause de si grandes pertes à ceux qui cultivent le seigle dans les pays humides, était une espèce de ce genre, qu'il a caractérisée ainsi SCLEROTIUM CLAVUS, *purpureo-nigrum, sulco longitudinali, cylindraceum, subcorniforme* ; mais son opinion n'a pas été généralement admise. (B.)

SCOLOPENDRE. Nom spécifique d'une plante du genre des DORADILLES.

SCOLYTE, *Scolytes.* Genre d'insectes de l'ordre des coléoptères et de la famille des bostriches, qui renferme quelques espèces dont les larves vivent aux dépens de l'aubier des arbres encore sur pied, mais languissans, et accélèrent leur mort.

Le SCOLYTE DESTRUCTEUR est le plus commun. Il dépose ses œufs en petit groupes sur l'écorce des ormes, et les larves qui en naissent, dirigeant leurs galeries de côté et d'autre, forment ces radiations si communes sur l'aubier de ceux qui meurent sur pied. On doit à M. Brébisson (de Falaise) un très-bon mémoire sur cet insecte ; mais il l'a trop sévèrement traité, à mon avis, les ormes bien portans n'en étant pas attaqués. Il n'y a, au reste, aucun moyen d'empêcher ses ravages que de le tuer sous l'état d'insecte parfait ; ce qui n'est pas praticable en grand, parce que sa couleur brune et sa petitesse font qu'il échappe très-facilement à la vue.

Une autre espèce qui a été confondue avec celle-ci, mais qui est plus petite et plus allongée, s'attache, d'après l'observation de du Petit-Thouars, aux petites branches des chênes, les fait casser fort aisément. J'ai vu le dessous de ceux de ces arbres qui existent dans la pépinière du Roule être jonché de ces branches. Il n'y a pas de doute qu'elle ne nuise beaucoup à l'accroissement de ces arbres ; il est encore plus difficile de la détruire. (B.)

SCORDIUM. Espèce de GERMANDRÉE.

SCORIES. On donne ce nom, dans beaucoup de fabriques, au Laitier et au Machefer. *Voyez* ces deux mots. (B.)

SCORPION. Insecte armé de pinces à ses pattés antérieures et d'une pointe à sa queue, qui se trouve sous les pierres dans les parties méridionales de la France et qui est fort redouté des cultivateurs.

La pointe de la queue du scorpion est en effet une arme avec laquelle il introduit une liqueur venimeuse dans le sang de ceux qui s'exposent à être piqués par lui; mais le résultat de cette piqûre n'est jamais qu'une inflammation locale qui disparaît au bout de quelques jours, quelquefois même elle ne produit aucun effet sur l'homme. Ce n'est que pour tuer les animaux de la plus petite taille que le venin a été donné à cet insecte, qui d'ailleurs ne cherche jamais à piquer et ne le fait même qu'à la dernière extrémité.

On a fait mille contes populaires sur les scorpions; mais ils ne méritent nulle attention. (B.)

SCORPIONE. *Voyez* Myosote.

SCORSONÈRE, *Scorsonera.* Genre de plantes de la syngénésie égale et de la famille des chicoracées, qui renferme plus de trente espèces, dont une est l'objet d'une culture assez étendue dans nos jardins pour sa racine, qui est un aliment aussi agréable que sain et nourrissant.

La Scorsonère d'Espagne, ou *salsifis noir,* est une plante vivace, à racine charnue, d'environ un pouce de grosseur et de plus d'un pied de longueur; à tige haute d'environ 2 pieds, fistuleuse, rameuse, cannelée, velue; à feuilles alternes, ovales, lancéolées, amplexicaules, velues, dentées à leur base; les radicales très-rapprochées; les fleurs jaunes, solitaires à l'extrémité des rameaux. Elle croît dans les parties méridionales de l'Europe et moyennes de l'Asie. J'ignore depuis quelle époque elle est cultivée en France; mais comme Olivier de Serres n'en fait pas mention, il y a à supposer que ce n'est que depuis peu de temps. Aujourd'hui on la recherche plus que le Salsifis (*voyez* ce mot), quoique sa saveur soit un peu fade. Elle se digère aisément: on la regarde comme adoucissante.

C'est en avril ou en mai qu'on sème ordinairement la scorsonère dans le climat de Paris; cependant, comme on peut la laisser plus d'un an en terre, ceux qui ne veulent la consommer que la seconde année retardent jusqu'en août. Cette pratique a des avantages qui méritent d'être pris en considération.

Une terre légère, un peu humide, profondément labourée, est celle qui favorise le plus la croissance de la scorsonère.

Comme toutes les autres plantes à racines charnues, il lui faut des engrais très-consommés, du terreau, par exemple, pour qu'elle ne prenne pas un mauvais goût.

La graine de scorsonère se sème généralement par rangées écartées de 8 à 10 pouces, plutôt qu'à la volée. Elle reste long-temps en terre avant de lever, et demande des arrosemens dans la sécheresse.

Lorsque le plant de scorsonère a acquis trois à quatre feuilles, on l'éclaircit de manière à laisser 2 à 3 pouces de distance entre chaque pied. Agir différemment c'est agir contre ses véritables intérêts, qui sont d'avoir les racines les plus grosses possible ; on le bine ensuite. Cette dernière opération se répète trois à quatre fois dans le courant de l'année suivante. Il est bon d'empêcher les tiges qui montent en graine de fleurir en les coupant ; mais il ne faut jamais couper les feuilles rez terre, comme on le fait si souvent, car cela retarde la croissance des racines. On arrose pendant les grandes chaleurs.

Ce n'est guère que pendant l'hiver qu'on consomme la scorsonère. Lorsqu'on n'a pas à craindre les fortes gelées, on la laisse en place ; dans le cas contraire, on l'arrache en novembre, on la dépose, lit par lit, avec du sable, dans une SERRE A LÉGUMES ou dans une CAVE.

La racine de la scorsonère qui a plus de deux ans est dure, coriace, et sujette à avoir des chancres, qui la rendent amère. C'est donc au plus tard la seconde année qu'on doit la manger, quoiqu'elle puisse subsister cinq à six ans et plus.

Il y a de l'avantage pour la bonté de la graine de la scorsonère à laisser en place les pieds destinés à en donner, sauf à les couvrir pendant l'hiver. (*Voyez* COUVERTURE.) Cette graine doit être cueillie chaque jour, le matin, au moment où elle se montre hors de son calice. On la conserve en sacs dans un lieu sec ; sa bonté se soutient pendant trois à quatre ans.

Les bestiaux aiment toutes les racines et les fanes de la scorsonère.

Les autres espèces de ce genre qui se trouvent en France, sont trop peu communes pour être dans le cas de mériter l'attention des cultivateurs.

Une seule, la SCORSONÈRE PICROÏDE, se mange en salade dans le midi. (B.)

SCROPHULAIRE, *Scrophularia.* Genre de plantes de la didynamie angiospermie et de la famille des personnées, dont les espèces ont toutes les tiges carrées, les feuilles opposées et les fleurs disposées en panicule terminale : on en compte une trentaine : celles qui sont dans le cas d'être particulièrement citées sont,

La Scrophulaire noueuse, qui a les racines vivaces, noueuses, traçantes, les angles de la tige obtus; les feuilles en cœur, trinervées, dentées, [presque sessiles; les fleurs d'un pourpre noir: elle se trouve dans les bois humides, s'élève de 2 à 3 pieds, et fleurit au milieu de l'été; son odeur est nauséabonde et sa saveur amère. Elle passe pour émolliente, résolutive et adoucissante: on en fait fréquemment usage en médecine, sur-tout dans les écrouelles, sous le nom de grande scrophulaire.

La Scrophulaire aquatique a les racines bisannuelles; les angles de la tige membraneux; les feuilles pétiolées en cœur obtus, dentées; les fleurs d'un rouge brun: elle croît dans les marais, sur le bord des eaux stagnantes ou peu coulantes. Elle partage les propriétés de la précédente et a de plus celle d'être vulnéraire et consolidante. On en fait usage sous le nom d'*herbe du siége*.

Son abondance dans certaines localités autorise à croire qu'il pourrait être quelquefois utile de la couper pour l'apporter sur le fumier ou en former des composts.

La Scrophulaire vernale a les racines bisannuelles; les feuilles en cœur, doublement dentées et pubescentes; les fleurs d'un rouge brun verdâtre: elle croît naturellement dans les montagnes des parties méridionales de l'Europe, s'élève de 2 à 3 pieds, et fleurit dès le mois de mars. Son port, son feuillage, à l'époque où elle entre en fleur, la rendent propre à entrer dans les jardins d'ornement; mais comme elle n'est pas vivace, elle s'y voit rarement. (B.)

SEBE. Nom de l'oignon dans le département du Var.

SÉBESTIER, *Cordia*, Lin. Arbre étranger et des pays chauds, appartenant à un genre du même nom dans la famille des borraginées. Ce genre comprend huit à dix espèces, dont deux seulement sont cultivées et intéressantes à connaître; savoir, le Sébestier mixa, *Cordia myxa*, Lin., et le Sébestier sébeste, *Cordia sebestena*.

Le premier croît en Egypte et sur la côte de Malabar: il s'élève à la hauteur de nos pruniers, et a des feuilles ovales et velues, avec des fleurs en grappes, disposées sur les côtés des branches, et munies de calices striés. Ces fleurs ont une odeur agréable, et les fruits qui leur succèdent sont bons à manger.

Le second se trouve dans les mêmes pays et aussi dans quelques îles des Indes occidentales. Il s'élève, sous la forme d'un arbrisseau, à la hauteur de 8 à 10 pieds. Ses branches sont garnies de feuilles alternes, oblongues, ovales, festonnées, et rudes au toucher; et leur sommet est couronné par de larges fleurs de couleur orange et inodores. On mange ses fruits, qui portent le nom de *sébestes*.

Les sébestes ont les mêmes propriétés médicinales que la casse, et peuvent être employés dans les mêmes circonstances.

Bruce, qui a observé le sébestier en Abissinie, dit que cet arbre est regardé comme sacré dans cette partie de l'Afrique, et qu'on le plante devant toutes les maisons. Dans nos climats, il demande à être tenu en serre chaude; on l'élève de graines, qu'il faut faire venir des pays où il croît naturellement. (D.)

SÉCATEUR. Instrument inventé pour suppléer à la serpette, mais qui lui est inférieur en ce qu'il est d'un prix plus élevé, qu'il opère moins vite et qu'il comprime avant de couper. *Voyez* SERPETTE et TAILLE.

Il est composé de deux branches tournant sur un axe placé aux trois quarts et plus de leur longueur, et terminé par deux lames coupantes, plus ou moins larges; l'une recourbée, et l'autre saillante en demi-cercle, qu'un ressort tient ouvertes, quand la main ne pèse pas sur les branches.

La différence de forme des deux lames des sécateurs est ce qui les rend moins mauvais que les ciseaux pour couper une branche, en ce que cette branche, glissant autour du demi-cercle saillant, est en partie coupée comme elle l'aurait été par une serpette.

Le véritable emploi des sécateurs est la taille des rosiers, des groseilliers et autres arbustes épineux: ils fonctionnent fort bien entre les mains des belles, mais non entre celles des jardiniers.

Comme les sécateurs sont devenus à la mode, et qu'ils se sont vendus fort cher, beaucoup de couteliers de Paris en fabriquent, et tous leur donnent une forme différente, quoique basée sur les mêmes principes: ceux de M. Reynier m'ont paru au nombre des meilleurs. (B.)

SÉCHERESSE. L'eau étant un des principes nécessaires à la végétation, la sécheresse, qui est la privation de l'eau, doit être un obstacle au succès des travaux de l'agriculture, aussi occasionne-t-elle souvent de grandes non-valeurs aux cultivateurs. *Voyez* EAU.

Cependant, comme la sécheresse n'est jamais absolue, ses suites sont rarement la perte complète des récoltes.

Les effets de la sécheresse varient selon les circonstances: elle est plus fréquente et plus nuisible dans les terrains sablonneux à travers lesquels l'eau des pluies passe comme dans un crible, et dans certains sols quartzeux, crayeux ou argileux, sur lesquels cette eau coule sans y pénétrer: elle a plus d'inconvéniens pour les semis, pour les jeunes plantes, pour les plantes aquatiques que pour les autres. Il est des années, des saisons, des mois, des jours, et même des époques dans la journée, où son action est plus à craindre. Ainsi le sud de la France est plus sec que le nord, l'été que l'hiver, l'heure de midi que le matin et le soir. De plus chaque pays a un vent qui lui apporte la sécheresse, c'est celui qui descend de la plus haute chaîne de montagnes. A Paris, c'est celui du nord-est. *Voyez* aux mots Montagne, Vent et Pluie.

Les causes de la sécheresse sont, ou une longue privation de pluie, ou la permanence d'un vent desséchant, ou la durée d'action d'un soleil brûlant.

La diminution des bois sur le sommet des montagnes a occasionné un changement très-considérable dans les résultats de l'agriculture des plaines voisines, principalement sous les rapports de la sécheresse. Aussi M. Enjalric, dans un mémoire fort intéressant, inséré dans le tome 69 des *Annales d'agriculture*, attribue-t-il à cette diminution la perte des récoltes de 1816, perte qui a été si générale dans le bas Languedoc, c'est-à-dire entre Nîmes et Narbonne.

La sécheresse agit sur les animaux comme sur les plantes; mais pouvant, la plupart, aller chercher l'eau là où elle s'est conservée, ses effets directs sont rarement dangereux pour eux; cependant ceux que l'agriculteur associe à ses travaux, étant tous pâturans, en souffrent souvent, à raison de la disparition de l'herbe nécessaire à leur nourriture.

Les effets de la sécheresse sur les semis sont, 1°. de retarder leur germination; 2°. de les exposer plus long-temps à la dent des rongeurs et au bec des oiseaux; 3°. de les empêcher même de lever. Certaines sortes de graines ne lèvent que l'année suivante lorsqu'elles restent trop long-temps en terre sans germer. (*Voyez* au mot Graine.) Aussi les agriculteurs redoutent-ils beaucoup la sécheresse à l'époque des principales semailles, c'est-à-dire au commencement de l'automne et au milieu du printemps.

Lorsque la sécheresse commence après que les graines sont levées, ses conséquences ne sont pas moins graves : alors les jeunes plantes, dont les racines sont encore courtes et faibles, ou ne trouvent plus de nourriture à leur portée et périssent, ou n'en trouvent pas suffisamment et restent faibles : les suites de cette faiblesse se prolongent quelquefois pendant toute la durée de leur vie. *Voyez* Radicule et Plantule.

Les semis du printemps, faits sur des terrains arides et exposés au midi, sont sur-tout ceux auxquels les sécheresses deviennent nuisibles; aussi, dans de tels terrains, est-il bien plus avantageux de faire des semis d'automne, parce que les pluies de l'hiver et la chaleur plus grande du terrain et de l'exposition favorisent la végétation, et que, lorsque les chaleurs arrivent, les racines sont assez profondes pour les braver, et les feuilles assez grandes pour en garantir la surface de la terre. *Voyez* TERRE et SEMIS.

Ce ne sont pas toujours les terres sablonneuses qui se ressentent le plus de l'effet des grandes sécheresses ; il arrive très-fréquemment qu'elles sont devancées, à cet égard, par les terres argileuses, dont la surface se consolide et s'oppose aux effets, sur les racines, des rosées de la nuit, qui, ainsi que le prouve l'observation dans les pays chauds, suffisent souvent pendant plusieurs mois à l'entretien de la végétation. *Voyez* SABLONNEUX.

Si la sécheresse agit sur de grandes plantes ou arbres au moment où elles entrent en végétation, leurs pousses seront plus petites qu'à l'ordinaire. Elle empêche souvent les fleurs de s'épanouir, encore plus souvent d'être fécondées. Les fruits qu'elle frappe dans la première époque de leur développement sont exposés à tomber ; ceux qui éprouvent ses effets dans leur seconde époque se rident, restent petits ou n'arrivent pas à maturité, ou n'y arrivent qu'incomplétement ; enfin ceux sur lesquels elle agit un peu avant leur maturité cessent de grossir, accélèrent cette maturité et sont plus savoureux que les autres.

Il arrive quelquefois, dans les printemps secs, comme je l'ai remarqué en 1817, que les épis du froment blanchissent en un instant, ce qui amène la perte plus ou moins complète de la récolte. *Voyez* ÉCHAUDER et BLÉ ÉCHAUDÉ.

Je dois dire ici que les fruits et les racines nourrissantes sont meilleurs dans les terrains secs, dans les années sèches que dans les autres, toutes les fois que la sécheresse n'est pas excessive. (*Voyez* au mot PLUIE.) Il n'en est pas de même des fleurs et des feuilles. Les artichauts, les laitues, les choux sont beaucoup plus tendres et plus doux lorsqu'ils sont abreuvés d'eau pendant toute la durée de leur végétation. Ces différences doivent être étudiées par les cultivateurs, puisque ce sont elles qui doivent les diriger dans leurs travaux.

En général, les terrains les plus propres à braver la sécheresse sont ceux qui renferment une grande quantité d'humus, parce que cet humus s'imbibe d'eau comme une éponge, et la retient avec beaucoup de force. *Voyez* HUMUS.

Après ces sortes de terrains, ce sont ceux composés moitié (à peu près) de sable et d'argile qui la supportent le mieux, parce qu'ils retiennent également l'eau qu'ils ont absorbée, quoiqu'ils aient moins d'attraction pour elle que l'humus.

Les terrains très-argileux se pénètrent trop difficilement

d'eau, et sont trop sujets à se crevasser à leur surface, pour n'être pas impropres à la culture dans les années sèches.

Il est des circonstances qui font qu'un terrain naturellement sec devient d'autant plus fertile que l'année est plus sèche. Ce sont celles, 1°. où il se trouve une nappe d'eau à une petite profondeur ou autour de lui, un canal dont l'eau s'infiltre à travers ses molécules; 2°. où on peut l'arroser à bras d'homme ou en détournant un ruisseau, en faisant une saignée à une rivière, etc.; 3°. lorsqu'il est ombragé par des arbres, de grandes plantes, par des haies, des murs et autres abris qui s'opposent à l'évaporation de l'eau.

Toutes les plantes qui, par la largeur de leurs feuilles ou par la disposition rampante de leurs tiges, ou par l'épaisseur de leur semis, s'opposent à l'action des vents ou du soleil sur la surface de la terre, diminuent les effets de la sécheresse et favorisent singulièrement la fixation des principes de l'air dans le sol. La culture des choux, des betteraves, des raves, etc., sous le premier de ces rapports; des courges, des pois gris, de la vesce, de la gesse, etc., sous le second; celle de la luzerne, du sainfoin, du trèfle, etc., sous le troisième, sont en conséquence toujours fort avantageuses lorsqu'on peut les introduire dans des localités naturellement sèches.

Par le principe contraire, labourer pendant la sécheresse conduit à une détérioration plus ou moins grande du sol. *Voyez* LABOUR.

Les terrains les plus secs peuvent donc être rendus propres à la culture par des plantations qui leur fournissent des abris contre l'action desséchante des rayons du soleil ou des vents. Or il est des plantes qui, craignant moins la sécheresse que les autres, peuvent être d'abord employées à former ces abris, et chaque pays contient de ces plantes. J'ai indiqué dans plusieurs articles le TOPINAMBOUR (*voyez* ce mot), comme celle parmi les étrangères que les cultivateurs devaient préférer. Je déclare ici de nouveau que je suis persuadé de la possibilité de tirer, par son moyen, un parti avantageux de tous les terrains actuellement regardés comme incultivables, ou d'une culture de peu de profit, tels que les sables des environs de Bordeaux et de Rennes, les craies des environs de Châlons, les montagnes pelées du midi et du centre de la France, enfin toutes les localités que la nature de leur sol ou leur exposition rend habituellement trop sèches pour être productives. *Voyez* aux mots HAIE et ABRI.

Comme les jachères favorisent l'évaporation de l'humidité de la terre, elles doivent être regardées comme épuisantes dans les années sèches et chaudes. *Voyez* au mot TERRE GATÉE.

La multiplication des lambourdes sur les arbres fruitiers est plus considérable dans les terrains secs et dans les années sèches. Le moyen de remédier aux inconvéniens de cette multiplication, c'est de les rapprocher sur un seul œil. *Voyez* Lambourde et Taille.

Dans les mêmes circonstances, les greffes en fente, sur-tout à haute tige, sont exposées à périr soit avant, soit après leur développement : ainsi il ne faut pas se refuser à leur donner des arrosemens.

Dans les parties méridionales de la France et en Italie, les terrains susceptibles d'être garantis, par l'irrigation, des effets de la sécheresse se vendent dix fois plus cher que les autres. J'ai vu dans les vallées du Vicentin de ces sortes de terrains rapporter jusqu'à cinq récoltes par an, et se vendre 12 à 15 mille liv. de Venise l'arpent.

Dans le milieu et au nord de la France on n'emploie guère les IRRIGATIONS que sur les prés naturels : aussi cette importante partie de l'agriculture y est-elle dans l'enfance. J'engage les cultivateurs à lire et à méditer l'article qui les concerne, afin de se pénétrer de tous leurs avantages.

On parvient, au moyen des ARROSEMENS à bras d'homme, à faire braver aux jardins les inconvéniens de la sécheresse. J'ai développé à leur article les principes de leur théorie et de leur pratique, j'y renvoie le lecteur.

Je ne puis trop recommander ici aux cultivateurs de ne jamais serrer leur foin, leur paille, leur grain et autres articles du même genre, provenant de leurs cultures, que par un temps sec et après qu'ils auront été convenablement desséchés. La bonne conservation de ces objets tient principalement à ces deux circonstances. (B.)

SÉCHERONS. On donne ce nom, dans les départemens de la Haute-Saône, de Seine-et-Marne et autres, aux prés situés sur les montagnes sèches, et dont le foin est excellent. *Voyez* Pré-Haut. (B.)

SÉCHOIRS POUR LES GRAINS. Il est des climats, comme sous le cercle polaire, comme sur les hautes Alpes, où la température de l'été n'est pas assez chaude et la terre jamais assez sèche pour que les graines des céréales, pour que les foins puissent être facilement desséchés à la manière ordinaire : là donc on a été obligé d'exposer les seigles, les orges, les avoines, les foins à un grand courant d'air, pour suppléer à la faiblesse des rayons du soleil, et empêcher l'effet de l'humidité constante de la terre.

Les moyens qu'on emploie sont des échelles de 12 à 15 pieds de long et de haut, placées au milieu des champs et légèrement inclinées du côté du midi, sur deux perches fourchues.

On fixe les pailles ou les herbes sur ces échelles, entre leurs échelons, qui sont très-rapprochés, au moyen de baguettes, où on les attache avec des osiers.

J'ai vu de ces séchoirs sur le Saint-Gothard, dans la commune d'Ariolo et autres voisines, et ils étaient garnis; mais comme je n'ai pas suivi l'opération jusqu'à sa fin, je ne puis en dire davantage

Lasteyrie a figuré plusieurs séchoirs à grain dans le 1er vol. de sa belle collection des machines, instrumens et appareils usités en agriculture, ouvrage auquel je renvoie le lecteur qui voudrait de plus grands renseignemens sur l'objet de cet article. (B.)

SECONDINE. C'est l'arrière-faix des animaux. *Voyez* PART.

SÉCRÉTION. Non-seulement la sève sert à l'accroissement des plantes, mais encore elle produit, en se modifiant dans des vaisseaux, dans des glandes, etc., des gaz, des liquides et des solides d'une nature fort variée. Parmi les premiers se trouvent l'OXYGÈNE, le CARBONE, l'AROME ou principe des ODEURS, etc.; parmi les seconds, la véritable transpiration, c'est-à-dire l'EAU vaporisée, puis les SUCS PROPRES, les HUILES fixes et volatiles, le MIEL, etc.; parmi les derniers les SUCRES, les GOMMES, les RÉSINES, etc.

On a recherché quelles étaient les causes des sécrétions; mais on n'est pas parvenu à les découvrir. Tout ce qu'on sait à cet égard ayant été indiqué aux articles cités plus haut, je me dispenserai d'en entretenir de nouveau le lecteur. *Voyez* cependant de plus TRANSPIRATION VÉGÉTATION, NUTRITION, GAZ. (B.)

SECUM. Nom qu'on donne, dans le midi de la France, à la partie du bois qui reste au-dessus du dernier bouton dans la taille de la VIGNE. (B.)

SEDIER. Synonyme de MAGNANIÈRE dans les départemens méridionaux. *Voyez* VER A SOIE. (B.)

SÉGAIRE. C'est un FAUCHEUR dans le département du Var. *Voyez* ce mot. (B.)

SÉGALA. Nom vulgaire des terrains granitiques ou schisteux dans le département du Cantal, parce qu'on n'y peut cultiver que le SEIGLE. (B.)

SEGUE. HAIE dans le département de Lot-et-Garonne.

SEHU. Synonyme de SUREAU.

SEIGLAGE. On donne ce nom ou celui d'esseiglage à une opération que pratiquent les bergers, et qui consiste à introduire un morceau de chaume de seigle, la partie la plus voisine de l'épi, dans le nez des moutons, afin d'y exciter une irritation qui fait l'office du vésicatoire, et 'y appelle l'humeur qui se porte sur leurs yeux.

M. Dumont, d'Epluche, a proposé d'employer ce même moyen pour faire périr les hydatides cérébrales, qui causent la perte de tant de ces animaux : c'est à l'expérience à décider du mérite de ce remède, qui ne peut s'appuyer sur aucune théorie plausible. (B.)

SEIGLE, *Secale*. Genre de plantes de la triandrie digynie et de la famille des graminées, qui renferme sept espèces dont une est l'objet d'une culture très-importante, et mérite sous plusieurs rapports d'être considérée et traitée ici avec une certaine étendue.

On assure qu'en Angleterre il y a deux variétés de seigle, une noire et l'autre blanche; ce que je ne garantis pas. En France, on a beaucoup parlé de la variété de cette plante, dite *seigle de la Saint-Jean*, je n'ai jamais eu occasion d'en voir. Il ne paraît pas qu'elle ait offert beaucoup de qualité, car on a cessé de la prôner.

On reconnaît le seigle à ses épis aplatis, formés par deux rangs opposés de fleurs réunies deux ensemble dans la même balle calicinale, et dont la valve extérieure est ciliée et terminée par une longue arrète; enfin, à sa semence très-allongée et pointue à son extrémité supérieure.

L'île de Crète passe pour être le pays dont le seigle est originaire; mais il y a tout lieu de croire qu'il est venu, avec les autres céréales, du plateau de la haute Asie.

De toutes les plantes cultivées, le seigle est celle qui a été le moins altérée par suite de sa culture; on n'en connaît point de variété permanente : car, ainsi que je m'en suis assuré par des expériences positives, celui qu'on appelle *petit seigle*, *seigle de printemps*, *seigle-marsais*, *seigle-trémois*, revient à la grosseur du commun lorsqu'on le sème plusieurs années de suite en automne : ce n'est qu'une variété de saison et non une variété réelle. En Pologne, on cultive le seigle de printemps, qu'on y appelle *blé de mars*. Ce pays ne produit pas de froment. Dans les montagnes d'Auvergne, il est connu sous le nom de *marsèche*, nom qu'on donne à d'autres grains dans différens pays aussi, à l'orge, par exemple, parce qu'on la sème en mars. Il est à remarquer que le seigle de mars, semé en automne, produit beaucoup dès la première année, tandis que le seigle d'hiver, semé en mars, ne donne un produit ordinaire qu'après un certain nombre d'années, comme si cette sorte de graine s'accoutumait plus aisément à une végétation lente qu'à une rapide.

Dans quelques pays, le seigle est appelé *blé*, nom consacré ailleurs pour désigner le froment. Dans ces pays, on dit *blé d'hiver* ou *gros blé*, *blé du printemps*, ou *petit blé*, au lieu de seigle d'hiver, seigle de printemps. Ces fausses dénominations tiennent à des habitudes, et ont lieu dans les pays où le froment ne venant pas, la récolte du seigle est la plus importante. Enfin le seigle d'hiver est à celui de mars ce que les fromens d'hiver sont à ceux de mars; c'est-à-dire qu'on ne les reconnaît dans l'état de grain que par la différence de leur grosseur et de leur poids, les seigles et les fromens d'hiver étant plus gros et plus pesans que ceux du printemps.

Les anciens connaissaient le seigle, mais on peut présumer qu'ils en faisaient peu de cas; car, excepté Pline, aucun auteur n'en a parlé avec quelque détail. Du temps d'Olivier de Serres, il n'était pas non plus en grande recommandation, puisque ce patriarche de notre agriculture n'en dit qu'un mot.

Le seigle est plus une plante du nord que du midi de l'Europe. En France, nos départemens méridionaux en cultivent très-peu, plusieurs même ne le connaissent pas; il n'est pas étonnant qu'Olivier de Serres, habitant le département de l'Ardèche, un de ceux du midi, l'ait à peine indiqué.

Cependant le seigle a des avantages qui doivent le rendre précieux aux yeux des agriculteurs; c'est lui qui, après le froment, donne la meilleure farine, la plus propre à être convertie en pain. Il prospère dans des terres où ce dernier ne peut croître, craint moins les gelées de l'hiver, et arrive plus promptement à maturité. Les assolemens des terrains maigres, des montagnes élevées, des pays voisins du cercle polaire, sont singulièrement favorisés par son moyen.

Tous les sols qui ne sont pas aquatiques fournissent des récoltes plus ou moins avantageuses de seigle; mais comme le froment lui est toujours supérieur, on ne doit lui consacrer que ceux qui ne sont pas propres à ce dernier, c'est-à-dire ceux qui sont secs et qui manquent d'humus ou terre végétale, ceux qu'on appelle arides, qu'ils soient sablonneux, crayeux ou argileux.

Dans beaucoup d'endroits, on sème du seigle mêlé avec du froment en diverses proportions; on appelle ce mélange *méteil* ou *méture*, etc. La terre n'étant pas très-propre au froment pur, et ayant cependant plus de fond que n'en exige le seigle, on adopte cette manière de l'ensemencer, qui produit une récolte mixte, capable de fournir de bon pain. À la vérité, cette réunion de deux grains a un inconvénient, celui de ne pas mûrir tout-à-fait en même temps; mais la différence est si peu de chose, qu'elle ne doit pas être comptée; car, avec l'attention de semer de bonne heure ce méteil, la maturité du blé est hâtée et coïncide presque avec celle du seigle (1).

M. Bosc croit avoir remarqué que lorsqu'on semait de la vesce avec du seigle, ce dernier prospérait davantage, ce qu'il attribue à l'humidité que la vesce conserve à la terre. En conséquence de cette remarque, il demande pourquoi on n'emploie pas ce moyen dans toutes les localités arides ou très-exposées aux effets desséchans des rayons du soleil. Le motif qui détermine à semer des mélanges de seigle et de vesce le plus souvent avant l'hiver, est de fournir de bonne heure une pâture aux troupeaux dans la saison où ils trouvent peu de chose aux champs, et sur-tout aux agneaux qu'on sèvre. Le seigle brouté étant peu avancé, repousse et procure encore de la pâture. Si c'est pour être récolté et fané qu'on sème ce mélange, le seigle sert de rame à la vesce, et l'empêche de tomber à terre, où l'humidité la pourrirait. D'ailleurs il ne serait pas facile de séparer la vesce du seigle; l'opération serait embarrassante et longue, si on avait beaucoup de ce mélange à épurer.

Les causes qui donnent cet avantage au seigle sur le froment sont, 1°. qu'ayant une graine plus petite, il consomme moins de nourriture; 2°. que parcourant plus rapidement les phases de sa végétation, il est mûr avant les sécheresses.

Un autre avantage du seigle, c'est que demandant un moindre degré de chaleur pour croître, il profite lorsque le froment reste stationnaire.

Dans toutes les fermes bien montées, même en bon terrain, on cultive cependant, chaque année ou tous les deux ans, une petite quantité de seigle, soit pour faire entrer sa farine dans le pain de froment, auquel elle donne un goût acide agréable, et une qualité rafraîchissante utile à la santé, soit pour en avoir la paille, dont l'emploi est si avantageux.

Tous les ENGRAIS et les AMENDEMENS favorables à la production du FROMENT, de l'ORGE et de l'AVOINE, sont bons pour le seigle, et peuvent lui être appliqués par conséquent selon qu'il est indiqué par la nature de la terre où on veut le semer. Seulement, d'après ce que j'ai observé plus haut, il n'est pas nécessaire d'en employer autant. Donner de nouvelles indications sur cet objet serait faire un double emploi.

---

(1) J'ai dit, dans une note de l'article MÉTEIL, qu'il fallait attribuer à l'abri que fournissait le seigle au froment la plus prompte maturité de ce dernier; mais M. Perrau, l'estimable député de la Vendée, m'a fait observer que c'était plutôt à l'épuisement du sol, causé par la maturité du seigle, que cette circonstance était due. Je reconnais que cette explication est fondée, car toute plante qui souffre amène plus promptement ses graines à maturité; mais alors elles sont plus petites et moins nutritives. (*Note de M. Bosc.*)

Il en est de même pour les Labours (*voyez* ce mot); cependant en général on en donne moins, parce que la terre à seigle, étant généralement plus légère, n'en a pas autant besoin. Deux labours sont donc le plus souvent suffisans, quelquefois même un seul, lorsque la terre a été préparée par des cultures de plantes qui demandent des binages d'été, telles que les pois, les haricots, etc.

« On ne saurait semer de trop bonne heure le seigle, dit Rozier, soit dans les pays élevés, soit dans les plaines : plus la plante reste en terre, et plus belle est sa récolte, si les circonstances sont égales. Sur les hautes montagnes, on sème en août; à mesure que l'on descend dans une région plus tempérée, au commencement ou au milieu de septembre, afin que la plante et sa racine aient le temps de se fortifier avant le froid. Si la neige couvre la terre et que la gelée ne l'ait pas encore pénétrée, la végétation du seigle n'est pas suspendue.

» Dans le midi, il importe que les semailles soient finies à la fin de septembre, parce qu'il est nécessaire que les racines et les feuilles profitent beaucoup pendant les mois d'octobre, novembre et décembre, saison des pluies, et acquièrent assez de force, afin de résister à la chaleur et souvent à la sécheresse des mois d'avril et mai suivans. Toutes semailles faites à la fin d'octobre y sont casuelles, et bien plus encore à mesure qu'on s'approche de la fin de l'année. Si on sème après l'hiver, en février, par exemple, le grand seigle profite moins que le seigle-marsais dans le nord, attendu que sa végétation y est trop précipitée : les grains sont alors petits, maigres, retraits, enfin de qualité très-inférieure.

» Les seigles-marsais sont inconnus dans la majeure partie de la France; c'est dans les pays de montagne qu'ils sont le plus en usage, et leur récolte, quoique favorisée par le climat, est presque toujours médiocre : il en est ainsi par-tout du froment-trémois; sur dix années on en compte une bonne. La perfection de la plante tient au temps qu'elle met à végéter et à couver sa graine : tout ce qui est précipité contrarie les lois de la nature, et ce n'est jamais impunément. »

La quantité de semence de seigle qu'on emploie dans les environs de Paris est de 120 livres par arpent, terme moyen : cette quantité est, pour un arpent de 100 perches, de 18 pieds par perche, ou 32,000 pieds carrés. On doit observer qu'il n'en faut cette quantité que parce que le grain est petit et peu pesant. Il en faut un peu plus dans les très-mauvaises terres et un peu moins dans les bonnes. Cette semence doit être la plus belle et la mieux nettoyée possible.

Il convient de la recouvrir peu; elle ne doit pas être semée sous raies : une herse légère, et même un simple fagot d'épine suffisent pour l'enterrer. Le roulage n'est avantageux qu'autant que la terre serait extrêmement légère et très-sèche.

On peut diviser la végétation du seigle en trois temps : le premier, depuis le moment où on le sème jusqu'à celui où il commence à élever sa tige ; le second, depuis que la tige paraît jusqu'à sa floraison; le troisième, depuis la floraison jusqu'à la maturité.

Dans le nord de la France, comme dans le midi, on est dans l'usage de semer le seigle d'hiver de bonne heure et avant le froment ; on commence aux environs de Paris dès le milieu de septembre, et on sème encore quelquefois trois semaines après. A quelque époque qu'on sème les seigles d'hiver, ils sont tous mûrs presque en même temps; la différence n'est que de quelques jours, soit parce que les plus avancés sont retardés davantage par l'hiver, soit parce que les plus tard semés regagnent les autres au printemps, ce que j'ai remarqué particulièrement dans deux champs de seigle de même qualité et du même canton, semés exprès, l'un le 18 septembre, et l'autre le 9 octobre; ils étaient bons à couper en même temps. J'ai encore observé que du seigle semé tard produisait moins de paille et plus de grain que du seigle semé de bonne heure. C'est une attention que doivent avoir les agriculteurs dans les pays de seigle ; car dans ceux où le froment est le grain dominant, il est peut-être plus avantageux de semer le seigle de bonne heure dans les terres médiocres, parce que, dans ce cas, la paille en est plus déliée et plus longue, et par conséquent plus propre à faire de la gerbée, dont on se sert pour lier les récoltes, accoler les vignes et pour beaucoup d'autres usages. Dans ces pays, on ne cultive du seigle presque que pour ces objets. Les fermiers choisissent assez ordinairement l'époque de l'automne, qu'on appelle dans la religion catholique les *Quatre-Temps;* c'est vers la mi-septembre, et ils nomment cet ensemencement *seigle des Quatre-Temps.* On peut le semer tard dans les bonnes terres, où il acquiert toujours assez de longueur.

Le seigle germe et lève promptement. Si la saison a encore un peu de chaleur et si la terre est humide, au bout de huit jours on le voit percer et marquer les sillons ; on le sème plus dru que le froment, parce qu'il ne talle pas autant. C'est d'ailleurs un moyen d'en rendre la paille plus fine. On ne lui fait subir aucune préparation avant de le semer, même dans les pays où il est sujet à l'ergot. Il est étonnant que les cultivateurs qui passent à la chaux ou à quelque autre lessive le froment destiné à être semé, n'aient pas imaginé de préparer de la même manière le seigle, l'orge, l'avoine, sujets à des maladies également préjudiciables.

Avant l'hiver, le seigle se distingue à sa feuille pointue, à la couleur rougeâtre de sa jeune tige; il monte de 3 à 4 pouces et garnit bien le champ quand il est en bon état. Il paraît plus vigoureux dans les terres qui ont du fond. La gelée fait tomber ses premières feuilles, qui repoussent au printemps; toute la plante végète alors avec plus de rapidité que le froment. Les racines en sont plus fines et moins pivotantes, la tige plus grêle, et les feuilles n'ont pas autant de largeur ni de longueur. Cette différence est sensible dans un champ de méteil, où le froment, qui ne s'élève pas si haut que le seigle, a sa tige du double plus grosse, et les feuilles du double plus longues et plus larges. Le seigle parvient à une hauteur qui varie selon les terrains, quelquefois il va jusqu'à 6 pieds et au-delà. Sa transpiration est peu abondante, comme on l'observe dans la saison des rosées; ce qui n'est point étonnant, ses feuilles étant étroites, courtes et d'un vert pâle, indice d'un tempérament faible. Cependant quand il a été semé de bonne heure et que l'hiver a été doux, le seigle serait si touffu qu'il verserait, si, au printemps, on ne coupait pas les sommités des feuilles, ce qu'on appelle EFFANER. *Voyez* ce mot.

Si le printemps est suffisamment chaud, les seigles commencent à épier peu après le 20 avril, comme je l'ai vu en 1781 en Beauce; mais on ne voit les premiers épis que vers le 2 mai, quand le printemps est froid, ainsi qu'il l'a été en 1782; ce qui fait une différence d'environ trois semaines. De ce moment à celui de leur floraison, il s'écoule encore un certain temps; car les épis de seigle, en sortant de leurs enveloppes appelées *fourreaux*, sont petits et ont besoin de croître et de s'étendre avant d'avoir atteint l'âge de puberté, c'est-à-dire avant de fleurir; car on sait que la floraison est la puberté des plantes. Les épis de froment fleurissent dès qu'ils se montrent, parce qu'ils sont alors dans un état plus parfait.

Selon le climat, le sol, la température de l'air, les seigles fleurissent plus tôt ou plus tard. Les diverses époques où ils ont été semés établissent peu de différence dans l'accélération ou le retardement de leur floraison, puisqu'ils se rapprochent pour mûrir ensuite presque en même temps. Mais cette floraison, qui est tardive dans les départemens septentrionaux de la France, sur les lieux élevés et à découvert, et quand le mois de mai se trouve frais, est hâtive dans les départemens méridionaux, dans les positions basses et abritées du nord, dans les terres légères, sablonneuses, et lorsqu'il fait chaud. Elle varie du commencement de mai au commencement de juin, à-peu-près aussi dans un espace de trois semaines. Quand l'épi du seigle fleurit, la plante n'a pas encore acquis toute sa hauteur; car elle continue de croître pendant et après sa floraison, comme on voit des personnes de l'un et de l'autre sexe grandir et se fortifier encore après être parvenues à l'âge de puberté. On peut assurer cependant que dans ce temps-là le plus fort de l'accroissement est fait. Les épis du seigle sont longs : il y en a qui ont plus de 4 pouces et demi ; ils peuvent porter jusqu'à soixante fleurs. Chaque calice en contient deux ; les premières paraissent au milieu ou à l'extrémité ; celles des balles inférieures ne sortent que les dernières ; quelques-unes de celles-ci, soit par un défaut de sève, soit par quelque autre cause, restent enfermées et périssent.

On reconnaît qu'un épi de seigle n'a pas encore fleuri quand il est serré, opaque et d'un vert foncé ; car après la floraison il est moins vert, et on voit le jour par les espaces qui séparent les balles, alors écartées les unes des autres ; l'embryon même se distingue à travers la balle qui le recouvre.

J'ai fait, sur les circonstances qui accompagnent la floraison du seigle, des observations assez curieuses, que je ne rapporterai pas ici, parce qu'elles ont plus de rapport avec la physique végétale qu'avec l'économie rurale ; elles sont consignées dans mon *Traité des maladies des grains.*

Il en est de l'époque de la maturité du seigle comme de celle de sa floraison, l'une et l'autre dépendent de plusieurs circonstances qui l'accélèrent ou la retardent. Des moissonneurs, après avoir coupé les seigles, se transportent dans des pays un peu plus septentrionaux, et arrivent encore à temps pour y couper les seigles. C'est au nord de la France, dans tout le cours du mois de juillet, que cette maturité s'accomplit, pour les seigles semés en automne ; car ceux qu'on sème en mars ne mûrissent qu'environ quinze jours après les autres, et même plus tard. Leur végétation est plus rapide, mais il est rare qu'ils soient aussi beaux, aussi garnis et qu'ils produisent autant. Les grains de seigle parvenus à maturité adhèrent peu dans leurs balles, qui sont minces et transparentes, aussi en sortent-ils avec la plus grande facilité ; car dans bien des endroits, on se contente de battre le seigle poignée à poignée sur un tonneau, et il se nettoie aisément à la grange. Si, pour le récolter, on attend qu'il soit parfaitement mûr et très-sec, il s'en égrène beaucoup sur le champ. Un fermier qui, en 1777, en avait semé, sous mes yeux, dans une terre nouvellement défrichée, en fit une belle récolte au mois de juillet ; il faisait sec, il s'en égrena beaucoup. Au mois d'août suivant, il fit labourer sa pièce de terre pour y mettre de la sanve ; mais s'étant aperçu ensuite qu'il levait une aussi grande quantité de seigle, que s'il en eût semé de nouveau, il le laissa croître, et se procura une récolte non moins abondante que celle d'auparavant, sans qu'il lui en eût coûté ni labour ni semence.

Les bestiaux n'ont pas autant de goût pour la longue paille de seigle que pour celle du froment, qui apparemment étant moins desséchée, conserve plus de saveur; elle sert pour faire de la litière, et on l'emploie pour couvrir des bâtimens, empailler des chaises, et former des liens pour les gerbes de grains, dans différens pays.

Il y a beaucoup de cantons où on sème des seigles uniquement pour les couper ou les faire pâturer en vert par les bestiaux, cette pratique est d'autant plus dans le cas d'être approuvée, que souvent, à la sortie de l'hiver, les bestiaux manquent de nourriture fraîche, et que le fourrage du seigle en vert est de la meilleure qualité possible, qu'on peut le couper deux fois consécutives, le faire paître une troisième, et qu'il offre de plus une bonne préparation pour toute espèce de semis de la fin du printemps, tels que haricots, pommes de terre, raves, etc. Aux environs de Paris, la culture du seigle pour fourrage est beaucoup plus productive que celle pour graine, parce qu'il est fort recherché par les propriétaires de chevaux de luxe, pour les *purger*, comme disent les palefreniers, c'est-à-dire les rafraîchir, et par les nourrisseurs de vaches laitières, pour renouveler l'abondance de leurs produits.

Dans le nord de l'Allemagne, on applique à cet usage le petit seigle-trémois, en le semant dans les derniers jours de juin ou au commencement de juillet, de manière qu'on le coupe une première fois en automne et une seconde au printemps, sans que cela nuise en rien à sa production en grain. Une expérience de ce genre a été faite aux environs de Saint-Germain-en-Laye en 1785, et son résultat a été qu'un champ semé le 26 juin a donné une première coupe de 20 pouces, terme moyen, le 1er. septembre; une seconde, le 20 du même mois, un peu plus faible, et l'année suivante, une récolte plus abondante qu'un champ de seigle ordinaire, voisin du premier et de même étendue, qui avait été semé en automne.

Quelques économes, parmi ceux des environs de Paris, qui cultivent le seigle pour le vendre en vert, ne vendent qu'une seule coupe, et laissent venir à maturité la seconde pousse, qui leur donne encore une quantité de grain égale à la semence.

Il est aussi des endroits où on sème le seigle pour l'enterrer avant qu'il soit arrivé à maturité. Un passage de Pline indique même que ce procédé était connu des anciens; cependant il existe d'autres plantes plus avantageuses à employer sous ce rapport. *Voyez* PLANTE ENTERRÉE POUR ENGRAIS.

La COUPE, le LIAGE, le TRANSPORT, la mise en MEULE ou en GRANGE, le BATTAGE du seigle, ne différant pas des opérations correspondantes dans le Froment, je renvoie le lecteur à cet article et à ceux de ces opérations mêmes.

Il est bon d'indiquer ici une précaution que j'ai vu prendre dans toute la Belgique, dans les départemens réunis, dans les Ardennes, etc., pour préserver le seigle coupé de l'influence des pluies pendant la moisson, ou du moins pour diminuer cette influence. On dispose les gerbes liées par tas de dix à douze, les épis en haut, et posés les uns près des autres ; au contraire, on écarte les bases des tiges qui touchent la terre, de manière qu'il y ait un courant d'air entre les gerbes dans cette partie de leur longueur ; on applique sur la sommité du tas une gerbe dont on écarte les brins, mettant les épis en bas, et la disposant en forme de petit toit, à-peu-près comme on recouvre des ruches d'abeilles en hiver. Par ce moyen, les épis sont abrités, et pour peu qu'il vienne du beau temps, les tiges des dix à douze gerbes, disposées comme je l'ai dit, se sèchent facilement, ainsi que celles de la gerbe qui recouvre la sommité. Ce moyen simple est également applicable au froment.

On calcule que, toutes choses égales, le seigle rapporte un sixième de plus que le froment : il se bonifie lorsqu'on le laisse long-temps en meule ou en grange sans le battre.

Le grain du seigle sert à faire de la Bière, de l'Eau-de-vie, du Gruau pour bouillies et potages, à nourrir les bestiaux et les volailles de toutes espèces. *Voyez* ces mots.

C'est principalement de lui qu'on tire l'eau-de-vie de grain dans le nord de l'Europe, en y mêlant de la graine de genièvre, ce qui la fait nommer ou *eau-de-vie*, ou *eau de genièvre* ; en priver l'agriculture serait un mal incalculable.

Je ne parlerai pas ici du seigle sous les rapports de ses avantages, comme propre à entrer dans les assolemens des terres légères, cet objet ayant été suffisamment développé dans les articles Assolement et Succession de culture, articles auxquels je renvoie le lecteur.

L'emploi le plus intéressant du seigle est l'usage qu'on en fait dans plus de la moitié de la France pour nourrir les hommes, sous la forme de pain ; quoique moins substantiel que celui du froment, cependant il est très-nourrissant.

Sa farine ne contient pas de matière végéto-animale ou glutineuse ; mais, outre l'amidon, beaucoup de mucilage ; moins blanche que celle du froment, elle est douce au toucher et extensible ; l'écorce s'en sépare difficilement ; il s'en atténue une partie au moulin. Si on met dans la bouche de la farine de seigle, elle se colle comme de la pâte, ce qui n'a pas lieu au même degré dans celle du froment ; elle a une odeur qui lui est particulière : le gruau a peu de rudesse, ce qui s'y trouve de blanc est d'un blanc mat ; ce qui tient de l'écorce est d'un roux grisâtre, parce que c'est la couleur de beaucoup de grains de seigle, sur-tout quand ils ne sont pas de l'année : le son est en lames fines ; il n'est pas rude sous les doigts.

Dans des expériences que j'ai faites pour comparer toutes les substances propres à faire du pain, 2 livres de farine de seigle absorbaient au pétrissage une livre et demie d'eau, et donnaient 3 livres d'un pain bien gonflé, qui avait la croûte pâle et la mie pâteuse, de couleur bis-blanc. On y voyait beaucoup d'yeux, mais très-petits, au lieu que ceux du froment sont larges ; il avait une saveur agréable, qui est plus ou moins sensible dans les pains dont le seigle fait partie, selon la proportion du seigle. Le pain de seigle est trop humide pour pouvoir être mangé au sortir du four ; il n'est bon qu'après deux jours de cuisson ; il a l'avantage de se conserver long-temps frais. Les gens de la campagne, qui attendent souvent au moment où ils manquent de pain pour en faire de nouveau, parce qu'ils n'achètent le seigle qu'à mesure qu'ils ont de l'argent, mangent leur pain aussitôt qu'il est cuit, et ne le mangent pas bon.

On fait du pain de seigle pur dans la Belgique, en Hollande, en Suisse, en Allemagne, pour en faire manger de temps en temps aux chevaux qui voyagent. A peine ont-ils fait 3 lieues qu'on leur en donne un morceau ; il paraît que cet aliment leur convient. Les hommes ne se nourrissent de pain fait uniquement de seigle que dans les pays où ce grain est le seul qui croisse, et quand ils ne peuvent s'en procurer d'autre. Ordinairement on le mêle avec le froment en diverses proportions et avec d'autres graines. On allie avantageusement le seigle par tiers et par moitié avec le froment, l'orge et le petit mil. On fait de bon pain avec un tiers de seigle, un tiers de froment, un tiers de riz. On peut l'allier par tiers avec les pois, les féveroles, la gesse, la lentille, pourvu que le troisième tiers soit du froment ou de l'orge. Le seigle, ayant plus de goût que le froment, se combine par tiers avec ces légumineuses, tandis que le froment ne peut s'y combiner que dans la proportion des trois quarts. L'humidité des farines d'avoine, de maïs, de sarrasin et de haricots, empêche qu'on ne puisse les mêler ni par moitié ni par tiers avec celle du seigle, également humide.

Les pains de seigle ou ceux dans lesquels entre le seigle, ont besoin d'être au four plus long-temps que les autres, ce temps doit être proportionné à la dose du seigle. Une cuisson lente leur convenant mieux, il est nécessaire que le four ne soit pas trop chaud.

La farine de seigle, délayée dans de l'eau et dont la fermentation est favorisée par du levain et de la chaleur, forme une boisson dont on ne fait usage que dans quelques pays, par exemple, dans les environs de Calais.

Les usages de la paille de seigle sont nombreux, et dans beaucoup de lieux c'est un motif pour en augmenter la culture : elle sert à faire des liens pour le blé, le seigle, l'orge, l'avoine, le foin, etc. ; à attacher la vigne, à palissader les arbres fruitiers. La consommation qu'on en fait sous ces rapports est fort considérable. Un autre emploi encore plus étendu, c'est pour couvrir les maisons des cultivateurs, ce à quoi elle est plus propre que toutes les autres, parce qu'elle se pourrit plus difficilement. Les paillassons dont se servent les jardiniers, les nattes qui se placent à l'entrée des appartemens, en sont également composés. On en remplit des paillasses. Elle sert à empailler les chaises, à faire des chapeaux communs, dits de paille. Ceux d'Italie, dits chapeaux fins, sont fabriqués avec une variété de froment à chaume solide, qu'on cultive pour cet objet aux environs de Florence. Pour ces derniers usages, il faut de la paille très-blanche et très-fine, que certains terrains sablonneux seuls fournissent. *Voyez* Lauréole.

En général, pour ménager la paille de seigle, on bat le grain sans délier la botte, et même quelquefois on le bat sur des tonneaux. *Voyez* Battage et Paille.

La paille de seigle fait aussi une bonne litière et de bon fumier.

Il y a des cantons où la paille de seigle est d'un meilleur produit que le grain. Là, on est déterminé à en faire la récolte avant la maturité complète, parce qu'on veut obtenir la paille dans certain état conforme au besoin qu'on en a. Par cette pratique, le grain dégénère ; il faut alors semer du seigle, qu'on laisse mûrir pour avoir de bonne semence.

Comme les autres céréales, le seigle est sujet à différentes maladies, quelquefois ses fonctions sont altérées sans qu'on sache par quelle cause. J'ai vu dans quelques champs tous les épis de diverses souches se courber en forme de crosse, s'écarter les uns des autres pour se jeter de tous côtés, croître et mûrir plus rapidement. Ils étaient de quelques pouces plus longs que ceux des tiges saines; les fleurs sortaient des balles, mais les étamines n'étaient pas jaunes comme dans les autres épis, et elles contenaient peu de poussière fécondante; les grains étaient ridés et étroits, quoique plus longs que les grains de seigle ordinaire. C'est particulièrement sur les bords des chemins et dans les champs où la herse avait passé au mois d'avril, que j'ai vu des épis en cet état ; ce qui a fait croire que la cause en est le froissement excité par les pieds des hommes et des chevaux.

Il arrive souvent que les épis de seigle n'étant pas suffisamment mûrs, ils restent pâles et ne croissent plus. Il n'y a pas moyen d'apporter remède à cet accident, qui survient brusquement.

La rouille attaque le seigle, ainsi qu'elle attaque le froment, l'orge, l'avoine, etc. Comme cette plante transpire moins, et que cette maladie est l'effet d'une transpiration arrêtée, le seigle s'y trouve plus rarement exposé. Il n'est pas exempt du charbon, qui ne se manifeste pas sur les épis, mais dans l'intérieur de la tige.

Je n'ai jamais trouvé un seul épi de seigle *carié.*

La maladie qui lui est particulière est l'ERGOT, si dangereux pour ceux qui en mangent une certaine quantité. J'ai fait sur ses causes et sur ses effets un grand travail, dont l'extrait se trouve au mot qui le concerne, et dont les détails font partie du *Traité des maladies des grains.*

M. Décandolle prétend que l'ergot est un végétal du genre des SCLÉROTES, et d'après cela il conseille de purger les cultures qui en ont, en arrachant ou en coupant avant leur maturité tous les épis qui en montrent, afin de détruire les germes. Cette idée ne suppose pas une connaissance exacte de la manière dont se forme l'ergot. Il est l'effet de l'altération graduée de certains grains de seigle par une cause quelconque : car on voit des grains qui sont composés d'un quart, ou d'un tiers, ou de deux tiers d'ergot. La partie ergotée est toujours dans la balle, et la partie de seigle à l'extrémité est comme poussée en dehors.

Les oiseaux en général font peu de cas des grains de seigle, ils en mangent quand ils n'en ont pas d'autres. J'ai remarqué qu'en Sologne, pays à seigle, où il n'y a pas de froment, on voyait très-peu de moineaux.

Plusieurs insectes vivent aux dépens du seigle sur pied. Le seul des ravages duquel on se plaigne est la PHALÈNE DU SEIGLE, qui vit dans le chaume, et ne paraît commune que dans le nord de l'Europe. Ceux qui nuisent à son grain, lorsqu'il est séparé de l'épi, sont les CHARANÇONS et les ALUCITES dont il a été question au mot FROMENT ; cependant les insectes lui nuisent moins qu'au froment.

On voit quelquefois sur les épis du seigle des taches rouges, qui se montrent certaines années et en diminuent beaucoup le produit. Cette altération s'appelle *rougeole.* M. Rougier Labergerie croit qu'elle est due au défaut de chaleur au moment de la floraison : il est possible qu'il ait raison.

En Sibérie, où l'été est souvent trop court pour la complète maturité du seigle, on est obligé de le couper à moitié mûr, et alors il donne un pain sucré très-agréable au goût, au rapport du voyageur Patrin. On produit le même effet lorsqu'on le mouille après sa maturité complète, et que par là on développe un petit commencement de fermentation. Une semblable observation a été faite pour le Maïs. *Voyez* ce mot. (Tes.)

SEIME, PIED DE BŒUF, SEIME QUARTE. La seime est une maladie qui affecte la circonférence du pied du cheval, de l'âne et du mulet; c'est une division ou fente du sabot, qui se fait à la muraille ou paroi depuis la couronne jusqu'en bas.

Elle a ordinairement lieu à la pince, c'est-à-dire sur le devant de l'ongle, et à l'un des quartiers, soit interne, soit externe, c'est-à-dire sur les pattes latérales du sabot.

Les seimes sont ou complètes ou superficielles; on appelle complètes celles sans lesquelles la corne est fendue jusqu'à la chair; celles qui sont superficielles ne sont que de simples fissures, elles sont peu graves et ne font pas boiter; elles exigent cependant que les pieds qui en sont affectés soient tenus gras. Nous ne traiterons ici que de la seime complète.

La seime en pince s'appelle *pied de bœuf;* elle occupe plus constamment les pieds de derrière.

La seime des quartiers se nomme *seime quarte;* elle se montre le plus souvent aux pieds de devant; on en voit aussi sur les bouts des talons, mais elles se guérissent facilement avec une légère opération.

Les chevaux rampins ou pinçars, qui ont le sabot creux et étroit, sont plus disposés au pied de bœuf que les autres.

La seime quarte affecte plus particulièrement les pieds cerclés; ceux dont les quartiers sont faibles, serrés, ou encastelés; la sécheresse et le peu de souplesse de l'ongle dans ces sortes de pieds font fendre la corne et produisent la seime quarte, dont les suites sont quelquefois le javart encorné.

Lorsque la division de l'ongle est complète, la chair qui est dessous se trouve pincée entre les parties divisées; elle se meurtrit et se boursoufle au point d'occasionner une douleur très-vive; quelquefois on y trouve de la matière suppurée et cariée à l'os du pied; d'autres fois la chair est noire et en partie désorganisée. La seime parvenue à ce degré ne peut être guérie sans opération.

Quelques auteurs conseillent de barrer la seime transversalement avec un fer rouge (cautère actuel) qui a la forme d'un S, ce qui se nomme mettre un S de feu; ce moyen est long et presque toujours insuffisant dans le pied de bœuf, et dans la seime quarte, il donne souvent lieu au javart encorné.

Il y a des personnes qui, avant d'opérer la seime, amincissent la paroi avec une râpe; cette méthode est tout au moins inutile, si elle n'est pas nuisible. Voici ce qu'elle a de désavantageux : les bords de la corne étant amincis, l'appareil se place moins facilement; on ne peut plus serrer et acoter, pour ainsi dire, les plumasseaux contre ces bords, qui ne présentent plus assez de surface pour former un point d'appui : dans cet état la chair boursouffle, surmonte et excède promptement la corne, ce qui donne lieu à un nouveau pincement et nécessite assez souvent une nouvelle opération.

Avant d'opérer la seime, on doit d'abord bien parer le pied dans toute la circonférence, abattre beaucoup de la paroi ou muraille, et amincir la sole, afin de mettre toutes les parties dans le relâchement; il faut aussi préparer un fer convenable : par ce moyen, on maintient plus aisément l'appareil.

Ce fer aura les branches allongées pour la seime en pince, afin que la ligature y trouve un point d'appui, et pour la seime quarte la branche du côté malade sera coupée, et ne se prolongera que jusqu'à l'endroit du mal; on peut aussi mettre en usage le fer à crochet que j'ai imaginé, puis pendant quelques jours on garnira tout le pied d'un cataplasme émollient, afin d'attendrir la corne et la rendre plus facile à couper.

Pour faire cette opération, il faut que le cheval soit couché sur un lit de paille (*voyez* ABATTRE); il est impossible d'opérer sûrement et convenablement debout, et dans le *travail* (1) l'opérateur n'est pas placé commodément.

L'opération de la seime se fait de la manière suivante : on enlève environ un demi-pouce de corne de chaque côté de la division, ce qui met à découvert la chair qui est dessous (au reste, la largeur de la portion de corne à enlever est subordonnée à l'étendue du mal); si cette chair n'est pas meurtrie et qu'elle n'ait éprouvé qu'un léger pincement, les portions de corne qui occasionnaient ce pincement une fois enlevées, la cure sera facile et ne consistera plus que dans l'application de l'appareil et dans les pansemens; si cette chair est meurtrie et qu'elle soit noire, on la coupe avec une feuille de sauge bien tranchante; si l'os du pied est carié, on enlève également avec une feuille de sauge toute la partie cariée : cette pratique est plus prompte que d'attendre l'exfoliation; l'os du pied est de nature à se couper assez facilement.

On panse la plaie avec des étoupes imbibées légèrement d'un mélange d'eau et d'eau-de-vie ou de teinture d'aloès, s'il y a carie : les autres pansemens doivent être faits à sec, en général l'humidité est nuisible.

J'ai souvent fait l'opération de la seime, et je ne me suis jamais servi que d'étoupes sèches; l'application de l'appareil et une compression raisonnée et bien étendue sont le point principal sur lequel repose la cure; c'est sur-tout aux bords

_____

(1) Travail, espèce de prison en bois dans laquelle on met les chevaux méchans à ferrer.

de la partie de corne enlevée que cette compression doit être faite avec attention : on fixe cet appareil au moyen d'une ligature de la largeur de 3 à 4 centimètres, un pouce et plus, et on recouvre le tout d'un bandeau maintenu par une seconde ligature.

Quelques praticiens conseillent de panser avec la térébenthine ou son huile volatile. J'ai constamment vu de mauvais effets de l'emploi de ces substances dans ce cas, et en général la térébenthine et son huile volatile m'ont paru nuisibles dans les maladies de l'ongle pour lesquelles on a à redouter l'inflammation. Il faut aussi ne pas laisser de fumier sous les pieds ; la litière qu'on y laisse doit être de la paille fraîche.

L'époque à laquelle on doit lever l'appareil est indiquée par la nature au bout de quatre à cinq jours ; on lève le bandeau et on desserre la première ligature ; on s'assure de l'état du tout, et on n'ôte que les plumasseaux de dessus ; on laisse ceux de dessous tant qu'ils tiennent : c'est une preuve que la plaie se comporte bien ; on doit attendre qu'ils tombent d'eux-mêmes ; j'ai quelquefois guéri des seimes dont le premier appareil n'a été levé entièrement qu'au bout de quinze jours : ceci arrive dans la seime en pince, dans laquelle la paroi a beaucoup d'épaisseur, plutôt que dans la seime quarte, dans laquelle cette partie est faible.

Cette opération, comme une infinité d'autres, peut déterminer la fièvre. Lorsque l'inflammation est considérable, qu'elle donne lieu à la difficulté de respirer et au battement de flanc, on fait une saignée à la jugulaire ; on donne à barboter, et on passe quelques lavemens : il est très-rare que ces moyens ne fassent pas cesser les accidens. (DESP.)

SEISETTE. Variété de froment barbu qu'on cultive dans le midi. *Voyez* FROMENT.

SEL. L'acception scientifique de ce mot est un peu différente de l'acception vulgaire. Les chimistes entendent par sel toute combinaison d'un acide avec une base terreuse, métallique ou alcaline. Dans l'usage commun, un sel est une substance savoureuse, soluble dans l'eau ; de sorte que tous les sels des chimistes qui n'ont pas ces deux propriétés ne portent pas ce nom.

Le MURIATE DE SOUDE porte spécialement ce nom dans beaucoup de lieux.

J'ai indiqué, aux mots ACIDE, ALCALI, OXIDE et TERRE, les bases ou les principes des différentes espèces de sels qu'il est important d'apprendre à connaître aux agriculteurs, soit sous le point de vue de la théorie de la science, soit sous celui de sa pratique. (B.)

SEL COMMUN. *Voyez* MURIATE DE SOUDE et SEL MARIN.

SEL ESSENTIEL. L'ancienne chimie a donné ce nom aux sels qu'on trouve dans les végétaux, et qui sont d'une nature différente dans chaque végétal. La chimie moderne, plus exacte, a rejeté ce mot comme trop peu précis, et a classé les sels essentiels d'après leurs composans. On trouvera l'indication de ceux qui forment réellement espèce distincte, et qui peuvent intéresser les cultivateurs sous le point de vue théorique ou pratique, au mot Acide végétal.

Il est des sels essentiels, fixes et volatils. On obtient les premiers par leur cristallisation, dans les sucs des plantes plus ou moins concentrés par l'évaporation, et les seconds par la distillation.

La médecine faisait autrefois un grand usage des sels essentiels, mais aujourd'hui leur emploi est fort restreint. Les arts en recherchent deux ou trois, tels que le tartre, le sel d'oseille. (B.)

SEL GEMME. *Voyez* Sel marin.

SEL MARIN. Combinaison de l'acide muriatique avec la soude. *Voyez* Acide, Alcali et Soude.

On trouve le sel marin dans l'eau de la mer, dans celle de quelques fontaines, et en grandes masses solides dans la terre.

Il se forme du sel marin de toutes pièces dans les lieux humides et peu aérés, où il y a des matières animales et végétales en décomposition, c'est-à-dire dans tous ceux où il se produit du Salpêtre. *Voyez* ce mot.

On retire le sel de l'eau de la mer et des fontaines salées par l'évaporation naturelle ou artificielle. Comme cette opération n'est pas du ressort de l'agriculture, je n'en parlerai pas.

En France, c'est du sel marin provenant des eaux de la mer que l'on fait usage le plus généralement. Il est fort impur, contenant de la silice, de l'argile, du fer, de la chaux, de la magnésie, et les muriates qui ont ces deux dernières terres pour base. On l'appelle le *sel gris*, par opposition au *sel blanc*, qui est le même, purifié, ou privé des terres ci-dessus par la dissolution, la décantation, la filtration et l'évaporation sur le feu.

Comme le sel blanc est en très-petits cristaux, il occupe à poids égal plus d'espace que le sel gris, c'est pourquoi il ne faut jamais l'acheter à la mesure.

Presque par-tout l'homme emploie de toute ancienneté le sel marin pour l'assaisonnement des mets et la conservation des viandes et autres substances alimentaires. La consommation qu'il en fait est immense. Il donne de la saveur aux alimens, excite l'appétit, aide à la digestion et provoque l'écoulement des urines; s'en passer dans certains mets devient presque impossible par l'effet de l'habitude. Son excès amène la soif, produit l'âcreté des humeurs, engendre le scorbut, etc. Plusieurs animaux, sur-tout les ruminans, ne l'aiment pas avec moins de passion, et il ne leur est pas diététiquement moins utile qu'à l'homme. On peut croire que c'est principalement comme stimulant qu'il agit. La propriété dont il jouit de préserver les VIANDES de la POURRITURE, les GRAISSES et les HUILES de la RANCIDITÉ, les végétaux comestibles de l'altération qui leur est propre, augmente encore beaucoup son importance pour l'homme. *Voyez* ces mots et celui SALAISON.

Les cultivateurs non-seulement ont besoin du sel pour leur consommation personnelle, mais encore pour entretenir leurs bestiaux en santé, et la rétablir lorsqu'elle est altérée. Sous ce dernier rapport, l'impôt dont il est chargé dans la totalité des états de l'Europe est une calamité pour l'agriculture. *Voyez* aux mots BŒUF, VACHE, BREBIS et MOUTON.

D'immenses contrées en Egypte, en Arabie, en Perse, en Tartarie, en Sibérie, etc., ont le sol imprégné de sel marin, et sont par conséquent impropres au semis des céréales et autres plantes qui composent notre agriculture ; ce sont des pâturages immenses où errent, accompagnées de leurs bestiaux, des peuplades peu nombreuses. Au moyen des irrigations d'eau douce les anciens habitans de ces contrées, lorsque leur industrie n'était pas opprimée comme elle l'est en ce moment par un gouvernement despotique, savaient cependant, au rapport d'Olivier, les rendre fertiles. (Voyez son *Voyage dans l'empire ottoman et la Perse*.) Plusieurs voyageurs assurent que lorsqu'une crue extraordinaire du Nil a dessalé un terrain hors des atteintes habituelles de ses eaux, on pouvait le cultiver annuellement un temps indéterminé avec profit ; mais que si on cessait pendant trois ans de le faire, il redevenait infertile comme auparavant, jusqu'à ce qu'une nouvelle crue du Nil le dessalât de nouveau.

Dans les contrées ci-dessus, le sel marin semble pousser, c'est-à-dire qu'il effleurit à la surface de la terre pendant la sécheresse, quoiqu'elle ne paraisse pas en contenir. Transporté par les eaux pluviales dans certains lacs, il s'y décompose en partie et forme ce qu'on appelle le NATRON.

Par-tout où l'eau de la mer aborde, par-tout où on répand une grande quantité d'eau salée, elle fait périr les plantes, et ce n'est qu'au bout de quelques années, lorsque les eaux des pluies, ou la végétation des plantes propres aux sols salés, car il y en a, a entraîné ou décomposé le sel, qu'il en revient de nouvelles. *Voyez* MARAIS SALÉ, SOUDE et TAMARIS.

Ce fait avait sans doute déterminé les peuples de l'antiquité à regarder le sel comme le signe de l'infertilité : aussi lorsqu'un conquérant voulait punir un peuple vaincu de sa résistance, il détruisait ses villes, en faisait labourer le sol et faisait semer du sel dessus. Nos anciennes lois prononçaient la même peine pour les particuliers convaincus de certains crimes.

Il est cependant plusieurs cantons en Europe où on fait, de temps immémorial, usage du sel comme amendement, la ci-devant Bretagne, par exemple ; et aujourd'hui des expériences nombreuses constatent son efficacité sous ce rapport, mais en même temps la difficulté de le doser convenablement.

La Société d'agriculture de Paris, en 1792, par l'organe de mon collaborateur Silvestre, a vu réussir le sel sur les terres des environs de la capitale. Celle de Marseille s'est également assurée de ses bons effets dans le territoire de cette ville en l'an 13 et 14. Voici les termes du second rapport, tome 33 des *Annales d'agriculture* : « Le produit du blé semé sur le terrain où on a répandu le muriate de soude surpasse de beaucoup, proportionnellement, celui qui est venu sur l'engrais ordinaire, quoique nous eussions fait répandre un excès de fumier sur cette dernière partie. En effet, 29 hectogrammes 32 grammes de blé ont produit, à l'aide du sel marin, 486 hectogrammes 3 grammes : pour qu'il y eût parité, il aurait fallu que les 36 hectogrammes 45 grammes semés sur l'engrais ordinaire eussent produit 607 hectogrammes 62 grammes ; mais il n'y a eu que 549 hectogrammes 34 grammes : donc il a un avantage de 58 hectogrammes 8 grammes en faveur du terrain amendé avec le sel marin. »

J'observe, en passant, que, dans ce rapport ainsi que dans la plupart des ouvrages qui ont parlé du sel marin sous le point de vue dont je m'occupe en ce moment, on le qualifie d'engrais ; mais comme je ne vois aucune graisse dans sa composition, mais un acide et un alcali, je crois que la dénomination d'AMENDEMENT (*voyez* ce mot) lui convient mieux.

MM. Rast Maupas et Tessier en France, Arthur Young en Angleterre, qui ont tenté des expériences dans le même genre avec le sel marin, n'ont obtenu aucun succès.

Il résulte des observations présentées par M. Maurice dans son Traité des engrais, que le sel marin a produit en Angleterre comme en France, tantôt de bons, tantôt de mauvais résultats. Cet habile agriculteur pense que le sel agit comme stimulant. *Voyez* VÉGÉTATION.

M. Féburier, qui est né et a vécu dans un pays où on fait généralement usage du sel marin pour amendement, observe qu'il y est employé, tantôt en le semant avec le blé, tantôt en le combinant avec le fumier, sur-tout avec celui des vaches, comme moins chaud, et que c'est sur les terrains froids, c'est-à-dire humides et argileux, qu'il produit de bons effets. Ce cultivateur l'emploie même pour sa culture de fleurs et s'en trouve bien. *Voyez* RENONCULE.

Employé sur les champs où végètent des plantes à graines huileuses, il en accélère la végétation ainsi qu'on l'a observé d'abord en Amérique et ensuite en Angleterre.

Arroser les plantes jeunes et vieilles qui sont fatiguées par des insectes, sur-tout les cochenilles et les pucerons, avec une légère dissolution de sel marin, est un moyen de les en débarrasser.

Mais quelle est la proportion de sel qu'il convient de répandre? Je dirai : plus ou moins, suivant la nature des terres.

En effet, je vois qu'il a produit des résultats plus avantageux sur les terres argileuses et sur les tourbes, deux sortes de terres le plus souvent humides et froides, que sur les terres crayeuses et sablonneuses ; que même il a généralement été nuisible dans ces deux dernières sortes de terres, le plus souvent sèches et brûlantes. Il en faudra donc moins que sur les premières, si, malgré qu'on ne le doive pas, on veut y en répandre.

Probablement que le climat et le genre de la culture doivent aussi être pris en considération dans ce cas ; mais je manque de faits pour établir une opinion sur cet objet.

M. Silvestre, dans son rapport précité, annoncé par M. Pluchet, a reconnu que 300 livres par arpent sur les terres argileuses étaient un terme moyen convenable. Beaucoup plus dessèche les plantes, beaucoup moins ne produit aucun effet.

Il est prudent que chaque cultivateur fasse des essais en petit sur son terrain avant d'employer le sel en grand ; car il n'y a pas deux localités dont le terrain soit rigoureusement semblable sous les rapports de composition, d'exposition, d'accessoires, etc.

Quoique je n'aime pas avancer des hypothèses, il me sera peut-être permis de conclure de l'observation constatée des bons effets du sel marin sur les fumiers, les tourbes et les terres grasses, que non-seulement il agit comme stimulant, mais encore comme dissolvant direct ou indirect de l'humus ou terre végétale. Si cette conjecture, que quelques expériences faciles à faire peuvent appuyer ou repousser, était vraie, le sel marin ne devrait pas être employé, sur-tout au prix où il est aujourd'hui, parce que la CHAUX (*voyez* ce mot) produit le même effet et coûte fort peu.

S'il est vrai que le sel blanc produise moins d'effet sur les terres que le sel gris, on peut croire que c'est à cause du muriate de chaux qui se trouve dans ce dernier et qui attire l'humidité de l'air.

M. Parkins, dans un rapport au parlement d'Angleterre,

observe que le sel dissous dans l'eau est un remède contre la dysenterie des abeilles, dans les années pluvieuses où le miel est fort aqueux.

Le sel donné en surabondance aux boucs pendant les deux ou trois jours qui précèdent leur envoi à la boucherie, fait disparaître la mauvaise odeur de leur chair.

La chimie moderne est parvenue à décomposer le sel marin et à en tirer la SOUDE (*voyez* ce mot), si employée dans la fabrication du verre, du savon, etc. (**B.**)

SÉLOUIRO. Espèce de CHARRUE en usage aux environs de Toulon : elle a le VERSOIR à droite. (B.)

SELS NEUTRES. Ancienne dénomination par laquelle on avait en vue d'indiquer les sels qui ne conservaient aucune des propriétés de l'acide et de l'alcali, de l'oxide ou de la terre, qui entraient dans leur composition.

Ingenhouze a fait des expériences nombreuses qui tendaient à prouver que les sels neutres avaient à un haut degré la propriété fertilisante; il a cité le sulfate de soude comme produisant sur-tout des effets prodigieux ; depuis lui, on a fait beaucoup d'expériences du même genre, qui, les unes ont eu du succès, les autres n'en ont eu aucun : on peut donc croire qu'il est des cas où les sels agissent et d'autres où ils sont sans effets. *Voyez* SEL MARIN.

Beaucoup d'observations tendent à faire croire que l'acide sulfurique, très-étendu d'eau, a véritablement une action fertilisante. On voit ses composés être employés avec succès comme amendemens, tels que le PLATRE, les CENDRES de tourbe pyriteuse, les fleurs de SOUFRE, etc. *Voyez* ces mots.

Le sulfate de soude, dont il vient d'être question, est quelquefois avec excès d'acide. Il est possible, même probable, qu'Ingenhouze avait employé un sel de cette nature, et que ceux qui ont répété ses expériences en avaient employé un qui était parfaitement neutre. (B.)

SELS DE LA TERRE ET DE L'AIR. De tout temps, les cultivateurs ou les écrivains qui ont voulu parler sur les cultures sans étudier les élémens de la chimie et de la physique, ont parlé des sels de la terre, des nitres de l'air. Selon eux, tout se passe dans l'acte de la végétation, au moyen des sels qui entrent en fermentation ou qui font fermenter la terre. Il se produit en effet quelquefois des sels à la surface de la terre, mais ils sont bientôt ou entraînés par les eaux pluviales, ou décomposés par des causes qui sont encore peu connues. Si tout le nitrate de potasse et le muriate de soude, qui se forment annuellement sur les murs et dans les terres qui renferment des substances animales et végétales, ne se décomposaient pas, nos sources, nos champs seraient salés, comme ils le sont en Perse, en Arabie, en Egypte et autres lieux. Le vrai est que ces sels paraissent et disparaissent sans pour ainsi dire qu'on sache comment. Sans doute ils ont été excusables ces agronomes qui, dans l'enfance de la chimie, ont tout attribué aux sels et aux fermens; mais aujourd'hui qu'on sait que les sels non-seulement ne fermentent pas, mais qu'ils s'opposent à toute fermentation lorsqu'ils sont en fortes proportions; que la terre végétale et encore moins les terres minérales, comme l'argile, la pierre calcaire, le quartz, etc., ne peuvent fermenter, il faut aujourd'hui être ignorant au suprême degré pour recourir à ces explications dénuées de raison.

Les alcalis et la chaux produisent, il est vrai, quelquefois d'étonnans effets dans les terres surchargées de terreau ou d'engrais; mais c'est qu'ils rendent plus promptement soluble une partie de ce terreau ou de ces engrais. Les sels neutres, loin de jouir de la même faculté, nuisent à la végétation, ainsi que mille et mille expériences l'ont prouvé. Il est cependant des lieux où on regarde le sel marin à petite dose comme un exrellent engrais; et il est certain que le sulfate de chaux (le plâtre), qui est aussi un sel neutre, favorise singulièrement la végétation des prairies artificielles sur lesquelles on le répand en poudre au printemps. Il nous manque encore des données pour expliquer ces faits, espérons que les progrès de la science nous conduiront à cette connaissance.

On a bien dit que le sel marin était un stimulant qui n'agissait qu'en augmentant l'activité des autres agens de la végétation; mais cela n'est point prouvé.

Il ne serait cependant pas contre la raison, d'après ce que j'ai dit plus haut de la disparition du sel marin et du nitre qui se forment en certains lieux en si grande abondance, que ces sels fussent absorbés par la végétation, et en partie ou en totalité décomposés. On ne peut nier en effet que les plantes qui croissent dans les marais formés par la mer, telles que les soudes, les salicornes, etc., n'enlèvent à la terre le sel marin qui s'y trouve et ne le décomposent, puisqu'en les brûlant on a beaucoup de soude et peu de sel marin, et que le sol se trouve dessalé. (*Voyez* aux mots TAMARIS et SOUDE.) On a souvent fait voir, par l'incinération des tiges de l'hélianthe annuel (tournesol), de celles de la bourrache, etc., qu'elles contenaient un vrai nitre.

Au reste ce ne sont pas ces sels que les auteurs des anciens ouvrages sur l'agriculture avaient en vue lorsqu'ils emploient les dénominations vagues ci-dessus rappelées : c'étaient des êtres de raison qu'ils ne pouvaient pas faire tomber sous les sens. *Voyez* NITRE.

Je ne m'étendrai pas plus au long sur ce sujet, attendu que

ce que je pourrais en dire se trouvera aux articles Air , Acide, Alcali , Oxyde , Terre , Gaz , Carbone , Oxygène , Azote, Hydrogène , Lumière , Calorique , etc. (B.)

SÉLÉNITE. On donne ce nom au gypse ou platre lorsqu'il n'est pas mêlé avec de l'argile ou de la terre calcaire, ainsi il est synonyme de gypse ; cependant on l'applique plus particulièrement au gypse tenu en dissolution, et il se dissout dans sept cents parties d'eau. Ainsi on dit qu'une eau est séléniteuse lorsqu'elle en contient, et l'eau de certains pays en contient toujours plus ou moins. *Voyez* Gypse et Platre.

Les eaux séléniteuses ne se trouvent pas seulement dans les lieux où il y a des carrières de plâtre, comme il semblerait que cela devrait être , mais encore dans beaucoup de pays à couches calcaires. On les reconnaît à la pesanteur qu'elles font éprouver à l'estomac, aux obstacles qu'elles opposent à la cuisson des légumes, tels que les pois , les haricots, etc. , à l'impossibilité qu'elles offrent de dissoudre le savon, et enfin au dépôt blanchâtre qu'elles forment dans les vaisseaux où on les fait bouillir. De telles eaux ne conviennent ni aux hommes , ni aux animaux, ni aux plantes. Malheur à ceux qui sont obligés d'en boire ou de les employer à l'arrosement! elles obstruent les vaisseaux du corps comme les pores des racines. On cite des maladies endémiques qu'elles ont produites et des pertes de culture, sur-tout de semis , dont elles ont été la cause.

L'exposition à l'air libre et des mouvemens répétés, soit artificiellement, soit naturellement, sont les moyens les plus usités pour faire précipiter la sélénite que contiennent les eaux séléniteuses. L'introduction du fumier, de l'argile ou autres objets dans les bassins ou auges où on la met , quoique préconisée dans beaucoup de lieux , n'est d'aucun avantage. Quelques poignées de potasse font beaucoup plus d'effet en décomposant le sel terreux pour former du sulfate de potasse : aussi, dans certains pays, les ménagères sont-elles dans l'usage de mettre dans les eaux destinées à la cuisson des pois ou des haricots, des sachets de cendre de cuisine.

Les eaux des rivières contiennent toujours moins de sélénite que celle des ruisseaux, ces dernières que celles des fontaines, et ces dernières que celles des puits , qui en ont le plus ordinairement et de plus grandes quantités. La cause en est au mouvement qu'éprouvent les premières et à l'exposition à l'air, qui en est la suite. (B.)

SELGAM. Nom du choux a faucher dans la haute Égypte, où on le cultive pour fourrage. (B.)

SELLE. Assemblage de planchettes de bois de hêtre en

demi-cercle, formant un arçon rembourré de poils et couvert de cuir, qui sert de siége à celui qui monte à cheval.

Les cultivateurs ont presque tous besoin d'avoir des selles; mais jamais ils ne sont dans le cas d'en construire eux-mêmes, parce qu'elles leur reviendraient plus cher et seraient plus mal faites que celles qu'ils achètent chez les selliers : ainsi je ne parlerai pas de leur construction, sur laquelle ceux qui le désireront trouveront des détails dans l'Art du sellier de l'Encyclopédie par ordre de matières, rédigé par mon ami Roland de la Platière.

On fabrique à Paris quinze sortes de selles, dont la plus compliquée est appelée selle à piquer, son arçon est de onze pièces, laquelle ne s'emploie que dans les manéges, et la plus simple est la selle à l'anglaise, dont l'arçon n'est composé que de sept pièces.

Pour ne point blesser les chevaux et pour bien assurer les cavaliers, il faudrait faire une selle pour chaque cheval; mais cela n'a lieu que pour les chevaux de luxe.

J'ai vu des formes différentes de selles dans presque tous les pays où j'ai voyagé, et peut-être aucune d'elles n'était exactement appropriée, même en général, à la race des chevaux qui y dominait.

L'économie force, dans les campagnes, à employer la même pour tous les chevaux dont on est dans le cas de faire usage pour monture.

Une selle bien conditionnée doit durer un grand nombre d'années lorsqu'on en prend le soin convenable : elle peut donc servir à plusieurs générations de chevaux.

Il résulte de ces trois circonstances que les chevaux de selle sont presque toujours gênés, souvent même blessés par leur selle. *Voyez* CHEVAL. (B.)

SELLETTE. Petite selle qui se place sur le cheval de brancard des voitures de luxe comme sur celui des voitures d'exploitation, et qui sert à supporter le dossier, lanière de cuir attachée à chaque côté du brancard.

Il est extrêmement important que la courbure de la sellette soit concordante avec celle du dos du cheval, afin qu'il ne soit pas blessé.

La sellette fait partie du harnois du cheval de brancard et se fabrique par les bourreliers. (B.)

SEMAILLES. On donne ce nom aux semis de céréales et autres plantes qui font l'objet de la grande agriculture (*voyez* SEMIS et GRAINE); quelquefois, mais mal à propos, il s'applique au temps.

L'objet que j'entreprends de traiter ici est un des plus importans de l'agriculture. De la bonté des semailles dépend le plus souvent la beauté de la récolte, et cependant rarement on leur donne l'attention qu'elles méritent, quoique tous les cultivateurs reconnaissent la puissance de leur influence. Ne pouvant entrer dans tous les développemens relatifs aux divers climats, aux diverses natures de terres, aux diverses espèces de graines, parce que cela exigerait un volume, et que j'en ai traité, sous les rapports de la pratique, aux articles de chaque culture, je me contenterai de présenter ici l'exposition des principes.

Plus tôt on fait les semailles, et plus les céréales et autres productions ont de temps pour se fortifier avant l'hiver, acquièrent de force pour résister aux gelées et aux pluies, et de moyens pour végéter vigoureusement au retour du printemps. Les suites de cette précocité sont que les chaleurs ne saisissent pas les plantes avant qu'elles aient acquis toute leur croissance, comme cela arrive si souvent aux résultats des semis faits après l'hiver. (*Voyez* Seigle et Pied d'alouette.) Il faut donc prendre toutes les mesures propres à mettre en terre les blés en automne, les orges, les avoines et autres objets au printemps, aussitôt que le temps le permet ; cependant il est une infinité de cas où on est forcé de retarder les semailles : par exemple, une sécheresse trop forte, des pluies trop continuelles, des inondations, etc. Les seigles doivent être semés avant les fromens, parce qu'ils sont plus précoces et qu'ils se placent de préférence dans les terres sèches et chaudes ; tantôt on doit semer plus tôt les fromens dans les terres sèches et légères, tantôt c'est dans les terres humides et fortes. Il est, aux environs de Paris, des cantons où on sème les fromens à la mi-septembre, il en est d'autres où on ne le fait qu'en novembre. S'il est si difficile de fixer des règles à cet égard pour un seul climat, combien doit-il donc l'être de les fixer pour tous ceux de la France ! Je dirai donc au cultivateur qui ira habiter un nouveau local, observez l'époque que suivent vos voisins ; mais devancez-les toujours lorsque des obstacles ne s'y opposeront pas.

Il est des pays élevés où les semis d'automne précèdent toujours la récolte, par la nécessité de fournir au seigle le temps de se fortifier avant la chute de la neige, qui tombe de bonne heure dans ces pays, comme les Alpes, les Cévennes, les Vosges ; il en est d'autres où on les fait immédiatement après la récolte, pour obtenir un effet semblable, mais par une cause différente : ce sont ceux qui, comme la Champagne crayeuse, sont très-secs et très-susceptibles des effets de la chaleur solaire, et qui doivent être moissonnés avant que cette chaleur soit devenue intense. On n'a pas encore assez considéré ces deux circonstances dans les ouvrages d'agriculture, quoique les pratiques établies sur leur observation existent de temps immémorial.

Dans les environs de Gand, on sème plus tôt les terres fortes que les terre légères, ce qui est contraire à la pratique ci-dessus indiquée.

L'usage de semer les avoines, les orges et ce qu'on appelle les menues graines, en mars, est trop général pour n'être pas fondé en raison pour la plus grande partie de la France; mais ce mois a trente et un jours et cet usage ne dit pas quel jour il faut semer. C'est, dirai-je encore, le plus tôt possible, même en février si le temps le permet.

La plus belle semence et la plus nette doit être toujours préférée, parce que de sa grosseur et de sa bonne qualité dépendra la beauté du semis et l'abondance de la récolte. C'est une erreur de croire qu'il soit nécessaire de changer de temps en temps sa semence pour l'empêcher de dégénérer; mais souvent il est bon de le faire. *Voyez* Substitution de semence.

Généralement on sème sur plus d'un labour toutes les espèces de céréales (*voyez* Labour), et tantôt on les sème avant, tantôt après le dernier de ces labours. On a longuement discuté la question de savoir lequel de ces deux modes était préférable, sans la résoudre, parce que personne n'est remonté aux principes.

Ainsi qu'il a été observé au mot Semis et au mot Germination, les graines doivent être d'autant moins enterrées qu'elles sont plus petites. Les graines des céréales sont beaucoup au-dessous des moyennes, il ne faut donc pas les enterrer de plus de 6 lignes, terme moyen : or, en les enterrant par le moyen des labours, la plupart doivent l'être de 2 à 3 pouces. Dans les terres légères, le mal n'est pas grand, mais dans les terres fortes la plus grande partie ou pourrit ou ne lève que lorsqu'un nouveau labour l'a ramenée à la surface, c'est-à-dire l'année suivante : donc, il ne faut pas semer avant le labour, sur-tout dans les terres fortes. Il est probable que cet usage, fort en faveur aux environs de Paris, a pris sa source dans le désir d'empêcher les perdrix et autres oiseaux, les campagnols et autres quadrupèdes, de manger la graine; mais qu'elle serve de nourriture à ces animaux ou qu'elle pourrisse, elle n'est pas moins perdue pour le cultivateur.

Presque toujours les graines semées avant le labour lèvent en deux temps, et tantôt ce sont celles qui sont le moins, tantôt ce sont celles qui sont le plus enterrées qui lèvent les premières; c'est-à-dire que les moins enterrées lèvent d'abord quand la surface de la terre est humide et qu'il fait chaud, et qu'au contraire ce sont les plus enterrées qui lèvent d'abord quand la surface de la terre est sèche et qu'il fait froid. La théorie de ces faits a été donnée au mot Germination.

Dans les terres pierreuses, sur lesquelles la herse a fort peu de prise, il faut bien semer sous raie. Si on employait une houe à cheval, garnie de 6 à 9 fers, on remplirait avec avantage toutes les données qu'offre la charrue et on éviterait tous les inconvéniens qui sont dans ce cas la suite de l'emploi de la herse. *Voyez* Houe.

Quelques cultivateurs font jeter la semence du froment au fond du sillon et la font recouvrir par la terre enlevée du sillon suivant. Par cette opération, on recouvre davantage le grain que par le semis sous raie, et on le garantit d'autant plus des oiseaux, des mulots, des hivers rigoureux, des sécheresses, et on procure plus de nourriture aux jeunes plantes; mais il est plus exposé à ne pas lever et à pourrir dans les années pluvieuses.

Un temps ou une terre humide sont si avantageux au succès des semailles, qu'il faut plutôt attendre, que de les faire dans des circonstances contraires. Les motifs se tirent de ce que les graines, levant plus promptement, sont moins exposées à la dent ou au bec de leurs ennemis, et qu'on gagne d'autant pour la longueur du temps que les plantes resteront en terre.

Comme la terre est toujours plus humide à quelques pouces de profondeur qu'à la surface, on doit, dans les années sèches, semer le jour même du labourage. Il est des cantons où on ne manque jamais de le faire, que la terre soit sèche ou non, et ils sont dans le cas d'être plus généralement imités. Ce que je dis s'applique encore plus aux semis de la navette, de la rave, du pavot et autres graines fines qui demandent à être à peine enterrées.

Il y a plusieurs manières de répandre la semence sur la terre.

La plus générale c'est de la jeter à la poignée en marchant à pas comptés et en lui faisant décrire un arc de cercle. Pour la bien exécuter, il faut de l'habitude et de l'intelligence. La graine est prise dans une espèce de sac peu profond, que le semeur porte attaché autour de ses reins. Lorsque la graine est très-fine, comme celles dont il vient d'être question, et que le semis doit être peu serré, on la mêle avec du sable ou de la terre sèche et on sème le tout. Un temps calme est important à choisir pour faire cette sorte de semis, parce que le vent dérangerait la direction des grains et les ferait inégalement tomber dans l'espace à semer. Lorsque le semeur a parcouru la longueur du champ, il revient par une ligne d'autant plus éloignée de la première, qu'il veut semer plus clair. La distance entre les deux lignes se mesure au pas ou par le nombre des sillons. Décrire plus en détail cette manière de semer, serait superflu, car cela ne ferait pas mieux semer ceux qui ne l'ont jamais vu faire, et n'apprendrait rien à ceux qui ont de la pratique. Quelques jours de leçons et d'essais valent mieux dans ce cas, comme dans tant d'autres, que des volumes de préceptes.

Généralement on sème en suivant les rayons, mais il est des cantons où le semeur les traverse, soit perpendiculairement, soit obliquement. Il ne m'a pas été possible de reconnaître la raison de ce dernier usage qui fatigue plus le semeur.

Une autre manière de semer les graines fines est celle qu'on appelle à deux doigts et à jets croisés.

Pour semer à deux doigts et à jets croisés, il faut prendre la graine par pincée entre le pouce et le doigt du milieu, en étendant l'index, et tendre fortement le poignet en répandant la graine. Lorsque le semeur est arrivé au bout de la pièce, il s'écarte d'un pas et forme, en revenant, un nouveau jet qui croise le premier, et ainsi de suite jusqu'à ce que la pièce soit semée. Les RAVES (*voyez* ce mot) se sèment quelquefois de cette manière.

Les semis avec des semoirs ont été très-vantés par Duhamel, en France, et par plusieurs agriculteurs anglais On ne peut nier que, plaçant la semence à une égale distance, ils n'en économisent beaucoup et la placent dans des circonstances plus favorables pour sa croissance; mais ces ingénieuses machines coûtent cher, se dérangent facilement, sont lentes dans leur action : aussi nulle part en France les cultivateurs proprement dits n'ont voulu en faire usage, et les amateurs qui les avaient le plus préconisées ont fini par les laisser sous la remise. *Voyez*, au mot SEMOIR, la description et la figure de ceux qui ont paru les plus simples et les mieux appropriés à leur objet.

Les journaux se sont beaucoup occupés, ces dernières années, de la plantation du blé au moyen du plantoir. Ce plantoir était une traverse plus ou moins longue, attachée à un manche de 3 à 4 pieds, et qui portait du côté opposé à ce manche 6, 8, 10 pointes servant à faire les trous où on devait mettre le blé grain à grain. Quelques efforts qu'aient faits les auteurs de cette invention pour prouver son utilité et la facilité de son application, je ne présume pas, d'après ce que j'en ai vu, qu'elle puisse jamais devenir d'un usage général

Pour être convenablement semées, les terres de première qualité demandent environ 250 livres de froment par arpent, les terres moyennes 255, et les mauvaises 265.

Les cultivateurs romains étaient divisés sur la question de savoir s'il fallait répandre plus de semences dans les terres grasses que dans les terres maigres, Palladius tenait pour l'affirmative et Columelle pour la négative. Dans les temps plus rapprochés de nous, Olivier de Serres est de l'avis de Palladius, et Valerius de celui de Columelle.

Il semble, au premier coup d'œil, que ceux qui veulent qu'on sème plus épais dans les terres fertiles, ont raison, parce qu'il s'y trouve plus de principes nutritifs; mais il faut observer que ce n'est pas seulement de la richesse du sol que dépend la beauté de la végétation.

Du froment semé épais dans une terre très-fertile, s'étouffe et pourrit en hiver, s'étiole et pousse tout en paille au printemps, et verse en été.

Du froment semé épais dans une terre maigre conserve l'humidité sous ses touffes en automne et au printemps, ce qui décide une plus belle récolte que s'il avait été exposé au hâle pendant ces deux saisons.

Toutes les observations qui me sont propres sont en faveur du sentiment de Columelle et de Valerius. Je ne dis pas pour cela qu'il faille exagérer l'emploi des semences dans les terres maigres. Ici, comme partout ailleurs, il y a un terme qu'il ne faut pas dépasser, et l'expérience locale peut seule l'indiquer.

Qui a observé les résultats des semis dans les diverses parties de la France a pu s'assurer que presque par-tout on sème trop épais les graines des céréales. Il est si naturel de croire que plus on sacrifiera de semence et plus on aura de produit, qu'il faut ou beaucoup de théorie ou beaucoup d'expérience pour agir différemment. Je suis donc disposé à excuser cette mauvaise pratique; mais elle ne donne pas moins lieu, chaque année, à des pertes immenses, non-seulement de semence, mais même de récolte. *Voyez* SEMIS.

Arthur Young, à qui la science agricole doit de si nombreuses et de si importantes observations sur les résultats de la grande agriculture, a fait imprimer une table du produit d'un acre de terre semé dans différens sols avec plus ou moins de semence. Il en résulte que

Deux boisseaux de froment ont produit .	24 boisseaux.
Deux et demi	23
Trois	22
Trois et demi	21
Trois boisseaux d'orge.	32 boisseaux.
Quatre	33
Cinq	27

Trois boisseaux d'avoine ont produit . . 35 boisseaux.
Quatre 40
Cinq 39
Trois boisseaux de pois ont produit . . 23 boisseaux.
Quatre 22
Cinq 22
Trois boisseaux de fèves ont produit . . 37 boisseaux.
Quatre 29
Cinq 26

On voit par ces résultats qu'en général il vaut mieux semer clair qu'épais, mais que chaque sorte de semence se comporte différemment; qu'ainsi il faut semer plus d'orge que de froment, plus d'avoine que de pois.

Ordinairement, dans les terrains d'une fertilité moyenne, on répand environ 100 livres de froment sur chaque arpent, plus ou moins selon l'usage ou les circonstances particulières ; mais des expériences positives ont prouvé qu'on y gagnait ordinairement une beaucoup meilleure récolte à n'en répandre qu'environ 60 encore plus ou moins. Je renvoie, sur cet objet, à un excellent Mémoire de M. Duvaure, inséré parmi ceux de l'ancienne Société d'agriculture de Paris, année 1789.

Il est un mode de semer les graines d'hiver, qui favorise beaucoup la conservation et l'accroissement des plantes qu'elles fournissent, c'est de faire les labours dans la direction du levant au couchant, afin qu'une moitié d'entre elles soit avancée par son exposition au midi, et l'autre retardée par son exposition au nord. Cette excellente pratique convient principalement aux vesces et aux navettes d'hiver. C'est celle qu'on suit généralement aux environs de Paris pour les petits pois de primeur, mais ici il n'y a de semis que sur l'ados méridional.

Je renvoie, pour le surplus des notions qu'il convient d'acquérir sur les semailles, aux différens articles des graines qui entrent dans la série des cultures, principalement aux mots Froment, Seigle, Orge, Avoine, Trèfle, Sainfoin, Luzerne. (B.)

SEMASTER. C'est, dans le département des Vosges, faire les trois ou quatre labours préparatoires de l'ensemencement des blés.

SEMENCE. C'est la graine réservée pour être semée. Quelquefois c'est le synonyme de Graine. *Voyez* ce mot.

On peut, chaque printemps, s'assurer, par l'inspection des ormes plantés sur les routes et chargés de graines, comparés à ceux du voisinage qui en sont privés, de l'influence qu'a la production de la semence sur la végétation. Les premiers ne développent leurs feuilles que lorsque leurs semences sont presque mûres, c'est-à-dire près d'un mois après les seconds.

Toujours on doit choisir la meilleure semence, je veux dire la plus grosse, la plus lourde, la plus mûre pour semence, parce que de sa bonté dépend la beauté des semis et l'abondance de la récolte. *Voyez* SEMIS et SEMAILLE.

Les blés qui ont crû dans les terrains très-fertiles, dans les terrains très-humides ou très-ombragés, ont généralement leurs grains moins nourris que ceux qui ont été cultivés dans une terre moins fertile, dans un terrain plus sec et plus exposé aux rayons du soleil, parce que, dans les premiers cas, toute la force végétative se porte sur les feuilles; on ne doit donc pas les employer à l'ensemencement. *Voyez* FEUILLE et ENGRAIS.

Il n'est pas vrai qu'il soit nécessaire, comme on l'a annoncé, de changer de temps en temps les semences d'une exploitation rurale, sous prétexte qu'elles dégénèrent. Il suffit de toujours choisir la plus belle de sa propre récolte. *Voyez* SUBSTITUTION DE SEMENCE.

Un cultivateur jaloux de la supériorité de ses blés fera même plus, il en fera trier sur une table les grains les plus gros, et les fera semer à part dans la meilleure terre de son exploitation, pour le produit être ensuite substitué à ses anciennes semences : et qu'on ne croie pas que cette opération de trier soit bien longue; une famille peut aisément nettoyer ainsi un boisseau chaque jour, seulement dans ses momens de repos, puisque les femmes et les enfans y travaillent. Il suffit d'avoir vu opérer des personnes exercées pour en être convaincu.

On regarde comme indispensable, dans beaucoup de cantons, de prendre le froment de la dernière récolte pour semence; mais il résulte des expériences de mon collaborateur Tessier, faites à Rambouillet et insérées dans le *Journal d'agriculture*, n°. 12, que cela n'est pas toujours nécessaire, puisque les produits les plus considérables n'ont pas été fournis par les semences de la dernière récolte. En effet, ayant semé pendant trois ans, de 1787 à 1789, des graines récoltées en 1780, 1781, 1782, 1783, 1784, 1785 et 1786, celles de 1781 n'ont pas produit un seul pied. Il a manqué quelques-unes de celles de 1785; mais les graines des récoltes de 1780, de 1782, de 1783, de 1784 et de 1786 ont donné des tiges abondantes et très-belles, qui ont fourni beaucoup de grain. Il est probable que le préjugé qui règne contre les semences anciennes parmi les cultivateurs, a sa source dans le peu de soin qu'on prend pour la conservation des grains, dont les germes sont rongés par les CHARANÇONS, les ALUCITES, les SOURIS, etc. *Voyez* ces mots.

Cependant une vieille semence lève plus lentement qu'une

fraîche, parce qu'elle est plus desséchée et qu'il lui est plus difficile d'absorber l'eau nécessaire à sa germination. Il faut donc la mettre dans l'eau quelques jours à l'avance pour lui restituer son humidité primitive.

Les Américains, que leur bonne éducation porte naturellement à la réflexion dans tout ce qu'ils font, ont pensé qu'en mettant des semences vieilles dans un mélange de bouse de vache et d'eau, et en l'entretenant pendant plusieurs jours, au moyen du feu, dans une température de 40 degrés, on en faciliterait la germination, et l'expérience a vérifié la justesse de cette idée.

Beaucoup de semences perdent réellement leur faculté germinative dans l'année qui suit celle de leur récolte; d'autres la conservent un petit nombre d'années; d'autres enfin un temps indéterminé. Presque toutes peuvent se conserver dans cet état un plus long-temps lorsqu'elles sont mises à une certaine profondeur en terre. *Voy.* GERMINATION, GERMOIR et JAUGE.

Un fait qui est peu connu, parce que la plupart des semences, quelque altérées qu'elles soient, sont dans le cas d'être employées à la nourriture des bestiaux ou des volailles, c'est qu'après avoir perdu leur faculté germinative, elles sont, après les substances animales, le meilleur ENGRAIS qu'on puisse employer. (*Voyez* ce mot.) Elles contiennent en effet, sous un très-petit volume, tous les élémens de la VÉGÉTATION. *Voyez* ce mot. (B.)

SEMER SOUS RAIES. C'est semer avant de labourer, de manière que la graine est recouverte de toute l'épaisseur de terre que renverse la charrue, épaisseur qu'on peut assez exactement arbitrer à moitié de la profondeur du sillon, c'est-à-dire communément à 2 pouces, car on pique moins à ce dernier labour qu'aux autres.

Semer sous raies a des avantages dans les terres sèches et légères, dans celles qui déchaussent, et dans les années où il ne pleut pas après les semailles; mais il a de graves inconvéniens dans les terres humides et fortes et dans les années pluvieuses, parce qu'alors le grain ne peut pas percer la couche de terre qui le recouvre et qu'il pourrit. *Voyez* SEMAILLE.

On emploie, dans le département de l'Indre, la charrue à billonner, au lieu de la charrue simple, pour recouvrir les grains; mais il ne paraît pas que cette méthode ait des avantages sur celle dont il vient d'être question, et elle en a tous les inconvéniens. (*Voyez* BILLON et CHARRUE.) Enterrer la semence avec une HOUE A CHEVAL (*voyez* ce mot) me paraît préférable. (B.)

SEMEUR. Celui qui est spécialement chargé, dans la grande culture, de semer les blés, les orges, les avoines, etc.

Dans les petites et moyennes exploitations, c'est presque toujours le propriétaire ou le fermier qui fait les semailles, car leur importance est telle qu'on ne doit qu'à la dernière extrémité les confier à un autre. Par suite, dans les grandes, ce sont des maîtres-valets, c'est-à-dire ceux qui sont préposés pour commander aux autres, et qui ont la confiance du propriétaire ou du fermier.

Un semeur doit être un homme intelligent, qui sache raisonner ses opérations, qui possède à un haut degré la pratique locale et auquel on puisse se fier sous tous les rapports. Un propriétaire non cultivateur ne peut trop faire de sacrifices pécuniaires, trop employer de ces moyens de bienveillance qui attachent les hommes les uns aux autres, pour en acquérir ou en conserver un bon.

Celui qui est habile peut embrasser, en semant, un espace plus ou moins considérable; mais il est prudent qu'il se tienne dans un juste milieu, c'est-à-dire qu'il ne répande la semence qu'à 6 à 7 pieds de chaque côté, et c'est sur cette largeur qu'on compte ordinairement. *Voyez* Semaille.

Celui d'une forte constitution peut semer jusqu'à 10 arpens par jour; mais ordinairement on se borne à 6, pour ne pas être obligé de trop multiplier les attelages de hersage. En principe général, toute opération forcée peut être difficilement faite d'une manière convenable.

Semer n'est pas un art difficile; mais il n'est pas donné à tout le monde de le bien pratiquer, et de sa plus ou moins bonne exécution dépend en grande partie l'abondance des récoltes. (B.)

SEMI-DOUBLE (FLEUR). Fleur qui a acquis, par la culture, un plus grand nombre de pétales qu'elle n'en a naturellement, mais qui a conservé des étamines ainsi que son ou ses pistils, et qui peut par conséquent se reproduire de graine.

Ce sont les graines des fleurs semi-doubles qu'on doit semer pour avoir des fleurs doubles.

Les arbres à fruits dont les fleurs sont semi-doubles donnent fréquemment du fruit, mais il est moins abondant, moins gros et moins savoureux que celui des arbres à fleurs simples.

Les détails dans lesquels on est entré au mot Fleur double me dispensent de parler plus longuement des semi-doubles. (B.)

SEMINATION. C'est le semis naturel des graines des plantes. *Voyez* Semis, Semaille, Semence et Graine.

Les graines de chaque espèce de plante mûrissent à une époque différente, se disséminent par des moyens qui leur sont propres, varient dans leur manière de germer. Toujours il en est qui se trouvent tantôt dans des circonstances favorables, tantôt dans des circonstances défavorables, de sorte que les unes réussissent mieux une année, les autres mieux une autre, et qu'en prenant une série d'années, dix, par exemple, il se trouve qu'elles ont multiplié à peu près toutes également dans la même proportion.

Cette dernière considération est relative à l'observation que certaines plantes restent toujours rares quoiqu'elles semblent, à raison de la grande abondance de leurs graines, devoir devenir communes. Cette rareté de certaines plantes tient à des circonstances qui ne nous sont pas encore entièrement connues et qu'on doit croire être très-indépendantes de la latitude. Quelquefois c'est la nature du sol, d'autres fois c'est l'exposition, vous dit-on ; mais cependant on trouve dans le même canton des terrains et des expositions parfaitement semblables, et où cependant telle plante ne se retrouve pas ; à plus forte raison, quand on considère une zone entière de la terre, quelque peu large qu'on la suppose. Il semble que la nature ait jeté, dans l'origine, les graines de quelques plantes par poignées, tant elles sont cantonnées, tandis que d'autres ont été répandues à profusion dans chaque continent et même dans tous les continens.

Je n'entreprendrai pas de traiter en détail cette belle question, qui n'intéresse que fort indirectement les agriculteurs ; mais je renverrai au mot Géographie agricole, où mon collaborateur Décandolle a présenté un grand nombre de faits principalement pris sur le sol de la France, et qui serviront à l'éclaircir.

S'il est une cause qui s'oppose à la sémination, c'est la culture, qui a cependant pour but la multiplication des plantes.

En effet, si quelques plantes inutiles à l'homme se multiplient malgré lui dans ses moissons, la presque totalité de celles qui couvraient le sol de ses champs au moment où ils ont été défrichés pour la première fois, n'y a pas reparu depuis et n'y reparaîtra peut-être plus jamais, lors même qu'ils seraient de nouveau abandonnés à eux-mêmes. Je tire cette conclusion, quoiqu'avec doute, par des motifs trop longs à développer, de ce que les terrains qui annoncent n'avoir jamais été défrichés, tels que quelques parties des forêts de Fontainebleau et de Montmorency offrent des plantes qui ne se retrouvent plus dans les parties des mêmes forêts qui ont été évidemment cultivées, ni dans les forêts voisines plantées de main d'homme.

Non-seulement il faut que chaque graine tombe sur un sol qui lui convienne, pour donner naissance à un nouveau végétal, mais il faut encore qu'elle trouve dans l'endroit même une disposition telle qu'elle puisse d'abord échapper à la dent des quadrupèdes et au bec des oiseaux, et ensuite une humidité ou une sécheresse telles qu'elles puissent germer.

La nature a employé divers moyens pour arriver à ce but : d'abord elle a multiplié les graines à un tel point que, pourvu qu'il en germe une par cent, par mille, par dix mille, selon les espèces, cela suffit, puis elle a donné à chacune des moyens de dispersion particuliers, ensuite elle a voulu qu'elles fussent recouvertes par les feuilles, par la terre entraînée par les pluies; qu'elles fussent enfouies dans les crevasses qu'occasionne la sécheresse, dans les trous que creusent des myriades d'insectes, sous les monticules qu'élèvent les taupes, les lombrics, les sangliers; qu'elles fussent enfoncées par les chutes des branches mortes, par le marcher des gros animaux, etc. Elle a multiplié, dans la même intention, les pluies au printemps, les pluies en automne, etc., etc.

Un fait très-remarquable, mais qui n'a pas encore été expliqué, c'est que les plantes propres au sol sont les seules qui se multiplient par ces causes naturelles. Parmi le grand nombre de celles qui ont été introduites en Europe depuis un siècle, et dont les moyens de multiplication sont faciles, il n'y en a peut-être pas une demi-douzaine qui s'y soient véritablement naturalisées, et à la tête des naturalisées je mets la *vergerole du Canada*, l'*onagre bisannuelle*. Pourquoi le blé, l'orge, l'avoine, le chanvre, etc., ne se trouvent-ils pas autre part que dans les champs où on les a semés? Pourquoi la vigne, le noyer, l'amandier, le pêcher, le cerisier-griottier, etc., etc., cultivés depuis si long-temps, ne se trouvent-ils pas aujourd'hui dans nos forêts, au moins du midi? Pourquoi des millions de graines de plantes étrangères semées par des amateurs (moi du nombre) dans les bois et autres lieux incultes des environs de Paris, n'y ont-elles laissé que des traces très-passagères? Je ne crois pas la science assez avancée pour entreprendre la solution de ces questions; mais elles sont dignes des méditations des scrutateurs de la nature. (B.)

SEMIS. Mise en terre des graines dont on veut obtenir des productions.

« La voie des semis, dit Thouin, est celle qui fournit des sujets en plus grand nombre, de la plus belle venue, de la plus longue durée. C'est celle qu'on doit employer de préférence toutes les fois que cela est possible. Elle donne des variétés, dont quelques-unes ont des qualités perfectionnées et des propriétés plus éminentes que celles des espèces auxquelles elles doivent leur existence; elle procure enfin des races qui s'acclimatent plus aisément. »

Les plantes annuelles peuvent être rarement multipliées autrement que par semis.

Toutes les graines, pour être bonnes à semer, doivent être arrivées à leur maturité ou presque à leur maturité. Plus, dans chaque espèce, la graine est petite relativement aux autres de la même espèce, et plus sa production est faible. Il faut donc toujours choisir la plus belle graine, excepté lorsqu'on veut obtenir des fleurs doubles. *Voyez* GRAINE et FLEUR DOUBLE.

Comme il est toujours sage de ne pas perdre son temps et son terrain, on doit désirer le plus souvent de savoir si la graine qu'on va semer est dans le cas de lever. On juge généralement assez bien de sa qualité par l'inspection, lorsqu'on a de l'expérience, c'est-à-dire à sa couleur et à son poids ; mais dans le cas contraire il faut avoir recours à l'incertaine épreuve de l'eau, la mauvaise surnageant ordinairement, ou à l'examen anatomique du germe, qui, lorsqu'il est gros et sans apparente altération, offre plus de sécurité.

L'observation prouve que les graines de la récolte dernière sont meilleures lorsqu'on veut avoir des plantes vigoureuses et abondantes en tiges ou en feuilles, mais que celles de deux ans sont préférables quand on a pour but d'avoir de grosses racines, de belles fleurs et des fruits abondans et savoureux. Les cultivateurs doivent se conduire en conséquence de cette observation. *Voyez* RAVE, ANÉMONE et MELON.

La première chose à faire quand on veut entreprendre un semis, c'est de débarrasser les graines de leur enveloppe. Le plus souvent cette opération s'exécute au moment même ou peu après la récolte de ces graines ; cependant il vaut mieux attendre, lorsqu'on le peut sans grands inconvéniens, le moment de les employer, parce qu'elles se conservent mieux dans ces enveloppes. *Voyez* GRAINE.

L'eau étant nécessaire à la germination des graines, il faut faire les semis, autant que possible, par un temps humide, ou sur une terre humide, ou mettre tremper les graines dans l'eau.

Il est des graines qui portent sur elles des germes de la mort qui frappera leurs productions, telles que celles du froment, de l'orge, de l'avoine, etc. Il faut détruire ces germes par un caustique, par le CHAULAGE. *Voyez* ce mot et les mots CARIE, CHARBON.

Beaucoup d'espèces de graines perdent leur faculté germinative peu après leur maturité. Ces graines, lorsqu'on ne les peut pas semer de suite, doivent être stratifiées avec de la terre. *Voyez* JAUGE, GERMOIR et STRATIFICATION.

Le froment de deux ans doit être plus avantageux à semer, d'après le principe que les graines dont le genre est affaibli, poussent moins en herbe et plus en grains. *Voyez* MELON, ANÉMONE.

Quelques noyaux, tels que ceux des amandes, des pêches, des abricots, poussent plus vite lorsqu'on les met en terre sans leur enveloppe, mais aussi on risque de les faire pourrir. Ce moyen ne doit être employé que dans quelques cas rares.

Autant que possible, les terres où on doit faire les semis seront ameublies par des labours; tous les semis réussissent dans la terre de bruyère lorsqu'elle est convenablement arrosée, parce que c'est la plus perméable aux racines. Les terres légères sont plus ou moins dans le même cas; mais comme elles laissent plus facilement infiltrer et évaporer les eaux des pluies, il est souvent nécessaire, dans la grande culture, où on ne peut arroser, de rendre leur surface un peu plus compacte en la plombant. *Voyez* PLOMBAGE et ROULAGE.

Il est cependant des graines qui lèvent mieux dans les terres compactes, ce sont celles qui sont grosses et ont besoin d'une grande quantité d'eau et celles qui sont propres à ces sortes de terres.

Presque toutes les graines de légumes dont on mange les feuilles gagnent à être semées dans des terres très-fertiles ou très-fumées, parce que dans cette circonstance elles offrent des productions plus fortes et par conséquent plus propres à remplir l'objet de leur culture.

Plus les graines sont grosses et plus elles demandent à être enterrées profondément, cette règle du moins souffre fort peu d'exceptions. Il est des graines qui ne lèvent jamais dès qu'elles sont enterrées, telles sont, parmi les arbres, celles des bouleaux, des platanes, etc.; parmi les plantes, celles des oignons, des panais, etc. Dans ce cas, il est souvent bon de couvrir ces graines avec de la mousse, de la paille et autres objets analogues qui empêchent l'effet de l'action desséchante des rayons du soleil ou des vents. *Voyez* SOLEIL et HALE.

La terre est-elle humide, enterrez peu votre grain; est-elle sèche, semez avant le labour. Ce principe s'applique principalement aux graines qui lèvent rapidement, telles que le colza, la navette, le chanvre, le froment, le seigle, etc.

Les graines des légumes et des fleurs dont on veut avancer la végétation, dans les climats froids, se sèment ou au pied d'un mur, ou autre abri exposé au midi, ou sur un ados et on les arrose peu, ou sur une couche nue (*voyez* ABRI, ADOS, COUCHES chaudes ou tempérées); ou dans des pots et des TERRINES sur couches à châssis (*voyez* ces mots et CHASSIS), ou dans des BACHES ou dans des SERRES. (*Voyez* ces mots.) Il en est de même de celles des arbres, arbrisseaux, arbustes et plantes vivaces ou annuelles des pays chauds qu'on désire cultiver dans nos climats.

Quand, au contraire, ce qui est rare, on désire retarder la

végétation de certaines plantes, on en sème la graine au nord d'un mur, on l'arrose adondamment avec de l'eau de puits ou de fontaine. *Voyez* Eau.

· M. Dumont Courset observe qu'il est très-avantageux de placer les graines dans les terrines ou les pots à un pouce des bords, afin qu'elles reçoivent plus de chaleur de la couche, et qu'il soit plus facile de séparer le plant qui en proviendra. Je ne puis que conseiller cette pratique, dont les bons effets sont évidens.

La conduite des arrosemens d'un semis demande beaucoup d'intelligence. Et en effet il en est sur lesquels ils ont une influence telle, qu'un seul de trop ou un seul de moins peut les faire manquer : ce sont ceux de graines étrangères extrêmement fines, comme les Rosages, les Kalmies, les Lèdes, les Bruyères, les Andromèdes, etc.

Il est presque toujours avantageux de garantir les semis des rayons du soleil de midi, des rosées froides de la nuit, par des Claies, des Toiles, de la Paille, de la Mousse et autres Couvertures. (*Voyez* ces mots.) Ces couvertures sont indispensables pendant l'hiver, dans les climats froids, pour tous les semis des plantes qui craignent les fortes Gelées. *Voyez* ce mot.

Plusieurs graines, principalement des arbustes de la famille des bruyères, telles que celles que j'ai citées plus haut, à raison de la difficulté de conduire leurs arrosemens, exigent d'être semées dans des lieux où l'air soit presque stagnant, comme une très-petite cour, l'angle nord d'un jardin, sous un châssis dont on ouvre fort peu le panneau, etc.

On sème en Pleine terre, sur Couche, en Caisse, en Terrine ou en Pot; on sème à la Volée, en Planche, en Auget, ou Pochet ou Potelot, en Rayons ou Rangées. (*Voyez* ces mots.) Enfin on sème seul à seul, c'est-à-dire qu'on place à la main, ordinairement en lignes et à distance égale, les grosses graines qui doivent, dès la première année, donner de fortes tiges ou de nombreuses branches.

Ces semis seul à seul sont principalement recommandables pour les arbres forestiers qu'on destine à rester dans un lieu, parce qu'ils les placent à une distance convenable et qu'ils conservent le Pivot (*voyez* ce mot), si essentiel à la beauté et à la longévité de ces arbres. Il serait bien à désirer que les poiriers et les pommiers en plein vent, qui servent de bordure aux chemins vicinaux ou qui sont en plein champ, fussent toujours semés ainsi.

Les semis dont les produits ne doivent pas être transplantés s'appellent des Semis a demeure.

Il y a certains semis qu'il faut faire très-serrés, tels sont

ceux de lin, de chanvre, destinés à faire de la dentelle ou
de la fine toile ; tels que ceux des plantes qu'on veut faucher
en vert pour les bestiaux, ou enterrer avant la floraison pour
engrais; mais en général, et sur-tout ceux destinés à la production de la graine, doivent toujours être clairs. La raison
en est que les plants trop pressés s'affament réciproquement
par leurs racines, se nuisent par leur ombre, et qu'ils ne prennent pas conséquemment toute la vigueur qui leur est propre.
Mais on éclaircira successivement, disent certains jardiniers,
lorsque le plant sera levé : oui ; mais le plant qui a levé faible
restera faible toute sa vie, leur répond-on : en effet, c'est ce
que l'expérience prouve.

Cependant, comme il est beaucoup de graines non fécondées, altérées, mangées, on ne peut se dispenser de semer un
peu plus dru qu'il ne convient, mais il y a un moyen terme
à garder.

Dans les terres sèches et exposées au midi, soit qu'elles soient
argileuses, sablonneuses ou calcaires, les semis d'automne
sont toujours préférables à ceux du printemps, parce que les
racines des plantes que produisent ces semis ont le temps de
s'approfondir, à raison des pluies de l'hiver et de la chaleur
du local : tandis que les semis du printemps, ou ne lèvent pas
par suite de la sécheresse, ou les plantes qui en résultent périssent, ou au moins souffrent considérablement par la même
cause. Il faut avoir voyagé en observateur pour se faire une
idée de l'immensité des pertes qui sont annuellement opérées
par le défaut d'attention des cultivateurs à cet égard. Je ne
puis donc trop leur recommander d'étudier leurs terres et de
combiner leurs opérations conformément à leur nature. Ce
n'est pas l'expérience d'un an, de deux ans, de tel individu
ou de tel autre, qui peuvent contredire un principe de théorie ;
car dans le cas précité il peut y avoir deux ans de suite des
pluies de printemps, c'est l'expérience de dix ans et de cent
personnes au moins. *Voyez* EXPÉRIENCE.

Beaucoup de cultivateurs croient que lorsque les céréales se
déchaussent pendant l'hiver, c'est parce qu'elles ont été semées
trop superficiellement; mais quoique cette cause doive toujours agir plus ou moins, elle n'est pas la principale : leur manière de germer, la nature de la terre et les circonstances qui
ont accompagné les gelées, ont sur ce fait une influence bien
plus étendue. *Voyez* CÉRÉALE, TERRE et GELÉE.

Dans le cas où on semerait deux espèces de graines dans le
même champ, il est plus avantageux de les répandre l'une
après l'autre, que de les mélanger, parce que la différence de
leur pesanteur spécifique fait qu'elles se dispersent inégalement.

Il est aujourd'hui généralement reconnu que les objets de nos cultures qui portent de la graine, épuisent davantage le sol que ceux qui ne nous fournissent que leurs feuilles. Ainsi, il ne faut pas semer deux années de suite dans le même champ du froment ou de l'orge, du colza ou du chanvre, à moins qu'on ne rende à la terre, par des engrais abondans, la portion de principes nutritifs que ces plantes lui ont enlevée. *Voyez* Assolement et Engrais.

Le moment de la levée des semis dépend, 1°. de la nature de la graine, toutes variant à cet égard; 2°. de celle de la terre, ceux dans les terrains secs et légers étant plus précoces que ceux des terrains humides et compactes; 3°. de la proportion exacte de l'humidité de la terre avec la nature de la graine, trop peu et trop étant toujours une circonstance défavorable; 4°. de la chaleur de l'atmosphère, chaleur sans laquelle il n'y a pas de végétation, et dont chaque plante demande un degré différent; 5°. enfin de la profondeur à laquelle la graine est enterrée. Il est un grand nombre de graines, et les cultures en montrent continuellement des exemples malheureusement trop nombreux (*voyez* Herbe), qui restent plusieurs années en terre lorsqu'elles sont profondément enterrées, et qui lèvent dès que la charrue ou la bêche les ont ramenées à la surface.

Je crois faire plaisir au lecteur en lui offrant le passage suivant rédigé par Thouin.

« Dans l'état de nature, les graines mûrissent sur les végétaux qui les produisent; quelques-unes tombent immédiatement après leur maturité; d'autres, au contraire, restent sur leur pédoncule jusqu'à l'époque d'une nouvelle sève qui, trouvant oblitérés les vaisseaux qui conduisent à ces graines mêmes, s'en détourne pour se porter vers des boutons ou des rameaux qui exigent son action vivifiante; mais les unes et les autres tombent à terre, sur des couches d'humus végétal, produites par la décomposition des feuilles, des brindilles et autres parties des végétaux; d'autres trouvent pour lits des couches de plantes herbacées, dans lesquelles elles se trouvent enveloppées et couvertes; il en est qui ne rencontrent dans leur chute que de légères couches de mousses, de lichens : bientôt elles sont recouvertes par des particules terreuses qu'y charrient les vents ou qu'y entraînent les pluies, et par les feuilles desséchées des végétaux supérieurs. Les fruits pulpeux tombent entiers, leur chair se décompose, les siliques, les calices et autres espèces d'enveloppes exposées à l'humidité se détruisent : il résulte de la décomposition de toutes ces substances un humus végétal, dans lequel se rencontre une grande quantité de carbone dans un état de division, tel qu'il est

propre à entrer presque sur-le-champ dans l'organisation végétale.

» Ainsi donc, les germes des semences, après avoir été développés par l'humidité et la chaleur, se nourrissent d'abord du
lait végétal contenu dans les lobes qui les accompagnent, leur
radicule s'enfonce ensuite dans une couche presque uniquement
composée d'humus végétal, dans laquelle elles tirent par
leurs suçoirs un aliment moins élaboré, mais plus substantiel
que celui fourni par les lobes des semences, et plus analogue
à l'état de la jeune plantule. Peu de temps après, le jeune plant,
devenant plus robuste, enfonce ses racines en terre à une plus
grande profondeur; il y trouve des sucs élaborés plus nutritifs, plus forts, et plus assimilés à l'état de vigueur et de force
des végétaux à cette époque de leur âge.

» D'après ce qui vient d'être dit, il est aisé de sentir 1°. que la
couche de terre dans laquelle se font les semis doit être abondante en parties nutritives, et dans un état d'élaboration telle,
qu'elles puissent remplacer l'aliment que fournissent aux jeunes
semis leurs cotylédons, et servir de nourriture intermédiaire
entre ce premier et celui qu'ils doivent tirer des couches de
terre inférieures; 2°. que cette couche de terre doit être très-
meuble, pour que les radicules et le tendre chevelu des racines des jeunes plantes puissent la pénétrer et y chercher
leur nourriture; 3°. et enfin que la couche de terre, recouvrant les semences, doit avoir peu d'épaisseur, être meuble
et légère, pour que les plantules puissent aisément la traverser lors de leur développement.

» Si on ne recouvrait les semis qui se font à main d'homme
qu'aussi peu que ceux qui se font naturellement dans les campagnes, on réussirait rarement à les faire lever; c'est-à-dire
qu'on manquerait son but. Les semis qui se font naturellement
sont abrités par des herbages, ou des arbres dont la fraîcheur
et l'ombrage léger protégent la germination des graines, et les
défendent des rayons trop ardens du soleil. Les semis faits à
main d'homme se pratiquant dans une terre nue, nouvellement remuée et exposée aux rayons du soleil, n'auraient ni
assez d'humidité, ni assez d'abris pour lever; on est donc
obligé de les couvrir davantage, et il est une règle assez généralement suivie, qui, à quelques exceptions près, peut guider
dans la pratique : c'est la grosseur des semences, qui doit indiquer à peu près l'épaisseur de la couche de terre qui doit les
recevoir pour faciliter et assurer leur germination.

» Les semences très-fines, telles que celle des RAIPONCES,
des POURPIERS, doivent être recouvertes d'une ligne de terre,
et encore doit-elle être légère. Les graines de la grosseur d'un
pois ont besoin d'être recouvertes de terre de l'épaisseur de

trois quarts de pouce. Enfin les graines les plus grosses, parmi celles de nos arbres fruitiers, comme les amandes, les noyaux d'abricots, de pêche, et même les noix, peuvent être enfoncées en terre entre 2 à 3 pouces; mais il est bon d'avertir que les plus grosses, telles que celles du cocotier des Maldives, qui est le plus gros noyau que nous connaissions, ne doivent être enfoncées en terre qu'à la profondeur de 4 à 5 pouces.

» S'il est important d'enfoncer les semences à une profondeur convenable pour leur réussite, il ne l'est pas moins, pour la célérité de leur germination, qu'elles ne soient pas trop enfoncées en terre. Les graines les plus fines, enterrées à un pouce, ne lèvent point; elles se conservent en terre jusqu'à ce qu'un concours de circonstances les rapproche de la surface.» *Voyez* Germination, Terreauter et Semaille.

Les plantes profitant d'autant plus qu'elles sont plus écartées, parce qu'alors elles peuvent étendre leurs racines et jouir de l'influence de la lumière solaire dans toute la latitude possible et qu'elles sont plus souvent binées, on a été, depuis bien des siècles, déterminé par l'expérience à les semer en Rangées. *Voyez* ce mot.

Cependant cette excellente pratique est peu en faveur en France hors des jardins. C'est en Angleterre qu'il faut aller pour apprécier ses utiles résultats; cependant on y a reconnu qu'elle ne s'appliquait pas aussi bien aux terres fortes qu'aux terres légères, parce que les mottes gênaient lors des Binages à la Charrue, ou à la Houe a cheval. *Voyez* ces trois mots.

Je fais des vœux pour que l'usage des semis par rangées, malgré ce petit inconvénient, s'étende en France avec rapidité.

Lorsqu'on laboure en sillons très-étroits, et qu'on répand immédiatement à la suite l'un de l'autre le fumier bien consommé et la semence, ce fumier et cette semence tombent dans les raies, la semence sur le fumier, et il en résulte qu'elle se trouve disposée en rangées, et dans les circonstances les plus favorables pour donner des produits avantageux. M. de Barbançois, qui cultive ainsi, y trouve fort bien son compte. *Voyez* Semis et Rangée.

La nature et l'art sèment toute l'année, mais la première plus en automne et la seconde plus au printemps. Les semis de printemps donnent généralement des productions plus faibles, parce que les plants qui en proviennent parcourent trop rapidement le cercle de leur évolution. Les seigles, les fromens, les vesces, les navettes, les pieds d'alouette, etc., offrent annuellement la preuve de ce fait. Les grandes gelées de l'hiver et les grandes chaleurs de l'été sont les époques les plus défavorables. Je n'entrerai pas dans le détail des instans où on sème chaque espèce, puisque cela a été indiqué à l'article qui la concerne, et d'une manière générale à celui de chaque mois.

Lorsqu'un semis est effectué, il demande quelquefois, comme je l'ai observé, d'être arrosé. Des arrosemens trop multipliés, ou font pourrir les graines, ou font pousser les plantes avec tant de rapidité, qu'elles sont sans vigueur et périssent ordinairement à la transplantation ou même pendant l'hiver suivant. Il faut donc les ménager. (*Voyez* ARROSEMENT.) Souvent aussi il faut les débarrasser des mauvaises herbes qui leur nuisent, par le moyen des SARCLAGES, SERFOUISSAGES et BINAGES. (*Voyez* ces mots.) Mais il arrive quelquefois que les mauvaises herbes sont utiles en conservant aux semis l'humidité nécessaire : c'est d'après ce principe que souvent on sème les graines de plusieurs plantes ensemble : par exemple, de l'orge ou de l'avoine avec du trèfle, de la luzerne, du sainfoin, etc. *Voyez* PRAIRIE ARTIFICIELLE.

Une trop constante HUMIDITÉ, une trop constante SÉCHERESSE, une PLUIE BATTANTE, un SOLEIL trop vif, la GELÉE, la GRÊLE, quelques quadrupèdes tels que les MULOTS, les CAMPAGNOLS, les TAUPES, un grand nombre d'insectes, principalement les COURTILLIÈRES, les larves des HANNETONS, les CHENILLES de diverses espèces et les ALTISES, une certaine quantité de vers, comme les LOMBRICS, les LIMACES, les HÉLICES, nuisent beaucoup aux semis. J'ai indiqué, aux articles qui les concernent, les moyens de prévenir ou de réparer leurs ravages, ainsi que ceux de les détruire. (B.)

SEMOIR. Espèce de demi-sac en toile que les semeurs attachent autour de leurs reins, et dans lequel ils mettent la semence qu'ils doivent répandre.

La forme et la grandeur des semoirs varient suivant les lieux, mais sont indifférentes ou presque indifférentes au succès des SEMIS. *Voyez* ce mot.

Lorsque le semoir est vide, le semeur va le remplir au sac qu'il a déposé auprès de la pièce qu'il sème.

On donne aussi le nom de *semoir* à toute machine inventée pour distribuer la semence avec plus d'exactitude et d'économie qu'il n'est possible de le faire lorsqu'on sème à la main.

Les Chinois se sont servis de toute antiquité de semblables machines pour semer et couvrir en même temps leur riz. C'est d'eux qu'on en a emprunté la première idée, et des cultivateurs instruits ont pensé qu'on pouvait l'appliquer avec succès aux semailles de nos champs. Rozier est d'une opinion contraire. « L'acquisition de telles machines, dit-il (*Cours d'agriculture*), serait infiniment heureuse, si nos terres ressemblaient à celles des rizières de la Chine. Toute rizière suppose nécessairement un sol dont la superficie est plane et nivelée,

afin que l'eau qu'on est forcé d'y introduire pour favoriser la
végétation des plantes s'étende par-tout à la même hauteur :
d'ailleurs ce sol ressemble plus à celui de nos jardins potagers, qu'au terrain des champs labourés. Par-tout la terre est
douce, émiettée, sans gravier, sans cailloux. Il n'est donc pas
surprenant que l'action de semer et de recouvrir la semence
par la même opération, soit l'effet d'une machine ; lorsque les
circonstances seront égales, cette machine méritera d'être
adoptée en Europe. En effet, le grain est également répandu,
également espacé, également recouvert, et il n'y a pas un
seul grain de perdu. Mais où trouver cette égalité de circonstances? Et quand même on la trouverait, le point vraiment difficile pour l'exécution serait de soumettre l'esprit d'un paysan
à s'en servir. Il y a plus, quand même il l'adopterait, elle serait bientôt brisée et anéantie par sa gaucherie. »

Après s'être ainsi prononcé contre l'emploi des semoirs pour
ensemencer nos champs, le même auteur donne cependant la
description et la figure d'une de ces machines, afin de satisfaire, dit-il, la curiosité des lecteurs; et cette description est
précédée de la notice et des observations suivantes sur la faveur dont ont joui les semoirs vers le milieu du dernier siècle.

« Lucatello, dit Rozier, Espagnol de nation, sur la fin du
dix-septième siècle, voulut imiter la culture des Chinois, et,
à cet effet, il inventa ou modifia un de leurs semoirs. Le plan
de sa machine fut envoyé à la Société royale de Londres, et
il en est fait mention dans la collection imprimée de ses Mémoires. C'est sans doute d'après cette instruction, que M. Tull,
Anglais, donna une sorte de célébrité aux semoirs, et il en
avait besoin pour perfectionner la méthode nouvelle d'agriculture qu'il publia dans l'idiome de son pays, et que M. Duhamel fit connaître en France en 1750, dans l'ouvrage intitulé : *Traité de la culture des terres suivant les principes de
M. Tull.* La base du système de l'auteur anglais est l'atténua-
tion des terres à grains, semblable à celle du sol de nos jardins
potagers, et de suppléer les engrais par des labours multipliés.
Ce n'est pas le cas de discuter ici la bonté ou la nullité complète de ce système, qui suppose des travaux et des frais immenses avant d'avoir enlevé tous les cailloux et toutes les
pierres d'un champ, de l'avoir purgé de toute racine, d'avoir
pour ainsi dire nivelé sa surface au cordeau. En supposant un
champ dans ce cas; en supposant encore que les labours sup-
pléent les engrais ; en supposant enfin qu'on compte pour peu
les champs établis sur les coteaux et sur les pentes des montagnes, il est assez bien prouvé que le semoir économise une
partie du grain que le cultivateur répandrait lui-même sur son
champ.

» L'ouvrage de M. Duhamel réveilla l'attention de tous les cultivateurs et grands propriétaires, chacun voulut avoir un semoir et obtenir la gloire de perfectionner celui de M. Tull. M. Duhamel en imagina plusieurs. Alors on offrit à la curiosité publique les semoirs à tambours, les semoirs à cylindre, les semoirs à palettes ; MM. de Châteauvieux, de Montefui, Diancour, Thomé, Blanchet, de Villiers, parurent avec honneur, par la perfection qu'ils donnèrent à leurs semoirs. Enfin M. Soumille, d'Avignon, est à-peu-près le dernier qui ait innové dans ce genre, et qui ait porté la machine à sa plus grande simplicité ; cependant elle a encore ses défauts.

» Pendant ce temps-là, c'est-à-dire depuis 1750 jusqu'en 1765 et 1770, la manie des semoirs régnait en Angleterre comme en France ; jusqu'aux pois, aux fèves, tout avait son semoir. On y distingue ceux de M. Ellis, du docteur Hunter, de M. Rundall : peu-à-peu, dans cette île et sur le continent, la séminomanie passa de mode, aujourd'hui tous les semoirs sont relégués sous le hangar et on ne s'en sert plus. »

Il faut convenir, avec Rozier, qu'il n'est pas aisé d'introduire, en agriculture, de nouvelles machines, même celles qui seraient avantageuses au progrès de cet art, parce que les habitans des campagnes n'aiment à se servir que des instrumens qu'ils sont accoutumés à manier depuis leur enfance, parce qu'ils craignent, et souvent avec raison, que les machines qui leur sont proposées n'atteignent pas le but promis et désiré ; parce qu'enfin, en supposant qu'ils les adoptassent, ils ne sont ni assez soigneux pour les conserver en bon état, ni assez adroits pour les réparer au besoin, et que dans beaucoup de cantons ils manqueraient d'ouvriers pour cela. Sur tous ces points je pense comme Rozier, et l'on peut voir ce que j'ai dit à ce sujet à l'article MACHINE ; mais cependant l'art agricole en a besoin et en emploie beaucoup qui sont adoptées depuis long-temps et d'un usage facile et journalier. Les diverses espèces de charrues, de pompes et de moulins sont des machines ; les pressoirs à huile, à cidre et à vin sont des machines ; le simple tombereau même en est une, et serait assurément présenté sous ce nom s'il n'était pas connu, pourquoi donc n'en proposerait-on pas de nouvelles aux cultivateurs, si on peut leur en démontrer l'utilité, et si en même temps elles sont simples et peu coûteuses ?

L'ensemencement des terres est une des opérations les plus intéressantes de l'agriculture ; il importe au succès des récoltes qu'il soit bien fait : pour cela, il faut que le grain ne soit ni ménagé ni prodigué, qu'il soit semé en plus ou moins grande quantité, plus clair ou plus épais selon l'espèce de grain, la qualité de la terre et les préparations qu'elle a reçues ; il faut sur-tout qu'il soit répandu avec une grande égalité sur toute la superficie du sol. La main de l'homme, dirigée avec intelligence, est-elle seule en état de faire tout cela, ou n'at-elle pas besoin, dans ce travail, d'être aidée par quelque machine ou semoir? C'est ce qui est en question, et à cet égard les agronomes sont partagés d'opinion. Selon quelques-uns, rien n'est moins propre à semer toujours également que la plupart des semoirs imaginés jusqu'à ce jour; car l'égalité de la distribution dépendant de l'uniformité du mouvement, il faut presque toujours supposer que l'animal qui fait mouvoir l'instrument n'aura rien d'inégal dans sa marche, et que la terre qu'on veut semer n'aura rien de raboteux : or, une pierre suffit pour anéantir ces suppositions et troubler l'opération des semoirs; d'ailleurs ces machines sont assez sujettes à se détraquer. Le meilleur semoir, ajoutent-ils, est la main d'un laboureur exercé; elle n'est exposée à aucun accident et son opération est sûre, facile et prompte.

Ces observations sont fondées jusqu'à un certain point, mais elles ne sont point concluantes contre les semoirs; car on pourrait dire les mêmes choses sur la charrue et la herse, sujettes aussi à se détraquer, et employées souvent dans des terrains inégaux, raboteux, pleins de cailloux et de pierres. On ne les a pourtant point abandonnées pour cela. Le labour à la bêche est sans contredit plus parfait que celui qu'on ferait avec la meilleure charrue; cependant les charrues n'ont pas été mises sous le hangar. Un simple rabot couvre plus sûrement et plus également le grain que la herse la mieux dirigée, et la herse est employée par-tout. On voit que le cultivateur, quelque exercé qu'il soit dans l'art agricole, s'est toujours aidé des machines qui lui ont paru simples, d'un usage commode, et propres à épargner son travail et son temps. Il tirerait cet avantage d'un bon semoir; il économiserait encore son grain, et s'assurerait des récoltes plus abondantes. Rozier a dit que tous les semoirs avaient été abandonnés, il ignorait sans doute qu'il en existe depuis long-temps en Pologne un fort simple, qui est entre les mains de tous les laboureurs de ce pays même les moins fortunés, et dont ils font journellement usage avec succès : c'est celui que je vais décrire. Il importe de le faire connaître, et j'engage nos riches propriétaires ou fermiers à en faire l'essai, afin que leur exemple et les avantages qu'ils ne manqueront pas d'en retirer décident les petits laboureurs à l'employer aussi.

Une trémie, un cylindre, deux montans, deux roues, deux brancards et deux châssis, sont toutes les pièces dont se compose le semoir polonais. *Voyez Pl.* 2, *fig.* 2.

La trémie AAAA est destinée à contenir le grain qu'on veut

semer. Elle a 5 pieds de hauteur, 4 pieds et demi de longueur, et 14 pouces d'ouverture par le bas : elle est plus ou moins ouverte en haut, selon que ses côtés sont plus ou moins inclinés l'un vers l'autre.

Cette trémie pose sur un cylindre BB, ayant 4 pieds et demi de largeur et 14 pouces de diamètre, c'est-à-dire que la longueur et le diamètre du cylindre correspondent à la largeur et à l'ouverture inférieure de la trémie. La moitié du diamètre du cylindre entre dans la trémie, l'autre moitié est vue en dehors. La surface entière du cylindre est garnie de petits trous ou alvéoles disposées en échiquier, à 4 pouces environ les uns des autres, et ayant la forme des grains qu'on se propose de semer. Ces grains, jetés dans la trémie, remplissent ces trous, et le cylindre en tournant les lâche et les dépose sur la terre, où ils tombent et restent espacés également et de la même manière qu'ils l'étaient sur le cylindre.

Le cylindre et la trémie sont réunis ensemble par deux montans CC, dont les deux parties supérieures sont courbes et fixées par deux vis à écrou à chacun des côtés de la trémie, et dont les parties inférieures sont percées d'un trou faisant fonction de moyeu, et dans lequel tourne l'axe du cylindre.

En dehors de la trémie, et vers chaque extrémité du cylindre, sont deux roues fixes DD, qui font corps et qui tournent avec lui ; elles ont 2 pieds 3 pouces de hauteur. En Pologne, où le bois est très-commun, ces roues sont ordinairement en bois plein, sans raies ni jantes. Il serait plus convenable de les faire comme les roues de nos petites voitures.

Les brancards EE, réunis par la traverse F, sont placés bien au-dessus des roues, vers la partie supérieure de la trémie, dans l'intérieur de laquelle ils passent.

Les deux châssis GG entrent dans la trémie jusqu'aux deux bords de son ouverture inférieure ; ils sont mobiles et appliqués aux deux côtés antérieurs et postérieurs de la trémie, le long desquels on peut les élever ou les abaisser à volonté. Vers le bas, ils sont garnis d'une traverse large et mince, recouverte de laine, et dont l'objet est de fermer plus ou moins le petit intervalle qui se trouve entre les tangentes du cylindre et les bords de la trémie, afin qu'aucun grain ne puisse passer par cet endroit.

Telle est la disposition des pièces fort simples qui composent le semoir polonais. Il est traîné ordinairement par un cheval. Le mouvement imprimé à la machine fait que le grain contenu dans la trémie se place comme de lui-même dans les alvéoles du cylindre. Afin que la forme de ces alvéoles soit toujours convenable au grain, on change de cylindre quand on veut semer un grain de forme différente. Comme cette pièce du semoir ne tient à la trémie que par quatre vis, on l'en détache sans peine et sans perte de temps. Quelque lent ou accéléré que soit le pas du cheval, les grains qui tombent à terrre conservent toujours entre eux les distances voulues et réglées par celles des alvéoles, seulement lorsque le mouvement de la machine est accéléré, on sème une plus grande quantité de grain dans un temps donné; ce qui est un avantage réuni à tous ceux que présente ce semoir.

On objectera peut-être que les alvéoles du cylindre étant égaux et les grains inégaux, beaucoup de grains trop gros peuvent ne pas s'y nicher, et beaucoup d'autres qui y sont entrés, s'y trouvant trop serrés, doivent avoir de la peine à s'en détacher. Je répondrai que les trous sont faits assez grands pour recevoir les plus gros grains, et que celui, en bien petite partie, qui ne peut pas s'y loger, n'est pas perdu pour cela ; il reste dans la trémie.

J'ai décrit ce semoir d'après un petit modèle que M. Thouin a bien voulu me communiquer. (D.)

Les graines fines, comme celles de la luzerne, du trèfle, de la rave, de la navette, du colza, de la moutarde, du pavot, etc., sont beaucoup plus difficiles à semer également que celles des céréales et autres de mêmes dimensions ou plus grosses. Un semoir qui non-seulement les espacerait également, mais les disposerait en rangées assez écartées pour qu'on pût biner à la petite charrue à double oreille (Cultivateur), ou à la Houe ou Ratissoire a cheval (*voyez* ces mots), le plant qui en proviendrait serait donc un instrument fort utile : or, celui inventé en Angleterre par M. Arbuthnot, et publié par Arthur Young, tome 5 de ses œuvres, réunit à ces avantages celui de déposer l'engrais directement sur les semences, non pas pour enrichir la terre, mais pour hâter la croissance des jeunes plants. Une fort petite quantité d'engrais employé avec cet instrument fait plus de profit que des charretées répandues à la manière ordinaire. Les engrais qui conviennent le mieux dans ce cas sont ceux qui se divisent facilement, comme la poudrette, la colombine, la tourbe, le terreau, le fumier très-consommé, les marcs des brasseries, des moulins à huile, la suie, etc. On peut aussi en faire usage pour des amendemens tels que la chaux, les cendres, etc.

La herse-semoir de M. Hayot, qui est déposée au Conservatoire des arts et métiers, et dont j'ai suivi les bons résultats pendant deux ou trois années, à la ferme de Champtourterelle, appartenant à M. Deterville, me paraît dans le cas d'être plus généralement employée qu'elle ne l'est. Voici sa description, empruntée du tome 5o des *Annales d'agriculture.*

Cette herse est composée de cinq morceaux de bois de 3 pouces de large, 2 pouces d'épaisseur et 5 pieds de long; chacun de ces morceaux est armé sur le devant de deux dents de fer, dont la première doit avoir 7 pouces et la seconde 8, en suivant la même direction; un morceau de bois à dos de carpe renversé, représentant à peu près la quille d'un vaisseau, doit avoir 8 pouces de haut et 2 pieds de long, percé d'un trou oblique dans sa partie postérieure, destiné à recevoir le grain et le conduire au fond de la raie ouverte; ensuite deux dents, posées obliquement et en sens inverse, rabattent les deux bords de la haie ouverte et recouvrent le grain. En tête de cette herse est un timon fixé à la herse par un boulon de fer, qui traverse les cinq morceaux de bois qui forment le corps de la herse.

Le semoir qui y est adapté représente une sorte de coffre, dont la partie basse qui touche à la herse est cintrée, la partie haute carrée et fermée d'un couvercle un peu bombé et recouvert d'une toile cirée pour que l'eau ne puisse pas entrer dans l'intérieur; ce qui serait nuisible à l'opération.

L'intérieur de ce coffre est garni de cinq roues de fer-blanc, représentant à peu près la roue d'un moulin à pots, mais tournant en sens inverse; elle ramasse le grain, emplit ces petits pots, qui sont au nombre de seize, et le verse dans un entonnoir, qui le conduit dans la raie ouverte. Ces cinq roues sont adaptées à un arbre tournant, qui, sortant environ de 6 pouces à l'extérieur du coffre, présente une forme carrée, où s'adapte une roue à 8 pointes garnie de fer à leur extrémité, qui entrent de 3 pouces en terre. Cette roue doit avoir 36 pouces de diamètre et les petites roues à pots 18. C'est cette roue à pointes qui, lorsque la herse marche, doit nécessairement tourner et fait tourner les petites roues à pots; ce qui ne manque jamais, à moins que la roue à pointe ne rencontre une cavité qui l'empêche d'arriver jusqu'à terre; ce qui n'est pas ordinaire, puisque, avant de se servir de la herse-semoir, il faut que la terre soit bien hersée.

C'est de la grandeur des pots que dépend la quantité de semence, ainsi on peut les agrandir ou les diminuer à volonté suivant la qualité de la terre. Quatre boisseaux sont plus que suffisans pour un arpent de terre, mesure de Paris.

Le semoir de Chateauneuf est d'un emploi presque général dans le pays de Gex et contrées voisines, pourquoi son usage ne s'étend-il pas à toute la France?

Un des meilleurs semoirs, à raison de sa simplicité et de sa solidité, est celui de M. Scipion Mourgue, figuré *Pl.* 2 du recueil de M. Leblanc, du Conservatoire des arts et métiers. Je renvoie à ce superbe ouvrage ceux qui en voudront connaître le principe, la construction et l'emploi.

M. Delisle Saint-Martin a proposé un semoir à main fort simple, et qu'il emploie avec succès pour semer en blé les ouillères de ses vignes aux environs de Marseille : il consiste en un coffre fait en planches minces et légères, un peu courbe dans sa longueur du côté inférieur, ayant un pied et demi de long, 4 pouces de large et 6 de hauteur, percé d'un rang de trous dans son côté inférieur, pourvu d'une large ouverture fermant à coulisse dans son côté supérieur et attaché à une anse demi-circulaire ou parallélogrammique, de 8 à 10 pouces de hauteur, fixé aux deux extrémités de sa partie supérieure.

Pour faire usage de ce semoir, on le tient de la main droite, dans le sens de sa longueur, à une petite distance de terre, et on l'agite également dans le sens de sa longueur ; le grain tombe en ligne ou presque en ligne et espacé à peu près également.

On ne peut nier que ce semoir ne soit fort simple et d'un facile emploi ; mais il semble plus propre à servir dans un jardin qu'en rase campagne, car il expédie fort peu de besogne, si j'en juge d'après son inspection. (B.)

SEMOULE. Gruau à très-petits grains, ordinairement fait avec du blé à chaume solide, qu'on cultive en Italie, d'où nous en est venu l'usage. Cette substance sert à faire des potages et des bouillies d'une saveur agréable. Comme il faut aux meuniers une habitude particulière pour moudre la semoule, et que la consommation en est encore circonscrite dans l'enceinte des grandes villes, il n'y a que quelques moulins qui y soient consacrés autour de Paris, Strasbourg, Lyon, etc. On trouvera, au mot Mouture, tout ce qu'il convient de savoir à l'égard de sa fabrication. (B.)

SÉNÉ. Plante du genre des casses, le *Cassia senna*, Lin., dont les feuilles et la gousse servent à purger. On la trouve sauvage dans les déserts voisins de l'Égypte ; on la cultive dans quelques jardins du midi de l'Europe, mais uniquement par curiosité. *Voyez* au mot Casse. (B.)

SÉNÉ BATARD. C'est la coronille des jardiniers.

SÉNÉ FAUX. On donne ce nom au bagnaudier.

SENEÇON, *Senecio*. Genre de plantes de la syngénésie superflue, et de la famille des corymbifères, dans lequel se trouvent plus de cent vingt espèces, dont plusieurs sont importantes à connaître, soit à raison de ce qu'elles sont excessivement communes, ou très-grandes, ou propres à être employées dans la médecine, ou placées dans les jardins d'agrément.

Les seneçons ont les feuilles alternes, et les fleurs disposées en corymbes terminaux. Je mentionnerai,

Le Seneçon vulgaire. Il a les racines annuelles; la tige droite, rameuse, fistuleuse, haute d'un pied; les feuilles amplexicaules, pinnatifides, glabres; les fleurs jaunes et sans demi-fleurons. Il se trouve dans les jardins, les champs, le long des haies, sur le rebord des fossés de toute l'Europe. Souvent il couvre le sol, tant il est abondant. On le voit en fleur et en fruit pendant toute l'année, même sous la neige. Toutes ses parties sont charnues et faciles à écraser. Sa saveur est fade, légèrement acide. On en fait un fréquent usage en médecine comme émollient et adoucissant. Les bestiaux, excepté les cochons, ou ne le recherchent pas, ou le refusent. Le meilleur usage qu'on en puisse faire c'est de l'apporter sur le fumier, dont il augmente utilement la masse; mais il faut l'arracher avant la maturité de ses graines; car on le propagerait sans cela au-delà de toute mesure, à moins que le fumier ne fût répandu sur une terre sèche et sablonneuse, parce qu'il lui faut un sol frais et fertile pour prospérer.

Le Seneçon a feuilles d'aurone. Il a les racines vivaces; les tiges anguleuses, rameuses, hautes de 2 à 3 pieds; les feuilles multifides à divisions linéaires et pointues; les fleurs petites, jaunes et radiées. Il croît dans les parties moyennes et méridionales de l'Europe, sur les collines sèches et principalement sur les schisteuses. Je l'ai vu souvent couvrir ces dernières de ses touffes, qui subsistent pendant tout l'hiver. Là, on peut l'employer à chauffer le four; mais il serait possible d'en tirer un parti plus utile, en le portant sur le fumier ou en l'enterrant dans les raies des champs voisins, pendant qu'on les laboure, afin de les améliorer. Il est susceptible d'être introduit dans les jardins paysagers et d'y produire des effets agréables. On le multiplie par semences ou par séparation des vieux pieds.

Le Seneçon jacobée a les racines vivaces; les tiges cannelées, quelquefois velues, hautes d'environ 2 pieds; les feuilles bipinnées, à découpures dentées, la terminale plus grande; les fleurs jaunes, grandes et radiées. Il croît par toute l'Europe dans les lieux argileux et frais, le long des haies, sur le revers des fossés, etc., et fleurit pendant une partie de l'été. Souvent il est si abondant qu'il étouffe toutes les autres plantes. Son aspect n'est pas sans agrément. Ses feuilles ont une légère odeur aromatique et une saveur amère. On les regarde comme vulnéraires et détersives. On en fait fréquemment usage en cataplasme, en infusion et en décoction. Les bestiaux ne les recherchent pas. Ses tiges sont propres à être employées pour chauffer le four, pour fabriquer de la potasse et pour augmenter les engrais. On doit en tirer parti pour l'ornement des jardins paysagers. Il nuit aux prairies, et en général à toutes les cultures par l'abondance et la hauteur de ses tiges, en conséquence on doit l'en extirper avec soin.

Le Seneçon des marais a les racines vivaces; les tiges hautes de 4 à 5 pieds; les feuilles à demi amplexicaules, lancéolées, dentées, un peu velues en dessous, longues de près de 6 pouces; les fleurs grandes, jaunes et radiées. Il croît en Europe dans les marais, sur le bord des rivières, et fleurit au milieu de l'été. Son aspect est imposant. Ce que j'ai dit des précédens lui est applicable. On peut le placer avec avantage dans les jardins paysagers, sur le bord des eaux ou des massifs.

Le Seneçon doré a les racines vivaces; les tiges droites, hautes de 6 pieds; les feuilles un peu décurrentes, grandes, lancéolées, dentées, glabres, un peu glauques; les fleurs jaunes et radiées. Il est originaire de l'Europe méridionale, fleurit à la fin de l'été, et se cultive fréquemment dans les jardins, à raison de sa beauté. Il se place comme le précédent et se multiplie de même, c'est-à-dire par graines, moyen fort long, et par déchirement des vieux pieds, moyen fort rapide. On pratique ce dernier mode en hiver. Ses touffes doivent n'être ni trop petites ni trop grosses pour produire tout leur effet.

Le Seneçon élégant, ou Seneçon d'Afrique, a les racines annuelles; les tiges très-rameuses; les feuilles pinnées, à divisions très-courtes et visqueuses; les fleurs assez grandes, jaunes au centre, rouges à la circonférence, et disposées en bouquets au sommet des tiges et des rameaux. Il est originaire du Cap de Bonne-Espérance, et se cultive fréquemment dans les jardins, à raison de son élégance et de l'éclat de ses fleurs. On ne peut le mettre qu'en pots dans le climat de Paris, où il fleurit au milieu de l'été, parce qu'il craint les froids de l'hiver. Sa multiplication s'opère par graines et plus communément par boutures, qu'on fait à toutes les époques de l'année, et qui manquent rarement. Il demande, pour être conservé, des arrosemens fréquens pendant les chaleurs de l'été, fort rares pendant l'hiver, et à être placé dans le lieu le plus éclairé de l'orangerie. Il y a une variété à fleurs doubles qui est couverte de fleurs pendant presque toute l'année. (B.)

SENEÇON EN ARBRE. On donne quelquefois ce nom à la bacchante. (B.)

SENEGRE. C'est la trigonelle fénugrec.

SENEVÉ. Nom vulgaire de la moutarde.

SENSITIVE. Plante du genre des acacies, qui a, à un plus haut degré que toutes les autres, la faculté de contracter ses feuilles par l'attouchement d'un corps étranger, faculté qui lui a mérité l'admiration de tous ceux qui ont été dans le cas de l'observer. *Voyez* au mot ACACIE. (B.)

SENTIER. Lieu de passage pour les gens à pied à travers les champs, les prés, les bois, etc.

Quand on réfléchit à l'immense quantité de sentiers qui existent dans quelques cantons, on ne peut que s'affliger sur la perte de terrain qu'ils occasionnent. Il m'a été prouvé, un grand nombre de fois, qu'il était très-possible d'en faire disparaître beaucoup sans nuire à la facilité et à la rapidité des communications, lorsque les propriétaires voudront s'entendre et donner de bonne grâce le passage qu'on leur prend de force chaque année. Si, comme je ne cesse de le prêcher, les propriétés étaient plus généralement closes et bien closes, l'établissement des nouveaux sentiers n'aurait pas lieu, parce qu'on pourrait poursuivre celui qui franchirait la haie à quelque époque que ce soit, et qu'il est contre le droit naturel, et par conséquent pénible aux bons caractères, d'empêcher de passer à travers un champ lorsque ce champ est dépouillé.

L'irrégularité des sentiers est encore une circonstance contre laquelle les amis de l'agriculture doivent se récrier. Ils sont courbes, sinueux, et la ligne droite est cependant la plus courte; ils s'élargissent, se divisent et se réunissent, et cependant un pied de largeur est suffisant. Au reste les lois sur les sentiers et les chemins vicinaux sont fort sages, il faut seulement les faire exécuter, et c'est ce qui n'est pas facile. (B.)

SEOUCLA. C'est SARCLER dans le département du Var.

SEP. On donne ce nom à la partie de la charrue qui porte le soc, et à laquelle sont attachés et l'age ou flèche et le manche. (*Voyez* au mot CHARRUE.) On écrit souvent cep, mais il faut réserver cette orthographe pour le cep ou le TRONC, ou la souche des VIGNES. *Voyez* ce mot, et CÉPÉE. (B.)

SEPTEMBRE. Pendant ce mois, la terre commence à se dépouiller de sa verdure. Des pluies souvent abondantes semblent cependant d'abord ranimer la végétation. La seconde sève, celle qui doit accumuler dans les racines les principes de leur accroissement finit de se développer pendant sa durée, de là le nom de *pousse de septembre* qu'elle porte dans divers lieux. C'est ordinairement alors qu'on achève de cueillir les fruits dits d'automne et presque tous ceux dits d'hiver. Là les vendanges commencent, et là on abat les premières pommes destinées à faire le cidre. Le laboureur proprement dit sème ses seigles, donne la dernière façon à ses jachères, coupe ses regains, etc.

Dans les jardins, on continue à faire quelques semis de ceux indiqués comme appartenant au mois d'août. On repique, à de bonnes expositions, le produit des semis du mois de juin pour avoir des légumes le plus tard possible dans l'hiver, ou le plus tôt possible après les gelées. Les choux-fleurs sur-tout sont l'objet des soins des jardiniers à cette époque. On butte le céleri, on lie les cardons, la chicorée pour la consommation de l'hiver.

Il faut visiter les greffes faites pendant les deux derniers mois, et desserrer la laine de celles qui *s'étranglent.*

Les trous pour les plantations des arbres pendant l'hiver se font ordinairement dans ce mois.

C'est pendant sa durée qu'on bat les fromens destinés à la semence, et qu'on commence à extraire l'huile des graines.

Les vieilles couches se détruisent vers la fin de ce mois. A la même époque, on rencaisse les orangers; on change de terre toutes les plantes cultivées dans des pots; on commence même à planter les arbres qui se dépouillent, les premiers, de leurs feuilles. (B.)

SEPTÉRÉE. Ancienne mesure de superficie. *Voy.* Mesure.

SEPTIER. Ancienne mesure de capacité. *Voyez* Mesure.

SEPTMONCEL. Sorte de fromage qu'on fabrique dans les montagnes du Jura. Il est formé d'un sixième de lait de chèvre et de cinq sixièmes de lait de vache. Le grain de sa pâte et son persillage le rapprochent du fromage si fameux de Roquefort, mais il m'a paru bien moins savoureux. On en envoie quelquefois à Paris. (B.)

SÉQUENCE. En Savoie et dans quelques autres endroits, on appelle ainsi l'alternat des cultures. *Voyez* Assolement. (B.)

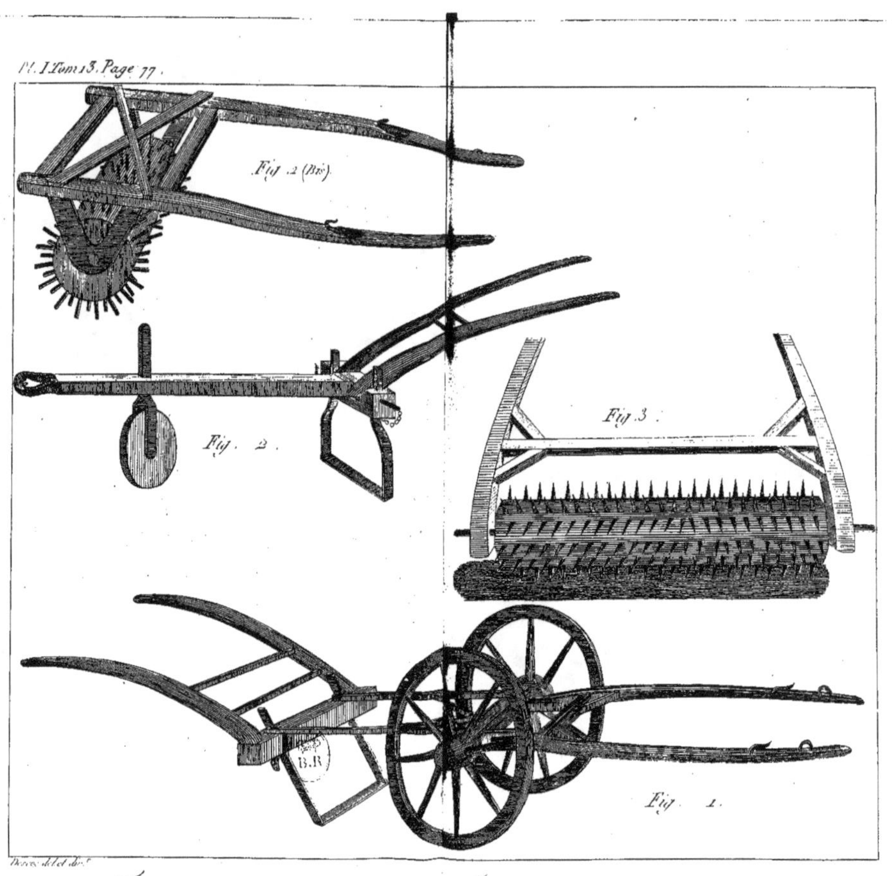

Fig. 1 et 2. Ratissoires à Cheval Fig. 2 (bis) et 3. Rouleaux à Pointes. Tom 13. Pag. 30.

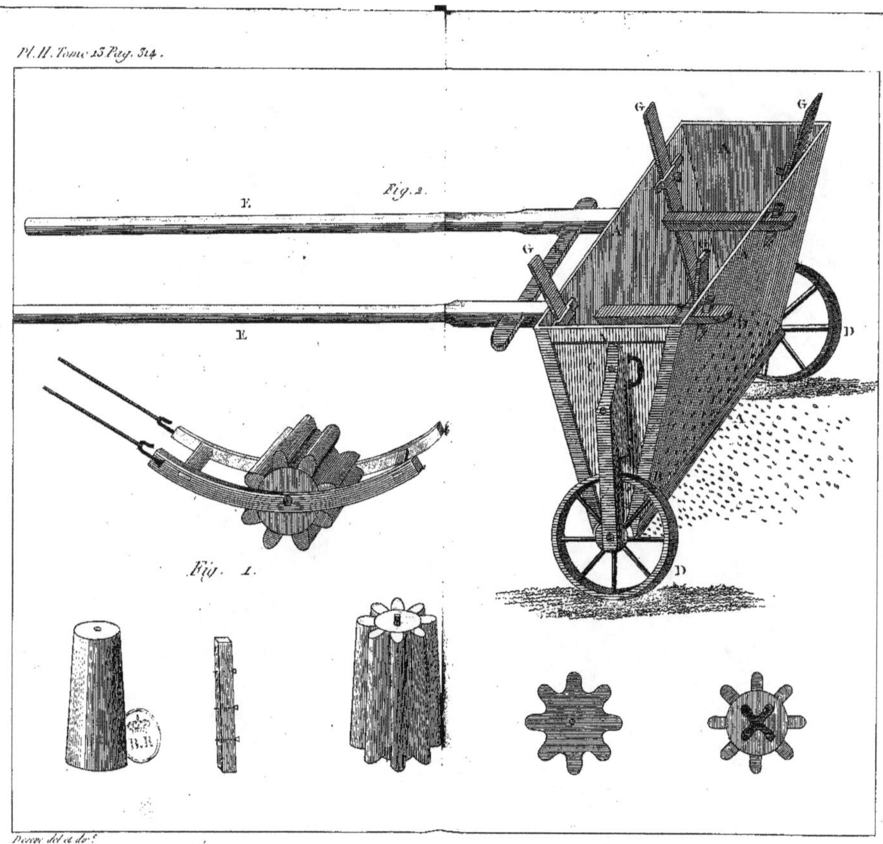

Deseve del et dir.

Fig. 1. Rouleau à dépiquer les Grains. Fig. 2. Semoir. Tom. 13. Pag. 514.